머리말

2020년 실기 시험 개편 이후, 도시계획기사의 문제 유형은
기존과는 완전히 다른 방식으로 출제되고 있습니다.
과거의 준비 방식만으로는 최근 신유형 문제의 트렌드를 따라가기 어렵습니다.

본 교재는 도시계획 비전공자가 반드시 알아야 할 기초 개념부터,
최신 출제 경향에 맞춘 필수 문제 풀이까지 모두 수록하며
어떠한 형태의 신유형 문제가 출제되더라도 대응할 수 있도록 철저히 준비하였습니다.

출처나 제작자가 불분명한 도면 예시 자료는 수록하지 않았습니다.

한국 도시계획기사 학원 수업을 수강하고,
단기간 또는 고득점으로 합격한 학생들의 도면을 엄선하여 수록하였습니다.
이러한 도면은 고사장에서 수험생이 직접 구현 가능한 수준의 예시로,
실제 시험에서 매우 유용한 자료입니다.

14년간, 3,100명 이상의 최종 합격자를 배출하며 축적한 강의 노하우와
본원 출신 합격자들의 실기 시험 점수 데이터를 바탕으로,
불필요한 내용과 장황한 설명은 최대한 배제하고 반드시 필요한 자료만
담기 위해 최선을 다했습니다.

국내 주요 도시공학과에서 도시계획기사 강의 교재로 채택되어
각 대학교수님들께도 인정받고 있는 유일한 교재라는 점에서,
내용의 깊이와 신뢰성은 충분하다고 자부합니다.

기사 시험은 최대한 단기간에 효율적으로 취득하는 것이 가장 바람직합니다.
이 교재가 도시계획기사를 보다 쉽고 빠르게 취득하는 데 큰 도움이 되기를 진심으로 바랍니다.

2025년 5월 30일
한국 도시계획기사 학원 대표 김소영 올림

CONTENTS

01 도시계획기사 실기 시험 소개

I. 도시계획기사 개요   3
II. 도시계획기사 실기 시험 소개   3
III. 도시계획기사 실기 시험 합격 현황   4

02 도시계획기사 실기 필답형 (1교시)

I. 필답형 (1교시) 실기 시험 출제 개요   7
II. 1교시 필답형 : [암기형] 문제 정리   8
III. 1교시 필답형 : [계산형] 문제 정리   44
  1. 인구추정의 기본 이론   44
  2. 용도지역 면적 산정 문제   52
  3. 기타 계산 문제   60
IV. 필답형 기출 문제 (2018~2025)   67

03 도시계획기사 실기 작업형 이론

I. 작업형 실기 시험 준비   123
II. 작업형 도면 작성을 위한 기본 이론   133
  1. 획지 및 가구 계획   133
  2. 생활권 계획   140
  3. 시설 및 배치 계획   153
  4. 교통 및 동선 체계 계획   158
  5. 공원 및 녹지 계획   165

CONTENTS

04 작업형 도면 기출문제 & 출제 대비 문제

Ⅰ-1. 단독주택 단지계획	172
Ⅰ-2. 양쪽공지 단지계획	180
Ⅰ-3. 수영장 단지계획	190
Ⅰ-4. 고층 APT 단지계획	200
Ⅱ-1. 사다리꼴 단지계획	210
Ⅱ-2. 보전산지 단지계획	222
Ⅱ-3. 3자 등고선 단지계획	236
Ⅱ-4. 저수지 단지계획	248
Ⅱ-5. 고구마 단지계획	268
Ⅱ-6. 중앙하천 단지계획	282
Ⅱ-7. 양쪽하천 단지계획	290
Ⅲ-1. 중앙호수 신도시계획	308
Ⅲ-2. 등고선 신도시계획	328
Ⅳ-1. 역세권 지구단위계획	346
Ⅳ-2. 중심상업 지구단위계획	364
Ⅳ-3. APT 지구단위계획	376
Ⅳ-4. 산업단지계획	384
Ⅳ-5. 혼합주택 단지계획	398
Ⅴ-1. [출제 대비 문제] 물류단지계획	406
Ⅴ-2. [출제 대비 문제] 관광휴양단지계획	412

01 도시계획기사 실기 시험 소개

Ⅰ. 도시계획기사 개요

균형 있는 국토발전을 위하여 한 도시 또는 한 도시와 연결된 일정 범위 내지 권역을 대상으로 하여 하천이나 산악, 자원 분배 정도에 따른 지역을 설정하여 자원의 효율적인 이용을 극대화 할 수 있는 전문 인력의 필요성이 대두되어 도시계획기사 자격증이 탄생하게 되었다.

도시계획기사는 도시계획, 도시재개발계획, 특정지역계획 등 국토의 효율적인 개발을 위한 계획 수립 및 집행 과정에 필요한 사회적, 물리적 여건에 대한 예측을 통하여 원활한 기능 수행이 가능한 각종 시설의 배치계획을 수립하고 이를 기호화, 가시화하여 도면화 작업을 수행하는 능력을 평가하는데 중점을 두고 있다.

Ⅱ. 도시계획기사 실기 시험 소개

1) 시 행 처 : 한국산업인력공단
2) 관련학과 : 대학 및 전문대학의 도시계획학, 도시공학, 도시 및 지역계획학, 환경공학, 토목공학, 건축공학 관련학과
3) 검정방법 : 1일에 연속적으로 시행. 총 4시간 소요
   - 1교시 필답형 (1시간 소요) : 인구 추정 등 계산 문제, 관련 법, 제도 서술
   - 2교시 작업형 (3시간 소요) : 도면 작성
4) 합격 기준
   - 1교시 필답형: 40점 만점
   - 2교시 작업형: 60점 만점
     ▶ 1, 2교시 총점 100점 기준, 합계 취득 점수가 60점 이상 일 경우 합격
5) 실기 시험 진행 방식
   (1) 시험 당일, 본인이 신청한 고사장으로 입실 완료
   (2) 수험자 주의 사항을 감독관으로부터 안내
   (3) 1교시(필답형) 시험 진행 (1시간)
   (4) 1교시 시험 후 약 10분 내외 휴식 (휴식 시간은 각 고사장마다 상이)
   (5) 2교시(작업형) 시험 진행 (3시간)
   (6) 시험 종료. 문제지 및 도면 제출 후 퇴실: 시간 연장 없음 (오후 1시경 시험 종료)
6) 실기 시험 준비 기간
   - 전공자 및 비전공자 여부, 개인 편차에 따라 크게 달라지는데 짧게는 6,7주, 길게는 2~4개월 이상 소요

III. 도시계획기사 실기 시험 합격 현황

종목명	연도	필기			실기		
		응시	합격	합격률	응시	합격	합격률
도시계획기사	2024	2,507	1,454	58%	1,840	843	45.8%
도시계획기사	2023	2,388	1,491	62.4%	1,808	873	48.3%
도시계획기사	2022	2,167	1,366	63%	1,860	587	31.6%
도시계획기사	2021	2,384	1,272	53.4%	1,708	787	46.1%
도시계획기사	2020	1,952	1,192	61.1%	2,003	539	26.9%
도시계획기사	2019	2,180	1,251	57.4%	1,958	407	20.8%
도시계획기사	2018	2,078	1,062	51.1%	1,687	475	28.2%
도시계획기사	2017	1,940	946	48.8%	1,241	431	34.7%
도시계획기사	2016	1,689	867	51.3%	1,074	523	48.7%
도시계획기사	2015	1,641	803	48.9%	1,043	457	43.8%
도시계획기사	2014	1,587	736	46.4%	1,102	478	43.4%
도시계획기사	2013	1,639	1,057	64.5%	1,355	607	44.8%
도시계획기사	2012	1,866	1,036	55.5%	1,587	635	40%
도시계획기사	2011	2,232	1,280	57.3%	2,199	276	12.6%
도시계획기사	2010	2,651	1,475	55.6%	3,224	655	20.3%
도시계획기사	2009	3,136	1,819	58%	3,008	345	11.5%
도시계획기사	2008	3,370	1,189	35.3%	2,229	579	26%
도시계획기사	2007	3,134	1,407	44.9%	2,809	695	24.7%
도시계획기사	2006	3,493	1,238	35.4%	1,805	590	32.7%
도시계획기사	2005	2,578	684	26.5%	1,335	387	29%
도시계획기사	2004	1,802	640	35.5%	1,132	317	28%
도시계획기사	2003	1,466	398	27.1%	621	77	12.4%
도시계획기사	2002	997	200	20.1%	423	93	22%
도시계획기사	2001	1,032	231	22.4%	522	48	9.2%
도시계획기사	1977.~2000	19,526	7,243	37.1%	9,449	2,233	23.6%
소 계		66,540	29,392	44.2%	45,374	12,221	26.9%

02

도시계획기사 실기 필답형 (1교시)

I. 필답형 (1교시) 실기 시험 출제 개요

도시계획기사 실기 시험 중 필답형(1교시) 시험은 총 40점 만점으로, 작업형 (60점 만점)에 비해 상대적으로 점수는 낮지만 시험을 합격하는 데 있어 굉장히 중요한 부분을 차지한다.

필답형 문제에서 기본 점수를 얻지 못할 경우 도시계획기사 취득이 힘들어진다는 사실을 명심해야 한다. 1교시 필답형 문제는 다시 "암기형"과 "계산형" 문제로 재분류할 수 있다.

암기형 문제는 도시 계획 관련 법규 및 제도 등의 내용을 기술해야 하며, 계산형 문제는 '인구 추정, 용도지역 면적' 등을 계산하는 문제이다. 평균 6~7문제 내외로 출제되며 암기형 및 계산형 출제 비율은 정해져 있지 않다. 답안은 전부 주관식으로 작성해야 한다.

2020년 이전엔 서술형 기출문제 위주로 출제가 되었으나 최근에는 다양한 유형의 새로운 문제가 출제되며 수험생들에게 혼란을 주고 있다. 또한 필답형의 경우 출제 범위가 더욱 넓어져 도시 계획의 전반적인 분야에서 출제가 되는 추세여서 단순히 기출문제만 암기하여 시험을 준비하면 어려운 상황인 점을 유의하여야 한다.

필답형 실기 시험 세부 구분

I. 암기형	도시계획시설, 국토계획평가제도, 도로의 구분 등 약, 60여개 이상의 도시계획 관련 법규, 주요 이슈 등 주관식 문제 2018~20년 실기시험 개편 이후 단답형 문제 위주로 출제			
II. 계산형	인구추정 문제	등차 급수법	등비 급수법	지수 함수법
		최소자승법	홀수형 문제	
			짝수형 문제	
			결정계수	
		로지스틱곡선법		
		인구 추정 관련 기타 공식		
	용도 지역 면적 산출 문제			
	경사도 측정 문제, 지구단위계획 관련 계산 문제			
	기타 계산식	산업입지 원단위 문제		
		주차 대수 산정	P요소법	
			주차발생원단위법	
		최대 계획 우수 유출률		
		순현재가치법 (NPV)		
		경제기반모형: 지역승수		
		허프 확률 모형		
		라일리 소매 인력 법칙		

II. 1교시 필답형: [암기형] 문제 정리

> 법령의 경우 빈번한 개정으로 인해, 교재가 새로 제작되고 출간 및 인쇄 중인 기간에도 내용이 변경될 수 있습니다. 매 회차 시험 전 검색을 통해 개정 여부를 반드시 확인하시길 바랍니다.

1. 국토계획 체계 및 국토종합계획 수립 절차 [1]

1) 국토계획 체계

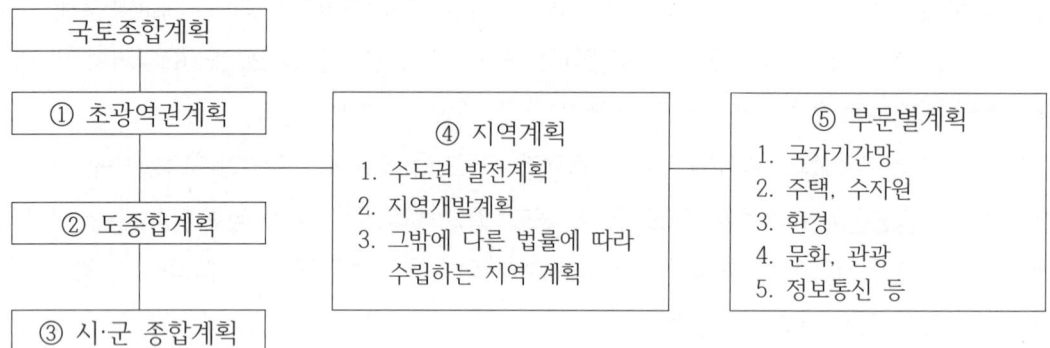

2) 국토종합계획 수립 절차
   ① (**국토교통부장관**)은 중앙행정기관의 장 및 시, 도지사에게 국토종합계획에 반영되어야 할 정책 및 사업에 관한 소관별 계획안 제출 요청
   ② 중앙행정기관의 장 및 시, 도지사는 소관별 계획(안)을 (**국토교통부장관**)에게 제출
   ③ (**국토교통부장관**)은 소관별 계획(안)을 조정. 총괄하여 국토종합계획(안) 작성
   ④ 국토종합계획(안)에 대하여 중앙행정기관의 장과 협의 및 공청회 개최
   ⑤ (**국토정책위원회 및 국무회의**) 심의
   ⑥ (**대통령**) 승인 후 공고

2. 다음의 내용을 보고 물음에 답하시오.

1) 지역의 경제 및 생활권역의 발전에 필요한 연계·협력사업 추진을 위하여 2개 이상의 지방자치단체가 상호 협의하여 설정하거나 「지방자치법」 제199조의 특별지방자치단체가 설정한 권역으로, 특별시·광역시·특별자치시 및 도·특별자치도의 행정구역을 넘어서는 권역을 대상으로 하여 해당 지역의 장기적인 발전 방향을 제시하는 계획[2]으로 2022년 8월4일부로 시행하는 계획

   【정답】 초광역권계획

2) 인구 100만 이상 대도시가 기초자치단체의 법적지위를 유지하면서 일반시화 차별화 되고, '광역시'에 준하는 행·재정적 자치권한 및 재량권을 부여받는 새로운 형태의 지방자치 단체 유형

   【정답】 특례시

3) 상기 조건에 해당 하는 지역(도시) 4곳을 적으시오.

   【정답】 수원, 용인, 고양, 창원, 화성

---
[1] 국토기본법. 제2장 국토계획의 수립 6조, 16조
[2] 국토기본법. 제6조(국토계획의 정의 및 구분)

3. 국토계획평가제도

1) 국토계획 평가권자, 평가대상, 목적을 포함하여 국토계획평가의 정의를 서술하시오.
   ① 평가권자: 국토교통부장관
   ② 평가대상: 국토기본법에 따른 국토계획 중 계획기간이 중장기이면서 국토관리 등에 관한 미래 목표 및 추진 전략을 제시하는 지침 적 성격의 28개 국토계획
   ③ 정의: 중장기적·지침적 성격의 국토계획을 대상으로 국토의 균형 있는 발전, 경쟁력 있는 국토여건의 조성 및 친환경적인 국토관리 측면에서 국토의 지속 가능한 발전에 이바지 하는지를 평가하는 제도

2) 다음의 빈칸에 들어갈 알맞은 답을 서술하시오. [3]
   ① 국토계획평가 대상이 되는 국토계획의 수립권자는 해당 국토계획을 수립하거나 변경하기 전에 대통령령으로 정하는 바에 따라 국토계획평가 요청서를 작성하여 (**국토교통부장관**)에게 제출하여야 한다.
   ② 국토계획평가 요청서를 제출받은 (**국토교통부장관**)은 국토계획평가를 실시한 후 그 결과에 대하여 (**국토정책위원회**)의 심의를 거쳐야 한다.
   ③ (**국토교통부장관**)은 국토계획평가를 실시할 때 필요한 경우에는 「정부출연연구기관 등의 설립·운영 및 육성에 관한 법률」에 따라 설립된 (**정부출연연구기관**)이나 (**관계 전문가**)에게 현지조사를 의뢰하거나 의견을 들을 수 있으며, 국토계획평가 요청서 중 환경 친화적인 국토관리에 관한 사항은 대통령령으로 정하는 바에 따라 (**환경부장관**)의 의견을 들어야 한다.
   ④ 국토계획평가 요청서 제출 시기, 국토계획평가 결과의 통보 절차 및 그 밖에 국토계획평가 절차에 필요한 사항은 (**대통령령**)으로 정한다.

4. 국토기본법에 근거하여 다음의 빈칸을 채우시오. [4]

1) 국토조사를 효율적으로 실시하기 위하여 국토조사 항목 및 조사주체 등 필요한 사항에 대하여 관계 중앙행정기관의 장 및 시·도지사와 사전협의를 거쳐 국토조사계획을 수립할 수 있다.

   > 1. (①) : 국토에 관한 계획 및 정책의 수립, 집행, 성과진단 및 평가, 국토현황의 시계열적·부문별 변화상 측정 및 비교 등에 활용하기 위하여 매년 실시하는 조사
   > 2. (②) : 국토교통부장관이 필요하다고 인정하는 경우 특정지역 또는 부문 등을 대상으로 실시하는 조사

   【정답】 ① 정기조사, ② 수시조사

2) 국토조사는 (①) 또는 (②) 의 구역 단위로 할 수 있다.

   【정답】 ① 행정구역, ② 일정한 격자(格子) 형태

---

[3] 국토기본법. 제3장 제19조의3(국토계획평가의 절차), 국토기본법 시행령 [별표]
[4] 국토기본법 시행령. 제10조(국토조사의 실시)

국토의 계획 및 이용에 관한 법률 (약칭:국토계획법), 제2조(정의)

[시행 2024. 8. 7.] (제2조 내용 중 일부 내용은 생략되어 간략히 정리한 내용입니다)

- **광역도시계획**: 광역계획권의 장기발전방향을 제시하는 계획
- **도시·군계획**: 특별시·광역시·특별자치시·특별자치도·시 또는 군(광역시의 관할 구역에 있는 군은 제외한다. 이하 같다)의 관할 구역에 대하여 수립하는 공간구조와 발전방향에 대한 계획으로서 도시·군기본계획과 도시·군관리계획으로 구분함
- **도시·군기본계획**: 특별시·광역시·특별자치시·특별자치도·시 또는 군의 관할 구역 및 **생활권**에 대하여 기본적인 공간구조와 장기발전방향을 제시하는 종합계획으로서 도시·군관리계획 수립의 지침이 되는 계획을 말함
- **도시·군관리계획**: 특별시·광역시·특별자치시·특별자치도·시 또는 군의 개발·정비 및 보전을 위하여 수립하는 토지 이용, 교통, 환경, 경관, 안전, 산업, 정보통신, 보건, 복지, 안보, 문화 등에 관한 다음 각 목의 계획을 말함
  - 가. 용도지역·용도지구의 지정 또는 변경에 관한 계획
  - 나. 개발제한구역, 도시자연공원구역, 시가화조정구역, 수산자원보호구역의 지정 또는 변경에 관한 계획
  - 다. 기반시설의 설치·정비 또는 개량에 관한 계획
  - 라. 도시개발사업이나 정비사업에 관한 계획
  - 마. 지구단위계획구역의 지정 또는 변경에 관한 계획과 지구단위계획
  - 바. 삭제 <2024. 2. 6.>
  - 사. 도시혁신구역의 지정 또는 변경에 관한 계획과 도시혁신계획
  - 아. 복합용도구역의 지정 또는 변경에 관한 계획과 복합용도계획
  - 자. 도시·군계획시설입체복합구역의 지정 또는 변경에 관한 계획
- **지구단위계획**: 도시·군계획 수립 대상지역의 일부에 대하여 토지 이용을 합리화하고 그 기능을 증진시키며 미관을 개선하고 양호한 환경을 확보하며, 그 지역을 체계적·계획적으로 관리하기 위하여 수립하는 도시·군관리계획
- **성장관리계획**: 성장관리계획구역에서의 난개발을 방지하고 계획적인 개발을 유도하기 위하여 수립하는 계획
- **공간재구조화계획**: 토지의 이용 및 건축물이나 그 밖의 시설의 용도·건폐율·용적률·높이 등을 완화하는 용도구역의 효율적이고 계획적인 관리를 위하여 수립하는 계획
- **도시혁신계획**: 창의적이고 혁신적인 도시공간의 개발을 목적으로 도시혁신구역에서의 토지의 이용 및 건축물의 용도·건폐율·용적률·높이 등의 제한에 관한 사항을 따로 정하기 위하여 공간재구조화계획으로 결정하는 도시·군관리계획
- **복합용도계획**: 주거·상업·산업·교육·문화·의료 등 다양한 도시기능이 융복합된 공간의 조성을 목적으로 복합용도구역에서의 건축물의 용도별 구성비율 및 건폐율·용적률·높이 등의 제한에 관한 사항을 따로 정하기 위하여 공간재구조화계획으로 결정하는 도시·군관리계획
- **기반시설**: 다음 각 목의 시설로서 대통령령으로 정하는 시설을 말한다.
  - 가. 도로·철도·항만·공항·주차장 등 교통시설
  - 나. 광장·공원·녹지 등 공간시설
  - 다. 유통업무설비, 수도·전기·가스공급설비, 방송·통신시설, 공동구 등 유통·공급시설
  - 라. 학교·공공청사·문화시설 및 공공필요성이 인정되는 체육시설 등 공공·문화체육시설
  - 마. 하천·유수지(遊水池)·방화설비 등 방재시설
  - 바. 장사시설 등 보건위생시설
  - 사. 하수도, 폐기물처리 및 재활용시설, 빗물저장 및 이용시설 등 환경기초시설
- **도시·군계획시설**: 기반시설 중 도시·군관리계획으로 결정된 시설을 말한다.
- **광역시설**: 기반시설 중 광역적인 정비체계가 필요한 다음 각 목의 시설로서 대통령령으로 정하는 시설을 말한다.
  - 가. 둘 이상의 특별시·광역시·특별자치시·특별자치도·시 또는 군의 관할 구역에 걸쳐 있는 시설
  - 나. 둘 이상의 특별시·광역시·특별자치시·특별자치도·시 또는 군이 공동으로 이용하는 시설

- **공동구**: 전기·가스·수도 등의 공급설비, 통신시설, 하수도시설 등 지하매설물을 공동 수용함으로써 미관의 개선, 도로구조의 보전 및 교통의 원활한 소통을 위하여 지하에 설치하는 시설물
- **도시·군계획시설사업**: 도시·군계획시설을 설치·정비 또는 개량하는 사업
- **도시·군계획사업**: 도시·군관리계획을 시행하기 위한 다음 각 목의 사업을 말한다.
  - 가. 도시·군계획시설사업
  - 나. 「도시개발법」에 따른 도시개발사업
  - 다. 「도시 및 주거환경정비법」에 따른 정비사업
- **도시·군계획사업시행자**: 이 법 또는 다른 법률에 따라 도시·군계획사업을 하는 자
- **공공시설**: 도로·공원·철도·수도, 그 밖에 대통령령으로 정하는 공공용 시설
- **국가계획**: 중앙행정기관이 법률에 따라 수립하거나 국가의 정책적인 목적을 이루기 위하여 수립하는 계획 중 제19조제1항제1호부터 제9호까지에 규정된 사항이나 도시·군관리계획으로 결정하여야 할 사항이 포함된 계획
- **용도지역**: 토지의 이용 및 건축물의 용도, 건폐율, 높이 등을 제한함으로써 토지를 경제적·효율적으로 이용하고 공공복리의 증진을 도모하기 위하여 서로 중복되지 아니하게 도시·군관리계획으로 결정하는 지역
- **용도지구**: 토지의 이용 및 건축물의 용도·건폐율·용적률·높이 등에 대한 용도지역의 제한을 강화하거나 완화하여 적용함으로써 용도지역의 기능을 증진시키고 경관·안전 등을 도모하기 위하여 도시·군관리계획으로 결정하는 지역
- **용도구역**: 토지의 이용 및 건축물의 용도·건폐율·용적률·높이 등에 대한 용도지역 및 용도지구의 제한을 강화하거나 완화하여 따로 정함으로써 시가지의 무질서한 확산방지, 계획적이고 단계적인 토지이용의 도모, 혁신적이고 복합적인 토지활용의 촉진, 토지이용의 종합적 조정·관리 등을 위하여 도시·군관리계획으로 결정하는 지역
- **개발밀도관리구역**: 개발로 인하여 기반시설이 부족할 것으로 예상되나 기반시설을 설치하기 곤란한 지역을 대상으로 건폐율이나 용적률을 강화하여 적용하기 위하여 제66조에 따라 지정하는 구역
- **기반시설부담구역**: 개발밀도관리구역 외의 지역으로서 개발로 인하여 도로, 공원, 녹지 등 대통령령으로 정하는 기반시설의 설치가 필요한 지역을 대상으로 기반시설을 설치하거나 그에 필요한 용지를 확보하게 하기 위하여 제67조에 따라 지정·고시하는 구역
- **기반시설설치비용**: 단독주택 및 숙박시설 등 대통령령으로 정하는 시설의 신·증축 행위로 인하여 유발되는 기반시설을 설치하거나 그에 필요한 용지를 확보하기 위하여 제69조에 따라 부과·징수하는 금액

5. 국토의 계획 및 이용에 관한 법률(약칭:국토계획법)에서 제시하는 도시·군 관리계획의 내용 8가지를 서술하시오. [5]

□정답□

가. 용도지역·용도지구의 지정 또는 변경에 관한 계획
나. 개발제한구역, 도시자연공원구역, 시가화조정구역(市街化調整區域), 수산자원보호구역의 지정 또는 변경에 관한 계획
다. 기반시설의 설치·정비 또는 개량에 관한 계획
라. 도시개발사업이나 정비사업에 관한 계획
마. 지구단위계획구역의 지정 또는 변경에 관한 계획과 지구단위계획
바. 삭제 <2024. 2. 6.>
사. 도시혁신구역의 지정 또는 변경에 관한 계획과 도시혁신계획
아. 복합용도구역의 지정 또는 변경에 관한 계획과 복합용도계획
자. 도시·군계획시설입체복합구역의 지정 또는 변경에 관한 계획

---
[5] 국토의 계획 및 이용에 관한 법률. 제2조(정의)

6. 국토의 계획 및 이용에 관한 법률에 근거하여 아래의 빈칸을 채우시오.
   (단, 아래 문제 (4),(5)번 문제 내용 중 (ⓒ) 항목은 문제 (3)에서 작성한 내용과 동일)
   (1) "도시·군기본계획"이란 특별시·광역시·특별자치시·특별자치도·시 또는 군의 관할 구역 및 (㉠   )에 대하여 기본적인 공간구조와 장기발전방향을 제시하는 종합계획으로서 도시·군관리계획 수립의 지침이 되는 계획을 말한다.
   (2) (㉡   ): 성장관리계획구역에서의 난개발을 방지하고 계획적인 개발을 유도하기 위하여 수립하는 계획
   (3) (ⓒ   ): 토지의 이용 및 건축물이나 그 밖의 시설의 용도·건폐율·용적률·높이 등을 완화하는 용도구역의 효율적이고 계획적인 관리를 위하여 수립하는 계획
   (4) (㉣   ): 창의적이고 혁신적인 도시공간의 개발을 목적으로 도시혁신구역에서의 토지의 이용 및 건축물의 용도·건폐율·용적률·높이 등의 제한에 관한 사항을 따로 정하기 위하여 (ⓒ)으로 결정하는 도시·군관리계획
   (5) (㉤   ): 주거·상업·산업·교육·문화·의료 등 다양한 도시기능이 융복합된 공간의 조성을 목적으로 복합용도구역에서의 건축물의 용도별 구성비율 및 건폐율·용적률·높이 등의 제한에 관한 사항을 따로 정하기 위하여 (ⓒ)으로 결정하는 도시·군관리계획

   【정답】 ㉠: 생활권, ㉡: 성장관리계획, ⓒ: 공간재구조화계획, ㉣: 도시혁신계획, ㉤: 복합용도계획

7. 국토의 계획 및 이용에 관한 법률에 따른 "도시·군계획사업"의 종류 세가지에 대하여 서술하시오.
   【정답】 1. 도시·군계획시설사업   2.「도시개발법」에 따른 도시개발사업
          3.「도시 및 주거환경정비법」에 따른 정비사업

8. 국토의 계획 및 이용에 관한 법률에 따른 도시·군기본계획 수립을 위한 기초조사 중 다음의 내용에 알맞은 단어를 적으시오.

   > 시·도지사, 시장 또는 군수는 제1항에 따른 기초조사의 내용에 국토교통부장관이 정하는 바에 따라 실시하는 토지의 토양, 입지, 활용가능성 등 (   )와 재해취약성분석을 포함하여야 한다.

   【정답】 토지적성평가

   ■ 참고
   1. 시·도지사, 시장 또는 군수는 제1항에 따른 기초조사의 내용에 국토교통부장관이 정하는 바에 따라 실시하는 토지의 토양, 입지, 활용가능성 등 **토지적성평가**(토지의 적성에 대한 평가)와 **재해취약성분석**(재해 취약성에 관한 분석)을 포함하여야 한다.
   2. **도시·군기본계획 입안일**부터 **5년 이내**에 토지적성평가를 실시한 경우 등 대통령령으로 정하는 경우에는 제2항에 따른 토지적성평가 또는 재해취약성분석을 하지 아니할 수 있다.

---

6) 국토의 계획 및 이용에 관한 법률. 제2조(정의)
7) 국토의 계획 및 이용에 관한 법률. 제2조 제11호
8) 국토의 계획 및 이용에 관한 법률. 제20조(도시·군기본계획 수립을 위한 기초조사 및 공청회)

9. 국토의 계획 및 이용에 관한 법률에 근거하여 다음의 물음에 답하시오. 9)

1) 제36조 용도지역의 지정에 따른 용도지역의 종류 4가지를 적으시오.

【정답】 도시지역, 관리지역, 농림지역, 자연환경보전지역

2) "도시지역"의 종류 4가지를 적으시오.

【정답】 주거지역, 상업지역, 공업지역, 녹지지역

10. 국토의 계획 및 이용에 관한 법률에 근거하여 다음의 물음에 답하시오

1) 아래의 내용을 보고 해당하는 구역에 대해 적으시오. 10)

- 개발로 인하여 기반시설이 부족할 것으로 예상되나 기반시설을 설치하기 곤란한 지역을 대상으로 건폐율이나 용적률을 강화하여 적용하기 위하여 제66조에 따라 지정하는 구역
- 주거·상업 또는 공업지역에서의 개발행위로 기반시설(도시·군계획시설을 포함한다)의 처리·공급 또는 수용능력이 부족할 것으로 예상되는 지역 중 기반시설의 설치가 곤란한 지역

【정답】 개발밀도관리구역

2) 아래의 내용을 보고 해당하는 구역에 대해 적으시오. 11)

도시의 무질서한 확산을 방지하고 도시주변의 자연환경을 보전하여 도시민의 건전한 생활환경을 확보하기 위하여 도시의 개발을 제한할 필요가 있거나 국방부장관의 요청이 있어 보안상 도시의 개발을 제한할 필요가 있다고 인정되면 해당 구역의 지정 또는 변경을 도시·군관리계획으로 결정할 수 있다

【정답】 개발제한구역

3) 도시·군관리계획에 대하여 다음의 빈칸을 채우시오. 12)

- 도시·군관리계획 결정의 효력은 (　　　)을 고시한 날부터 발생한다.
- 특별시장·광역시장·특별자치시장·특별자치도지사·시장 또는 군수는 (　　　) 관할 구역의 도시·군관리계획에 대하여 대통령령으로 정하는 바에 따라 그 타당성 여부를 전반적으로 재검토하여 정비하여야 한다.

【정답】 ① 지형도면, ② 5년마다

11. 개발행위허가제와 관련하여 다음의 물음에 답하시오.

1) 개발행위허가제의 근거 법령이 무엇인지 적으시오.

【정답】 국토의 계획 및 이용에 관한 법률

2) 개발행위허가제의 허가 기준 3가지에 대하여 적으시오. 13)

(단, 허가의 기준은 지역의 특성, 지역의 개발상황, 기반시설의 현황 등을 고려하여 대통령령으로 정한다.)

【정답】 시가화용도, 유보용도, 보전용도

---

9) 국토의 계획 및 이용에 관한 법률. 제36조(용도지역의 지정)
10) 국토의 계획 및 이용에 관한 법률. 제1장 총칙 제2조(정의) 제66조(개발밀도관리구역)
11) 국토의 계획 및 이용에 관한 법률. 제4장 도시군관리계획 제2절 용도지역·용도지구·용도구역. 제38조
12) 국토의 계획 및 이용에 관한 법률. 제31조(도시·군관리계획 결정의 효력), 제34조(도시·군관리계획의 정비)
13) 국토의 계획 및 이용에 관한 법률. 제58조(개발행위허가의 기준)

12. 용도구역의 지정권자와 지정목적. [14]

1) 개발제한구역 (지정권자-국토교통부장관)
도시의 무질서한 확산을 방지하고 도시주변의 자연환경을 보전하여 도시민의 건전한 생활환경을 확보하기 위하여 도시의 개발을 제한할 필요가 있거나 국방부장관의 요청이 있어 보안상 도시의 개발을 제한할 필요가 있다고 인정되면 개발제한구역의 지정 또는 변경을 도시·군관리계획으로 결정할 수 있다.

2) 도시자연공원구역 (지정권자-시·도지사 또는 대도시 시장)
도시의 자연환경 및 경관을 보호하고 도시민에게 건전한 여가·휴식공간을 제공하기 위하여 도시지역 안에서 식생(植生)이 양호한 산지(山地)의 개발을 제한할 필요가 있다고 인정하면 도시자연공원구역의 지정 또는 변경을 도시·군관리계획으로 결정할 수 있다.

3) 시가화조정구역 (지정권자-시·도지사 또는 국토교통부장관)
시·도지사는 직접 또는 관계 행정기관의 장의 요청을 받아 도시지역과 그 주변 지역의 무질서한 시가화를 방지하고 계획적·단계적인 개발을 도모하기 위하여 대통령령으로 정하는 기간 동안 시가화를 유보할 필요가 있다고 인정되면 시가화조정구역의 지정 또는 변경을 도시·군관리계획으로 결정할 수 있다.

4) 수산자원보호구역 (지정권자-해양수산부장관)
수산자원을 보호·육성하기 위하여 필요한 공유수면이나 그에 인접한 토지에 대한 수산자원보호구역의 지정 또는 변경을 도시·군관리계획으로 결정할 수 있다

5) 도시혁신구역
① 제35조의6제1항에 따른 공간재구조화계획 결정권자는 다음 각 호의 어느 하나에 해당하는 지역을 도시혁신구역으로 지정할 수 있다.
1. 도시·군기본계획에 따른 도심·부도심 또는 생활권의 중심지역
2. 주요 기반시설과 연계하여 지역의 거점 역할을 수행할 수 있는 지역
3. 그 밖에 도시공간의 창의적이고 혁신적인 개발이 필요하다고 인정되는 경우로서 대통령령으로 정하는 지역

6) 복합용도구역
① 공간재구조화계획 결정권자는 다음 각 호의 어느 하나에 해당하는 지역을 복합용도구역으로 지정할 수 있다.
1. 산업구조 또는 경제활동의 변화로 복합적 토지이용이 필요한 지역
2. 노후 건축물 등이 밀집하여 단계적 정비가 필요한 지역
3. 그 밖에 복합된 공간이용을 촉진하고 다양한 도시공간을 조성하기 위하여 계획적 관리가 필요하다고 인정되는 경우로서 대통령령으로 정하는 지역

7) 도시·군계획시설입체복합구역
① 제29조에 따른 도시·군관리계획의 결정권자는 도시·군계획시설의 입체복합적 활용을 위하여 다음 각 호의 어느 하나에 해당하는 경우에 도시·군계획 시설이 결정된 토지의 전부 또는 일부를 도시·군계획시설입체복합구역(이하 "입체복합구역"이라 한다)으로 지정할 수 있다.
1. 도시·군계획시설 준공 후 10년이 경과한 경우로서 해당 시설의 개량 또는 정비가 필요한 경우
2. 주변지역 정비 또는 지역경제 활성화를 위하여 기반시설의 복합적 이용이 필요한 경우
3. 첨단기술을 적용한 새로운 형태의 기반시설 구축 등이 필요한 경우
4. 그 밖에 효율적이고 복합적인 도시·군계획시설의 조성을 위하여 필요한 경우로서 대통령령으로 정하는 경우

---

[14] 국토의 계획 및 이용에 관한 법률. 제4장 도시군관리계획 제2절 용도지역·용도지구·용도구역 제38조, 제39조, 제40조, 제40조의3, 제40조의4, 제40조의5

■ 국토의 계획 및 이용에 관한 법률

제35조의6(공간재구조화계획의 결정) ① 공간재구조화계획은 시·도지사가 직접 또는 시장·군수의 신청에 따라 결정한다. 다만, 제35조의2에 따라 국토교통부장관이 입안한 공간재구조화계획은 국토교통부장관이 결정한다.

제29조(도시·군관리계획의 결정권자) ① 도시·군관리계획은 시·도지사가 직접 또는 시장·군수의 신청에 따라 결정한다. 다만, 「지방자치법」 제198조에 따른 서울특별시와 광역시 및 특별자치시를 제외한 인구 50만 이상의 대도시의 경우에는 해당 시장(이하 "대도시 시장"이라 한다)이 직접 결정. 하고 다음 각 호의 도시·군관리계획은 시장 또는 군수가 직접 결정한다.
  1. 시장 또는 군수가 입안한 지구단위계획구역의 지정·변경과 지구단위계획의 수립·변경에 관한 도시·군관리계획
  2. 제52조제1항제1호의2에 따라 지구단위계획으로 대체하는 용도지구 폐지에 관한 도시·군관리계획 [해당 시장(대도시 시장은 제외한다) 또는 군수가 도지사와 미리 협의한 경우에 한정한다]
  ② 제1항에도 불구하고 다음 각 호의 도시·군관리계획은 국토교통부장관이 결정한다. 다만, 제4호의 도시·군관리계획은 해양수산부장관이 결정한다.
  1. 제24조제5항에 따라 국토교통부장관이 입안한 도시·군관리계획
  2. 제38조에 따른 개발제한구역의 지정 및 변경에 관한 도시·군관리계획
  3. 제39조제1항 단서에 따른 시가화조정구역의 지정 및 변경에 관한 도시·군관리계획
  4. 제40조에 따른 수산자원보호구역의 지정 및 변경에 관한 도시·군관리계획

13. 다음의 질문을 보고 물음에 답하시오. [15]

1) '국토의 계획 및 이용에 관한 법률'에서 정하는 용도지구의 종류 9가지를 서술하시오

   【정답】
   경관지구, 고도지구, 방화지구, 방재지구, 보호지구, 취락지구, 개발진흥지구, 특정용도제한지구, 복합용도지구

2) 다음의 설명에 해당하는 용도지구에 대하여 기술하시오.

   - 지역의 토지이용상황, 개발수요 및 주변여건 등을 고려하여 효율적이고 복합적인 토지이용을 도모하기 위하여 특정시설의 입지를 완화할 필요가 있는 지구.
   - 용도지역의 변경 시 기반시설이 부족해지는 등의 문제가 우려되어 해당 용도지역의 건축제한만을 완화하는 것이 적합한 경우에 지정
   - 간선도로의 교차지(交叉地), 대중교통의 결절지(結節地) 등 토지이용 및 교통 여건의 변화가 큰 지역 또는 용도지역 간의 경계지역, 가로변 등 토지를 효율적으로 활용할 필요가 있는 지역에 지정
   - 용도지역의 지정목적이 크게 저해되지 아니하도록 해당 용도지역 전체 면적의 3분의 1 이하의 범위에서 지정

   【정답】 **복합용도지구**

3) 다음의 설명에 해당하는 용도지구에 대하여 기술하시오.

   「국가유산기본법」 제3조에 따른 국가유산, 중요 시설물(항만, 공항 등 대통령령으로 정하는 시설물을 말한다) 및 문화적·생태적으로 보존가치가 큰 지역의 보호와 보존을 위하여 필요한 지구

   【정답】 **보호지구**

---
[15] 국토의 계획 및 이용에 관한 법률. 제37조(용도지구의 지정)

14. 다음과 같이 하나의 대지에 두 개 이상의 용도지역에 걸쳐 있는 경우 건폐율과 용적률을 계산 하시오. 16) (최종 값은 소수점 첫째 자리에서 반올림)

(2종일반주거지역: 건폐율 60%, 용적률 230%, 3종일반주거지역: 건폐율 50%, 용적률 300%)

제2종일반주거지역	제3종일반주거지역
300㎡	260㎡

【풀이】 건폐율(%) = {(300㎡×60%)+(260㎡×50%)}÷560㎡=55.357%≒55%

용적률(%) = {(300㎡×230%)+(260㎡×300%)}÷560㎡=262.5%≒263%

【정답】 건폐율(%)=55%, 용적률(%)=263%

15. 도시군계획시설 17)

1. 교통시설 : 도로·철도·항만·공항·주차장·자동차정류장·궤도·차량 검사 및 면허시설
2. 공간시설 : 광장·공원·녹지·유원지·공공공지
3. 유통·공급시설 : 유통업무설비, 수도·전기·가스·열공급설비, 방송·통신시설, 공동구·시장, 유류저장 및 송유설비
4. 공공·문화체육시설 : 학교·공공청사·문화시설·공공필요성이 인정되는 체육시설·연구시설·사회복지시설·공공직업훈련시설·청소년수련시설
5. 방재시설 : 하천·유수지·저수지·방화설비·방풍설비·방수설비·사방설비·방조설비
6. 보건위생시설 : 장사시설·도축장·종합의료시설
7. 환경기초시설 : 하수도·폐기물처리 및 재활용시설·빗물저장 및 이용시설 ·수질오염방지시설·폐차장

16. 국토의 계획 및 이용에 관한 법률 시행령에 따른 성장관리계획구역의 지정 기준에 대해 다음의 빈칸을 채우시오. 18)

1. (①) 감소 또는 (②) 등으로 압축적이고 효율적인 도시성장관리가 필요한 지역
2. 공장 등과 입지 분리 등을 통해 (③) 조성이 필요한 지역
3. 특별시장·광역시장·특별자치시장·특별자치도지사·시장 또는 군수는 성장관리계획구역을 지정하거나 이를 변경하려면 대통령령으로 정하는 바에 따라 미리 주민과 해당 (④)의 의견을 들어야 하며, 관계 행정기관과의 협의 및 (⑤)의 심의를 거쳐야 한다.

【정답】 ① 인구 ② 경제성장 정체 ③ 쾌적한 주거환경 ④ 지방의회 ⑤ 지방도시계획위원회

---

16) 국토의 계획 및 이용에 관한 법률. 제84조 (둘 이상의 용도지역·용도지구·용도구역에 걸치는 대지에 대한 적용 기준)
17) 국토의 계획 및 이용에 관한 법률 시행령. 제2조 기반시설
18) 국토의 계획 및 이용에 관한 법률 시행령. 제3절 성장관리계획 제70조의12(성장관리계획구역의 지정 기준)

17. 국토의 계획 및 이용에 관한 법률 시행령 제4조의4에 근거한 평가 기준 내용에 대해 다음의 물음에 답하시오. [19]

1) 다음의 빈칸을 채우시오

> 1. (①) 평가기준 : 토지이용의 효율성, 환경친화성, 생활공간의 안전성·쾌적성·편의성 등에 관한 사항
> 2. (②) 평가기준 : 보급률 등을 고려한 생활인프라 설치의 적정성, 이용의 용이성·접근성·편리성 등에 관한 사항

【정답】 ① 지속가능성, ② 생활인프라

2) (　　　　)은 법 제3조의2제2항에 따른 도시의 지속가능성 및 생활인프라 수준의 평가 기준을 정할 때에는 다음 각 호의 구분에 따른 사항을 종합적으로 고려하여야 한다.

【정답】 국토교통부장관

18. 「국토의 계획 및 이용에 관한 법률」에 따른 "개발행위허가의 규모"에 대해 다음의 빈칸을 채우시오. [20]

【정답】

1. 도시지역
   가. 주거지역·상업지역·자연녹지지역·생산녹지지역 : **1만제곱미터 미만**
   나. 공업지역 : **3만제곱미터 미만**
   다. 보전녹지지역 : **5천제곱미터 미만**
2. 관리지역 : **3만제곱미터 미만**
3. 농림지역 : **3만제곱미터 미만**
4. 자연환경보전지역 : **5천제곱미터 미만**

19. 도시·군기본계획수립지침 내용 중 제시하는 조건을 바탕으로 물음에 답하시오. [21]

1) 도시·군 기본계획은 계획수립 시점부터 몇 년을 기준으로 작성하는가?
   : **계획수립시점으로부터 20년을 기준**
2) 도시·군 기본계획 수립연도의 끝자리에 대해 서술하시오.
   : **연도의 끝자리는 0 또는 5년으로 한다. (예: 2020년, 2025년)**
3) 도시·군 기본계획상 상주인구 추정 방법에 대해 서술하시오.
   : **(가) 모형에 의한 추정방법(기본적 방법)**
      ① 통계청 장래인구를 권장 ② 추세연장법
   (나) 사회적증가분에 의한 추정방법(보조적 수단)
4) 도시·군기본계획을 수립하는 경우 입안권자는 도시·군계획 분야 전문가와 주민대표 및 관계기관 참석하여 의견을 청취하는 것을 무엇이라고 하는가? : **공청회**

---

[19] 국토의 계획 및 이용에 관한 법률 시행령. 제4조의4
[20] 국토의 계획 및 이용에 관한 법률 시행령. 제55조(개발행위허가의 규모)
[21] 도시·군기본계획수립지침. 제2장 도시·군기본계획의 수립범위 제4장 부문별 계획 수립기준

20. 주거지역의 세분 중 아래의 조건을 고려할 경우 적합한 용도지역명을 빈칸에 적으시오. [22]

(1) (제1종전용주거지역)

① 기존 시가지 또는 그 주변의 환경이 양호한 단독주택지로서 주거환경을 보전할 필요가 있거나 이러한 지역으로 유도하고자 하는 지역
② 신시가지중 주택지로 개발할 지역으로 양호한 단독주택지 개발사업이 시행되는 지역
③ 개발제한구역이 우선 해제되는 지역으로서 주변 자연환경과의 조화가 필요한 지역

(2) (제2종전용주거지역)

① 기성 및 주변시가지의 주택으로서 순화된 주거지역에서 기 형성되어 있는 중층 주택 및 기반시설의 정비상황에서 보아 중·저층주택이 입지하여도 환경악화의 우려가 없는 지역
② 중·저층 주택단지로 계획적으로 정비하였거나 정비하기로 계획된 구역 또는 그 주변지역

(3) (제1종일반주거지역)

① 도시경관 및 자연환경의 보호가 필요한 역사문화구역의 인접지, 공원 등에 인접한 양호한 주택지, 구릉지와 그 주변, 하천·호소 주변지역으로 경관이 양호하여 중·고층주택이 입지할 경우 경관훼손의 우려가 큰 지역
② 전용주거지역 및 경관지구에 인접하여 양호한 주거환경을 유지시킬 필요가 있는 주택지
③ 단독주택·다가구·다세대 및 연립주택이 주로 입지하는 주택지
④ 가능한 한 주간선도로와 접하지 않도록 한다

(4) (제2종일반주거지역)

① 기존 시가지 및 주변 시가지의 주택지로서 중층주택이 입지하여도 환경악화, 자연경관의 저해 및 풍치를 저해할 우려가 없는 지역
② 원칙적으로 중심상업지역, 전용공업지역, 일반공업지역과 접하여 지정하지 않아야 한다.

(5) (제3종일반주거지역)

① 계획적으로 중고층주택지로서 정비가 완료되었거나 정비하는 것이 바람직한 지역 및 그 주변지역
② 중·고층주택을 입지시켜 인근의 주거 및 근린생활시설 등이 조화될 필요가 있는 지역
③ 간선도로 설치 등 교통환경이 양호하며 역세권내에 포함된 지역

(6) (준주거지역)

① 주거용도와 상업용도가 혼재하지만 주로 주거환경을 보호하여야 할 지역
② 중심시가지 또는 역주변의 상업지역에 접한 주택지로서 상업적 활동의 보완이 필요한 지역
③ 상업지역 및 공업지역에 접한 주택지로 어느 정도 용도의 혼재를 인정하는 지역
④ 주택지를 통과하는 주요 간선도로 및 철도역 주변의 주택지
⑤ 주거지역과 상업지역 사이에 완충기능이 요구되는 지역

---

22) 도시·군관리계획수립지침. 제3편 용도지역·용도지구·용도구역계획 제2절 주거지역

21. 광장의 결정 기준 [23]

1) 교통광장
가. 교차점광장
  (1) 혼잡한 주요도로의 교차지점에서 각종 차량과 보행자를 원활히 소통시키기 위하여 필요한 곳에 설치할 것
  (2) 자동차전용도로의 교차지점인 경우에는 입체교차방식으로 할 것
  (3) 주간선도로의 교차지점인 경우에는 접속도로의 기능에 따라 입체교차방식으로 하거나 교통섬·변속차로 등에 의한 평면교차방식으로 할 것. 다만, 도심부나 지형여건상 광장의 설치가 부적합한 경우에는 그러하지 아니하다
나. 역전광장
  (1) 역전에서의 교통 혼잡을 방지하고 이용자의 편의를 도모하기 위하여 철도역 앞에 설치 할 것
  (2) 철도교통과 도로교통의 효율적인 변환을 가능하게 하기 위하여 도로와의 연결이 쉽도록 할 것
  (3) 대중교통수단 및 주차시설과 원활히 연계되도록 할 것
다. 주요시설광장
  (1) 항만·공항 등 일반교통의 혼잡요인이 있는 주요시설에 대한 원활한 교통처리를 위하여 당해 시설과 접하는 부분에 설치할 것
  (2) 주요시설의 설치계획에 교통광장의 기능을 갖는 시설계획이 포함된 때에는 그 계획에 의할 것

2) 일반광장
가. 중심대광장
  (1) 다수인의 집회·행사·사교 등을 위하여 필요한 경우에 설치할 것
  (2) 전체 주민이 쉽게 이용할 수 있도록 교통중심지에 설치할 것
  (3) 일시에 다수인이 모였다 흩어지는 경우의 교통량을 고려할 것
나. 근린광장
  (1) 주민의 사교, 오락, 휴식 및 공동체 활성화 등을 위하여 근린주거구역별로 설치할 것
  (2) 시장·학교 등 다수인이 모였다 흩어지는 시설과 연계되도록 인근의 토지이용현황을 고려할 것
  (3) 시·군 전반에 걸쳐 계통적으로 균형을 이루도록 할 것

3) 경관광장
가. 주민의 휴식·오락 및 경관·환경의 보전을 위하여 필요한 경우에 하천, 호수, 사적지, 보존 가치가 있는 산림이나 역사적·문화적·향토적 의의가 있는 장소에 설치할 것
나. 경관물에 대한 경관유지에 지장이 없도록 인근의 토지이용현황을 고려할 것
다. 주민이 쉽게 접근할 수 있도록 하기 위하여 도로와 연결시킬 것

4) 지하광장
가. 철도의 지하정거장, 지하도 또는 지하상가와 연결하여 교통처리를 원활히 하고 이용자에게 휴식을 제공하기 위하여 필요한 곳에 설치할 것
나. 광장의 출입구는 쉽게 출입할 수 있도록 도로와 연결시킬 것

5) 건축물부설광장
가. 건축물의 이용효과를 높이기 위하여 건축물의 내부 또는 그 주위에 설치할 것
나. 건축물과 광장 상호간의 기능이 저해되지 아니하도록 할 것
다. 일반인이 접근하기 용이한 접근로를 확보할 것

---
[23] 도시·군계획시설의 결정·구조 및 설치기준에 관한 규칙. 제50조 (광장의 결정기준)

22. 도로의 구분 [24]

1) 사용 및 형태별 구분
가. 일반도로: 폭 4미터 이상의 도로로서 통상의 교통소통을 위하여 설치되는 도로
나. 자동차전용도로: 특별시·광역시·특별자치시·시 또는 군(이하 "시·군"이라 한다) 내 주요지역간이나 시·군 상호간에 발생하는 대량교통량을 처리하기 위한 도로로서 자동차만 통행할 수 있도록 하기 위하여 설치하는 도로
다. 보행자전용도로: 폭 1.5미터 이상의 도로로서 보행자의 안전하고 편리한 통행을 위하여 설치하는 도로
라. 보행자우선도로: 폭 20미터 미만의 도로로서 보행자와 차량이 혼합하여 이용하되 보행자의 안전과 편의를 우선적으로 고려하여 설치하는 도로
마. 자전거전용도로: 하나의 차로를 기준으로 폭 1.5미터(지역 상황 등에 따라 부득이하다고 인정되는 경우에는 1.2미터) 이상의 도로로서 자전거의 통행을 위하여 설치하는 도로
바. 고가도로: 시·군내 주요지역을 연결하거나 시·군 상호간을 연결하는 도로로서 지상 교통의 원활한 소통을 위하여 공중에 설치하는 도로
사. 지하도로: 시·군내 주요지역을 연결하거나 시·군 상호간을 연결하는 도로로서 지상 교통의 원활한 소통을 위하여 지하에 설치하는 도로 (도로·광장 등의 지하에 설치된 지하공공보도시설을 포함한다.)
다만, 입체교차를 목적으로 지하에 도로를 설치하는 경우를 제외한다.

2) 규모별 구분
가. 광로
 (1) 1류: 폭 70미터 이상인 도로
 (2) 2류: 폭 50미터 이상 70미터 미만인 도로
 (3) 3류: 폭 40미터 이상 50미터 미만인 도로
나. 대로
 (1) 1류: 폭 35미터 이상 40미터 미만인 도로
 (2) 2류: 폭 30미터 이상 35미터 미만인 도로
 (3) 3류: 폭 25미터 이상 30미터 미만인 도로
다. 중로
 (1) 1류: 폭 20미터 이상 25미터 미만인 도로
 (2) 2류: 폭 15미터 이상 20미터 미만인 도로
 (3) 3류: 폭 12미터 이상 15미터 미만인 도로
라. 소로
 (1) 1류: 폭 10미터 이상 12미터 미만인 도로
 (2) 2류: 폭 8미터 이상 10미터 미만인 도로
 (3) 3류: 폭 8미터 미만인 도로

---
[24] 도시·군 계획 시설의 결정·구조 및 설치기준에 관한 규칙. 제9조(도로의 구분)

3) 기능별 구분
    가. 주간선도로: 시·군 내 주요지역을 연결하거나 시·군 상호간을 연결하여 대량통과 교통을 처리하는 도로로서 시·군의 골격을 형성하는 도로
    나. 보조간선도로: 주간선도로를 집산도로 또는 주요 교통발생원과 연결하여 시·군 교통이 모였다 흩어지도록 하는 도로로서 근린주거구역의 외곽을 형성하는 도로
    다. 집산도로: 근린주거구역의 교통을 보조간선도로에 연결하여 근린주거구역 내 교통이 모였다 흩어지도록 하는 도로로서 근린주거구역의 내부를 구획하는 도로
    라. 국지도로: 가구(도로로 둘러싸인 일단의 지역을 말한다)를 구획하는 도로
    마. 특수도로: 보행자전용도로·자전거전용도로 등 자동차 외의 교통에 전용되는 도로

23. 도로의 배치 간격 및 곡선 반경 기준 [25]

1) 도로의 배치 간격 (위계와 위계간의 배치 간격)
    가. 주간선도로와 주간선도로의 배치간격: 1천미터 내외
    나. 주간선도로와 보조간선도로의 배치간격: 500미터 내외
    다. 보조간선도로와 집산도로의 배치간격: 250미터 내외
    라. 국지도로간의 배치간격
        : 가구의 짧은 변 사이의 배치간격은 90미터 내지 150미터 내외
          가구의 긴 변 사이의 배치간격은 25미터 내지 60미터 내외
2) 교차하는 도로의 기능별 분류가 서로 다른 때에는 교차지점의 곡선반경은 곡선반경이 큰 도로의 기준을 적용
    1) 주간선도로: 15미터 이상   2) 보조간선도로: 12미터 이상
    3) 집산도로: 10미터 이상   4) 국지도로: 6미터 이상

24. 용도지역별 도로율 [26]

1) 주거지역 : 15퍼센트 이상 30퍼센트 미만.
    이 경우 간선도로(주간선도로와 보조간선 도로를 말한다. 이하 같다)의 도로율은 8퍼센트 이상 15퍼센트 미만이어야 한다.
2) 상업지역 : 25퍼센트 이상 35퍼센트 미만.
    이 경우 간선도로의 도로율은 10퍼센트 이상 15퍼센트 미만이어야 한다.
3) 공업지역 : 8퍼센트 이상 20퍼센트 미만.
    이 경우 간선도로의 도로율은 4퍼센트 이상 10퍼센트 미만이어야 한다.

---

25) 도시·군 계획 시설의 결정·구조 및 설치기준에 관한 규칙. 제10조, 제14조
26) 도시·군 계획 시설의 결정·구조 및 설치기준에 관한 규칙. 제11조 (용도지역별 도로율)

25. "도시·군계획시설의 결정·구조 및 설치기준에 관한 규칙"에 근거하여 다음의 빈칸을 채우시오. 27)28)

【정답】
① 주민의 복지향상에 기여하기 위하여 설치하는 오락과 휴양을 위한 시설: (**유원지**)
② 시·군내의 주요시설물 또는 환경의 보호, 경관의 유지, 재해대책, 보행자의 통행과 주민의 일시적 휴식공간의 확보를 위하여 설치하는 시설: (**공공공지**)

26. 도시·군계획시설의 결정·구조 및 설치기준에 관한 규칙에서 제시하는 보행자우선도로의 결정기준에 대하여 서술하시오. 29)

1. 도시지역 내 간선도로의 이면도로로서 차량통행과 보행자의 통행을 구분하기 어려운 지역 중 보행자의 통행이 많거나 집회·공연 등 각종 행사로 인하여 보행자 통행량이 일시적으로 급증할 수 있는 지역에 설치할 것
2. 보행자의 안전을 위하여 경사가 심한 곳에는 설치하지 아니할 것
3. 보행자우선도로는 차량속도, 차량통행량 및 보행자의 통행량을 고려한 사전검토계획을 수립하여 설치할 것. 이 경우 차량속도는 시속 30킬로미터 이하로 계획할 것
4. 안전하고 쾌적한 보행을 위하여 보행자전용도로 및 녹지체계 등과 최단거리로 연결되도록 할 것

27. 부대시설과 편익시설에 대해 다음의 괄호 안을 채우시오. 30)

【정답】
(1) 부대시설: (**주시설**)의 (**기능 지원**)을 위하여 설치하는 시설
(2) 편익시설: (**도시·군계획시설**)의 (**이용자 편의 증진**)과 (**이용 활성화**)를 위하여 설치하는 시설

28. 도시 및 주거 환경 정비법(약칭: 도시정비법)에 의한 정비사업 종류 31)

가. 주거환경개선사업: 도시저소득 주민이 집단거주하는 지역으로서 정비기반시설이 극히 열악하고 노후·불량건축물이 과도하게 밀집한 지역의 주거환경을 개선하거나 단독주택 및 다세대주택이 밀집한 지역에서 정비기반시설과 공동이용시설 확충을 통하여 주거환경을 보전·정비·개량하기 위한 사업
나. 재개발사업: 정비기반시설이 열악하고 노후·불량건축물이 밀집한 지역에서 주거환경을 개선하거나 상업지역·공업지역 등에서 도시기능의 회복 및 상권활성화 등을 위하여 도시환경을 개선하기 위한 사업
다. 재건축사업: 정비기반시설은 양호하나 노후·불량건축물에 해당하는 공동주택이 밀집한 지역에서 주거환경을 개선하기 위한 사업

---

27) 도시·군계획시설의 결정·구조 및 설치기준에 관한 규칙. 제56조(유원지)
28) 도시·군계획시설의 결정·구조 및 설치기준에 관한 규칙. 제59조(공공공지)
29) 도시·군계획시설의 결정·구조 및 설치기준에 관한 규칙. 제19조의2
30) 도시·군계획시설의 결정·구조 및 설치기준에 관한 규칙. 제6조의 2
31) 도시 및 주거환경정비법. 제2조

29. 도시 및 주거환경 정비법에 의해서 제시하고 있는 정비기반시설의 종류에 대하여 서술하시오. 32)

1.도로 2.상하수도 3.구거(溝渠: 도랑) 4.공원 5.공용주차장 6.공동구 7.녹지
8.하천 9.공공공지 10.광장 11.소방용수시설 12.비상대피시설 13.가스공급시설
14.지역난방시설 15.주거환경개선사업을 위하여 지정·고시된 정비구역에 설치하는 공동이용시설

30. 다음의 내용을 보고 적절한 개발 방식에 대하여 답하시오. 33)

> 사업시행자는 정비구역의 안과 밖에 새로 건설한 주택 또는 이미 건설되어 있는 주택의 경우 그 정비사업의 시행으로 철거되는 주택의 소유자 또는 세입자를 임시로 거주하게 하는 등 그 정비구역을 순차적으로 정비하여 주택의 소유자 또는 세입자의 이주대책을 수립하여야 한다.

【정답】 순환정비방식

31. 도시개발법에 따라 도시개발구역으로 지정할 수 있는 대상 지역 및 규모 34)

1) 주거지역 및 상업지역: **1만 제곱미터 이상**
2) 공업지역: **3만 제곱미터 이상**
3) 자연녹지지역: **1만 제곱미터 이상**
4) 생산녹지지역: **1만 제곱미터 이상**
   (생산녹지지역이 도시개발구역 지정면적의 100분의 30 이하인 경우만 해당된다)
5) 도시지역 외의 지역: **30만 제곱미터 이상** (다만, 공동주택 중 아파트 또는 연립주택의 건설계획이 포함되는 경우 10만 제곱미터 이상)

32. 수도권 정비계획법상 3대 권역의 개념 35)

1) 과밀억제권역: 인구와 산업이 지나치게 집중되었거나 집중될 우려가 있어 이전하거나 정비할 필요가 있는 지역
2) 성장관리권역: 과밀억제권역으로부터 이전하는 인구와 산업을 계획적으로 유치하고 산업의 입지와 도시의 개발을 적정하게 관리할 필요가 있는 지역
3) 자연보전권역: 한강 수계의 수질과 녹지 등 자연환경을 보전할 필요가 있는 지역

---

32) 도시 및 주거환경정비법. 제2조
33) 도시 및 주거환경정비법. 제59조(순환정비방식의 정비사업 등)
34) 도시개발법 시행령. 제2조 (도시개발구역의 지정대상지역 및 규모)
35) 수도권정비계획법. 제6조

33. 수도권정비계획법에 근거하여 다음의 질문에 답하시오.

1) 수도권에 해당하는 지역을 적으시오. 【정답】 서울특별시, 인천광역시, 경기도

2) 수도권의 인구와 산업을 적정하게 배치하기 위하여 수도권 구분한 권역 3가지를 적으시오.

【정답】 과밀억제권역, 성장관리권역, 자연보전권역

3) 수도권정비계획법 제12조 (과밀부담금의 부과·징수)에 관한 다음의 설명을 보고 ①번 빈칸에 알맞은 용어를 적고, 밑줄 친 ②에 해당하는 지역을 적으시오.

> (①)에 속하는 지역으로서 ②대통령령으로 정하는 지역에서 인구집중유발시설 중 업무용 건축물, 판매용 건축물, 공공 청사, 그 밖에 대통령령으로 정하는 건축물을 건축(신축·증축 및 공공 청사가 아닌 시설을 공공 청사로 하는 용도변경, 그 밖에 대통령령으로 정하는 용도변경을 말한다. 이하 같다)하려는 자는 과밀부담금을 내야 한다.

【정답】 과밀억제권역, 서울특별시

34. 빈집 및 소규모주택 정비에 관한 특례법 (약칭: 소규모주택정비법)에 의거하여 다음의 물음에 답하시오.

1) 다음의 빈칸을 채우시오.

> "빈집"이란 특별자치시장·특별자치도지사·시장·군수 또는 자치구의 구청장이 거주 또는 사용 여부를 확인한 날부터 (   ) 아무도 거주 또는 사용하지 아니하는 주택을 말한다

【정답】 1년 이상

2) "소규모주택정비사업"의 종류 4가지에 대하여 적으시오.

【정답】 자율주택정비사업, 가로주택정비사업, 소규모재건축사업, 소규모재개발사업

3) 다음의 내용에 해당하는 사업에 대해 빈칸을 채우시오.

①	단독주택, 다세대주택 및 연립주택을 스스로 개량 또는 건설하기 위한 사업
②	인가받은 사업시행계획에 따라 주택, 부대시설·복리시설 및 오피스텔을 건설하여 공급하는 사업

【정답】 ① 자율주택정비사업, ② 소규모재건축사업

4) 토지등소유자가 소규모주택정비사업을 시행하기 위하여 결성하는 협의체를 무엇이라 하는가?

【정답】 주민합의체

---

36) 수도권정비계획법 시행령. 제2조(수도권에 포함되는 서울특별시 주변 지역의 범위)
37) 수도권정비계획법. 제6조(권역의 구분과 지정)
38) 수도권정비계획법. 제12조(과밀부담금의 부과·징수), 수도권정비계획법 시행령 제16조(과밀부담금의 부과·징수)
39) 빈집 및 소규모주택 정비에 관한 특례법. 제1장 총칙 제2조(정의)

■ "소규모주택정비사업" 종류 4가지 [40]
　가. 자율주택정비사업: 단독주택, 다세대주택 및 연립주택을 스스로 개량 또는 건설하기 위한 사업
　나. 가로주택정비사업: 가로구역에서 종전의 가로를 유지하면서 소규모로 주거환경을 개선하기 위한 사업
　다. 소규모재건축사업: 정비기반시설이 양호한 지역에서 소규모로 공동주택을 재건축하기 위한 사업.
　　　이 경우 도심 내 주택공급을 활성화하기 위하여 일정 요건을 모두 갖추어 시행하는 소규모
　　　재건축사업을 "공공참여 소규모재건축활성화사업"("공공소규모재건축사업")이라 한다.
　라. 소규모재개발사업: 역세권 또는 준공업지역에서 소규모로 주거환경 또는 도시환경을 개선 하기 위한 사업

■ 소규모주택정비사업 중 소규모주택정비사업의 "시행 방법" [41]
　1) 자율주택정비사업: 사업시행계획인가를 받은 후에 사업시행자가 스스로 주택을 개량 또는 건설하는 방법으로 시행한다.
　2) 가로주택정비사업: 가로구역의 전부 또는 일부에서 인가받은 사업시행계획에 따라 주택 등을 건설하여
　　 공급하거나 보전 또는 개량하는 방법으로 시행한다.
　3) 소규모재건축사업: 인가받은 사업시행계획에 따라 주택, 부대시설·복리시설 및 오피스텔
　　 (「건축법」 제2조제2항에 따른 업무시설 중 오피스텔을 말한다)을 건설하여 공급하는 방법으로 시행한다.
　4) 소규모재개발사업: 인가받은 사업시행계획에 따라 주택 등 건축물을 건설하여 공급하는 방법으로 시행한다.

■ 빈집 및 소규모주택 정비에 관한 특례법 제2조 정의 [42]
1. **빈집**: 특별자치시장·특별자치도지사·시장·군수 또는 자치구의 구청장(이하 "시장·군수등")이 거주
　　또는 사용 여부를 확인한 날부터 **1년 이상** 아무도 거주 또는 사용하지 아니하는 주택
2. **빈집정비사업**: 빈집을 개량 또는 철거하거나 효율적으로 관리 또는 활용하기 위한 사업
3. **소규모주택정비사업**: 법에서 정한 절차에 따라 노후·불량건축물의 밀집 등 대통령령으로 정하는
　　요건에 해당하는 지역 또는 가로구역(街路區域)에서 시행하는 다음 각 목의 사업을 말한다.
　가. 자율주택정비사업: 단독주택, 다세대주택 및 연립주택을 스스로 개량 또는 건설하기 위한 사업
　나. 가로주택정비사업: 가로구역에서 종전의 가로를 유지하면서 소규모로 주거환경을 개선하기 위한 사업
　다. 소규모재건축사업: 정비기반시설이 양호한 지역에서 소규모로 공동주택을 재건축하기 위한 사업.
　　　이 경우 도심 내 주택공급을 활성화하기 위하여 다음 요건을 모두 갖추어 시행하는 소규모재건축사업을
　　　"공공참여 소규모재건축활성화사업"(이하 "공공소규모재건축사업"이라 한다)이라 한다.
　라. 소규모재개발사업: 역세권 또는 준공업지역에서 소규모로 주거환경 또는 도시환경을 개선하기 위한 사업
4. **사업시행구역**: 빈집정비사업 또는 소규모주택정비사업을 시행하는 구역
5. **사업시행자**: 빈집정비사업 또는 소규모주택정비사업을 시행하는 자
6. **토지등소유자**: 다음 각 목에서 정하는 자를 말한다. 다만, 「자본시장과 금융투자업에 관한 법률」 제8조
　　제7항에 따른 신탁업자(이하 "신탁업자"라 한다)가 사업시행자로 지정된 경우 토지등소유자가 소규모주택
　　정비사업을 목적으로 신탁업자에게 신탁한 토지 또는 건축물에 대하여는 위탁자를 토지등소유자로 본다.
　가. 자율주택정비사업, 가로주택정비사업 또는 소규모재개발사업은 사업시행구역에 위치한 토지 또는
　　　건축물의 소유자, 해당 토지의 지상권자
　나. 소규모재건축사업은 사업시행구역에 위치한 건축물 및 그 부속토지의 소유자
7. **주민합의체**: 제22조에 따라 토지등소유자가 소규모주택정비사업을 시행하기 위하여 결성하는 협의체
8. **빈집밀집구역**: 빈집이 밀집한 지역을 관리하기 위하여 제4조제5항에 따라 지정·고시된 구역
9. **소규모주택정비 관리지역**: 노후·불량건축물에 해당하는 단독주택 및 공동주택과 신축 건축물이 혼재
　　하여 광역적 개발이 곤란한 지역에서 정비기반시설과 공동이용시설의 확충을 통하여 소규모주택정비사업을
　　계획적·효율적으로 추진하기 위하여 제43조의2에 따라 소규모주택정비 관리계획이 승인·고시된 지역

---
[40] 빈집 및 소규모주택 정비에 관한 특례법. 제1장 총칙 제2조(정의)
[41] 빈집 및 소규모주택 정비에 관한 특례법. 제3장 소규모주택정비사업. 제16조(소규모주택정비사업의 시행방법)
[42] 빈집 및 소규모주택 정비에 관한 특례법. 제1장 총칙 제2조(정의)

35. 도시재생 활성화 및 지원에 관한 특별법에 근거하여 다음의 물음에 답하시오. 43)

1) 도시 재생의 정의에 대해 다음의 빈칸을 채우시오.

> "도시재생"이란 인구의 (①), 산업구조의 (②), 도시의 무분별한 (③), 주거 환경의 (④) 등으로 쇠퇴하는 도시를 지역역량의 강화, 새로운 기능의 도입·창출 및 지역자원의 활용을 통하여 경제적·사회적·물리적·환경적으로 활성화시키는 것을 말한다.

【정답】 ① 감소, ② 변화, ③ 확장, ④ 노후화

2) ( ) : 도시재생을 종합적·계획적·효율적으로 추진하기 위하여 수립하는 국가 도시재생전략

【정답】 국가도시재생 기본방침

3) 도시재생법 제2조에 의거한 도시재생활성화계획 2가지를 적으시오.

【정답】 도시경제기반형 활성화계획, 근린재생형 활성화계획

4) 지역주민 또는 단체가 해당 지역의 인력, 향토, 문화, 자연자원 등 각종 자원을 활용하여 생활환경을 개선하고 지역공동체를 활성화하며 소득 및 일자리를 창출하기 위하여 운영하는 기업에 대하여 적으시오.

【정답】 마을기업

5) 도시재생을 촉진하기 위하여 산업·상업·주거·복지·행정 등의 기능이 집적된 지역 거점을 우선적으로 조성할 필요가 있는 지역으로 이 법에 따라 지정·고시되는 지구는 무엇인가?

【정답】 도시재생혁신지구

6) 다음의 지역의 종류에 대해서 답하시오.

> 도시재생을 긴급하고 효과적으로 실시하여야 할 필요가 있고 주변지역에 대한 파급효과가 큰 지역으로, 국가와 지방자치단체의 시책을 중점 시행함으로써 도시재생 활성화를 도모하는 지역

【정답】 도시재생선도지역

7) 도시재생활성화지역을 지정하기 위한 세부적인 요건 세 가지 중 다음의 빈칸에 대해서 기술하시오. 44)

【정답】
1. (인구)가 (현저히 감소)하는 지역
2. (총 사업체 수)의 (감소) 등 산업의 이탈이 발생되는 지역
3. (노후주택)의 (증가) 등 주거환경이 악화되는 지역

---

43) 도시재생 활성화 및 지원에 관한 특별법. 제2조(정의)
44) 도시재생 활성화 및 지원에 관한 특별법 시행령. 제17조(도시재생활성화지역 지정의 세부 기준)

▌도시재생 활성화 및 지원에 관한 특별법(도시재생법) 관련 정의

1. **도시재생**: 인구의 감소, 산업구조의 변화, 도시의 무분별한 확장, 주거환경의 노후화 등으로 쇠퇴하는 도시를 지역역량의 강화, 새로운 기능의 도입·창출 및 지역자원의 활용을 통하여 경제적·사회적·물리적·환경적으로 활성화시키는 것

2. **국가도시재생기본방침**: 도시재생을 종합적·계획적·효율적으로 추진하기 위하여 수립하는 국가 도시재생전략

3. **도시재생전략계획**: 전략계획수립권자가 국가도시재생기본방침을 고려하여 도시 전체 또는 일부 지역, 필요한 경우 둘 이상의 도시에 대하여 도시재생과 관련한 각종 계획, 사업, 프로그램, 유형·무형의 지역자산 등을 조사·발굴하고, 도시재생활성화지역을 지정하는 등 도시재생 추진전략을 수립하기 위한 계획

4. **전략계획수립권자**: 특별시장·광역시장·특별자치시장·특별자치도지사·시장 또는 군수(광역시 관할구역에 있는 군의 군수는 제외)

5. **도시재생활성화지역**: 국가와 지방자치단체의 자원과 역량을 집중함으로써 도시재생을 위한 사업의 효과를 극대화하려는 전략적 대상지역으로 그 지정 및 해제를 도시재생전략계획으로 결정하는 지역

6. **도시재생활성화계획**: 도시재생전략계획에 부합하도록 도시재생활성화지역에 대하여 국가, 지방자치단체, 공공기관 및 지역주민 등이 지역발전과 도시재생을 위하여 추진하는 다양한 도시재생사업을 연계하여 종합적으로 수립하는 실행계획

7. **도시재생혁신지구(혁신지구)**: 도시재생을 촉진하기 위하여 산업·상업·주거·복지·행정 등의 기능이 집적된 지역 거점을 우선적으로 조성할 필요가 있는 지역

8. **주거재생혁신지구**: 혁신지구 중 다음 각 목의 요건을 모두 갖춘 지구
   가. 빈집, 노후·불량건축물 등이 밀집하여 주거환경 개선이 시급한 지역으로서 대통령령으로 정하는 지역
   나. 신규 주택공급이 필요한 지역으로서 지구의 면적이 대통령령으로 정하는 면적 이내

9. **도시재생선도지역**: 도시재생을 긴급하고 효과적으로 실시하여야 할 필요가 있고 주변지역에 대한 파급효과가 큰 지역으로, 국가와 지방자치단체의 시책을 중점 시행함으로써 도시재생 활성화를 도모하는 지역

10. **특별재생지역**: 「재난 및 안전관리 기본법」에 따른 특별재난지역으로 선포된 지역 중 피해지역의 주택 및 기반시설 등 정비, 재난 예방 및 대응, 피해지역 주민의 심리적 안정 및 지역공동체 활성화를 위하여 국가와 지방자치단체가 도시재생을 긴급하고 효과적으로 실시하여야 할 필요가 있는 지역

11. **마을기업**: 지역주민 또는 단체가 해당 지역의 인력, 향토, 문화, 자연자원 등 각종 자원을 활용하여 생활환경을 개선하고 지역공동체를 활성화하며 소득 및 일자리를 창출하기 위하여 운영하는 기업

12. **도시재생기반시설**
    가. 「국토의 계획 및 이용에 관한 법률」 제2조제6호에 따른 기반시설
    나. 주민이 공동으로 사용하는 놀이터, 마을회관, 공동작업장, 마을 도서관 등 대통령령으로 정하는 공동이용시설

13. **기초생활인프라**: 도시재생기반시설 중 도시주민의 생활편의를 증진하고 삶의 질을 일정한 수준으로 유지하거나 향상시키기 위하여 필요한 시설

14. **상생협약**: 도시재생활성화지역에서 지역주민, 「상가건물 임대차보호법」 제3조제1항에 따른 사업자등록의 대상이 되는 상가건물의 임대인과 임차인, 해당 지방자치단체의 장 등이 지역 활성화와 상호이익 증진을 위하여 자발적으로 체결하는 협약

36. 도시재정비 촉진을 위한 특별법에 근거하여 다음의 물음에 답하시오. [45]

1) (　　　　　　　): 도시의 낙후된 지역에 대한 주거환경의 개선, 기반시설의 확충 및 도시기능의 회복을 광역적으로 계획하고 체계적·효율적으로 추진하기 위하여 제5조에 따라 지정하는 지구(地區)

【정답】 재정비촉진지구

2) 지구의 특성에 따라 구분되는 재정비촉진지구 유형 3가지를 적으시오.

【정답】 주거지형, 중심지형, 고밀복합형

3) 재정비촉진지구에서 시행되는 재정비촉진사업 중 2가지 이상을 적으시오.

【풀이】
1) 「도시 및 주거환경정비법」에 따른 주거환경개선사업, 재개발사업 및 재건축사업
2) 「빈집 및 소규모주택 정비에 관한 특례법」에 따른 가로주택정비사업, 소규모재건축사업 및 소규모재개발사업
3) 「도시개발법」에 따른 도시개발사업
4) 「도시재생 활성화 및 지원에 관한 특별법」에 따른 주거재생혁신지구의 혁신지구재생사업
5) 「공공주택 특별법」에 따른 도심 공공주택 복합사업
6) 「전통시장 및 상점가 육성을 위한 특별법」에 따른 시장정비사업
7) 「국토의 계획 및 이용에 관한 법률」에 따른 도시·군계획시설사업

【정답】
주거환경개선사업, 재개발사업 및 재건축사업,
가로주택정비사업, 소규모재건축사업 및 소규모재개발사업,
도시개발사업, 주거재생혁신지구의 혁신지구재생사업,
도심 공공주택 복합사업, 시장정비사업, 도시·군계획시설사업

■ **도시재정비 촉진을 위한 특별법 정의** (약칭: 도시재정비법) **정의** (편집 수정) [46]
1. **재정비촉진계획**: 재정비촉진지구의 재정비촉진사업을 계획적이고 체계적으로 추진하기 위한 제9조에 따른 재정비촉진지구의 토지 이용, 기반시설의 설치 등에 관한 계획
2. **재정비촉진구역**: 도시재정비 촉진을 위한 특별법. 제2조(정의) 제2호 각 목의 해당 사업별로 결정된 구역
3. **우선사업구역**: 재정비촉진구역 중 재정비촉진사업의 활성화, 소형주택 공급 확대, 주민 이주대책 지원 등을 위하여 다른 구역에 우선하여 개발하는 구역으로서 재정비촉진계획으로 결정되는 구역
4. **존치지역**: 재정비촉진지구에서 재정비촉진사업을 할 필요성이 적어 재정비촉진계획에 따라 존치하는 지역
5. **기반시설**: 「국토의 계획 및 이용에 관한 법률」 제2조제6호에 따른 시설을 말함
6. **토지등소유자**: 각 재정비촉진구역에 있는 토지 또는 건축물의 소유자와 그 지상권자, 그 부속토지, 토지·물건 또는 권리의 소유자

---

[45] 도시재정비 촉진을 위한 특별법(약칭:도시재정비법). 제2조(정의)
[46] 도시재정비 촉진을 위한 특별법 (약칭: 도시재정비법). 제2조(정의)

37. 지구단위계획 수립 시 고려해야 하는 기준(사항)에 대해 기술하시오. 47)

(1) 도시의 정비·관리·보전·개발 등 지구단위계획구역의 지정목적
(2) 주거·산업유통·관광휴양·복합 등 지구단위계획구역의 중심기능
(3) 해당 용도지역의 특성
(4) 지역 공동체의 활성화
(5) 보행친화적인 안전하고 지속가능한 생활권의 조성
(6) 해당 지역 및 인근 지역의 토지 이용을 고려한 토지이용계획과 건축계획의 조화
(7) 아름답고 조화로운 경관 창출
(8) 다양한 용도의 혼합과 가로 중심의 장소성 확보

38. 도시지역 외 지역에 지정하는 지구단위계획구역의 종류 6가지에 대하여 서술하시오. 48)

(1) 주거형 지구단위계획구역   (2) 산업유통형 지구단위계획구역
(3) 관광휴양형 지구단위계획구역   (4) 특정 지구단위계획구역
(5) 복합형 지구단위계획구역   (6) 용도지구 대체형 지구단위계획구역

39. 도시지역에서의 지구단위계획구역 지정목적 4가지만 작성하시오. 49)

【정답】 (1) 기존시가지 정비, (2) 기존시가지의 관리, (3) 기존시가지 보전, (4) 신시가지의 개발

■ 참고 ■ 도시지역에서의 지구단위계획구역 지정 시, 지구단위계획 지정 목적
(1) 기존시가지 정비, (2) 기존시가지의 관리, (3) 기존시가지 보전, (4) 신시가지의 개발,
(5) 복합용도개발, (6) 유휴토지 및 이전적지개발, (7) 비시가지 관리·개발 (8) 용도지구대체, (9) 복합구역

40. 지구단위계획수립지침에 따라 다음 빈칸을 채우시오. 50)

구분		적용대상	성격
불허	전층불허	구역의 지정목적과 계획목표에 부합하지 않는 용도의 입지 불허	규제
	1층불허	가로의 성격을 해치는 용도의 1층입지 불허	
지정	지정	공공적 성격이 강하여 특별히 확보해야 하는 시설의 경우 특화거리 또는 단지조성의 경우 등	규제+권장
권장	전층권장	구역 위상에 부합하는 용도의 입지를 통한 기능 강화가 필요한 경우 등	권장
	1층전면	가로활성화와 보행지원이 필요한 경우 등	
	지하층	공공지하공간과의 연계가 필요한 경우 등	

---

47) 지구단위계획수립지침. 제3장 지구단위계획 수립기준(공통) 제1절 일반원칙
48) 지구단위계획수립지침. 제2장 지구단위계획구역의 지정 및 지구단위계획의 수립
49) 지구단위계획수립지침. 제3장 지구단위계획 수립기준(공통) 제1절 일반원칙
50) 지구단위계획수립지침. 제8절 건축물의 용도. 용도제한의 종류 구분

41. 지구단위계획수립지침 내용 중 건축선에 대해 다음의 빈칸을 채우시오. [51]

① **(건축지정선)**: 가로경관의 연속적인 형태를 유지할 필요가 있거나 중요가로변의 건축물을 정연하게 할 필요가 있는 경우에 지정하는 것으로서 건축물의 외벽면이 계획에서 정한 선의 수직면에 일정비율 이상 접해야 하는 선을 말한다.

② **(벽면지정선)**: 특정지역에서 상점가의 1층 벽면을 가지런하게 하거나 고층부의 벽면의 위치를 지정하는 등 특정층의 벽면의 위치를 규제할 필요가 있는 경우에 지정할 수 있다.

③ **(건축한계선)**: 도로에 있는 사람이 개방감을 가질 수 있도록 건축물을 도로에서 일정거리 후퇴시켜 건축하게 할 필요가 있는 곳에 지정할 수 있다.

④ **(벽면한계선)**: 특정한 층에서 보행공간(공공보행통로등) 등을 확보할 필요가 있는 경우에 사용할 수 있다. 이 경우 건축한계선의 후퇴부분에는 보행공간 등에 필요한 도시설계적 계획요소를 제시한다.

42. 획지 및 건축물 등에 관한 지구단위계획 표시 기호 [52]

지구단위계획구역	획지경계선 (지적경계선보다 약간 굵은실선)	대지분할가능선
— ‥ —	———	······

건축한계선	건축지정선	벽면지정선
———	⌴ ⌴ ⌴	········

벽면한계선	공공보행통로	건축물의 용적률, 건폐율, 높이
·····	▨▨▨▨	용적률 / 최고높이 건폐율 / 최저높이

건축물의 용도	합벽건축	공동개발
허용용도 권장용도	○ → ← ○	○ - - ○

차량출입허용구간	차량출입불허구간	보행주출입구
├──▲──┤	├──×──┤	△

공동주택단지의 분산상가	공동주택단지의 단지 내 도로	공동주택단지의 주택유형/평형
●	◄─────►	유형 / 평형

특별계획구역 (굵은 실선)	* 상기 범례외의 필요한 범례는 별도로 작성하여 사용할 수 있다.

---

51) 지구단위계획수립지침. 제3장 지구단위계획 수립기준(공통) 제10절 건축물의 배치와 건축선, 서울도시공간포털
52) 지구단위계획수립지침. <별첨1> 지구단위계획결정도서 작성지침

43. 지구단위계획수립지침 중 지구단위계획구역 지정절차 [53]

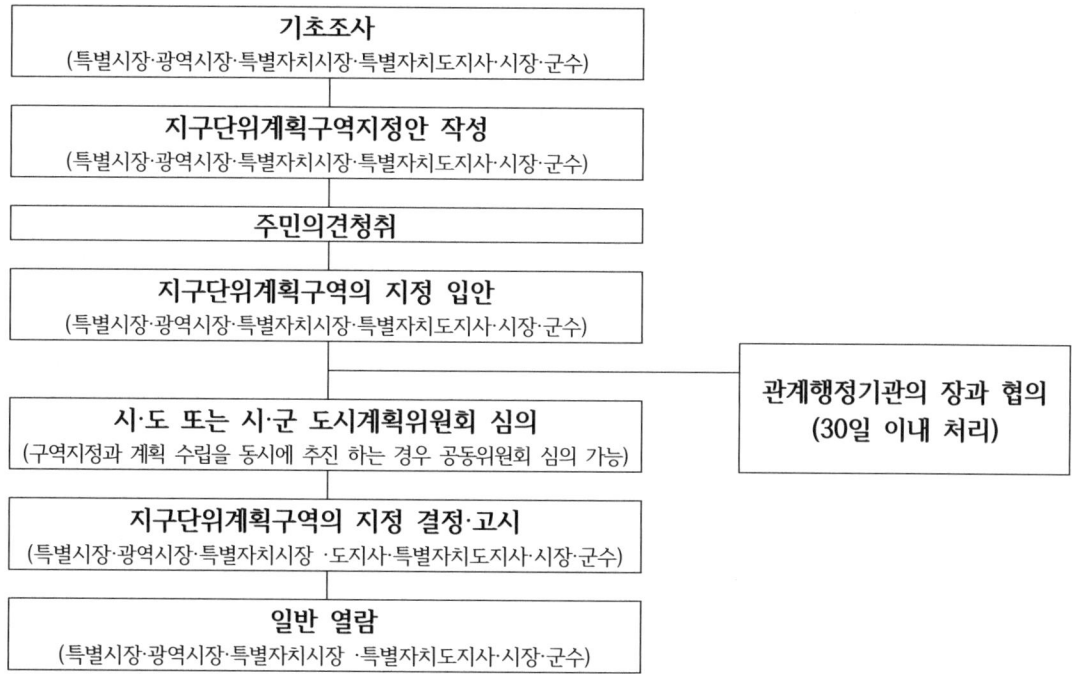

43-1. 지구단위계획수립지침 중 지구단위계획의 입안 및 결정절차

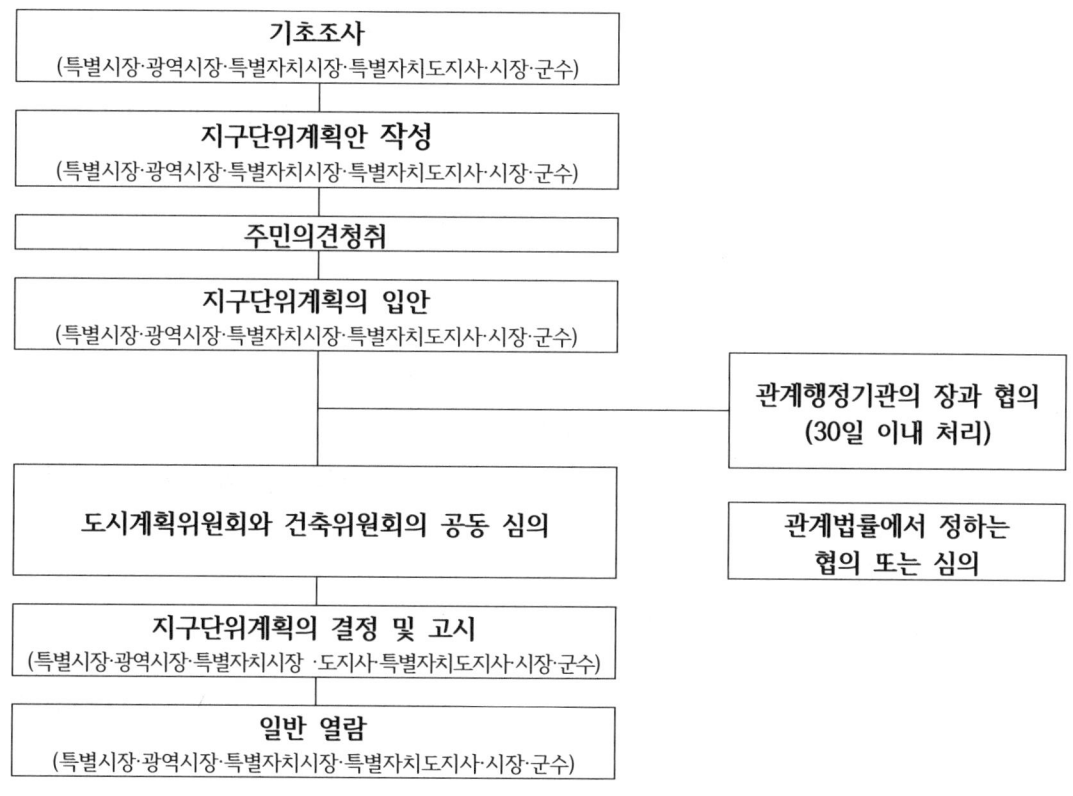

---

53) 지구단위계획수립지침. 제2장 지구단위계획구역의 지정 및 지구단위계획의 수립 제2절 지구단위계획구역의 입안 및 지정

44. 산업단지의 종류와 특징에 대하여 서술하시오. 54)

① 국가산업단지: 국가기간산업, 첨단과학기술산업 등을 육성하거나 개발 촉진이 필요한 낙후지역이나 둘 이상의 특별시·광역시·특별자치시 또는 도에 걸쳐 있는 지역을 산업단지로 개발하기 위하여 제6조에 따라 지정된 산업단지

② 일반산업단지: 산업의 적정한 지방 분산을 촉진하고 지역경제의 활성화를 위하여 제7조에 따라 지정된 산업단지

③ 도시첨단산업단지: 지식산업·문화산업·정보통신산업, 그 밖의 첨단산업의 육성과 개발 촉진을 위하여 「국토의 계획 및 이용에 관한 법률」에 따른 도시지역에 제7조의2에 따라 지정된 산업단지

④ 농공단지(農工團地): 대통령령으로 정하는 농어촌지역에 농어민의 소득 증대를 위한 산업을 유치·육성하기 위하여 제8조에 따라 지정된 산업단지

45. 산업입지 및 개발에 관한 법률 근거하여 다음의 물음에 답하시오. 55)

1) 입주기업과 기반시설·주거시설·지원시설 및 공공시설 등의 디지털화, 에너지 자립 및 친환경화를 추진하는 산업단지를 무엇이라고 하는가?

　　　　　　　　　　　　　　　　　　　　　　　　【정답】 스마트그린산업단지

2) 지식산업·문화산업·정보통신산업, 그 밖의 첨단산업의 육성과 개발 촉진을 위하여 「국토의 계획 및 이용에 관한 법률」에 따른 도시지역에 제7조의2에 따라 지정된 산업단지는 무엇긴가?

　　　　　　　　　　　　　　　　　　　　　　　　【정답】 도시첨단산업단지

3) 국가산업단지의 지정권자에 대해서 적으시오.

　　　　　　　　　　　　　　　　　　　　　　　　【정답】 국토교통부장관

4) 산업기능의 활성화를 위하여 산업단지 또는 공업지역(「국토의 계획 및 이용에 관한 법률」 제36조제1항제1호다목에 해당하는 공업지역을 말한다.) 및 산업단지 또는 공업지역의 주변 지역에 지정·고시되는 지구를 무엇이라 하는가?

　　　　　　　　　　　　　　　　　　　　　　　　【정답】 산업단지 재생사업지구

5) 도시 또는 도시 주변의 특정 지역에 입지하는 개별 공장들의 밀집도가 다른 지역에 비하여 높아 포괄적 계획에 따라 계획적 관리가 필요하여 산업입지 및 개발에 관한 법률 제8조의3에 따라 지정된 일단의 토지 및 시설물을 말하는 것을 무엇이라 하는가?

　　　　　　　　　　　　　　　　　　　　　　　　【정답】 준산업단지

---

54) 산업입지 및 개발에 관한 법률. 제2조 정의
55) 산업입지 및 개발에 관한 법률. (약칭:산업입지법) 제2조(정의) 제6조(국가산업단지의 지정)

46. 도시공원의 세분 및 규모 [56]

1) 국가도시공원: 도시공원 중 국가가 지정하는 공원
2) 생활권공원: 도시생활권의 기반이 되는 공원의 성격으로 설치·관리하는 공원으로서 다음 각 목의 공원
   가. 소공원: 소규모 토지를 이용하여 도시민의 휴식 및 정서 함양을 도모하기 위하여 설치하는 공원
   나. 어린이공원: 어린이의 보건 및 정서생활의 향상에 이바지하기 위하여 설치하는 공원
   다. 근린공원: 근린거주자 또는 근린생활권으로 구성된 지역생활권 거주자의 보건·휴양 및 정서생활의 향상에 이바지하기 위하여 설치하는 공원
3) 주제공원: 생활권공원 외에 다양한 목적으로 설치하는 다음 각 목의 공원
   가. 역사공원: 도시의 역사적 장소나 시설물, 유적·유물 등을 활용하여 도시민의 휴식·교육을 목적으로 설치하는 공원
   나. 문화공원: 도시의 각종 문화적 특징을 활용하여 도시민의 휴식·교육을 목적으로 설치하는 공원
   다. 수변공원: 도시의 하천가·호숫가 등 수변공간을 활용하여 도시민의 여가·휴식을 목적으로 설치하는 공원
   라. 묘지공원: 묘지 이용자에게 휴식 등을 제공하기 위하여 일정한 구역에 「장사 등에 관한 법률」 제2조제7호에 따른 묘지와 공원시설을 혼합하여 설치하는 공원
   마. 체육공원: 주로 운동경기나 야외활동 등 체육활동을 통하여 건전한 신체와 정신을 배양함을 목적으로 설치하는 공원
   바. 도시농업공원: 도시민의 정서순화 및 공동체의식 함양을 위하여 도시농업을 주된 목적으로 설치하는 공원
   사. 방재공원: 지진 등 재난발생 시 도시민 대피 및 구호 거점으로 활용될 수 있도록 설치하는 공원
   아. 그 밖에 특별시·광역시·특별자치시·도·특별자치도 또는 「지방자치법」 제198조에 따른 서울특별시·광역시 및 특별자치시를 제외한 인구 50만 이상 대도시의 조례로 정하는 공원

47. 녹지의 세분 [57]

1) 완충녹지: 대기오염, 소음, 진동, 악취, 그 밖에 이에 준하는 공해와 각종 사고나 자연 재해, 그 밖에 이에 준하는 재해 등의 방지를 위하여 설치하는 녹지
2) 경관녹지: 도시의 자연적 환경을 보전하거나 이를 개선하고 이미 자연이 훼손된 지역을 복원·개선함으로써 도시경관을 향상시키기 위하여 설치하는 녹지
3) 연결녹지: 도시 안의 공원, 하천, 산지 등을 유기적으로 연결하고 도시민에게 산책 공간의 역할을 하는 등 여가·휴식을 제공하는 선형(線型)의 녹지

---

[56] 도시공원 및 녹지 등에 관한 법률. 제15조(도시공원의 세분 및 규모)
[57] 도시공원 및 녹지 등에 관한 법률. 제35조(녹지의 세분)

48. 생활권 공원의 설치 및 규모의 기준 58)

구분	설치기준	유치거리	규모
1. 생활권 공원			
가. 소공원	제한 없음	제한 없음	제한 없음
나. 어린이공원	제한 없음	250 미터 이하	1천5백 제곱미터 이상
다. 근린공원			
(1) 근린생활권 근린공원 (주로 인근에 거주하는자의 이용에 제공할 것을 목적으로 하는 근린공원)	제한 없음	500 미터 이하	1만 제곱미터 이상
(2) 도보권 근린공원 (주로 도보권 안에 거주하는 자의 이용에 제공할 것을 목적으로 하는 근린공원)	제한 없음	1천 미터 이하	3만 제곱미터 이상
(3) 도시지역권 근린공원 (도시지역 안에 거주하는 전체 주민의 종합적인 이용에 제공할 것을 목적으로 하는 근린공원)	해당 도시공원의 기능을 충분히 발휘할 수 있는 장소에 설치	제한 없음	10만 제곱미터 이상
(4) 광역권 근린공원 (하나의 도시지역을 초과하는 광역적인 이용에 제공할 것을 목적으로 하는 근린공원)	해당 도시공원의 기능을 충분히 발휘할 수 있는 장소에 설치	제한 없음	100만 제곱미터 이상
2. 주제공원			
가. 역사공원	제한 없음	제한 없음	제한 없음
나. 문화공원	제한 없음	제한 없음	제한 없음
다. 수변공원	하천·호수 등의 수변과 접하고 있어 친수 공간을 조성할 수 있는 곳에 설치	제한 없음	제한 없음
라. 묘지공원	정숙한 장소로 장래 시가화가 예상되지 아니하는 자연녹지 지역에 설치	제한 없음	10만 제곱미터 이상
마. 체육공원	해당 도시공원의 기능을 충분히 발휘할 수 있는 장소에 설치	제한 없음	1만 제곱미터 이상
바. 도시농업공원	제한 없음	제한 없음	1만 제곱미터 이상
사. 법 제15조 제1항 제3호 아목에 따른 공원	제한 없음	제한 없음	제한 없음

---

58) 도시공원 및 녹지 등에 관한 법률 시행규칙. [별표 3] 도시공원의 설치 및 규모의 기준 (제6조 관련)

49. 개발계획 규모별 도시공원 또는 녹지의 확보 기준 [59]

기준 개발계획	도시공원 또는 녹지의 확보기준
1. 「도시개발법」에 의한 개발계획	가. 1만제곱미터 이상 30만제곱미터 미만의 개발계획 　: 상주인구 1인당 3제곱미터 이상 또는 개발 부지면적의 5퍼센트 이상 중 큰 면적 나. 30만제곱미터 이상 100만제곱미터 미만의 개발계획 　: 상주인구 1인당 6제곱미터 이상 또는 개발 부지면적의 9퍼센트 이상 중 큰 면적 다. 100만제곱미터 이상 　: 상주인구 1인당 9제곱미터 이상 또는 개발 부지면적의 12퍼센트 이상 중 큰 면적
2. 「주택법」에 의한 주택건설사업계획	1천세대 이상의 주택건설사업계획 　: 1세대당 3제곱미터 이상 또는 개발 부지면적의 5퍼센트 이상 중 큰 면적
3. 「주택법」에 의한 대지조성사업계획	10만 제곱미터 이상의 대지조성사업계획 　: 1세대당 3제곱미터 이상 또는 개발 부지면적의 5퍼센트 이상 중 큰 면적
4. 「도시 및 주거 환경 정비법」에 의한 정비계획	5만 제곱미터 이상의 정비계획 　: 1세대 당 2제곱미터 이상 또는 개발 부지면적의 5퍼센트 이상 중 큰 면적
5. 「산업입지 및 개발에 관한 법률」에 의한 개발계획	전체계획구역에 대하여는 「기업 활동 규제완화에 관한 특별조치법」 제21조의 규정에 의한 공공녹지 확보기준을 적용한다.
6. 「택지개발촉진법」에 의한 택지개발계획	가. 10만 제곱미터 이상 30만 제곱미터 미만의 개발계획 　: 상주인구 1인당 6제곱미터 이상 또는 개발 부지면적의 12퍼센트 이상 중 큰 면적 나. 30만 제곱미터 이상 100만 제곱미터 미만의 개발계획 　: 상주인구 1인당 7제곱미터 이상 또는 개발 부지면적의 15퍼센트 이상 중 큰 면적 다. 100만 제곱미터 이상 330만 제곱미터 미만의 개발계획 　: 상주인구 1인당 9제곱미터 이상 또는 개발 부지면적의 18퍼센트 이상 중 큰 면적 라. 330만 제곱미터 이상의 개발계획 　: 상주인구 1인당 12제곱미터 이상 또는 개발 부지면적의 20퍼센트 이상 중 큰 면적
7. 「유통산업발전법」에 의한 사업계획	가. 주거용도로 계획된 지역: 상주인구 1인당 3제곱미터 이상 나. 전체계획구역에 대하여는 「산업입지 및 개발에 관한 법률」 제5조의 규정에 의하여 작성된 산업입지개발지침에서 정한 공공녹지 확보기준을 적용한다.
8. 「지역균형개발 및 지방중소기업 육성에 관한 법률」에 의한 개발 계획	가. 주거용도로 계획된 지역: 상주인구 1인당 3제곱미터 이상 나. 전체계획구역에 대하여는 「산업입지 및 개발에 관한 법률」 제5조의 규정에 의하여 작성된 산업입지개발지침에서 정한 공공녹지 확보기준을 적용한다.
9. 법 제9호에 따른 그 밖의 개발계획	주거용도로 계획된 지역: 상주인구 1명당 3제곱미터 이상

---

[59] 도시공원 및 녹지 등에 관한 법률 시행규칙. [별표 2] 개발계획 규모별 도시공원 또는 녹지의 확보기준

50. 도시공원 및 녹지 등에 관한 법률에 따른 다음의 빈칸을 채우시오. [60]

법 제14조제1항의 규정에 의하여 하나의 도시지역 안에 있어서의 도시공원의 확보기준은 해당도시지역 안에 거주하는 주민 1인당 **(6제곱미터 이상)**으로 하고, 개발제한구역 및 녹지지역을 제외한 도시지역 안에 있어서의 도시공원의 확보기준은 해당도시지역 안에 거주하는 주민 1인당 **(3제곱미터 이상)**으로 한다.

51. 주택법과 관련하여 다음의 물음에 답하시오. [61]

1) 국민주택규모의 정의와 관련하여 다음의 빈 칸에 알맞은 내용(숫자)을(를) 작성하시오.

> "국민주택규모"란 주거의 용도로만 쓰이는 면적(이하 "주거전용면적"이라 한다)이 1호(戶) 또는 1세대당 (①) 이하인 주택(「수도권정비계획법」 제2조제1호에 따른 수도권을 제외한 도시지역이 아닌 읍 또는 면 지역은 1호 또는 1세대당 주거전용면적이 (②) 제곱미터 이하인 주택을 말한다)을 말한다. 이 경우 주거전용면적의 산정방법은 국토교통부령으로 정한다.

　　　　　　　　　　　　　　　　정답 ① 85 제곱미터, ② 100제곱미터

2) 「주택조합」의 종류 3가지에 대하여 작성하시오.
　　　　　　　　　　　정답 지역주택조합, 직장주택조합, 리모델링주택조합

3) 다음 각각의 내용에 해당하는 알맞은 용어(단어)를 작성하시오.
 (1) 하나의 주택단지에서 대통령령으로 정하는 기준에 따라 둘 이상으로 구분되는 일단의 구역으로, 착공신고 및 사용검사를 별도로 수행할 수 있는 구역 : (①)
 (2) 건강하고 쾌적한 실내환경의 조성을 위하여 실내공기의 오염물질 등을 최소화할 수 있도록 대통령령으로 정하는 기준에 따라 건설된 주택 : (②)
 (3) 구조적으로 오랫동안 유지·관리될 수 있는 내구성을 갖추고, 입주자의 필요에 따라 내부 구조를 쉽게 변경할 수 있는 가변성과 수리 용이성 등이 우수한 주택: (③)
　　　　　　　　　　정답 ① 공구, ② 건강친화형 주택, ③ 장수명 주택

52. 주택법상 도시형 생활주택의 설치 기준 [62]

1. 아파트형 주택
 가. 세대별로 독립된 주거가 가능하도록 욕실 및 부엌을 설치할 것
 나. 지하층에는 세대를 설치하지 않을 것
2. 단지형 연립주택: 연립주택
　 (단, 건축위원회의 심의를 받은 경우에는 주택으로 쓰는 층수를 5개층까지 건축)
3. 단지형 다세대주택: 다세대주택
　 (단, 건축위원회의 심의를 받은 경우에는 주택으로 쓰는 층수를 5개층까지 건축)

---

60) 도시공원 및 녹지 등에 관한 법률 시행규칙. 제4조(도시공원의 면적기준)
61) 주택법. 제2조 정의
62) 주택법 시행령. 제10조(도시형 생활주택)

■ 주택법 관련 정의 (법규 내용 편집 수정) [63]

- **주택**: 세대(世帶)의 구성원이 장기간 독립된 주거생활을 할 수 있는 구조로 된 건축물의 전부 또는 일부 및 그 부속토지를 말하며, 단독주택과 공동주택으로 구분
- **단독주택**: 1세대가 하나의 건축물 안에서 독립된 주거생활을 할 수 있는 구조로 된 주택
- **공동주택**: 건축물의 벽·복도·계단이나 그 밖의 설비 등의 전부 또는 일부를 공동으로 사용하는 각 세대가 하나의 건축물 안에서 각각 독립된 주거생활을 할 수 있는 구조로 된 주택
- **준주택**: 주택 외의 건축물과 그 부속토지로서 주거시설로 이용가능한 시설 등
- **국민주택**: (생략): 본 교재 주택법 관련 문제 참조
- **민영주택**: 국민주택을 제외한 주택
- **임대주택**: 임대를 목적으로 하는 주택. 공공임대주택과 민간임대주택으로 구분
- **토지임대부 분양주택**: 토지의 소유권은 제15조에 따른 사업계획의 승인을 받아 토지임대부 분양주택 건설 사업을 시행하는 자가 가지고, 건축물 및 복리시설(福利施設) 등에 대한 소유권은 주택을 분양받은 자가 가지는 주택
- **사업주체**: 주택건설사업계획 또는 대지조성사업계획의 승인을 받아 그 사업을 시행하는 다음 각 목의 자.
    - 가. 국가·지방자치단체
    - 나. 한국토지주택공사 또는 지방공사
    - 다. 법 제4조에 따라 등록한 주택건설사업자 또는 대지조성사업자
    - 라. 그 밖에 이 법에 따라 주택건설사업 또는 대지조성사업을 시행하는 자
- **주택조합**: 많은 수의 구성원이 제15조에 따른 사업계획의 승인을 받아 주택을 마련하거나 제66조에 따라 리모델링하기 위하여 결성하는 다음 각 목의 조합
    - 가. 지역주택조합: 지역에 거주하는 주민이 주택을 마련하기 위하여 설립한 조합
    - 나. 직장주택조합: 같은 직장의 근로자가 주택을 마련하기 위하여 설립한 조합
    - 다. 리모델링주택조합: 공동주택의 소유자가 그 주택을 리모델링하기 위하여 설립한 조합
- **주택단지**: 법 제15조에 따른 주택건설사업계획 또는 대지조성사업계획의 승인을 받아 주택과 그 부대시설 및 복리시설을 건설하거나 대지를 조성하는 데 사용되는 일단(一團)의 토지
- **부대시설**: 주택에 딸린 다음 각 목의 시설 또는 설비
    : 주차장, 관리사무소, 담장 및 주택단지 안의 도로, 건축설비 등
- **복리시설**: 주택단지의 입주자 등의 생활복리를 위한 공동시설
    : 어린이놀이터, 근린생활시설, 유치원, 주민운동시설 및 경로당, 그 밖에 입주자 등의 생활복리를 위한 공동시설
- **기간시설(基幹施設)**: 도로·상하수도·전기시설·가스시설·통신시설·지역난방시설 등
- **간선시설(幹線施設)**: 도로·상하수도·전기시설·가스시설·통신시설 및 지역난방시설 등 주택단지안의 기간시설을 그 주택단지 밖에 있는 같은 종류의 기간시설에 연결시키는 시설
- **세대구분형 공동주택**: 공동주택의 주택 내부 공간의 일부를 세대별로 구분하여 생활이 가능한 구조로 하되, 그 구분된 공간의 일부를 구분소유 할 수 없는 주택으로서 대통령령으로 정하는 건설기준, 설치기준, 면적기준 등에 적합한 주택
- **도시형 생활주택**: 300세대 미만의 국민주택규모에 해당하는 주택으로서 대통령령으로 정하는 주택
- **에너지절약형 친환경주택**: 저에너지 건물 조성기술 등 대통령령으로 정하는 기술을 이용하여 에너지 사용량을 절감하거나 이산화탄소 배출량을 저감할 수 있도록 건설된 주택
- **공공택지**: 공공사업에 의하여 개발·조성되는 공동주택이 건설되는 용지

---

63) 주택법. 제2조 정의

53. 건축법상 단독주택 및 공동주택의 종류에 대해서 서술하시오. 64)
【정답】 1) 단독주택: 단독주택, 다중주택, 다가구주택, 공관
2) 공동주택: 아파트, 연립주택, 다세대주택, 기숙사

> ■ 참고 ■ **주택법에 따른 주택의 종류와 범위** 65)
> - **단독주택** : 단독주택, 다중주택, 다가구주택
> - **공동주택** : 아파트, 연립주택, 다세대주택
> - **준주택** : 기숙사, 다중생활시설, 노인복지시설 중 노인복지주택, 오피스텔

54. 대지면적 3,000㎡, 건폐율 50%, 용적률 500%인 경우 해당 건물의 층수는?
【풀이】 용적률 = 건폐율 × 층수   ∴ 층수 = 용적률(500%) ÷ 건폐율(50%) = 층수(10층)
【정답】 10층

55. 건축법상 다음의 정의에 대해서 빈칸을 채우시오. 66)
【정답】 1) 건폐율: 대지면적에 대한 (**건축면적**)의 비율
2) 용적률: 대지면적에 대한 (**연면적**)의 비율

56. 민관합동 프로젝트 파이낸싱의 대한 내용을 보고 어떤 방식에 대한 설명인지 답하시오.

1) 사회기반시설의 준공과 동시에 해당 소유권이 국가 또는 지방자치단체에 귀속되며, 사업시행자에게 일정기간의 시설관리운영권을 인정하되, 그 시설을 국가 또는 지방자치단체 등이 협약에서 정한 기간 동안 임차하여 사용·수익하는 방식
【정답】 **BTL (Build-Transfer-Lease) 방식**

2) 사회기반시설의 준공과 동시에 소유권이 국가 또는 지방자치단체에 귀속되며 사업시행자에게 일정기간의 시설관리운영권을 인정하는 방식
【정답】 **BTO (Build-Transfer-Operate) 방식**

3) 사회기반시설의 준공과 동시에 사업시행자에게 해당 시설의 소유권이 인정되는 방식
【정답】 **BOO (Build-Own-Operate) 방식**

4) 사회기반시설의 준공 후 사업시행자에게 일정기간 동안 소유권이 인정되며 그 기간의 만료 시 시설소유권이 국가 또는 지방자치단체에 귀속되는 방식
【정답】 **BOT (Build-Operate-Transfer) 방식**

> ■ **PF (Project Financing)**: 사회기반시설 건설이나 택지개발과 같은 대규모 사업에 필요한 자금을 조달하기 위해 동원되는 대출 등 금융수단이나 투자기법 (출처: 금융위원회). 보유 자산 등의 보증 없이 해당 사업만의 미래 수익성, 리스크 등을 분석하고 예상하여 대출해주는 방법. 예를 들어 기업이 공동주택을 건설하고 싶지만 자금(현금)이 없는 경우, 금융기관에 건설 자금을 요청하고, 금융기관은 사업의 수익을 예상하여 대출을 해주는 것. 대출 시 금융기관은 사업의 예상 수익 및 성공 가능성 등을 중점적으로 검토한다.
> ■ **PPP (Public Private Partnership)** (공공민간파트너쉽, 민관투자사업, 민관 협력, 민자사업)
> 민간사업자와 정부와의 장기 계약으로 사업을 시행하는 민자사업을 의미한다. 민간 자본은 리스크를 가지고 공공인프라(공공자산: 민자 고속도로, 민자 전철 등) 투자 및 개발을 시행하고 관리, 유지, 보수, 리스크 등을 책임지며 이로 인한 이윤을 가져간다. 이때 정부기관은 재정지원 및 세금 감면등의 다양한 혜택을 주는 방식.

---

64) 건축법 시행령. [별표1] 용도별 건축물의 종류
65) 주택법, 주택법 시행령. 제2조 정의
66) 건축법 제55조(건축물의 건폐율). 제56조(건축물의 용적률)

57. 2020년 7월부터 시행예정인 도시공원 일몰제(이하 일몰제)의 추진 주체, 적용 대상, 지정 목적에 대하여 서술하시오.

일몰제란, 지자체가 도시·군계획시설상 도시공원으로 결정한 개인 부지를 20년 동안 집행하지 않으면 그 효력을 상실하는 제도(도시공원에서 해제)를 말한다.

도시공원 중 일부가 사유지에 지정 되었으나, 이에 정부나 지자체에서의 별도의 매입 없이, 소유주의 토지사용을 제한하여 소유권 침해에 대한 논란이 있었다.

이에 따라 1999년 헌법재판소는 사유지에 공원을 지정하고 보상 없이 장기간 방치하는 것은 재산권 침해이므로 20년 이상 공원을 조성하지 않을 경우 도시공원에서 해제하는 제도가 만들어졌다. 이는 2000년 7월 도입되어 2020년 7월이면 최초로 시행되기로 결정 난 제도이다.

일몰제의 시행에 따라 없어지는 공원부지 대상이 서울시 면적의 절반(363㎢)에 달하는 가운데, 정부는 「장기미집행공원 해소방안」 대책을 발표하였다.

해결 방안에는 LH 참여의 공공사업을 통한 공원조성, 지방채 이자 지원 방안, 국공유지 실효 유예 등 각 지자체에 대한 지원 방안, 지자체 자체 예산 및 지방채 편성 등이 있다.

58. 공장의 입지선정 시 검토해야 할 입지요건 [67]

구분	입지 요건
공업지역	• 철도, 항만, 공항 등 교통수단들과 접근이 용이하고 편리한 곳 • 교통, 동력, 용수, 노동력 확보가 편리한 곳 • 원료의 공급이 용이한 곳 (철도 연변, 하천 및 항만의 연안 근접) • 오수 및 배수가 가능한 곳 • 지형이 평탄하고 광대한 지역으로 지가가 저렴한 곳 • 소비를 위한 배후 도시가 있는 곳 (업종에 따라서는 입지의 필수 요건) • 위험한 공업은 시가지에서 멀리 떨어진 곳

59. 대심도 [大深度] [68]

서울시 조례에 따르면 대심도는 토지소유자의 통상적 이용 행위가 예상되지 않으며 지하시설물 설치로 인해 일반적인 토지 이용에 지장이 없는 한계심도(限界深度)를 일컫는다. 고층 시가지는 40m, 중층 시가지 35m, 저층과 주택지 30m, 농지·임지는 20m 깊이로 들어가면 대심도로 규정해 개발할 때 거의 보상 의무가 없다.

따라서 토목기술만 뒷받침되면 지상에 비해 개발 비용이 훨씬 적게 든다.

---

67) 살고 싶은 도시건설을 위한 도시개발편람. 한국토지주택공사
68) 매일경제. 매경닷컴

60. 수도권광역급행철도 [Great Train eXpress : GTX]

1) GTX 정의

서울 내 주요 거점 지역과 수도권 외곽을 연결할 수 있는 수도권 광역급행철도를 말한다. 2007년 경기도가 수도권 교통 문제 해결을 위해 국토부(당시 국토해양부)에 제안하며 개발 논의가 시작되었다. 일반적인 수도권 지하철이 지하 20미터 내외에 건설되는 것에 비해 GTX는 지하 50미터 내외의 공간에 보다 깊이 건설하여 노선을 직선화하고 시속 100~200km로 고속화하여 기존 30~40km 내외 속도의 일반 지하철보다 3~4배 이상 빠른 것이 차별화된 특징이다.

2022년 GTX-A는 철도차량 출고식과 터널 관통행사를 시행하였으며, 2024년 상반기 최초 개통을 앞둔 첫 번째 GTX 노선이다. 이 구간은 수서~동탄을 연결하는 사업으로 기존 1시간 20분대였던 이동시간을 20분대로 이용 가능하다.

GTX 차량은 최고속도 180km/h로 기존 지하철보다 두 배 이상의 빠른 속도로 운행되며 고속열차에 적용 되는 단문형 출입문과 출입문 끼임을 방지하는 2중 장애물 감지 센서 등 안전성과 편리성을 높인 최첨단 기술력도 적용되어 있다.

GTX의 개통으로 인해 서울역, 강남 등 서울 지역 주요 도심지로의 접근성 향상되어 각종 편의 시설 및 도시 인프라 이용이 가능하며 이는 지역 경제 및 수도권 전체의 활성화에도 도움이 될 것으로 예상된다.

2) GTX 도입 배경 [69]

(가) 수도권의 급속한 성장

수도권의 급속한 성장 및 신도시 개발로 전체통행량 및 장거리 통행 수요가 꾸준히 증가하며 수도권 주요간선도로 및 서울 시계 진출입로의 통행량 역시 지속적으로 증가하고 있다.

(나) 교통 인프라 구축 부족

경부축을 중심으로 포도송이식 신도시 개발과 경기 북부 지역의 지역적 난개발로 인한 교통 인프라 구축 부족과 도로 교통 중심의 시설 투자로 새로운 교통 혼잡 야기, 단시간 내 대량 수송이 제한되어 시설투자에 비해 효과가 크지 않다.

(다) 광역 교통 개선 대책의 한계성

버스 중앙 차로제, 고속도로 버스 전용차로제, 대중교통 통합 환승 할인 제도 등의 단기 사업과 광역철도 같은 중장기 사업을 추진하고 있으나 승용차와 비교하여 속도나 편리성에 경쟁력을 확보하지 못한다.

(라) 녹색 성장을 위한 수송체계의 다양화

도로를 넓히거나 신설하는 도로 중심의 교통 정책은 자동차 의존 형이며, 화석에너지 의존도가 97%인 수송부분에서 총체적 개편이 필요하다. 우리나라는 화물 트럭이 물류 수송의 94%를 담당함으로 인해 유가 폭등에 민감하며, 이에 따르는 사회적 비용이 매우 큰 편이다.

---

[69] GTX 홈페이지. http://www.gtx.go.kr

3) GTX 도입 효과 [70]

(가) 수송 분담 효과
　광역 급행 철도 건설 시 승용차는 일일 56만 통행이 감소하는 것으로 나타난다. 특히 경기도→서울시 진입 승용차 통행량은 일일 18만대가 감소할 것으로 예상 한다.

(나) 광역권 철도 통행시간 단축
　광역 급행 철도 건설에 따라 광역권 철도 통행 시간은 45~60% 감소할 것으로 예상 한다.

(다) 토지이용효율 증대
　도심 구간은 토지 소유자들이 사용하지 않는 지하 40~50m 공간을 이용하므로 토지 보상비와 대규모 건설에 따른 환경오염을 최소화 할 수 있고, 기존 건축물의 방해를 받지 않아 노선을 직선화할 수 있어 공기 단축과 GTX의 속도 확보가 가능하다.

(라) 서울시 교통 혼잡 완화를 통한 수도권 교통 혼잡 해결
　서울시 내부 통행의 경우도 현재 지하철에 비해 50~70%의 통행 시간 감소 효과가 있다. 이에 따라 서울시 내부 통행의 철도 수송 분담률도 23.9%에서 25.1%로 향상 된다.

(마) 혼잡 비용 감소효과
　GTX를 도입하면 연간 7,000억 원의 혼잡 비용을 감소시킬 수 있다.

61. 다음의 지형도를 보고 질문에 답하시오.

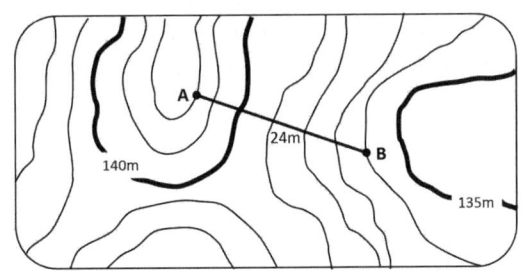

1) A지점에서 B지점의 경사도를 구하시오
　【풀이】

$$[공식] \ 경사도 = \frac{높이}{거리} \times 100 \ , \ 25\% = \frac{6m}{24m} \times 100 \quad \therefore \ x = 25\%$$

　　　　　　　　　　　　　　　　　　　　　　　　　　　【정답】 25%

2) A지점에서 B지점까지 도면상의 길이가 2cm인 경우, 지형도의 축척을 구하시오.
　【풀이】
　2cm가 24m일 경우, 1cm는 12m
　1cm = 1m (*12) ☞ 1/100 (*12) ☞ ∴ 1/1,200 스케일임　　【정답】 1:1,200

---

70) GTX 홈페이지. http://www.gtx.go.kr

62. 국토교통부가 발표한 「도시계획 혁신 방안」 중 융복합 도시공간 조성을 위해 도입 된 공간혁신 구역의 3가지 종류에 대하여 다음의 빈칸을 채우시오. [71]

> 1) (①): 지자체와 민간이 도시규제 제약 없이 창의적인 개발이 가능하도록 입지규제최소구역을 전면 개편. 도시 내 혁신적인 공간 조성이 필요한 곳에 기존 도시계획 체계를 벗어나 토지·건축의 용도 제한을 두지 않고, 용적률과 건폐율 등을 자유롭게 지자체가 정할 수 있음.
> 2) (②): 주거지역내 상업시설 설치, 공업지역에 주거·상업시설 설치 등 기존 용도지역의 변경 없이도 다른 용도시설의 설치가 허용되는 구역 (도시 관리 목적에 따라 주거·상업·공업지역 등 용도지역을 지정하고, 그에 맞게 설치 가능한 시설과 밀도를 각기 다르게 허용하고 있어, 주거지역내 오피스, 융복합 신산업 단지 조성 등 시대상 반영에 한계가 있던 기존의 단점을 보완)
> 3) (③): 체육시설, 대학교, 터미널 등 다중 이용 도시계획시설은 복합적인 공공 서비스 수요 증가에도 불구하고 용적률·건폐율·입지 제한 등으로 인해 단일·평면적 활용에 그치는 점이 있음. 이를 보완하기 위해 도시계획시설을 융복합 거점으로 활용하고 시설의 본래 기능도 고도화할 수 있는 제도를 도입. 도시계획 시설을 입체적으로 복합화하고, 한정된 공간에 다양한 기반시설 확보도 가능할 것으로 기대.

【정답】 ① **도시혁신구역**(한국형 White Zone), ② **복합용도구역**, ③ **도시군계획시설 입체복합구역**

63. 노후계획도시 정비 및 지원에 관한 특별법 [72]

☐ 국토교통부는 1기 신도시 등 노후계획도시의 광역적 정비를 질서있고 체계적으로 추진하기 위한 「**노후계획도시 정비 및 지원에 관한 특별법**」의 주요 골자를 확정하였다.

☐ 1기 신도시를 비롯한 노후계획도시는 단기에 공급이 집중된 고밀 주거단지로 자족성이 부족하고, 주차난·배관 부식·층간소음·기반시설 노후화에 따라 주민들의 정비에 대한 요구가 높으나, 「도시정비법」, 「도시재생법」 등 현행 법률 체계로는 신속하고 광역적인 정비가 어렵고, 이주수요의 체계적인 관리도 어려운 측면이 있었다. 이에 계획도시의 특수성을 고려하여 도시 차원의 체계적이고 광역적인 정비와 미래도시로의 전환이 속도감 있고 질서 있게 추진될 수 있도록 특별법의 주요 내용을 확정하였다.

☐ 특별법이 적용되는 '**노후계획도시**'란 1기 신도시를 비롯하여 수도권 택지지구, 지방 거점 신도시 등이 특별법이 적용되는 주요 '**노후계획도시**'들이며, 「택지개발촉진법」 등 관계 법령에 따른 **택지조성사업 완료 후 20년 이상 경과한 100만㎡ 이상의 택지** 등을 말한다.

64. 다음의 빈칸에 알맞은 용어(이것)가 무엇인지 물음에 답하시오. [73]

> 2022년 8월 국토교통부 보도자료에서 발표한 내용에 따르면 정부는 공급 기반을 회복하기 위해, 향후 5년('23~'27) 동안 지자체와의 협력강화, 제도개선 등을 통해 전국에서 22만호이상의 신규 정비구역을 지정할 계획이다. 서울에서는 ( )* 방식으로 10만호를, 경기·인천에서는 역세권, 노후 주거지 등에 4만호를 지정하며, 지방은 광역시 쇠퇴 구도심 위주로 8만호 규모의 신규 정비구역을 지정해나간다.
> * 정비계획 가이드라인 사전 제시를 통해 구역지정 소요기간을 단축(5년→2년)

【정답】 **신속통합기획**

---

71) 국토교통부 보도자료. 「도시계획 혁신 방안」 발표
72) 노후계획도시 정비 및 지원에 관한 특별법(약칭: 노후계획도시정비법). 제2조(정의)
73) 국토교통부 보도자료. 「국민 주거안정 실현방안」 발표

65. 다음의 빈칸에 알맞은 용어(이것)가 무엇인지 물음에 답하시오. [74]

(이것)에 대한 정의는 국가별 여건에 따라 매우 다양하지만, 공통적으로는 4차 산업혁명 시대의 혁신기술을 활용하여, 시민들의 삶의 질을 높이고, 도시의 지속 가능성을 제고하며, 새로운 산업을 육성하기 위한 플랫폼이다. 우리나라의 시범도시는 4차 산업혁명 관련 기술을 개발계획이 없는 부지에 자유롭게 실증·접목을 조성하기 위해 실행되었다. 또한 창의적인 비즈니스 모델을 구현할 수 있는 혁신산업 생태계를 조성하여 미래 **(이것)** 선도모델을 제시 하는 것을 목표로 추진 중에 있으며 국가시범도시는 세종과 부산이 있다.

(한국) 도시의 경쟁력과 삶의 질의 향상을 위하여 건설·정보통신기술 등을 융·복합하여 건설된 도시기반 시설을 바탕으로 다양한 도시서비스를 제공하는 지속가능한 도시
  (스마트도시 조성 및 산업진흥등에 관한 법률 제2조 제1항)
(유럽연합) 주민과 사업(business)의 이익을 위해 디지털과 통신 기술을 활용하여 전통적인 네트워크와 서비스를 보다 효율적으로 만드는 장소 (유럽연합위원회: https://ec.europa.eu)
(영국) 시민참여, 사회기반시설, 사회자본, 디지털 기술의 증가로 살기에 적합하고 탄력적이며 도전에 대응할 수 있는 도시로서 하나의 완성된 도시가 아닌 과정으로서의 도시
  (BIS(2013), Smart Cities Background Paper, London: Department for Business Innovation and Skills, p.7)
(스페인) (이것)은 주민들의 삶의 질과 접근성을 향상시키고, 지속가능한 경제, 사회, 환경 개발을 위해 ICT 기술을 적용한 도시 전체의 비전 (MINETAD(2017), Plan Nacional de Cidades Inteligentes 2015-2017, p.3)

【정답】 스마트도시 (스마트시티)

66. 아래에서 설명하는 제도가 무엇인지 물음에 답하시오.

- 문화재 보존, 밀도 제한 등 다양한 이유로 활용하지 못하는 용적을 다른 개발 여력이 있는 지역으로 넘길 수 있는 제도
- 미국 뉴욕과 일본 동경 등 해외에선 이미 관련 제도가 시행 중이며, 뉴욕의 '원 밴더빌트', 동경의 '신마루노우치빌딩'도 다른 지역의 용적률을 이전 받아 초고층 빌딩으로 개발되었음
- 서울특별시는 2025년 상반기 중으로 관련 법 제정을 위해 입법 예고하고 하반기부터 본격적으로 시행 예정이며, 문화유산 주변 지역과 장애물 표면 제한구역 등을 우선 양도지역으로 선정할 계획임

【정답】 (서울형) 용적이양제

67. 도로모퉁이 길이의 기준을 하단의 도로 모퉁이에 표시하시오.
(단, 길이 표시 방법은 다음과 같다. 시작점(●) 및 끝점 (●)을 실선(−)으로 연결하고 시작 지점 및 끝점의 위치는 점선(세로) (⋯)을 이용한 형태로 표시한다.)

【문제】   【정답】

---

74) 국토교통부 스마트도시 홈페이지(https://smartcity.go.kr)

III. 1교시 필답형: [계산형] 문제 정리

1. 인구추정 기본 이론 [75]

공식	수식	특징
등차 급수법	(1) $P_n = P_o(1+rn)$ (2) $r = \frac{1}{n}(\frac{P_n}{P_o} - 1)$ P_n : n연도예측인구 P_o : 기준연도인구 n : 기준연도에서 예측연도까지의 경과 연수 r : 평균인구증가율	• 인구 추정이 비교적 쉽고 간단 • 안정된 인구 증가율을 가지면서 급격한 변동이 없을 때 적합 • 인구 변화가 안정된 지방 중소 도시에 적합
등비 급수법	(1) $P_n = P_o(1+r)^n$ (2) $r = (\frac{P_n}{P_o})^{\frac{1}{n}} - 1$ P_n : n연도예측인구 P_o : 기준연도인구 n : 기준연도에서 예측연도까지의 경과 연수 r : 평균인구증가율	• 인구 증가 비율이 일정할 때 적용되며 인구가 기하급수적으로 증가함 • 신흥 공업 도시와 같이 급성장 도시의 인구 예측에 적합 • 대도시의 경우처럼 어느 한계점에서 증가율이 둔화되고 있는 도시에는 적합하지 않음
지수 함수법	(1) $P_n = P_o e^{rn}$ (2) $r = \frac{1}{n}\ln(\frac{P_n}{P_o})$ P_n : n연도예측인구 P_o : 기준연도인구 n : 기준연도에서 예측연도까지의 경과 연수 r : 평균인구증가율	• 인구가 연속적으로 변한다는 원리에 의한 방법 • 1년 단위가 아닌 매순간단위 변화까지도 분석이 가능함
최소 자승법	$y = a + bx$ $a = \frac{\sum y_i}{n} - b\frac{\sum x_i}{n}$, $b = \frac{\sum x_i y_i - nMxMy}{\sum x_i^2 - nMx^2}$ $(Mx : \frac{\sum x_i}{n}, My : \frac{\sum y_i}{n})$ $\sum x_i = 0$인 경우, $a = \frac{\sum y_i}{n}$, $b = \frac{\sum x_i y_i}{\sum x_i^2}$ y : 추정인구 (x연도의 인구) x : 기준연도에서 추정 연도까지 경과한 연수 a : 기준연도의 이론적 인구(실제 인구) b : 단위기간(1년)의 절대 인구 증가 수 n : 자료의 개수	• 인구 증감이 교차되는 도시에 적합 • 대부분의 도시에 적용 가능 • 비교적 정확한 인구 추계 가능
로지 스틱 곡선법	$y = \frac{K}{1 + e^{a + b \cdot x}}$ K : 인구 성장 한계 (도시가 지향하는 목표연도의 이론상 최대 인구수) a,b : 상수(b<0) e : 자연대수 x : 기준연도로부터 예측 연도 까지의 기간 수	• 초기에는 인구성장이 완만하다가 일정 기간이 지나면 급격히 증가, 다시 인구 증가율이 감소하여 임계치에 수렴 • 대도시권에서 인구를 어느 상한선까지 강력히 통제하고자 할 때 사용 • 비교적 정확한 인구 추계 가능

---

[75] 도시계획론, 대한국토도시계획학회, 보성각, 2005

2. 등차급수법, 등비급수법, 지수함수법
1) 등차급수법, 등비급수법, 지수함수법 연습문제 유형 1

다음의 자료를 이용하여 2021년의 인구를 등차급수법, 등비급수법, 지수함수법에 의해서 추정하시오.
(계산은 소수점 넷째 자리에서 반올림, 최종인구는 소수점 이하 버림 하시오.)

연도	1989	1990	1991	1992	1993	1994	1995	1996	1997	1998	1999
인구(명)	102,400	106,800	110,400	115,200	125,700	137,800	142,800	150,000	155,000	165,300	168,810

【풀이】

① 등차 급수법
  1) 인구증가율 계산

  $$r = \frac{1}{n}\left(\frac{p_n}{p_o} - 1\right) = \frac{1}{10}\left(\frac{168,810}{102,400} - 1\right) = 0.0648\,(\text{소수점 넷째 자리에서 반올림}) = 0.065$$

  2) $P_n = P_o(1 + rn)$ ∴ $P_{2021} = 102,400\,(1 + 0.065 \times 32) = 315,392$

  【정답】 315,392(명)

【주의】
등차, 등비, 지수 문제에서 기준연도가 제시 되지 않을 경우 가장 초기 연도를 기준연도로 설정

---

② 등비 급수법
  1) 인구증가율 계산

  $$r = \left(\frac{168,810}{102,400}\right)^{\frac{1}{10}} - 1 = 0.0512\,(\text{소수점 넷째 자리에서 반올림}) = 0.051$$

  2) $P_n = P_o(1 + r)^n$

  ∴ $P_{2021} = 102,400\,(1 + 0.051)^{32}$

  $= 503,021.8725\,(\text{최종인구 소수점 이하 버림}) = 503,021$

  【정답】 503,021(명)

③ 지수 함수법
  1) 인구증가율 계산

  $$r = \frac{1}{10}\ln\left(\frac{168,810}{102,400}\right) = 0.04998871\,(\text{소수점 넷째 자리에서 반올림}) = 0.05$$

  2) $P_n = P_o e^{rn}$

  ∴ $P_{2021} = 102,400 \times e^{0.05 \times 32} = 507,190.5203\,(\text{최종인구 소수점 이하 버림}) = 507,190$

  【정답】 507,190(명)

2) 등차급수법, 등비급수법, 지수함수법 연습문제 유형 2

다음의 자료를 이용하여 2021년의 인구를 등차급수법, 등비급수법, 지수함수법에 의해서 추정하시오.

(단, 기준연도는 1999년. 계산은 소수점 넷째 자리까지 구하고 최종인구는 소수점 이하 버림)

연도	1989	1990	1991	1992	1993	1994	1995	1996	1997	1998	1999
인구수(천인)	102	105	110	116	125	137	142	150	155	165	168

[풀이]

① 등차 급수법
 1) 인구증가율 계산

$$r = \frac{1}{10}\left(\frac{168}{102} - 1\right) = 0.0647058 \text{(소수점 넷째 자리 까지 구함)} = 0.0647$$

 2) $P_n = P_o(1+rn)$

  ∴ $P_{2021} = 168(1+0.0647 \times 22) = 407.1312$ (최종인구는 소수점 이하 버림) = 407

【정답】 407(천인)

② 등비 급수법
 1) 인구증가율 계산

$$r = \left(\frac{168}{102}\right)^{\frac{1}{10}} - 1 = 0.051165 \text{(소수점 넷째 자리까지 구함)} = 0.0511$$

 2) $P_n = P_o(1+r)^n$

  ∴ $P_{2021} = 168(1+0.0511)^{22} = 502.8958$ (최종인구 소수점 이하 버림) = 502

【정답】 502(천인)

③ 지수 함수법
 1) 인구증가율 계산

$$r = \frac{1}{10}\ln\left(\frac{168}{102}\right) = 0.049899 \text{(소수점 넷째 자리 까지 구함)} = 0.0498$$

 2) $P_n = P_o e^{rn}$

  ∴ $P_{2021} = 168 \times e^{0.0498 \times 22} = 502.4840908$ (최종인구 소수점 이하 버림) = 502

【정답】 502(천인)

3. 최소자승법 및 로지스틱 곡선법
1) 최소자승법 연습문제 유형 1 (홀수 문제)

다음의 조건을 바탕으로 최소자승법을 활용하여 1995년의 인구를 추정 하시오.
(단, 기준연도는 1975년, 계산은 소수점 셋째 자리에서 반올림, 최종인구는 소수점 이하 버림)

연도	인구 (만인)	연도	인구 (만인)
1975	73.0	1981	82.5
1976	76.0	1982	84.0
1977	79.0	1983	85.5
1978	81.0	1984	86.0
1979	81.5	1985	86.5
1980	82.0	-	-

[풀이] 다음과 같은 표를 작성한다.

연도	x_i^2	x_i	y_i	$x_i \cdot y_i$
1975	25	-5	73.0	-365.0
1976	16	-4	76.0	-304.0
1977	9	-3	79.0	-237.0
1978	4	-2	81.0	-162.0
1979	1	-1	81.5	-81.5
1980	0	0	82.0	0
1981	1	+1	82.5	82.5
1982	4	+2	84.0	168.0
1983	9	+3	85.5	256.5
1984	16	+4	86.0	344.0
1985	25	+5	86.5	432.5
합계 (Σ)	Σx_i^2=110	Σx_i=0	Σy_i=897.0	$\Sigma x_i \cdot y_i$=134

1) $a = \dfrac{\sum y_i}{n} = \dfrac{897.0}{11} = 81.545454$ (소수점 셋째 자리 반올림) $= 81.55$

$b = \dfrac{\sum x_i y_i}{\sum x_i^2} = \dfrac{134.0}{110} = 1.2181818$ (소수점 셋째 자리 반올림) $= 1.22$

2) $y = a + b \cdot x$

$y_{1995} = 81.55 + 1.22 \cdot x$ (기준연도는 1980년)
$= 81.55 + 1.22 \cdot (x-5)$ (기준연도를 1975년으로 바꾸기 위해 -5 적용)
$= 75.45 + 1.22 \cdot x$ (기준연도 1975년)
$= 75.45 + 1.22 \cdot 20$
   (x = 기준연도로 부터 추정연도까지의 경과 연수 ∴ $1995 - 1975 = 20$)
$= 99.85$

[정답] 99(만인)

2) 최소자승법 연습문제 유형 2 (짝수 문제)

다음의 조건을 바탕으로 최소자승법을 활용하여 2020년의 인구를 추정 하시오.
(계산은 소수점 첫째 자리에서 반올림, 최종인구는 소수점 이하 버림)

연도	1996	1997	1998	1999	2000	2001
인구수(인)	80,000	90,000	95,000	100,000	106,000	110,000

[풀이] 다음과 같은 표를 작성한다.

연도	x_i^2	x_i 원래간격	x_i 원래간격×2	y_i	$x_i \cdot y_i$
1996(7월1일)	25	-2.5	-5	80,000	-400,000
1997(7월1일)	9	-1.5	-3	90,000	-270,000
1998(7월1일)	1	-0.5	-1	95,000	-95,000
1999.1.1(가상)	0	-	-	-	-
1999(7월1일)	1	0.5	1	100,000	100,000
2000(7월1일)	9	1.5	3	106,000	318,000
2001(7월1일)	25	2.5	5	110,000	550,000
합계 (Σ)	$\sum x_i^2$=70	$\sum x_i$=0		$\sum y_i$=581,000	$\sum x_i \cdot y_i$=203,000

1999.1.1을 가상의 기준연도로 설정하고 1년의 단위를 1, 6개월의 단위를 0.5로 정의한다. 이때 x_i의 '원래 간격'은 6개월 간격인 0.5이지만 계산의 편의를 위해 각 수치마다 2를 곱한 값(원래간격×2)을 사용한다.

$$a = \frac{\sum y_i}{n} = \frac{581,000}{6} = 96,833.3 \text{ (소수점 첫째 자리 반올림)} = 96,833$$

$$b = \frac{\sum x_i y_i}{\sum x_i^2} = \frac{203,000}{70} = 2,900$$

$y = a + b \cdot x$

$\begin{aligned}
y_{2020} &= 96,833 + 2,900 \cdot x & (x\text{의 기준연도는}1999.1.1 / 6\text{개월 단위}) \\
&= 96,833 + 2,900 \cdot 2x & (x\text{의 기준연도는}1999.1.1 / 1\text{년}(6\text{개월}\times 2)\text{단위}) \\
&= 96,833 + 5800x \\
&= 96,833 + 5,800 \times (x-0.5) & (1998.7.1\text{로 기준연도 바꿈}: x\text{는 1년 단위}) \\
&= 93,933 + 5,800x & (x = 2020 - 1998 = 22) \\
&= 93,933 + (5,800 \times 22) = 221,533
\end{aligned}$

[정답] 221,533(인)

3) 최소자승법 연습문제 유형 3 (결정계수 문제)

다음의 조건을 바탕으로 최소자승법을 활용하여 2011년의 인구를 추정 하고 결정계수 (R^2)을 구하시오.
(단, 1983, 1987, 1991, 1995, 1999년 매4년 마다 해당하는 인구를 기준으로 추정한다. R^2은 소수점 넷째 자리까지 구할 것)

연도	인구(천인)	연도	인구(천인)
1983	143	1992	215
1984	154	1993	219
1985	155	1994	223
1986	160	1995	227
1987	167	1996	232
1988	174	1997	237
1989	186	1998	242
1990	202	1999	251
1991	210	-	-

[풀이] 다음과 같은 표를 작성한다.

연도	x_i^2	x_i	y_i	$x_i \cdot y_i$	y_i^2
1983	4	-2	143	-286	20,449
1987	1	-1	167	-167	27,889
1991	0	0	210	0	44,100
1995	1	1	227	227	51,529
1999	4	2	251	502	63,001
합계(Σ)	Σx_i^2=10	Σx_i=0	Σy_i=998	$\Sigma x_i \cdot y_i$=276	Σy_i^2=206,968
$Average$	-	-	199.6	-	-
$Average^2$	-	-	39,840.16	-	-

1) $a = \dfrac{\sum y_i}{n} = \dfrac{998}{5} = 199.6$, $b = \dfrac{\sum x_i y_i}{\sum x_i^2} = \dfrac{276}{10} = 27.6$

2) $y = a + b \cdot x$

$y_{2011} = 199.6 + 27.6 \cdot x \ (x=5)$
$= 337.6$

[정답] 337.6(천인)

3) 결정계수 $R^2 = \dfrac{SSR}{SST}$

$SST = \sum y_i^2 - n(\overline{y_i})^2 = 206,968 - 5(199.6)^2 = 7,767.2$

$SSR = b^2 \times \sum x_i^2 = (27.6)^2 \times 10 = 7,617.6$

∴ $R^2 = \dfrac{7,617.6}{7,767.2} = 0.98073$ (소수점 넷째자리까지 구할 것) $= 0.9807$

[정답] 0.9807

4) 로지스틱 곡선법 연습문제 유형 1

어느 도시에서 10년 동안의 인구변화가 다음과 같을 때, 로지스틱 곡선법을 이용하여 2015년의 인구를 추정하라. (단, 계산 과정은(인구 포함) 소수점 넷째 자리에서 반올림, 최종 인구는 산출 후 소수점 첫째 자리에서 반올림 한다.)

연도	1996	1997	1998	1999	2000	2001	2002	2003	2004	2005
인구(천인)	50.0	51.0	51.5	53.0	53.5	55.0	56.0	56.5	57.0	58.0

[풀이] 다음과 같은 표를 작성한다.

연도	X	Y (천인)	$Z(=\frac{P}{Y})$	$\sum$	d
1996	-	-	-	-	-
1997	0	51.0	0.196		
1998	1	51.5	0.194	$\sum 1 = 0.579$	
1999	2	53.0	0.189		$d_1 = \sum 2 - \sum 1$
2000	3	53.5	0.187		$= -0.031$
2001	4	55.0	0.182	$\sum 2 = 0.548$	
2002	5	56.0	0.179		$d_2 = \sum 3 - \sum 2$
2003	6	56.5	0.177		$= -0.024$
2004	7	57.0	0.175	$\sum 3 = 0.524$	
2005	8	58.0	0.172		

P=10의 승수 (10^n), 여기서는 10으로 계산한다.

①	$C^m = \dfrac{d_2}{d_1}$	$C^3 = \dfrac{-0.024}{-0.031} = 0.774, \quad C = (0.774)^{\frac{1}{3}} = 0.918$
②	$m \times A = \sum 1 - \dfrac{d_1}{C^m - 1}$	$3 \times A = 0.579 - \dfrac{-0.031}{0.774 - 1}, \quad A = 0.147$
③	$B = \dfrac{d_1(C-1)}{(C^m - 1)^2}$	$B = \dfrac{-0.031 \times (0.918 - 1)}{(0.774 - 1)^2}, \quad B = 0.050$
④	$Z = A + BC^x$	$Z = 0.147 + 0.050 \times (0.918)^x$
⑤	$Y = \dfrac{P}{Z}$	$Y = \dfrac{10}{0.147 + 0.050 \times (0.918)^x} = \dfrac{K}{1 + e^{a+bx}}$

$$Y = \dfrac{\dfrac{10}{0.147}}{\dfrac{0.147}{0.147} + \dfrac{0.050}{0.147} \times (0.918)^x} = \dfrac{68.027}{1 + 0.340 \times (0.918)^x} = \dfrac{K}{1 + e^{a+bx}}$$

1) 한계인구 K = 68.027천인

2) $e^{a+bx} = 0.340 \times (0.918)^x$ 에서 양변에 자연로그를 취하여 a값, b값을 구하면

$a = \ln 0.340 = -1.079 \quad b = \ln 0.918 = -0.086$

$$Y = \dfrac{68.027}{1 + e^{-1.079 - 0.086 \times x}} = \dfrac{68.027}{1 + e^{-1.079 - 0.086 \times 18}} = 63.4405 ≒ 63$$

[정답] 63(천인)

5) 로지스틱 곡선법 연습문제 유형 2

다음의 조건을 통해 로지스틱 곡선법을 이용하여 2020년의 인구를 추정하라.
(단, 계산은 소수점 넷째 자리에서 반올림, 인구는 소수점 첫째 자리에서 반올림 한다.)

연도	1970	1975	1980	1985	1990	1995
인구(인)	20,000	40,000	80,000	120,000	160,000	180,000

【풀이】 다음과 같은 표를 작성한다.

연도	X	Y (인)	$Z(=\frac{P}{Y})$	$\sum$	d
1970	0	20,000	0.500	$\sum 1 = 0.750$	
1975	1	40,000	0.250		$d_1 = \sum 2 - \sum 1 = -0.542$
1980	2	80,000	0.125	$\sum 2 = 0.208$	
1985	3	120,000	0.083		$d_2 = \sum 3 - \sum 2 = -0.089$
1990	4	160,000	0.063	$\sum 3 = 0.119$	
1995	5	180,000	0.056		

P=10의 승수(10^n), 여기서는 10,000으로 계산한다.

①	$C^m = \dfrac{d_2}{d_1}$	$C^2 = \dfrac{-0.089}{-0.542} = 0.164, \quad C = (0.164)^{\frac{1}{2}} = 0.405$
②	$m \times A = \sum 1 - \dfrac{d_1}{C^m - 1}$	$2 \times A = 0.750 - \dfrac{-0.542}{0.164 - 1} \quad \therefore A = 0.051$
③	$B = \dfrac{d_1(C-1)}{(C^m - 1)^2}$	$B = \dfrac{-0.542 \times (0.405 - 1)}{(0.164 - 1)^2} = 0.461$
④	$Z = A + BC^x$	$Z = 0.051 + 0.461 \times (0.405)^x$
⑤	$Y = \dfrac{P}{Z}$	$Y = \dfrac{10,000}{0.051 + 0.461 \times (0.405)^x} = \dfrac{K}{1 + e^{a+bx}}$

$$Y = \dfrac{\dfrac{10,000}{0.051}}{\dfrac{0.051}{0.051} + \dfrac{0.461}{0.051} \times (0.405)^x} = \dfrac{196,078}{1 + 9.039 \times (0.405)^x} = \dfrac{K}{1 + e^{a+bx}}$$

1) 한계인구 K= 196,078명

2) $e^{a+bx} = 9.039 \times (0.405)^x$에서 양변에 자연로그를 취하여 a값, b값을 구하면
$a = \ln 9.039 = 2.202, \quad b = \ln 0.405 = -0.904$

$$Y = \dfrac{196,078}{1 + e^{2.202 - 0.904 \times x}} = \dfrac{196,078}{1 + e^{2.202 - 0.904 \times 10}} = 195,867.9814 = 195,868$$

【정답】 195,868(인)

4. 용도지역 면적 산정 문제

1) 용도지역 연습문제 유형 1 (계획인구 10만명 문제)

다음의 조건에 따라 주거지역, 상업지역, 공업지역의 면적을 구하라.
(단, 면적은 ha 단위로 표기 하며, 계산 과정 소수점은 셋째 자리에서 반올림 한다.)

①	최종인구는 15만명이나, 계획인구는 10년 후 10만명으로 추정한다.
②	취업률(취업인구/전체인구)은 50% 이며, 산업별 인구 비율은 1차산업 : 2차산업 : 3차산업 =10 : 40 : 50이다.
③	2차 산업의 10%, 3차 산업의 20%가 신도시에서 모도시로 출근하며, 2차 산업의 30%가 모도시에서 신도시로 출근한다.
④	주거지역의 총밀도는 고밀도 주거지역 : 중밀도 주거지역 : 저밀도 주거지역 =300인/ha : 200인/ha : 100인/ha
⑤	주거지역의 인구 배분은 다음과 같다 고밀도 주거지역 : 중밀도 주거지역 : 저밀도 주거지역 = 50 : 30 : 20
⑥	상업지역에서는 40인/ha과 공업지역에서는 30인/ha이 기거주하고 있다.
⑦	상업지역 소요 면적을 구하기 위한 조건은 다음과 같다. · 1인당 평균 상면적: 15㎡ · 평균층수: 3층 · 건폐율: 70% · 공공용지율: 30%
⑧	공업지역 소요 면적을 구하기 위한 조건은 다음과 같다. · 1인당 부지면적: 66㎡ · 공공용지율: 30% · 공업용지입지율: 80%

【풀이】

가. 취업인구= 100,000명×0.5= 50,000명

산업인구 구성= 1차 산업 : 2차 산업 : 3차 산업
= 50,000×0.1 : 50,000×0.4 : 50,000×0.5
= 5,000명 : 20,000명 : 25,000명

나. 산업별 유출입 인구 산정
- 유출인구 (2차산업) 모도시로 출근= 20,000명×0.1= 2,000명
- 유출인구 (3차산업) 모도시로 출근= 25,000명×0.2= 5,000명
- 유입인구 (2차산업) 신도시로 출근= 20,000명×0.3= 6,000명

∴ 신도시에 종사하는 최종 인구
1차 산업: 5,000명 (유출입 인구 변동 사항 없음)
2차 산업: 20,000명-2,000명+6,000명=24,000명
3차 산업: 25,000명-5,000명=20,000명

다. (1) 상업지역 소요 면적 산정

$$상업지역\ 면적 = \frac{(20,000명) \times 15}{3 \times 0.7 \times (1-0.3)} = 204,081.6327\,㎡ = 20.41\,ha$$

【중요】상업지역 소요면적 산정 공식

$$= \frac{상업지역\ 이용\ 인구(3차\ 산업\ 종사\ 인구) \times 1인당\ 평균\ 상면적}{평균층수 \times 건폐율 \times (1-공공용지율)}$$

(2) 공업지역 소요 면적 산정

$$공업지역\ 면적\ =\ \frac{24{,}000명 \times 66 \times 0.8}{1-0.3} = 1{,}810{,}285.714㎡ = 181.03ha$$

> **【중요】 공업 지역 소요면적 산정 공식**
>
> $$=\frac{2차\ 산업\ 종사\ 인구 \times 1인당\ 평균\ 부지\ 면적 \times 공업용지율(공업지역\ 입지율)}{1-공공용지율}$$

라. 주거지역 거주인구= 계획인구-상업지역 거주인구-공업지역 거주인구
   (단, 계산과정의 인구는 소수점 이하 버림)
   (1) 상업지역 거주인구: 20.41ha×40인/ha=816.4명=816명
   (2) 공업지역 거주인구: 181.03ha×30인/ha=5,430.9명=5,430명
   ∴ 주거지역 거주인구= 100,000명-816명-5,430명= 93,754명
마. 전체 주거지역 면적 산정 (단, 계산과정의 인구는 소수점 이하 버림)
   (1) 고밀도 주거지: 93,754명×0.5= 46,877명 ∴ 면적= 46,877명÷300인/ha=156.26ha
   (2) 중밀도 주거지: 93,754명×0.3= 28,126명 ∴ 면적= 28,126명÷200인/ha=140.63ha
   (3) 저밀도 주거지: 93,754명×0.2= 18,750명 ∴ 면적= 18,750명÷100인/ha=187.50ha
      ☞ 전체 주거지역 면적= 156.26ha+140.63ha+187.50ha= 484.39ha

【정답】 주거지역 면적: 484.39ha, 상업지역 면적: 20.41ha, 공업지역 면적: 181.03ha

2) 용도지역 연습문제 유형 2 (유업인구 문제)

우리나라 동부 지방에 위치한 A도시에서는 2003년을 목표연도로(계획수립 기준년도 1993년, 계획 실시 기간: 1994년~2003년) 하는 도시 계획 기본 구상을 수립하고자 한다. 다음에 제시하는 자료를 이용하여 물음에 답하시오.

표1. 연도별 인구 변화 추세

연도	1984	1985	1986	1987	1988	1989	1990	1991	1992	1993
인구(인)	42,000	44,000	45,800	47,800	49,900	51,900	54,000	55,800	57,700	60,000

표2. 목표 연도의 각종 도시 지표

구분	지표수준	비고	구분	지표수준
1) 유업인구 비율	30%		5) 제조업 종업원 1인당 공장부지 면적	105㎡/인
1차 산업 인구	15%	(취업인구/총인구)×100	6) 3차 산업인구 중 상업지 이용인구 비율	70%
2차 산업 인구	45%			
3차 산업 인구	40%			
2) 세대당 가구원수	세대당 3인		7) 3차 산업 인구의 1인당 건물 연상면적	18.9㎡
3) 주택 보급율	100%			
4) 주택당 평균 대지 면적	175㎡/호		8) 상업용 건물의 평균 용적률	84%

단, 주거지역, 상업지역, 공업지역 내 공공용지율은 30%이다.

가. 등차급수기법을 이용하여 A도시의 목표연도 인구를 추정하라.
(소수점 넷째 자리까지 표기 할 것)

[풀이] $r = \frac{1}{n}(\frac{P_n}{P_o} - 1) = \frac{1}{9}(\frac{60,000}{42,000} - 1) = 0.0476$

$P_n = P_o(1 + rn)$

$P_{2003} = 60,000(1 + 0.0476 \times 10) = 88,560$

[정답] 88,560(인)

나. 토지의 용도별 소요량 추정
① 목표연도에 소요되는 A도시의 주거지 총면적을 주택수에 의한 방법으로 추정하라.

[풀이] $\frac{(목표인구/세대당인구) \times 주택보급률 \times 주택1호당부지면적}{(1 - 공공용지율)}$

$= \frac{(88,560 \div 3) \times 1.0 \times 175}{(1 - 0.3)} = 7,380,000 \, m^2$

[정답] 7,380,000㎡

② 목표연도에 소요되는 A도시의 상업지 총면적을 상업지를 이용하는 3차 산업 인구와 관련하여 추정하라. (소수점 첫째 자리에서 반올림)

[풀이] 총인구: 유업인구+실업인구+부양인구 [76]

유업인구: 88,560인×0.3=26,568인
- 1차 산업인구: 26,568인×0.15=3,985인
- 2차 산업인구: 26,568인×0.45=11,956인
- 3차 산업인구: 26,568인×0.40=10,627인

$= \frac{10,627 \times 0.7 \times 18.9}{0.84 \times (1 - 0.3)} = 239,108 \, m^2$

[정답] 239,108㎡

③ 목표연도에 소요되는 A도시의 공업지역 총면적을 제조업 종업원과 1인당 소요면적에 의해 추정하라.

[풀이]

$= \frac{11,956 \times 105}{1 - 0.3} = 1,793,400 \, m^2$

[정답] 1,793,400㎡

---

[76] 부양인구: 경제 활동 여부와 상관없이 모든 생산 가능 연령 인구를 의미한다. (연령 범위: 15~64세)

3) 용도지역 연습문제 유형 3 (시가화, 비시가화문제)
아래에 조건으로 용도지역의 면적을 산출하라.

■ 계획인구: 40만명	■ 시가화지역 : 비시가화지역 = 9 : 1
■ 공업지역 계획조건	
・공업지역 종사인구: 계획인구의 20% ・공업지역 소요면적: 60㎡ ・공공용지율: 40%	
■ 상업지역 계획조건	
・상업지역 이용인구: 계획인구의 30%	
・상업지역 건물 층수: 3층 ・건폐율: 60% ・공공용지율: 40% ・연상면적: 12㎡	
■ 주거지역 분담률 → 고밀도 : 중밀도 : 저밀도 = 20% : 30% : 50%	
■ 주거지역 밀도 → 고밀도 : 중밀도 : 저밀도 = 400인/ha : 300인/ha : 50인/ha	
■ 면적은 ㎢로 표현하고 소수점 셋째 자리에서 반올림 할 것	

[풀이]

① 상업지역 소요 면적 산정

상업지역 이용인구= 400,000×0.3=120,000명

상업지역 소요면적= $\dfrac{120,000 \times 12}{3 \times 0.6 \times (1-0.4)}$ = 1,333,333 ㎡ = 1.33 ㎢

② 공업지역 소요 면적 산정

공업지역 종사인구= 400,000×0.2=80,000명

공업지역 소요면적 = $\dfrac{80,000 \times 60}{(1-0.4)}$ = 8,000,000 ㎡ = 8.00 ㎢

③ 주거지역 소요 면적 산정

시가화지역 거주 인구=400,000×0.9=360,000명

   □ 고밀도 주거지역: 360,000명×0.2=72,000명   ∴ 면적=72,000명÷400인/ha=180ha
   □ 중밀도 주거지역: 360,000명×0.3=108,000명   ∴ 면적=108,000명÷300인/ha=360ha
   □ 저밀도 주거지역: 360,000명×0.5=180,000명   ∴ 면적=180,000명÷50인/ha=3,600ha
   □ 전체 주거지역 면적
      = 180ha+360ha+3,600ha= 4,140ha= 41,400,000㎡= 41.40㎢

[정답] 주거지역 면적: 41.40㎢, 상업지역 면적: 1.33㎢, 공업지역 면적: 8.00㎢

4) 용도지역 연습문제 유형 4 (상업지 면적 15% 문제)

다음은 2011년, 목표인구는 120,000명의 신도시 계획이다. 각 용도지역 면적을 추정하라. 단, 상업지역 면적 중 15%는 주거지역 내에 혼합되어 있으며, 상업지역, 공업지역 내 혼합주거용도는 고려하지 않는다.
(면적은 ha로 표현하고 소수점 둘째 자리에서 반올림 할 것)

| · 주택 보급률: 95% | · 가구당 인원수: 3인 | · 시가지 내 주택 수용률: 90% |
| · 주거지역 분담률= 저밀 : 중밀 : 고밀 = 50% : 30% : 20% |
| · 주거지역 밀도= 저밀 : 중밀 : 고밀 = 50인/ha : 200인/ha : 300인/ha |
| · 산업별 인구 구성= 1차 : 2차 : 3차 = 20% : 40% : 40% |
| · 상업지역 1인당 연상 면적: 12㎡ | · 건폐율= 70% | · 평균층수: 2.5층 |
| · 공업지역 1인당 소요 면적: 60㎡ | · 공공용지율: 40% | · 취업률: 95% |

[풀이]

가) 주거지역
① 도시 내 전체 필요 주택 수
  : 120,000(인)÷(3인/가구)=40,000세대, 40,000세대×0.95=38,000세대
② 시가지 내 수용 주택 수: 38,000세대×0.9=34,200세대
③ 밀도 배분: 34,200세대×(3인/가구)=102,600인
  □ 저밀: 102,600인×0.5=51,300인   □ 중밀: 102,600인×0.3=30,780인
  □ 고밀: 102,600인×0.2=20,520인
④ 밀도 유형별 소요 주택지 면적

  □ 저밀: 51,300인÷50인/ha=1,026ha
  □ 중밀: 30,780인÷200인/ha=153.9ha   → 1,248.3ha
  □ 고밀: 20,520인÷300인/ha=68.4ha

나) 상업지역
120,000×0.95(취업률)=114,000인
114,000인×0.4(3차 산업 인구구성)=45,600인

$$\text{상업지역 면적} = \frac{45,600 \times 12\text{m}^2}{(2.5 \times 0.7)(1-0.4)} = 521,142.85\text{m}^2 = 52.1ha$$

단, 상업지역 면적 중 15%가 주거지역 내에 혼합되어 있다.
52.1ha×(1-0.15)= 44.285   ∴ 44.3ha

다) 공업지역
120,000×0.95(취업률)=114,000인
114,000인×0.4(2차 산업 인구구성)=45,600인

$$\text{공업지역 면적} = \frac{45,600 \times 60\text{m}^2}{(1-0.4)} = 4,560,000\text{m}^2 = 456ha$$

[정답] 주거지역 면적: 1,248.3ha, 상업지역 면적: 44.3ha, 공업지역 면적: 456ha

5) 용도지역 연습문제 유형 5 (취업률 40% 문제)

다음의 조건을 보고 용도지역별 면적을 구하시오. (단, 계산은 소수점 첫째 자리에서 반올림 한다)

1. 계획인구: 106,000인   2. 취업률: 40%
3. 주거지역
   (1) 가구당 인구: 3인   (2) 공공용지율: 35%   (3) 혼합율: 20%   (4) 주택보급율: 100%
   (5) 단독주택 1호당 면적: 200㎡   (6) 공동주택 1호당 면적: 80㎡   (7) 단독:공동 비율=5:5
4. 상업지역
   (1) 1인당 연상면적: 15㎡   (2) 이용인구: 계획인구의 50%   (3) 평균 층수: 3층
   (4) 건폐율: 70%   (5) 공공용지율: 40%
5. 공업지역
   (1) 1인당 부지면적: 100㎡   (2) 공공용지율: 30%   (3) 2차 산업 종사인구: 취업자의 30%
   (4) 공업지역 입지율: 100%

【풀이】

① 주거지역 면적 산정

단독주택: 106,000×0.5= 53,000인, 공동주택: 106,000×0.5= 53,000인

단독주택 면적 : $\dfrac{(53,000/3) \times 200}{(1-0.35) \times (1-0.2)} = 6,794,871.795 = 6,794,872 \text{m}^2$

공동주택 면적: $\dfrac{(53,000/3) \times 80}{(1-0.35) \times (1-0.2)} = 2,717,948.718 = 2,717,949 \text{m}^2$

∴ 주거지역 면적 : 6,794,872㎡ + 2,717,949㎡ = 9,512,821㎡

② 상업지역 면적 = $\dfrac{(106,000 \times 0.5) \times 15}{3 \times 0.7 \times (1-0.4)} = 630,952.381 = 630,952 \text{ m}^2$

③ 공업지역 면적
= $\dfrac{(106,000 \times 0.4 \times 0.3) \times 100 \times 1.0}{1-0.3} = 1,817,142.857 = 1,817,143 \text{ m}^2$

【정답】 주거지역: 9,512,821㎡, 상업지역 면적: 630,952㎡, 공업지역 면적: 1,817,143㎡

【참고】주거지역 면적 산정 공식 외

□ 주거지역 소요면적 산정 공식 =
$\dfrac{\left(\dfrac{계획인구}{가구당인구수}\right) \times 주택보급률 \times 시가화구역주택률 \times 주거용지내주택률 \times 주택1호당부지면적}{(1-공공용지율) \times (1-혼합률)}$

□ 시가화구역 주택률 = $\dfrac{시가화구역 내 주택수}{총주택수}$ □ 주거용지 내 주택률 = $\dfrac{주거지역 내 주택수}{시가화구역 내 주택수}$

□ 혼합률 = $\dfrac{주거지역 내 상업용지 + 주거지역 내 공업용지}{주거지역 면적}$

6) 용도지역 연습문제 유형 6 (3차 산업 종사인구 문제)

가. 어느 도시에서 10년 동안의 인구변화가 다음과 같을 때, 로지스틱 곡선법을 이용하여 2015년의 인구를 추정하라. (단, 계산 과정은(인구 포함) 소수점 넷째 자리에서 반올림, 최종 인구는 산출 후 소수점 첫째 자리에서 반올림 한다.)

연도	1996	1997	1998	1999	2000	2001	2002	2003	2004	2005
인구(천인)	50.0	51.0	51.5	53.0	53.5	55.0	56.0	56.5	57.0	58.0

[풀이] 다음과 같은 표를 작성한다.

연도	X	Y (천인)	$Z(=\frac{P}{Y})$	Σ	d
1996	-	-	-	-	-
1997	0	51.0	0.196	$\Sigma 1 = 0.579$	
1998	1	51.5	0.194		
1999	2	53.0	0.189		$d_1 = \Sigma 2 - \Sigma 1$
2000	3	53.5	0.187		$= -0.031$
2001	4	55.0	0.182	$\Sigma 2 = 0.548$	
2002	5	56.0	0.179		$d_2 = \Sigma 3 - \Sigma 2$
2003	6	56.5	0.177		$= -0.024$
2004	7	57.0	0.175	$\Sigma 3 = 0.524$	
2005	8	58.0	0.172		

P=10의 승수 (10^n), 여기서는 10으로 계산한다.

①	$C^m = \dfrac{d_2}{d_1}$	$C^3 = \dfrac{-0.024}{-0.031} = 0.774$,	$C = (0.774)^{\frac{1}{3}} = 0.918$
②	$m \times A = \sum 1 - \dfrac{d_1}{C^m - 1}$	$3 \times A = 0.579 - \dfrac{-0.031}{0.774 - 1}$,	$A = 0.147$
③	$B = \dfrac{d_1(C-1)}{(C^m-1)^2}$	$B = \dfrac{-0.031 \times (0.918-1)}{(0.774-1)^2}$,	$B = 0.050$
④	$Z = A + BC^x$	$Z = 0.147 + 0.050 \times (0.918)^x$	
⑤	$Y = \dfrac{P}{Z}$	$Y = \dfrac{10}{0.147 + 0.050 \times (0.918)^x} = \dfrac{K}{1+e^{a+bx}}$	

$$Y = \dfrac{\dfrac{10}{0.147}}{\dfrac{0.147}{0.147} + \dfrac{0.050}{0.147} \times (0.918)^x} = \dfrac{68.027}{1 + 0.340 \times (0.918)^x} = \dfrac{K}{1+e^{a+bx}}$$

1) 한계인구 K = 68.027천인
2) $e^{a+bx} = 0.340 \times (0.918)^x$에서 양변에 자연로그를 취하여 a값, b값을 구하면
   $a = \ln 0.340 = -1.079$ $b = \ln 0.918 = -0.086$

$$Y = \dfrac{68.027}{1+e^{-1.079-0.086 \times x}} = \dfrac{68.027}{1+e^{-1.079-0.086 \times 18}} = 63.4405 = 63천인$$

[정답] 63 (천인)

나. 가에서 추정한 인구를 바탕으로 용도별 면적을 산출하시오.
(최종면적 산출 후 소수점 첫째 자리에서 반올림 한다. 단, 면적은 ha 단위로 표기)

- 노동 가능 인구: 70%
- 취업률: 45%
- 1차산업: 2%, 2차산업: 40%, 3차산업: 58%
- 주거 지역 밀도 = 고밀도 : 중밀도 : 저밀도 = 5 : 3 : 2
- 고밀도=250인/ha, 중밀도=200인/ha, 저밀도=150인/ha

1) 주거지역 총면적을 산출하라
 【풀이】
 ① 고밀:63,000(인)×0.5=31,500(인)/250인(ha)=126ha
 ② 중밀:63,000(인)×0.3=18,900(인)/200인(ha)=94.5ha
 ③ 저밀:63,000(인)×0.2=12,600(인)/150인(ha)=84ha
  ∴ 126ha(고밀)+94.5ha(중밀)+84ha(저밀)=304.5ha=305ha

【정답】 305ha

2) 상업지역 면적을 산출하라.
 (평균층수:5층, 건폐율:70%, 공공용지:40%, 1인당 연상면적:10㎡)
 【풀이】
 3차 산업 종사인구
 = 63,000(인)×0.7(노동가능인구)×0.45(취업률)×0.58(3차산업비율)=11,510(인)

 $$\therefore 상업면적 = \frac{3차산업인구 \times 1인당 상면적}{층수 \times 건폐율 \times (1-공공용지율)} = \frac{11,510 \times 10}{5 \times 0.7 \times (1-0.4)}$$

 $$= 54,809.52381㎡ = 5.480ha = 5ha$$

【정답】 5ha

3) 공업지역 면적을 산출하라.
 (1인당 소요면적:150㎡, 공공용지율:30%)
 【풀이】
 2차 산업 종사인구
 = 63,000(인)×0.7(노동가능인구)×0.45(취업률)×0.4(2차산업비율)=7,938(인)

 $$\therefore 공업면적 = \frac{2차산업인구 \times 1인당 소요면적}{(1-공공용지율)} = \frac{7,938 \times 150}{(1-0.3)}$$

 $$= 1,701,000㎡ = 170.1ha = 170ha$$

【정답】 170ha

5. 기타 계산 문제
1) 산업입지 원단위 산정 문제
□ 산업입지 원단위 기본 계산 식

[표1]

구분	종류	단위	공식
생산액당 원단위	부지(A)	m^2/백만원	=A
	용수(B)	m^3/백만원	=B
	전력(C)	kwh/백만원	=C
부지면적당 원단위 (연간)	생산액(a)	백만원/m^2·년	a=1/A
	용수(b)	m^3/m^2·년	b=B/A
	전력(c)	kwh/m^2·년	c=C/A
부지면적당 원단위 (일간)	생산액(a´)	백만원/m^2·일	a´=a/300
	용수(b´)	m^3/m^2·일	b´=b/300
	전력(c´)	kwh/m^2·일	c´=c/300
사용량/생산액	용수, 전력 및 생산액(D)	부지면적당 원단위 (용수,전력,생산액) × 부지면적 × 사용기간	

■연습문제■ 다음의 조건을 보고 물음에 답하시오.

[표2]

산업	생산액당 원단위		
	부지(m^2/백만원)	용수(m^3/백만원)	전력(KWh/백만원)
음,식료업	5	5	120
1차 제조업	3	8	150
기계 제조업	2	6	100
전기 전자 제조업	1	3	300

(연간 공장 가동 일수 300일)

1. 새로운 공업단지를 조성하고자 한다. 이 지역은 고급 노동력이 풍부하고, 인근에 비행장이 있어 수송이 용이 하며, 부품 관련 산업이 밀집되어 있으나, 공업용수가 부족한 지역이다. 이 지역에 유치할 수 있는 산업을 제시 하고 그 이유를 적어라.
   ◻풀이◻
   1) 유치산업: 전기 전자 제조업
   2) 선정 이유: 전기 전자 제조업은 공업용수가 부족해도 가능한 산업이며 대상지 주변에 부품 관련 산업이 밀집되어 있으므로 상생 발전 가능성이 있다.
      또한 전기 전자 제조업은 고급 노동력을 필요로 하는 산업이며, 해당 산업 상품의 용이한 운송을 위해 인근 비행장 이용이 가능하다.

2. 부지당 일일 원단위와 연간 사용 원단위를 구하라.(소수점 넷째 자리까지 표기 할 것)
 【풀이】
   1) 부지당 원단위: 연간
[표3]

산업	부지당 원단위 (연간)		
	생산액(백만원/㎡ · 년)	용수(㎥/㎡ · 년)	전력(kwh/㎡ · 년)
음.식료업	1/5=0.2000	5/5=1.0000	120/5=24.0000
1차 제조업	1/3=0.3333	8/3=2.6666	150/3=50.0000
기계 제조업	1/2=0.5000	6/2=3.0000	100/2=50.0000
전기 전자 제조업	1/1=1.0000	3/1=3.0000	300/1=300.0000

   2) 부지당 원단위: 일간
[표4]

산업	부지당 원단위 (일간)		
	생산액(백만원/㎡ · 일)	용수(㎥/㎡ · 일)	전력(kwh/㎡ · 일)
음.식료업	0.2000/300=0.0006	1.0000/300=0.0033	24.0000/300=0.0800
1차 제조업	0.3333/300=0.0011	2.6666/300=0.0088	50.0000/300=0.1666
기계 제조업	0.5000/300=0.0016	3.0000/300=0.0100	50.0000/300=0.1666
전기 전자 제조업	1.0000/300=0.0033	3.0000/300=0.0100	300.0000/300=1.0000

3. 부지 면적이 10,000㎡일 때 1년 동안 사용하는 용수와 전력량을 구하시오.
 【풀이】
   ☞ [공식] 사용량= 부지면적당 원단위(용수, 전력, 생산액) × 부지면적 × 사용기간
[표5]

산업	용수(㎥)	전력(kwh)
음.식료업	1.0000×10,000(㎡)×1(년)=10,000㎥	24.0000×10,000(㎡)×1(년)=240,000kwh
1차 제조업	2.6666×10,000(㎡)×1(년)=26,666㎥	50.0000×10,000(㎡)×1(년)=500,000kwh
기계 제조업	3.0000×10,000(㎡)×1(년)=30,000㎥	50.0000×10,000(㎡)×1(년)=500,000kwh
전기 전자 제조업	3.0000×10,000(㎡)×1(년)=30,000㎥	300.0000×10,000(㎡)×1(년)=3,000,000kwh

2) 주차대수 산정 문제

(1) P요소법

■연습문제■ 다음의 규모로 주차 규모를 산정하여라.

> 공원 내 주차장을 계획 한다. 주변 여건과 시설 내용을 종합한 결과
> 최대 1일 이용객이 20,000명이며, 이 중 승용차 이용률이 30%,
> 승용차 이용자 중 주차장 이용률이 80%,
> 차량 주차 회전율 1/2, 차 한대당 승차인원 3명, 차 한대당 주차 면적은 20㎡ 이다.

[풀이] P 요소법

[공식] $P = \dfrac{d \cdot s \cdot c}{o \cdot e} \times (t \cdot r \cdot p \cdot pr)$

[용어 정의]

P: 주차수요(면수) d: 주간(07:00~19:00) 통행집중률(%)
s: 계절주차 집중계수 c: 지역주차 조정계수
o: 평균승차인원(인/대) e: 주차이용효율(%)
t: 1일 이용인구(인) r: 피크시 주차집중률(%)
p: 건물이용자중 승용차 이용률(%) pr: 승용차 이용자 중 주차차량비율(%)

$P = \dfrac{1 \times 1 \times 1}{3 \times 0.5} \times (20{,}000 \times 0.3 \times 0.8) = 3{,}200$면

∴ 3,200면 × (20㎡/대) = 64,000㎡

[정답] 64,000㎡

【참고】

1. 주차회전율 = $\dfrac{이용차량대수}{총주차면수}$ 2. 주차이용효율 = $\dfrac{주차이용대수 \times 평균주차시간}{주차용량 \times 주차장운영시간}$

(2) 주차발생원단위법

■연습문제■

아래에 제시하는 조건으로 주차발생원단위법을 이용하여 주차 대수를 산정하라.

- 피크(peak) 시 건축물 연면적 1,000㎡당 주차발생량: 10대
- 계획 건축물 연면적 = 20,000㎡   · 주차 이용 효율 = 80%

[풀이]

$P = \dfrac{U \times F}{1{,}000 \times e}$ ∴ $P = \dfrac{10 \times 20{,}000}{1{,}000 \times 0.8} = 250$대

- P = 주차 수요(대)   · F = 장래 계획 건축물 연면적(㎡)   · e = 주차 이용 효율
- U = 피크(peak) 시 건축물 단위 면적당 주차 발생량(대/1,000㎡)
  = 첨두시 용도별 주차 발생량(대/1,000㎡·시간)

[정답] 250대

3) 중력모형을 이용한 상권 분석 기법
(1) 허프의 확률 모형

$$R_{ij} = \frac{F_j}{d_{ij}^a}$$

R_{ij} = 쇼핑센터 j가 지역 i의 주민을 유도하는 힘
d_{ij} = 주거지역 i에서 쇼핑센터 j까지의 거리
F_j = 쇼핑센터 j의 유인 요인
a = 거리 함수의 파라미터

(실증 분석을 통해 추정되어야 하나, 통상적으로 뉴튼의 만유인력의 법칙에서와 마찬가지로 a=2 값을 사용 할 수 있다)

■ 연습문제 ■

새로운 쇼핑센터(B)를 이용할 확률과 이용인구를 허프 모형을 이용하여 추정하라.
(소수점 셋째자리에서 반올림 할 것)

> 소비자 인구가 20,000인 도시에서 1km 떨어진 곳에 매장 면적이 10,000㎡인 쇼핑센터(A)가 위치하고 있고, 2km 떨어진 곳에 20,000㎡의 매장 면적을 가진 새로운 쇼핑센터(B)가 새롭게 건설 되었다.

〖풀이〗 허프 모형

R_a (쇼핑센터:A) = $\frac{10,000㎡}{(1km)^2} = \frac{10,000}{10^6} = \frac{1}{100}$

R_b (쇼핑센터:B) = $\frac{20,000㎡}{(2km)^2} = \frac{20,000}{4 \times 10^6} = \frac{1}{200}$

$R_a : R_b = \frac{1}{100} : \frac{1}{200} = 2 : 1$

새로운 쇼핑 센터(B)를 이용할 확률은 $\frac{1}{3} \times 100 = 33.33\%$

∴ 새로운 쇼핑센터(B)를 이용하는 인구= 33.33% ×20,000(인)=6,666인

〖정답〗 **이용 확률: 33.33%, 이용 인구: 6,666(인)**

(2) 라일리의 소매인력법칙

$$R = \frac{P}{d^2}$$

R = 도시의 상점 흡인력 (유인력, 상업 거래량)
P = 도시의 인구 규모
d = 상점으로 부터의 거리

☞ 1929년 마케팅 학자 라일리(W.Reilly)가 주장한 이론으로서 두개 도시의 상거래 흡인력은 두 도시의 인구에 비례하고 두 도시의 분기점으로부터 거리의 제곱에 반비례 하여 형성됨을 의미한다. 이는 두 중심지 사이에 위치하는 소비자에 대하여 두 중심지가 미치는 영향력의 크기를 설명하는 이론이다.

■ 연습문제 ■

A와 B지역 간의 경계를 라일리(W.Reilly) 법칙에 의해서 확정할 때, A에서 분계 점까지의 거리는?
(단, A-B 간 거리: 120km, A지역 인구: 40만명, B지역 인구: 160만명)

【풀이】 라일리(W.Reilly) 법칙

$$R = \frac{40}{x^2} = \frac{160}{(120-x)^2} \rightarrow \frac{40}{x^2} = \frac{160}{120^2 - 240x + x^2}$$

$40(120^2 - 240x + x^2) = 160x^2$ (수식에 40을 나눈다)
$120^2 - 240x + x^2 = 4x^2$
$0 = 4x^2 - x^2 + 240x - 120^2$
$3x^2 + 240x - 120^2$
$3x \quad\quad -120$
$1x \quad\quad 120$
$(3x - 120) = 0, (x + 120) = 0 \quad \therefore x = 40, x = -120$

【정답】 40km

4) 경제 기반 모형: 지역승수

■ 연습문제 ■

어느 중소 도시의 총고용인구가 12,000명이고 그 중 기반 산업 고용인구가 5,000명이다. (단, "가"에서 구한 값이 오답인 경우 "나"항은 채점 대상에서 포함하지 않는다)
가) 도시의 경제 기반 승수(지역승수)를 구하시오.

【풀이】 $E_T = E_B + E_N$

E_T: 총 고용인구, E_B: 기반산업(수출산업) 고용 인구, E_N: 비기반산업(지역산업) 고용 인구

경제기반승수(지역승수) $K = \frac{E_T}{E_B}$, $E_T = 12,000$명, $E_B = 5,000$명 $\therefore K = \frac{12,000}{5,000} = 2.4$

【정답】 2.4

나) 이 도시에 새로운 수출 산업을 위한 공장이 입지하여 종업원 4,000명이 증가하는 경우, 이로 인해 지역 총 고용 인구는 얼마나 증가하는가?

【풀이】

$E_T = K \times E_B$ 　　　$\triangle E_T = K \times \triangle E_B = 2.4 \times 4,000 = 9,600$명

【정답】 9,600명

【만점 Tip】

- **경제 기반 모형**
  경제기반모형의 이론적 배경은 J.M. Keynes의 승수이론에 기반을 두고 있는데 (승수이론: 국민소득의 순환과정에 외부로부터 어떤 유입(투자, 정부지출, 수출)이 있게 되면 국민소득은 승수효과(multiplier effect)[77]를 가지고 증가하는 경향이 있다고 보는 이론이다) 승수이론을 바탕으로 하여 이 모형은 도시 경제구조가 단순한 2개의 그룹으로 구분한다.
  1) 기반활동(basic activity): 도시성장에 기여하는 활동으로 도시외부의 기업이나 개인들에게 수출하기 위해 재화나 용역을 생산하여 판매하는 활동으로 외부로부터 화폐의 유입을 가져오는 활동이다.
  2) 비기반활동(non-basic activity): 해당 도시 내에서 소비되는 재화나 용역을 재화나 용역을 생산하여 판매 하는 활동으로 도시내부의 화폐유통을 가져오는 활동이다.

  이와 같은 경제활동의 양분의 근거는 이모형에서는 기반활동만이 도시의 경제력을 결정하는 관건이 되며, 기반활동의 팽창은 비 기반활동의 성장을 유도하여 도시전체의 경제성장을 주도한다는 것으로 수출이 경제성장의 기반을 이루며, 비 기반활동은 단순히 도시성장의 결과 혹은 영향이라고 본다.

- **지역 승수**
  승수 이론이 지역에 적용하여 지역의 경제 기반을 분석하는 것을 의미한다. 도시의 규모가 커질수록 지역 승수 역시 커지게 된다.

---

5) 최대계획우수 유출량 산정 문제

■연습문제■

다음의 조건으로 주택단지 계획 시 합리식(Rational Method)에 의한 최대 계획 우수유출률(Q, m³/sec)을 구하시오.

　　배수면적(A)=40ha, 유출계수(C)=0.3, 평균강우강도(I)=30mm/hr

【풀이】

$Q = \dfrac{1}{360} \times C \times I \times A$

(단, Q:유출량(m³/sec), C:유출계수, I:평균강우강도(mm/hr), A:배수유역면적(ha))

$\therefore Q = \dfrac{1}{360} \times 0.3 \times 30 \times 40 = 1 \, \text{m}^3/\text{sec}$

【정답】 1m³/sec

---

[77] 승수효과란 경제 현상에서, 어떤 경제 요인의 변화가 다른 경제 요인의 변화를 가져와 파급 효과를 낳고 최종적으로는 처음 몇 배의 증가 또는 감소로 나타나는 총 효과를 의미한다. 승수효과는 승수이론에서 나온 용어다. 승수이론은, 어떤 경제 변량이 다른 경제 변량의 변화에 따라 바뀔 때 그 변화가 한 번에 끝나지 않고 연달아 변화를 불러일으켜서 마지막에는 최초 변량의 몇 배에 이르는 경우가 있는데, 이러한 변화의 파급 관계를 분석하고 최초 경제 변량의 변화에 따라 최종적으로 빚어낸 총 효과의 크기가 어떻게 결정되는가를 규명하는 이론이다. 최종 산출된 총 효과를 승수효과라고 하며, 어떤 독립 변수의 변화에 대해 다른 모든 변수가 어떤 비율로 변화하는가를 나타내는 것을 승수라고 한다. (시사경제용어사전, 2010.11, 대한민국정부)

6) 비용편익분석: 현금 흐름 할인법 중 순현재가치법(NPV)
□ **순현재가치법(NPV)**

순현재가치(Net Present Value: NPV)는 어떤 사업의 가치를 나타내는 척도 중 하나로서, 최초 투자 시기부터 사업이 끝나는 시기까지의 연도별 순편익의 흐름을 각각 현재가치로 환산하여 합하여 구할 수 있다. 순현재가치법은 NPV를 계산하여 투자가치를 판단하는 방법이다. NPV가 0보다 크면 투자가치가 있는 것으로, 0보다 작으면 투자가치가 없는 것으로 평가한다.

$$NPV = \sum_{t=1}^{N} \frac{C_t}{(1+r)^t} - C_0 \quad \text{또는} \quad NPV = \sum_{t=0}^{N} \frac{C_t}{(1+r)^t}$$

t : 현금 흐름의 기간
N : 사업의 전체 기간
r : 할인율
C_o : 투하자본(투자액)
C_t : 시간 t에서의 순현금 흐름
(초기 투자를 강조하기 위해 왼쪽 공식과 같이 C_o를 명시하기도 한다.)

■ 연습문제 ■

S기업의 도시 개발 프로젝트에 대한 편익 비용 산출 값 할인율이 5%일 때, 순현재가치를 기준으로 어떤 프로젝트가 우수한가? (단, 소수점 셋째 자리 이하 버림.)

(단위: 백만원)

연수	0	1	2	3	4	5
대안1	-10	5	4	3	2	1
대안2	-10	-5	6	6	6	6

[풀이]

• 대안1

$$NPV = \frac{-10}{(1+0.05)^0} + \frac{5}{(1+0.05)^1} + \frac{4}{(1+0.05)^2} + \frac{3}{(1+0.05)^3} + \frac{2}{(1+0.05)^4} + \frac{1}{(1+0.05)^5}$$
$$= 3.410466 = 3.41(백만원)$$

• 대안2

$$NPV = \frac{-10}{(1+0.05)^0} + \frac{-5}{(1+0.05)^1} + \frac{6}{(1+0.05)^2} + \frac{6}{(1+0.05)^3} + \frac{6}{(1+0.05)^4} + \frac{6}{(1+0.05)^5}$$
$$= 5.50066 = 5.50(백만원)$$

[정답] 대안2 프로젝트

IV. 필답형 기출 문제

- 2018년 이전 기출문제는 최근까지 중복 출제되었기에 본 교재에서는 게재를 생략하는 점 양해 바랍니다.
- 기출문제 풀이 과정 중 일부는 개정된 법령이 반영되어 있지 않을 수 있습니다.
  개정된 내용이 정리가 되어 있는 "1교시 필답형: [암기형] 문제 정리" 자료를 참고하시길 부탁드립니다.
- 문제 복원 여부에 따라 일부 회차에서는 기출 문제가 부족할 수 있는 점 양해 부탁드립니다.

자격종목	도시계획기사	필답형 제1교시	2018년 제1회

1. 지구단위계획 수립 시 고려해야 하는 기준(사항)에 대해 기술하시오. (8점)
   [정답]
   (1) 도시의 정비·관리·보전·개발 등 지구단위계획구역의 지정목적
   (2) 주거·산업유통·관광휴양·복합 등 지구단위계획구역의 중심기능
   (3) 해당 용도지역의 특성   (4) 지역 공동체의 활성화
   (5) 보행친화적인 안전하고 지속가능한 생활권의 조성
   (6) 해당 지역 및 인근 지역의 토지 이용을 고려한 토지이용계획과 건축계획의 조화
   (7) 아름답고 조화로운 경관 창출
   (8) 다양한 용도의 혼합과 가로 중심의 장소성 확보

2. 개발 계획 규모별 도시 공원 또는 녹지의 확보 기준을 기술 하시오. (14점)

개발계획	기준	도시공원 또는 녹지의 확보기준 (둘 중 큰 면적)	
		상주 인구 1인당 면적	개발 부지 면적 대비
「도시개발법」에 의한 개발계획			
「주택법」에 의한 주택건설사업계획			
「도시 및 주거 환경 정비법」에 의한 정비계획			

[정답]

개발계획	기준	도시공원 또는 녹지의 확보기준 (둘 중 큰 면적)	
		상주인구 1인당 면적	개발부지 면적 대비
「도시개발법」에 의한 개발계획	1만 제곱미터 이상 30만 제곱미터 미만	3제곱미터 이상	5퍼센트 이상
	30만제곱미터 이상 100만제곱미터 미만	6제곱미터 이상	9퍼센트 이상
	100만제곱미터 이상	9제곱미터 이상	12퍼센트 이상
「주택법」에 의한 주택건설사업계획	1천세대 이상	1세대 당 3제곱미터 이상	5퍼센트 이상
「도시 및 주거 환경 정비법」에 의한 정비계획	5만 제곱미터 이상	1세대 당 2제곱미터 이상	5퍼센트 이상

3. 다음의 자료를 이용하여 2031년의 인구를 등차급수법, 등비급수법에 의해서 추정하시오. (각4점)
(수험자 유의사항에 소수점 조건 제시: 소수점 셋째 자리에서 반올림하여 둘째 자리까지 구하라)

연도	1999	2000	2001	2002	2003	2004	2005	2006	2007	2008	2009
인구수 (천인)	102	105	110	116	125	137	142	150	155	165	168

[풀이]

① 등차 급수법

1) 인구증가율 계산: $r = \frac{1}{n}(\frac{P_n}{P_o} - 1) = \frac{1}{10}(\frac{168}{102} - 1) = 0.0647058 = 0.06$

2) $P_n = P_o(1 + rn)$ ∴ $P_{2031} = 102(1 + 0.06 \times 32) = 297.84$

[정답] 297.84(천인)

② 등비 급수법

1) 인구증가율 계산: $r = (\frac{P_n}{P_o})^{\frac{1}{n}} - 1 = (\frac{168}{102})^{\frac{1}{10}} - 1 = 0.051165 = 0.05$

2) $P_n = P_o(1 + r)^n$ ∴ $P_{2031} = 102(1 + 0.05)^{32} = 486.0240298 = 486.02$

[정답] 486.02(천인)

4. 도로의 기능별 구분 및 곡선반경에 대해 서술하시오. (10점)

구분	기능별 구분	곡선 반경 기준

[정답]

구분	기능별 구분	곡선 반경 기준
주간선도로	시·군 내 주요지역을 연결하거나 시·군 상호 간을 연결하여 대량통과교통을 처리하는 도로로서 시·군의 골격을 형성하는 도로	15m이상
보조 간선도로	주간선도로를 집산도로 또는 주요 교통발생원과 연결하여 시·군 교통이 모였다 흩어지도록 하는 도로로서 근린주거구역의 외곽을 형성하는 도로	12m이상
집산도로	근린주거구역의 교통을 보조간선도로에 연결하여 근린주거구역 내 교통이 모였다 흩어지도록 하는 도로로서 근린주거구역의 내부를 구획하는 도로	10m이상
국지도로	가구(街區:도로로 둘러싸인 일단의 지역)를 구획하는 도로	6m이상
특수도로	보행자 전용도로·자전거 전용도로 등 자동차 외의 교통에 전용되는 도로	

| 자격종목 | 도시계획기사 | 필답형 제1교시 | 2018년 제2회 (1차) |

1. **도시 및 주거 환경 정비법에 의한 정비사업의 종류에 대하여 서술하시오. (6점)**

   〖정답〗
   가. 주거환경개선사업: 도시저소득 주민이 집단 거주하는 지역으로서 정비기반시설이 극히 열악하고 노후·불량건축물이 과도하게 밀집한 지역의 주거환경을 개선하거나 단독주택 및 다세대주택이 밀집한 지역에서 정비기반시설과 공동이용시설 확충을 통하여 주거환경을 보전·정비·개량하기 위한 사업
   나. 재개발사업: 정비기반시설이 열악하고 노후·불량건축물이 밀집한 지역에서 주거환경을 개선하거나 상업지역·공업지역 등에서 도시기능의 회복 및 상권 활성화 등을 위하여 도시환경을 개선하기 위한 사업
   다. 재건축사업: 정비기반시설은 양호하나 노후·불량건축물에 해당하는 공동주택이 밀집한 지역에서 주거환경을 개선하기 위한 사업

2. **국토계획평가제도에 대하여 다음의 물음에 답하시오. (8점)**

   가) 국토계획 평가권자, 평가대상, 목적을 포함하여 국토계획평가의 정의를 서술하시오. (3점)
      ① 평가권자   ② 평가대상   ③ 정의

   〖정답〗
   ① 평가권자: 국토교통부장관
   ② 평가대상: 국토기본법에 따른 국토계획 중 계획기간이 중장기이면서 국토관리 등에 관한 미래 목표 및 추진 전략을 제시하는 지침 적 성격의 28개 국토계획
   ③ 정의: 중장기적·지침 적 성격의 국토계획을 대상으로 국토의 균형 있는 발전, 경쟁력 있는 국토여건의 조성 및 친환경적인 국토관리 측면에서 국토의 지속 가능한 발전에 이바지하는지를 평가하는 제도.

   나) 다음의 빈칸에 들어갈 알맞은 답을 서술하시오. (6점)
   ① 국토계획평가 대상이 되는 국토계획의 수립권자는 해당 국토계획을 수립하거나 변경하기 전에 대통령령으로 정하는 바에 따라 국토계획평가 요청서를 작성하여 (㉠   )에게 제출하여야 한다.
   ② 국토계획평가 요청서를 제출받은 (㉡   )은 국토계획평가를 실시한 후 그 결과에 대하여 (㉢   )의 심의를 거쳐야 한다.
   ③ (㉣   )은 국토계획평가를 실시할 때 필요한 경우에는 「정부출연연구기관 등의 설립·운영 및 육성에 관한 법률」에 따라 설립된 (㉤   )이나 관계 전문가에게 현지조사를 의뢰하거나 의견을 들을 수 있으며, 국토계획평가 요청서 중 환경 친화적인 국토관리에 관한 사항은 대통령령으로 정하는 바에 따라 (㉥   )의 의견을 들어야 한다.
   ④ 국토계획평가 요청서 제출 시기, 국토계획평가 결과의 통보 절차 및 그 밖에 국토계획평가 절차에 필요한 사항은 (㉦   )으로 정한다.

   〖정답〗
   ㉠ 국토교통부장관   ㉡ 국토교통부장관   ㉢ 국토정책위원회   ㉣ 국토교통부장관
   ㉤ 정부출연연구기관   ㉥ 환경부장관   ㉦ 대통령령

3. 주택단지 계획 시 합리식에 의한 최대 계획 우수유출률(Q, ㎥/sec)을 구하시오. (4점)

> 배수면적(A)=40ha, 유출계수(C)=0.3, 평균강우강도(I)=30mm/hr

[풀이]

$$Q = \frac{1}{360} \times C \times I \times A$$

(Q: 유출량(㎥/sec), C: 유출계수, I: 평균강우강도(mm/hr), A: 배수면적(ha))

$$Q = \frac{1}{360} \times 0.3 \times 30 \times 40 = 1\,㎥/sec$$

[정답] 1㎥/sec

4. 광장의 결정 기준 중 "교통광장"에 대해서 서술 하시오. (12점)

[정답]

가. 교차점광장
  (1) 혼잡한 주요도로의 교차지점에서 각종 차량과 보행자를 원활히 소통시키기 위하여 필요한 곳에 설치할 것
  (2) 자동차전용도로의 교차지점인 경우에는 입체교차방식으로 할 것
  (3) 주간선도로의 교차지점인 경우에는 접속도로의 기능에 따라 입체교차방식으로 하거나 교통섬·변속차로 등에 의한 평면교차방식으로 할 것. 다만, 도심부나 지형여건상 광장의 설치가 부적합한 경우에는 그러하지 아니하다

나. 역전광장
  (1) 역전에서의 교통 혼잡을 방지하고 이용자의 편의를 도모하기 위하여 철도역 앞에 설치 할 것
  (2) 철도교통과 도로교통의 효율적인 변환을 가능하게 하기 위하여 도로와의 연결이 쉽도록 할 것
  (3) 대중교통수단 및 주차시설과 원활히 연계되도록 할 것

다. 주요시설광장
  (1) 항만·공항 등 일반교통의 혼잡요인이 있는 주요시설에 대한 원활한 교통처리를 위하여 당해 시설과 접하는 부분에 설치할 것
  (2) 주요시설의 설치계획에 교통광장의 기능을 갖는 시설계획이 포함된 때에는 그 계획에 의할 것

5. 다음 조건을 보고 인구 추정 및 용도 지역의 면적을 산출 하라. (10점)
어느 도시에서 10년 동안의 인구변화가 다음과 같을 때, 로지스틱 곡선법을 이용하여 2020년의 인구를 추정하라. (단, 계산은 소수점 넷째 자리에서 반올림(인구 포함), 최종 인구는 소수점 셋째 자리에서 반올림하여 둘째 자리까지 표현)

연도	1996	1997	1998	1999	2000	2001	2002	2003	2004	2005
인구(천인)	50.0	51.0	51.5	53.0	53.5	55.0	56.0	56.5	57.0	58.0

【풀이】 다음과 같은 표를 작성한다.

연도	X	Y (천인)	$Z(=\frac{P}{Y})$	$\sum$	d
1996	-	-	-	-	-
1997	0	51.0	0.196	$\sum 1 = 0.579$	$d_1 = \sum 2 - \sum 1$ $= -0.031$
1998	1	51.5	0.194		
1999	2	53.0	0.189		
2000	3	53.5	0.187	$\sum 2 = 0.548$	
2001	4	55.0	0.182		$d_2 = \sum 3 - \sum 2$ $= -0.024$
2002	5	56.0	0.179		
2003	6	56.5	0.177	$\sum 3 = 0.524$	
2004	7	57.0	0.175		
2005	8	58.0	0.172		

P=10의 승수 (10^n), 여기서는 10으로 계산한다.

①	$C^m = \dfrac{d_2}{d_1}$	$C^3 = \dfrac{-0.024}{-0.031} = 0.774$, $C = 0.918$
②	$m \times A = \sum 1 - \dfrac{d_1}{C^m - 1}$	$3 \times A = 0.579 - \dfrac{-0.031}{0.774 - 1}$, $A = 0.147$
③	$B = \dfrac{d_1(C-1)}{(C^m - 1)^2}$	$B = \dfrac{-0.031 \times (0.918 - 1)}{(0.774 - 1)^2}$, $B = 0.050$
④	$Z = A + BC^x$	$Z = 0.147 + 0.050 \times (0.918)^x$
⑤	$Y = \dfrac{P}{Z}$	$Y = \dfrac{10}{0.147 + 0.050 \times (0.918)^x} = \dfrac{K}{1 + e^{a+bx}}$

$$Y = \dfrac{\dfrac{10}{0.147}}{\dfrac{0.147}{0.147} + \dfrac{0.050}{0.147} \times (0.918)^x} = \dfrac{68.027}{1 + 0.340 \times (0.918)^x} = \dfrac{K}{1 + e^{a+bx}}$$

1) 한계인구 K = 68.027천인

2) $e^{a+bx} = 0.340 \times (0.918)^x$에서 양변에 자연로그를 취하여 a값, b값을 구하면
$a = \ln 0.340 = -1.079$ $b = \ln 0.918 = -0.086$

$$Y = \dfrac{68.027}{1 + e^{-1.079 - 0.086 \times x}} = \dfrac{68.027}{1 + e^{-1.079 - 0.086 \times 23}} = 64.971484 = 64.97$$

【정답】 64.97(천인)

| 자격종목 | 도시계획기사 | 필답형 제1교시 | 2018년 제2회 (2차) |

1. 도시·군계획시설의 결정·구조 및 설치기준에 관한 규칙에서 제시하는 보행자우선도로의 결정기준에 대하여 서술하시오. (10점)

   [정답]
   1. 도시지역 내 간선도로의 이면도로로서 차량통행과 보행자의 통행을 구분하기 어려운 지역 중 보행자의 통행이 많거나 집회·공연 등 각종 행사로 인하여 보행자 통행량이 일시적으로 급증할 수 있는 지역에 설치할 것
   2. 보행자의 안전을 위하여 경사가 심한 곳에는 설치하지 아니할 것
   3. 보행자우선도로는 차량속도, 차량통행량 및 보행자의 통행량을 고려한 사전검토 계획을 수립하여 설치할 것. 이 경우 차량속도는 시속 30킬로미터 이하로 계획할 것
   4. 안전하고 쾌적한 보행을 위하여 보행자전용도로 및 녹지체계 등과 최단거리로 연결되도록 할 것

2. 도시 기반 시설 중 도시·군 관리 계획으로 결정 되는 시설을 분류하고 이 중 각 시설별로 3가지 이상 기술 하시오. (14점)

   [정답]

구분	기반시설
1. 교통시설	도로·철도·항만·공항·주차장·자동차정류장·궤도·차량 검사 및 면허시설
2. 공간시설	광장·공원·녹지·유원지·공공공지
3. 유통·공급시설	유통업무설비, 수도·전기·가스·열공급설비, 방송·통신시설, 공동구·시장, 유류저장 및 송유설비
4. 공공·문화체육시설	학교·공공청사·문화시설·공공필요성이 인정되는 체육시설·연구시설·사회복지시설·공공직업훈련시설·청소년수련시설
5. 방재시설	하천·유수지·저수지·방화설비·방풍설비·방수설비·사방설비·방조설비
6. 보건위생시설	장사시설·도축장·종합의료시설
7. 환경기초시설	하수도·폐기물처리 및 재활용시설·빗물저장 및 이용시설·수질오염방지시설·폐차장

3. 다음의 조건을 보고 물음에 답하시오. (4점)
   어느 중소 도시의 총고용인구가 12,000명이고 그 중 기반 산업 고용인구가 5,000명이다.
   가) 도시의 경제 기반 승수(지역승수)를 구하시오.

   [풀이]
   $$E_T = E_B + E_N$$

   E_T : 총 고용인구
   E_B : 기반산업(수출산업) 고용인구, E_N : 비기반산업(지역산업) 고용인구

   경제기반승수 $K = \dfrac{E_T}{E_B}$ $E_T = 12,000$명, $E_B = 5,000$명 $\therefore K = \dfrac{12,000}{5,000} = 2.4$

   [정답] 2.4

   나) 이 도시에 새로운 수출 산업을 위한 공장이 입지하여 종업원 4,000명이 증가하는 경우, 이로 인해 지역 총 고용 인구는 얼마나 증가하는가?

   [풀이] $E_T = K \times E_B$ $\triangle E_T = K \times \triangle E_B = 2.4 \times 4,000 = 9,600$명

   [정답] 9,600명

4. 일반광장의 종류와 결정기준을 서술 하시오. (6점)
   【정답】
   가. 중심대광장
      (1) 다수인의 집회·행사·사교 등을 위하여 필요한 경우에 설치할 것
      (2) 전체 주민이 쉽게 이용할 수 있도록 교통중심지에 설치할 것
      (3) 일시에 다수인이 모였다 흩어지는 경우의 교통량을 고려할 것
   나. 근린광장
      (1) 주민의 사교, 오락, 휴식 및 공동체 활성화 등을 위하여 근린주거구역별로 설치할 것
      (2) 시장·학교 등 다수인이 모였다 흩어지는 시설과 연계되도록 인근의 토지이용 현황을 고려할 것
      (3) 시·군 전반에 걸쳐 계통적으로 균형을 이루도록 할 것

5. 최소자승법을 이용하여 2025년의 인구를 추정 하시오. (6점)

연도	인구(명)	연도	인구(명)
2000	75,000	2005	88,000
2001	77,000	2006	93,000
2002	79,000	2007	96,000
2003	82,000	2008	100,000
2004	85,000	2009	106,000

※ 단, 계산은 소수점 셋째자리에서 반올림하여 둘째 자리까지만 표현할 것
   【풀이】

연도	x_i^2	x_i 원래간격	x_i 원래간격×2	y_i	$x_i \cdot y_i$
2000	81	-4.5	-9	75,000	-675,000
2001	49	-3.5	-7	77,000	-539,000
2002	25	-2.5	-5	79,000	-395,000
2003	9	-1.5	-3	82,000	-246,000
2004	1	-0.5	-1	85,000	-85,000
2005	1	0.5	1	88,000	88,000
2006	9	1.5	3	93,000	279,000
2007	25	2.5	5	96,000	480,000
2008	49	3.5	7	100,000	700,000
2009	81	4.5	9	106,000	954,000
합계 (∑)	$\sum x_i^2$=330	$\sum x_i$=0		$\sum y_i$=881,000	$\sum x_i \cdot y_i$=561,000

$$a = \frac{\sum y_i}{n} = \frac{881,000}{10} = 88,100 \qquad b = \frac{\sum x_i y_i}{\sum x_i^2} = \frac{561,000}{330} = 1,700$$

$y_{2025} = 88,100 + 1,700 \cdot x$ (x의 기준연도는 2005.1.1 / 6개월 단위)
$\quad = 88,100 + 1,700 \cdot 2x$ (x의 기준연도는 2005.1.1 / 1년 단위)
$\quad = 88,100 + 3,400(x - 0.5)$ (2004년으로 기준연도 변경 / x는 1년 단위)
$\quad = 86,400 + 3,400\, x$
$\quad$ (x = 기준연도로 부터 추정연도까지의 경과 연수 ∴ 2025 - 2004 = 21)
$\quad = 86,400 + 3,400 \times 21 = 157,800$명

【정답】 157,800(명)

| 자격종목 | 도시계획기사 | 필답형 제1교시 | 2018년 제4회 |

1. 다음의 제시하는 조건을 바탕으로 물음에 답하시오. (9점)
   1) 도시·군 기본계획은 계획수립 시점부터 몇 년을 기준으로 작성하는가?
      【정답】 계획수립시점으로부터 20년을 기준
   2) 도시·군 기본계획 수립연도의 끝자리에 대해 서술하시오.
      【정답】 연도의 끝자리는 0 또는 5년으로 한다. (예: 2020년, 2025년)
   3) 도시·군 기본계획상 상주인구 추정 방법에 대해 서술하시오.
      【정답】 (가) 모형에 의한 추정방법(기본적 방법) ① 통계청 장래인구를 권장, ② 추세연장법
      (나) 사회적증가분에 의한 추정방법(보조적 수단)
   4) 도시·군기본계획을 수립하는 경우 입안권자는 도시·군계획 분야 전문가와 주민대표 및 관계기관 참석하여 의견을 청취하는 것을 무엇이라고 하는가? 【정답】 공청회

2. 국토의 계획 및 이용에 관한 법률에서 제시하는 도시·군 관리계획의 내용 8가지를 서술하시오. (6점)
   【정답】
   가. 용도지역·용도지구의 지정 또는 변경에 관한 계획
   나. 개발제한구역, 도시자연공원구역, 시가화조정구역(市街化調整區域), 수산자원보호구역의 지정 또는 변경에 관한 계획
   다. 기반시설의 설치·정비 또는 개량에 관한 계획
   라. 도시개발사업이나 정비사업에 관한 계획
   마. 지구단위계획구역의 지정 또는 변경에 관한 계획과 지구단위계획
   바. 삭제 <2024. 2. 6.>
   사. 도시혁신구역의 지정 또는 변경에 관한 계획과 도시혁신계획
   아. 복합용도구역의 지정 또는 변경에 관한 계획과 복합용도계획
   자. 도시·군계획시설입체복합구역의 지정 또는 변경에 관한 계획

3. 다음의 지형도를 보고 질문에 답하시오. (8점)

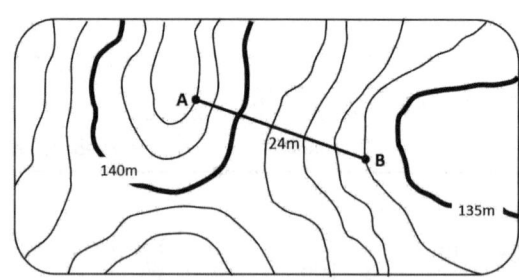

▌ A지점에서 B지점의 경사도를 구하시오
   【풀이】

   $$[공식] \ 경사도 = \frac{높이}{거리} \times 100 \ , \ 25\% = \frac{6m}{24m} \times 100 \ \therefore \ x = 25\%$$

   【정답】 25%

4. 용도지역의 종류 중 주거지역에 대하여 다음의 빈칸을 채우시오. (8점)

구분		지정목적
주거 지역	(①)	· 단독주택 중심의 양호한 주거환경 보호 · 기존 시가지 또는 그 주변의 환경이 양호한 단독주택지로서 주거환경을 보전할 필요가 있거나 이러한 지역으로 유도하고자 하는 지역
	(②)	· 공동주택 중심의 양호한 주거환경 보호 · 기성 및 주변시가지의 주택으로서 순화된 주거지역에서 기 형성되어 있는 중층 주택 및 기반시설의 정비상황에서 보아 중·저층주택이 입지하여도 환경악화의 우려가 없는 지역
	(③)	· 단독주택·다가구·다세대 및 연립주택이 주로 입지하는 주택지 · 저층주택을 중심으로 편리한 주거환경 조성
	(④)	· 중층주택을 중심으로 편리한 주거환경 조성 · 기존 시가지 및 주변 시가지의 주택지로서 중층주택이 입지하여도 환경악화, 자연경관의 저해 및 풍치를 저해할 우려가 없는 지역
	(⑤)	· 중고층주택 중심으로 편리한 주거환경을 조성 · 계획적으로 중고층주택지로서 정비가 완료되었거나 정비하는 것이 바람직한 지역 및 그 주변지역
	(⑥)	· 주거기능을 위주로 이를 지원하는 일부 상업기능 및 업무기능을 보완 · 주거용도와 상업용도가 혼재하지만 주로 주거환경을 보호하여야 할 지역

[정답] ① 제1종전용주거지역   ② 제2종전용주거지역   ③ 제1종일반주거지역
       ④ 제2종일반주거지역   ⑤ 제3종일반주거지역   ⑥ 준주거지역

5. 아래에 조건으로 용도지역의 면적을 산출 하라. (9점)

- 계획인구: 40만명   ■ 시가화지역 : 비시가화지역 = 9 : 1
- 공업지역 계획조건
  · 공업지역 종사인구: 계획인구의 20%   · 공업지역 소요면적: 60㎡   · 공공용지율: 40%
- 상업지역 계획조건
  · 상업지역 이용인구: 계획인구의 30%
  · 상업지역 건물 층수: 3층   · 건폐율: 60%   · 공공용지율: 40%   · 연상면적: 12㎡
- 주거지역 분담률 → 고밀도 : 중밀도 : 저밀도 = 20% : 30% : 50%
- 주거지역 밀도   → 고밀도 : 중밀도 : 저밀도 = 400인/ha : 300인/ha : 50인/ha
- 면적은 ㎢로 표현하고 소수점 셋째 자리에서 반올림 할 것

[풀이]
① 상업지역 소요 면적 산정: 상업지역 이용인구= 400,000명×0.3=120,000명

  상업지역 소요면적= $\dfrac{120,000명 \times 12㎡}{3 \times 0.6 \times (1-0.4)} = 1,333,333 ㎡ = 1.33 ㎢$

② 공업지역 소요 면적 산정: 공업지역 종사인구= 400,000명×0.2=80,000명

  공업지역 소요면적 = $\dfrac{80,000명 \times 60㎡}{(1-0.4)} = 8,000,000 ㎡ = 8.00 ㎢$

③ 주거지역 소요 면적 산정: 시가화지역 거주 인구=400,000×0.9=360,000명
  □ 고밀도 주거지역: 360,000명×0.2=72,000명   ∴ 면적=72,000명÷400인/ha=180ha
  □ 중밀도 주거지역: 360,000명×0.3=108,000명   ∴ 면적=108,000명÷300인/ha=360ha
  □ 저밀도 주거지역: 360,000명×0.5=180,000명   ∴ 면적=180,000명÷50인/ha=3,600ha
  □ 전체 주거지역 면적= 180ha+360ha+3,600ha= 4,140ha= 41,400,000㎡= 41.40㎢

[정답] 주거지역 면적: 41.40㎢, 상업지역 면적: 1.33㎢, 공업지역 면적: 8.00㎢

| 자격종목 | 도시계획기사 | 필답형 제1교시 | 2019년 제1회 |

1. 산업단지의 종류에 대해 다음의 빈칸을 채우시오. (4점)
   ① (　　　　): 국가기간산업, 첨단과학기술산업 등을 육성하거나 개발 촉진이 필요한 낙후지역이나 둘 이상의 특별시·광역시·특별자치시 또는 도에 걸쳐 있는 지역을 산업단지로 개발하기 위하여 지정된 산업단지
   ② (　　　　): 산업의 적정한 지방 분산을 촉진하고 지역경제의 활성화를 위하여 지정된 산업단지
   ③ (　　　　): 지식산업·문화산업·정보통신산업, 그 밖의 첨단산업의 육성과 개발 촉진을 위하여 「국토의 계획 및 이용에 관한 법률」에 따른 도시지역에 지정된 산업단지
   ④ (　　　　): 대통령령으로 정하는 농어촌지역에 농어민의 소득 증대를 위한 산업을 유치·육성하기 위하여 지정된 산업단지

   【정답】 ① 국가산업단지, ② 일반산업단지, ③ 도시첨단산업단지, ④ 농공단지

2. 지구단위계획수립지침 중 지구단위계획의 입안 및 결정절차에 대해 빈칸을 채우시오. (6점)

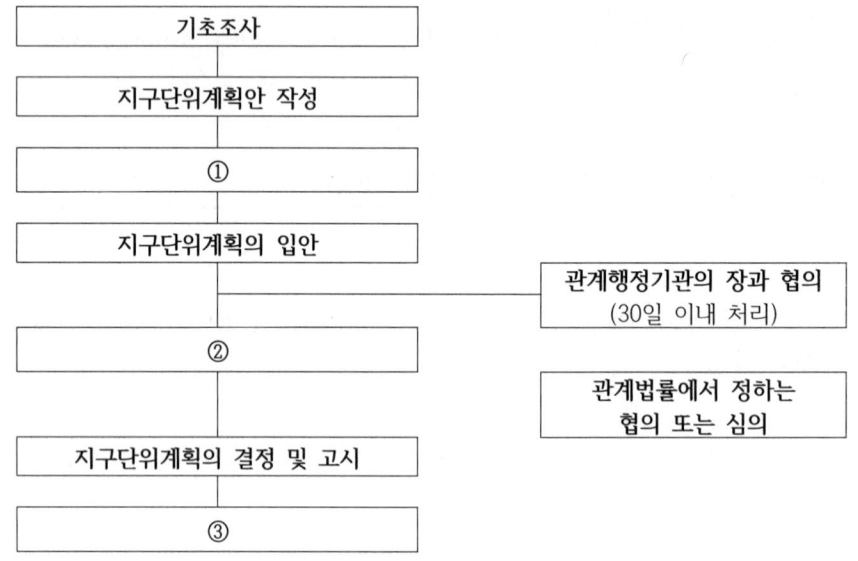

【정답】 ① 주민의견청취, ② 도시계획위원회와 건축위원회의 공동 심의, ③ 일반 열람

3. 다음과 같이 하나의 대지에 두 개 이상의 용도지역에 걸쳐 있는 경우 건폐율과 용적률을 계산 하시오. (최종 값은 소수점 첫째 자리에서 반올림) (4점)
   (2종일반주거지역: 건폐율 60%, 용적률 230%, 3종일반주거지역: 건폐율 50%, 용적률 300%)

   | 제2종일반주거지역 300㎡ | 제3종일반주거지역 260㎡ |

   【풀이】 건폐율(%) = {(300㎡×60%)+(260㎡×50%)}÷560㎡=55.357%=55%
   　　　　용적률(%) = {(300㎡×230%)+(260㎡×300%)}÷560㎡=262.5%=263%

   【정답】 건폐율(%)=55%, 용적률(%)=263%

4. 국토계획체계에 대해 다음의 빈칸을 채우시오. (9점)
   1) 국토계획체계
      【정답】

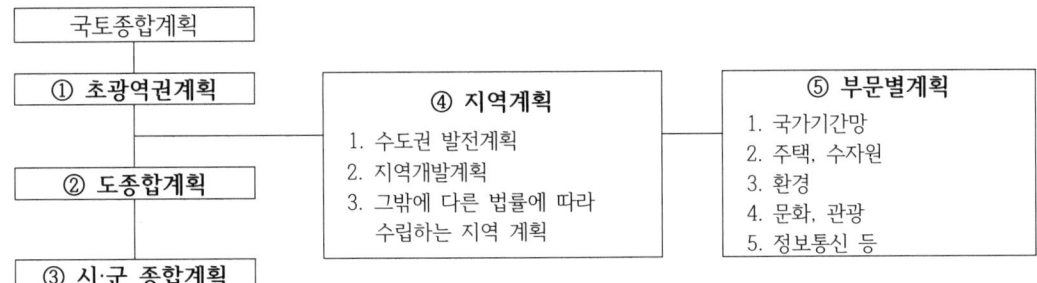

5. S기업의 도시 개발 프로젝트에 대한 편익 비용 산출 값 할인율이 5%일 때, 순현재가치를 기준으로 어떤 프로젝트가 우수한가? (6점) (단, 풀이 과정과 답이 맞을 경우 정답으로 한다.) (단위: 백만원)

연수	0	1	2	3	4	5
대안1	-10	5	4	3	2	1
대안2	-10	-5	5	6	6	6

【풀이】
대안1
$$\text{NPV} = \frac{-10}{(1+0.05)^0} + \frac{5}{(1+0.05)^1} + \frac{4}{(1+0.05)^2} + \frac{3}{(1+0.05)^3} + \frac{2}{(1+0.05)^4} + \frac{1}{(1+0.05)^5} = 3.41 (백만원)$$

대안2
$$\text{NPV} = \frac{-10}{(1+0.05)^0} + \frac{-5}{(1+0.05)^1} + \frac{5}{(1+0.05)^2} + \frac{6}{(1+0.05)^3} + \frac{6}{(1+0.05)^4} + \frac{6}{(1+0.05)^5} = 4.59 (백만원)$$

【정답】 대안2 프로젝트

6. 지구단위계획수립지침 내용 중 다음의 빈칸을 채우시오. (4점)

> 예시) (건축선) : 인접가로의 폭, 특성과 관련하여 건폐율·용적률·개발규모 등을 종합적으로 검토하여 지정하며, 공공시설을 확보하고 보행환경을 개선하는데 적극 활용되도록 한다.

① ( ): 가로경관이 연속적인 형태를 유지하거나 구역 내 중요 가로변의 건축물을 가지런하게 할 필요가 있는 경우에 사용할 수 있다.
② ( ): 특정지역에서 상점가의 1층 벽면을 가지런하게 하거나 고층부의 벽면의 위치를 지정하는 등 특정층의 벽면의 위치를 규제할 필요가 있는 경우에 지정할 수 있다.
③ ( ): 도로에 있는 사람이 개방감을 가질 수 있도록 건축물을 도로에서 일정 거리 후퇴시켜 건축하게 할 필요가 있는 곳에 지정할 수 있다.
④ ( ): 특정한 층에서 보행공간(공공보행통로등) 등을 확보할 필요가 있는 경우에 사용할 수 있다. 이 경우 건축한계선의 후퇴부분에는 보행공간 등에 필요한 도시설계적 계획요소를 제시한다.

【정답】 ① 건축지정선, ② 벽면지정선, ③ 건축한계선, ④ 벽면한계선

| 자격종목 | 도시계획기사 | 필답형 제1교시 | 2019년 제2회 |

1. 다음의 지형도를 보고 질문에 답하시오. (4점)

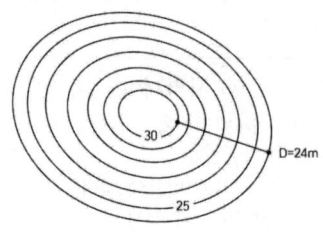

■ A지점에서 B지점의 경사도를 구하시오

[풀이] [공식] 경사도 $= \dfrac{높이}{거리} \times 100$, $25\% = \dfrac{6m}{24m} \times 100$ ∴ $x = 25\%$ [정답] 25%

2. 다음의 조건을 보고 물음에 답하시오. (4점)
어느 중소 도시의 총고용인구가 12,000명이고 그 중 기반 산업 고용인구가 5,000명이다.
가) 도시의 경제 기반 승수(지역승수)를 구하시오.

[풀이]

$E_T = E_B + E_N$

E_T : 총 고용인구
E_B : 기반 산업(수출산업) 고용 인구, E_N : 비기반 산업(지역산업) 고용 인구

경제기반승수 $K = \dfrac{E_T}{E_B}$ $E_T = 12,000$명, $E_B = 5,000$명   ∴ $K = \dfrac{12,000}{5,000} = 2.4$

[정답] 2.4

나) 이 도시에 새로운 수출 산업을 위한 공장이 입지하여 종업원 4,000명이 증가하는 경우, 이로 인해 지역 총 고용 인구는 얼마나 증가하는가?

[풀이] $E_T = K \times E_B$ $\triangle E_T = K \times \triangle E_B = 2.4 \times 4,000 = 9,600$명

[정답] 9,600명

3. 2020년 7월부터 시행예정인 도시공원 일몰제(이하 일몰제)의 추진 주체, 적용 대상, 지정 목적에 대하여 간단히 서술하시오. (4점)

[정답]
일몰제란, 지자체가 도시·군계획시설상 도시공원으로 결정한 개인 부지를 20년 동안 집행하지 않으면 그 효력을 상실하는 제도(도시공원에서 해제)를 말한다.
도시공원 중 일부가 사유지에 지정 되었으나, 이에 정부나 지자체에서의 별도의 매입 없이, 소유주의 토지사용을 제한하여 소유권 침해에 대한 논란이 있었다.
이에 따라 1999년 헌법재판소는 사유지에 공원을 지정하고 보상 없이 장기간 방치하는 것은 재산권 침해이므로 20년 이상 공원을 조성하지 않을 경우 도시공원에서 해제하는 제도가 만들어졌다. 이는 2000년 7월 도입되어 2020년 7월이면 최초로 시행되기로 결정 난 제도이다.
일몰제의 시행에 따라 없어지는 공원부지 대상이 서울시 면적의 절반(363㎢)에 달하는 가운데, 정부는「장기미집행공원 해소방안」대책을 발표하였다. 해결 방안에는 LH 참여의 공공사업을 통한 공원조성, 지방채 이자 지원 방안, 국공유지 실효 유예 등 각 지자체에 대한 지원 방안, 지자체 자체 예산 및 지방채 편성 등이 있다.

4. 다음 물음에 대해 답하시오. (9점)
 1) 용도지역별 도로율에 대하여 표의 빈칸을 작성하시오.
  【정답】

구분	총도로율	간선도로율
주거지역	(15퍼센트 이상 30퍼센트 미만)	(8퍼센트 이상 15퍼센트 미만)
상업지역	(25퍼센트 이상 35퍼센트 미만)	(10퍼센트 이상 15퍼센트 미만)
공업지역	(8퍼센트 이상 20퍼센트 미만)	(4퍼센트 이상 10퍼센트 미만)

 2) 도로의 사용 및 형태별 구분의 종류 7가지를 작성하시오.
  【정답】 일반도로, 자동차전용도로, 보행자전용도로, 보행자우선도로, 자전거전용도로, 고가도로, 지하도로

5. 다음 물음에 대해 알맞은 빈칸을 채우거나 답하시오. (9점)
 1) (   ): 도시재생을 종합적·계획적·효율적으로 추진하기 위하여 국토교통부 장관이 수립하는 국가도시 재생전략   【정답】 국가도시재생 기본방침
 2) 도시재생 활성화 및 지원에 관한 특별법 (약칭: 도시재생법) 제2조에 의거한 도시재생활성화계획 2가지를 적으시오.   【정답】 도시경제기반형, 근린재생형
 3) 도시재생활성화지역을 지정하기 위한 세부적인 요건 세 가지 중 다음의 빈칸을 채우시오.
   1. (   )가 (   )하는 지역
   2. (   )의 (   ) 등 산업의 이탈이 발생되는 지역
   3. (   )의 (   ) 등 주거환경이 악화되는 지역
  【정답】
   1. (인구)가 (현저히 감소)하는 지역
   2. (총 사업체 수)의 (감소) 등 산업의 이탈이 발생되는 지역
   3. (노후주택)의 (증가) 등 주거환경이 악화되는 지역

6. 주택단지 계획 시 합리식에 의한 최대 계획 우수유출률(Q, ㎥/sec)을 구하시오. (4점)

   배수면적(A)=40ha, 유출계수(C)=0.3, 평균강우강도(I)=30mm/hr

  【풀이】
  $Q = \dfrac{1}{360} \times C \times I \times A$
  (Q: 유출량($㎥/sec$), C: 유출계수, I: 평균강우강도(mm/hr), A: 배수면적(ha))
  $Q = \dfrac{1}{360} \times 0.3 \times 30 \times 40 = 1\,㎥/sec$

  【정답】 1㎥/sec

7. 국토의 계획 및 이용에 관한 법률에 따른 "도시·군계획사업"의 종류 세가지에 대하여 서술하시오. (6점)
  【정답】
   1. 도시·군계획시설사업
   2. 「도시개발법」에 따른 도시개발사업
   3. 「도시 및 주거환경정비법」에 따른 정비사업

자격종목	도시계획기사	필답형 제1교시	2019년 제4회

1. 도로 기능별 구분 중 곡선반경에 대해 서술하시오. (4점)
【정답】
1) 주간선도로: 15미터 이상
2) 보조간선도로: 12미터 이상
3) 집산도로: 10미터 이상
4) 국지도로: 6미터 이상

2. 도시 기반 시설 중 도시·군 관리 계획으로 결정 되는 시설을 분류하고 이 중 각 시설별로 3가지 이상 기술 하시오. (12점)
【정답】

구분	기반시설
1. 교통시설	도로·철도·항만·공항·주차장·자동차정류장·궤도·차량 검사 및 면허시설
2. 공간시설	광장·공원·녹지·유원지·공공공지
3. 유통·공급시설	유통업무설비, 수도·전기·가스·열공급설비, 방송·통신시설, 공동구·시장, 유류저장 및 송유설비
4. 공공·문화체육시설	학교·공공청사·문화시설·공공필요성이 인정되는 체육시설·연구시설·사회복지시설·공공직업훈련시설·청소년수련시설
5. 방재시설	하천·유수지·저수지·방화설비·방풍설비·방수설비·사방설비·방조설비
6. 보건위생시설	장사시설·도축장·종합의료시설
7. 환경기초시설	하수도·폐기물처리 및 재활용시설·빗물저장 및 이용시설·수질오염방지시설·폐차장

3. 개발 계획 규모별 도시 공원 또는 녹지의 확보 기준 내용 중 다음의 빈칸을 채우시오. (10점)
【정답】

기준 개발계획	도시공원 또는 녹지의 확보기준
「도시 및 주거 환경 정비법」에 의한 정비계획	(5만 제곱미터) 이상의 정비계획 : 1세대 당 (2제곱미터) 이상 또는 개발 부지면적의 (5퍼센트) 이상 중 큰 면적
「택지개발촉진법」에 의한 택지개발계획	가. 10만 제곱미터 이상 30만 제곱미터 미만의 개발계획 : 상주인구 1인당 (6제곱미터) 이상 또는 개발 부지면적의 (12퍼센트) 이상 중 큰 면적 나. 30만 제곱미터 이상 100만 제곱미터 미만의 개발계획 : 상주인구 1인당 (7제곱미터) 이상 또는 개발 부지면적의 (15퍼센트) 이상 중 큰 면적 다. 100만 제곱미터 이상 330만 제곱미터 미만의 개발계획 : 상주인구 1인당 (9제곱미터) 이상 또는 개발 부지면적의 (18퍼센트) 이상 중 큰 면적 라. 330만 제곱미터 이상의 개발계획 : 상주인구 1인당 (12제곱미터) 이상 또는 개발 부지면적의 (20퍼센트) 이상 중 큰 면적
「지역균형개발 및 지방중소기업 육성에 관한 법률」에 의한 개발 계획	가. 주거용도로 계획된 지역: 상주인구 1인당 (3제곱미터) 이상 나. 전체계획구역에 대하여는 「산업입지 및 개발에 관한 법률」 제5조의 규정에 의하여 작성된 산업입지개발지침에서 정한 공공녹지 확보기준을 적용한다.

4. 지구단위계획수립지침 내용 중 다음의 물음에 답하시오. (6점)

① 가로경관의 연속적인 형태를 유지할 필요가 있거나 중요가로변의 건축물을 정연하게 할 필요가 있는 경우에 지정하는 것으로서 건축물의 외벽면이 계획에서 정한 선의 수직면에 일정비율 이상 접해야 하는 선을 말한다.

【정답】 건축지정선

② '①번 문제'의 정답과 건축한계선의 차이를 간략히 설명하고 법적 규제에 대해 설명하시오.

【정답】

건축지정선은 건축물의 전층 또는 저층부의 외벽면이 일정한 비율 이상 접해야 하는 선을 의미한다. 건폐율 및 높이제한과 함께 연동하여 계획하고 건축선 지정 시 건축물의 외벽면과 지정선과의 인접 비율을 제시한다. 건축한계선은 도로에 있는 사람이 개방감을 가질 수 있도록 공간 확보를 위해 '건축물'을 도로에서 일정 거리 후퇴시켜 건축할 필요가 있는 곳에 지정한다. 그 선의 수직면을 넘어서 건축물 및 부대시설의 지상 부분이 돌출하여서는 안 되는 선을 말한다. 협소한 보도 및 이면도로의 확폭과 통로의 확보가 필요한 곳에 대지의 위치 및 형상을 고려하여 지정할 수 있다. 건축선 후퇴로 발생하는 전면공지에 대한 구체적인 조성지침 수립이 필요하다.

상기 두 가지 이상 지침이 동시에 적용되는 경우 강화된 지침을 적용한다.

5. 산업단지의 종류와 특징에 대하여 서술하시오. (8점)

【정답】

① 국가산업단지: 국가기간산업, 첨단과학기술산업 등을 육성하거나 개발 촉진이 필요한 낙후지역이나 둘 이상의 특별시·광역시·특별자치시 또는 도에 걸쳐 있는 지역을 산업단지로 개발하기 위하여 제6조에 따라 지정된 산업단지

② 일반산업단지: 산업의 적정한 지방 분산을 촉진하고 지역경제의 활성화를 위하여 제7조에 따라 지정된 산업단지

③ 도시첨단산업단지: 지식산업·문화산업·정보통신산업, 그 밖의 첨단산업의 육성과 개발 촉진을 위하여 「국토의 계획 및 이용에 관한 법률」에 따른 도시지역에 제7조의2에 따라 지정된 산업단지

④ 농공단지: 대통령령으로 정하는 농어촌지역에 농어민의 소득 증대를 위한 산업을 유치·육성하기 위하여 제8조에 따라 지정된 산업단지

자격종목	도시계획기사	필답형 제1교시	2020년 제1회

1. 다음과 같은 주택단지 계획 시 합리식(Rational Method)에 의한 최대 계획 우수유출률 (Q, ㎥/sec)을 구하시오. (4점)

> 배수면적(A)=40ha, 유출계수(C)=0.3, 평균강우강도(I)=30mm/hr

【풀이】

$$Q = \frac{1}{360} \times C \times I \times A$$

(Q: 유출량(㎥/sec), C: 유출계수, I: 평균강우강도(mm/hr), A: 배수면적(ha))

$$Q = \frac{1}{360} \times 0.3 \times 30 \times 40 = 1 \, ㎥/sec$$

【정답】 1㎥/sec

2. 신도시 주거지역의 세분 중 아래의 조건을 고려할 경우 적합한 용도지역명을 빈칸에 채우시오. (8점)

구분	지정목적
(①)	• 기존 시가지 및 주변 시가지의 주택지로서 중층주택이 입지하여도 환경악화, 자연경관의 저해 및 풍치를 저해할 우려가 없는 지역
(②)	• 단독주택,다가구,다세대 및 연립주택이 주로 입지하는 주택지 • 도시경관 및 자연환경의 보호가 필요한 역사문화구역의 인접지, 공원 등에 인접한 양호한 주택지, 구릉지와 그 주변, 하천호소 주변지역으로 경관이 양호하여 중고층주택이 입지할 경우 경관훼손의 우려가 큰 지역
(③)	• 계획적으로 중고층주택지로서 정비가 완료되었거나 정비하는 것이 바람직한 지역 및 그 주변지역 • 중고층주택을 입지시켜 인근의 주거 및 근린생활시설 등이 조화될 필요가 있는 지역
(④)	• 주거용도와 상업용도가 혼재하지만 주로 주거환경을 보호하여야 할 지역 • 중심시가지 또는 역주변의 상업지역에 접한 주택지로서 상업적 활동의 보완이 필요한 지역 • 상업지역 및 공업지역에 접한 주택지로 어느 정도 용도의 혼재를 인정하는 지역

【정답】 ① 제2종일반주거지역, ② 제1종일반주거지역, ③ 제3종일반주거지역, ④ 준주거지역

3. 도시개발법 및 동법 시행령에 따라 도시지역에서 도시개발구역으로 지정할 수 있는 대상 지역 및 규모에 대하여 다음의 빈칸을 채우시오. (8점)

【정답】
1) 주거지역 및 상업지역: (1만 제곱미터) 이상
2) 공업지역: (3만 제곱미터) 이상
3) 자연녹지지역: (1만 제곱미터) 이상
4) 생산녹지지역: (1만 제곱미터) 이상

4. 도로모퉁이 길이의 기준을 하단의 도로 모퉁이에 표시하시오. (4점)
  [정답]

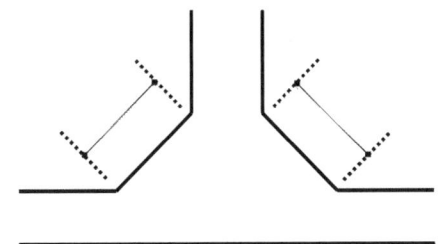

5. 국토계획체계 및 국토종합계획 수립 절차에 대해 다음의 질문에 답하시오. (10점)
  1) 국토계획의 구분을 작성하시오.
   [정답]

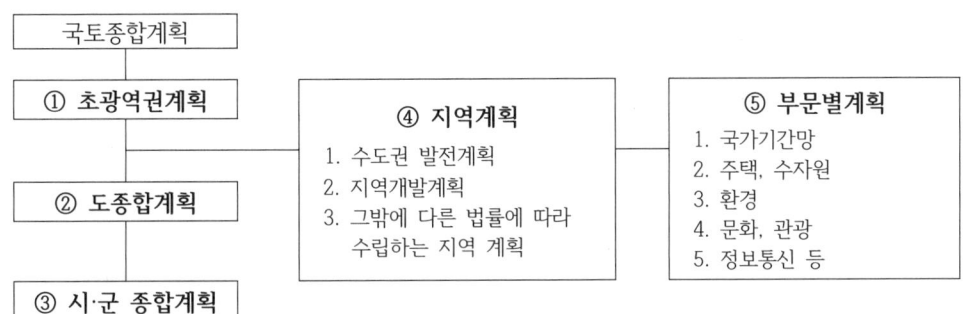

  2) 국토종합계획 수립 절차
   ① (㉠)은 중앙행정기관의 장 및 시, 도지사 에게 국토종합계획에 반영되어야 할 정책 및 사업에 관한 소관별 계획안 제출 요청
   ② 중앙행정기관의 장 및 시, 도지사는 소관별 계획(안)을 (㉠)에게 제출
   ③ (㉠)은 소관별 계획(안)을 조정. 총괄하여 국토종합계획(안) 작성
   ④ 국토종합계획(안)에 대하여 중앙행정기관의 장과 협의 및 공청회 개최
   ⑤ (㉡) 심의   ⑥ (㉢) 승인 후 공고

   [정답] ㉠ 국토교통부장관, ㉡ 국토정책위원회 및 국무회의, ㉢ 대통령

6. 국토의 계획 및 이용에 관한 법률에서 제시하는 도시·군 관리계획의 내용 8가지를 서술하시오 (6점)
  [정답]
   가. 용도지역·용도지구의 지정 또는 변경에 관한 계획
   나. 개발제한구역, 도시자연공원구역, 시가화조정구역(市街化調整區域), 수산자원보호구역의 지정 또는 변경에 관한 계획
   다. 기반시설의 설치·정비 또는 개량에 관한 계획
   라. 도시개발사업이나 정비사업에 관한 계획
   마. 지구단위계획구역의 지정 또는 변경에 관한 계획과 지구단위계획
   바. 삭제 <2024. 2. 6.>
   사. 도시혁신구역의 지정 또는 변경에 관한 계획과 도시혁신계획
   아. 복합용도구역의 지정 또는 변경에 관한 계획과 복합용도계획
   자. 도시·군계획시설입체복합구역의 지정 또는 변경에 관한 계획

자격종목	도시계획기사	필답형 제1교시	2020년 제2회 (1차)

1. S기업의 도시 개발 프로젝트에 대한 편익 비용 산출 값 할인율이 5%일 때, 순현재가치를 기준으로 어떤 프로젝트가 우수한가? (4점)
   (단, 풀이 과정과 답이 맞을 경우 정답으로 한다.)

   (단위: 백만원)

연수	0	1	2	3	4	5
대안1	-10	5	4	3	2	1
대안2	-10	-5	5	6	6	6

   【풀이】
   대안1
   $$NPV = \frac{-10}{(1+0.05)^0} + \frac{5}{(1+0.05)^1} + \frac{4}{(1+0.05)^2} + \frac{3}{(1+0.05)^3} + \frac{2}{(1+0.05)^4} + \frac{1}{(1+0.05)^5} = 3.41(백만원)$$

   대안2
   $$NPV = \frac{-10}{(1+0.05)^0} + \frac{-5}{(1+0.05)^1} + \frac{5}{(1+0.05)^2} + \frac{6}{(1+0.05)^3} + \frac{6}{(1+0.05)^4} + \frac{6}{(1+0.05)^5} = 4.59(백만원)$$

   【정답】 대안2 프로젝트

2. 산업단지의 종류에 대해 다음의 빈칸을 채우시오. (8점)
   ① (   ): 국가기간산업, 첨단과학기술산업 등을 육성하거나 개발 촉진이 필요한 낙후지역이나 둘 이상의 특별시·광역시·특별자치시 또는 도에 걸쳐 있는 지역을 산업단지로 개발하기 위하여 지정된 산업단지
   ② (   ): 산업의 적정한 지방 분산을 촉진하고 지역경제의 활성화를 위하여 지정된 산업단지
   ③ (   ): 지식산업·문화산업·정보통신산업, 그 밖의 첨단산업의 육성과 개발 촉진을 위하여 「국토의 계획 및 이용에 관한 법률」에 따른 도시지역에 지정된 산업단지
   ④ (   ): 대통령령으로 정하는 농어촌지역에 농어민의 소득 증대를 위한 산업을 유치·육성하기 위하여 지정된 산업단지

   【정답】 ① 국가산업단지, ② 일반산업단지, ③ 도시첨단산업단지, ④ 농공단지

3. 도시지역에서의 지구단위계획구역 지정목적 4가지만 작성하시오. (4점)
   【정답】
   (1) 기존시가지 정비 (2) 기존시가지의 관리 (3) 기존시가지 보전 (4) 신시가지의 개발

4. '빈집 및 소규모주택 정비에 관한 특례법'에 의한 "소규모주택정비사업"의 종류 4가지에 대하여 서술하시오. (9점)
   【정답】 자율주택정비사업, 가로주택정비사업, 소규모재건축사업, 소규모재개발사업

5. 국토계획평가제도에 대하여 다음의 물음에 답하시오. (15점)

가) 국토계획 평가권자, 평가대상, 목적을 포함하여 국토계획평가의 정의를 서술하시오.
① 평가권자　　② 평가대상　　③ 정의

[정답]
① 평가권자: 국토교통부장관
② 평가대상: 국토기본법에 따른 국토계획 중 계획기간이 중장기이면서 국토관리 등에 관한 미래 목표 및 추진 전략을 제시하는 지침 적 성격의 28개 국토계획
③ 정의: 중장기적·지침 적 성격의 국토계획을 대상으로 국토의 균형 있는 발전, 경쟁력 있는 국토여건의 조성 및 친환경적인 국토관리 측면에서 국토의 지속가능한 발전에 이바지하는지를 평가하는 제도.

나) 다음의 빈칸에 들어갈 알맞은 답을 서술하시오.
① 국토계획평가 대상이 되는 국토계획의 수립권자는 해당 국토계획을 수립하거나 변경하기 전에 대통령령으로 정하는 바에 따라 국토계획평가 요청서를 작성하여 (㉠　　　)에게 제출하여야 한다.
② 국토계획평가 요청서를 제출받은 (㉡　　　)은 국토계획평가를 실시한 후 그 결과에 대하여 (㉢　　　)의 심의를 거쳐야 한다.
③ (㉣　　　)은 국토계획평가를 실시할 때 필요한 경우에는 「정부출연연구기관 등의 설립·운영 및 육성에 관한 법률」에 따라 설립된 (㉤　　　)이나 관계 전문가에게 현지조사를 의뢰하거나 의견을 들을 수 있으며, 국토계획평가 요청서 중 환경 친화적인 국토관리에 관한 사항은 대통령령으로 정하는 바에 따라 (㉥　　　)의 의견을 들어야 한다.
④ 국토계획평가 요청서 제출 시기, 국토계획평가 결과의 통보 절차 및 그 밖에 국토계획평가 절차에 필요한 사항은 (㉦　　　)으로 정한다.

[정답] ㉠ 국토교통부장관, ㉡ 국토교통부장관, ㉢ 국토정책위원회, ㉣ 국토교통부장관, ㉤ 정부출연연구기관, ㉥ 환경부장관, ㉦ 대통령령

자격종목	도시계획기사	필답형 제1교시	2020년 제2회 (2차)

1. 도시지역 외 지역에 지정하는 지구단위계획구역의 종류 6가지에 대하여 서술하시오. (6점)

   【정답】
   (1) 주거형 지구단위계획구역 (2) 산업유통형 지구단위계획구역
   (3) 관광휴양형 지구단위계획구역 (4) 특정 지구단위계획구역
   (5) 복합형 지구단위계획구역 (6) 용도지구 대체형 지구단위계획구역

2. 어느 중소 도시의 총고용인구가 12,000명이고 그 중 기반 산업 고용인구가 5,000명이다. (6점)
   가) 도시의 경제 기반 승수(지역승수)를 구하시오.

   【풀이】
   E_T(총 고용인구) $= E_B + E_N$
   E_B : 기반산업(수출산업)고용인구, E_N : 비기반산업(지역산업)고용인구

   $K = \dfrac{E_T}{E_B}$ $E_T = 12,000$명, $E_B = 5,000$명 $\therefore K = \dfrac{12,000}{5,000} = 2.4$

   【정답】 2.4

   나) 이 도시에 새로운 수출 산업을 위한 공장이 입지하여 종업원 4,000명이 증가하는 경우, 이로 인해 지역 총 고용 인구는 얼마나 증가하는가?

   【풀이】 $E_T = K \times E_B$ $\triangle E_T = K \times \triangle E_B = 2.4 \times 4,000 = 9,600$명

   【정답】 9,600명

3. 용도지역별 도로율에 대하여 다음의 빈칸을 채우시오. (6점)
   1) 주거지역
   : (①) 미만. 이 경우 간선도로의 도로율은 (②)이어야 한다.
   2) 상업지역
   : (③) 미만. 이 경우 간선도로의 도로율은 (④)이어야 한다.
   3) 공업지역
   : (⑤) 미만. 이 경우 간선도로의 도로율은 (⑥)이어야 한다.

   【정답】
   ① 15퍼센트 이상 30퍼센트 ② 8퍼센트 이상 15퍼센트 미만 ③ 25퍼센트 이상 35퍼센트
   ④ 10퍼센트 이상 15퍼센트 미만 ⑤ 8퍼센트 이상 20퍼센트 ⑥ 4퍼센트 이상 10퍼센트 미만

4. 지구단위계획구역의 지정절차에 대하여 다음의 빈칸을 채우시오. (12점)

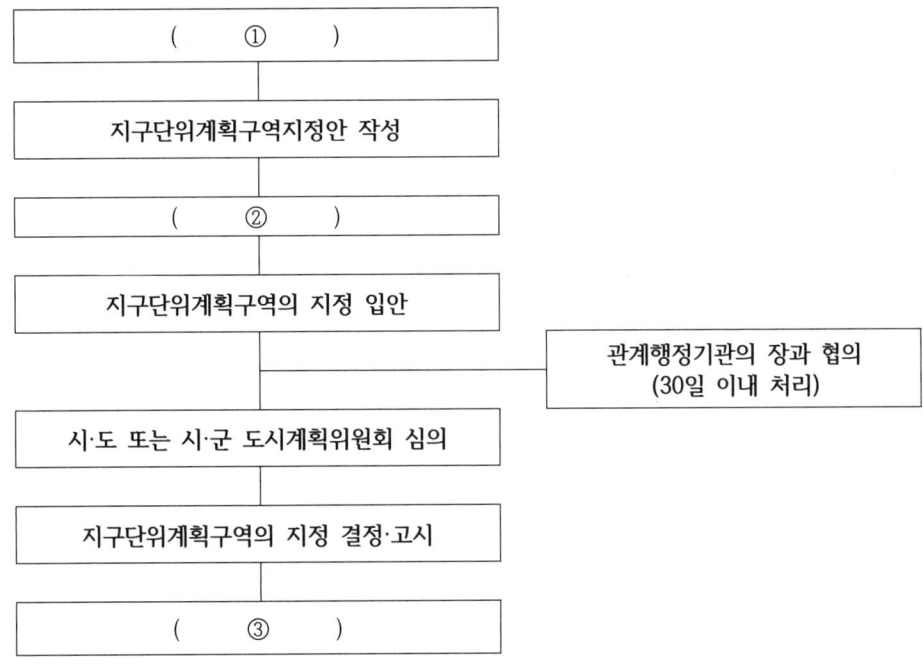

　　　　　　　　　　　　　　[정답]　① 기초조사　② 주민의견청취　③ 일반 열람

5. 다음의 제시하는 조건을 바탕으로 물음에 답하시오. (10점)
　1) 도시·군 기본계획은 계획수립 시점부터 몇 년을 기준으로 작성하는가?
　　　　　　　　　　　　　　[정답]　계획수립시점으로부터 20년을 기준
　2) 도시·군 기본계획 수립연도의 끝자리에 대해 서술하시오.
　　　　　　　　[정답]　연도의 끝자리는 0 또는 5년으로 한다. (예: 2020년, 2025년)
　3) 도시·군 기본계획상 상주인구 추정 방법에 대해 서술하시오.
　　　　　　　　　　　　[정답]　(가) 모형에 의한 추정방법(기본적 방법)
　　　　　　　　　　　　　　　　　　① 통계청 장래인구를 권장　② 추세연장법
　　　　　　　　　　　　　　　　(나) 사회적증가분에 의한 추정방법(보조적 수단)
　4) 도시·군기본계획을 수립하는 경우 입안권자는 도시·군계획 분야 전문가와
　　　주민대표 및 관계기관 참석하여 의견을 청취하는 것을 무엇이라고 하는가?
　　　　　　　　　　　　　　　　　　　　　　　　　　　　[정답]　공청회

| 자격종목 | 도시계획기사 | 필답형 제1교시 | 2020년 제3회 (1차) |

1. 단독주택 및 공동주택의 종류에 대해서 서술하시오. (6점)
   【정답】
   (1) 단독주택: 단독주택, 다중주택, 다가구주택, 공관
   (2) 공동주택: 아파트, 연립주택, 다세대주택, 기숙사

2. 대지면적 3,000㎡, 건폐율 50%, 용적률 500%인 경우 해당 건물의 층수는? (4점)
   【풀이】
   (공식) 용적률 = 건폐율 × 층수
   ∴ 층수 = 용적률(500%) ÷ 건폐율(50%) = 층수(10층)

   【정답】 10층

3. 도시 및 주거 환경 정비법에 의한 정비사업 종류에 대한 내용 중 다음의 빈칸을 채우시오. (9점)
   가. (   ): (   ) 주민이 집단거주하는 지역으로서 정비기반시설이
       극히 열악하고 노후·불량건축물이 과도하게 밀집한 지역의 (   )을 개선하거나
       (   ) 및 (   )이 밀집한 지역에서 정비기반시설과 공동이용시설 확충을
       통하여 주거환경을 보전·정비·개량하기 위한 사업
   나. (   ): 정비기반시설이 (   )하고 노후·불량건축물이 밀집한 지역에서
       (   )을 개선하거나 (   )·(   ) 등에서 도시기능의 회복 및 (   )
       등을 위하여 (   )을 개선하기 위한 사업
   다. (   ): 정비기반시설은 (   )하나 노후·불량건축물에 해당하는 (   )이
       밀집한 지역에서 (   )을 개선하기 위한 사업

   【정답】
   가. (**주거환경개선사업**): (**도시저소득**) 주민이 집단거주하는 지역으로서 정비기반시설이
       극히 열악하고 노후·불량건축물이 과도하게 밀집한 지역의 (**주거환경**)을 개선하거나
       (**단독주택**) 및 (**다세대주택**)이 밀집한 지역에서 정비기반시설과 공동이용시설 확충을
       통하여 주거환경을 보전·정비·개량하기 위한 사업
   나. (**재개발사업**): 정비기반시설이 (**열악**)하고 노후·불량건축물이 밀집한 지역에서
       (**주거환경**)을 개선하거나 (**상업지역**)·(**공업지역**) 등에서 도시기능의 회복 및 (**상권활성화**)
       등을 위하여 (**도시환경**)을 개선하기 위한 사업
   다. (**재건축사업**): 정비기반시설은 (**양호**)하나 노후·불량건축물에 해당하는 (**공동주택**)이
       밀집한 지역에서 (**주거환경**)을 개선하기 위한 사업

4. 다음의 질문을 보고 물음에 답하시오. (18점)
 1) 도시·군관리계획으로 결정되는 용도지구의 종류 9가지를 서술하시오
    정답 경관지구, 고도지구, 방화지구, 방재지구, 보호지구, 취락지구, 개발진흥지구,
          특정용도제한지구, 복합용도지구

 2) 다음의 설명에 해당하는 용도지구에 대하여 기술하시오.

    - 지역의 토지이용상황, 개발수요 및 주변여건 등을 고려하여 효율적이고 복합적인 토지이용을
      도모하기 위하여 특정시설의 입지를 완화할 필요가 있는 지구
    - 용도지역의 변경 시 기반시설이 부족해지는 등의 문제가 우려되어 해당 용도지역의 건축제한만을
      완화하는 것이 적합한 경우에 지정
    - 간선도로의 교차지(交叉地), 대중교통의 결절지(結節地) 등 토지이용 및 교통 여건의 변화가 큰 지역 또는
      용도지역 간의 경계지역, 가로변 등 토지를 효율적으로 활용할 필요가 있는 지역에 지정
    - 용도지역의 지정목적이 크게 저해되지 아니하도록 해당 용도지역 전체 면적의 3분의 1 이하의 범위에서 지정

    정답 복합용도지구

 3) 도시 기반 시설 중 도시·군 관리 계획으로 결정 되는 시설을 분류하고 이 중 각 시설별로
    3가지 이상 기술 하시오.
    정답

구분	기반시설
1. 교통시설	도로·철도·항만·공항·주차장·자동차정류장·궤도·차량 검사 및 면허시설
2. 공간시설	광장·공원·녹지·유원지·공공공지
3. 유통·공급시설	유통업무설비, 수도·전기·가스·열공급설비, 방송·통신시설, 공동구·시장, 유류저장 및 송유설비
4. 공공·문화체육시설	학교·공공청사·문화시설·공공필요성이 인정되는 체육시설·연구시설·사회복지시설·공공직업훈련시설·청소년수련시설
5. 방재시설	하천·유수지·저수지·방화설비·방풍설비·방수설비·사방설비·방조설비
6. 보건위생시설	장사시설·도축장·종합의료시설
7. 환경기초시설	하수도·폐기물처리 및 재활용시설·빗물저장 및 이용시설·수질오염방지시설·폐차장

5. 지구단위계획수립지침 내용 중 다음의 빈칸을 채우시오. (3점)
    ① (   ): 가로경관이 연속적인 형태를 유지하거나 구역 내 중요 가로변의 건축물을
       가지런하게 할 필요가 있는 경우에 사용할 수 있다.
    ② (   ): 특정지역에서 상점가의 1층 벽면을 가지런하게 하거나 고층부의 벽면의
       위치를 지정하는 등 특정층의 벽면의 위치를 규제할 필요가 있는 경우에 지정할 수 있다.
    ③ (   ): 도로에 있는 사람이 개방감을 가질 수 있도록 건축물을 도로에서 일정
       거리 후퇴시켜 건축하게 할 필요가 있는 곳에 지정할 수 있다.
                        정답 ① 건축지정선, ② 벽면지정선, ③ 건축한계선

| 자격종목 | 도시계획기사 | 필답형 제1교시 | 2020년 제3회 (2차) |

1. 도시재생활성화지역을 지정하기 위한 세부적인 요건 세 가지 중 다음의 빈칸에 대해서 기술하시오. (6점)
   1. (   )가 (   )하는 지역
      · 최근 30년간 인구가 가장 많았던 시기와 비교하여 20퍼센트 이상 인구가 감소한 지역
      · 최근 5년간 3년 이상 연속으로 인구가 감소한 지역
   2. (   )의 (   ) 등 산업의 이탈이 발생되는 지역
      · 최근 10년간 '전국사업체총조사'상 총 사업체수가 가장 많았던 시기와 비교하여 5% 이상 감소한 지역
      · 최근 5년간 3년 이상 연속으로 총 사업체 수가 감소한 지역
   3. (   )의 (   ) 등 주거환경이 악화되는 지역
      · 전체 건축물 중 준공된 후 20년 이상 지난 건축물이 차지하는 비율이 50퍼센트 이상인 지역
   [정답]
   1. (인구)가 (현저히 감소)하는 지역
   2. (총 사업체 수)의 (감소) 등 산업의 이탈이 발생되는 지역
   3. (노후주택)의 (증가) 등 주거환경이 악화되는 지역

2. 도시재생 활성화 및 지원에 관한 특별법 (약칭: 도시재생법)에 근거하여 다음의 물음에 답하시오. (6점)
 (1) 도시재생법 제2조에 의거한 도시재생활성화계획 2가지를 적으시오.
    [정답] 도시경제기반형, 근린재생형

 (2) 지역주민 또는 단체가 해당 지역의 인력, 향토, 문화, 자연자원 등 각종 자원을 활용하여 생활환경을 개선하고 지역공동체를 활성화하며 소득 및 일자리를 창출하기 위하여 운영하는 기업에 대하여 적으시오.
    [정답] 마을기업

 (3) 도시재생을 촉진하기 위하여 산업·상업·주거·복지·행정 등의 기능이 집적된 지역 거점을 우선적으로 조성할 필요가 있는 지역으로 이 법에 따라 지정·고시되는 지구는 무엇인가?   [정답] 도시재생혁신지구

3. 부대시설과 편익시설에 대해 다음의 괄호 안을 채우시오. (5점)
 (1) 부대시설: (   )의 (   )을 위하여 설치하는 시설
 (2) 편익시설: (   )의 (   )과 (   )를 위하여 설치하는 시설
   [정답]
   (1) 부대시설: (주시설)의 (기능 지원)을 위하여 설치하는 시설
   (2) 편익시설: (도시·군계획시설)의 (이용자 편의 증진)과 (이용 활성화)를 위하여 설치하는 시설

4. 도시·군계획시설의 결정·구조 및 설치기준에 관한 규칙에 따른 도로의 구분 중 다음의 물음에 답하시오. (9점)
 1) 도로의 구분 중 기능별 구분에 따른 교차지점의 곡선반경 기준에 대하여 적으시오.
   [정답]
     1) 주간선도로: 15미터 이상   2) 보조간선도로: 12미터 이상
     3) 집산도로: 10미터 이상   4) 국지도로: 6미터 이상

2) 사용 및 형태별 구분 7가지에 대해서 적으시오.
   [정답]
   일반도로, 자동차전용도로, 보행자전용도로, 보행자우선도로, 자전거전용도로, 고가도로, 지하도로
3) 도로의 기능별 구분 5가지에 대해서 적으시오.
   [정답] 주간선도로, 보조간선도로, 집산도로, 국지도로, 특수도로

5. 도시공원 및 녹지 등에 관한 법률 (약칭: 공원녹지법)에 근거하여 다음의 질문에 답하시오. (8점)
   1) 녹지의 기능에 따른 종류 3가지를 적으시오.   [정답] 완충녹지, 경관녹지, 연결녹지
   2) 개발 계획 규모별 도시 공원 또는 녹지의 확보 기준 내용 중 다음의 빈칸을 채우시오.
      [정답]

기준 개발계획	도시공원 또는 녹지의 확보기준
「주택법」에 의한 주택건설사업계획	1천세대 이상의 주택건설사업계획 : (1세대)당 (3제곱미터) 이상 또는 개발 부지면적의 (5퍼센트) 이상 중 큰 면적
「주택법」에 의한 대지 조성사업계획	10만 제곱미터 이상의 대지조성사업계획 : (1세대)당 (3제곱미터) 이상 또는 개발 부지면적의 (5퍼센트) 이상 중 큰 면적
「도시 및 주거 환경 정비법」에 의한 정비계획	5만 제곱미터 이상의 정비계획 : (1세대)당 (2제곱미터) 이상 또는 개발 부지면적의 (5퍼센트) 이상 중 큰 면적

6. 국토의 계획 및 이용에 관한 법률에 근거하여 다음의 물음에 답하시오. (6점)
   1) 아래의 내용을 보고 해당하는 구역에 대해 적으시오.

   • 개발로 인하여 기반시설이 부족할 것으로 예상되나 기반시설을 설치하기 곤란한 지역을 대상으로 건폐율이나 용적률을 강화하여 적용하기 위하여 제66조에 따라 지정하는 구역
   • 상업 또는 공업지역에서의 개발행위로 기반시설(도시·군계획시설을 포함한다)의 처리·공급 또는 수용능력이 부족할 것으로 예상되는 지역 중 기반시설의 설치가 곤란한 지역

   [정답] 개발밀도관리구역

   2) 아래의 내용을 보고 해당하는 구역에 대해 적으시오.

   국토교통부장관은 도시의 무질서한 확산을 방지하고 도시주변의 자연환경을 보전하여 도시민의 건전한 생활환경을 확보하기 위하여 도시의 개발을 제한할 필요가 있거나 국방부장관의 요청이 있어 보안상 도시의 개발을 제한할 필요가 있다고 인정되면 해당 구역의 지정 또는 변경을 도시·군관리계획으로 결정할 수 있다

   [정답] 개발제한구역

   3) 도시·군관리계획에 대하여 다음의 빈칸을 채우시오.

   • 도시·군관리계획 결정의 효력은 (   )을 고시한 날부터 발생한다.
   • 특별시장·광역시장·특별자치시장·특별자치도지사·시장 또는 군수는 (   ) 관할 구역의 도시·군관리계획에 대하여 대통령령으로 정하는 바에 따라 그 타당성 여부를 전반적으로 재검토하여 정비하여야 한다.

   [정답] ① 지형도면, ② 5년마다

   4) 제36조 용도지역의 지정에 따른 용도지역의 종류 4가지를 적으시오.
   [정답] 도시지역, 관리지역, 농림지역, 자연환경보전지역

자격종목	도시계획기사	필답형 제1교시	2020년 제4(5)회

1. 어느 지역의 건축물의 연면적이 40,000㎡(제곱미터)이며, 피크 시 연면적 1,000㎡(제곱미터)당 주차 발생량이 5대, 주차이용효율이 0.8인 경우, 원단위법을 적용하여 주차수요를 추정하시오. (4점)

【풀이】

$$P = \frac{U \times F}{1,000 \times e} \quad \therefore P = \frac{5 \times 40,000}{1,000 \times 0.8} = 250\text{대}$$

- P = 주차 수요(대)
- F = 장래 계획 건축물 연면적(㎡)
- e = 주차 이용 효율
- U = 피크(peak) 시 건축물 단위 면적당 주차 발생량(대/1,000㎡)
  = 첨두시 용도별 주차 발생량(대/1,000㎡·시간)

【정답】 250대

2. 주택법과 관련하여 다음의 물음에 답하시오. (10점)

가. 국민주택규모의 정의와 관련하여 다음의 빈 칸에 알맞은 내용(숫자)을(를) 작성하시오.

> "국민주택규모"란 주거의 용도로만 쓰이는 면적(이하 "주거전용면적"이라 한다)이 1호(戶) 또는 1세대당 (①) 이하인 주택(「수도권정비계획법」 제2조제1호에 따른 수도권을 제외한 도시지역이 아닌 읍 또는 면 지역은 1호 또는 1세대당 주거전용면적이 (②) 제곱미터 이하인 주택을 말한다)을 말한다.

【정답】 ① 85 제곱미터, ② 100제곱미터

나. 「주택조합」의 종류 3가지에 대하여 작성하시오.

【정답】 지역주택조합, 직장주택조합, 리모델링주택조합

다. 다음 각각의 내용에 해당하는 알맞은 용어(단어)를 작성하시오.
1) 하나의 주택단지에서 대통령령으로 정하는 기준에 따라 둘 이상으로 구분되는 일단의 구역으로, 착공신고 및 사용검사를 별도로 수행할 수 있는 구역 : (①)
2) 건강하고 쾌적한 실내환경의 조성을 위하여 실내공기의 오염물질 등을 최소화할 수 있도록 대통령령으로 정하는 기준에 따라 건설된 주택 : (②)
3) 구조적으로 오랫동안 유지·관리될 수 있는 내구성을 갖추고, 입주자의 필요에 따라 내부 구조를 쉽게 변경할 수 있는 가변성과 수리 용이성 등이 우수한 주택 : (③)

【정답】 ① 공구, ② 건강친화형 주택, ③ 장수명 주택

3. "도시·군계획시설의 결정·구조 및 설치기준에 관한 규칙"에 근거하여 다음의 물음에 답하시오. (10점)

가. "광장"의 결정기준에 따른 구분 5가지를 적으시오.
(단, 세부 구분에 해당하는 내용은 정답으로 인정하지 않음)

【정답】 1.교통광장, 2.일반광장, 3.경관광장, 4.지하광장, 5.건축물부설광장

나. 다음의 설명하는 내용에 알맞은 용어를 적으시오.
① 주민 복지향상에 기여하기 위하여 설치하는 오락과 휴양을 위한 시설 : (①)
② 시·군내 주요시설물 또는 환경의 보호, 경관의 유지, 재해대책, 보행자의 통행과 주민의 일시적 휴식공간의 확보를 위하여 설치하는 시설 : (②)

【정답】 ① 유원지, ② 공공공지

다. 도로의 일반적 결정기준 중 배치간격에 대하여 빈칸을 채우시오.
   【정답】

도로의 구분	도로의 배치간격
1. 주간선도로와 주간선도로	(1천미터 내외)
2. 주간선도로와 보조간선도로	(500미터 내외)
3. 보조간선도로와 집산도로	(250미터 내외)
4. 국지도로간	1) 가구의 짧은변 사이의 배치간격: (90미터 내지 150미터 내외) 2) 가구의 긴변 사이의 배치간격: (25미터 내지 60미터 내외)

4. 다음의 조건에 따라 새로 생긴 쇼핑센터(B)를 이용할 확률(%)을 구하시오. (4점)
   (단, 계산 과정은 Huff 모형을 사용할 것) (확률은 소수점 셋째 자리에서 반올림)

   [문제 조건]
   소비인구가 20,000명인 A도시에서 1km 떨어진 지역에 매장면적 1,000㎡인 쇼핑센터(A)가 위치하고 있다.
   그런데 소비인구 규모에 대해 해당 쇼핑센터(A)의 규모가 작아서 2km 떨어진 위치에
   매장면적 3,000㎡의 쇼핑센터(B)가 새롭게 생겼다.

   【풀이】 허프 모형

   R_a (쇼핑센터:A) = $\dfrac{1,000㎡}{(1km)^2} = \dfrac{1,000}{10^6} = \dfrac{1}{1,000}$

   R_b (쇼핑센터:B) = $\dfrac{3,000㎡}{(2km)^2} = \dfrac{3,000}{4 \times 10^6} = \dfrac{3}{4,000}$

   $R_a : R_b = \dfrac{1}{1,000} : \dfrac{3}{4,000} = 4 : 3$

   새로운 쇼핑 센터(B)를 이용할 확률은 $\dfrac{3}{7} \times 100 = 42.86\%$

   ∴ 새로운 쇼핑센터(B)를 이용하는 인구= 42.86%×20,000(인)=8,572인

   【정답】 이용 확률: 42.86%, 이용 인구: 8,572(인)

5. "도시공원 및 녹지등에 관한 법률"에 따른 도시공원의 세분 및 설치 규모의 기준에 근거하여
   「생활권 공원」의 구분 및 유치거리, 규모 기준에 대하여 빈칸에 알맞은 내용을 작성하시오. (12점)
   【정답】

구분		유치거리	규모
(소공원)		(제한 없음)	(제한 없음)
(어린이공원)		(250미터 이하)	(1천5백 제곱미터 이상)
근린 공원	(근린생활권 근린공원)	(500미터 이하)	(1만 제곱미터 이상)
	(도보권 근린공원)	(1천미터 이하)	(3만 제곱미터 이상)
	(도시지역권 근린공원)	(제한 없음)	(10만 제곱미터 이상)
	(광역권 근린공원)	(제한 없음)	(100만 제곱미터 이상)

| 자격종목 | 도시계획기사 | 필답형 제1교시 | 2021년 제1회 |

1. 다음의 지형도를 보고 질문에 답하시오.

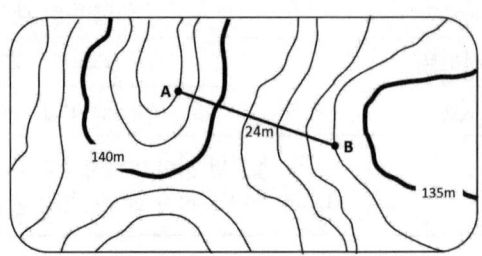

1) A지점에서 B지점의 경사도를 구하시오. (3점)

【풀이】 [공식] 경사도 = $\frac{높이}{거리} \times 100$, $25\% = \frac{6m}{24m} \times 100$ ∴ $x = 25\%$

【정답】 25%

2) A지점에서 B지점까지 도면상의 길이가 2cm인 경우, 지형도의 축척을 구하시오. (3점)

【풀이】 1cm = 1m (*12) ☞ 1/100 (*12) ☞ ∴ 1/1,200   【정답】 1:1,200

2. 주택단지 계획 시 합리식에 의한 최대 계획 우수유출률(Q, ㎥/sec)을 구하시오. (3점)

| 배수면적(A)=40ha, 유출계수(C)=0.3, 평균강우강도(I)=30mm/hr |

【풀이】

$Q = \frac{1}{360} \times C \times I \times A$

(Q: 유출량(㎥/sec), C: 유출계수, I: 평균강우강도(mm/hr), A: 배수면적(ha))

$Q = \frac{1}{360} \times 0.3 \times 30 \times 40 = 1 \, ㎥/sec$

【정답】 1㎥/sec

3. 도시개발법에 따라 도시개발구역으로 지정할 수 있는 대상 지역 및 규모에 대하여 다음의 빈칸을 채우시오. (5점)
   1. 주거지역 및 상업지역: (   ) 이상   2. 공업지역: (   ) 이상
   3. 자연녹지지역: (   ) 이상   4. 생산녹지지역: (   ) 이상
   5. 도시지역 외의 지역: (   ) 이상

【정답】
1. 도시지역
   1) 주거지역 및 상업지역: (1만 제곱미터) 이상 2) 공업지역: (3만 제곱미터) 이상
   3) 자연녹지지역: (1만 제곱미터) 이상   4) 생산녹지지역: (1만 제곱미터) 이상
2. 도시지역 외의 지역: (30만 제곱미터) 이상

4. 수도권정비계획법에 근거하여 다음의 질문에 답하시오. (10점)
 1) 수도권에 해당하는 지역을 적으시오. 【정답】 서울특별시, 인천광역시, 경기도
 2) 수도권의 인구와 산업을 적정하게 배치하기 위하여 수도권 구분한 권역 3가지를 적으시오. 【정답】 과밀억제권역, 성장관리권역, 자연보전권역
 3) 수도권정비계획법 제12조 (과밀부담금의 부과·징수)에 관한 다음의 설명을 보고 ①번 빈칸에 알맞은 용어를 적고, 밑줄 친 ②에 해당하는 지역을 적으시오.

> (①)에 속하는 지역으로서 ②대통령령으로 정하는 지역에서 인구집중유발시설 중 업무용 건축물, 판매용 건축물, 공공 청사, 그 밖에 대통령령으로 정하는 건축물을 건축(신축·증축 및 공공청사가 아닌 시설을 공공 청사로 하는 용도변경, 그 밖에 대통령령으로 정하는 용도변경을 말한다. 이하 같다)하려는 자는 과밀부담금을 내야 한다.

　　　　　　　　　　　　　　　　　　　　　【정답】 ① 과밀억제권역, ② 서울특별시

5. 지구단위계획구역의 지정절차에 대하여 다음의 빈칸을 채우시오. (9점)

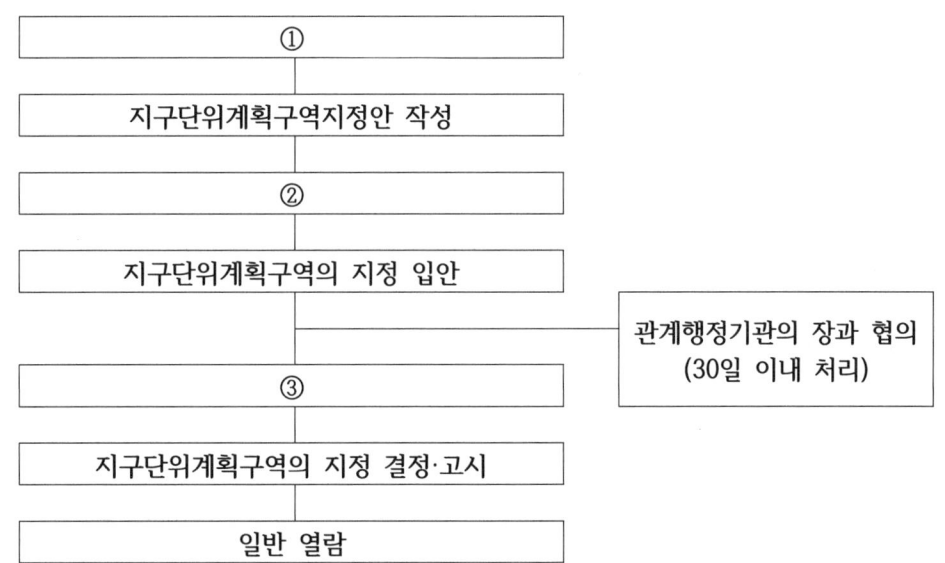

　　　　　　　　　　　　　　　　【정답】 ① 기초조사, ② 주민의견청취, ③ 일반 열람

6. 도시재정비 촉진을 위한 특별법 (약칭:도시재정비법)에 근거하여 다음의 물음에 답하시오. (7점)
 1) 지구의 특성에 따라 구분되는 재정비촉진지구 유형 3가지를 적으시오.
　　　　　　　　　　　　　　　　　　【정답】 주거지형, 중심지형, 고밀복합형
 2) 재정비촉진지구에서 시행되는 재정비촉진사업 중 2가지 이상을 적으시오.
　　【정답】 주거환경개선사업, 재개발사업 및 재건축사업,
　　　　　　가로주택정비사업, 소규모재건축사업 및 소규모재개발사업,
　　　　　　도시개발사업,
　　　　　　주거재생혁신지구의 혁신지구재생사업,
　　　　　　도심 공공주택 복합사업,
　　　　　　시장정비사업,
　　　　　　도시·군계획시설사업

| 자격종목 | 도시계획기사 | 필답형 제1교시 | 2021년 제2회 |

1. 개발행위허가제와 관련하여 다음의 물음에 답하시오. (6점)
 1) 개발행위허가제의 근거 법령이 무엇인지 적으시오.
  【정답】 국토의 계획 및 이용에 관한 법률 (약칭: 국토계획법)
 2) 개발행위허가제의 허가 기준 3가지에 대하여 적으시오.
   (단, 허가의 기준은 지역의 특성, 지역의 개발상황, 기반시설의 현황 등을 고려하여
   대통령령으로 정한다.)
  【정답】 시가화용도, 유보용도, 보전용도

2. 도시 및 주거환경정비법에 의한 정비사업의 종류 3가지에 대해 적으시오. (6점)
  【정답】 주거환경개선사업, 재개발사업, 재건축사업

3. 도시재생 활성화 및 지원에 관한 특별법 (약칭: 도시재생법)에 근거하여 다음의 물음에
 답하시오. (6점)
 가. 도시 재생의 정의에 대해 다음의 빈칸을 채우시오.

> "도시재생"이란 인구의 (①), 산업구조의 (②), 도시의 무분별한 (③), 주거환경의 (④) 등으로
> 쇠퇴하는 도시를 지역역량의 강화, 새로운 기능의 도입·창출 및 지역자원의 활용을 통하여 경제적
> ·사회적·물리적·환경적으로 활성화시키는 것을 말한다.

  【정답】 ① 감소, ② 변화, ③ 확장, ④ 노후화
 나. 다음의 지역의 종류에 대해서 답하시오.

> 도시재생을 긴급하고 효과적으로 실시하여야 할 필요가 있고 주변지역에 대한 파급효과가
> 큰 지역으로, 국가와 지방자치단체의 시책을 중점 시행함으로써 도시재생 활성화를 도모하는 지역.

  【정답】 도시재생선도지역

4. 산업단지의 종류에 대해 다음의 빈칸을 채우시오. (8점)
 ① (   ): 국가기간산업, 첨단과학기술산업 등을 육성하거나 개발 촉진이 필요한
   낙후지역이나 둘 이상의 특별시·광역시·특별자치시 또는 도에 걸쳐 있는 지역을
   산업단지로 개발하기 위하여 지정된 산업단지
 ② (   ): 산업의 적정한 지방 분산을 촉진하고 지역경제의 활성화를 위하여 지정된 산업단지
 ③ (   ): 지식산업·문화산업·정보통신산업, 그 밖의 첨단산업의 육성과 개발
   촉진을 위하여 「국토의 계획 및 이용에 관한 법률」에 따른 도시지역에 지정된 산업단지
 ④ (   ): 대통령령으로 정하는 농어촌지역에 농어민의 소득 증대를 위한
   산업을 유치·육성하기 위하여 지정된 산업단지
 ⑤ (   ): 입주기업과 기반시설·주거시설·지원시설 및 공공시설 등의
   디지털화, 에너지 자립 및 친환경화를 추진하는 산업단지
  【정답】 ① 국가산업단지 ② 일반산업단지 ③ 도시첨단산업단지
       ④ 농공단지 ⑤ 스마트그린산업단지

5. S기업의 도시 개발 프로젝트에 대한 편익 비용 산출 값 할인율이 5%일 때, 순현재가치를 기준으로 어떤 프로젝트가 우수한가? (4점) (단, 풀이 과정과 답이 맞을 경우 정답으로 한다.) (단위: 백만원)

연수	0	1	2	3	4	5
대안1	-10	5	4	3	2	1
대안2	-10	-5	5	6	6	6

[풀이]
  대안1
  $$NPV = \frac{-10}{(1+0.05)^0} + \frac{5}{(1+0.05)^1} + \frac{4}{(1+0.05)^2} + \frac{3}{(1+0.05)^3} + \frac{2}{(1+0.05)^4} + \frac{1}{(1+0.05)^5} = 3.41(백만원)$$

  대안2
  $$NPV = \frac{-10}{(1+0.05)^0} + \frac{-5}{(1+0.05)^1} + \frac{5}{(1+0.05)^2} + \frac{6}{(1+0.05)^3} + \frac{6}{(1+0.05)^4} + \frac{6}{(1+0.05)^5} = 4.59(백만원)$$

[정답] 대안2 프로젝트

6. 국토계획 체계 및 국토종합계획 수립 절차의 내용 중 다음의 질문에 답하시오. (10점)
  1) 국토계획 체계

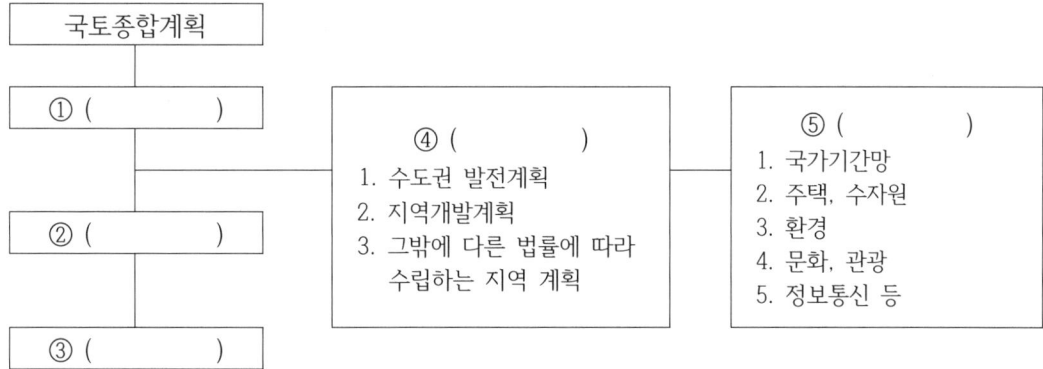

[정답] ① 초광역권계획, ② 도종합계획, ③ 시·군 종합계획, ④ 지역계획, ⑤ 부문별계획

2) 국토종합계획 수립 절차
  ① (㉠)은 중앙행정기관의 장 및 시, 도지사 에게 국토종합계획에 반영되어야 할 정책 및 사업에 관한 소관별 계획안 제출 요청
  ② 중앙행정기관의 장 및 시, 도지사는 소관별 계획(안)을 (㉠)에게 제출
  ③ (㉠)은 소관별 계획(안)을 조정. 총괄하여 국토종합계획(안) 작성
  ④ 국토종합계획(안)에 대하여 중앙행정기관의 장과 협의 및 공청회 개최
  ⑤ (㉡) 심의   ⑥ (㉢) 승인 후 공고

[정답] ㉠ 국토교통부장관, ㉡ 국토정책위원회 및 국무회의, ㉢ 대통령

| 자격종목 | 도시계획기사 | 필답형 제1교시 | 2021년 제4회 |

1. 도시지역 외 지역에 지정하는 지구단위계획구역의 종류 6가지에 대하여 서술하시오. (6점)
 [정답]
  (1) 주거형 지구단위계획구역   (2) 산업유통형 지구단위계획구역
  (3) 관광휴양형 지구단위계획구역   (4) 특정 지구단위계획구역
  (5) 복합형 지구단위계획구역   (6) 용도지구 대체형 지구단위계획구역

2. 도로모퉁이 길이의 기준을 하단의 도로 모퉁이에 표시하시오. (4점)
 [정답]

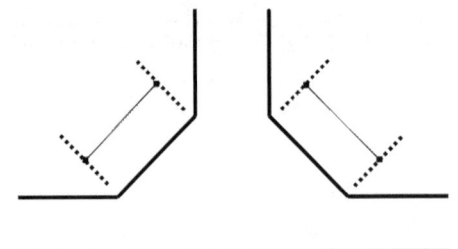

3. 건축법상 다음의 정의에 대해서 빈칸을 채우시오. (4점)
 (1) 건폐율 : 대지면적에 대한 (   )의 비율
 (2) 용적률 : 대지면적에 대한 (   )의 비율

[정답] ① 건축면적, ② 연면적

4. 빈집 및 소규모주택 정비에 관한 특례법 (약칭: 소규모주택정비법)에 의거하여 다음의 물음에 답하시오. (6점)
 1) 다음의 빈칸을 채우시오.

> "빈집"이란 특별자치시장·특별자치도지사·시장·군수 또는 자치구의 구청장이 거주 또는 사용 여부를 확인한 날부터 (   ) 아무도 거주 또는 사용하지 아니하는 주택을 말한다

[정답] 1년 이상

 2) 소규모주택정비사업의 종류 4가지를 적으시오.
  [정답] 자율주택정비사업, 가로주택정비사업, 소규모재건축사업, 소규모재개발사업

5. 지구단위계획수립지침 내용 중 다음의 물음에 답하시오. (6점)
   ① 가로경관의 연속적인 형태를 유지할 필요가 있거나 중요가로변의 건축물을 정연하게 할 필요가 있는 경우에 지정하는 것으로서 건축물의 외벽면이 계획에서 정한 선의 수직면에 일정비율 이상 접해야 하는 선을 말한다.
   【정답】 건축지정선
   ② '①번 문제'의 정답과 건축한계선의 차이를 간략히 설명하고 법적 규제에 대해 설명하시오.
   【정답】
   건축지정선은 건축물의 전층 또는 저층부의 외벽면이 일정한 비율 이상 접해야 하는 선을 의미한다. 건폐율 및 높이제한과 함께 연동하여 계획하고 건축선 지정 시 건축물의 외벽면과 지정선과의 인접 비율을 제시한다. 건축한계선은 도로에 있는 사람이 개방감을 가질 수 있도록 공간 확보를 위해 '건축물'을 도로에서 일정 거리 후퇴시켜 건축할 필요가 있는 곳에 지정한다. 그 선의 수직면을 넘어서 건축물 및 부대시설의 지상 부분이 돌출하여서는 안 되는 선을 말한다. 협소한 보도 및 이면도로의 확폭과 통로의 확보가 필요한 곳에 대지의 위치 및 형상을 고려하여 지정할 수 있다. 건축선 후퇴로 발생하는 전면공지에 대한 구체적인 조성지침 수립이 필요하다.
   상기 두 가지 이상 지침이 동시에 적용되는 경우 강화된 지침을 적용한다.

6. 산업입지 및 개발에 관한 법률에 근거하여 다음의 물음에 답하시오. (8점)
   1) 입주기업과 기반시설·주거시설·지원시설 및 공공시설 등의 디지털화, 에너지 자립 및 친환경화를 추진하는 산업단지를 무엇이라고 하는가?   【정답】 스마트그린산업단지

   2) 지식산업·문화산업·정보통신산업, 그 밖의 첨단산업의 육성과 개발 촉진을 위하여 「국토의 계획 및 이용에 관한 법률」에 따른 도시지역에 제7조의2에 따라 지정된 산업단지는 무엇인가?   【정답】 도시첨단산업단지

   3) 국가산업단지의 지정권자에 대해서 적으시오.   【정답】 국토교통부장관

   4) 산업기능의 활성화를 위하여 산업단지 또는 공업지역 및 산업단지 또는 공업지역의 주변 지역에 지정·고시되는 지구를 무엇이라 하는가?   【정답】 산업단지 재생사업지구

7. 도시공원 및 녹지 등에 관한 법률에 근거하여 다음의 질문에 답하시오. (6점)
   1) 생활권 공원의 종류 세가지를 적으시오.   【정답】 소공원, 어린이공원, 근린공원
   2) 도시및 주거환경정비법에 의한 도시공원 또는 녹지의 확보기준에 대하여 서술하시오.
      (5만 제곱미터 이상의 정비계획)
      【정답】 1세대 당 2제곱미터 이상 또는 개발 부지면적의 5퍼센트 이상 중 큰 면적

| 자격종목 | 도시계획기사 | 필답형 제1교시 | 2022년 제1회 |

1. 지구단위계획에 대한 도시군관리계획 결정도의 표시기호에 대해 다음의 빈칸을 채우시오. (8점)

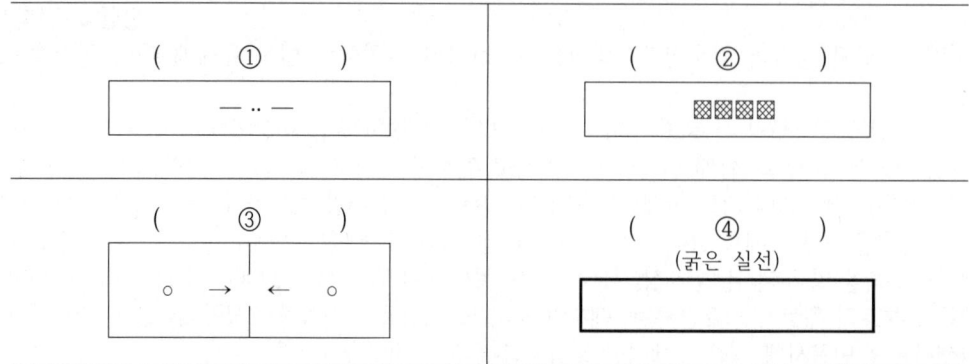

【정답】 ① 지구단위계획구역, ② 공공보행통로, ③ 합벽건축, ④ 특별계획구역

2. 민관합동 프로젝트 파이낸싱의 대한 내용을 보고 어떤 방식에 대한 설명인지 답하시오. (4점)
 1) 사회기반시설의 준공과 동시에 해당 소유권이 국가 또는 지방자치단체에 귀속되며, 사업시행자에게 일정기간의 시설관리운영권을 인정하되, 그 시설을 국가 또는 지방자치단체 등이 협약에서 정한 기간 동안 임차하여 사용·수익하는 방식
【정답】 BTL (Build-Transfer-Lease) 방식
 2) 사회기반시설의 준공과 동시에 소유권이 국가 또는 지방자치단체에 귀속되며 사업시행자에게 일정기간의 시설관리운영권을 인정하는 방식
【정답】 BTO (Build-Transfer-Operate) 방식
 3) 사회기반시설의 준공과 동시에 사업시행자에게 해당 시설의 소유권이 인정되는 방식
【정답】 BOO (Build-Own-Operate) 방식

3. 도시재생 활성화 및 지원에 관한 특별법 (약칭: 도시재생법)에 근거하여 다음의 물음에 답하시오. (6점)
 (1) 도시재생법 제2조에 의거한 도시재생활성화계획 2가지를 적으시오.
【정답】 도시경제기반형, 근린재생형
 (2) 지역주민 또는 단체가 해당 지역의 인력, 향토, 문화, 자연자원 등 각종 자원을 활용하여 생활환경을 개선하고 지역공동체를 활성화하며 소득 및 일자리를 창출하기 위하여 운영하는 기업에 대하여 적으시오. 【정답】 마을기업
 (3) 도시재생을 촉진하기 위하여 산업·상업·주거·복지·행정 등의 기능이 집적된 지역 거점을 우선적으로 조성할 필요가 있는 지역으로 이 법에 따라 지정·고시되는 지구는 무엇인가? 【정답】 도시재생혁신지구

4. 지구단위계획수립지침 중 지구단위계획의 입안및결정절차에 다음의 빈칸을 채우시오. (12점)

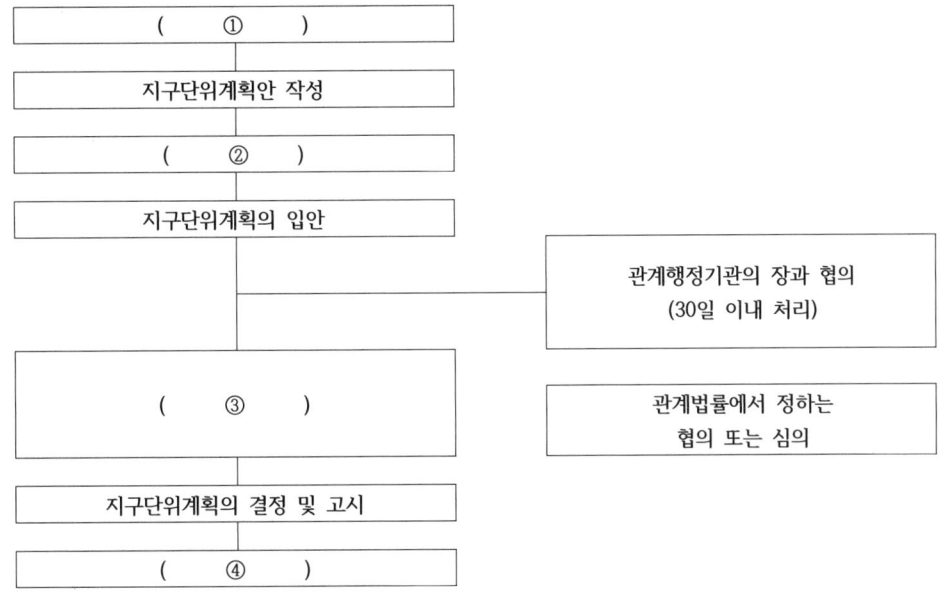

【정답】 ① 기초조사, ② 주민의견청취, ③ 도시계획위원회와 건축위원회의 공동 심의, ④ 일반 열람

5. 국토의 계획 및 이용에 관한 법률에 따른 성장관리계획구역의 지정 기준에 대해 다음의 빈칸을 채우시오. (6점)

> 1. (①) 감소 또는 (②) 등으로 압축적이고 효율적인 도시성장관리가 필요한 지역
> 2. 공장 등과 입지 분리 등을 통해 (③) 조성이 필요한 지역
> 3. 특별시장·광역시장·특별자치시장·특별자치도지사·시장 또는 군수는 성장관리계획 구역을 지정하거나 이를 변경하려면 대통령령으로 정하는 바에 따라 미리 주민과 해당 (④)의 의견을 들어야 하며, 관계 행정기관과의 협의 및 (⑤)의 심의를 거쳐야 한다.
> 다만, 대통령령으로 정하는 경미한 사항을 변경하는 경우에는 그러하지 아니하다.

【정답】 ① 인구, ② 경제성장 정체, ③ 쾌적한 주거환경, ④ 지방의회, ⑤ 지방도시계획위원회

6. S기업의 도시 개발 프로젝트에 대한 편익 비용 산출 값 할인율이 5%일 때, 순현재가치를 기준으로 어떤 프로젝트가 우수한가? (4점) (단, 풀이 과정과 답이 맞을 경우 정답으로 한다.) (단위: 백만원)

연수	0	1	2	3	4	5
대안1	-10	5	4	3	2	1
대안2	-10	-5	5	6	6	6

【풀이】

대안1
$$NPV = \frac{-10}{(1+0.05)^0} + \frac{5}{(1+0.05)^1} + \frac{4}{(1+0.05)^2} + \frac{3}{(1+0.05)^3} + \frac{2}{(1+0.05)^4} + \frac{1}{(1+0.05)^5} = 3.41(백만원)$$

대안2
$$NPV = \frac{-10}{(1+0.05)^0} + \frac{-5}{(1+0.05)^1} + \frac{5}{(1+0.05)^2} + \frac{6}{(1+0.05)^3} + \frac{6}{(1+0.05)^4} + \frac{6}{(1+0.05)^5} = 4.59(백만원)$$

【정답】 대안2 프로젝트

| 자격종목 | 도시계획기사 | 필답형 제1교시 | 2022년 제2회 |

1. 산업단지의 종류에 대해 다음의 빈칸을 채우시오. (8점)

① ( ): 국가기간산업, 첨단과학기술산업 등을 육성하거나 개발 촉진이 필요한 낙후지역이나 둘 이상의 특별시·광역시·특별자치시 또는 도에 걸쳐 있는 지역을 산업단지로 개발하기 위하여 지정된 산업단지

② ( ): 산업의 적정한 지방 분산을 촉진하고 지역경제의 활성화를 위하여 지정된 산업단지

③ ( ): 지식산업·문화산업·정보통신산업, 그 밖의 첨단산업의 육성과 개발 촉진을 위하여 「국토의 계획 및 이용에 관한 법률」에 따른 도시지역에 지정된 산업단지

④ ( ): 대통령령으로 정하는 농어촌지역에 농어민의 소득 증대를 위한 산업을 유치·육성하기 위하여 지정된 산업단지

【정답】 ① 국가산업단지 ② 일반산업단지 ③ 도시첨단산업단지 ④ 농공단지

2. 어느 중소 도시의 총고용인구가 12,000명이고 그 중 기반 산업 고용인구가 5,000명이다.

가) 도시의 경제 기반 승수(지역승수)를 구하시오. (6점)

【풀이】

$E_T(총고용인구) = E_B + E_N$

E_B : 기반산업(수출산업)고용인구, E_N : 비기반산업(지역산업)고용인구

$K = \dfrac{E_T}{E_B}$ $E_T = 12,000$명, $E_B = 5,000$명 $\therefore K = \dfrac{12,000}{5,000} = 2.4$

【정답】 2.4

나) 이 도시에 새로운 수출 산업을 위한 공장이 입지하여 종업원 4,000명이 증가하는 경우, 이로 인해 지역 총 고용 인구는 얼마나 증가하는가?

【풀이】 $E_T = K \times E_B$ $\triangle E_T = K \times \triangle E_B = 2.4 \times 4,000 = 9,600$명

【정답】 9,600명

3. 국토의 계획 및 이용에 관한 법률에 근거하여 다음의 물음에 답하시오. (6점)

1) 도시·군기본계획 수립을 위한 기초조사 중 다음의 내용에 알맞은 단어를 적으시오.

> 시·도지사, 시장 또는 군수는 제1항에 따른 기초조사의 내용에 국토교통부장관이 정하는 바에 따라 실시하는 토지의 토양, 입지, 활용가능성 등 (①)와 재해취약성분석을 포함하여야 한다.

【정답】 토지적성평가

2) 용도지역의 구분 4가지에 대하여 서술하시오.

【정답】 도시지역, 관리지역, 농림지역, 자연환경보전지역

4. 국토계획평가 절차에 대하여 다음의 빈칸에 들어갈 알맞은 답을 서술하시오. (12점)

① 국토계획평가 대상이 되는 국토계획의 수립권자는 해당 국토계획을 수립하거나 변경하기 전에 대통령령으로 정하는 바에 따라 국토계획평가 요청서를 작성하여 (㉠   )에게 제출하여야 한다.

② 국토계획평가 요청서를 제출받은 (㉡   )은 국토계획평가를 실시한 후 그 결과에 대하여 (㉢   )의 심의를 거쳐야 한다.

③ (㉣   )은 국토계획평가를 실시할 때 필요한 경우에는 「정부출연연구기관 등의 설립·운영 및 육성에 관한 법률」에 따라 설립된 (㉤   )이나 관계 전문가에게 현지조사를 의뢰하거나 의견을 들을 수 있으며, 국토계획평가 요청서 중 환경 친화적인 국토관리에 관한 사항은 대통령령으로 정하는 바에 따라 (㉥   )의 의견을 들어야 한다.

④ 국토계획평가 요청서 제출 시기, 국토계획평가 결과의 통보 절차 및 그 밖에 국토계획평가 절차에 필요한 사항은 (㉦   )으로 정한다.

【정답】 ㉠ 국토교통부장관 ㉡ 국토교통부장관 ㉢ 국토정책위원회 ㉣ 국토교통부장관 ㉤ 정부출연연구기관 ㉥ 환경부장관 ㉦ 대통령령

5. 다음의 물음에 대해 빈칸을 채우시오. (8점)

1) 인구 100만 이상 대도시가 기초자치단체의 법적지위를 유지하면서 일반시화 차별화 되고, '광역시'에 준하는 행·재정적 자치권한 및 재량권을 부여받는 새로운 형태의 지방자치단체 유형

【정답】 특례시

2) 상기 조건에 해당 하는 지역(도시) 4곳을 적으시오.

【정답】 수원, 용인, 고양, 창원, 화성

3) 지역의 경제 및 생활권역의 발전에 필요한 연계·협력사업 추진을 위하여 2개 이상의 지방자치단체가 상호 협의하여 설정하거나 「지방자치법」 제199조의 특별지방자치단체가 설정한 권역으로, 특별시·광역시·특별자치시 및 도·특별자치도의 행정구역을 넘어서는 권역을 대상으로 하여 해당 지역의 장기적인 발전 방향을 제시하는 계획으로 2022년 8월4일부로 시행하는 계획

【정답】 초광역권계획

| 자격종목 | 도시계획기사 | 필답형 제1교시 | 2022년 제4회 |

1. 다음의 내용을 보고 적절한 개발 방식에 대하여 답하시오. (3점)

> 사업시행자는 정비구역의 안과 밖에 새로 건설한 주택 또는 이미 건설되어 있는 주택의 경우 그 정비사업의 시행으로 철거되는 주택의 소유자 또는 세입자를 임시로 거주하게 하는 등 그 정비구역을 순차적으로 정비하여 주택의 소유자 또는 세입자의 이주대책을 수립하여야 한다.

【정답】 순환정비방식

2. 단독주택 및 공동주택의 종류에 대해서 서술하시오. (6점)
【정답】 (1) 단독주택: 단독주택, 다중주택, 다가구주택, 공관
(2) 공동주택: 아파트, 연립주택, 다세대주택, 기숙사

3. 대지면적 3,000㎡, 건폐율 50%, 용적률 500%인 경우 해당 건물의 층수는? (4점)
【풀이】 층수 = 용적률(500%) ÷ 건폐율(50%) = 층수(10층)   【정답】 10층

4. 국토기본법에 근거하여 다음의 빈칸을 채우시오. (4점)
1) 국토조사를 효율적으로 실시하기 위하여 국토조사 항목 및 조사주체 등 필요한 사항에 대하여 관계 중앙행정기관의 장 및 시·도지사와 사전협의를 거쳐 국토조사계획을 수립할 수 있다.

> 1. (①) : 국토에 관한 계획 및 정책의 수립, 집행, 성과진단 및 평가, 국토현황의 시계열적·부문별 변화상 측정 및 비교 등에 활용하기 위하여 매년 실시하는 조사
> 2. (②) : 국토교통부장관이 필요하다고 인정하는 경우 특정지역 또는 부문 등을 대상으로 실시하는 조사

【정답】 ① 정기조사, ② 수시조사

2) 국토조사는 (①) 또는 (②)의 구역 단위로 할 수 있다.
【정답】 ① 행정구역, ② 일정한 격자(格子) 형태

5. 국토기본법에 근거하여 다음의 물음에 답하시오. (8점)
1) 국토종합계획 수립 절차에 대해 다음의 빈칸을 채우시오.
① (㉠)은 중앙행정기관의 장 및 시, 도지사 에게 국토종합계획에 반영되어야 할 정책 및 사업에 관한 소관별 계획안 제출 요청
② 중앙행정기관의 장 및 시, 도지사는 소관별 계획(안)을 (㉠)에게 제출
③ (㉠)은 소관별 계획(안)을 조정. 총괄하여 국토종합계획(안) 작성
④ 국토종합계획(안)에 대하여 중앙행정기관의 장과 협의 및 공청회 개최
⑤ (㉡) 심의   ⑥ (㉢) 승인 후 공고
【정답】 ㉠ 국토교통부장관, ㉡ 국토정책위원회 및 국무회의, ㉢ 대통령

2) 아래에서 설명 하는 계획이 무엇인지 물음에 답하시오.
　　지역의 경제 및 생활권역의 발전에 필요한 연계·협력사업 추진을 위하여 2개 이상의 지방자치단체가 상호 협의하여 설정하거나「지방자치법」제199조의 특별지방자치단체가 설정한 권역으로, 특별시·광역시·특별자치시 및 도·특별자치도의 행정구역을 넘어서는 권역을 대상으로 하여 해당 지역의 장기적인 발전 방향을 제시하는 계획으로 2022년 8월4일부로 시행하는 계획　　　　　　　　　　　　　　**[정답]** 초광역권계획

6. 국토의 계획 및 이용에 관한 법률에 근거하여 다음의 물음에 답하시오. (9점)
1) 제36조 용도지역의 지정에 따른 용도지역의 종류 4가지를 적으시오.

[정답] 도시지역, 관리지역, 농림지역, 자연환경보전지역

2) "도시지역"의 종류 4가지를 적으시오.

[정답] 주거지역, 상업지역, 공업지역, 녹지지역

3) 다음에 해당하는 용도구역의 종류에 대해 적으시오.

> 1. 도시·군기본계획에 따른 도심·부도심 또는 생활권의 중심지역
> 2. 철도역사, 터미널, 항만, 공공청사, 문화시설 등의 기반시설 중 지역의 거점 역할을 수행하는 시설을 중심으로 주변지역을 집중적으로 정비할 필요가 있는 지역
> 3. 세 개 이상의 노선이 교차하는 대중교통 결절지로부터 1킬로미터 이내에 위치한 지역
> 4. 「도시 및 주거환경정비법」에 따른 노후·불량건축물이 밀집한 주거지역 또는 공업지역으로 정비가 시급한 지역

[정답] 입지규제최소구역
(* 참고: 입지규제최소구역은 관련법 삭제로 암기할 필요 없음)

7. 어느 중소 도시의 총고용인구가 12,000명이고 그 중 기반 산업 고용인구가 5,000명이다.
가) 도시의 경제 기반 승수(지역승수)를 구하시오. (6점)

[풀이]

$E_T(총고용인구) = E_B + E_N$
E_B : 기반산업(수출산업)고용인구, E_N : 비기반산업(지역산업)고용인구

$K = \dfrac{E_T}{E_B}$　　$E_T = 12,000명, E_B = 5,000명$　　　$\therefore K = \dfrac{12,000}{5,000} = 2.4$

[정답] 2.4

나) 이 도시에 새로운 수출 산업을 위한 공장이 입지하여 종업원 4,000명이 증가하는 경우, 이로 인해 지역 총 고용 인구는 얼마나 증가하는가?

[풀이]　$E_T = K \times E_B$　　　　$\triangle E_T = K \times \triangle E_B = 2.4 \times 4,000 = 9,600$명

[정답] 9,600명

| 자격종목 | 도시계획기사 | 필답형 제1교시 | 2023년 제1회 |

1. 최근 국토교통부가 발표한 「도시계획 혁신 방안」 중 융복합 도시공간 조성을 위해 도입 된 공간혁신 구역의 3가지 종류에 대하여 다음의 빈칸을 채우시오. (4점)

> 1) (①): 지자체와 민간이 도시규제 제약 없이 창의적인 개발이 가능하도록 입지규제최소구역을 전면 개편. 도시 내 혁신적인 공간 조성이 필요한 곳에 기존 도시계획 체계를 벗어나 토지·건축의 용도 제한을 두지 않고, 용적률과 건폐율 등을 자유롭게 지자체가 정할 수 있음.
> 2) (②): 주거지역내 상업시설 설치, 공업지역에 주거·상업시설 설치 등 기존 용도지역의 변경 없이도 다른 용도시설의 설치가 허용되는 구역 (도시 관리 목적에 따라 주거·상업·공업지역 등 용도지역을 지정하고, 그에 맞게 설치 가능한 시설과 밀도를 각기 다르게 허용하고 있어, 주거지역내 오피스, 융복합 신산업 단지 조성 등 시대상 반영에 한계가 있던 기존의 단점을 보완.
> 3) (③): 체육시설, 대학교, 터미널 등 다중 이용 도시계획시설은 복합적인 공공 서비스 수요 증가에도 불구하고 용적률·건폐율·입지 제한 등으로 인해 단일·평면적 활용에 그치는 점이 있음. 이를 보완하기 위해 도시계획시설을 융복합 거점으로 활용하고 시설의 본래 기능도 고도화할 수 있는 제도를 도입. 도시계획 시설을 입체적으로 복합화하고, 한정된 공간에 다양한 기반시설 확보도 가능할 것으로 기대.

〖정답〗 ① 도시혁신구역(한국형 White Zone), ② 복합용도구역, ③ 도시군계획시설 입체복합구역

2. 다음의 지형도를 보고 질문에 답하시오. (6점)

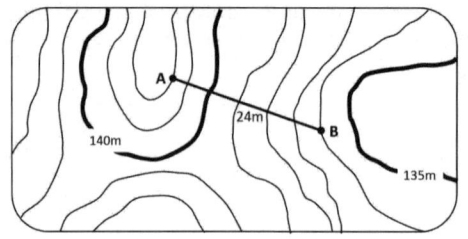

1) A지점에서 B지점의 경사도를 구하시오

〖풀이〗 [공식] 경사도 $= \frac{높이}{거리} \times 100$, $25\% = \frac{6m}{24m} \times 100$ ∴ $x = 25\%$ 〖정답〗 25%

2) A지점에서 B지점까지 도면상의 길이가 2cm인 경우, 지형도의 축척을 구하시오.

〖풀이〗 1cm = 1m (*12) ☞ 1/100 (*12) ☞ ∴ 1/1,200   〖정답〗 1:1,200

3. 국토의 계획 및 이용에 관한 법률 및 국토기본법에 근거하여 다음의 물음에 답하시오. (11점)
 1) 아래의 내용을 보고 해당하는 구역에 대해 적으시오.

> · 개발로 인하여 기반시설이 부족할 것으로 예상되나 기반시설을 설치하기 곤란한 지역을 대상으로 건폐율이나 용적률을 강화하여 적용하기 위하여 제66조에 따라 지정하는 구역
> · 주거·상업 또는 공업지역에서의 개발행위로 기반시설(도시·군계획시설을 포함한다)의 처리·공급 또는 수용능력이 부족할 것으로 예상되는 지역 중 기반시설의 설치가 곤란한 지역

〖정답〗 개발밀도관리구역

> 도시의 자연환경 및 경관을 보호하고 도시민에게 건전한 여가·휴식공간을 제공하기 위하여 도시지역 안에서 식생(植生)이 양호한 산지(山地)의 개발을 제한할 필요가 있다고 인정하면 해당구역의 지정 또는 변경을 도시·군관리계획으로 결정할 수 있다.

〖정답〗 도시자연공원구역

2) 국토종합계획 수립 절차에 다음의 빈칸을 채우시오.
   ① (㉠)은 중앙행정기관의 장 및 시, 도지사 에게 국토종합계획에 반영되어야 할 정책 및 사업에 관한 소관별 계획안 제출 요청
   ② 중앙행정기관의 장 및 시, 도지사는 소관별 계획(안)을 (㉠)에게 제출
   ③ (㉠)은 소관별 계획(안)을 조정. 총괄하여 국토종합계획(안) 작성
   ④ 국토종합계획(안)에 대하여 중앙행정기관의 장과 협의 및 공청회 개최
   ⑤ (㉡) 심의   ⑥ (㉢) 승인 후 공고
   【정답】 ㉠ 국토교통부장관, ㉡ 국토정책위원회 및 국무회의, ㉢ 대통령

4. 주택법과 관련하여 다음의 물음에 답하시오. (10점)
   1) 국민주택규모의 정의와 관련하여 다음의 빈 칸에 알맞은 내용(숫자)을(를) 작성하시오.

   > "국민주택규모"란 주거의 용도로만 쓰이는 면적(이하 "주거전용면적"이라 한다)이 1호(戶) 또는 1세대당 (①) 이하인 주택(「수도권정비계획법」 제2조제1호에 따른 수도권을 제외한 도시지역이 아닌 읍 또는 면 지역은 1호 또는 1세대당 주거전용면적이 (②) 제곱미터 이하인 주택을 말한다)을 말한다. 이 경우 주거전용면적의 산정방법은 국토교통부령으로 정한다.

   【정답】 ① 85 제곱미터, ② 100제곱미터

   2) 「주택조합」의 종류 3가지에 대하여 작성하시오.
   【정답】 지역주택조합, 직장주택조합, 리모델링주택조합

   3) 다음 각각의 내용에 해당하는 알맞은 용어(단어)를 작성하시오.
   (1) 하나의 주택단지에서 대통령령으로 정하는 기준에 따라 둘 이상으로 구분되는 일단의 구역으로, 착공신고 및 사용검사를 별도로 수행할 수 있는 구역 : (①)
   (2) 건강하고 쾌적한 실내환경의 조성을 위하여 실내공기의 오염물질 등을 최소화할 수 있도록 대통령령으로 정하는 기준에 따라 건설된 주택 : (②)
   (3) 구조적으로 오랫동안 유지·관리될 수 있는 내구성을 갖추고, 입주자의 필요에 따라 내부 구조를 쉽게 변경할 수 있는 가변성과 수리 용이성 등이 우수한 주택: (③)
   【정답】 ① 공구, ② 건강친화형 주택, ③ 장수명 주택

5. 대지면적 3,000㎡, 건폐율 50%, 용적률 500%인 경우 해당 건물의 층수는? (3점)
   【풀이】 ∴ 층수 = 용적률(500%) ÷ 건폐율(50%) = 층수(10층)   【정답】 10층

6. 도로모퉁이 길이의 기준을 하단의 도로 모퉁이에 표시하시오. (3점)
   【정답】

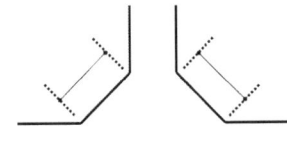

7. 교차하는 도로의 기능별 분류가 서로 다른 경우, 교차지점의 곡선반경에 대해 다음의 빈칸을 채우시오. (3점)

구분	곡선 반경 기준
주간선도로	(①) 이상
보조간선도로	(②) 이상
집산도로	(③) 이상
국지도로	(④) 이상

【정답】 ① 15m, ② 12m, ③ 10m, ④ 6m

자격종목	도시계획기사	필답형 제1교시	2023년 제2회

1. '빈집 및 소규모주택 정비에 관한 특례법'에 의한 내용 중 다음의 물음에 답하시오. (7점)
 1) "소규모주택정비사업"의 종류 4가지에 대하여 서술하시오.
  【정답】 자율주택정비사업, 가로주택정비사업, 소규모재건축사업, 소규모재개발사업
 2) 다음의 내용에 해당하는 사업에 대해 빈칸을 채우시오.

①	단독주택, 다세대주택 및 연립주택을 스스로 개량 또는 건설하기 위한 사업
②	인가받은 사업시행계획에 따라 주택, 부대시설·복리시설 및 오피스텔을 건설하여 공급하는 사업

【정답】 ① 자율주택정비사업, ② 소규모재건축사업

2. 수도권정비계획법에 근거하여 다음의 질문에 답하시오. (10점)
 1) 수도권에 해당하는 지역을 적으시오. 【정답】 서울특별시, 인천광역시, 경기도
 2) 수도권의 인구와 산업을 적정하게 배치하기 위하여 수도권 구분한 권역 3가지를 적으시오. 【정답】 과밀억제권역, 성장관리권역, 자연보전권역
 3) 수도권정비계획법 제12조 (과밀부담금의 부과·징수)에 관한 다음의 설명을 보고 ①번 빈칸에 알맞은 용어를 적고, 밑줄 친 ②에 해당하는 지역을 적으시오.

> (①)에 속하는 지역으로서 ②대통령령으로 정하는 지역에서 인구집중유발시설 중 업무용 건축물, 판매용 건축물, 공공 청사, 그 밖에 대통령령으로 정하는 건축물을 건축(신축·증축 및 공공 청사가 아닌 시설을 공공 청사로 하는 용도변경, 그 밖에 대통령령으로 정하는 용도변경을 말한다. 이하 같다)하려는 자는 과밀부담금을 내야 한다.

【정답】 과밀억제권역, 서울특별시

3. 용도지역의 종류 중 주거지역에 대하여 다음의 빈칸을 채우시오. (8점)

구분		지정목적
주거지역	(①)	· 단독주택·다가구·다세대 및 연립주택이 주로 입지하는 주택지 · 저층주택을 중심으로 편리한 주거환경 조성
	(②)	· 기존 시가지 및 주변 시가지의 주택지로서 중층주택이 입지하여도 환경악화, 자연경관의 저해 및 풍치를 저해할 우려가 없는 지역
	(③)	· 계획적으로 중고층주택지로서 정비가 완료되었거나 정비하는 것이 바람직한 지역 및 그 주변지역
	(④)	· 주거용도와 상업용도가 혼재하지만 주로 주거환경을 보호하여야 할 지역

【정답】 ① 제1종일반주거지역, ② 제2종일반주거지역, ③ 제3종일반주거지역, ④ 준주거지역

4. 다음의 빈칸에 알맞은 용어(단어)를 작성하시오. (3점)

> ( ) 란 1기 신도시를 비롯하여 수도권 택지지구, 지방 거점 신도시 등이 특별법이 적용되는 주요 ( )들이며, 「택지개발촉진법」 등 관계 법령에 따른 택지조성사업 완료 후 20년 이상 경과한 100만m2 이상의 택지 등을 말한다.

【정답】 노후계획도시

5. 개발행위허가제와 관련하여 다음의 물음에 답하시오. (6점)
 1) 개발행위허가제의 근거 법령이 무엇인지 적으시오.
【정답】 국토의 계획 및 이용에 관한 법률
 2) 개발행위허가제의 허가 기준 3가지에 대하여 적으시오.
【정답】 시가화용도, 유보용도, 보전용도

6. 지구단위계획수립지침 중 지구단위계획의 입안및결정절차에 다음의 빈칸을 채우시오. (6점)

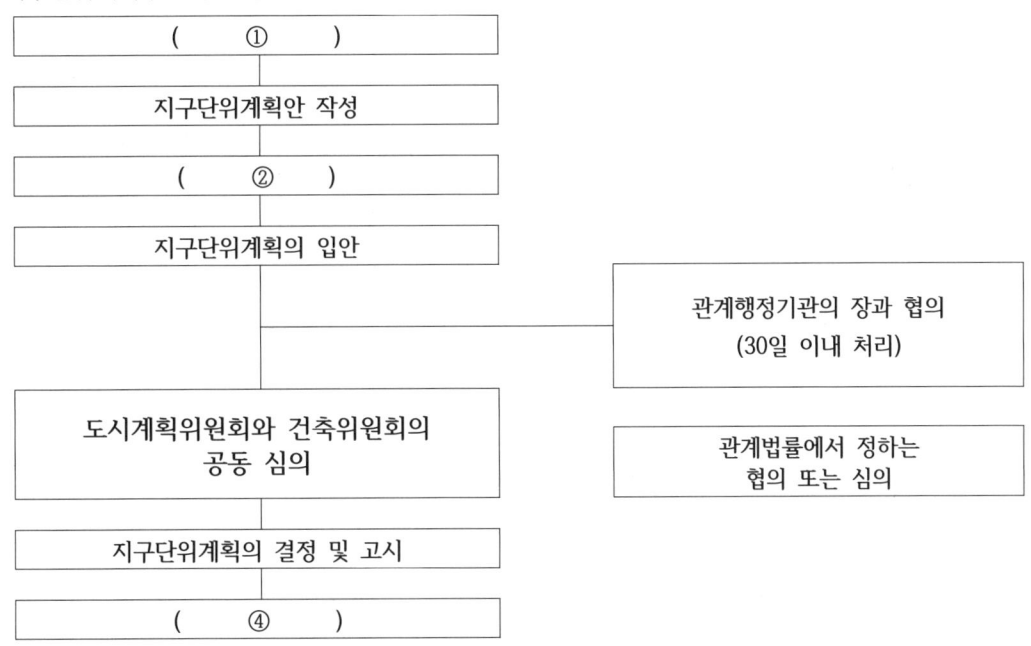

【정답】 ① 기초조사, ② 주민의견청취, ③ 일반 열람

| 자격종목 | 도시계획기사 | 필답형 제1교시 | 2023년 제4회 |

1. 국토계획평가 절차에 대하여 다음의 빈칸에 들어갈 알맞은 답을 서술하시오. (12점)
   ① 국토계획평가 대상이 되는 국토계획의 수립권자는 해당 국토계획을 수립하거나 변경하기 전에 대통령령으로 정하는 바에 따라 국토계획평가 요청서를 작성하여 (㉠)에게 제출하여야 한다.
   ② 국토계획평가 요청서를 제출받은 (㉡)은 국토계획평가를 실시한 후 그 결과에 대하여 (㉢)의 심의를 거쳐야 한다.
   ③ (㉣)은 국토계획평가를 실시할 때 필요한 경우에는 국토계획평가 요청서 중 환경 친화적인 국토관리에 관한 사항은 대통령령으로 정하는 바에 따라 (㉤)의 의견을 들어야 하며, 「정부출연연구기관 등의 설립·운영 및 육성에 관한 법률」에 따라 설립된 (㉥) 이나 관계 전문가에게 현지조사를 의뢰하거나 의견을 들을 수 있다.
   ④ 국토계획평가 요청서 제출 시기, 국토계획평가 결과의 통보 절차 및 그 밖에 국토계획평가 절차에 필요한 사항은 (㉦)으로 정한다.
   【정답】 ㉠ 국토교통부장관 ㉡ 국토교통부장관 ㉢ 국토정책위원회 ㉣ 국토교통부장관
   ㉤ 환경부장관 ㉥ 정부출연연구기관 ㉦ 대통령령

2. 도시재생 활성화 및 지원에 관한 특별법 (약칭: 도시재생법)에 근거하여 다음의 물음에 답하시오. (6점)
   1) 도시재생법 제2조에 의거한 도시재생활성화계획 2가지를 적으시오.
   【정답】 도시경제기반형, 근린재생형
   2) 지역주민 또는 단체가 해당 지역의 인력, 향토, 문화, 자연자원 등 각종 자원을 활용하여 생활환경을 개선하고 지역공동체를 활성화하며 소득 및 일자리를 창출하기 위하여 운영 하는 기업에 대하여 적으시오.
   【정답】 마을기업
   3) 도시재생을 촉진하기 위하여 산업·상업·주거·복지·행정 등의 기능이 집적된 지역거점을 우선적으로 조성할 필요가 있는 지역으로 이 법에 따라 지정·고시되는 지구는 무엇인가?
   【정답】 도시재생혁신지구

3. 지구단위계획에 대한 도시군관리계획 결정도의 표시기호에 대해 다음의 빈칸을 채우시오. (6점)

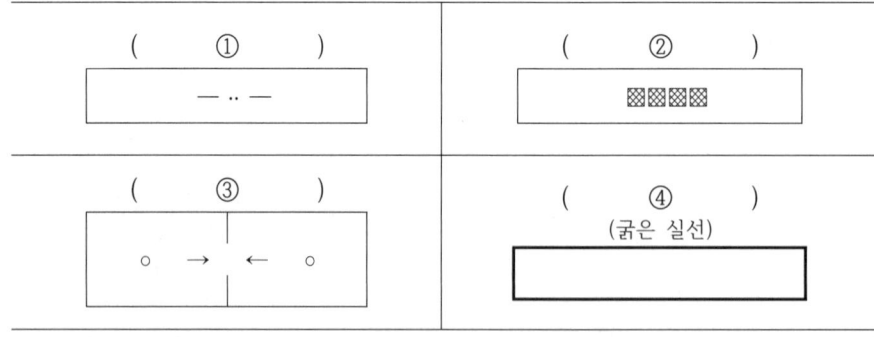

【정답】 ① 지구단위계획구역, ② 공공보행통로, ③ 합벽건축, ④ 특별계획구역

4. 국토의 계획 및 이용에 관한 법률에 근거하여 다음의 물음에 답하시오. (8점)
   1) 아래의 내용을 보고 해당하는 구역에 대해 적으시오.

   > • 개발로 인하여 기반시설이 부족할 것으로 예상되나 기반시설을 설치하기 곤란한 지역을 대상으로 건폐율이나 용적률을 강화하여 적용하기 위하여 제66조에 따라 지정하는 구역
   > • 상업 또는 공업지역에서의 개발행위로 기반시설(도시·군계획시설을 포함한다)의 처리·공급 또는 수용 능력이 부족할 것으로 예상되는 지역 중 기반시설의 설치가 곤란한 지역

   【정답】 **개발밀도관리구역**

   2) 아래의 내용을 보고 해당하는 구역에 대해 적으시오.

   > 국토교통부장관은 도시의 무질서한 확산을 방지하고 도시주변의 자연환경을 보전 하여 도시민의 건전한 생활환경을 확보하기 위하여 도시의 개발을 제한할 필요가 있거나 국방부장관의 요청이 있어 보안상 도시의 개발을 제한할 필요가 있다고 인정되면 해당 구역의 지정 또는 변경을 도시·군관리계획으로 결정할 수 있다

   【정답】 **개발제한구역**

   3) 도시·군관리계획에 대하여 다음의 빈칸을 채우시오.

   > • 도시·군관리계획 결정의 효력은 (①)을 고시한 날부터 발생한다.
   > • 특별시장·광역시장·특별자치시장·특별자치도지사·시장 또는 군수는 (②) 관할 구역의 도시·군 관리계획에 대하여 대통령령으로 정하는 바에 따라 그 타당성 여부를 전반적으로 재검토하여 정비하여야 한다.

   【정답】 ① 지형도면, ② 5년마다

   4) 제36조 용도지역의 지정에 따른 용도지역의 종류 4가지를 적으시오.
   【정답】 도시지역, 관리지역, 농림지역, 자연환경보전지역

5. 도시·군계획시설의 결정·구조 및 설치기준에 관한 규칙에 따른 도로의 구분 중 다음의 물음에 답하시오. (8점)
   1) 도로의 구분 중 기능별 구분에 따른 교차지점의 곡선반경 기준에 대하여 적으시오.
      1) 주간선도로 : (   )   2) 보조간선도로 : (   )
      3) 집산도로 : (   )   4) 국지도로 : (   )
   【정답】 1) 주간선도로 : (15미터 이상)   2) 보조간선도로 : (12미터 이상)
           3) 집산도로 : (10미터 이상)   4) 국지도로 : (6미터 이상)
   2) 사용 및 형태별 구분 7가지에 대해서 적으시오.
   【정답】 일반도로, 자동차전용도로, 보행자전용도로, 보행자우선도로, 자전거전용도로, 고가도로, 지하도로
   3) 도로의 기능별 구분 5가지에 대해서 적으시오.
   【정답】 주간선도로, 보조간선도로, 집산도로, 국지도로, 특수도로
   4) 용도지역별 도로율에 대하여 다음의 빈칸을 채우시오.
      1) 주거지역 : (①) 미만. 이 경우 간선도로의 도로율은 (②)이어야 한다.
      2) 상업지역 : (③) 미만. 이 경우 간선도로의 도로율은 (④)이어야 한다.
      3) 공업지역 : (⑤) 미만. 이 경우 간선도로의 도로율은 (⑥)이어야 한다.
   【정답】 ① 15퍼센트 이상 30퍼센트   ② 8퍼센트 이상 15퍼센트 미만   ③ 25퍼센트 이상 35퍼센트
           ④ 10퍼센트 이상 15퍼센트 미만   ⑤ 8퍼센트 이상 20퍼센트   ⑥ 4퍼센트 이상 10퍼센트 미만

자격종목	도시계획기사	필답형 제1교시	2024년 제1회

1. 아래에서 설명 하는 계획이 무엇인지 물음에 답하시오. (4점)

> 지역의 경제 및 생활권역의 발전에 필요한 연계·협력사업 추진을 위하여 2개 이상의 지방자치단체가 상호 협의하여 설정하거나 「지방자치법」 제199조의 특별지방자치단체가 설정한 권역으로, 특별시·광역시·특별자치시 및 도·특별자치도의 행정구역을 넘어서는 권역을 대상으로 하여 해당 지역의 장기적인 발전 방향을 제시하는 계획으로 2022년 8월4일부로 시행하는 계획

【정답】 초광역권계획

2. 다음의 빈칸에 알맞은 용어(이것)가 무엇인지 물음에 답하시오. (4점)

> (이것)에 대한 정의는 국가별 여건에 따라 매우 다양하지만, 공통적으로는 4차 산업 혁명 시대의 혁신기술을 활용하여, 시민들의 삶의 질을 높이고, 도시의 지속 가능성을 제고하며, 새로운 산업을 육성하기 위한 플랫폼이다. 우리나라의 시범도시는 4차 산업혁명 관련 기술을 개발계획이 없는 부지에 자유롭게 실증·접목을 조성하기 위해 실행되었다. 또한 창의적인 비즈니스 모델을 구현할 수 있는 혁신산업 생태계를 조성하여 미래 (이것) 선도모델을 제시 하는 것을 목표로 추진 중에 있으며 국가시범도시는 세종과 부산이 있다.

> (한국) 도시의 경쟁력과 삶의 질의 향상을 위하여 건설·정보통신기술 등을 융·복합하여 건설된 도시기반 시설을 바탕으로 다양한 도시서비스를 제공하는 지속가능한 도시
> (유럽연합) 주민과 사업(business)의 이익을 위해 디지털과 통신 기술을 활용하여 전통적인 네트워크와 서비스를 보다 효율적으로 만드는 장소
> (영국) 시민참여, 사회기반시설, 사회자본, 디지털 기술의 증가로 살기에 적합하고 탄력적이며 도전에 대응할 수 있는 도시로서 하나의 완성된 도시가 아닌 과정으로서의 도시
> (스페인) (이것)은 주민들의 삶의 질과 접근성을 향상시키고, 지속가능한 경제, 사회, 환경 개발을 위해 ICT 기술을 적용한 도시 전체의 비전

【정답】 스마트도시 (스마트시티)

3. 다음의 제시하는 조건을 바탕으로 물음에 답하시오. (5점)

1) 도시·군 기본계획은 계획수립 시점부터 몇 년을 기준으로 작성하는가?
   【정답】 계획수립시점으로부터 20년을 기준
2) 도시·군 기본계획 수립연도의 끝자리에 대해 서술하시오.
   【정답】 연도의 끝자리는 0 또는 5년으로 한다. (예: 2020년, 2025년)
3) 도시·군기본계획을 수립하는 경우 입안권자는 도시·군계획 분야 전문가와 주민대표 및 관계기관 참석하여 의견을 청취하는 것을 무엇이라고 하는가?   【정답】 공청회

4. 「도시공원 및 녹지 등에 관한 법률」에 따라 다음의 물음에 답하시오. (4점)

1) 도시공원의 면적기준에 대해 다음의 빈칸을 채우시오

> 법 제14조제1항의 규정에 의하여 하나의 도시지역 안에 있어서의 도시공원의 확보기준은 해당도시지역 안에 거주하는 주민 1인당 (①)제곱미터 이상으로 하고, 개발제한구역 및 녹지지역을 제외한 도시지역 안에 있어서의 도시공원의 확보기준은 해당도시지역 안에 거주하는 주민 1인당 (②)제곱미터 이상으로 한다.

【정답】 ① 6, ② 3

2) 녹지의 기능에 따른 종류 3가지를 적으시오   【정답】 연결녹지, 경관녹지, 완충녹지

5. 국토의 계획 및 이용에 관한 법률 시행령 제4조의4에 근거한 평가 기준 내용에 대해 물음에 답하시오. (7점)
1) 다음의 빈칸을 채우시오

> 1. (①) 평가기준 : 토지이용의 효율성, 환경친화성, 생활공간의 안전성·쾌적성·편의성 등에 관한 사항
> 2. (②) 평가기준 : 보급률 등을 고려한 생활인프라 설치의 적정성, 이용의 용이성·접근성·편리성 등에 관한 사항

【정답】 ① 지속가능성, ② 생활인프라

2) 도시의 지속가능하고 균형 있는 발전과 주민의 편리하고 쾌적한 삶을 위하여 도시의 (①) 및 (②) 수준을 평가하는 자는? (단, ①, ② 는 상기 문제의 정답) 【정답】 국토교통부장관

6. 다음의 조건을 보고 물음에 답하시오. (4점)
어느 중소 도시의 총고용인구가 12,000명이고 그 중 기반 산업 고용인구가 5,000명이다.
가) 도시의 경제 기반 승수(지역승수)를 구하시오.
【풀이】
$E_T = E_B + E_N$
E_T : 총고용인구, E_B : 기반산업(수출산업) 고용인구, E_N : 비기반산업(지역산업) 고용인구

경제기반승수(지역승수) $K = \dfrac{E_T}{E_B}$ $E_T = 12{,}000$명, $E_B = 5{,}000$명 $\therefore K = \dfrac{12{,}000}{5{,}000} = 2.4$

【정답】 2.4

나) 이 도시에 새로운 수출 산업을 위한 공장이 입지하여 종업원 4,000명이 증가하는 경우, 이로 인해 지역 총 고용 인구는 얼마나 증가하는가?
【풀이】 $E_T = K \times E_B$ $\triangle E_T = K \times \triangle E_B = 2.4 \times 4{,}000 = 9{,}600$명

【정답】 9,600명

7. 「국토의 계획 및 이용에 관한 법률」에 따른 "개발행위허가의 규모"에 대해 빈칸을 채우시오. (4점)

> 1. 도시지역
>   가. 주거지역·상업지역·자연녹지지역·생산녹지지역 : (①) 제곱미터 미만
>   나. 공업지역 : (②) 제곱미터 미만   다. 보전녹지지역 : (③) 제곱미터 미만
> 2. 관리지역 : 3만제곱미터 미만 3. 농림지역 : 3만제곱미터 미만 4. 자연환경보전지역 : (④) 제곱미터 미만

【정답】 ① 1만, ② 3만, ③ 5천, ④ 5천

8. 지구단위계획 수립지침에 따라 다음 빈칸을 채우시오. (8점)

구분		적용대상	성격
①	전층불허	구역의 지정목적과 계획목표에 부합하지 않는 용도의 입지 불허	③
	1층불허	가로의 성격을 해치는 용도의 1층입지 불허	
②	지정	공공적 성격이 강하여 특별히 확보해야 하는 시설의 경우 특화거리 또는 단지조성의 경우 등	규제+권장
권장	전층권장	구역 위상에 부합하는 용도의 입지를 통한 기능 강화가 필요한 경우 등	④
	1층전면	가로활성화와 보행지원이 필요한 경우 등	
	지하층	공공지하공간과의 연계가 필요한 경우 등	

【정답】 ① 불허, ② 지정, ③ 규제, ④ 권장

| 자격종목 | 도시계획기사 | 필답형 제1교시 | 2024년 제2회 |

1. 단독주택 및 공동주택의 종류에 대해서 서술하시오. (6점)
   【정답】 (1) 단독주택: 단독주택, 다중주택, 다가구주택, 공관
          (2) 공동주택: 아파트, 연립주택, 다세대주택, 기숙사

2. '빈집 및 소규모주택 정비에 관한 특례법'에 의한 내용 중 다음의 물음에 답하시오. (5점)
 1) "소규모주택정비사업"의 종류 3가지에 대하여 서술하시오.
          【정답】 자율주택정비사업, 가로주택정비사업, 소규모재건축사업, 소규모재개발사업
 2) 토지등소유자가 소규모주택정비사업을 시행하기 위하여 결성하는 협의체를 무엇이라 하는가?
          【정답】 주민합의체

3. 다음의 빈칸에 알맞은 용어(이것)가 무엇인지 물음에 답하시오. (4점)

> 2022년 8월 국토교통부 보도자료에서 발표한 내용에 따르면 정부는 공급 기반을 회복하기 위해, 향후 5년
> ('23~'27) 동안 지자체와의 협력강화, 제도개선 등을 통해 전국에서 22만호이상의 신규 정비구역을 지정할 계획이다.
> 서울에서는 (   )* 방식으로 10만호를, 경기·인천에서는 역세권, 노후 주거지 등에 4만호를 지정하며,
> 지방은 광역시 쇠퇴 구도심 위주로 8만호 규모의 신규 정비구역을 지정해나간다.
> * 정비계획 가이드라인 사전 제시를 통해 구역지정 소요기간을 단축(5년→2년)

          【정답】 신속통합기획

4. 주택법과 관련하여 다음의 물음에 답하시오. (10점)
 1) 국민주택규모의 정의와 관련하여 다음의 빈 칸에 알맞은 내용(숫자)을(를) 작성하시오.

> "국민주택규모"란 주거의 용도로만 쓰이는 면적(이하 "주거전용면적"이라 한다)이 1호(戶) 또는 1세대당
> (①) 이하인 주택(「수도권정비계획법」제2조제1호에 따른 수도권을 제외한 도시지역이 아닌 읍 또는 면
> 지역은 1호 또는 1세대당 주거전용면적이 (②) 제곱미터 이하인 주택을 말한다)을 말한다.
> 이 경우 주거전용면적의 산정방법은 국토교통부령으로 정한다.

          【정답】 ① 85 제곱미터, ② 100제곱미터
 2)「주택조합」의 종류 3가지에 대하여 작성하시오.
          【정답】 지역주택조합, 직장주택조합, 리모델링주택조합
 3) 다음 각각의 내용에 해당하는 알맞은 용어(단어)를 작성하시오.
  (1) 하나의 주택단지에서 대통령령으로 정하는 기준에 따라 둘 이상으로 구분되는 일단의
      구역으로, 착공신고 및 사용검사를 별도로 수행할 수 있는 구역 : (①)
  (2) 건강하고 쾌적한 실내환경의 조성을 위하여 실내공기의 오염물질 등을 최소화할 수 있도록
      대통령령으로 정하는 기준에 따라 건설된 주택 : (②)
  (3) 구조적으로 오랫동안 유지·관리될 수 있는 내구성을 갖추고, 입주자의 필요에 따라
      내부 구조를 쉽게 변경할 수 있는 가변성과 수리 용이성 등이 우수한 주택: (③)
          【정답】 ① 공구, ② 건강친화형 주택, ③ 장수명 주택

5. 어느 지역의 건축물의 연면적이 40,000㎡(제곱미터)이며, 피크 시 연면적 1,000㎡(제곱미터)당 주차 발생량이 5대, 주차이용효율이 0.8인 경우, 원단위법을 적용하여 주차수요를 추정하시오. (3점)

【풀이】

$$P = \frac{U \times F}{1,000 \times e} \qquad \therefore P = \frac{5 \times 40,000}{1,000 \times 0.8} = 250대$$

• P=주차 수요(대)   • F=장래 계획 건축물 연면적(㎡)   • e=주차 이용 효율
• U = 피크(peak) 시 건축물 단위 면적당 주차 발생량(대/1,000㎡)
  = 첨두시 용도별 주차 발생량(대/1,000㎡·시간)

【정답】 250대

6. 지구단위계획수립지침 중 지구단위계획의 입안및결정절차에 다음의 빈칸을 채우시오. (12점)

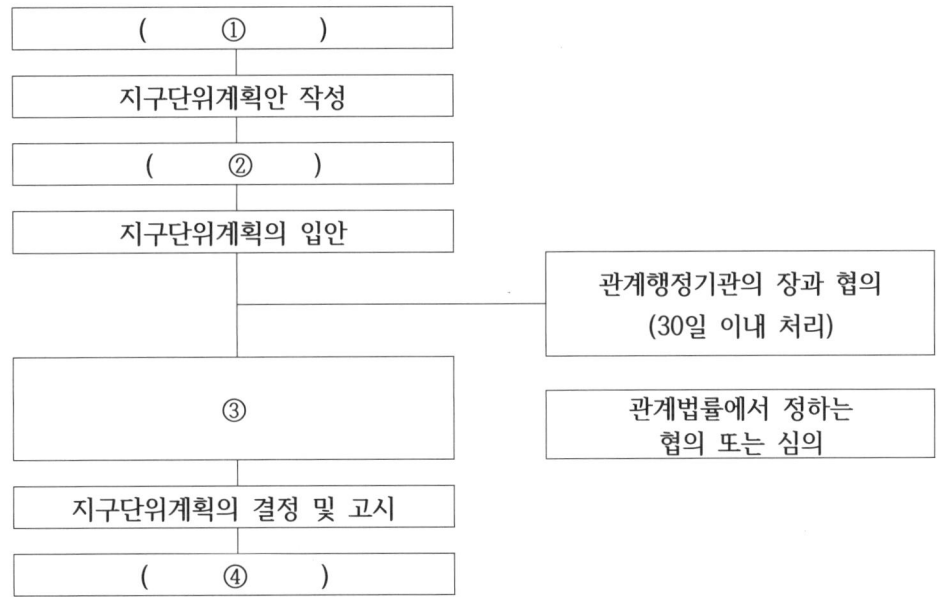

【정답】 ① 기초조사, ② 주민의견청취, ③ 도시계획위원회와 건축위원회의 공동 심의, ④ 일반 열람

자격종목	도시계획기사	필답형 제1교시	2024년 제3회

1. 국토의 계획 및 이용에 관한 법률에 근거하여 아래의 빈칸을 채우시오. (5점)
   (단, 아래 문제 (4),(5)번 문제 내용 중 (ⓒ) 항목은 문제 (3)에서 작성한 내용과 동일하므로 추가로 내용을 기입할 필요는 없다.)
   (1) "도시·군기본계획"이란 특별시·광역시·특별자치시·특별자치도·시 또는 군의 관할 구역 및 (㉠   )에 대하여 기본적인 공간구조와 장기발전방향을 제시하는 종합계획으로서 도시·군관리계획 수립의 지침이 되는 계획을 말한다.
   (2) (ⓛ   ) : 성장관리계획구역에서의 난개발을 방지하고 계획적인 개발을 유도하기 위하여 수립하는 계획
   (3) (ⓒ   ) : 토지의 이용 및 건축물이나 그 밖의 시설의 용도·건폐율·용적률·높이 등을 완화하는 용도구역의 효율적이고 계획적인 관리를 위하여 수립하는 계획
   (4) (㉣   ) : 창의적이고 혁신적인 도시공간의 개발을 목적으로 도시혁신구역에서의 토지의 이용 및 건축물의 용도·건폐율·용적률·높이 등의 제한에 관한 사항을 따로 정하기 위하여 (ⓒ)으로 결정하는 도시·군관리계획
   (5) (㉤   ) : 주거·상업·산업·교육·문화·의료 등 다양한 도시기능이 융복합된 공간의 조성을 목적으로 복합용도구역에서의 건축물의 용도별 구성비율 및 건폐율·용적률·높이 등의 제한에 관한 사항을 따로 정하기 위하여 (ⓒ)으로 결정하는 도시·군관리계획

   【정답】 ㉠ : 생활권, ⓛ : 성장관리계획, ⓒ : 공간재구조화계획, ㉣ : 도시혁신계획, ㉤ : 복합용도계획

2. 대지면적 3,000㎡, 건폐율 50%, 용적률 500%인 경우 해당 건물의 층수는? (4점)
   (단, 필로티 및 지하층은 고려하지 않는다. 각 층수별 면적은 동일한 조건)
   【풀이】 (공식)용적률=건폐율×층수 ∴ 층수 = 용적률(500%) ÷ 건폐율(50%) = 층수(10층)
   【정답】 10층

3. 수도권정비계획법에 근거하여 다음의 질문에 답하시오. (10점)
   1) 수도권에 해당하는 지역을 적으시오.
      (단, 법령상 용어의 정의에 의한 단위 지역 명칭으로 작성. 하위 시,군 지역명은 정답에서 제외)
      【정답】 서울특별시, 인천광역시, 경기도

   2) 수도권의 인구와 산업을 적정하게 배치하기 위하여 수도권 구분한 권역 3가지를 적으시오.
      【정답】 과밀억제권역, 성장관리권역, 자연보전권역

   3) 수도권정비계획법 제12조 (과밀부담금의 부과·징수)에 관한 다음의 설명을 보고
      ①번 빈칸에 알맞은 용어를 적고, 밑줄 친 ②에 해당하는 지역을 적으시오.

   (①)에 속하는 지역으로서 ②대통령령으로 정하는 지역에서 인구집중유발시설 중 업무용 건축물, 판매용 건축물, 공공 청사, 그 밖에 대통령령으로 정하는 건축물을 건축(신축·증축 및 공공 청사가 아닌 시설을 공공 청사로 하는 용도변경, 그 밖에 대통령령으로 정하는 용도변경을 말한다. 이하 같다) 하려는 자는 과밀부담금을 내야 한다.

   【정답】 과밀억제권역, 서울특별시

4. 산업입지 및 개발에 관한 법률 근거하여 산업단지의 종류를 적으시오. (8점)
① (   ) : 산업의 적정한 지방 분산을 촉진하고 지역경제의 활성화를 위하여 지정된 산업단지
② (   ) : 지식산업·문화산업·정보통신산업, 그 밖의 첨단산업의 육성과 개발 촉진을 위하여
「국토의 계획 및 이용에 관한 법률」에 따른 도시지역에 지정된 산업단지
③ (   ) : 국가기간산업, 첨단과학기술산업 등을 육성하거나 개발 촉진이 필요한 낙후지역이나
둘 이상의 특별시·광역시·특별자치시 또는 도에 걸쳐 있는 지역을 산업단지로 개발하기 위하여
지정된 산업단지
④ (   ) : 입주기업과 기반시설·주거시설·지원시설 및 공공시설 등의 디지털화, 에너지 자립
및 친환경화를 추진하는 산업단지
〔정답〕 ① 일반산업단지, ② 도시첨단산업단지, ③ 국가산업단지, ④ 스마트그린산업단지

5. 도로모퉁이 길이의 기준을 하단의 왼쪽 도로 모퉁이에 표시하시오. (4점)
(단, 길이 표시 방법은 다음과 같다. 시작점(●) 및 끝점 (●)을 실선(―)으로 연결하고
시작 지점 및 끝점의 위치는 점선(세로) (⋯)을 이용한 형태로 표시한다.)

〔문제〕   〔정답〕

6. 지구단위계획구역의 지정절차에 대하여 다음의 빈칸을 채우시오. (9점)
(단, 국토교통부장관 또는 도지사가 도시군관리계획을 입안하는 경우와 관련법에 따라 도시군관리계획을
국토교통부장관이 결정하는 경우는 고려하지 않는다.)

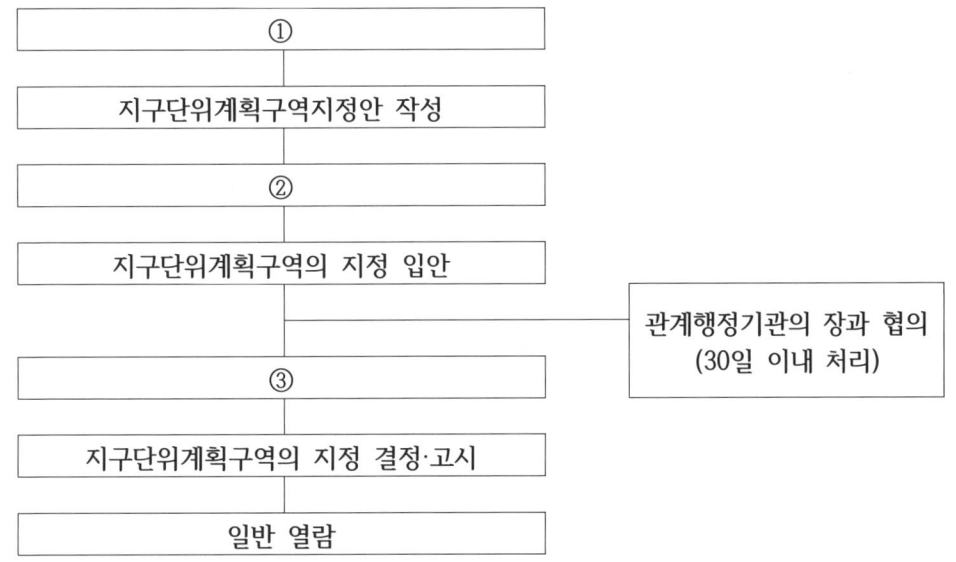

〔정답〕 ①: 기초조사, ②: 주민의견청취, ③: 시·도 또는 시·군 도시계획위원회 심의

| 자격종목 | 도시계획기사 | 필답형 제1교시 | 2025년 제1회 |

1. 다음의 지형도를 보고 질문에 답하시오. (4점)

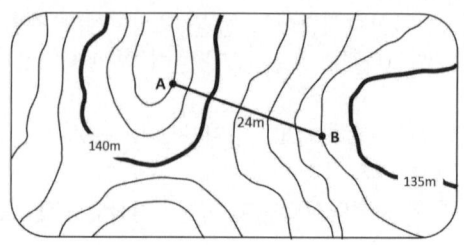

1) A지점에서 B지점의 경사도를 구하시오

   【풀이】 [공식] 경사도 $= \dfrac{높이}{거리} \times 100$, $25\% = \dfrac{6m}{24m} \times 100$ ∴ $x = 25\%$ 【정답】 25%

2) A지점에서 B지점까지 도면상의 길이가 2cm인 경우, 지형도의 축척을 구하시오.

   【풀이】 1cm = 1m (*12) ☞ 1/100 (*12) ☞ ∴ 1/1,200   【정답】 1:1,200

2. 도시재정비 촉진을 위한 특별법 (약칭:도시재정비법)에 근거하여 다음의 물음에 답하시오. (7점)
   1) 지구의 특성에 따라 구분되는 재정비촉진지구 유형 3가지를 적으시오.
      【정답】 주거지형, 중심지형, 고밀복합형
   2) 재정비촉진지구에서 시행되는 재정비촉진사업 중 2가지 이상을 적으시오.

      【정답】 주거환경개선사업, 재개발사업 및 재건축사업,
             가로주택정비사업, 소규모재건축사업 및 소규모재개발사업,
             도시개발사업,
             주거재생혁신지구의 혁신지구재생사업,
             도심 공공주택 복합사업,
             시장정비사업,
             도시·군계획시설사업

3. 지구단위계획수립지침 내용 중 다음의 물음에 답하시오. (6점)
   ① 가로경관의 연속적인 형태를 유지할 필요가 있거나 중요가로변의 건축물을 정연하게 할 필요가 있는 경우에 지정하는 것으로서 건축물의 외벽면이 계획에서 정한 선의 수직면에 일정비율 이상 접해야 하는 선을 말한다.

      【정답】 건축지정선

   ② '①번 문제'의 정답과 건축한계선의 차이를 간략히 설명하고 법적 규제에 대해 설명하시오.
      【정답】
      건축지정선은 건축물의 전층 또는 저층부의 외벽면이 일정한 비율 이상 접해야 하는 선을 의미한다. 건폐율 및 높이제한과 함께 연동하여 계획하고 건축선 지정 시 건축물의 외벽면과 지정선과의 인접 비율을 제시한다. 건축한계선은 도로에 있는 사람이 개방감을 가질 수 있도록 공간 확보를 위해 '건축물'을 도로에서 일정 거리 후퇴시켜 건축할 필요가 있는 곳에 지정한다. 그 선의 수직면을 넘어서 건축물 및 부대시설의 지상 부분이 돌출하여서는 안 되는 선을 말한다. 협소한 보도 및 이면도로의 확폭과 통로의 확보가 필요한 곳에 대지의 위치 및 형상을 고려하여 지정할 수 있다. 건축선 후퇴로 발생하는 전면공지에 대한 구체적인 조성지침 수립이 필요하다.
      상기 두 가지 이상 지침이 동시에 적용되는 경우 강화된 지침을 적용한다.

4. 지구단위계획에 대한 도시군관리계획 결정도의 표시기호에 대해 다음의 빈칸을 채우시오. (8점)

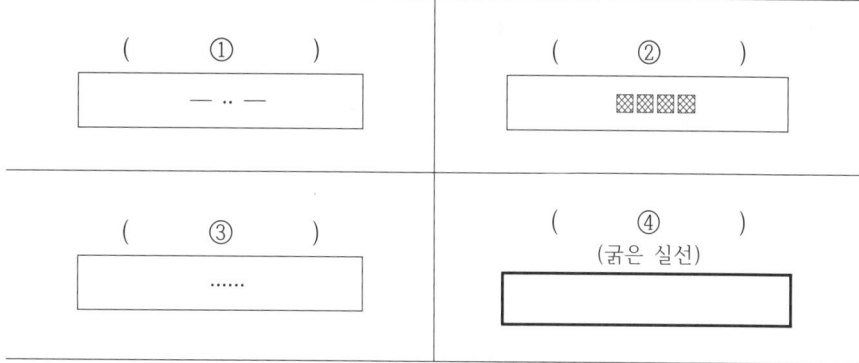

 [정답] ① 지구단위계획구역, ② 공공보행통로, ③ 대지분할가능선, ④ 특별계획구역

5. 아래에서 설명하는 제도가 무엇인지 물음에 답하시오. (5점)

- 문화재 보존, 밀도 제한 등 다양한 이유로 활용하지 못하는 용적을 다른 개발 여력이 있는 지역으로 넘길 수 있는 제도
- 미국 뉴욕과 일본 동경 등 해외에선 이미 관련 제도가 시행 중이며, 뉴욕의 '원 밴더빌트', 동경의 '신마루노우치빌딩'도 다른 지역의 용적률을 이전 받아 초고층 빌딩으로 개발되었음
- 서울특별시는 2025년 상반기 중으로 관련 법 제정을 위해 입법 예고하고 하반기부터 본격적으로 시행 예정이며, 문화유산 주변 지역과 장애물 표면 제한구역 등을 우선 양도지역으로 선정할 계획임

 [정답] (서울형) 용적이양제

6. 도시·군계획시설의 결정·구조 및 설치기준에 관한 규칙에 따른 도로의 구분 중 다음의 물음에 답하시오. (10점)
 1) 도로의 사용 및 형태별 구분 7가지 중 3가지 이상 작성하시오.
    [정답] 일반도로, 자동차전용도로, 보행자전용도로, 보행자우선도로, 자전거전용도로, 고가도로, 지하도로
 2) 도로의 규모별 구분 4가지에 대해서 적으시오.
    [정답] 광로, 대로, 중로, 소로
 3) 도로의 기능별 구분 5가지에 대해서 적으시오.
    [정답] 주간선도로, 보조간선도로, 집산도로, 국지도로, 특수도로

03 도시계획기사 실기 작업형 이론

APPENDIXES

I. 작업형 실기 시험 준비

1. 작업형 실기 시험 준비 방법

1) 충분한 기간을 가지고 준비할 것

합격한 일부 선배나 친구들이 이야기하는 것처럼 단기간에 취득하기 쉽지 않은 시험이다. 준비 기간에는 개인별로 차이가 있겠지만 **최소 2개월 ~ 4개월 이상의 기간이 필요**하다. 필기시험 합격 후 준비를 하게 되면 1개월(4주) 정도의 촉박한 시간 안에 많은 내용을 공부를 해야 하므로 반드시 필기, 실기 시험을 동시에 준비하는 것을 추천한다.

2) 교재에 나온 도면을 따라 그리지 말 것

기출문제 샘플만 따라만 그리다 보면 새로운 문제(新유형)가 출제될 경우 도면 작성이 불가하므로 기출문제를 통해 유형을 분석하여 연습하고 어떤 형태의 문제가 나오더라도 본인만의 도면을 완성할 수 있게 준비해야 한다.

3) 1교시 필답형 공부를 게을리하지 말 것

1교시 필답형의 경우 20~30점 대의 점수 취득이 가능하나, 작업형의 경우 50점 이상의 점수 획득은 사실상 어렵다. 작업형 점수를 40점 정도 받는 경우라도 필답형에서 최소 20점 이상을 받아야 합격할 수 있으니, 본인의 학습 기간 및 도면 작성 수준을 체크한 후 "1교시 필답형 학습 전략"을 세우는 것이 중요하다.

4) 혼자보다 여러 명이서 준비하는 것이 효과적

필기시험부터 실기 시험까지 일반적으로 3~4달의 기간이 소요된다고 가정할 경우 꽤 오랜 기간을 준비하여야 한다. 주변의 경쟁자 없이 혼자 준비할 경우 쉽게 포기하는 경우가 많기 때문에 최종 합격이 될 때까지 같이 공부할 수 있는 친구나 스터디 그룹을 만들어서 준비하는 것이 효과적인 방법이다.

5) 도시계획기사 오프라인 강의를 적극 활용할 것

도시계획기사 실기 시험은 다른 기사 시험과 달리 실제 도면을 직접 작성해야 하는 시험이므로 인터넷 강의나 Zoom 강의 등을 통해서는 본인의 단점 파악이나 궁금증을 해결하는 데 굉장한 어려움이 있다. 도면 작성 중 어려운 사항이 있을 경우 바로 질문이 가능하고, 이를 수정하며 작도가 가능한 오프라인 강의를 추천한다.

지금까지 많은 강사분들이 인터넷 강의 형태로 수업을 시도하였지만 수강생관리에 한계를 보이며 실패로 돌아간 이유는 분명히 있다.

2. 제도 용품 소개 및 사용 방법
1) 제도 용품 준비

① 트레싱지
도시계획기사 실기 시험에 사용되는 용지는 A2(420×594)이다.
낱장으로 구매할 수 있으나 인터넷 판매처나 매장에서
롤(Roll) 용지로 구매할 경우 보다 저렴하게 구매할 수 있다.
평균적으로 기사 시험을 준비하기 위해 소요되는 장수는
20~30장 내외이다.

② 제도판
가장 중요한 제도 용품 중 하나로 구매할 것을 추천한다.
작도 시 제도판이 필요 없다면 실기 시험장에 제도판이 있을
이유가 없지 않은가? 최초 연습 도면 작도 시 10시간 내외의 소요
시간을 예상한다면, 보다 능률적인 도면 작업을 위해 꼭 필요하다.
제도판의 크기는 도면 작성 위해 최소 550×600사이즈(경량보급형)
에서부터 최대 900×600(보급형) 사이즈 사용이 가능하다.

③ 스케일
일반적으로 1/100~1/600 스케일 자를 사용한다.
자세한 사용법은 본 교재 내용 중 "스케일 사용하기"를 참고한다.

④ 삼각자
삼각자는 35센티미터 내외의 사이즈를 구매할 것을 추천한다.
너무 크거나 작으면 사용하는데 불편할 수 있다.
네임펜 사용을 위해 반드시 "잉킹용" 삼각자를 구매한다.

⑤ 공학용 계산기
실기 시험 1교시(필답형) 시험 및 작업형 시험 준비를 위해선
공학용 계산기가 반드시 필요하다. 큐넷(산업인력공단)의 공학용
계산기 허용 기종 범위 내에서만 사용 가능하다.

⑥ 모노 지우개
보다 편리한 도면 작업을 위해 미세한 부분까지 지울 수 있는
펜슬형 지우개 사용을 추천한다. 리필용도 판매하고 있으니
필요시 지우개 리필심만 추가 구매 가능하다.

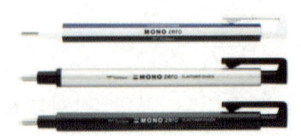

⑦ 테이프
일반적으로 설계 시 마스킹 테이프(masking tape)를 사용하는 경우가 많으나 3M 매직테이프나 스카치테이프를 사용해도 무방하다.

⑧ 제도비
지우개 가루를 깔끔하게 털어내는데 사용한다. 손으로 지우개 가루를 제거할 경우 트레싱지에 그려놓은 도면이 번져 지저분해질 수 있다.

⑨ 네임펜
'굵은 글씨용', '중간 글씨용', '가는 글씨용' 세 가지 굵기의 네임펜이 필요하다. 구매 개수는 '굵은 글씨용'은 1개면 충분하며, '중간 글씨용' 및 '가는 글씨용'의 경우 2~3개 이상의 여분이 필요하다.
'동아 네임펜'이나 '모나미 네임펜'이 가격도 저렴하고 사용하기 편리하므로 추천한다.

⑩ 마커
색을 칠하는 마커는 낱개로 구매할 것을 추천한다. 세트(set)로 구매할 경우 비용이 만만치 않을뿐더러 사용하지 않는 색이 더 많기 때문이다. 토지이용분류색도를 참고하여 15~20개 정도의 마커를 구매하면 충분히 사용할 수 있다.

⑪ 도면통
학원을 다니거나 도면을 들고 이동할 경우 도면통이 필요하다. 일반적으로 사이즈는 대(大), 중(中), 소(小)가 있는데 본인이 사용하기 편리한 것을 구매하면 된다.

⑫ 템플릿 모양자
일명 '빵빵자' 라고 하는 제도 용품으로 샤프로 그리는 밑그림 작업 시 유용하게 쓰인다. 삼각자가 크고 불편한 수험생의 경우 템플릿을 사용하여 보다 빨리 작도할 수 있게 연습하는 게 좋다.

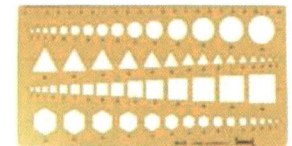

3. 기초 도면 작업
1) 도면 기본 구성

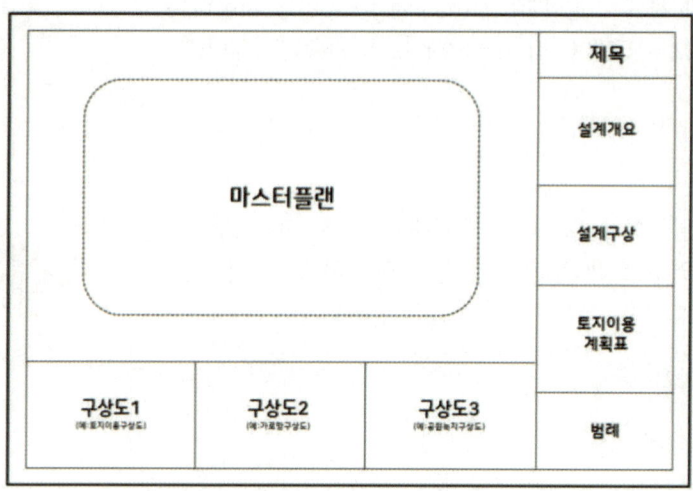

① 마스터플랜 (Master Plan)	대부분 왼쪽 상단에 배치되는 실기 시험 중 가장 중요한 도면이다. 작업 시간이 가장 많이 소요되며, 전체 계획 내용을 표현한다. 마스터플랜(마플), 주계획도, 본도면 등으로 불린다.
② 제목	문제지에서 제시하고 있는 제목(과제명)을 A2 트레싱지에 그대로 기재한다.

③ 설계개요 (계획개요)	대상지 면적, 인구, 세대수, 인구 밀도, 호수 밀도, 필지 면적 등 도면의 전체적인 개요(객관적인 지표)를 기술한다.
	
	□ 계획 개요
	• 전체 대상지 면적 : 690 ha
	• 계획 대상지 면적 : 300 ha
	• 계획 인구 : 42,800명
	• 전체 세대 수 : 17,120세대 (세대 당 2.5인 가정)
	  - 단독주택 (2) : 3,440 세대
	  - 공동주택 (8) : 13,680 세대
	• 인구밀도 : 161인/ha
	• 호수밀도 : 64호/ha
	• 단독주택 필지 면적 : 200㎡
	• 공동주택 1호당 면적 : 100㎡

④ 설계구상 (기본구상, 계획구상)	도면이 어떠한 개념(Concept)으로 그려졌는지 글로 설명한다. 형식적으로 적는 것이 아닌, 채점관에게 실제로 설명한다는 느낌으로 본인의 계획 개념을 제대로 서술한다. • 지하철 역사 예정지 부근에 상업 및 업무 지역 등을 배치하여 역세권 계획수립. • 대상지 내부에 十자 형태의 간선도로를 계획하여 원활한 교통소통을 도모하였으며, 집산도로는 최대한 통과교통을 배제하여 계획. • 저수지 부근에 수변공원을 설치하여 특색 있는 Water front 공간 형성. • 대상지 내 공원들을 보행자 도로로 연결하여 친환경적인 Green network 형성. • 철도 주변에는 녹지를 계획하여 소음 및 공해 방지. • 대상지 중심에는 상업 및 고밀공동주택을 배치 등고, 남북측에 중저밀 공동주택과 단독주택을 배치하여 자연스러운 Sky line 형성.

⑤ 토지이용계획표	대상지 현황을 설명하는 가장 중요한 자료로 대상지 시설 및 용지의 면적 및 비율 등의 내용을 표현한다. | 구분	용도	면적(ha)	구성비(%)	비고
---	---	---	---	---
	총 계	97.6	100	
주택용지	소 계	30.3	31.0	
	단독주택	8.5	8.7	
	공동주택(5F)	13.2	13.5	
	공동주택(10F)	8.6	8.8	
상업용지	상업시설	2.5	2.6	
공업용지	공업시설	3.4	3.5	
공공시설용지	소 계	35.7	36.6	
	학 교	5.0	5.1	초1,중1,고1
	공공청사	1.6	1.9	
	커뮤니티시설	5.6	5.7	
	유보지	1.5	1.5	
	유수지	0.8	0.8	
	도시지원시설	1.7	1.8	
	도 로	19.5	20.0	
공원 및 녹지	소 계	25.7	26.3	
	근린공원	10.8	11.1	유개소
	수변공원	1.9	1.9	
	체육공원	1.3	1.3	
	완충녹지	3.2	3.3	

	기타녹지	8.5	8.7		
					
					□ 구성비(%) 비율 구하는 방법
					▶ (용지면적÷전체대상지면적)×100
					예1) 단독주택 면적이 8.5ha인 경우
					   (8.5ha÷97.6ha)×100=8.7%
					예2) 유보지 면적이 1.5ha인 경우
					   (1.5ha÷97.6ha)×100=1.5%
					* 소수점 처리는 소수점 첫째 자리 또는 둘째 자리까지 표기 한다.
					(단, 문제 조건에 따라 상이할 수 있음)

⑥ 범례	도면상의 용지, 용도지역 등을 색으로 구분하여 표현한다. 공동주택 / 일반상업 / 업무시설·공공청사 단독주택 / 근린상업 / 커뮤니티·기타 주상복합 / 도시지원시설용지 / 공원 학교용지 / 첨단산업시설용지 / 녹지 광장 / 연구시설용지 / 보행자도로
⑦ 구상도	「토지이용 구상도, 가로망 구상도, 공원&녹지(오픈스페이스) 구상도」와 같이 3가지로 구성되는 것이 가장 기본이며, 문제에 따라 구상도는 추가될 수 있다.(예: 시설배치 구상도 등). 문제에서 구상도 스케일을 제시할 경우, 구상도 배치를 고려하여 도면 레이아웃을 작성한다 	토지이용구상도	가로망 구상도	공원&녹지(오픈스페이스) 구상도
---	---	---
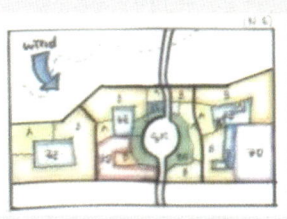	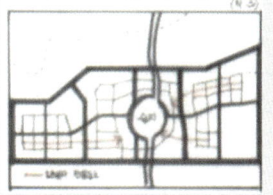	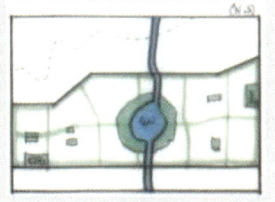
주거, 상업, 공업 등 대상지 토지이용 용도를 개략적으로 표현 (각, 용지명을 구체적으로 기재할 필요는 없음)	차량동선, 보행자동선 등 대상지 내 전체적인 동선체계 표현	오픈스페이스(OpenSpace)는 공원 및 녹지를 포함한 녹지 공간의 최상위 개념 대상지 내 오픈스페이스 및 주변 지역과의 Green-network 계획안 등 표현	
⑧ 스케일, 방위표	도면의 축척 및 방위를 표현하는 방법은 다음과 같다. 　　N SCALE 1/300 SCALE: 1/300

2) 기초 레이아웃 작성법 예시1. (문제 현황도가 "가로" 방향으로 긴 경우)

: 도면마다 그리는 방법이 상이하므로 문제에 적합한 레이아웃 작성 방법을 숙지해야 한다.

①	트레싱지 안쪽으로 테두리 선을 두른다 (1cm~1.5cm 내외)	②	좌측 상단에 마스터플랜이 배치될 수 있게 위, 아래에서 3~5cm 정도 공간을 띄우고 마스터플랜의 위치를 설정한다.

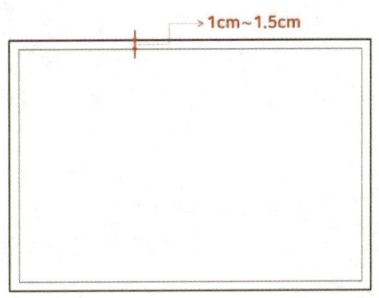 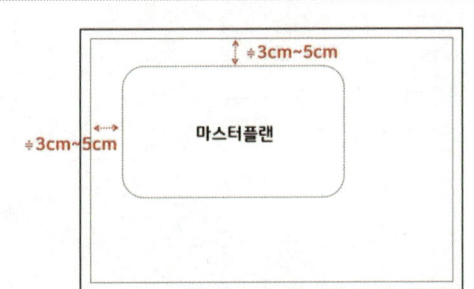

③	좌측에 공간을 띄운 만큼, 마스터플랜 우측에 3~5cm 정도 공간을 띄워서 세로로 선을 긋는다. 이때 A의 간격은 대략 약 15센티 내외가 되는 것이 일반적.	④	위에서 3~5cm 공간을 띄운 만큼 마스터플랜 아래에도 비슷하게 띄워서 가로로 선을 긋는다. 이때 B의 간격은 약 10cm 내외가 되는 것이 일반적.

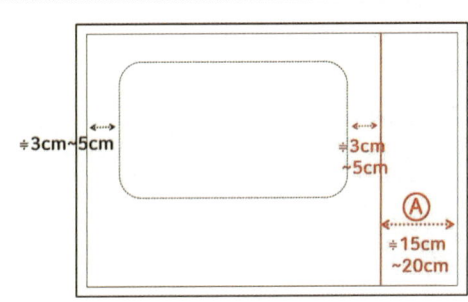 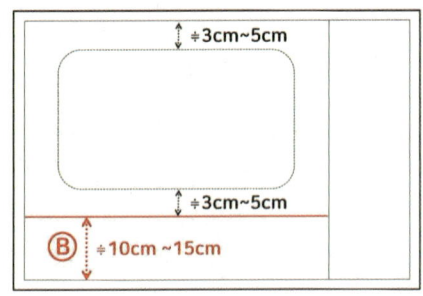

⑤	C의 길이를 체크 후 3등분 하여 구상도가 배치될 수 있는 공간을 만든다. ▷ 구상도 스케일이 제시가 안될 경우 구획된 공간 안에 적절한 크기로 배치	⑥	위에서부터 3cm 내외를 띄워서 제목 기재. D의 길이를 체크 후 공간을 구획하여 우측에 설계개요, 설계구상 등을 작성한다.

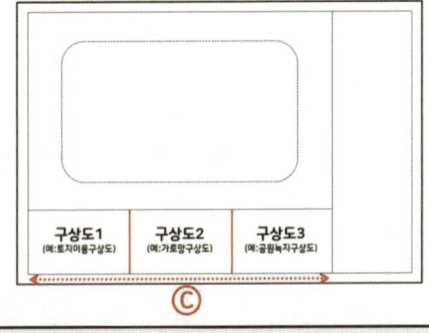 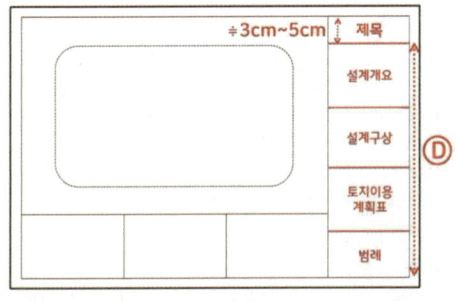

■ 위에서 제시한 간격(cm)는 절대적인 수치가 아닙니다. 각 문제마다 작도 방식은 상이합니다.

2) 기초 레이아웃 작성법 예시2. (문제 현황도가 "세로" 방향으로 긴 경우)

① 좌측에 마스터플랜이 배치될 수 있게 좌,우측에서 3~5cm 정도 공간을 띄우고 마스터플랜의 위치를 설정한다.

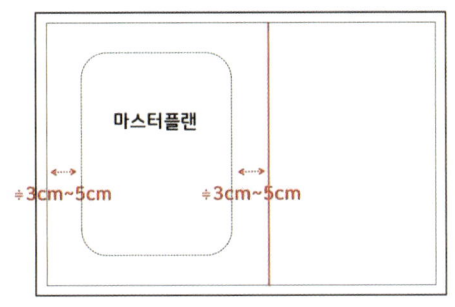

② A의 길이를 체크한 후 2등분 하여 세로축으로 선을 긋는다 (개요, 범례, 구상도 등 배치 공간)

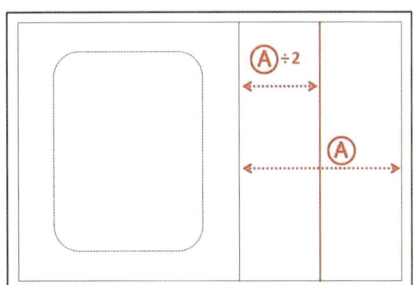

③ 위에서부터 3cm 내외를 띄워서 제목 기재. B의 길이를 체크 후 공간을 구획하여 우측에 설계개요, 설계구상 등을 작성한다.

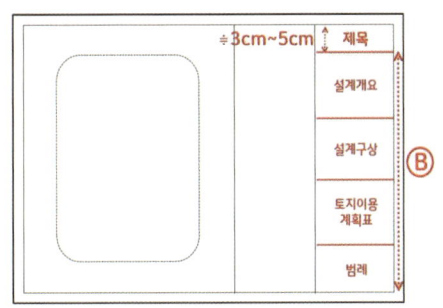

④ C의 길이를 체크 후 공간을 구획하여 문제에서 요구한 구상도를 배치한다. (구상도는 스케일이 제시가 안될 경우 구획된 공간 안에 적절한 크기로 작도)

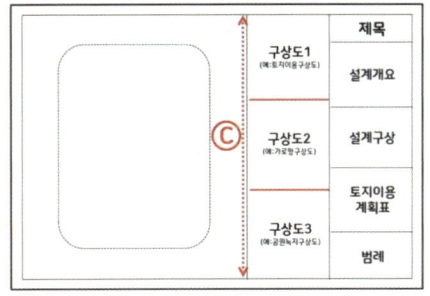

■ 위에서 제시한 간격(cm)은 절대적인 수치가 아닙니다. 각 문제마다 작도 방식은 상이합니다.

2) 기초 레이아웃 작성법 예시3. ▶ 완성 도면 샘플 (작도: 한승찬)

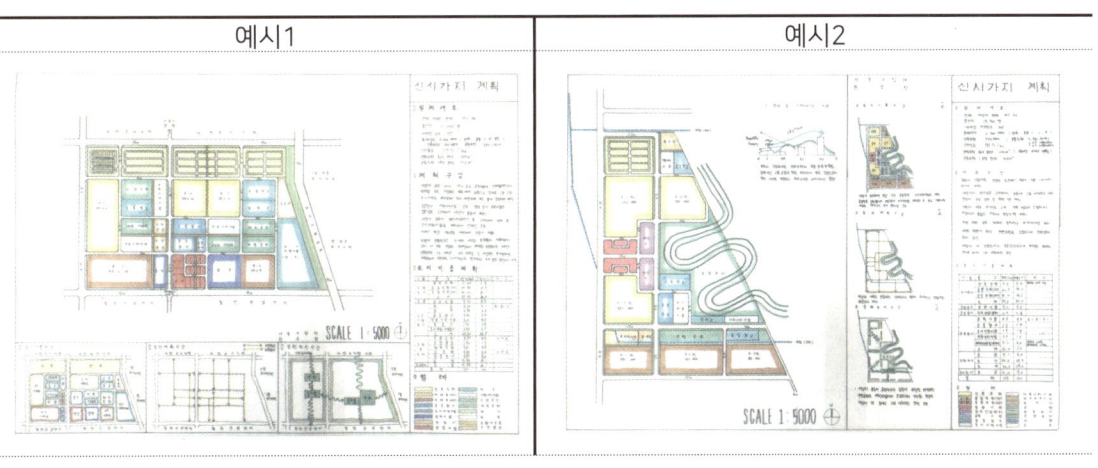

예시1 / 예시2

3) 범례 및 토지이용계획표(토이계)

범례 작성 예시

파주 운정 신도시	위례 신도시
단독주택 / 공동주택(연립) / 공동주택(아파트) / 근린생활시설 / 중심상업용지 / 일반상업용지 / 업무시설용지 / 근린상업용지 / 공공공지 / 양수장, 급수지 / 하수도시설 / 전기공급설비, 방송통신시설 / 폐기물처리시설, 자동집하시설 / 유치원, 학교(초,중,고) / 복합형도심대학 / 공공청사 / 업무복합용지 / 도시지원용지 / 공원 / 완충녹지 / 경관녹지 / 연결녹지 / 하천 / 저류시설, 유수시설 / 종교용지 / 문화시설 / 사회복지시설 / 어린이도서관 / 복합커뮤니티센터 / 종합의료시설 / 공공직업훈련시설 / 광장	D 단독주택 / A 공동주택(아파트) / 근생 근린생활시설 / C 준주거용지 / 임대 임대주택 / 일상 일반상업용지 / 근상 근린상업용지 / 업무 업무시설용지 / E 복합용지 / 지원 도시지원시설용지 / 철도 철도시설 / 주 주차장 / 차 자동차정류장 / 학 학교 / 문 문화시설 / 복 사회복지시설 / 의 종합의료시설 / 수 수도공급설비 / 전 전기공급설비 / 가 가스공급설비 / 열 열공급설비 / 폐 폐기물처리시설 / 교 교육연구시설 / 종 종교시설 / 기 기숙사 / 위 위험물저장및처리시설 / 유통 유통업무시설 / 체 체육시설 / 교통광장

구 분		면 적 (㎡)	구성비 (%)	비 고
	계	1,142,449.6	100.0	-
주택건설용지	소 계	332,691.6	29.1	-
	공동주택용지	225,905.3	19.8	-
	단독주택용지	91,379.5	8.0	-
	근린생활시설용지	15,406.8	1.3	-
공공시설용지	소 계	809,758.0	70.9	
	상업용지	17,540.0	1.5	-
	도로	210,417.1	18.3	71개 노선
	학교	38,848.9	3.4	초1, 중1, 고1
	유치원	2,082.2	0.2	2개소
	전기공급시설	6,509.6	0.6	2개소
	하수도시설	20,776.5	1.8	1개소
	정수장	13,037.3	1.1	1개소
	도시지원시설용지	49,465.7	4.4	-
	공원	228,323.4	19.9	근린4, 어린이5
	공공청사	12,723.8	1.1	2개소
	녹지	105,507.6	9.3	완충20, 경관14
	공공공지	1,473.8	0.1	5개소
	주차장	7,094.8	0.6	5개소
	종합의료시설	11,147.2	1.0	1개소
	교육연구및복지시설	57,146.8	5.0	1개소
	사회복지시설	1,329.0	0.1	1개소
	종교시설	1,879.4	0.2	2개소
	저류지	20,582.6	1.8	1개소
	업무시설	1,650.2	0.1	1개소
	주유소	2,222.1	0.2	1개소

토지이용계획표 예시 (출처: 용인서천지구 택지개발사업)

4) 토지이용분류 표준색도

토지이용분류 표준색도

표시방법	구 분	캐드색번호	표시방법	구 분	캐드색번호
	단독주택	51	근	근린공원	92
	공동주택(연립)	41	주	주제공원	92
	공동주택(아파트)	40	체	체육공원	92
	상업용지	1	어	어린이공원	92
	준주거용지	2	완	완충녹지	70
	근린생활시설용지	2	경	경관녹지	70
	공장용지	201	연	연결녹지	70
	업무시설	150		공공공지	62
공	공공청사	150		광장	43
초	학교(유,초,중,고)	130		유원지	(바탕60, 점94)
종	종교용지	211	운	운동장	124
의	종합의료시설	151		하천	140
복	사회복지시설	161	저	저류지	141
문	문화시설	161	수	수도용지	132
도	도서관	161	하	하수도시설	153
	체육시설용지	113	전	전기공급설비	223
유	주유소	33	가	가스공급설비	223
시장	시장	1	열	열공급설비	223
유통	유통업무설비	220	폐	폐기물처리시설	223
자	자동차정류장	243		도로	
주	주차장	253		보행자전용도로	42
	공영차고지	254		복합용지	241
	도시지원용지	142		농업관련용지	71
				재활용회수시설	63

※ 위 분류의 색상은 캐드상의 색상 번호를 기준으로 작성되었음
※ 위 분류 이외의 토지는 위 표기방법과 구분되도록 표기 사용할 것
※ 위 분류의 색상은 표준색상을 제시한 것으로 사업지구 여건상 표시방법을 달리하여야 할 경우에는 예외적으로 적용 가능함
※ 동일(유사)용도의 토지나 개별법에서 명칭을 달리 규정하는 경우에는 위 표기법상 색을 사용하되 개별법상 규정하고 있는 명칭의 첫글자를 명기할 것

5) 스케일 사용하기

(1) 소개

일반자의 단위는 'cm'이지만 스케일은 'm'단위이다. 즉, 스케일 상의 숫자 1은 1m를 의미한다. 시중에 일반적으로 사용되는 스케일의 축척은 1/100~1/600이지만, 도시계획기사 시험에서는 1/1,000~1/10,000 까지 다양한 축척을 사용하므로 스케일을 이용한 도면 작도 방법을 확실히 숙지해야 한다.

(2) 도면 작성을 위한 축척 변경 방법

1/1,000의 축척을 그리기 위해선 1/100 스케일 각각의 눈금에 10을 곱해준다. 이는 10배가 커지는 것이 아닌, 1/10로 줄어드는 것을 의미한다. 마찬가지로 1/1,500 축척을 그리기 위해선 1/300 스케일 눈금에 5를 곱해서 사용하면 된다.

물론 1/500 스케일의 눈금에 각각 3을 곱해 사용해도 무방하지만, 5배수 단위로 축척을 사용하는 것이 도면 작성 시 훨씬 수월하다.

실기 시험 도면 작성 시 많이 사용되는 축척을 스케일 밑에 네임펜(유성펜)으로 미리 표기하자. 1/100→1/1,000으로, 1/300→1/1,500으로, 1/500→1/2,500으로 축척을 미리 적어놓고 사용하면 빠르고 정확하게 도면을 작성할 수 있다.

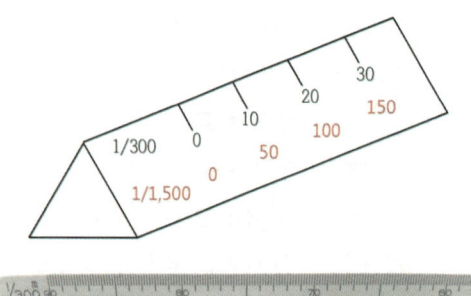
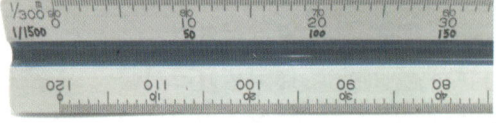

1/300 스케일 하단에
1/1,500 스케일 표시할 것

1/300 스케일에 5를 곱하면
1/1,500 스케일 변경 가능.

각 숫자에 5를 곱해
50, 100, 150...적어줄 것

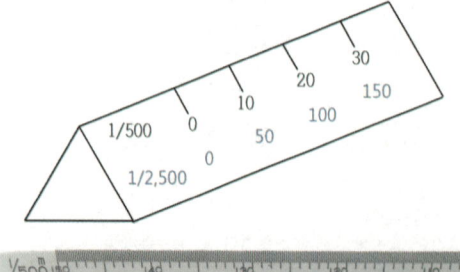

1/500 스케일 하단에
1/2,500 스케일 표시할 것

1/500 스케일에 5를 곱하면
1/2,500 스케일 변경 가능.

각 숫자에 5를 곱해
50, 100, 150...적어줄 것

축척 변경 방법

II. 작업형 도면 작성을 위한 기본 이론

1. 획지 및 가구 계획

1) 단독주택 획지 및 가구 계획

(1) 획지 및 가구의 정의

가구 및 획지 계획은 개발 지구의 토지를 건축물 또는 토지 이용의 용도에 적합하게 분할하는 계획이다. **획지(劃地, lot)**는 개발 지구 토지 분할을 위한 최소단위의 토지로서 물리적으로는 건축물의 구조와 형태 등을 달리하는 개별 단위의 토지이고, 경제적으로는 다른 토지와 구별되는 동일한 가격으로 평가되는 단위이다.

가구(街區, block)는 도로에 의해 구획되는 하나의 토지 단위로서 보통 여러 필지로 구성되며 **집산도로(Collector) 이상의 도로로 구획되는 대가구(大街區)**와 그 내부의 수개의 **소가구(小街區)**로 구분할 수 있다.[78]

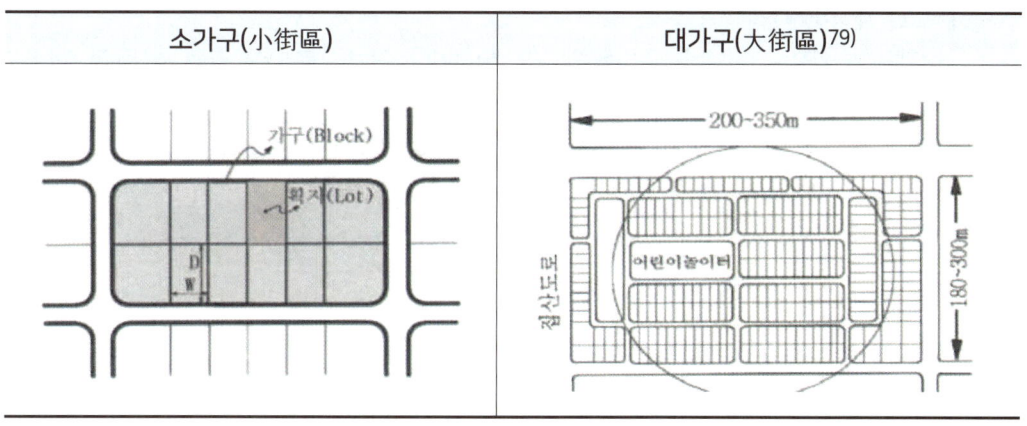

구분	정 의[80]
필지	구획되는 토지의 등록 단위로서, 하나의 지번을 부여받는 지적공부 등록의 기본단위. 「공간정보의 구축 및 관리 등에 관한 법률」에 의해 정의된다. 1개의 필지에는 1개의 지번과 지목이 부여된다.
대지	대지는 일반적으로 건축행위가 이루어질 수 있는 개별 필지를 말한다. 「건축법」에서 정의하는 대지란 「공간정보의 구축 및 관리 등에 관한 법률」에 따라 각 필지로 나눈 토지를 말한다.
택지	택지는 일반적으로 정지 작업 등이 완료되어 건물을 세울 수 있는 여건이 갖추어진 토지를 말하며, 법률에 의해서는 「택지개발촉진법」에 따라 개발·공급되는 주택 건설용지 및 공공시설용지를 의미한다.

---

78) 도시개발계획과 설계, 보성각, 안정근 외 3인 2001
79) 택지개발기준, 한국토지주택공사, 1995
80) 서울시 도시계획포털 용어집

(2) 단독주택 획지의 크기

단독주택 도면 작성 시 획지의 크기는 '택지개발업무처리지침'에서는 165㎡이상~660㎡미만의 크기를 제시하고 있으나, 도시계획기사 실기 시험에서는 150㎡, 200㎡, 300㎡, 500㎡로 계획하며 각 변의 길이는 다음의 표와 같다.

단독주택 용지 획지 분할 규모					
구분	면적				
택지개발업무처리지침	165㎡이상~660㎡미만				
도시계획기사 실기 시험 사용 획지	150㎡	200㎡	300㎡	500㎡	
	10m × 15m	12.5m × 16m	15m × 20m	20m × 25m	

【참고】세장비란? [81]

택지의 앞 기장 (접면너비, 장변)을 안 기장(필지깊이, 단변)으로 나눈 값을 세장비라 한다. 토지 모양에 따라 이 비율이 달라지며, 건축물의 모양이나 배치에 영향을 미친다. 또한 가구의 도로율, 일조, 주거생활양식 등에 영향을 받으며 특수한 경우를 제외하고는 획지의 앞 너비가 깊이보다 작은(세장비>1) 경우가 대부분이다.

$$세장비 = \frac{획지의 \ 깊이}{획지의 \ 앞너비} = \frac{D}{W}$$

[참고] 도로의 구분

기능별 구분

가. 주간선도로 : 시·군 내 주요지역을 연결하거나 시·군 상호간을 연결하여 대량통과 교통을 처리하는 도로로서 시·군의 골격을 형성하는 도로
나. 보조간선도로 : 주간선도로를 집산도로 또는 주요 교통발생원과 연결하여 시·군 교통이 모였다 흩어지도록 하는 도로로서 근린주거구역의 외곽을 형성하는 도로
다. 집산도로: 근린주거구역의 교통을 보조간선도로에 연결하여 근린주거구역 내 교통이 모였다 흩어지도록 하는 도로로서 근린주거구역의 내부를 구획하는 도로
라. 국지도로: 가구(도로로 둘러싸인 일단의 지역을 말한다)를 구획하는 도로
마. 특수도로: 보행자전용도로·자전거전용도로 등 자동차 외의 교통에 전용되는 도로

규모별 구분

가. 광로
(1) 1류: 폭 70미터 이상인 도로
(2) 2류: 폭 50미터 이상 70미터 미만인 도로
(3) 3류: 폭 40미터 이상 50미터 미만인 도로

나. 대로
(1) 1류: 폭 35미터 이상 40미터 미만인 도로
(2) 2류: 폭 30미터 이상 35미터 미만인 도로
(3) 3류: 폭 25미터 이상 30미터 미만인 도로

다. 중로
(1) 1류: 폭 20미터 이상 25미터 미만인 도로
(2) 2류: 폭 15미터 이상 20미터 미만인 도로
(3) 3류: 폭 12미터 이상 15미터 미만인 도로

라. 소로
(1) 1류: 폭 10미터 이상 12미터 미만인 도로
(2) 2류: 폭 8미터 이상 10미터 미만인 도로
(3) 3류: 폭 8미터 미만인 도로

---

81) 부동산용어사전, 방경식, 부연사, 2011 / 도시개발계획과 설계, 안정근 외 3인, 보성각, 2001

(3) 단독주택 가구의 정의 및 규모

가구는 도로로 둘러싸인 일단의 지역을 의미하며, 소가구의 경우 주변이 국지도로 이상의 도로로 둘러싸여 있는 게 일반적이다. 규모는 도로율 감소, 근린의식 형성이 용이, 보행거리 등을 고려하여 10~24개 내외의 획지로 구성하며 가구의 길이는 **가구의 짧은 변 사이가 90~150미터 내외, 가구의 긴 변 사이가 25~60미터 내외가 되도록 계획**한다.

가구는 1열 또는 2열로 구성하며 각각의 획지가 도로와 접하도록 구성해 맹지가 생기지 않도록 한다. 가구의 길이가 길어질 경우 보행자 도로를 계획하여 가구의 길이를 적정하게 조절할 수 있도록 한다.

도면 작성 시 획지 크기에 따른 단독주택 가구 구성 예시		
획지 크기	획지 각 변 길이	가구 구성 예시
200㎡	12.5m × 16m	12.5m×8개 획지=100m, 32m
300㎡	15m × 20m	15m×8개 획지=120m, 40m

(4) 단독주택 계획 사례 [82]

---
82) 행정중심복합도시 단독주택용지, 한국토지주택공사

(5) 블록형 단독주택 용지 유형별 평면도 [83]

① 위요형 (커뮤니티 중심형)
- 단지의 외곽을 각각의 필지가 감싸는 형태로 하나의 단지 출입구를 가지고, 단지의 출입구를 통해 개별 필지로의 접근이 가능하도록 구성되어 있다.
- 단지 출입구 하나로 구성: 공동체 의식 강하다.

■ 위요형 변형 1
- 필지의 배치가 두 켜로 되어 있어 외곽 필지의 접근을 위해 외곽이 도로로 둘러싸인 형태를 유지해야 하며 하나의 접근로에서 주호로의 접근이 가능해야 한다.

■ 위요형 변형 2
- 각 필지로의 접근은 루프(loop)형태의 접근로를 통해 가능토록 하며 일방통행으로의 조성이 바람직하다.

■ 위요형 변형 3
- 루프(loop)형태의 하나의 접근로를 통해 각 필지로 접근이 가능하며 단지내부가 두 부분으로 나눠지므로 비슷한 취미나 직업을 지닌 동호인 등 소수의 주호가 함께 생활하기에 적합하다.

② 쿨데삭형
- 단지의 외곽도로에서 각각의 쿨데삭을 통하여 각 주호로의 접근이 이루어지는 형태이며 단지 내부에 보행도로 및 녹지체계 도입이 용이하다.

③ 선형 (보행가로 활성형)
- 동일규모의 필지가 선형으로 나열되어 있으나 켜를 나누어 자동차 도로와 자동차 도로의 사이에 보행자 도로를 배치하는 형태이다. 각 필지로의 자동차 접근성이 양호하므로 보행자 도로를 보행자 전용 또는 자전거 도로로 활용할 수 있으며 동일한 필지규모의 나열로 2호, 4호 등 여러 채의 주택이 연립한 공동주택을 건축할 수 있다.

④ 산재형
- 특별한 형태를 지니지 않은 것으로 필지가 산재 해 있는 형태이다.
- 지형상 특별한 유형의 형태를 적용하는 것이 어려운 곳에 적합하며 다양한 공간의 연출이 가능하다.

선형의 개념도

산재형의 개념도

---
[83] 택지개발업무처리지침 별표

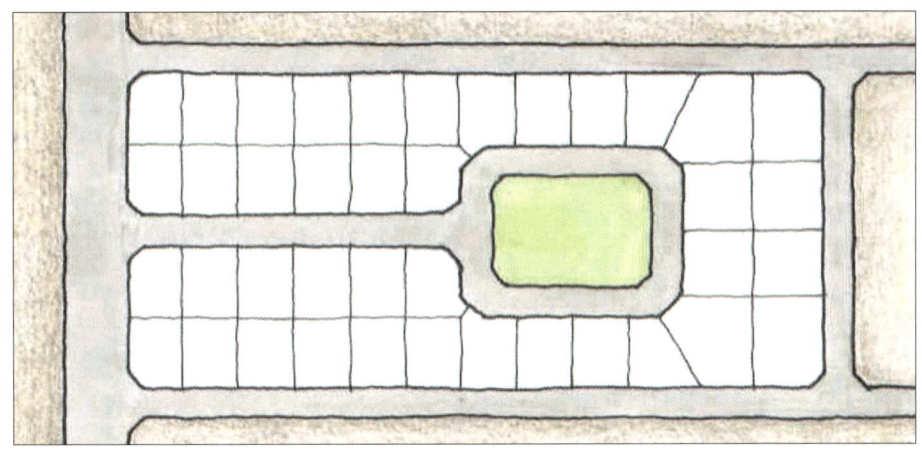
위요형의 변형 1

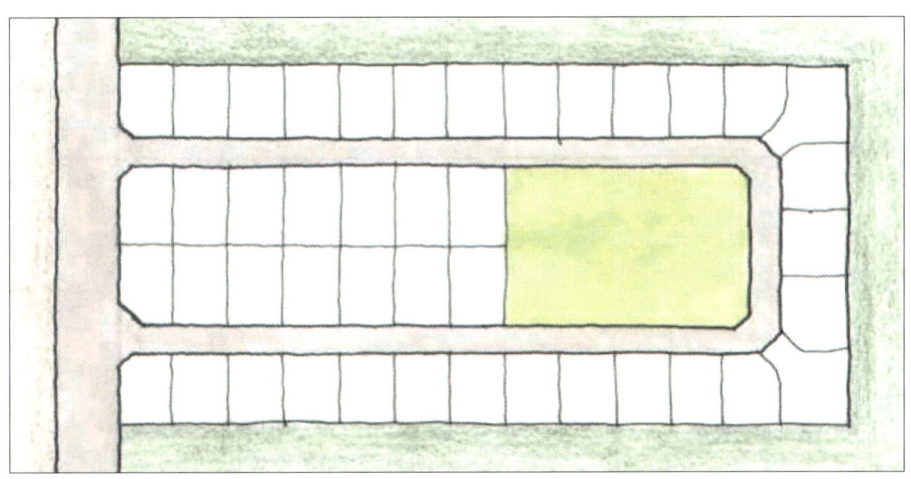
위요형의 변형 2

위요형의 변형 3

2) 공동주택 : APT 단지 계획

(1) 공동주택 중 APT 계획 시 고려 사항

가구 규모	· 공동주택 단지 대지 면적은 최소 30,000㎡(3ha)~50,000㎡(5ha)의 규모가 적정 ▶ 4ha 내외 (필요 시 이상도 가능)
세대수	단지 내의 공동체 형성 및 관리의 측면의 관점에서 1,000세대 내외가 적합
호수	1개 동은 2,4,6,8,10 호의 짝수 호 배치 하는 것이 일반적
호당면적	실기 시험 문제에서는 최소 66㎡이상으로 문제 조건 제시 일반적으로 1) 85㎡(8.5m×10m), 2) 100㎡(10m×10m) 으로 설계
인동간격	D = I (인동계수: 0.5~1) × H (층고) × F (층수) 예) 10층의 인동간격 = I (1) × H (3m) × F (10층) = 30m
기타 사항	1. 주동(아파트) 층수 및 유형 다양화 2. 경관 향상을 위한 무계획적인 고층, 고밀화 지양 3. 주거지역 일조권을 고려한 주동 배치

구분	판상형	탑상형 (타워형)
구조적 특징	"-"자 혹은 "ㄱ"자처럼 한쪽 면을 조망하도록 배치	"Y", "ㅁ"자 등으로 배치
장점	• 채광 및 환기 용이함 • 전체 세대 남향 배치 가능	• 단지 내 건축물 건폐율이 낮아 오픈스페이스 (녹지 공간 등) 확보 유리 • 판상형에 비해 2,3개면이 각 방향에 접해있어 조망 범위 확대 가능
단점	• 건축물의 외형이 단조롭고 일률적임 • 조망 범위가 한정됨	• 일부 북향 조망 가구 구성 • 건축비 상승 • 공조(강제 환기 등)로 인한 관리비 부담
도면 & 조감도	■ 판상형	■ 타워형

(2) 아파트(APT) 모듈 제작 연습 Ⅰ

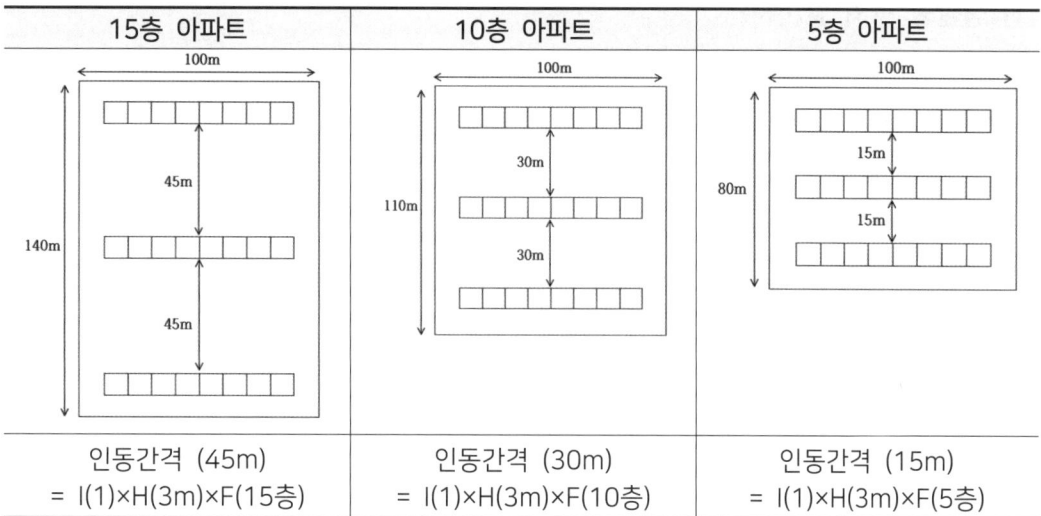

(3) 아파트(APT) 모듈 제작 연습 Ⅱ

10층 아파트	5층 아파트	모듈 제작
110m × 70m, 30m	110m × 55m, 15m	10층 / 5층
인동간격 (30m) = I(1)×H(3m)×F(10층)	인동간격 (15m) = I(1)×H(3m)×F(5층)	

3) 상업지역 계획

(1) 상업지역 획지 규모 및 입지 시설

규모별 획지 구분	주요 입지 시설
소규모 (500㎡~1,000㎡)	근린생활시설, 근린공공시설 등
중규모 (1,000㎡~3,000㎡)	중·소규모 업무 시설 및 종교시설 등
대규모 (3,000㎡ 이상)	대규모 업무 및 판매 시설, 종합병원, 공공업무시설

(2) 도로 규모와 시설 간 상관관계

구분	시설
소로	근린생활시설, 근린공공시설 등
중로	대규모 업무 및 판매 시설 등을 제외한 대부분용도 가능
대로	대규모 업무 시설, 판매 시설, 백화점 등
광로	지역 및 도시의 상징성을 가질 수 있는 대규모 상업 시설, 업무 시설 등

2. 생활권 계획 [84]

1) 생활권 정의 및 위계

(1) 생활권

일상생활을 영위하는데 필요한 생활편익 및 서비스시설을 중심으로 군집된 지역적 범위이다.

(2) 도시 생활권 위계

- 1차 생활권 (소생활권/근린생활권)
  인보구, 근린분구, 근린주구, 근린지구로 구성되는 생활권. 초등학교 및 중학교의 학군을 중심으로 하는 인구 2~3만인 규모를 의미한다.

인보구	일반적 이웃의 개념, 반경 100m, 놀이터 및 구멍가게 약 200~300세대
근린분구	4~6개 인보구, 약 1,500세대로 구성, 반경 250m 내외
근린주구	4~5개 근린분구, 약 2,500세대로 구성, 반경 500m 내외 (5,000명/2.5인:2,000세대 ~ 10,000명/2.5인: 4,000세대)
근린지구	3~4개 근린주구, 반경 1,000m, 약 10,000세대 이상 (20,000명/2.5인:8,000세대 ~ 100,000명/2.5인: 40,000세대)

- 2차 생활권 (중생활권)
  일반적으로 중학교 및 고등학교의 통학권으로 생활권이 이뤄지며 지방 중,소도시의 규모를 가진다. 인구의 규모는 10만명 내외 이며 쇼핑센터, 종합 병원 등으로 구성된다.
- 3차 생활권 (대생활권)
  인구 규모가 20~30만명 정도인 대도시 규모의 생활권을 의미한다. 자기 완결형의 공간적 체계로 구성되어져 있으며, 도심 또는 부도심 성격의 중심지를 가지며 대학, 연구기관, 시청, 백화점 등으로 구성된다.

(3) 근린주구 이론

① 근린주구의 정의
- 근린주구(Neighborhood Unit)란 도시계획 접근방법의 하나로서 어린이들이 도로를 가로지르지 않고 안전하게 초등학교에 통학할 수 있는 초등학교 도보권(徒步權)을 기준으로 설정되는 단위 주거구역을 의미한다.
- 주구 내 도보 통학이 가능한 초등학교를 중심으로 공공시설을 적절히 배치함으로써, 주민생활의 안전성과 편리성, 쾌적성을 확보함은 물론 주민들 상호간의 사회적 교류를 촉진시키기 위한 목적으로 1920년대 미국의 페리(C. A. Perry)에 의해 제시되었다.

---

[84] 1) 토지이용 용어사전, 국토교통부   2) 알기 쉬운 도시계획 용어, 서울특별시 참조
3) 단지계획, 김철수, 기문당, 2011

근린주구 계획 실제 사례

② 페리의 근린주구 조성 6가지 계획 원칙

규모	• 하나의 초등학교 운영에 필요한 인구 규모 (최근 법령 개정: 5,000세대마다 초등학교 1개소 계획) • 인구(세대수): 5,000명~10,000명(2,500세대), 반경: 400~500m 내외 • 면적은 인구밀도에 따라 달라짐
Openspace	• 주민의 욕구를 충족시킬 수 있도록 계획된 소공원과 레크레이션 체계를 갖춰야 함
공공시설	• 학교와 공공시설은 주구 중심부에 적절히 통합 배치
주구의 경계	• 주구 내 통과교통을 방지하고 차량을 우회시킬 수 있는 충분한 폭원의 간선도로로 계획
내부도로체계	• 순환교통을 촉진하고 통과교통을 배제하도록 일체적인 가로망 계획
상업시설	• 주구 내 인구를 서비스할 수 있는 적당한 상업시설 1개소 이상 설치 • 인접 근린주구와 면해 있는 주구외곽의 교통결절부에 배치

[참고] 도로의 구분

가. 주간선도로 : 시·군 내 주요지역을 연결하거나 시·군 상호간을 연결하여 대량통과 교통을 처리하는 도로로서 시·군의 골격을 형성하는 도로

나. 보조간선도로 : 주간선도로를 집산도로 또는 주요 교통발생원과 연결하여 시·군 교통이 모였다 흩어지도록 하는 도로로서 근린주거구역의 외곽을 형성하는 도로

다. 집산도로: 근린주거구역의 교통을 보조간선도로에 연결하여 근린주거구역 내 교통이 모였다 흩어지도록 하는 도로로서 근린주거구역의 내부를 구획하는 도로

라. 국지도로: 가구(도로로 둘러싸인 일단의 지역을 말한다)를 구획하는 도로

마. 특수도로: 보행자전용도로·자전거전용도로 등 자동차 외의 교통에 전용되는 도로

2) 토지이용계획

(1) 토지이용계획의 정의
계획구역 내의 토지를 어떻게 이용할 것인가를 결정하는 계획을 말하며, 도시 공간 속에서 이루어지는 제반 활동들의 양적 수요를 예측하고 그것을 합리적으로 배치하기 위한 계획 작업이라고 할 수 있다. 토지이용계획은 교통계획, 도시·군계획시설계획, 공원녹지계획과 더불어 도시·군계획의 근간을 이루는 가장 중요한 부문이다.

(2) 용도지역

① **용도지역의 정의**

용도지역은 용도지역지구제도(Zoning)의 기본요소로, 토지를 경제적·효율적으로 이용하고 공공복리의 증진을 도모하기 위한 건축물의 용도·건폐율·용적률·높이 등을 제한함에 있어 기준이 되는, 「국토의 계획 및 이용에 관한 법률」에 의한 지역구분의 하나이다.

「국토의 계획 및 이용에 관한 법률」에 의한 도시계획체계상의 도시관리계획으로 결정되는 토지이용 제한의 기준이 되는 지역구분의 범주는 용도지역, 용도지구, 용도구역으로 나뉜다.

② **용도지역의 세분**

1. **도시지역**: 인구와 산업이 밀집되어 있거나 밀집이 예상되어 당해 지역에 대하여 체계적인 개발·정비·관리·보전 등이 필요한 지역
2. **관리지역**: 도시지역의 인구와 산업을 수용하기 위하여 도시지역에 준하여 체계적으로 관리하거나 농림업의 진흥, 자연환경 또는 산림의 보전을 위하여 농림지역 또는 자연환경보전지역에 준하여 관리가 필요한 지역
3. **농림지역**: 도시지역에 속하지 아니하는 「농지법」에 의한 농업진흥지역 또는 「산지관리법」에 의한 보전산지 등으로서 농림업의 진흥과 산림의 보전을 위하여 필요한 지역
4. **자연환경보전지역**: 자연환경·수자원·해안·생태계·상수원 및 문화재의 보전과 수산자원의 보호·육성 등을 위하여 필요한 지역

용도지역				
용도지역	도시지역	주거지역	전용	제1종
				제2종
			일반	제1종
				제2종
				제3종
			준주거	
		상업지역	중심상업지역	
			일반상업지역	
			근린상업지역	
			유통상업지역	
		공업지역	전용공업지역	
			일반공업지역	
			준공업지역	
		녹지지역	보전녹지지역	
			생산녹지지역	
			자연녹지지역	
	관리지역	보전관리지역	-	
		생산관리지역	-	
		계획관리지역	-	
	농림지역		-	
	자연환경보전지역		-	

구분			지정목적	층수규제	용적률	건폐율
도시지역	주거지역	전용 제1종	단독주택 중심의 양호한 주거환경 보호	2층 이하 8m 이하	50~100% 이하	50% 이하
		전용 제2종	공동주택 중심의 양호한 주거환경 보호	없음	50~150% 이하	50% 이하
		일반 제1종	저층주택 중심으로 편리한 주거환경을 조성	4층 이하	100~200% 이하	60% 이하
		일반 제2종	중층주택 중심으로 편리한 주거환경을 조성	7층 이하	100~250% 이하	60% 이하
		일반 제3종	중고층주택 중심으로 편리한 주거환경을 조성	없음	100~300% 이하	50% 이하
		준주거	주거기능을 위주로 이를 지원하는 일부 상업기능 및 업무기능을 보완	없음	200~500% 이하	70% 이하
	상업지역	중심상업지역	도심·부도심의 상업기능 및 업무기능의 확충을 위하여 필요한 지역	-	200~1천500% 이하	90% 이하
		일반상업지역	일반적인 상업기능 및 업무기능을 담당하게 하기 위하여 필요한 지역	-	200~1천300% 이하	80% 이하
		근린상업지역	근린지역에서의 일용품 및 서비스의 공급을 위하여 필요한 지역	-	200~900% 이하	70% 이하
		유통상업지역	도시 내 및 지역 간 유통기능의 증진을 위하여 필요한 지역	-	200~1천100% 이하	80% 이하
	공업지역	전용공업지역	주로 중화학공업, 공해성 공업 등을 수용하기 위하여 필요한 지역	-	150~300% 이하	70% 이하
		일반공업지역	환경을 저해(沮害)하지 않는 공업을 수용하기 위하여 필요한 지역	-	150~350% 이하	70% 이하
		준공업지역	경공업 그 밖의 공업을 수용하되, 주거기능·상업기능 및 업무기능의 보완이 필요한 지역	-	150~400% 이하	70% 이하
	녹지지역	보전녹지지역	도시의 자연환경·경관·산림 및 녹지공간을 보전할 필요가 있는 지역	4층 이하	50~80% 이하	20% 이하
		생산녹지지역	주로 농업적 생산을 위하여 개발을 유보할 필요가 있는 지역	4층 이하	50~100% 이하	20% 이하
		자연녹지지역	도시의 녹지공간의 확보, 도시 확산의 방지, 장래 도시용지의 공급 등을 위하여 보전할 필요가 있는 지역으로서 불가피한 경우에 한하여 제한적인 개발이 허용되는 지역	4층 이하	50~100% 이하	20% 이하

단, 지차체 조례 및 완화 규정 등의 조건에 따라 변동 사항 있음

구분		지정목적	층수규제	용적률	건폐율
관리지역	보전관리지역	자연환경보호, 산림보호, 수질오염방지, 녹지공간확보 등을 위하여 보전이 필요하나 주변 용도지역과의 관계 등을 고려할 때 자연환경보전지역으로 지정하여 관리하기가 곤란한 지역	4층 이하	50~80% 이하	20% 이하
	생산관리지역	농업·임업·어업 생산 등을 위하여 관리가 필요하나, 주변 용도지역과의 관계 등을 고려할 때 농림지역으로 지정하여 관리하기가 곤란한 지역	4층 이하	50~80% 이하	20% 이하
	계획관리지역	보전 및 생산관리지역을 제외한 지역으로 도시지역의 인구와 산업을 수용하기 위하여 도시지역에 준하여 체계적인 관리가 필요한 지역	4층 이하	50~100% 이하	40% 이하

구분	지정목적	층수규제	용적률	건폐율
농림지역	농림지역은 도시지역에 속하지 아니하는 「농지법」에 의한 농업진흥지역 또는 「산지관리법」에 의한 보전산지 등으로서 농업이나 임업의 진흥과 산림의 보전·육성이 필요한 지역에 지정되는 용도지역의 하나 1. 개발행위허가의 규모: 3만㎡ 미만 2. 농림지역 안에서 건축할 수 있는 건축물 (국토의 계획 및 이용에 관한 법률 시행령 별표21)	-	50~80% 이하	20% 이하

구분	지정목적	층수규제	용적률	건폐율
자연환경보전지역	자연환경·수자원·해안·생태계·상수원 및 문화재의 보전과 수산자원의 보호·육성 등을 위하여 필요한 지역에 지정되는 용도지역의 하나 (개발행위허가규모: 5천㎡ 미만)	-	50~80% 이하	20% 이하

③ 용도지역 학습 [85)

1. 주거지역

1) 일반주거지역(2종, 3종) + 준주거지역 (서울시 관악구 신림동 일대)

2) 일반주거지역(1종, 2종) + 준주거지역 (서울 송파구 잠실역 석촌호수 일대)

3) 일반주거지역(1종, 2종) + 준공업지역 (서울시 구로구 구로동 대림역 일대)

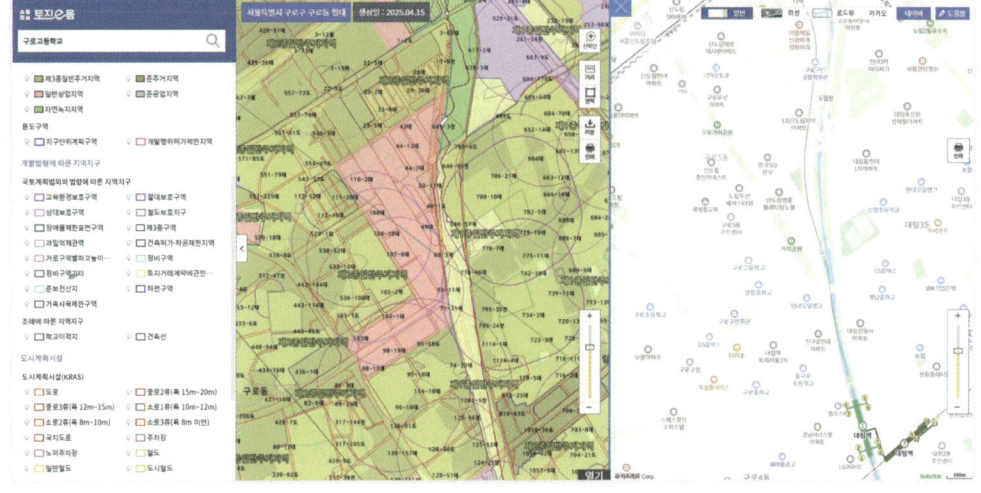

---

85) 출처: 토지이음, 토지이음 & 네이버 지도 이미지

2. 상업지역 (중심상업지역, 일반상업지역, 근린상업지역)

1) 일반상업지역 (서울 서초구 강남역 (한국 도시계획기사 학원) 일대)

2) 중심 + 일반상업지역 (경기도 광교신도시 광교역 일대)

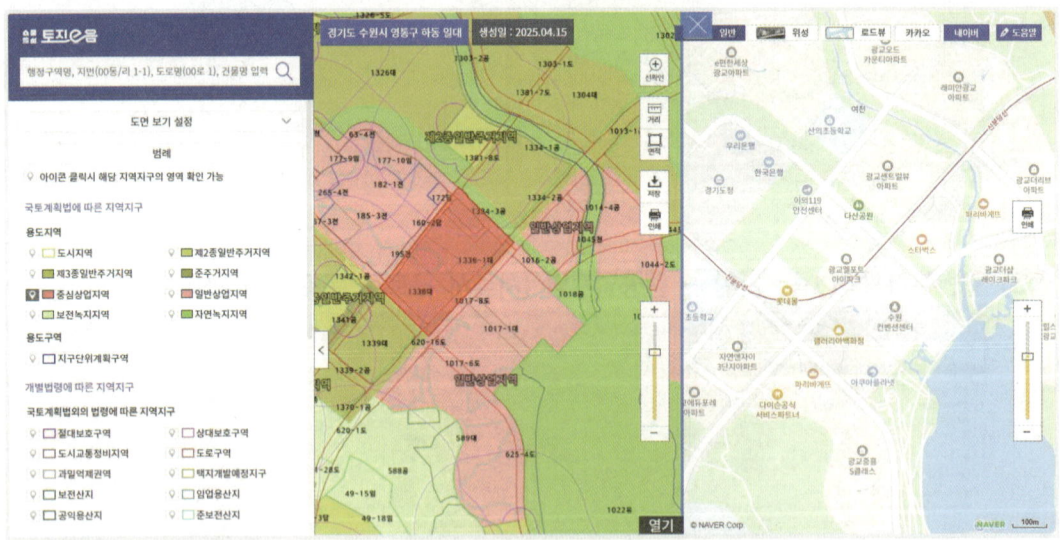

3) 중심 + 일반상업지역 (부산·진해 경제자유구역 명지지구 일대) [86]

부산진해 경제자유구역 명지지구 토지이용계획도

---

86) 출처: 부산진해경제자유구역 홈페이지, https://www.bjfez.go.kr

3. 녹지지역 (자연녹지, 보전녹지)

1) 자연녹지지역 (서울 송파구 올림픽공원 일대)

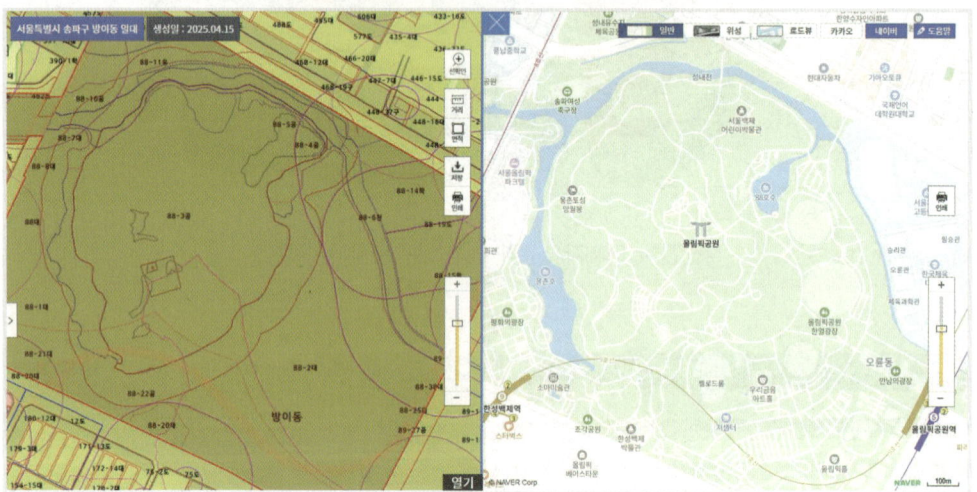

2) 보전녹지지역 (경기도 성남시 분당구 일대)

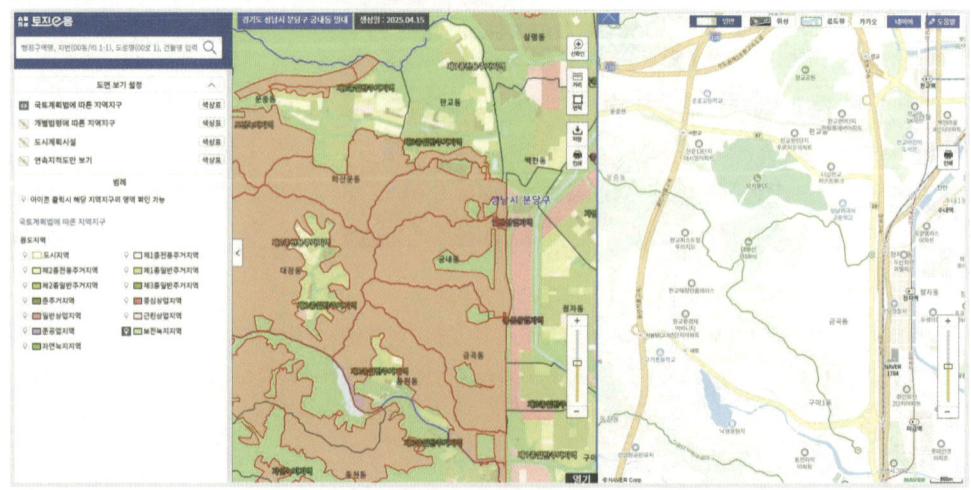

(3) 용도지구

「국토의 계획 및 이용에 관한 법률」에서 용도지구라 함은 토지의 이용 및 건축물의 용도·건폐율·용적률·높이 등에 대한 용도지역의 제한을 강화 또는 완화하여 적용함으로써 용도지역의 기능을 증진시키고 미관·경관·안전 등을 도모하기 위하여 도시관리계획으로 결정하는 지역을 말한다. 동 법률 및 시행령에서 제시된 용도지구 외에 새로운 지구가 필요한 경우 시·도지사는 대통령령이 정하는 바에 따라 도시관리계획으로 결정할 수 있다. 도시계획조례상 용도지구를 포함한 용도지구의 지정목적과 용도지구 세분사항은 다음과 같다.

① **경관지구**: 경관의 보전·관리 및 형성을 위하여 필요한 지구
　가. 자연경관지구 : 산지·구릉지 등 자연경관을 보호하거나 유지하기 위하여 필요한 지구
　나. 시가지경관지구 : 지역 내 주거지, 중심지 등 시가지의 경관을 보호 또는 유지
　　　하거나 형성하기 위하여 필요한 지구
　다. 특화경관지구 : 지역 내 주요 수계의 수변 또는 문화적 보존가치가 큰 건축물
　　　주변의 경관 등 특별한 경관을 보호 또는 유지하거나 형성하기 위하여 필요한 지구

② **고도지구**: 쾌적한 환경 조성 및 토지의 효율적 이용을 위하여 건축물 높이의 최고한도를 규제할 필요가 있는 지구

③ **방화지구**: 화재의 위험을 예방하기 위하여 필요한 지구

④ **방재지구**: 풍수해, 산사태, 지반의 붕괴, 그 밖의 재해를 예방하기 위하여 필요한 지구
　가. 시가지방재지구: 건축물·인구가 밀집되어 있는 지역으로서 시설 개선 등을
　　　통하여 재해 예방이 필요한 지구
　나. 자연방재지구: 토지의 이용도가 낮은 해안변, 하천변, 급경사지 주변 등의
　　　지역으로서 건축 제한 등을 통하여 재해 예방이 필요한 지구

⑤ **보호지구**: 「국가유산기본법」 제3조에 따른 국가유산, 중요 시설물(항만, 공항 등 대통령령으로 정하는 시설물을 말한다) 및 문화적·생태적으로 보존가치가 큰 지역의 보호와 보존을 위하여 필요한 지구
　가. 역사문화환경보호지구 : 문화재·전통사찰 등 역사·문화적으로 보존가치가
　　　큰 시설 및 지역의 보호와 보존을 위하여 필요한 지구
　나. 중요시설물보호지구 : 중요시설물(제1항에 따른 시설물을 말한다. 이하 같다)의
　　　보호와 기능의 유지 및 증진 등을 위하여 필요한 지구
　다. 생태계보호지구 : 야생동식물서식처 등 생태적으로 보존가치가 큰 지역의 보호와
　　　보존을 위하여 필요한 지구

⑥ **취락지구**: 녹지지역·관리지역·농림지역·자연환경보전지역·개발제한구역 또는 도시자연공원구역의 취락을 정비하기 위한 지구
　가. 자연취락지구 : 녹지지역·관리지역·농림지역 또는 자연환경보전지역안의 취락을
　　　정비하기 위하여 필요한 지구
　나. 집단취락지구 : 개발제한구역안의 취락을 정비하기 위하여 필요한 지구

⑦ 개발진흥지구: 주거기능·상업기능·공업기능·유통물류기능·관광기능·휴양기능 등을 집중적으로 개발·정비할 필요가 있는 지구
 가. 주거개발진흥지구 : 주거기능을 중심으로 개발·정비할 필요가 있는 지구
 나. 산업·유통개발진흥지구 : 공업기능 및 유통·물류기능을 중심으로 개발·정비할 필요가 있는 지구
 다. 관광·휴양개발진흥지구 : 관광·휴양기능을 중심으로 개발·정비할 필요가 있는 지구
 라. 복합개발진흥지구 : 주거기능, 공업기능, 유통·물류기능 및 관광·휴양기능 중 2 이상의 기능을 중심으로 개발·정비할 필요가 있는 지구
 마. 특정개발진흥지구 : 주거기능, 공업기능, 유통·물류기능 및 관광·휴양기능 외의 기능을 중심으로 특정한 목적을 위하여 개발·정비할 필요가 있는 지구
⑧ 특정용도제한지구: 주거 및 교육 환경 보호나 청소년 보호 등의 목적으로 오염물질 배출시설, 청소년 유해시설 등 특정시설의 입지를 제한할 필요가 있는 지구
⑨ 복합용도지구: 지역의 토지이용 상황, 개발 수요 및 주변 여건 등을 고려하여 효율적이고 복합적인 토지이용을 도모하기 위하여 특정시설의 입지를 완화할 필요가 있는 지구
⑩ 그 밖에 대통령령으로 정하는 지구

(4) 용도구역

「국토의 계획 및 이용에 관한 법률」에서 정의하는 토지를 경제적·효율적으로 이용하고 공공복리의 증진을 도모하기 위한 건축물의 용도·건폐율·용적률·높이 등을 제한함에 있어 기준이 되는 지역구분의 하나이며 용도지역 및 용도지구를 보완하는 의미를 지닌다.

① 개발제한구역 (지정권자-국토교통부장관)
 도시의 무질서한 확산을 방지하고 도시주변의 자연환경을 보전하여 도시민의 건전한 생활환경을 확보하기 위하여 도시의 개발을 제한할 필요가 있거나 국방부 장관의 요청이 있어 보안상 도시의 개발을 제한할 필요가 있다고 인정되면 개발제한구역의 지정 또는 변경을 도시·군관리계획으로 결정할 수 있다.

② 도시자연공원구역 (지정권자-시·도지사 또는 대도시 시장)
 도시의 자연환경 및 경관을 보호하고 도시민에게 건전한 여가·휴식공간을 제공하기 위하여 도시지역 안에서 식생(植生)이 양호한 산지(山地)의 개발을 제한할 필요가 있다고 인정하면 도시자연공원구역의 지정 또는 변경을 도시·군관리계획으로 결정할 수 있다.

③ 시가화조정구역 (지정권자-시·도지사 또는 국토교통부장관)
 시·도지사는 직접 또는 관계 행정기관의 장의 요청을 받아 도시지역과 그 주변 지역의 무질서한 시가화를 방지하고 계획적·단계적인 개발을 도모하기 위하여 대통령령으로 정하는 기간 동안 시가화를 유보할 필요가 있다고 인정되면 시가화조정구역의 지정 또는 변경을 도시·군관리계획으로 결정할 수 있다.

④ 수산자원보호구역 (지정권자-해양수산부장관)
수산자원을 보호·육성하기 위하여 필요한 공유수면이나 그에 인접한 토지에 대한 수산자원보호구역의 지정 또는 변경을 도시·군관리계획으로 결정할 수 있다.

⑤ 도시혁신구역
1. 도시 · 군기본계획에 따른 도심 · 부도심 또는 생활권의 중심지역
2. 주요 기반시설과 연계하여 지역의 거점 역할을 수행할 수 있는 지역
3. 그 밖에 도시공간의 창의적이고 혁신적인 개발이 필요하다고 인정되는 경우로서 대통령령으로 정하는 지역

⑥ 복합용도구역
1. 산업구조 또는 경제활동의 변화로 복합적 토지이용이 필요한 지역
2. 노후 건축물 등이 밀집하여 단계적 정비가 필요한 지역
3. 그 밖에 복합된 공간이용을 촉진하고 다양한 도시공간을 조성하기 위하여 계획적 관리가 필요하다고 인정되는 경우로서 대통령령으로 정하는 지역

⑦ 도시 · 군계획시설입체복합구역
1. 도시 · 군계획시설 준공 후 10년이 경과한 경우로서 해당 시설의 개량 또는 정비가 필요한 경우
2. 주변지역 정비 또는 지역경제 활성화를 위하여 기반시설의 복합적 이용이 필요한 경우
3. 첨단기술을 적용한 새로운 형태의 기반시설 구축 등이 필요한 경우
4. 그 밖에 효율적이고 복합적인 도시 · 군계획시설의 조성을 위하여 필요한 경우로서 대통령령으로 정하는 경우

3) 밀도 계획 (密度計劃, density plan)

(1) 밀도 정의

상위계획에서의 계획인구에 대한 지역적 배분을 감안하고, 상위계획의 개발방향에 따른 개발지구의 위치, 교통조건, 지역적 특성, 그리고 개발사업의 타당성 등 도시 경영적 측면의 판단에 기초를 두어 결정하는 인구밀도에 대한 계획이다.

(2) 개발 밀도 산정 방법

① 총밀도: 순대지 면적에 주변 도로 면적(도로경계의 1/2과 교차점 면적의 1/4)을 더하고, 소로(alley,小路)를 포함한 단위 면적에 대한 밀도
② 순밀도: 주택 단지 내부 순대지(공공용지를 제외한 순수한 주택용지)의 단위 면적에 대한 밀도
③ 근린밀도: 근린주구 전체의 면적에 대한 밀도 (초등학교, 공공시설 등을 포함)

(3) 밀도간의 관계

- **인구밀도**= 인구 수÷주택 단지(대상지) 면적
- **호수밀도**= 주택 호수÷주택 단지(대상지) 면적
- **용적률**= (건축물연면적÷대지면적)×100
  = 평균층수×건폐율 = 호수밀도×1주택 당 연면적
- **건폐율**= (건축물바닥면적÷대지면적)×100
  예) Apt 건폐율 산정= {(1호당 면적×호수×동수)÷대지면적} ×100
- **평균층수**= 총 층수÷건물 동수= 연(상)면적÷건축면적= 용적률÷건폐율
  (참고: 1ha= 10,000㎡= 100m×100m)

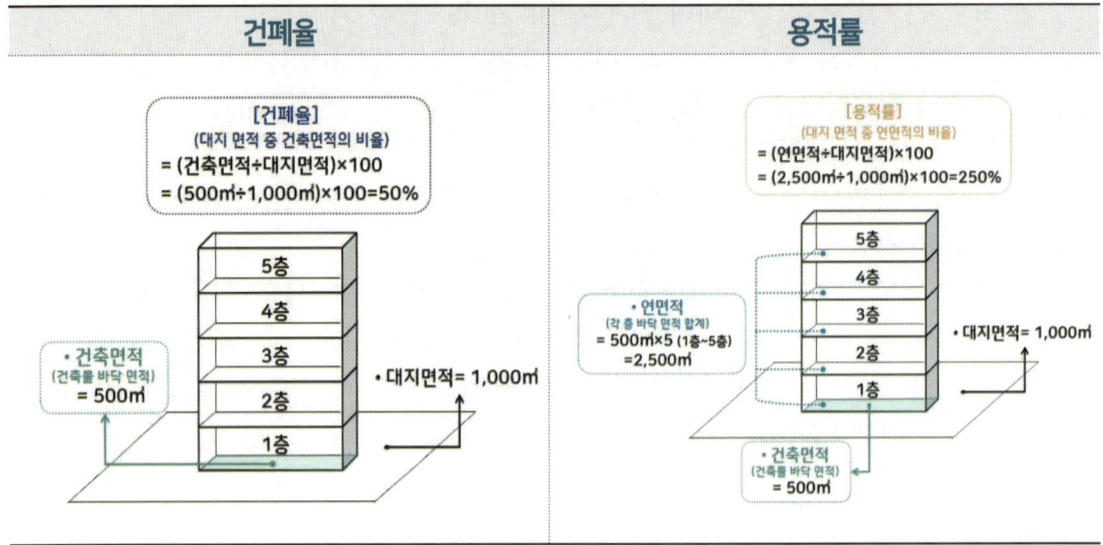

(4) 용어 정의

구분	내용	적용
인구밀도	단위 면적당 그곳에 거주하는 인구수의 평균	상·하수도 시설, 공원·녹지 등 공공시설 등의 용량 및 규모 추정
호수밀도	단위 면적당 그곳에 입지하고 있는 주택수의 평균	상업·교육 시설의 규모 추정
건폐율	대지면적(건축 대상 필지면적)에 대한 건축면적(건물 외벽이나 이를 대신하는 기둥 중심선으로 둘러싸인 부분의 수평투영면적)의 비율	평면적 토지이용 상태 추정
용적률	건축물 총면적(연면적)의 대지면적에 대한 백분율	입체적 토지이용 상태 추정

3. 시설 및 배치 계획 [87]

1) 도시계획시설

(1) 도시계획시설의 정의

도시계획시설이란 도로·공원·시장·철도 등 도시주민의 생활이나 도시기능의 유지에 필요한 「국토의 계획 및 이용에 관한 법률」상의 기반시설 중 도시 관리 계획으로 결정된 시설을 말하며, 이러한 도시계획시설결정에 따라 도시계획시설을 설치·정비·개량하는 사업을 도시계획시설사업이라 한다.

기반시설이 단순한 시설 자체를 의미한다면 도시계획시설은 그 기반시설의 설치가 도시 관리 계획의 규정된 절차를 통해 계획으로 결정되어 법적인 의미를 지니게 되었다는 것을 의미하며, 세부적인 도시계획시설의 결정은 도시계획시설의 결정·구조 및 설치 기준에 관한 규칙을 반드시 준수해야 한다.

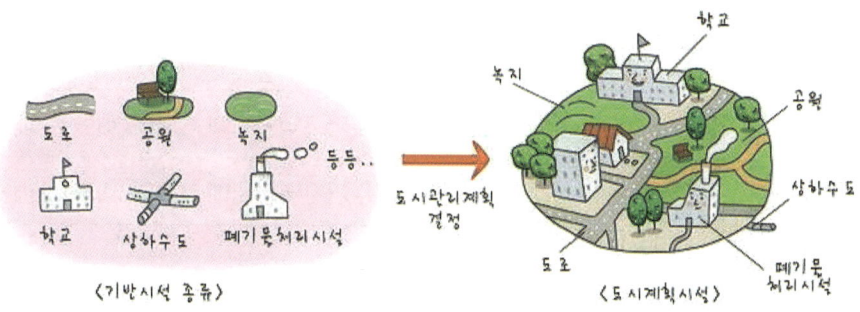

(2) 도시계획시설의 구분

구분	기반시설
1. 교통시설	도로·철도·항만·공항·주차장·자동차정류장·궤도·차량 검사 및 면허시설
2. 공간시설	광장·공원·녹지·유원지·공공공지
3. 유통·공급시설	유통업무설비, 수도·전기·가스·열공급설비, 방송·통신시설, 공동구·시장, 유류저장 및 송유설비
4. 공공·문화체육시설	학교·공공청사·문화시설·공공필요성이 인정되는 체육시설·연구시설·사회복지시설·공공직업훈련시설·청소년수련시설
5. 방재시설	하천·유수지·저수지·방화설비·방풍설비·방수설비·사방설비·방조설비
6. 보건위생시설	장사시설·도축장·종합의료시설
7. 환경기초시설	하수도·폐기물처리 및 재활용시설·빗물저장 및 이용시설·수질오염방지시설·폐차장

---

[87] 1) 토지이용 용어사전, 국토교통부 2) 알기 쉬운 도시계획 용어, 서울특별시
3) 국토의 계획 및 이용에 관한 법률 시행령, 제2조 4) 지속가능한 신도시 계획기준, 국토교통부, 2010

2) 실기 시험에 나오는 주요 도시계획시설

(1) 학교

① 학교의 종류

학교의 종류	
초·중등교육법	유아원, 초등학교·공민학교, 중학교·고등공민학교·고등기술학교, 특수학교, 고등학교, 각종학교
고등교육법	대학, 산업대학, 교육대학, 전문대학, 방송·통신대학, 기술대학, 각종학교

② 학교의 결정 기준 [88]

구분	적용 기준
초등학교	2개의 근린주거구역단위에 1개의 비율로 배치
중학교 및 고등학교	3개의 근린주거구역단위에 1개의 비율로 배치

【참고】
1. 근린주거구역 범위: 2천 세대 내지 3천 세대를 1개 근린주거구역으로 설정 (단, 인접한 지역의 개발여건을 고려하여 필요한 경우에는 2천 세대 미만인 지역을 근린주거구역으로 할 수 있다.)
2. 초등학교는 관할 교육장이 필요하다고 인정하여 요청하는 경우에는 2개의 근린주거 구역단위에 1개의 비율보다 낮은 비율로 설치 가능

③ 학교의 규모 [89]

구분	교지면적(㎡)	이용 세대수(호)	적정거리(m)
유치원	800~1,000	1,000세대 이상 (2,000)	200~500
초등학교	11,000~12,500	5,000 (2,500)	500~800
중학교	11,000~13,500	7,500 (5,000)	800~1,200
고등학교	14,000~15,500	7,500 (6,000)	1,200~1,500

( ) 안의 수치는 도시·군 계획 시설의 결정·구조 및 설치기준에 관한 규칙
법 개정 前 적용 기준

---

[88] 도시·군 계획 시설의 결정·구조 및 설치기준에 관한 규칙, 제89조(학교의 결정기준)
[89] 한국토지주택공사, 생태환경도시개발편람, 2005, 부록 p4

(2) 공공청사

① 공공청사 구분

구분	내용
근린 공공 시설	동사무소, 파출소, 소방파출소, 우체분국, 보건지소
	1. 주민이 이용하기 편리하도록 지구중심부에 상호 연접하여 배치하며 근린광장을 중심부에 배치 2. 생활공간의 중심지로 다수인이 집산하므로 행정기능과 상호 연계 되도록 배치 하여 가급적 도시 관리 계획으로 결정 3. 공동주택지에 필요한 근린공공시설은 가급적 관리사무소와 같이 설치하여 주민의 이용이 편리 할 수 있도록 계획
공공 업무 시설	시·군·구청, 경찰서, 소방서, 우체국, 기타 국가 또는 지방자치단체의 공공업무에 필요한 시설
	공공업무시설은 주민의 이용과 시설의 기능적 보완을 위하여 도시 관리 계획으로 결정하여 유사기능이 집단화될 수 있도록 배치

② 근린공공시설 시설 분류 및 규모

위 계	시설분류	인 구(명)	규 모(㎡)
근린 공공시설	동사무소	9,000~30,000	600~700
	파출소	15,000~30,000	600~700
	소방파출소	15,000~30,000	800~1,200
	우체국	15,000~30,000	600~800

(3) 사회복지시설

① 정의 및 구분

「사회복지사업법」에 의한 사회복지시설 중 국가 또는 지방자치단체가 설치하는 시설과 국가 또는 지방자치단체가 출연 또는 출자한 기관이 설치하는 시설. 아동복지시설, 노인복지시설, 노인여가시설, 모자복지시설, 장애인복지시설, 보육시설로 구분한다.

② 설치 기준

- 사회복지시설의 특성에 따라 인근의 토지이용현황을 고려하고, 인구밀집지역에 설치하는 것이 부적합한 시설과 주거환경에 좋지 아니한 영향을 미치는 시설은 도시의 외곽에 설치하여야 한다.
- 시설의 적정한 분포와 교통편의 등을 충분히 고려하여 쾌적한 환경의 부지를 선정할 것
- 고령자를 위한 주거단지를 계획할 수 있으며, 이 경우 고령자 등 교통약자들이 물리적 장애 없이 어디든지 안전하고 편리하게 다닐 수 있는 교통 환경과 편리한 주거환경을 조성하고, 노인 문화·생활편의시설 및 전문병원 등을 설치할 수 있다.

(4) 부대복리시설 [90]

- 거주자의 일상생활행위의 충족과 편리성, 쾌적성 향상을 위해 시설체계를 설정하고 시설 수, 규모, 배치 등을 계획한다.
- 주민의 활동영역 등의 변화에 의한 시설 수요 변동에 대처 할 수 있는 융통성을 충분히 고려하고 주민의 커뮤니티 형성에 도움이 되게 한다.
- 종류, 규모 등에 대하여는 지역특성(주변 시설 등) 및 그 시설의 특징, 이용 빈도, 이용자 특성, 이용자 수 등을 감안하여 설정한다.

① 관리사무소
- 위치는 단지 관리와 입주자의 이용성을 감안하여 보행접근과 식별이 용이한 곳
- 10㎡ + (세대수-50) × 0.05㎡ 이상 (100㎡ 초과 시는 100㎡로 할 수 있음)
- 관리사무소 최소 면적: 66㎡ (한국토지주택공사 자체 기준)

② 어린이 놀이터
- 어린이의 이용에 편리하고 일조가 양호한 곳에 배수에 지장이 없도록 설치
- 안전시설과 접근성을 감안하여 보행자 도로와 접하게 설치
- 소단지일 경우 근린생활시설, 유치원 등과 인접하여 배치하며, 중·대단지일 경우 300~400호 마다 1개소씩 분산 배치
- 어린이의 안전을 위한 사회적 감시, 자연적 감시를 위해 주거동 사이에 배치

구분	면적(㎡)
100세대 미만	세대수×3㎡ (시, 군 지역 2㎡) 이상
100세대 이상	300㎡+(세대수-300)×1㎡ (시, 군 지역 7㎡) 이상

- 최소 면적: 개소 당 300㎡ (시, 군 지역 200㎡)
- 최소 폭: 9m (면적이 150㎡ 미만인 경우 6m)
- 이격거리: 외벽(5m), 인접대지 경계선(3m), 도로 등(2m)

③ 주민운동시설
- 500세대를 넘는 200세 대 마다 150㎡를 더한 면적 이상의 운동장 설치
- 거주자의 체육활동을 위하여 설치하는 옥외·옥내 운동시설·생활체육시설 기타 이와 유사한 시설

종류	경기면치수(m)	사용면 크기(m)	비고
테니스장	10.97×23.77	18.24×36.57	국제 규격
농구장	15×28	21×34	국제 규격
배드민턴장	6.1×13.4	9×17	국제 규격

---

[90] 단지계획, 2000, 한국토지주택공사

④ 경로당(노인정)

- 일조 및 채광이 양호한 위치에 설치
- 노인의 건강 증진, 오락·취미활동·작업 등을 위한 시설과 부속정원, 화장실 및 급수시설을 설치
- 보행공간과 계획 시 노인정과 부속정원 사이에는 통과동선을 배제시켜 노인정과 부속정원이 같은 공간으로 이용

(5) 기타 공공시설

① 공공시설은 이용자가 쉽게 접근할 수 있는 곳에 배치하되, 중추적 시설은 도심에 단독형으로, 국지적 시설은 분산형으로 배치하며, 수용인구별 규모는 다음 기준을 고려하여 해당 관계기관과 협의·결정한다.

위 계	시설분류	인 구(명)	규 모(㎡)
지역시설	도서관	20,000~30,000	3,000~5,000
	종합병원	도시인구전체	25,000~30,000
	일반병원	9,000~12,000	500~1,500
	스포츠센터	25,000~40,000	-

② 커뮤니티시설

지역의 위계에 따라서 도시차원의 시민센터, 지역차원의 구민센터, 동차원의 주민자치센터와 같은 커뮤니티센터를 다음과 같이 적정 규모로 계획하되, 커뮤니티 활성화를 극대화하기 위하여 교육, 공공, 문화, 사회복지시설 등은 복합커뮤니티 시설로 설치할 수 있으며, 구체적 설치방법 및 면적 등에 대해서는 해당 지방자치단체와 협의하여 정한다.

구 분	설치 기준	부지 규모
시민센터	시 행정단위	15,000~20,000㎡ (시청사 부지와 연계 가능)
구민센터	구 행정단위	5,000㎡ 이상 (구청사 부지와 연계 가능)
주민자치센터	동 행정단위	800㎡ 이상 (문화, 복지, 체육시설 통합)

4. 교통 및 동선 체계 계획

1) 도로

(1) 도로의 기능별 구분

① 주간선 도로: 시·군내 주요지역을 연결하거나 시·군 상호간을 연결하여 대량통과 교통을 처리하는 도로로서 시·군의 골격을 형성하는 도로
② 보조간선도로: 주간선도로를 집산도로 또는 주요 교통발생원과 연결하여 시·군 교통의 집산기능을 하는 도로로서 근린주거구역의 외곽을 형성하는 도로
③ 집산도로(集散道路): 근린주거구역의 교통을 보조간선도로에 연결하여 근린주거구역 내 교통의 집산기능을 하는 도로로서 근린주거구역의 내부를 구획하는 도로
④ 국지도로: 가구(街區: 도로로 둘러싸인 일단의 지역을 말한다)를 구획하는 도로
⑤ 특수도로: 보행자전용도로·자전거전용도로 등 자동차 외의 교통에 전용되는 도로

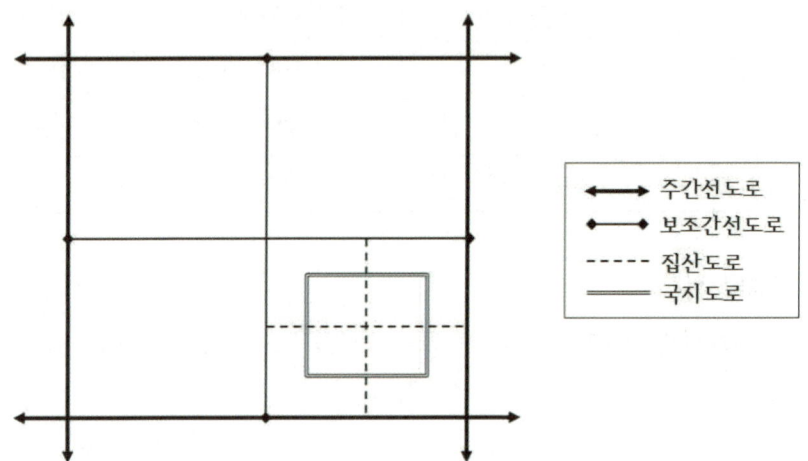

(2) 도로의 구분

기능별 구분	규모별 구분	도로의 종류	폭원 (예시)	차선 수	차선 폭
주간선도로	광로 (or 대로)	국도	40미터 이상	6이상	3.50
보조간선도로	대로 (or 중로)	국도 또는 지방도	25미터 이상	4이상	3.50~3.25
집산도로	중로	지방도 또는 군도	15미터 이상 (or 12미터 이상)	2이상	3.50~3.25
국지도로	소로	군도	6미터~12미터 (or 12미터 미만)	2	3.25~3.00

【참고】
가로망은 다음과 같이 시·군의 규모에 따라 주간선도로 또는 보조간선도로 이상의 도로로 그 골격을 형성하도록 하며, 이를 간선도로망이라고 칭한다.
  (1) 계획인구 100만 정도: 도시고속도로, 주간선도로
  (2) 계획인구 5만 이상: 주간선도로, 보조간선도로
  (3) 계획인구 2만~5만: 주간선도로, 보조간선도로
  (4) 계획인구 2만 정도: 보조간선도로
  ※ 도시 규모별 간선도로망을 예시한 것임

(3) 도로간의 배치 간격

구분	배치간격 (m) (도심)	비고 (외곽)
주간선도로와 주간선도로	1,000 내외	1,000~3,000 내외
주간선도로와 보조간선도로	500 내외	1,000 내외
보조간선도로와 집산도로	250 내외	500 내외

(4) 가로망 구성 일반원칙

① 간선가로망의 구성형식은 자연적·사회적 여건과 기존 가로망체계에 따라 다르나, 일반적으로 방사환상형, 격자형, 선형 및 혼합형을 기본형식으로 구상한다.

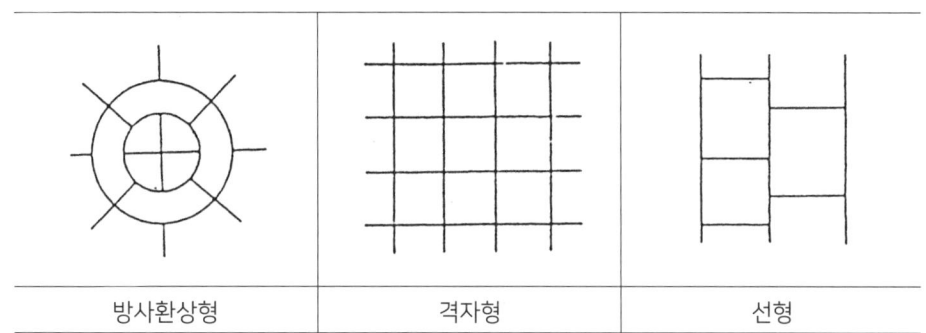

| 방사환상형 | 격자형 | 선형 |

② 기존 가로망으로 인하여 불가피한 경우를 제외하고는 4지 이상의 다지교차를 금한다.
③ 통과교통을 담당하는 국도 등은 환상도로 또는 우회도로로 처리하여 통과교통이 도심부에 유입되지 아니하도록 계획하되, 도시 내외에서 도로가 무리 없이 연결되도록 한다.
④ 지역 간 도로로서 도시지역을 통과하는 기간도로(고속도로, 일반국도, 지방도)는 읍급 도시를 제외하고는 원칙적으로 주간선도로로 계획한다. 기간도로의 폭원은 다음 기준에 의하며, 녹지 폭은 도시공원법시행규칙에 따르되 당해 도로변의 토지이용계획, 지형상황 등을 고려하여, 소음, 진동 등 공해의 방지와 간선도로 이하 도로의 접속을 억제하여 기간 도로의 기능이 충분히 발휘될 수 있도록 다음 기준 폭 이상으로 계획하여야 한다.

도로의 구분		도로 폭원	녹지 폭
고속도로	서울~부산 고속도로	도로 부지 또는 40m 이상	양측 각 30m
	기타 고속국도	도로 부지 또는 40m 이상	양측 각 25m
일반국도	4차선 (또는 계획)	30m 이상	우회 도로 구간 양측 각 5m
	기타	25m 이상	
지방도	-	20m 이상	

(5) 단지 진입도로 폭원 및 단지 내 도로 폭 기준

- 진입도로: 기간도로에서 당해 단지를 연결하는 도로이다.
- 기간도로: 「주택 건설 기준 등에 관한 규정」에 의하면, 보행자 및 자동차의 통행이 가능한 도로로서 「국토의 계획 및 이용에 관한 법률」에 의한 주간선도로·보조간선도로·집산도로 및 폭이 8m 이상인 국지도로, 「도로법」에 의한 일반국도·특별시도·광역시도 또는 지방도, 「도로법」에 일반국도·지방도, 기타 관계법령에 의하여 설치된 도로를 말한다.

주택 단지 총 세대수	기간도로와 접하는 폭 또는 진입도로의 폭(m) ※ ( ) 내 수치는 진입도로가 2 이상인 경우의 진입도로 폭 합계	단지 내 도로폭원
300세대 미만	6 이상	4~6m
300세대 이상~500세대 미만	8 (12) 이상	8m 이상
500세대 이상~1,000세대 미만	12 (16) 이상	12m 이상
1,000세대 이상~2,000세대 미만	15 (20) 이상	15m 이상
2,000세대 이상	20 (25) 이상	

(6) 도로의 표현 방법

① 공동주택 단지 내부 동선 유형

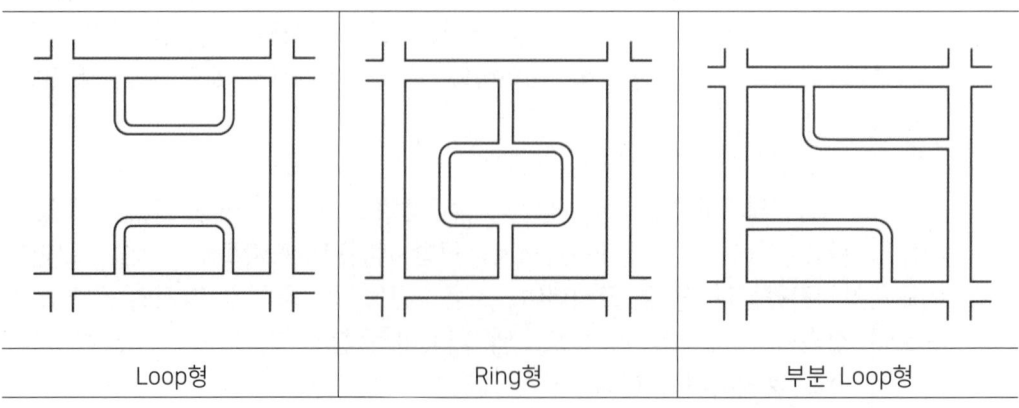

| Loop형 | Ring형 | 부분 Loop형 |

② 도로모퉁이의 길이 (단위: 미터, 이상~미만)

교차각도	도로의 너비	40 이상	35 ~40	30 ~35	25 ~30	20 ~25	15 ~20	12 ~15	10 ~12	8~10	6~8
90도 전후	40 이상	12	10	10	10	10	8	6	-	-	-
	35~40	10	10	10	10	10	8	6	-	-	-
	30~35	10	10	10	10	10	8	6	5	-	-
	25~30	10	10	10	10	10	8	6	5	-	-
	20~25	10	10	10	10	10	8	6	5	5	5
	15~20	8	8	8	8	8	8	6	5	5	5
	12~15	6	6	6	6	6	6	6	5	5	5
	10~12	-	-	5	5	5	5	5	5	5	5
	8~10	-	-	-	-	5	5	5	5	5	5
	6~8	-	-	-	-	5	5	5	5	5	5

③ 버스 정차대 [91]

- 가급적 중로 이상의 도로에 설치하되, 상가나 공공시설 부근의 버스이용 인구가 집중되는 곳에 설치한다.
- 이용인구가 비교적 많은 주택지에서는 각 주택에서 300m 이내에 도달 할 수 있는 장소에 설치한다.

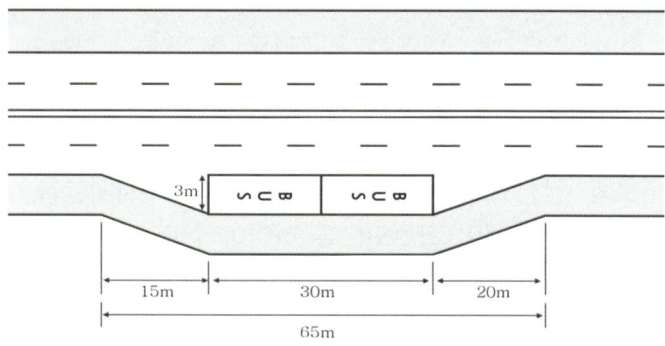

버스 정차대 설치 기준

버스 정차대 실제 계획 사례

---

[91] 한국토지주택공사, 생태환경도시개발편람, 2005

2) 보행 공간 구상

(1) 보도

- 보행자의 안전하고 쾌적한 통행을 보장하는 구조 및 시설이 되도록 하여야 한다.
- 도로 폭은 보행 장애물에 의한 장애 폭을 제외한 최소 유효 폭 2m 이상으로 하는 것을 원칙으로 한다. 다만 주변 지형여건, 지장물 등으로 2m의 폭 확보가 곤란한 경우 1.5m까지 유효 폭을 조정할 수 있다.
- 폭 8m 이상인 단지 내 도로에는 폭 1.5m 이상의 보도를 설치한다.
- 공원 및 교육시설, 노인정, 어린이 놀이터는 보행자 도로와 인접하여 배치한다.
- 보행자 도로는 주요 지역, 주요 시설, 대중교통을 연계하는 보행자 도로 체계를 구성하여 보행으로 통근, 통학, 쇼핑, 업무 등의 통행을 할 수 있도록 계획한다.

(2) 보행자전용도로

① 일반 원칙
- 보행자전용도로는 주변여건에 적합한 유형으로 특화하여 도심형, 주거형, 녹도형으로 구분한다.
- 필요 시 보행자전용도로 내에 자전거도로를 설치하여 보행과 자전거 통행을 병행할 수 있도록 한다.
- 보행자들의 다양한 욕구를 반영할 수 있는 공간에 설치하되, 보행자전용도로와 연접하여 있는 소규모 광장, 공연장, 휴식 공간, 건축물의 전면간격 등 주변공간과 연계시켜 일체화된 보행자공간이 되도록 한다.
- 보행자전용도로와 간선도로가 교차하는 곳은 입체교차시설을 설치하여 보행자의 안전성, 보행동선의 연속성이 확보되도록 하여야 한다.
- 긴급 차량이나 기반시설의 검사, 유지, 보수 등을 위한 사람이 용이하게 통행할 수 있도록 시설물이나 식재로부터 방해받지 않도록 충분한 폭원(4m이상)을 확보 하여야 한다.

② 도심형 보행자전용도로

(가) 유형
- 중심지구의 보행자전용도로
- 상업·업무시설이 밀집되어 있는 지역의 일정구간에 대하여 몰(mall) 개념을 도입 하여 많은 보행 인구를 수용하고 활발한 상행위를 유도하는 보행자전용도로

(나) 폭원: 주변여건 및 상황에 따라 변경가능하나 최소 6m이상 (쇼핑몰은 10~20m)

(다) 선형: 직선 또는 완만한 곡선으로 구성(쇼핑몰과 같이 활발한 상행위가 유도되는 공간은 직선과 곡선을 조화롭게 겸용하여 구성)

(라) 공간구성: 통근·통학·구매 등의 목적통행 위주의 동적 공간과 집회·만남·휴식 등을 위한 광장 성격의 공간으로 구성

(마) 조성 기준
- 유동 활동이 많은 공간이므로 내부광장, 가로시설물 등을 과다하게 설치하지 않도록 한다.
- 전철역, 버스정류장 등 보행집결지와 연접하여 있을 때에는 소규모 광장 등을 두어 보행의 혼잡이 일어나지 않도록 한다.

③ 주거형 보행자전용도로
(가) 유형
- 간선보행자전용도로 (중심지구의 보행자전용도로에서 주거지로 연결되는 동선)
- 지선보행자전용도로 (간선보행자전용도로에서 주택으로 진입하는 동선)

(나) 폭원
- 간선보행자전용도로: 6m 이상 (주변지형여건 등에 따라 달리할 수 있음)
- 지선보행자전용도로: 3~4m (주변지형여건 등에 따라 1.5m이상도 가능)

(다) 선형: 일반적으로 직선으로 설치하거나 기능적 연속성을 확보하면서 공간적 변화의 창출을 위하여 지형조건에 따라 곡선형 등으로 설치 가능

(라) 공간구성: 통근·통학·구매 등의 주요한 목적동선을 수용하는 공간과 산책 등 회유동선의 성격을 반영하는 공간으로 구성

(마) 조성 기준
- 근린주구중심 내 시민회관, 어린이공원 등이 접하는 입구 부분에 소광장을 설치하여 휴식, 정보전달, 유아들의 놀이활동, 소집회 등 개개인의 일상적 활동의 장소로 이용될 수 있도록 하고 경관목이나 시설물을 설치하여 랜드마크(landmark)적 성격을 갖도록 조성하는 것이 바람직하다.
- 보행자전용도로가 교차하는 부분에 소광장 등을 설치하여 보행의 상충이 없도록 하고 주민들 간의 대화, 휴식공간으로 이용될 수 있도록 한다.
- 보행에 장애가 되는 시설물의 설치는 금지하고 특히 보행로에 주·정차를 못하도록 진입부에 단주 등을 설치하여 자동차의 진입을 차단하도록 한다.

도심형 보행자 전용도로 계획 사례

주거형 보행자 전용도로 계획 사례

④ **녹도형 보행자전용도로**

(가) 폭원: 폭원은 가급적 3m 이상. 자전거 이용을 고려하는 경우에는 최소한 전체 폭원을 6m 이상으로 하고 개방 공간을 확보하고자 하는 경우에는 가급적 넓게 한다.

(나) 선형: 선형은 부정형의 자연스러운 곡선으로 하고 폭원의 넓고 좁음을 이용하여 다양한 분위기를 조성할 수 있도록 한다.

(다) 공간구성: 녹지대, 자연녹지, 고수부지, 제방, 공원 등의 주변 오픈 스페이스와 서로 유기적으로 연결되어 일체화되도록 공간을 구성한다.

(라) 조성 기준
- 넓은 폭원의 녹도에서 자전거도로를 분리하여 설치할 경우에는 곡선형의 중앙 분리대나 식수대 등을 이용하여 변화 있는 공간으로 조성할 수도 있다.
- 부정형의 보행로로 인하여 생기는 소공간에는 벤치, 파고라 등이 설치된 휴게 공간이나 어린이들의 놀이 공간 등 다양한 활동도 수용할 수 있도록 한다.
- 지형상의 특성에 따라 계단을 설치할 경우에는 경사로를 병행 설치하도록 하여 노약자나 신체장애자의 보행에 지장이 없도록 한다.

(3) 자전거 도로

- 자전거도로는 지형이나 도로의 경사도, 경관 등을 고려하여 일방통행의 경우 1.5m이상, 양방통행의 경우 3m이상으로 설계한다.
- 자전거전용도로는 단절되지 아니하고 버스정류장 및 지하철역과 서로 연계되도록 설치한다.
- 학교·공공청사·도서관·문화시설 등과 원활하게 연결되도록 설치한다.
- 보행자 전용 도로와 더불어 지형, 경사도, 경관 등을 고려하여 가능한 전 지역을 연결할 수 있도록 녹색 교통 네트워크를 구성한다.
- 신도시 전 지역을 연결할 수 있도록 네트워크를 구성하여 자전거로 통근, 통학, 쇼핑, 업무 목적의 통행을 할 수 있도록 설계한다.

녹도형 보행자 전용도로 계획 사례

자전거 도로 계획 사례

5. 공원 및 녹지 계획 [92]

1) 공원

(1) 공원의 일반적 정의

공원은 공중의 보건·휴양·위락을 위하여 설치된 녹지 공간을 의미한다. 우리나라의 공원은 크게 자연공원과 도시공원으로 구분할 수 있는데, 법적 근거를 살펴보면 전국적 수준의 광역공원인 자연공원(군립·도립·국립공원)에 대해서는 「자연 공원법」에서 규정하고 있으며, 도시공원은 자연경관의 보호와 건강·휴양 및 정서생활의 향상에 기여하기 위하여 「국토의 계획 및 이용에 관한 법률」 및 「도시 공원 및 녹지 등에 관한 법률」에 의해 설치되는 일종의 도시계획시설이다.

「도시 공원 및 녹지 등에 관한 법률」에서는 공원의 이용권, 목적이나 성격, 이용자의 구성과 형태 등에 따라 생활권공원(소공원, 어린이공원, 근린공원)과 주제공원(역사공원, 수변공원, 문화공원, 묘지공원, 체육공원 등)으로 구분하고 있다.

- 각종 공원 시설은 이용권을 감안하여 적정한 거리를 유지하여야 한다.
- 각종 공원 시설은 상호간에 원활하게 이용할 수 있도록 보행자전용도로, 녹도로 체계화한다.

도시공원의 세분

구분	
1. 국가도시공원	
2. 생활권공원	소공원
	어린이공원
	근린공원
3. 주제공원	역사공원
	문화공원
	수변공원
	묘지공원
	체육공원
	도시농업공원
	방재공원

---

92) 알기 쉬운 도시계획 용어, 서울특별시 / 단지계획, 한국토지주택공사, 2004

(2) 도시계획기사 도면 작성 시 주요 공원

구분	유치거리	규모
소공원 (단, 1,500㎡ 이하가 일반적)	제한 없음	제한 없음
어린이공원	250m 이하	1,500㎡ 이상
근린공원 (근린생활권 근린공원)	500m 이하	10,000㎡ 이상
주제공원 (역사, 문화, 수변공원)	제한 없음	제한 없음
주제공원 (체육공원)	제한 없음	10,000㎡ 이상

소공원

포켓파크

어린이공원

수변공원

근린공원

2) 녹지

(1) 녹지의 정의

도시계획구역 안에서 도시의 자연환경을 보전하거나 개선하고, 공해나 재해를 방지하여 양호한 도시경관의 향상을 도모하기 위하여 도시계획법 제24조의 규정에 의하여 결정된 것을 말한다.

(2) 녹지의 종류

① 완충녹지: 대기오염, 소음, 진동, 악취, 그 밖에 이에 준하는 공해와 각종 사고나 자연재해, 그 밖에 이에 준하는 재해 등의 방지를 위하여 설치하는 녹지
② 경관녹지: 도시의 자연적 환경을 보전하거나 이를 개선하고 이미 자연이 훼손된 지역을 복원·개선함으로써 도시경관을 향상시키기 위하여 설치하는 녹지
③ 연결녹지: 도시 안의 공원, 하천, 산지 등을 유기적으로 연결하고 도시민에게 산책공간의 역할을 하는 등 여가·휴식을 제공하는 선형(線型)의 녹지

완충녹지

(3) 완충녹지 확보 기준 [93]

완충녹지의 폭은 아래 표의 확보기준을 기본으로 하되, 주변토지이용 등의 여건에 따라 완충녹지의 폭을 변화 있게 조성하여 하천의 생태권을 보호, 유지하도록 한다.

① 하천변 양안의 완충녹지

구 분	확보기준
주요 하천변 양안에 대한 녹지대 확보의 적정성	10m - 30m

---

93) 지속가능한 신도시 계획기준, 2010, 국토교통부

② 철도 및 도로변 완충녹지

구 분		확보기준
철 도 변		30m 이상 녹화면적율: 80%이상
고속국도변 완충녹지대	주거단지+완충녹지+도로	50m 이상
	주거단지+완충녹지(마운딩)+도로	30m 이상
	주거단지+완충녹지(마운딩+방음벽)+도로	20m 이상
간선도로변 완충녹지대	8차선 (28m이상) 주거단지+완충녹지+도로	40m 이상
	8차선 주거단지+완충녹지(마운딩)+도로	20m 이상
	8차선 주거단지+완충녹지(마운딩+방음벽)+도로	15m 이상
	6차선 (21m이상) 주거단지+완충녹지+도로	30m 이상
	6차선 주거단지+완충녹지(마운딩)+도로	10m 이상

항목	세 부 항 목			확보기준
도로변 완충 녹지 설치의 적정성	학교용지와 도로변사이의 완충녹지대 확보의 적정성	8차선 (28m이상)	학교용지+완충녹지+도로	40m-60m
			학교용지+완충녹지(마운딩)+도로	20m-40m
			학교용지+완충녹지(마운딩+방음벽)+도로	15m-30m
		6차선 (21m이상)	학교용지+완충녹지+도로	30m-50m
			학교용지+완충녹지(마운딩)+도로	10m-15m
		4차선 (14m이상)	학교용지+완충녹지+도로	20m-40m
			학교용지+완충녹지(마운딩)+도로	10m-15m
용도 지역간 완충 녹지 설치의 적정성	주택용지와 공장용지사이 완충녹지확보의 적정성		100만평 이상	50m-100m
			100만평 이하	30m-50m
	학교용지와 주거용지사이 완충녹지확보의 적정성			10m-20m
	차폐식재의 적정성 (다층적 수림구조, 녹화율)		녹화면적율	70%-90%
			수림구조	교목위주 (상록, 낙엽) 관목+중목 +교목 (상록)
	혐오시설에 대한 완충녹지대 확보의 적정성(하수처리장, 폐기물처리장 등)		녹지대	30m-50m
			이격거리	50m-200m
			녹지율	55%-75%

04

작업형 도면 기출문제 & 출제 대비 문제

한국 도시계획기사 실기 교재 도면 작업자 소개

소속	학과	이름
가천대학교	도시계획학과	성민경, 최은비
경기대학교	도시교통공학과	홍승희
경상대학교	도시공학과	양병현, 김지원, 최은지
경성대학교	도시공학과	박아영, 김희주
경희대학교	환경조경디자인	김민숙
경희대학교	지리학과	임채희
경관공작소 사이		임선민
고려대학교	건축학과	강규진, 서도원, 조수림
고려대학교	지리학과	김정우
공주대학교	도시교통공학과	이조은
대진대학교	도시공학과	김은지
대전대학교	건축학과	정혜원
디오 조경 설계 사무소		이승용
미네소타대학교	도시환경학과	김단비
비앤제이 건축사사무소 대표		백현아
서경대학교	도시공학과	제민희, 김나연, 이예은
서울대학교	지구환경시스템공학부	김경석
서울대학교	조경학과	전주희
서울대학교	대학원 (환경대, 협동과정 포함)	이일, 민대희, 이채륜
서울시립대학교	도시공학과	임서연, 박채연, 정병건, 윤준희, 이지영 김소윤, 한중섭, 송민기, 최유림, 한승찬 최다혜, 김종욱
서울직업전문학교	건축과	강병준
성결대학교	도시디자인정보공학과	김민수, 고우리, 김영채, 홍유정
성북구청	도시관리국 도시계획과	이주헌
수원대학교	도시부동산개발학과	한마음
아주대학교	교통시스템공학과	유완선
안양대학교	도시정보공학과	박미연, 임준범, 박연수
연세대학교	도시공학과	윤석영, 이현성, 박새롬, 현재혁
㈜에스티오		박인섭
원광대학교	도시공학과	고가온
인천대학교	도시설계학과	김효정, 김혜지
중앙대학교	도시계획부동산학과	이연지
중앙대학교	도시시스템공학과	고경문, 배재섭, 이채승
중앙대학교	공간디자인	이정은
충북대학교	도시공학과	신희웅
파리 라빌레뜨 국립건축대학	건축전공	도정은
한국자산관리공사		김정란
한동대학교	도시공학과	김현지
한양대학교	도시공학과	장민영, 김효정, 민경민, 박재용
한양대학교	도시대학원 도시설계	손정민
협성대학교	도시공학과	임혜리, 최지숙, 김민균, 김태완, 김성재 고혜나, 길준호, 김효현, 구지현, 신재은 김소연
홍익대학교	도시공학과	임은주, 박찬식, 이지안, 이한별

본 교재 제작을 위해 도면 게재를 허락 해주신 수강생 분들께 이 자리를 빌려 감사의 말씀 드립니다.

작업형 문제 연도별 출제 현황

회차 연도	1회 실기시험	2회 실기시험	4회 실기시험
2010년	*산업단지계획	3자 등고선 단지계획 (105ha)	보전산지 단지계획 (97.6ha)
2011년	등고선 신도시계획 (690ha)	역세권 지구단위계획 (1ha)	*양쪽하천 단지계획 (111.76ha)
2012년	3자 등고선 단지계획 (105ha)	산업단지계획	중앙호수 신도시계획 (500ha)
2013년	등고선 신도시계획 (690ha)	역세권 지구단위계획 (1ha)	양쪽하천 단지계획 (111.76ha)
2014년	*기성시가지 역세권 복합단지 (저수지 문제)	산업단지계획	중앙호수 신도시계획 (500ha)
2015년	보전산지 단지계획 (97.6ha)	3자 등고선 단지계획 (105ha)	양쪽하천 단지계획 (111.76ha)
2016년	산업단지계획	역세권 지구단위계획 (1ha)	*중심 상업지역 지구단위계획
2017년	3자 등고선 단지계획 (105ha)	보전산지 단지계획 (97.6ha)	산업단지계획
2018년	중심 상업지역 지구단위계획	[1차] 기성시가지 역세권 복합단지 (저수지 문제) [2차] 중앙호수 신도시계획	등고선 신도시계획 (690ha) (기출 변형)
2019년	역세권 지구단위계획 (기출 변형)	*기성시가지 이전 적지 계획 (고구마 대상지)	산업단지계획 (기출변형)

연도	1회	2회	3회	4회 / 5회(수시) 통합
2020년	기성시가지 역세권 복합단지 (저수지 문제)	[1차] 보전산지 단지계획 [2차] 3자 등고선 단지계획	[1차] 등고선 신도시 [2차] 중앙호수 신도시계획	기성시가지 이전 적지 계획 (고구마 대상지)

연도	1회 실기시험	2회 실기시험	4회 실기시험
2021년	양쪽하천 단지계획 (111.76ha) (기출 변형)	산업단지계획	3자 등고선 단지계획
2022년	보전산지 단지계획	등고선 신도시	기성시가지 이전 적지 계획 (고구마 대상지)
2023년	양쪽하천 단지계획 (111.76ha) (기출 변형)	등고선 신도시	기성시가지 역세권 복합단지 (저수지 문제)
2024년	기성시가지 이전 적지 계획 (고구마 대상지)	양쪽하천 단지계획 (111.76ha) (기출 변형)	등고선 신도시
2025년	기성시가지 역세권 복합단지 (저수지 문제)	미정	미정

'새로운 유형의 문제'(新유형)가 출제된 연도를 " * " 기호로 표시
2020년의 경우 코로나바이러스감염증-19로 인해 정기 3회 및 수시 5회 시험 추가 실시

Ⅰ-1. 단독주택 단지계획

| 자격종목 | 도시계획기사 | 과제명 | 단독주택 단지계획 |

※ 시험시간: [○ 표준시간:3시간 (연장시간 없음)]

1. 요구사항
※ 아래에서 제시하는 계획 조건을 바탕으로 단지를 계획하시오.
단, 마스터플랜의 축척은 1:1,000으로 한다.

[계획조건]
1. 대상지 단지 면적은 40,000㎡ 이다.
2. 도로 면적은 10,000㎡ 이내(25%이내)로 계획한다.
3. 어린이놀이터는 1,000㎡ 이내로 계획하며, 놀이터를 중심으로 가구(블록)을 배치한다.
4. 한 개 필지의 최소 면적은 300㎡로 계획하며, 단지 내 순주택지 면적은 29,000㎡ 이다.
5. 이상의 면적은 융통성을 발휘하여 계획할 수 있다.
6. 대상지 북측 30m 지역간선도로변에 2대의 버스가 정차 할 수 있게 BUS BAY를 설치한다.

| 자격종목 | 도시계획기사 | 과제명 | 단독주택 단지계획 |

2. 현황도 (N.S)

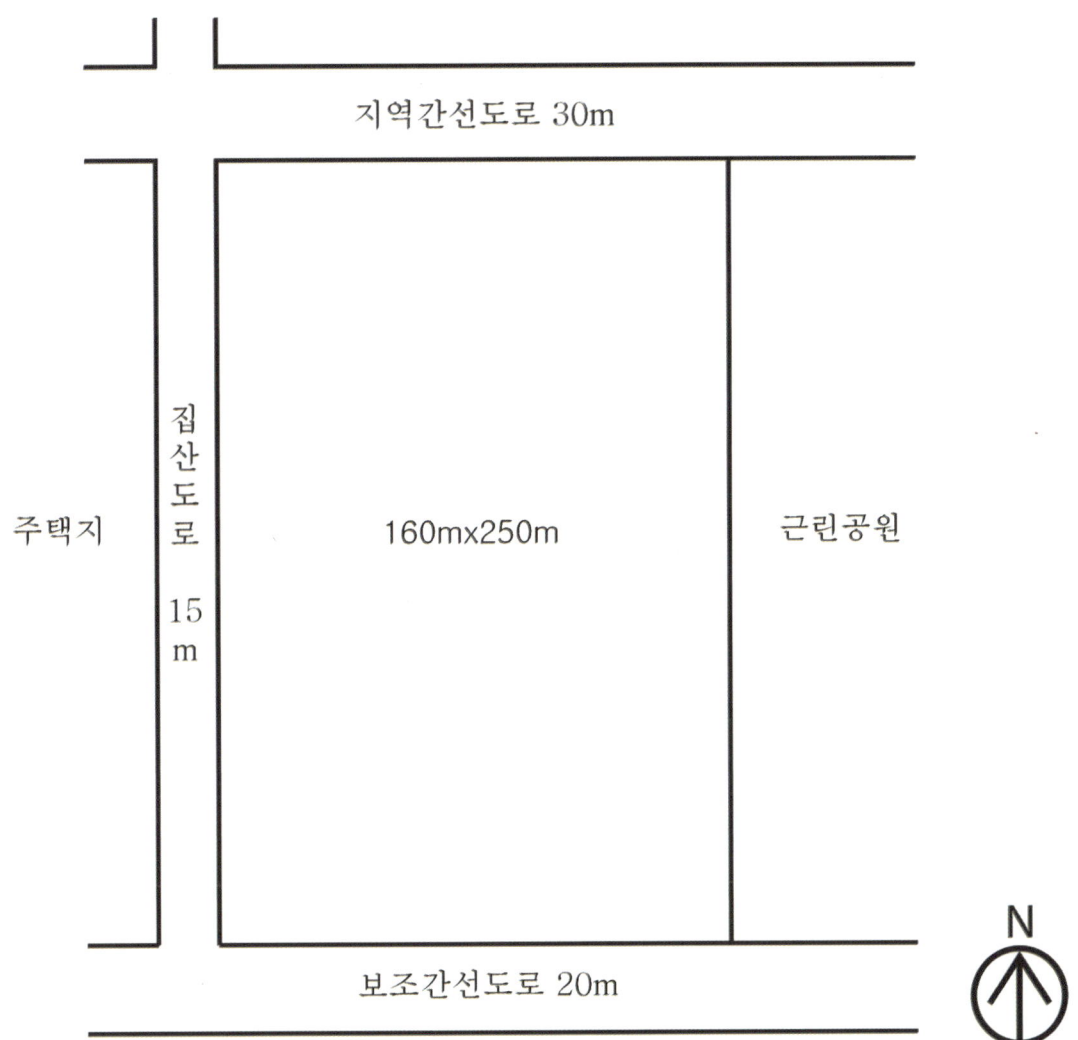

3. 문제 요구 사항 분석
1) 문제 풀이

1. 대상지 단지 면적은 40,000㎡ 이다.
   ▶ 현황도에 제시된 대상지의 **길이(160m×250m)를** 곱하면 **총주택지 면적 (40,000㎡)를** 구할 수 있다.

2. 도로 면적은 10,000㎡ 이내(25%이내)로 계획한다.
   ▶ 대상지의 도로 면적이 문제에서 제시 된 비율로 토지이용계획표에 작성되어야 한다. "토지이용계획표 기본 예시"를 참조한다.

3. 어린이놀이터는 1,000㎡ 이내로 계획하며, 놀이터를 중심으로 가구(블록)을 배치한다.
   ▶ 단독 필지 및 가구 구성 후 **대상지 중심에 어린이놀이터를 배치**한다.

4. 한 개 필지의 최소 면적은 300㎡로 계획하며, 단지 내 순주택지 면적은 29,000㎡ 이다.
5. 이상의 면적은 융통성을 발휘하여 계획할 수 있다.
   ▶ 단독주택 필지 면적은 300㎡이다. 순주택지 면적이 29,000㎡로 제시되어 있으므로 단독의 필지 수는 약 96여개(29,000㎡÷300㎡)로 계획한다.
   단, 문제 조건에 따라 필지 개수는 융통성을 발휘할 수 있다.
   (풀이) 300㎡ × (X= 필지개수 또는 세대수)=29,000㎡ ▶ X=96

6. 대상지 북측 30m 지역 간선도로변에 2대의 버스가 정차할 수 있게 BUS BAY를 설치한다.
   ▶ 단지 내부 동선과 연계된 BUS BAY를 계획한다.

버스 정류장 (Bus Bay) 계획도면 샘플

2) 계획 개요
① 기본 예시

- 단지 총면적 : 40,000㎡
- 도로 면적 : 9,800㎡
- 단독주택지 내 필지 면적: 300㎡
- 어린이놀이터 면적: 880㎡
- 순주택지 면적: 27,600㎡

② 수강생 작품 (작도: 김효정, 백현아)

설계개요
- 단지면적 : 40,000㎡
- 도로면적 : 10,000㎡ 이내
- 어린이놀이터: 1,000㎡ 이내
- 단지내 순주택지면적: 29,000㎡
- 이상의 면적 융통성 발휘 가능
- 어린이놀이터중심으로 가구배치
- 북측에 BUS BAY 설치

설계개요
- 단지 면적 : 40,000㎡
- 도로 면적 : 10,000㎡
- 어린이 놀이터 : 1,000㎡ 이내
- 한 필지 최소면적 : 300㎡
- 순 주택지 면적 : 29,000㎡

3) 기본 구상
① 기본 예시

- 간선도로변에 완충녹지를 계획하여 소음 및 공해 차단
- 어린이놀이터를 단지 중심에 계획하고 보행자 도로와 연계하여 각 주호군으로부터 접근성 향상
- 대상지 북측의 BUS BAY와 단지 내 보행자도로를 연결하여 보행자 중심의 동선 계획
- 대상지 서측 집산도로로부터 단지 내로 진입할 수 있는 출입구를 계획

② 수강생 작품 (작도: 백현아)

기본구상
- 단지 중심에 어린이놀이터를 두어 각 주호군의 균등한 접근성 부여
- 북측에 완충녹지를 두어 쾌적한 주거환경 조성
- 주변지역과 단지중심시설이 연계되도록 보행자축 형성

4) 토지이용계획표

① 기본 예시

구분	용도	면적(㎡)	구성비(%)	비고
총계		40,000	100	-
주택용지	단독주택	27,600	69	-
공공시설 용지	어린이놀이터	880	2.2	-
	완충녹지	1,560	3.9	-
	도로	9,960	24.9	Bus Bay, 보행자도로 포함

② 수강생 작품 (작도: 김효정, 백현아)

토지이용계획표

구분	용도	면적(㎡)	구성비(%)	비고
주택용지	단독주택	28,000	70	
공공시설	도로	8,960	22.4	BUS BAY 포함
	어린이놀이터	1,440	3.6	
녹지	완충녹지	1,600	4	
총계	전체	40,000	100	

토지이용계획표

구분	용도	면적(㎡)	비율(%)	비고
주택용지	단독주택	27,000	67.5	
공공시설	도로	10,000	25.0	Bus Bay 포함
	어린이놀이터	1,000	2.5	
녹지	완충녹지	2,000	5.0	
총계		40,000	100.0	

4. 도면 작품

■ 전체 도면 (작도: 백현아)

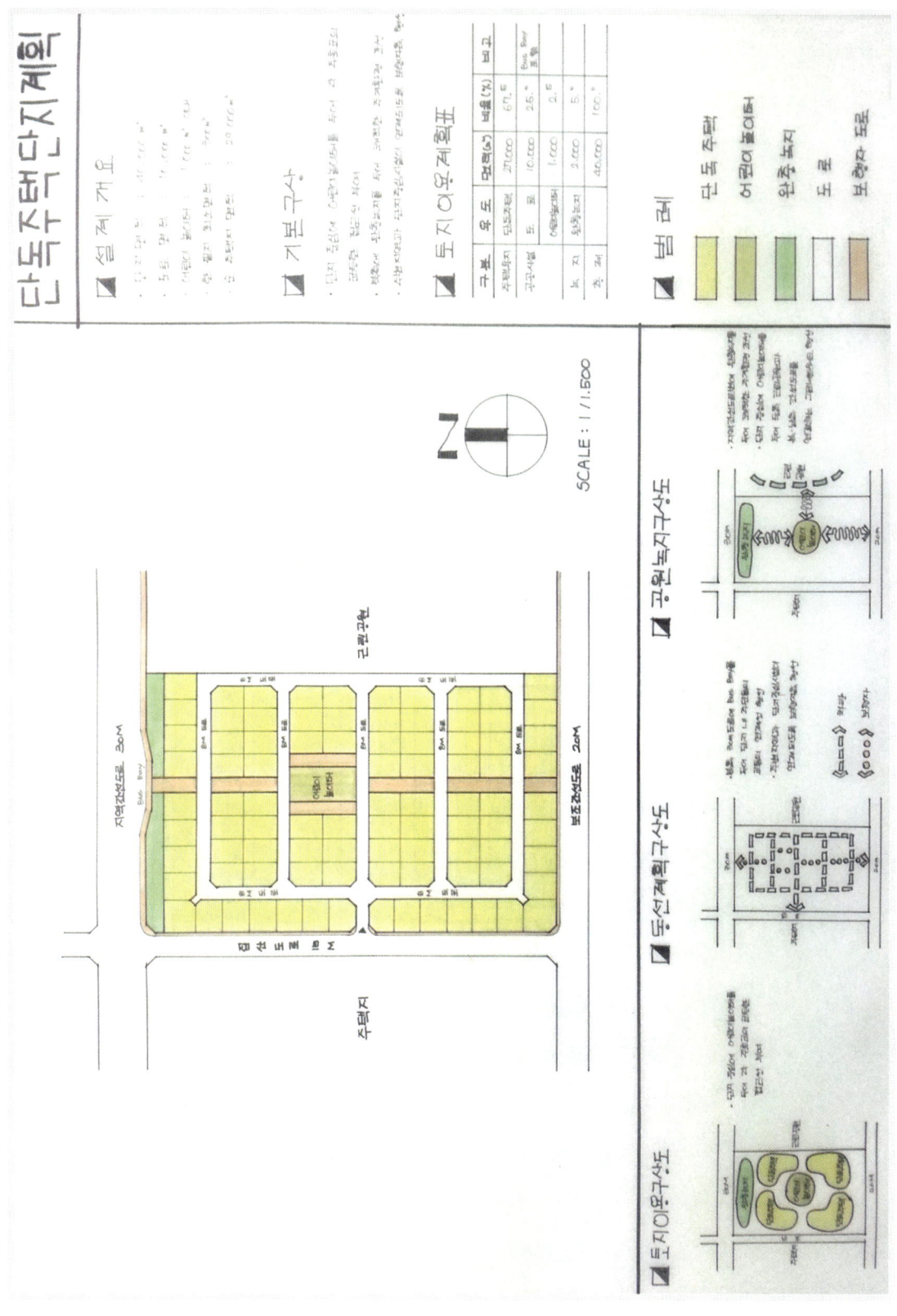

■ 전체 도면 (작도: 김효정)

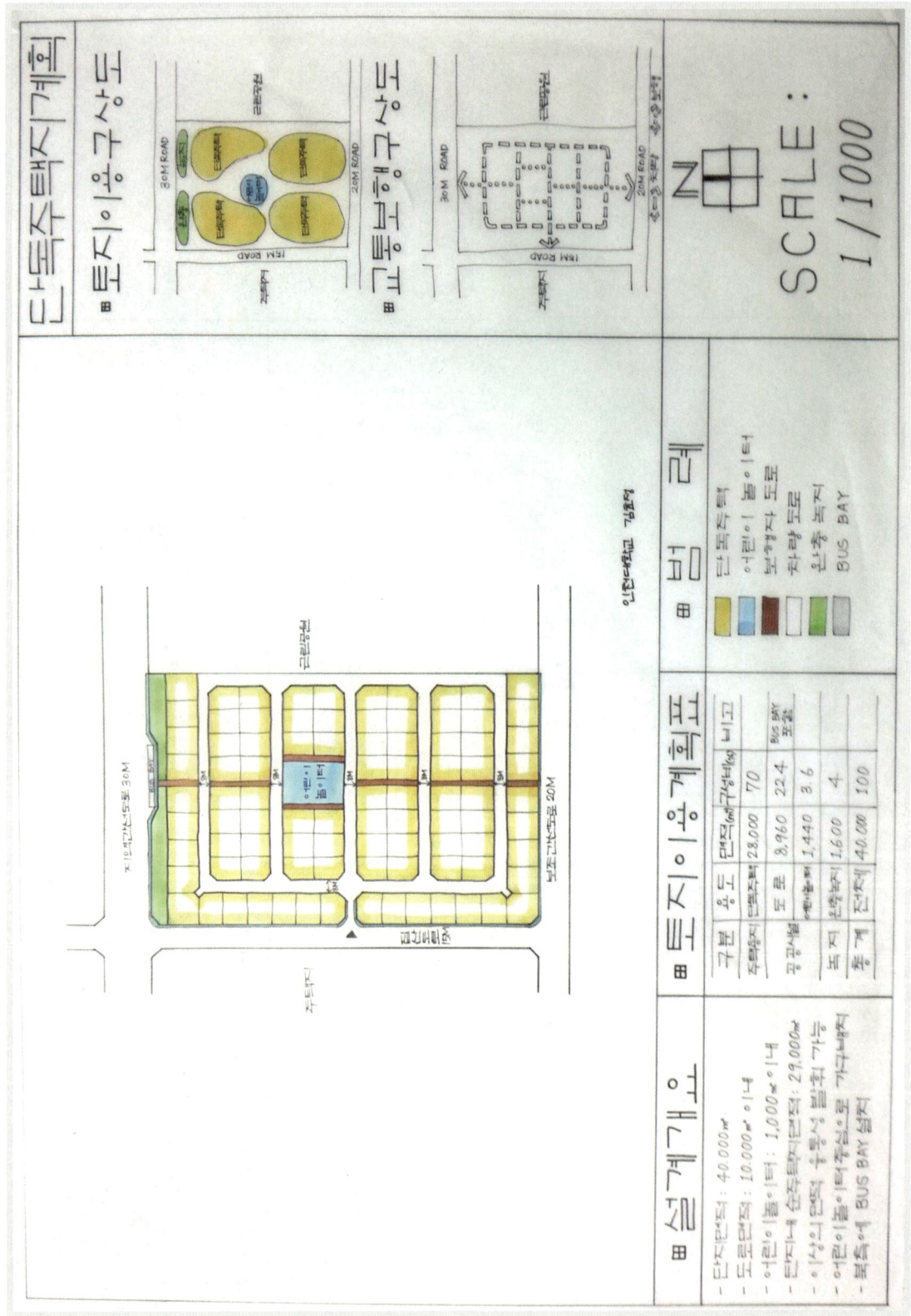

5. 구상도 표현 기법 (작도: 백현아, 김민숙)

- 토지이용 구상도

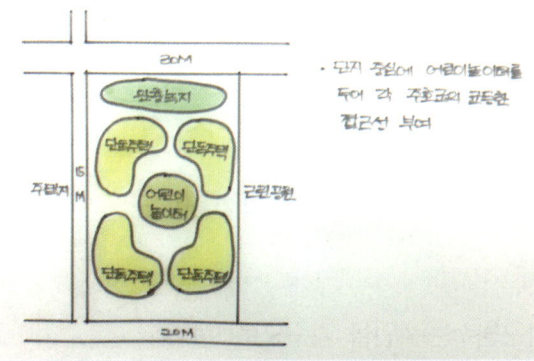
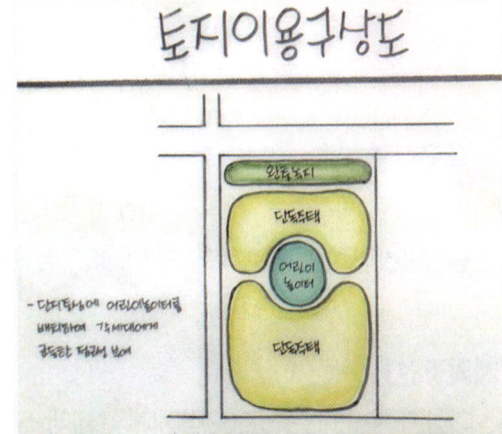

- 가로망(동선) 구상도

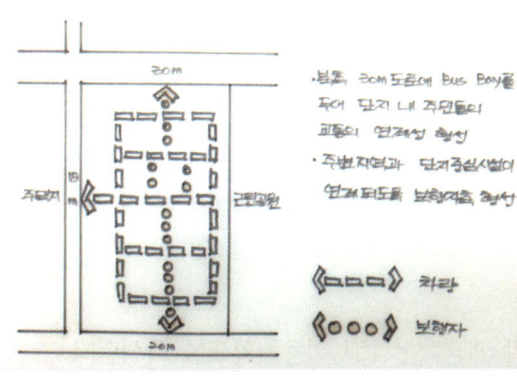
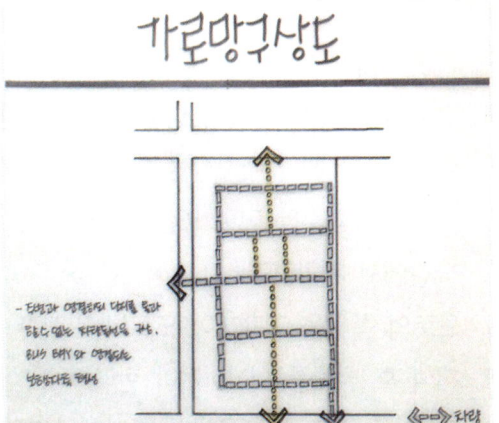

- 공원&녹지 구상도

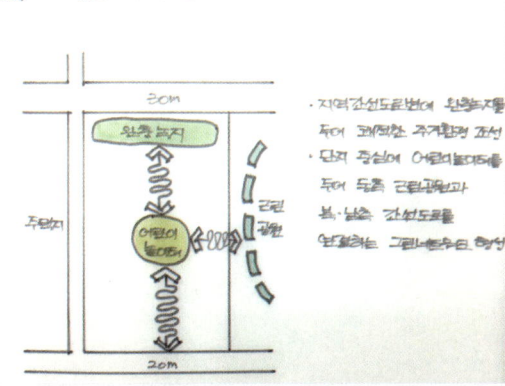
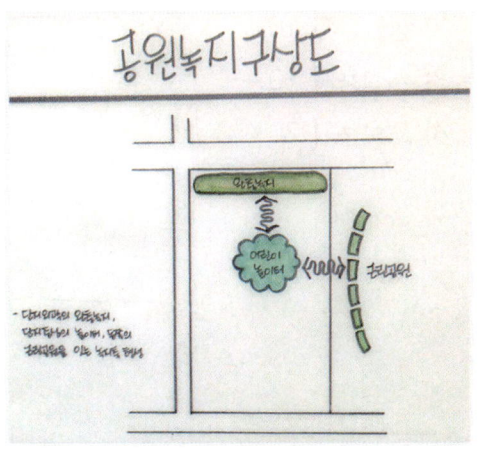

I-2. 양쪽공지 단지계획

| 자격종목 | 도시계획기사 | 과제명 | 단지계획 |

※ 시험시간: [○ 표준시간:3시간 (연장시간 없음)]

1. 요구사항

※ 아래에서 제시하는 계획 조건을 바탕으로 단지를 계획하시오.
　단, 마스터플랜의 축척은 1:1,500으로 한다.

[계획조건]

1. 대상지 총인구는 5,000명이며, 1세대 당 가구원수는 4인을 기준으로 한다.
2. 공동주택은 가구 당 100㎡의 면적이 되도록 한다.
3. 단독주택 가구의 최소, 최대 길이는 다음과 같다.
　　1) 최소가구: 40m×120m
　　2) 최대가구: 50m×140m
4. 단지 내부 도로 형태는 링형 또는 루프형태로 한다.
5. 주차시설은 지하 주차장을 이용하는 것을 전제로 하고, 본 도면에서는 생략한다.
6. 주어진 세대수를 미달 또는 초과하거나, 세대수 및 개요를 쓰지 않을 경우 채점 대상에서 제외한다.
7. 도로의 폭원을 기재하여 도로의 위계가 구분이 되도록 도로망 계획을 한다.
8. 채색 후 범례를 제시하여야 한다.
9. 구상도의 계획 개념을 서술하여야 하며, 계획 개념에는 토지이용계획표를 작성한다.
　단, 용지율은 다음의 조건을 준수한다.
　　1) 주거용지 60%
　　2) 공원용지 10%
　　3) 시설용지 10%
　　4) 도로용지 20%

| 자격종목 | 도시계획기사 | 과제명 | 단지계획 |

2. 현황도 (N.S)

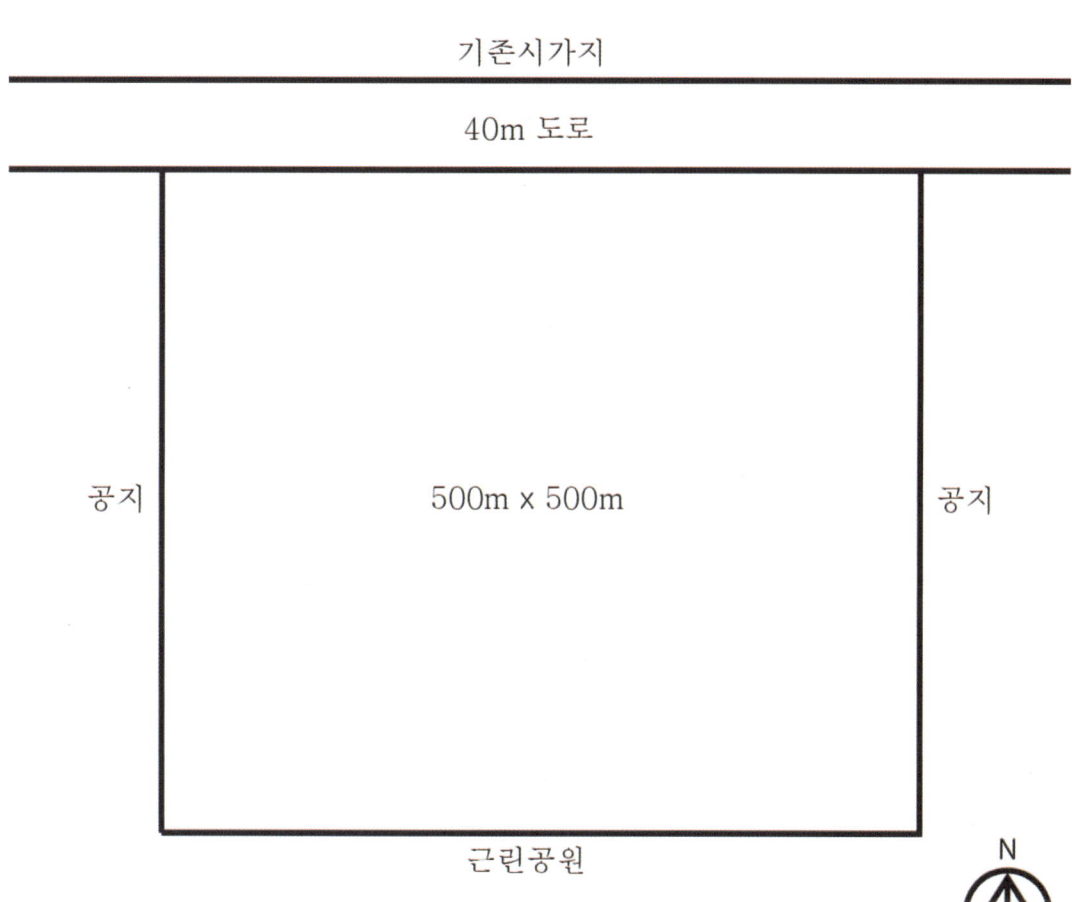

3. 문제 요구 사항 분석
1) 문제 풀이

1. 대상지 총인구는 5,000명이며, 1세대 당 가구원수는 4인을 기준으로 한다.
   ▶ 대상지 세대수는 5,000명÷4인=1,250세대. 세대 당 인원을 2인 또는 2.5인으로 가정할 경우 2,500세대 또는 2,000세대로 계획할 수 있다.

2. 공동주택은 가구 당 100㎡의 면적이 되도록 한다. ▶ 1호당 면적 10m×10m=100㎡

3. 단독주택 가구의 최소, 최대 길이는 다음과 같다.

   1) 최소가구: 40m×120m   2) 최대가구: 50m×140m

   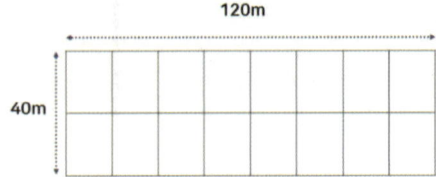 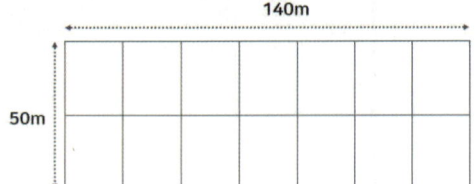

   ➥ **단독의 필지 면적을 300㎡ 또는 500㎡ 중 선택**하여 단독주택을 계획할 수 있다.

4. 단지 내부 도로 형태는 링형 또는 루프형태로 한다.
   ▶ 단지 내부 집산도로에서의 통과교통이 생기지 않도록 링형 또는 루프형으로 계획한다.

5. 주차시설은 지하 주차장을 이용하는 것을 전제로 하고, 본 도면에서는 생략한다.

6. 주어진 세대수를 미달 또는 초과하거나, 세대수 및 개요를 쓰지 않을 경우 채점 대상에서 제외한다.
   ▶ 세대수 계산을 신중하게 하고, 시간이 부족해도 반드시 개요를 작성하도록 한다.

7. 도로의 폭원을 기재하여 도로의 위계가 구분이 되도록 도로망 계획을 한다.
   ▶ 주간선, 보조간선, 집산도로, 국지도로 등의 위계가 구분 되도록 도면을 작성한다.

8. 채색 후 범례를 제시하여야 한다.

9. 구상도의 계획 개념을 서술하여야 하며, 계획 개념에는 토지이용계획표를 작성한다.
   (단, 용지율은 다음의 조건을 준수한다.)

   1) 주거용지 60%   2) 공원용지 10%   3) 시설용지 10%   4) 도로용지 20%

   ▶ 문제에서 제시 된 비율로 토지이용계획표를 작성해야 한다.
      (토지이용계획표 기본 예시 참조)

2) 계획 개요

① 기본 예시

- 단지 총면적 : 250,000㎡ = 25ha
- 단지 총인구 : 5,000명
- 전체 세대수 : 1,250세대
  - 공동주택(10층) 640세대 (4호, 16동)
  - 공동주택(5층)   440세대 (4호, 22동)
  - 단독주택(1층)   170세대
- 총인구밀도: 200인/ha
- 단독주택 필지 면적: 300㎡
- 공동주택 가구 면적: 100㎡

② 수강생 작품 (작도: 강규진, 백현아)

설계 개요
- 면 적 : 250,000㎡
- 전체인구 : 5,000인
- 전체 세대수 : 1,250세대
  - 단독주택 : 170세대
  - 공동주택(5F) : 440세대
  - 공동주택(10F) : 640세대
- 인구밀도 : 200인/ha
- 호수밀도 : 50인/ha
- 단독주택 필지 단위면적 : 300㎡
- 공동주택의 평균가구 크기 : 100㎡

설계 개요
- 단지 면적 : 250,000㎡
- 수용 인구 : 5,000명
- 전체 세대수 : 2,000세대
  - 단독주택 : 280세대
  - 공동주택(10층) 640세대 (16동 4호)
  - 공동주택(15층) 1,080세대 (18동 4호)
- 세대당 인구 : 2.5인/세대
- 인구 밀도 : 200인/ha
- 단독주택 필지면적 : 200㎡
- 공동주택 가구 면적 : 100㎡

3) 기본 구상

- 수강생 작품 (작도: 강규진)

설계구상
- 북쪽에 고층 아파트를 배치하고, 중앙에는 중층 아파트를 배치하며, 남쪽에는 단독주택을 배치하여 북고남저의 SKYLINE을 형성.
- 단지 내 도로는 링형으로 계획하여 통과교통 배제.
- 단지 중앙에 공공시설 (초등학교, 커뮤니티시설, 근린공원, 상업시설)을 배치하여 접근성을 향상시킴
- 초등학교와 연계하여 어린이공원·어린이놀이터·마을운고 배치
- 커뮤니티시설과 연계하여 관리사무소·노인정 배치

4) 토지이용계획표

[예시1]

구분	용도	면적(㎡)	구성비(%)	비고
주거용지	단독주택	51,000	20	-
	공동주택 (10층)	41,000	17	-
	공동주택 (5층)	58,000	23	-
	소계	150,000	60	-
시설용지	상업	7,000	2.8	-
	초등학교	7,000	2.8	-
	커뮤니티시설	7,000	2.8	-
	어린이놀이터	1,200	0.48	-
	관리사무소	300	0.12	-
	노인정	300	0.12	-
	도서관	300	0.12	-
	주차장	1,500	0.6	-
	소계	24,600	9.84	-
공원용지	근린공원	8,500	3.4	-
	어린이공원	1,000	0.4	-
	완충녹지	14,900	5.96	-
	소공원	1,000	0.4	-
	소계	25,400	10.16	-
도로용지	도로	50,000	20	보행자 도로 포함
총계		250,000	100	-

[예시2]

구분		면적(㎡)	구성비(%)	비고
총계		250,000	100	-
주택 용지	소계	127,000	50.8	-
	단독주택	51,000	20.4	-
	공동주택 (10층)	32,000	12.8	-
	공동주택 (5층)	44,000	17.6	-
공공 시설 용지	소계	123,000	49.2	-
	상업	8,500	3.4	-
	초등학교	8,500	3.4	-
	커뮤니티시설	8,500	3.4	-
	어린이놀이터	1,200	0.48	-
	관리사무소	300	0.12	-
	노인정	300	0.12	-
	도서관	300	0.12	-
	주차장	1,500	0.6	-
	근린공원	8,500	3.4	-
	어린이공원	1,000	0.4	-
	완충녹지	14,900	5.96	-
	소공원	1,000	0.4	-
	도로	68,500	27.4	보행자 도로 포함

4. 도면 작품

■ 전체 도면 (작도: 백현아)

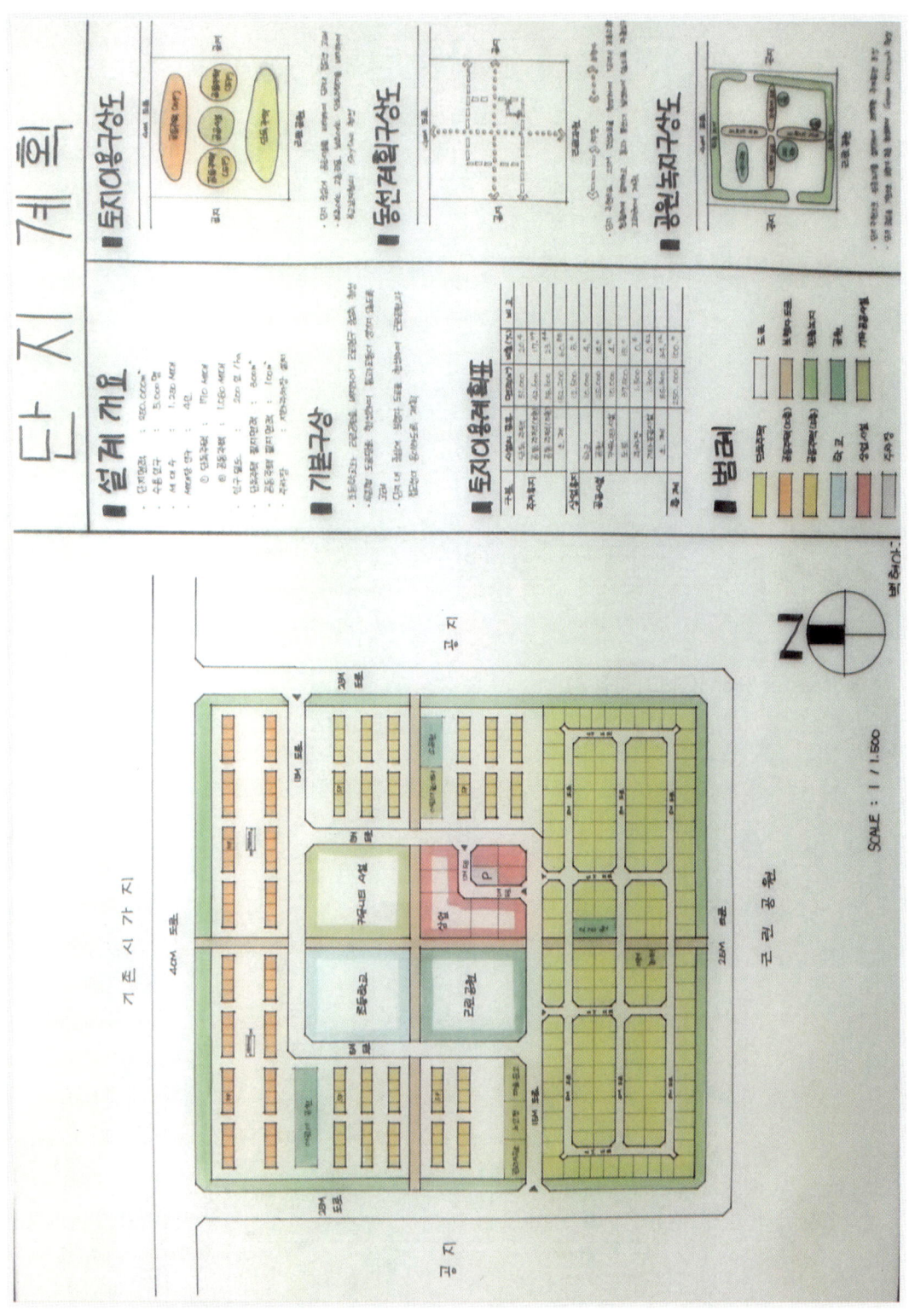

- Master Plan (작도: 한승찬)

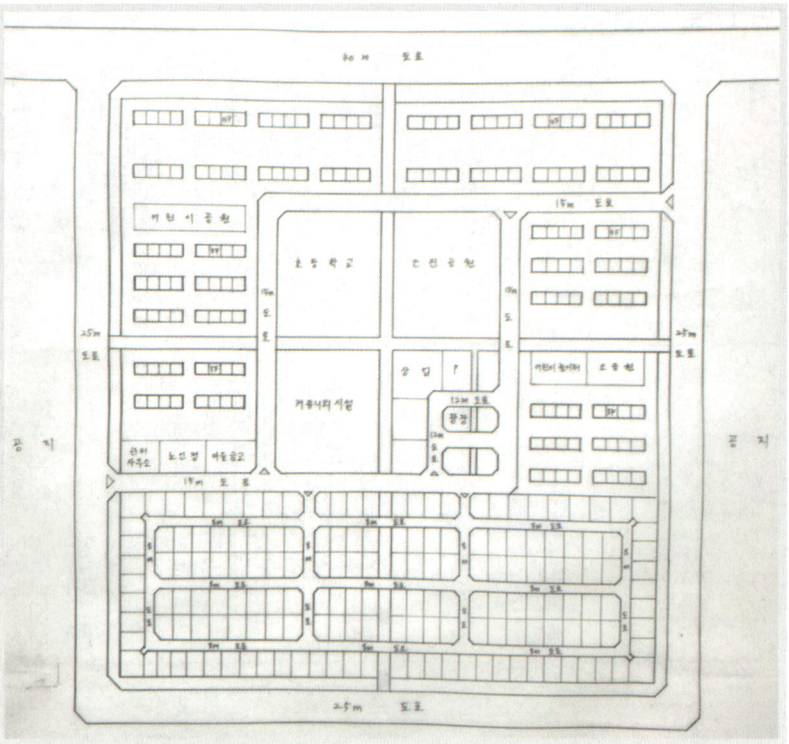

- Master Plan (작도: 김정우)

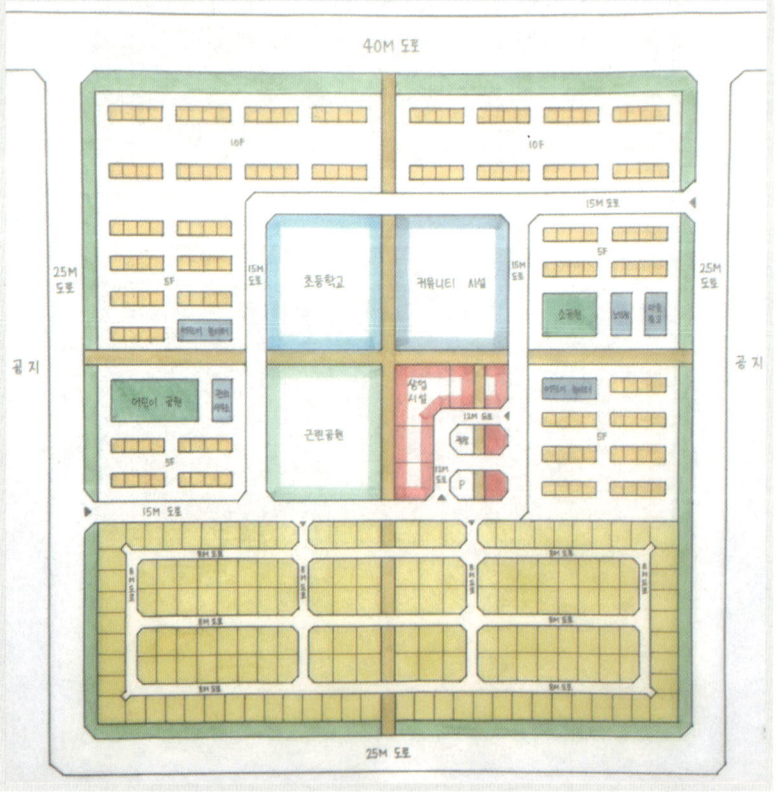

5. 구상도 표현 기법 (작도: 백현아, 김민숙, 한마음)

- 토지이용 구상도

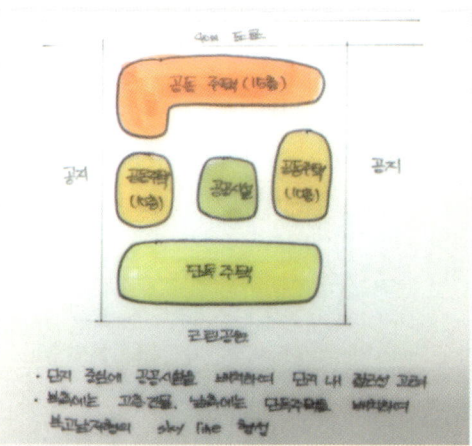
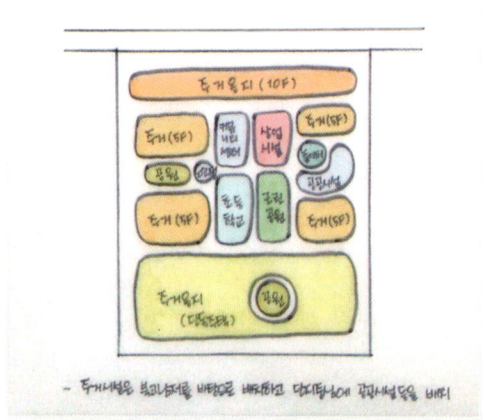

- 가로망(동선) 구상도

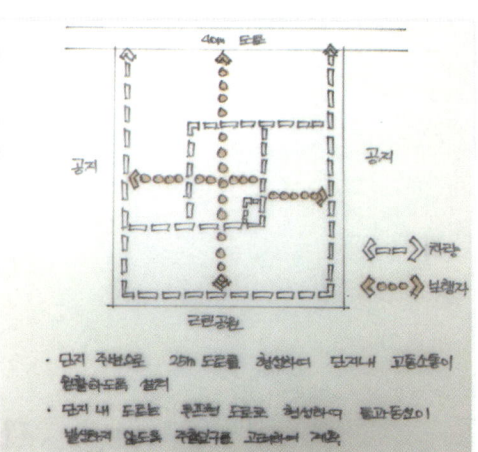
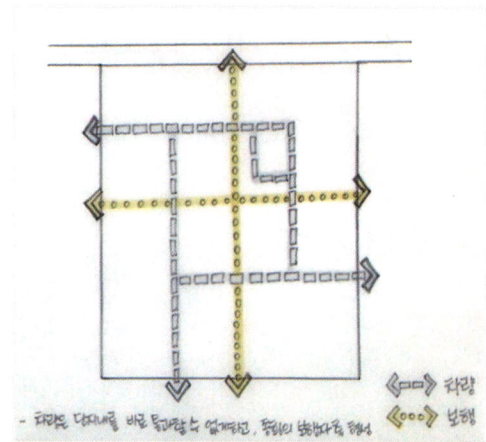

- 공원&녹지 구상도

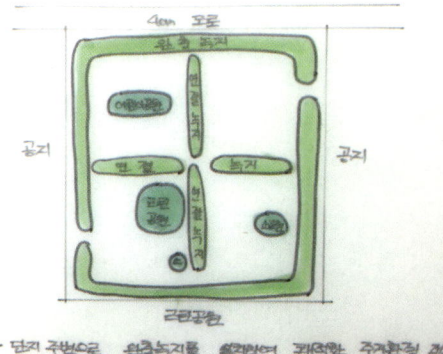
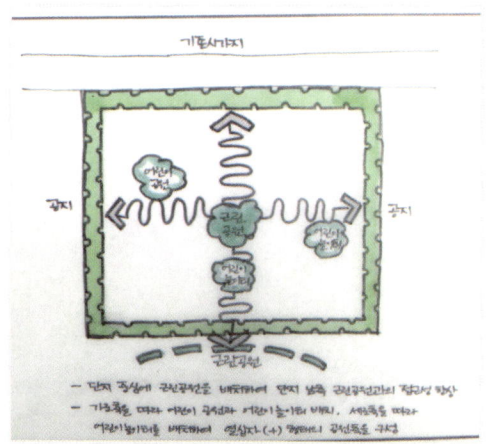

6. 도면 작도 방법

■ 1단계

■ 2단계

■ 3단계

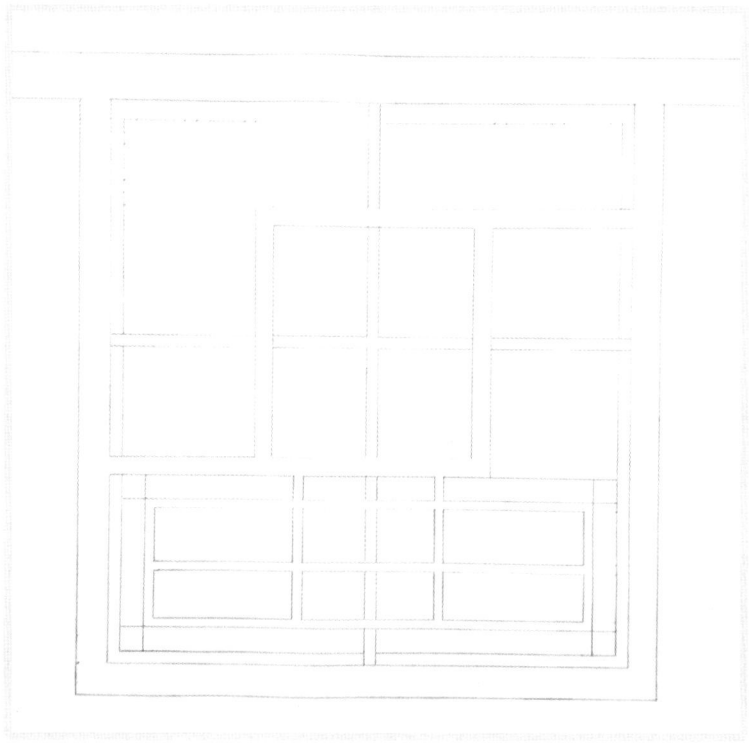

■ 4단계

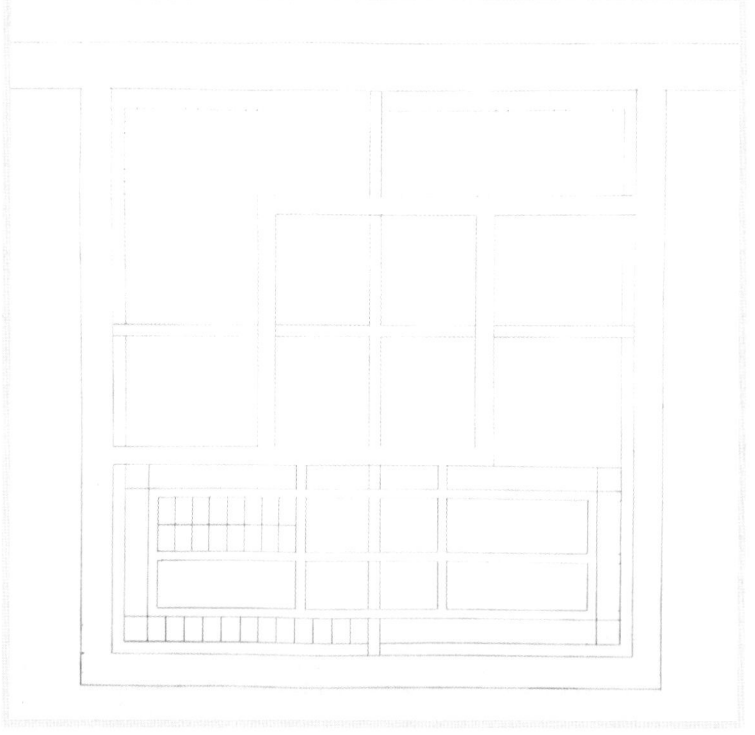

I-3. 수영장 단지계획

자격종목	도시계획기사	과제명	단지계획

※ 시험시간: [○ 표준시간:3시간 (연장시간 없음)]

1. 요구사항
※ 아래에서 제시하는 계획 조건을 바탕으로 단지를 계획하시오.
　단, 마스터플랜의 축척은 1:2,000으로 한다.

[계획조건]
1. 현황도에 주어진 계획 대상지의 면적 산출 과정을 제시하고, 아래와 같이 주거별 인구밀도 구성하여야 한다. 단, 주거형태별 인구 구성은 산출 과정을 포함하여 내용에서 제시하여야 한다.
　1) 총 인구 밀도는 150인/ha이고, 1세대 당 가구원수는 3인을 기준으로 한다.
　2) 단독주택과 공동주택의 비율은 1:9, 공동주택 중 아파트와 연립의 비율은 7:3이 되도록 계획한다.
　3) 단독주택은 1세대 당 200㎡, 공동주택은 가구 당 100㎡의 면적이 되도록 한다.
2. 계획 대상지의 지형 조건 및 특징은 다음과 같다.
　1) 북쪽이 높고 남쪽이 낮은 지역이다.
　2) 지형의 경사도는 4%이다.
　3) 서측 남북도로의 폭원은 감소한다.
3. 왼쪽 하단 대로3류와 대로1류가 만나는 지점은 지구의 중심 지역이며, 서측의 기성시가지의 상업시설이 부족하다.
4. 상업지역의 면적은 전체 면적의 5%이다.
5. 계획 인구 규모에 필요한 시설(학교, 공원, 공공시설 등)을 배치하고, 시설 설치 면적과 수요(개소)를 언급하여야 한다. 기타 단지 내 시설에 관한 내용은 관련 법령을 준용한다.
6. 주차시설은 지하 주차장을 이용하는 것을 전제로 하고, 본 도면에서는 생략한다.
7. 아파트는 12층 이하로 한다.
8. 공동주택의 배치는 반드시 해야 한다.
9. 주어진 세대수를 미달 또는 초과하거나, 세대수 및 개요를 쓰지 않을 경우 채점 대상에서 제외한다.
10. 도로의 폭원을 기재하지 않을 경우 채점 대상에서 제외되며, 도로의 위계가 구분이 되도록 도로망 계획을 한다.
11. 채색 후 범례를 제시하여야 한다.
12. 구상도의 계획 개념을 서술하여야 하며, 계획 개념에는 토지이용계획표를 작성한다.

자격종목	도시계획기사	과제명	단지계획

2. 현황도 (N.S)

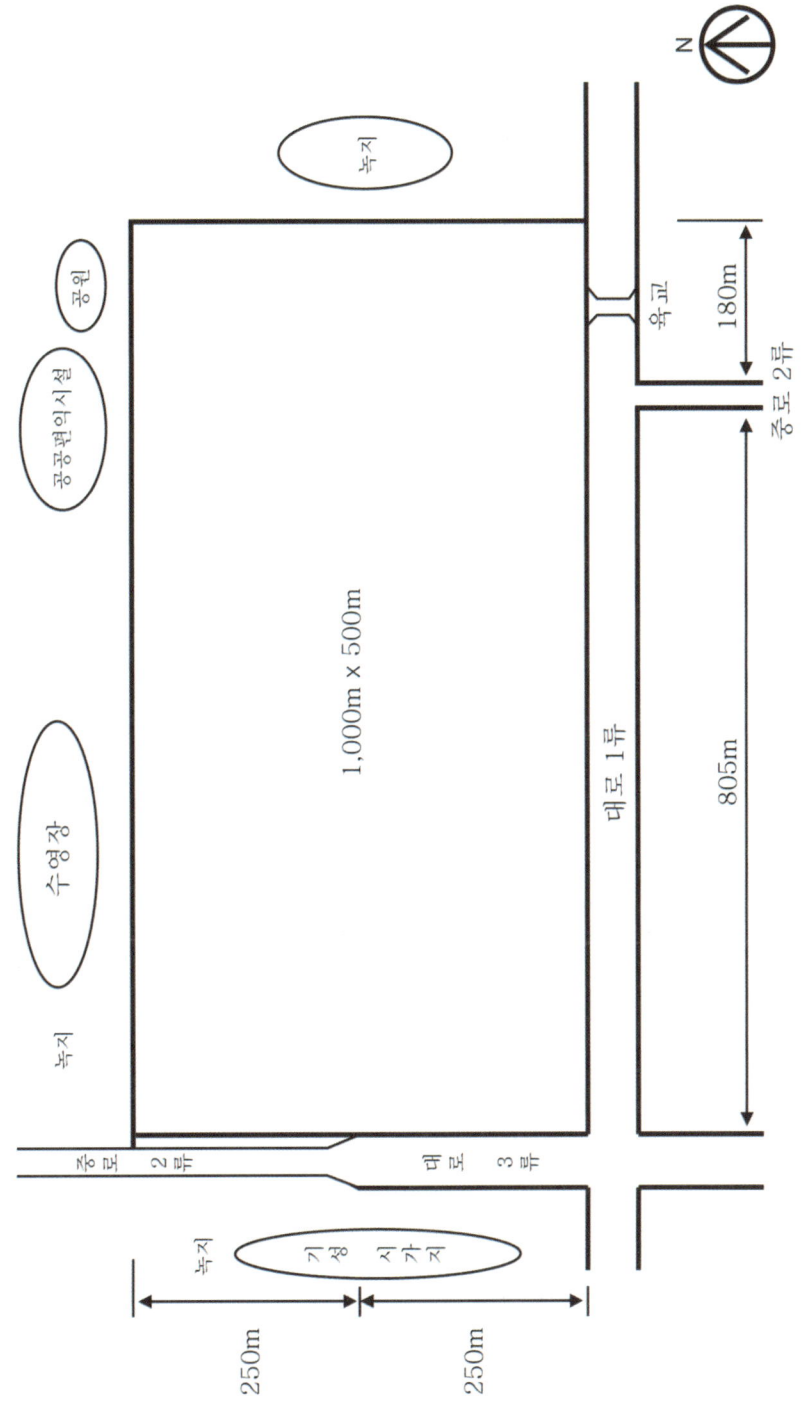

3. 문제 요구 사항 분석
1) 문제 풀이

1. 1) 총 인구 밀도는 150인/ha이고, 1세대 당 가구원수는 3인을 기준으로 한다.
   ▶ 대상지 면적: 1,000m×500m=500,000㎡=50ha
     대상지 인구: 50ha×150인/ha=7,500명
     대상지 세대수: 7,500명÷3인=2,500세대
   2) 단독주택과 공동주택의 비율은 1:9,
      공동주택 중 아파트와 연립의 비율은 7:3이 되도록 계획한다.
   ▶ ① 아파트 [10층] 2,500세대×0.9×0.7÷10층÷8호=19.68동
         ∴ 10층×8호×20동=1,600세대
      ② 연립 [4층] 2,500세대×0.9×0.3÷4층÷4호=42.19동
         ∴ 4층×4호×42동=672세대
      ③ 단독 [1층] 2,500세대(전체세대수)-1,600세대(아파트)-672세대(연립)=228세대
   3) 단독주택은 1세대 당 200㎡, 공동주택은 가구 당 100㎡의 면적이 되도록 한다.
   ▶ 단독주택 필지는 12.5m×16m=200㎡,
     공동주택 가구는 10m×10m=100㎡이 되도록 계획한다.

2. 계획 대상지의 지형 조건 및 특징은 다음과 같다.
   1) 북쪽이 높고 남쪽이 낮은 지역이다.
   ▶ 북고남저형 지형이다. 북쪽에는 저층, 남쪽에는 고층 건물이 입지할 수 있다.
   2) 지형의 경사도는 4%이다.
   ▶ 경사도$(4\%) = \dfrac{높이(20m)}{거리(500m)} \times 100$

3. 왼쪽 하단 대로3류와 대로1류가 만나는 지점은 지구의 중심 지역이며, 서측의
   기성시가지의 상업시설이 부족하다.
4. 상업지역의 면적은 전체 면적의 5%이다.
   ▶ 상업 면적: 전체 대상지 면적(50ha)의 5%
     ∴ 50ha×0.05=2.5ha=25,000㎡≒158m×158m
     상업지역은 문제 조건에 의해 대상지 내 왼쪽 하단에 배치된다.

5. 계획 인구 규모에 필요한 시설(학교, 공원, 공공시설 등)을 배치하고, 시설 설치 면적과
   수요(개소)를 언급하여야 한다. 기타 단지 내 시설에 관한 내용은 관련 법령을 준용한다.
   ▶ 대상지 내 시설은 "도시·군 계획 시설의 결정·구조 및 설치기준에 관한 규칙"을
     준용하여 배치한다.

6. 주차시설은 지하 주차장을 이용하는 것을 전제로 하고, 본 도면에서는 생략한다.

7. 아파트는 12층 이하로 한다.
   ▶ 기사 시험에서 자주 사용되는 아파트 층수는 5층, 10층, 15층이나
     이 문제에서는 15층 배치가 불가능하다.

8. 공동주택의 배치는 반드시 해야 한다.
   ▶ 아파트 및 연립주택의 주동 배치를 반드시 한다.

9. 주어진 세대수를 미달 또는 초과하거나, 세대수 및 개요를 쓰지 않을 경우 채점 대상에서 제외한다.
   ▶ 세대수 계산이 틀릴 경우 실격 사유에 해당된다.

10. 도로의 폭원을 기재하지 않을 경우 채점 대상에서 제외되며, 도로의 위계가 구분이 되도록 도로망 계획을 한다.
    ▶ 도로의 폭원을 적지 않을 경우 실격 사유에 해당된다.
      도로의 구분 중 규모별 구분에 대한 내용을 숙지한 후 정확한 범위 내의 폭원을 기재할 수 있도록 한다.

□ 참고
1. 단독주택 [단독주택의 형태를 갖춘 가정어린이집·공동생활가정·지역아동센터 및 노인복지시설(노인복지주택은 제외한다)을 포함한다]
   가. 단독주택
   나. 다중주택: 다음의 요건을 모두 갖춘 주택을 말한다.
     1) 학생 또는 직장인 등 여러 사람이 장기간 거주할 수 있는 구조로 되어 있는 것
     2) 독립된 주거의 형태를 갖추지 아니한 것
     3) 1개 동의 주택으로 쓰이는 바닥면적의 합계가 330제곱미터 이하이고 주택으로 쓰는 층수(지하층은 제외한다)가
        3개 층 이하일 것
   다. 다가구주택: 다음의 요건을 모두 갖춘 주택으로서 공동주택에 해당하지 아니하는 것을 말한다.
     1) 주택으로 쓰는 층수(지하층은 제외한다)가 3개 층 이하일 것. 다만, 1층의 전부 또는 일부를 필로티 구조로
        하여 주차장으로 사용하고 나머지 부분을 주택 외의 용도로 쓰는 경우에는 해당 층을 주택의 층수에서 제외한다.
     2) 1개 동의 주택으로 쓰이는 바닥면적(부설 주차장 면적은 제외한다. 이하 같다)의 합계가 660제곱미터 이하일 것
     3) 19세대(대지 내 동별 세대수를 합한 세대를 말한다) 이하가 거주할 수 있을 것
   라. 공관(公館)

2. 공동주택 [공동주택의 형태를 갖춘 가정어린이집·공동생활가정·지역아동센터·노인복지시설(노인복지주택은 제외한다)
   및 「주택법 시행령」 제3조제1항에 따른 원룸형 주택을 포함한다]. 다만, 가목이나 나목에서 층수를 산정할 때 1층
   전부를 필로티 구조로 하여 주차장으로 사용하는 경우에는 필로티 부분을 층수에서 제외하고, 다목에서 층수를
   산정할 때 1층의 전부 또는 일부를 필로티 구조로 하여 주차장으로 사용하고 나머지 부분을 주택 외의 용도로 쓰는
   경우에는 해당 층을 주택의 층수에서 제외하며, 가목부터 라목까지의 규정에서 층수를 산정할 때 지하층을 주택의
   층수에서 제외한다.
   가. 아파트: 주택으로 쓰는 층수가 5개 층 이상인 주택
   나. 연립주택: 주택으로 쓰는 1개 동의 바닥면적(2개 이상의 동을 지하주차장으로 연결하는 경우에는 각각의 동으로 본다)
       합계가 660제곱미터를 초과하고, 층수가 4개 층 이하인 주택
   다. 다세대주택: 주택으로 쓰는 1개 동의 바닥면적 합계가 660제곱미터 이하이고, 층수가 4개 층 이하인 주택
       (2개 이상의 동을 지하주차장으로 연결하는 경우에는 각각의 동으로 본다)
   라. 기숙사: 학교 또는 공장 등의 학생 또는 종업원 등을 위하여 쓰는 것으로서 1개 동의 공동취사시설 이용 세대수가
       전체의 50퍼센트 이상인 것(「교육기본법」 제27조제2항에 따른 학생복지주택을 포함한다)

2) 계획 개요

- 단지 총면적 : 1,000m×500m=500,000㎡=50ha
- 단지 총인구 : 7,500명
- 전체 세대수 : 2,500세대
  - 아파트(10층): 1,600세대(8호, 20동) 연립주택(4층): 672세대(4호, 42동)
  - 단독주택(1층): 228세대
- 단독주택 필지 면적: 200㎡
- 공동주택 가구 면적: 100㎡
- 총인구밀도: 150인/ha

3) 기본 구상

- 단지 내 학교 및 근린공원과 같은 공공시설은 중심에 배치하여 각 주호군으로부터 편리한 접근성 부여
- 대상지 주변의 간선도로변에 완충녹지를 계획하여 각종 공해 및 소음 차단
- 공원, 녹지, 오픈스페이스를 단지 내 균등하게 배치하여 주민들의 휴식 공간 제공
- 왼쪽 하단 대로가 만나는 지점은 지구의 중심지역이고, 대상지 서측에 상업 시설이 부족하므로 상업 시설을 왼쪽 하단(남서측) 위치에 배치
- 대상지 경사도를 고려하여 북측에는 단독(저층), 중간은 연립(중층), 남측은 아파트(고층) 주거지를 배치하여 전체적인 스카이라인을 고려
- 남측의 육교와 북측의 공원 및 편익 시설을 보행자전용도로로 연계

4) 토지이용계획표

구분	용도	면적(㎡)	구성비(%)	비고
	총계	500,000	100	-
주택용지	소계	251,000	50.2	-
	단독주택	50,000	10	-
	공동주택 (10층)	91,000	18.2	-
	연립주택 (4층)	110,000	22	-
공공시설용지	소계	249,000	49.8	-
	상업 용지	25,000	5	-
	교육시설	11,000	2.2	유치원2, 초등학교1
	커뮤니티시설	13,000	2.6	-
	근린공원	12,000	2.4	-
	어린이공원	6,300	1.26	어린이공원3
	소공원	2,800	0.56	소공원5
	근린광장	11,000	2.2	-
	완충녹지	28,600	5.72	-
	어린이놀이터	3,750	0.75	어린이놀이터4
	관리사무소	500	0.1	-
	노인정	500	0.1	-
	도서관	500	0.1	-
	기타 주민공동시설	26,750	5.35	-
	도로	104,300	20.86	보행자도로 포함
	주차장	3,000	0.6	-

4. 도면 작품
■ 전체 도면 (작도: 이일)

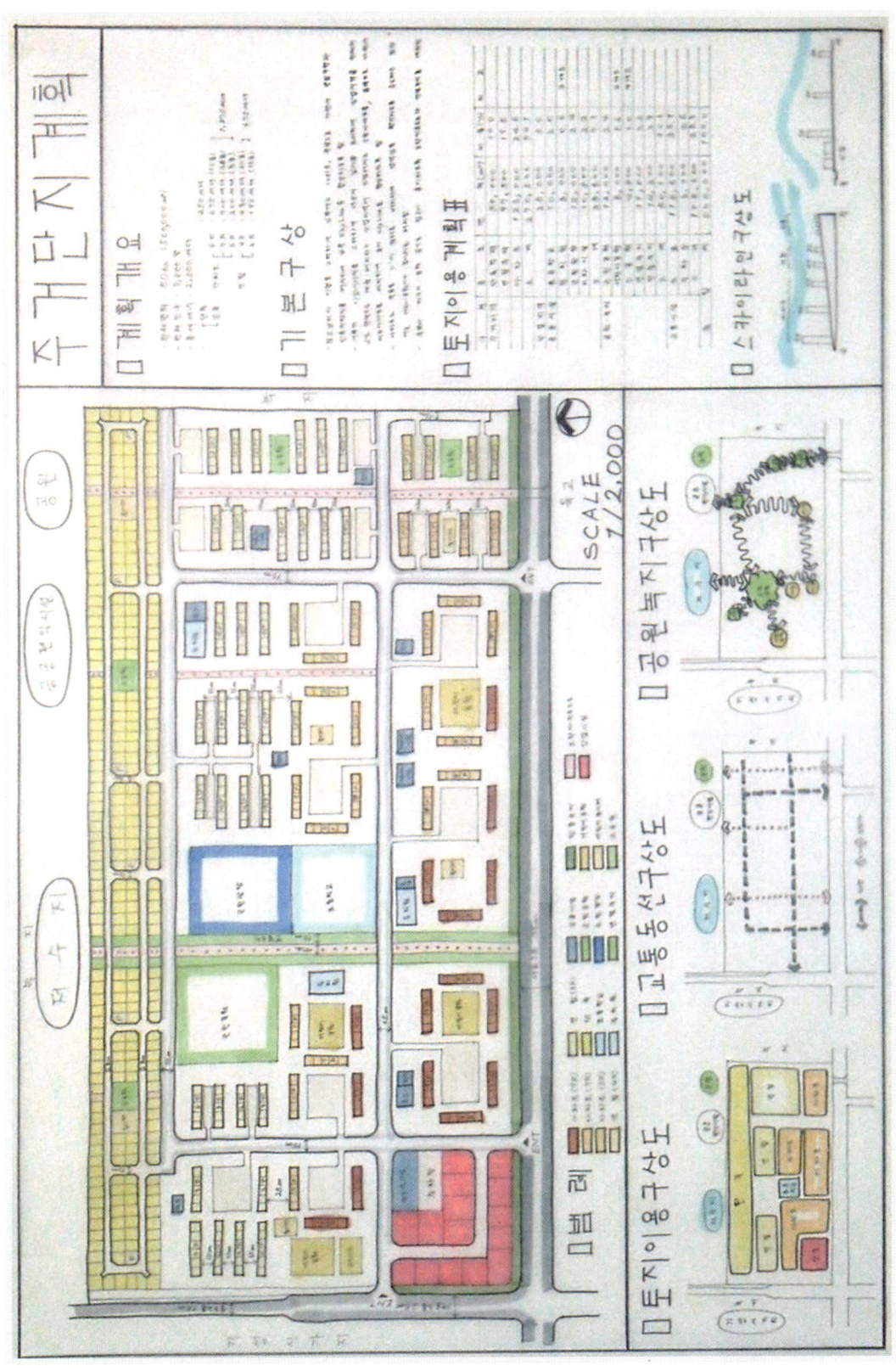

■ Master Plan (작도: 김경석)

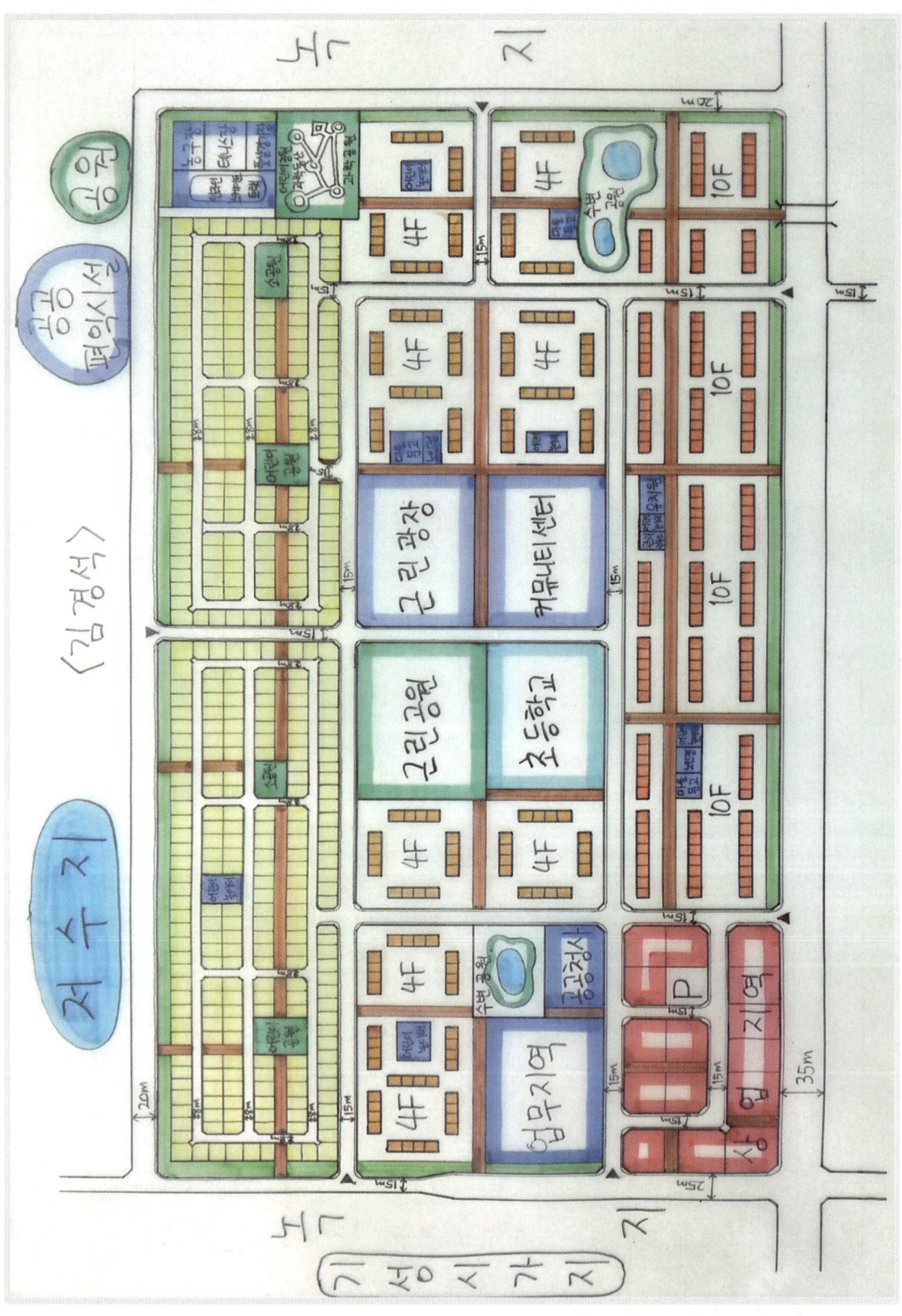

CHAPTER 4. 작업형 도면 기출 문제 & 출제 대비 문제

■ Master Plan (작도: 김민균)

5. 구상도 표현 기법 (작도: 백현아)

- 토지이용 구상도

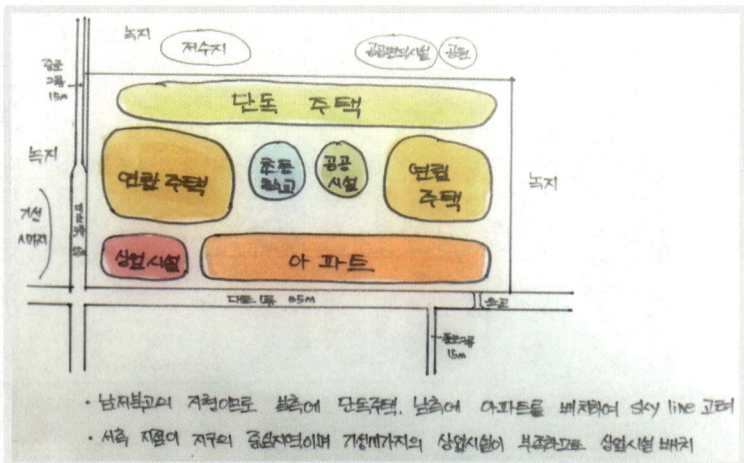

- 가로망(동선) 구상도

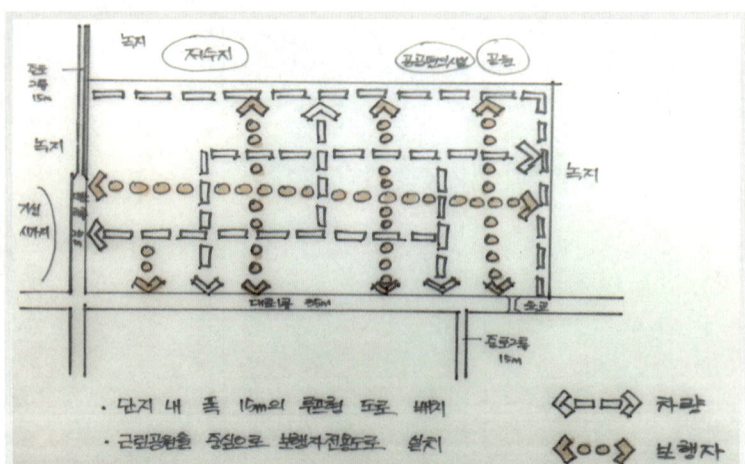

- 공원&녹지 구상도

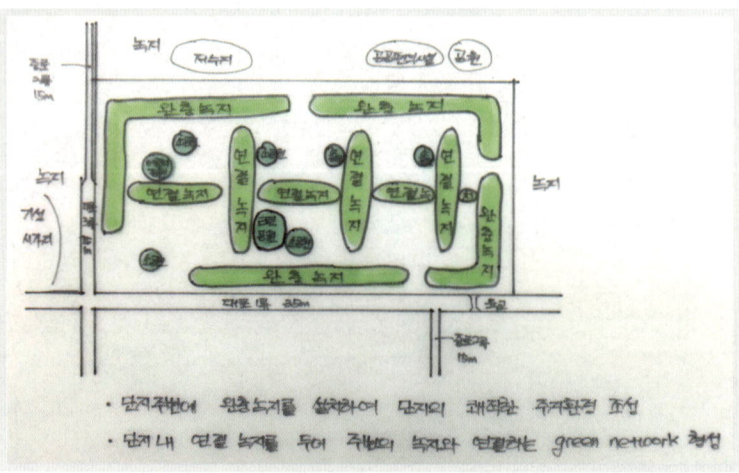

6. 실제 계획 사례

의정부 민락 2지구

시흥 능곡 지구

I-4. 고층 APT 단지계획

| 자격종목 | 도시계획기사 | 과제명 | 단지계획 |

※ 시험시간: [○ 표준시간:3시간 (연장시간 없음)]

1. 요구사항
※ 대상지는 4개면이 25미터 도로로 둘러싸여 있으며 평탄한 지역에 위치하고 있다.
아래에서 제시하는 계획 조건을 바탕으로 공동주택단지를 계획하시오.
단, 마스터플랜의 축척은 1:2,000으로 한다.

[계획조건]
1. 현황도에 주어진 계획 대상지의 면적 산출 과정을 제시하고, 주거형태별 인구 구성은 산출 과정을 포함하여 계획 내용에서 제시하여야 한다.
    1) 총 인구는 16,000명이고, 1세대 당 가구원수는 4인을 기준으로 한다.
    2) 공동주택은 가구 당 100㎡의 면적이 되도록 한다.
2. 계획 인구 규모에 필요한 시설(학교, 공원, 공공시설 등)의 면적과 수요(개소)는 다음과 같이 구성한다.
    1) 초등학교 1개: 10,000㎡/개
    2) 유치원 2개: 1,500㎡/개
    3) 근린공원 1개: 5,000㎡/개
    4) 어린이공원 4개: 2,000㎡/개
    5) 상업용지 1개: 5,000㎡/개
3. 공동주택의 1개 층의 층고는 3미터로 하며, 인동계수는 1로 설정한다.
4. 주차시설은 지하 주차장을 이용하는 것을 전제로 하고, 본 도면에서는 생략한다.
5. 공동주택의 배치는 반드시 해야 한다.
6. 주어진 세대수를 미달 또는 초과하거나, 세대수 및 개요를 쓰지 않을 경우 채점 대상에서 제외한다.
7. 도로의 폭원을 기재하여 도로의 위계가 구분이 되도록 도로망 계획을 한다.
8. 채색 후 범례를 제시한다.
9. 구상도의 계획 개념을 서술하여야 하며, 계획 개념에는 토지이용계획표를 작성한다.
10. 기타 단지 내 시설에 관한 내용은 관련법령을 준용한다.

자격종목	도시계획기사	과제명	단지계획

2. 현황도 (N.S)

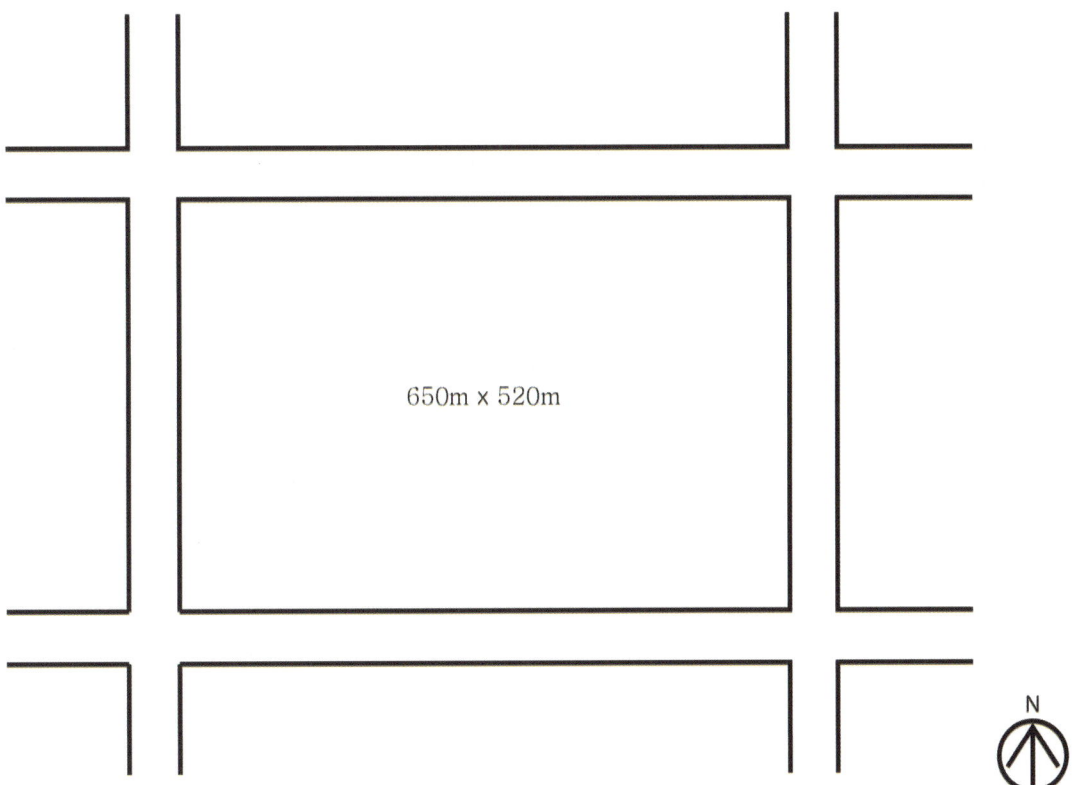

3. 문제 요구 사항 분석
1) 문제 풀이

1. 1) 총 인구는 16,000명이고, 1세대 당 가구원수는 4인을 기준으로 한다.
   2) 공동주택은 가구 당 100㎡의 면적이 되도록 한다.
   ▶ 대상지 면적: 650m×520m=338,000㎡=33.8ha
     대상지 인구: 16,000명, 대상지 세대수: 16,000명÷4인=4,000세대

2. 계획 인구 규모에 필요한 시설(학교, 공원, 공공시설 등)의 면적과 수요(개소)는 다음과 같이 구성할 것.
   1) 초등학교 1개: 10,000㎡/개   2) 유치원 2개: 1,500㎡/개
   3) 근린공원 1개: 5,000㎡/개   4) 어린이공원 4개: 2,000㎡/개
   5) 상업용지 1개: 5,000㎡/개

   ▶ 문제에서 제시한 시설의 면적과 개수를 준수한다. 특히 초등학교, 근린공원, 상업용지는 대상지 중심에 배치하여 접근이 용이하도록 계획한다.

3. 공동주택의 1개 층의 층고는 3미터로 하며, 인동계수는 1로 설정한다.
   ▶ 건축물의 인동간격은 [인동계수×층수×층고]로 구할 수 있다.
     예) 10층 아파트: 인동계수(1)×층수(10층)×층고(3m)=30m

4. 주차시설은 지하 주차장을 이용하는 것을 전제로 하고, 본 도면에서는 생략한다.
5. 공동주택의 배치는 반드시 해야 한다.
   ▶ 최근의 기출문제 경향은 거주민의 편의와 안전성을 고려해 지상 주차가 아닌 지하 주차장을 장려하고 있다.

6. 주어진 세대수를 미달 또는 초과하거나, 세대수 및 개요를 쓰지 않을 경우 채점 대상에서 제외한다.
7. 도로의 폭원을 기재하여 도로의 위계가 구분이 되도록 도로망 계획을 한다.
8. 채색 후 범례를 제시한다.
9. 구상도의 계획 개념을 서술하여야 하며, 계획 개념에는 토지이용계획표를 작성한다.
10. 기타 단지 내 시설에 관한 내용은 관련 법령을 준용한다.

2) 계획 개요 (작도: 백현아, 강규진)

계획개요
- 지역 : 공동주택 개발지역
- 단지면적 : 338,000 m² (33.8ha)
- 계획인구 : 16,000명
- 전체세대 : 4,000세대
  - 공동주택 (15층) : 2,400세대 (8호 20동)
  - 공동주택 (10층) : 1,600세대 (8호 20동)
- 세대당 평균 가구 인원수 : 4인/세대
- 인구 밀도 : 473.37 인/ha
- 호수 밀도 : 118.34호/ha
- 주호의 평균크기 : 100㎡/세대 (10m×10m)
- 주택 1층 층고 : 3m
- 인동 간격 : (1:1)
- 주차장 : 지하주차장

계획 개요
- 전체 면적: 33.8ha
- 전체 인구수: 16,000명
- 전체 세대수: 4,000세대 (세대당 인구수: 4인/세대)
- 15F 아파트: 3,600세대
- 10F 아파트: 400세대
- 근린주구 상업용지: 6,000 m²
- 주택 1층의 층고: 3m
- 인동 간격 : 1 : 1
- 공동주택 한세대당 평균면적: 100m²

3) 기본 구상

① 구상안 예시

- 대상지 내 집산도로는 15미터로 계획하고 통과교통이 생기지 않게 링(ring)형으로 계획
- 폭 10미터 내외의 주거형 보행자전용도로 설계, 보행자들의 안전 및 접근성 향상
- 단지 내 주요 지점에는 놀이터 및 소공원을 배치하여 쾌적한 주거 단지 계획
- 대상지 주변을 둘러싸고 있는 간선도로(25미터) 부터의 소음 및 공해 방지를 위한 완충 녹지 계획
- 어린이공원을 단지 내 각 블록에 분산 배치하여 어린이들의 안전하고 편리한 이용 고려
- 대상지 중심에 초등학교, 근린공원, 상업 등 공공시설 배치하여 주민의 접근성 향상
- 대상지 내 주요 시설은 "도시,군 계획 시설의 결정 구조 및 설치 기준에 관한 규칙"을 준용하여 배치
- 단조롭고 획일적인 층수 배치를 탈피하여 다양한 층수로 단지 구성
- 대상지 주변과 연계된 스카이라인 구상안 제시

② 수강생 작품 (작도: 백현아)

기본구상
- 단지 중심에 초등학교, 근린공원을 배치하여 근린주거지역의 중심이 되게 하고, 상업지역·공공시설을 배치하여 주민의 편의성 고려
- 단지 주변에 완충녹지를 두어 대기오염, 소음, 진동 등을 방지하여 주민의 쾌적성 도모
- 단지 내 도로는 루프형으로 계획하여 통과교통이 생기지 않도록 계획
- 보행자 도로 축을 형성하여 주변지역과의 연계성 고려

4) 토지이용계획표 (작도: 윤석영, 백현아)

구분	용도	면적	비율
총계		338,000	100
주택 용지	소계	205,333	60.8
	5층 아파트	32,000	9.5
	10층 아파트	40,000	11.8
	15층 아파트	53,333	15.8
	20층 아파트	80,000	23.7
상업 용지		6,000	1.8
공공 시설 용지	소계	126,667	37.2
	유치원	2,000	0.6
	초등학교	6,000	1.8
	커뮤니티시설	4,000	1.2
	근린광장	5,066	1.5
	어린이놀이터	8,000	2.4
	동사무소	1,000	0.3
	테니스장	2,000	0.6
	도로	73,639	21.8
	주차장	2,028	0.6
	근린공원	4,000	1.2
	어린이공원	8,000	2.4
	소공원	1,000	0.3
	완충녹지	10,000	3.0

토지이용계획표

구분	시설물의 종류	면적 (㎡)	비율 (%)	비고
주거용지	공동주택 (15층)	80,000	23.67	B호 20동 : 2,400세대
	공동주택 (10층)	80,000	23.67	B호 20동 : 1,600세대
	소계	160,000	47.34	4000세대
상업용지		6,000	1.78	
공원·녹지 용지	근린공원	4,000	1.18	
	어린이공원	8,000	2.37	2000㎡ × 4개소
	녹지	60,000	17.75	
	소계	72,000	21.30	
공공용지	교육시설	10,000	2.96	초등학교1.8000㎡ 유치원2.1000㎡
	도로	65,000	19.23	
	주차장	2,028	0.6	
	기타공공시설	22,972	6.80	
	소계	100,000	29.59	
총계		338,000	100.0	

CHAPTER 4. 작업형 도면 기출 문제 & 출제 대비 문제

4. 도면 작품
- 전체 도면 (작도: 백현아)

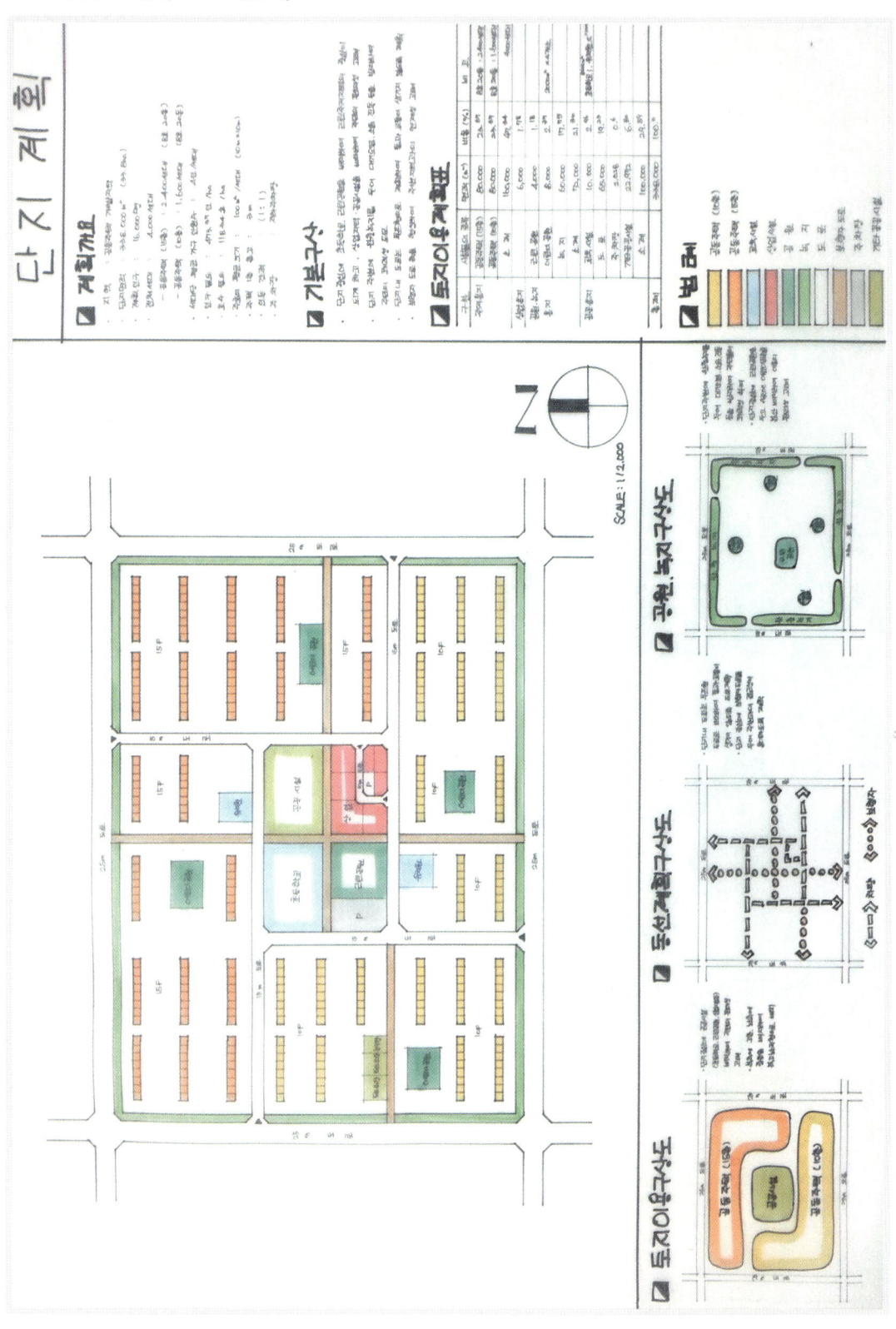

■ 전체 도면 (작도: 김소연)

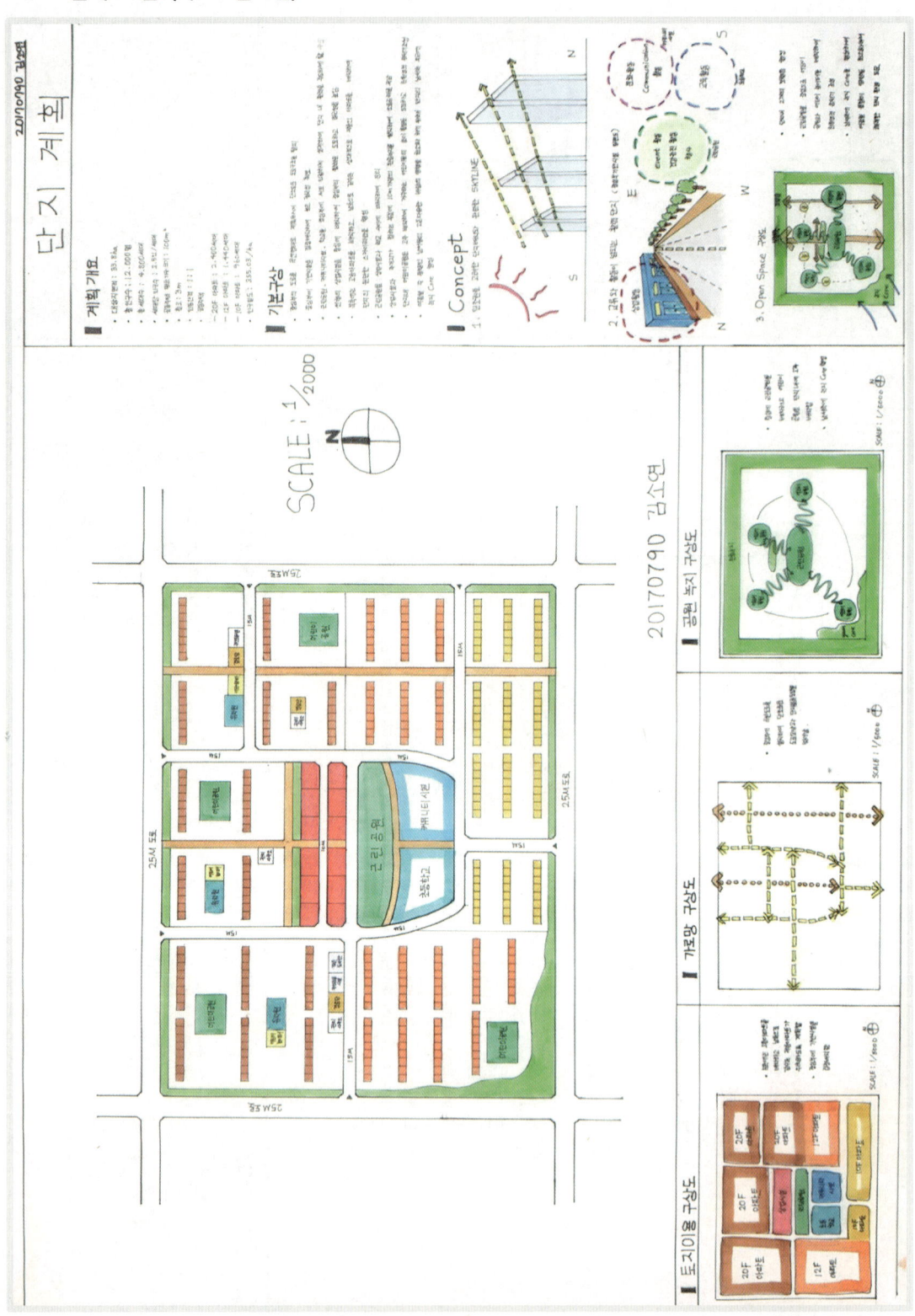

■ 전체 도면 (작도: 신재은)

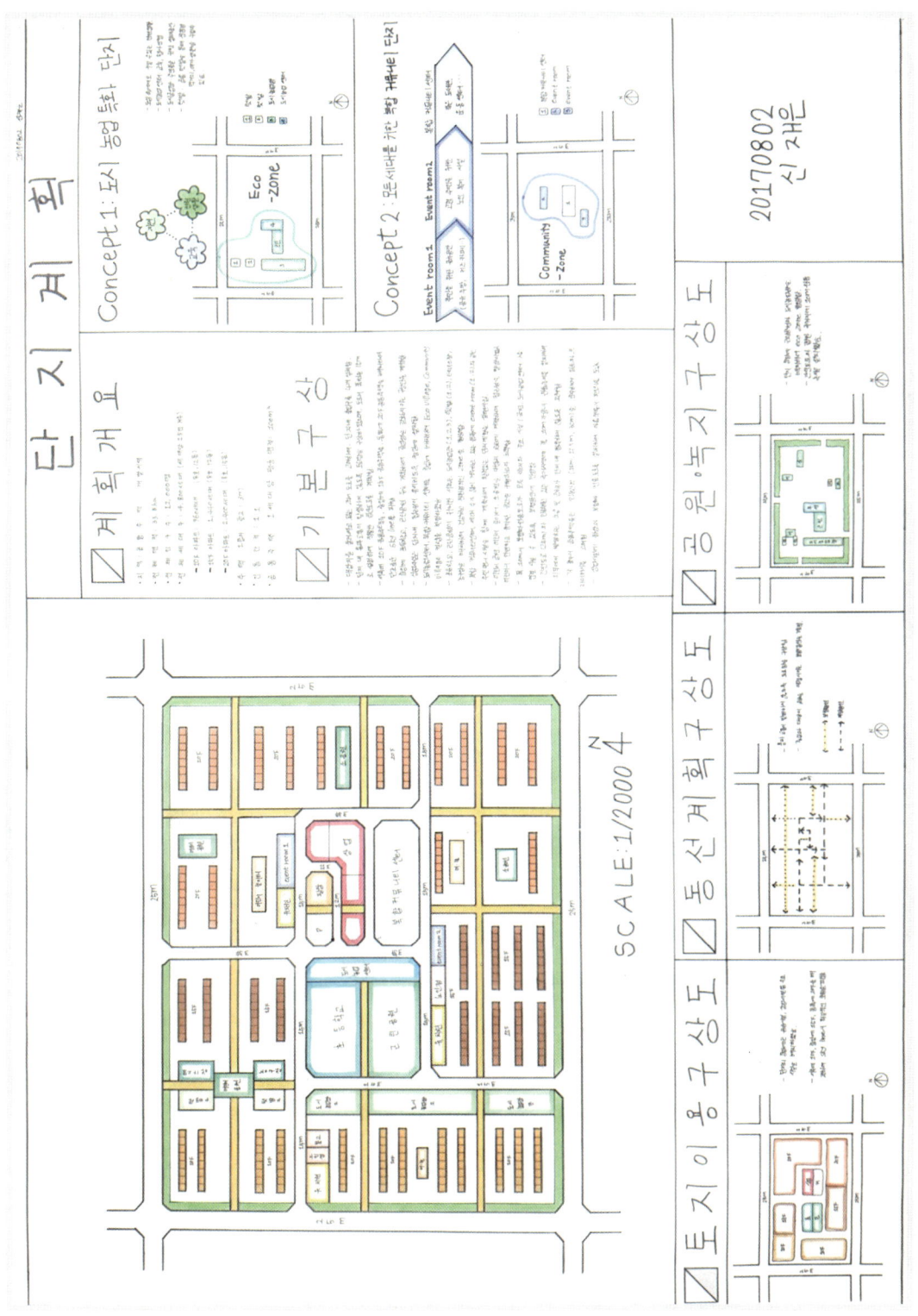

■ 설계 CONCEPT 예시 (작도: 김소연, 신재은)

Concept 1.

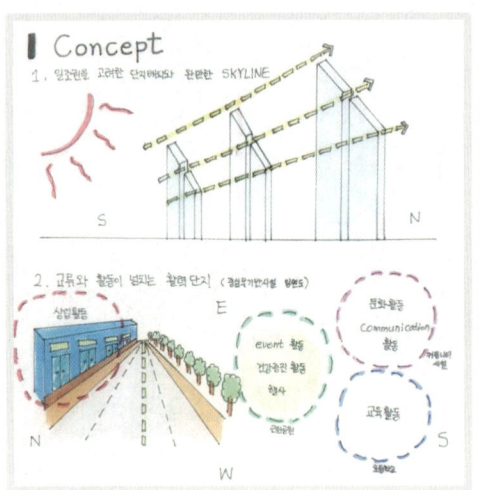
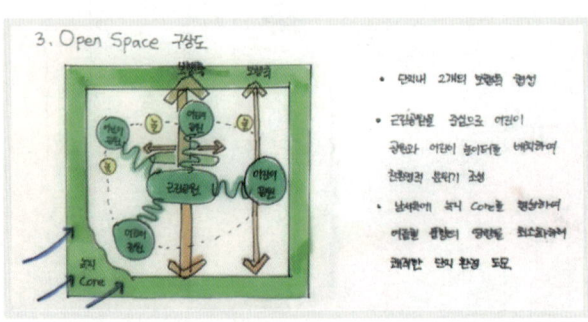

Concept 2.

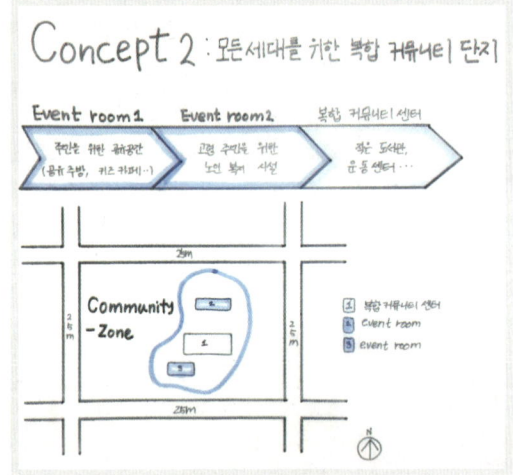

5. 구상도 표현 기법 (작도: 백현아, 강규진)

■ 토지이용 구상도

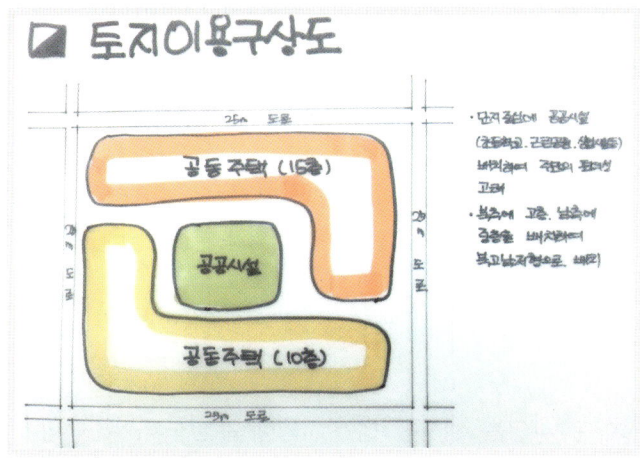
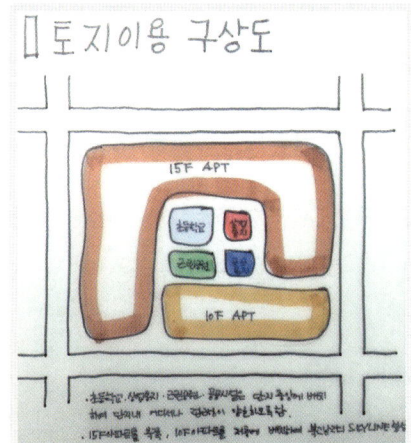

■ 가로망(동선) 구상도

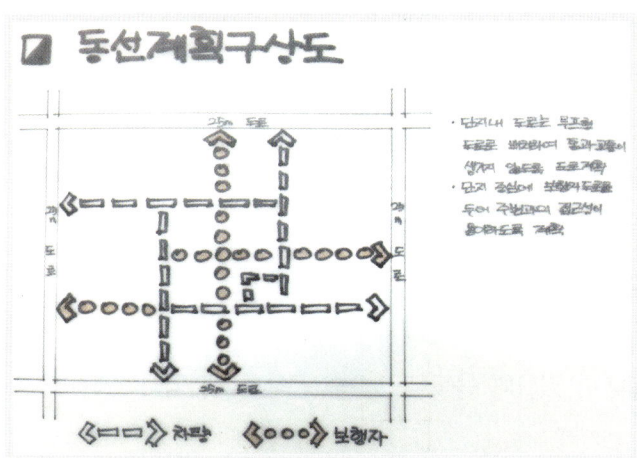
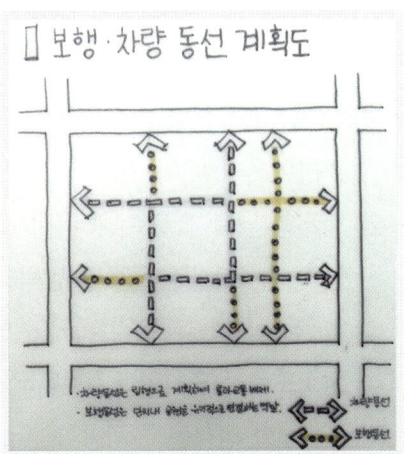

■ 공원&녹지 구상도

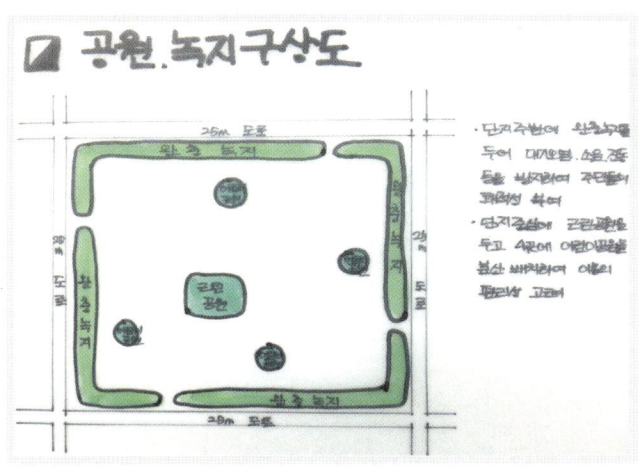
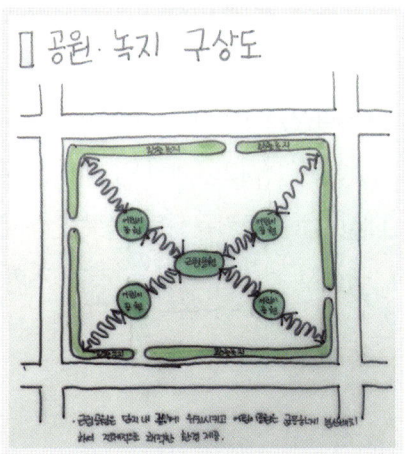

II-1. 사다리꼴 단지계획

자격종목	도시계획기사	과제명	단지계획

※ 시험시간: [○ 표준시간:3시간 (연장시간 없음)]

1. 요구사항
※ 아래에서 제시하는 계획 조건을 바탕으로 단지를 계획하시오.
    단, 마스터플랜의 축척은 1:2,500으로 한다.

[계획조건]
1. 현황도에 주어진 계획 대상지의 면적 산출 과정을 제시하고, 주거형태별 인구 구성은 산출 과정을 포함하여 계획 내용에서 제시하여야 한다.
    1) 총 12,000명을 수용하며, 1세대 당 가구원수는 3인을 기준으로 한다.
    2) 단독주택과 공동주택의 비율은 15:85가 되도록 계획한다.
    3) 단독주택은 1세대 당 200㎡, 공동주택은 가구 당 100㎡의 면적이 되도록 한다.
2. 계획 대상지의 현황 및 특징은 다음과 같다.
    1) 3면(북, 남, 서)이 35미터 도로로 둘러싸여 있고 동측에 50미터 도시고속도로가 지나간다.
    2) 단지의 남북 측으로 20미터 도시계획도로가 개설되어 있다.
    3) 남북 측 20미터 도로와 남측 35미터 도로가 만나는 지점 주변에는 지하철 역사 예정지 및 첨단산업단지로 계획되어 있다.
    4) 남측으로 신도시와 5킬로미터 떨어져 있으며 동측에 1,2종 전용주거지역이 있다.
3. 대상지 개발 방식은 환지방식이다.
4. 상업지역의 면적은 전체 면적의 3% 이하이다.
5. 공공시설의 면적은 전체 면적의 35% 이하이다.
6. 도로율은 전체 면적의 25% 이하이다.
7. 도로의 폭원을 기재하여 도로의 위계가 구분이 되도록 도로망 계획을 한다.
8. 스케일 1/10,000의 구상도(토지이용, 동선 구상, 공원 및 녹지) 작성 및 구상의 계획 개념을 서술하여야 하며, 계획 개념에는 토지이용계획표를 작성한다.
9. 대상지 내 주거용지는 블록 단위로 표현하고 대표적인 2가구만 획지를 구분하여 작성한다.
10. 대상지 주변 현황을 고려한 스카이라인(Skyline) 계획을 한다.

| 자격종목 | 도시계획기사 | 과제명 | 단지계획 |

2. 현황도 (N.S)

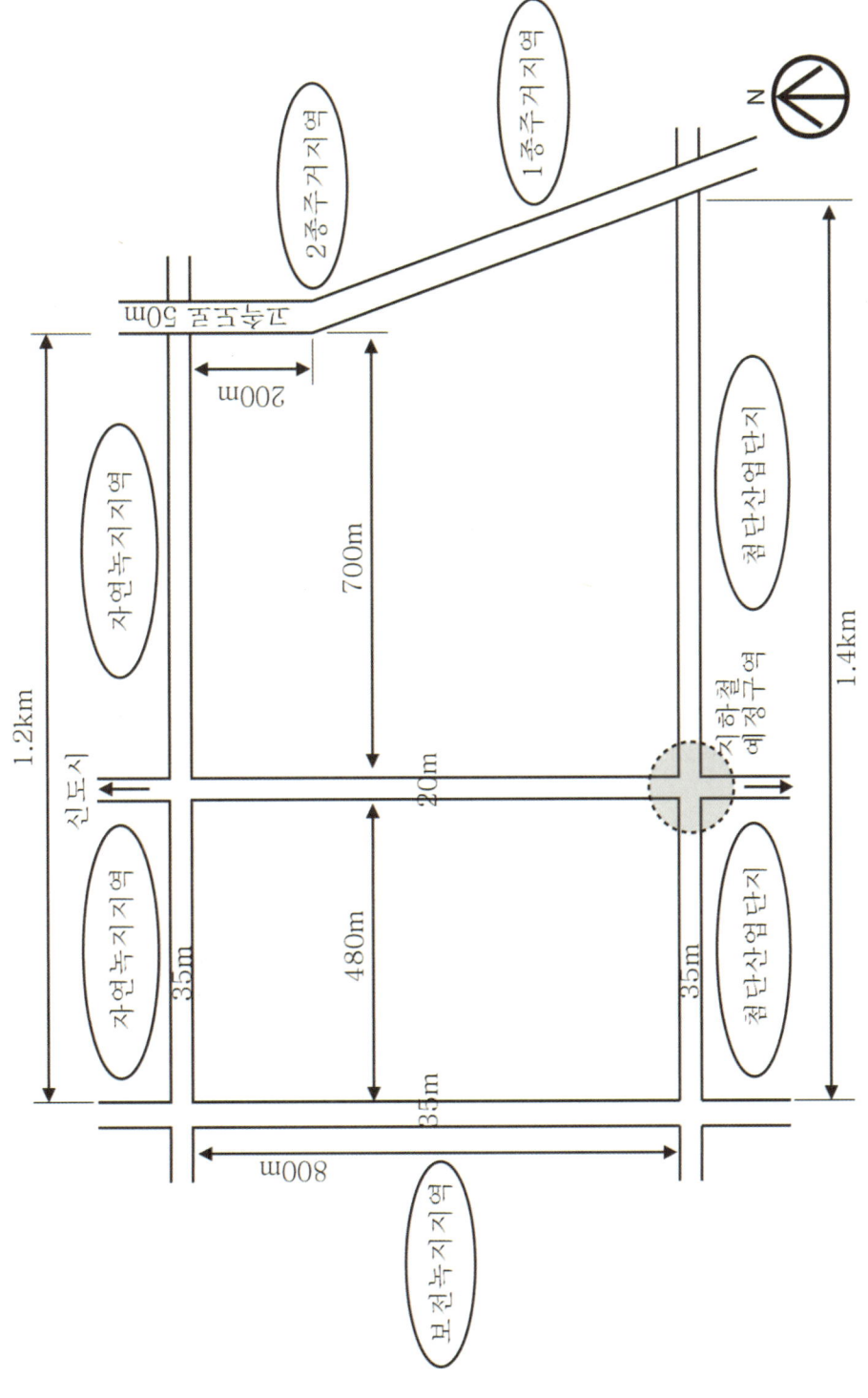

3. 문제 요구 사항 분석
1) 문제 풀이

1. 1) 총 12,000명을 수용하며, 1세대 당 가구원수는 3인을 기준으로 한다.
    - ▶ 대상지 세대수: 12,000명÷3인=4,000세대
    - ▶ 대상지 면적: 102ha
   2) 단독주택과 공동주택의 비율은 15:85가 되도록 계획한다.
    - ▶ 단독:공동=15:85
      단독: 600세대 (4,000세대×0.15=600세대)
      공동: 3,400세대 (4,000세대×0.85=3,400세대)
      ⓐ [5층 : 8호 구성 시] 4,000세대×0.85÷5층÷8호=85동
        ∴ 5층×8호×85동=3,400세대
      ⓑ [5층, 10층 : 8호 구성 시]
        [10층] 3,400세대×0.5÷10층÷8호=21.25동 ∴10층×8호×22동=1,760세대
        [5층] 3,400세대-1,760세대=1,640세대   ∴5층×8호×41동=1,640세대
   3) 단독주택은 1세대 당 200㎡, 공동주택은 가구 당 100㎡의 면적이 되도록 한다.
    - ▶ 단독 주택 필지는 12.5m×16m=200㎡
      공동 주택 가구는 10m×10m=100㎡이 되도록 계획한다.
    - ▶ 단독 주택 총주택지 면적 산출
      순주택지 면적: 600세대×200㎡=120,000㎡=12ha
    - ∴ 총주택지 면적 ▶ 12ha÷(1-0.3)=17ha로 가정 (공공용지율 30% 가정 시)

2. 1) 3면(북, 남, 서)이 35미터 도로로 둘러싸여 있고 동측에 50미터 도시고속도로가 지나간다.
    - ▶ 대상지 폭원 및 기능에 따라 주간선도로 및 보조간선도로를 설정한다.
   2) 단지의 남북 측으로 20미터 도시계획도로[94]가 개설되어 있다.
    - ▶ 도시계획도로를 임의로 변경할 수 없다. (단, 대상지 내 추가 도로 개설은 가능)
   3) 남북 측 20미터 도로와 남측 35미터 도로가 만나는 지점 주변에는 지하철 역사 예정지 및 첨단산업단지로 계획 되어 있다.
    - ▶ 두 개의 간선도로가 만나는 지점은 지구의 중심지역으로 가정하며, 지하철 역사 및 주요 시설 입지로 인해 상업지역을 대상지 하단에 배치한다.
   4) 남측으로 신도시와 5킬로미터 떨어져 있으며 동측에 1,2종 전용주거지역이 있다.
    - ▶ 신도시와 떨어져 있는 지역이므로 타 지역에 비해 상대적으로 시설이 부족 하다고 가정하고 최대한 많은 시설을 배치한다. 대상지 동측의 1,2종 전용 주거지역의 시설 및 건축물 층수(높이)를 고려한 스카이라인 계획을 한다.

---

[94] 국도, 지방 도로 등의 구별과는 별도로 도시 계획 구역 내의 주요 도로로서 결정되어 도시 계획 사업으로서 건설되는 도로. (토목용어사전, 1997.2.1, 도서출판 탐구원)

구분		지정목적	층수규제	용적률
주거지역	제1종 전용	단독 주택 중심의 양호한 주거환경 보호 ☞ 단독 주택, 제1종 근린생활시설, 종교시설, 교육연구시설 등 건축 가능	2층 이하, 8m 이하	50~100% 이하
	제2종 전용	공동 주택 중심의 양호한 주거환경 보호 ☞ 단독 주택, 공동 주택, 제1종 근린생활시설, 종교시설, 교육연구시설 등 건축 가능	없음	50~150% 이하
	제1종 일반	저층 주택 중심으로 편리한 주거환경을 조성	4층 이하	100~200% 이하
	제2종 일반	중층 주택 중심으로 편리한 주거환경을 조성	7층, 12층 이하	100~250% 이하
	제3종 일반	중, 고층 주택 중심으로 편리한 주거환경을 조성	없음	100~300% 이하
	준주거	주거기능을 위주로 이를 지원하는 일부 상업기능 및 업무기능을 보완	없음	200~500% 이하

※ 단, 지차체 조례 및 완화 규정 등의 조건에 따라 변동 사항 있음

3. 대상지 개발 방식은 환지 방식이다.

▶ 미래 도시의 개발 수요 및 확장 가능성에 대비하기 위한 유보지를 계획한다.

■ 환지 방식 [換地方式] 95)

토지구획정리사업방식의 하나. 도시개발사업 때 수용한 땅의 소유주에게 보상금 대신 개발 구역 내에 조성된 다른 땅을 주는 방식. 도시개발법상 공공시설의 설치 및 변경이 필요하거나 개발지역 땅값이 인근보다 비싸 보상금을 주기 어려울 때 사용할 수 있다.

■ 유보지 [reserved land, 留保地] 96)

토지 구획 정리 사업에 있어서 사업 시행자가 사업 시행의 비용 및 정해진 목적의 비용에 충당하기 위해 매각하는 토지로, 환지 계획에 있어서 보류하기로 정한 토지. 일반환지 대상 토지 외의 토지를 말하며, 체비지, 공공시설용지 및 기타 용지로 구분한다.

■ 도시지원시설용지

대규모 택지개발사업으로 계획된 지역이 충분한 자족성을 갖기 못하고 침상 도시(bed town)로서의 기능만 제공하는 문제점을 해결하기 위해 도입된 용지이다. 사업 계획, 개발 종류에 따라 명칭과 허용 용도가 상이하여 다양한 형태로 불리고 있으나 '도시의 자족성 확보', '경제적 자족성 확보를 위한 시설을 유치하기 위해 조성되는 용지'라는 측면에서는 공통점이 있다.

('단순 주거기능 위주의 신도시개발에서 탈피하여 모도시와의 교통비용을 줄이고 고용 창출 등 지역 경제 기반을 구축하고, 신도시에 기존의 주거·상업기능 이외에 업무·연구·문화·공업 등 모든 도시적 용도를 포괄적으로 수용함으로써 도시성과 자족성을 확보함과 아울러 장래의 도시 변화와 진화에 유연하게 대응하기 위함'.-「지속가능한 신도시계획기준」)

4. 상업지역의 면적은 전체 면적의 3% 이하이다. ▶ 약 4ha 정도의 상업지역을 계획한다.
5. 공공시설의 면적은 전체 면적의 35% 이하이다.

▶ 도로를 제외한 학교, 공원, 공공청사 등의 비율이 전체 35% 이하가 되도록 계획한다.

6. 도로율은 전체 면적의 25% 이하이다.

7. 도로의 폭원을 기재하여 도로의 위계가 구분이 되도록 도로망 계획을 한다.
   ▶ 간선도로 20미터, 집산도로 15미터, 국지도로 8미터 도로 폭으로 계획한다.

8. 스케일 1/10,000의 구상도(토지이용, 동선구상, 공원 및 녹지) 작성 및 구상의 계획 개념을 서술하여야 하며, 계획 개념에는 토지이용계획표를 작성한다.
   ▶ 조건에서 제시 된 스케일에 맞게 구상도를 작성한다. 일반적으로 100ha이상의 문제에서는 구상도의 스케일이 별도로 제시될 수 있으므로 주의한다.

9. 대상지 내 주거용지는 블록 단위로 표현하고 대표적인 2가구만 획지를 구분하여 작성한다.
   ▶ 본인이 정한 대표 블록만 단독주택 획지 계획안을 제시한다.

10. 대상지 주변 현황을 고려한 스카이라인(Skyline) 계획을 한다.
    ▶ 대상지 동측의 1종 전용주거지역 및 2종 전용주거지역, 남측의 지하철역, 첨단산업단지 등의 현황을 충분히 고려하여 이와 연관된 스카이라인 계획안을 제시할 수 있어야 한다.

2) 설계 개요

- 전체 대상지 면적: 102ha
- 총인구: 12,000명
- 세대당 인구: 3인
- 총세대수: 4,000세대 (단독: 공동=15:85)
    단독주택: 600세대   공동주택: 3,400세대
- 인구밀도 : 117인/ha
- 단독주택 획지 면적: 200㎡
- 공동주택 1호당 면적: 100㎡

3) 기본 구상

- 대상지 동측의 1,2종 전용주거지역을 고려하여 남측에는 저층 주거지(단독주택), 북측에는 중, 고층 주거지(공동주택)을 배치하여 스카이라인을 고려한 계획안을 제시
- 지하철역에 예정되어 있는 35미터와 20미터 도로가 만나는 남측 교차 지점이 대상지의 중심지역이라 가정하고 상업지역을 배치

---

95) 한경 경제용어사전, 한국경제신문(한경닷컴)
96) 토목용어사전, 토목 관련 용어 편찬 위원회, 도서출판 탐구원 / 알기 쉬운 도시계획 용어 검색, 서울시 홈페이지

- 상업지역, 지하철역, 첨단산업단지와 인접한 밀도가 높은 곳에는 고층 아파트를 배치하고 북측의 자연 녹지 지역 인근에는 단독주택을 배치하여 대상 지 내 스카이라인을 고려한 토지이용구상안을 제안
- 공공청사, 업무, 공원 등의 주요 공공시설은 접근성을 고려하여 대상지 중심에 배치
- 대상지가 신시가지와 5Km 떨어져 있으므로 단지 내 시설이 부족하다고 가정하고 필요한 시설은 가능한 모두 수용함
- 벤처, IT 업종을 '도시지원시설 용지'에 입지 시켜 해당 지역의 부족한 자족성 강화
- 미래 확장가능성에 대비하여 유보지 계획
- 동측 고속도로 주변에 완충 녹지 및 체육공원, 근린공원 등을 계획하여 도로에서부터의 소음 및 공해를 차단하여 쾌적한 주거 단지 조성
- 대상지 내 간선도로는 20미터로 계획하고, 15미터 집산도로는 최대한 통과 교통 배제
- 보행자전용도로는 10미터 내외로 보차분리 계획하며, 학교, 공공청사, 공원 등 단지 내 주요 시설과 연결하여 주민의 안전하고 편리한 보행 환경 제안
- 단독주택, 연립주택, 아파트 등 다양한 주거형태를 계획하여 단조로운 스카이라인을 탈피하여 도시 경관 향상에 기여

4) 토지이용계획표 (작도: 한승찬)

구분	용도	면적(ha)	구성비(%)	비고
주택용지	단독주택	12.00	11.8	
	공동주택(5F)	14.80	14.5	
	공동주택(때)	10.26	10.1	
	소계	37.06	36.4	
상업	상업시설	3.02	3.0	
공공시설용지	학교	5.22	5.1	초1·중1·고1
	업무	4.86	4.8	
	공공청사	3.42	3.4	
	커뮤니티시설	3.61	3.5	
	유보지	1.92	1.9	
	도시지원시설용지	6.83	6.7	
	소계	25.86	25.4	
공원 및 녹지	근린공원	5.59	5.5	3개소
	근린광장	1.52	1.5	
	체육공원	3.61	3.5	
	소공원	0.30	0.0	5개소
	완충녹지	8.81	8.6	
	소계	19.83	19.1	
도로용지	도로	16.23	16.1	
	총계	102	100	

4. 도면 작품
■ 전체 도면 (작도: 강규진)

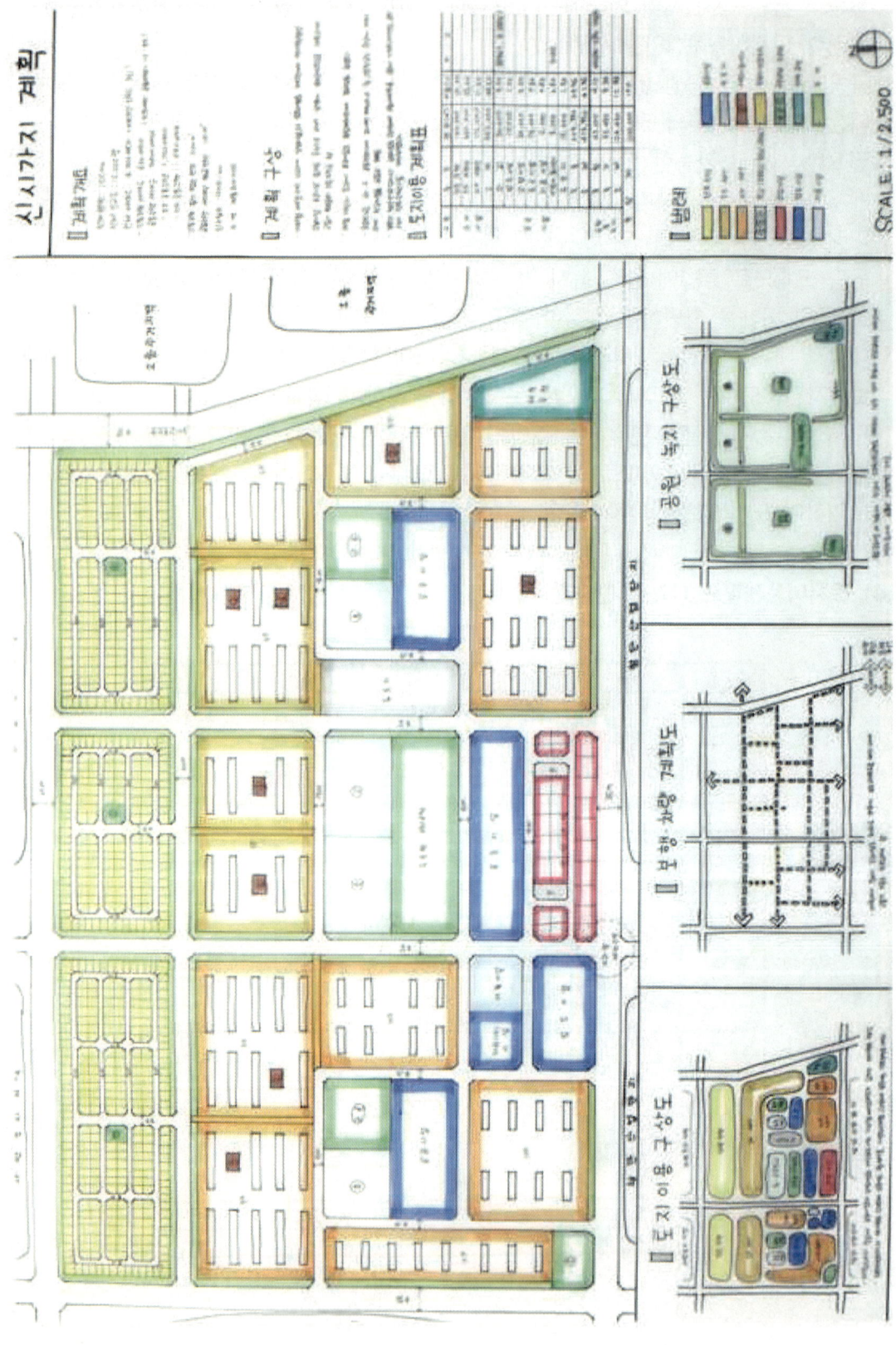

CHAPTER 4. 작업형 도면 기출 문제 & 출제 대비 문제

■ Master Plan (작도: 김소연)

■ Master Plan (작도: 고우리)

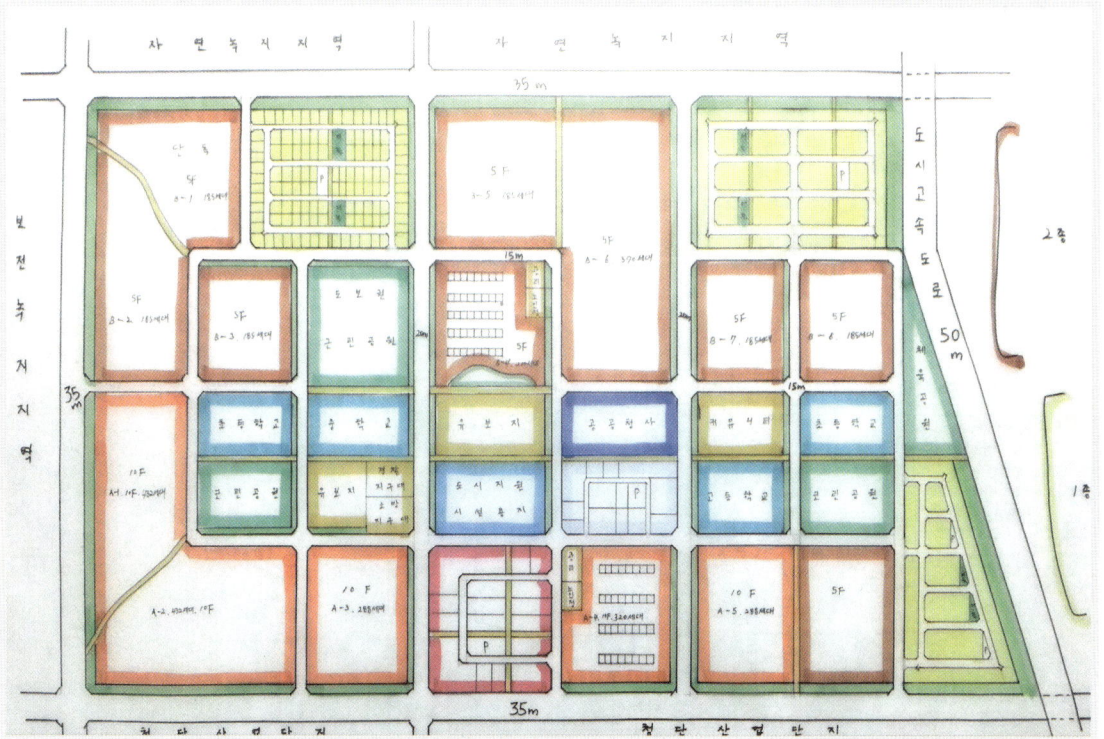

■ Master Plan (작도: 박재용)

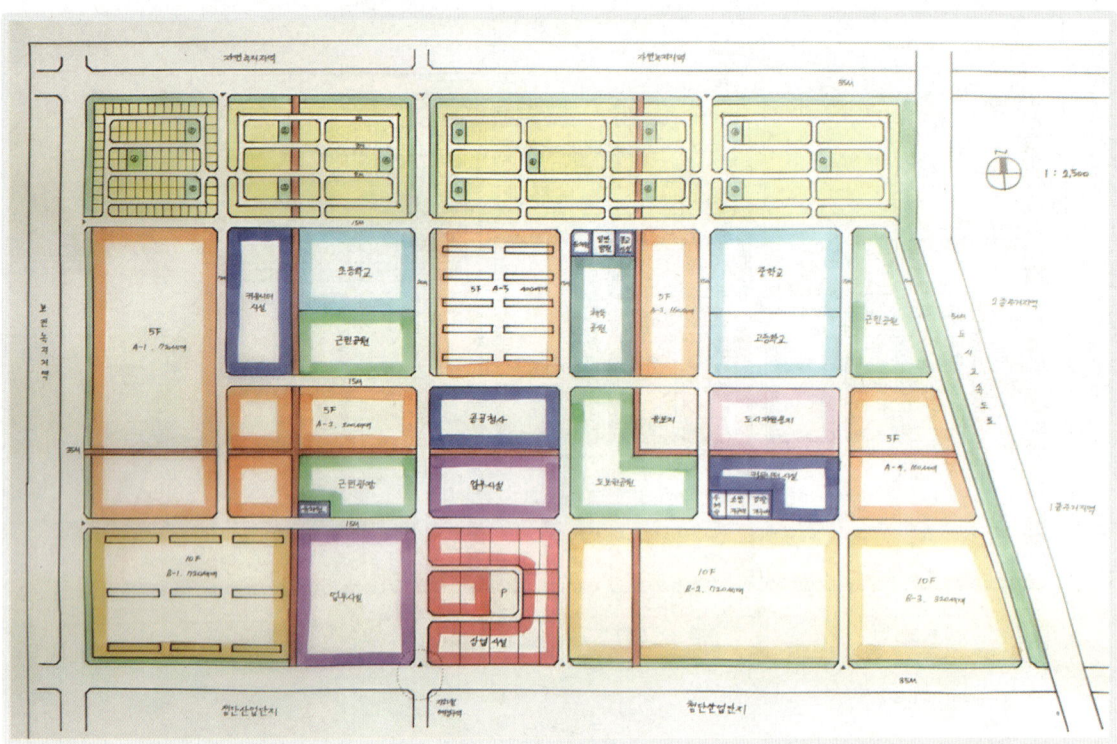

■ Master Plan (작도: 박연수)

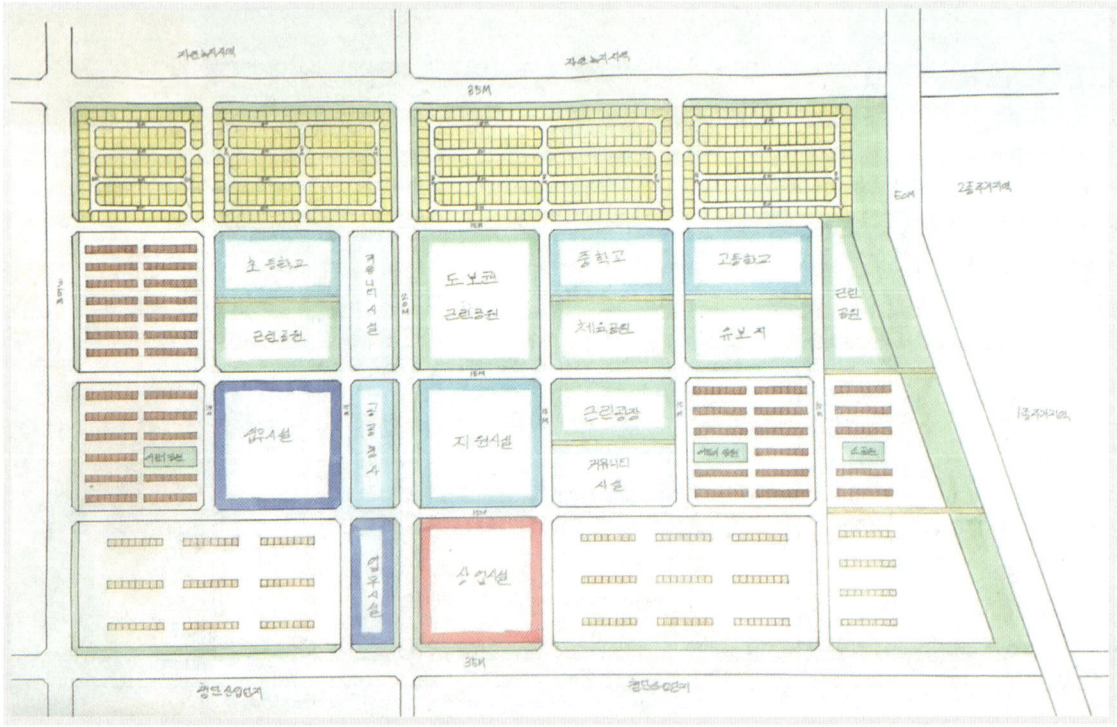

5. 구상도 표현 기법 (작도: 고경문, 김성재, 강규진, 전주희)

■ 토지이용 구상도

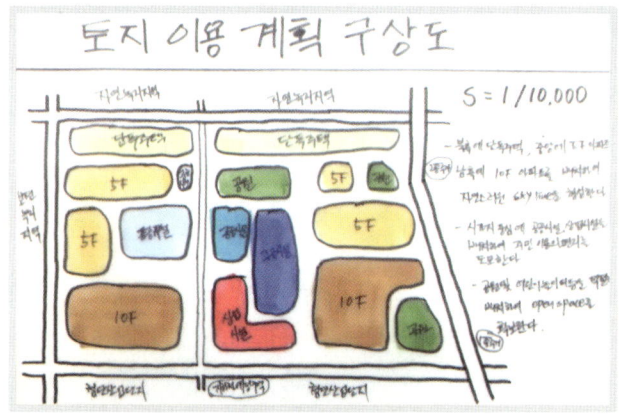
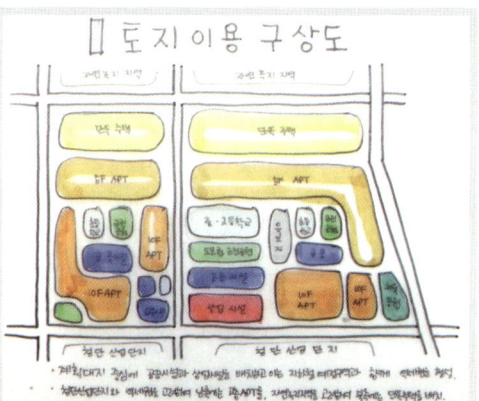

■ 가로망(동선) 구상도

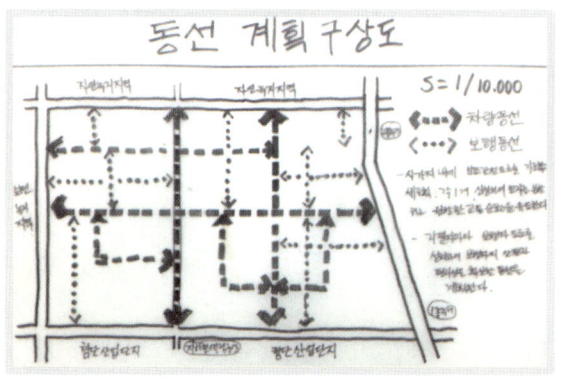
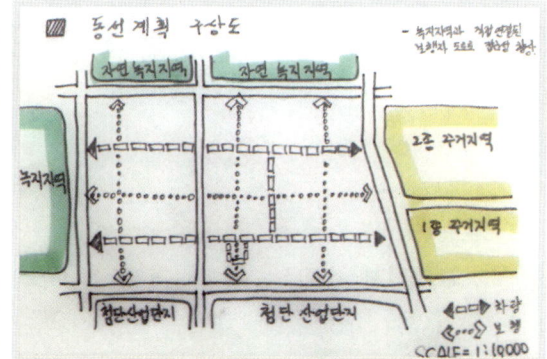

■ 공원&녹지 구상도

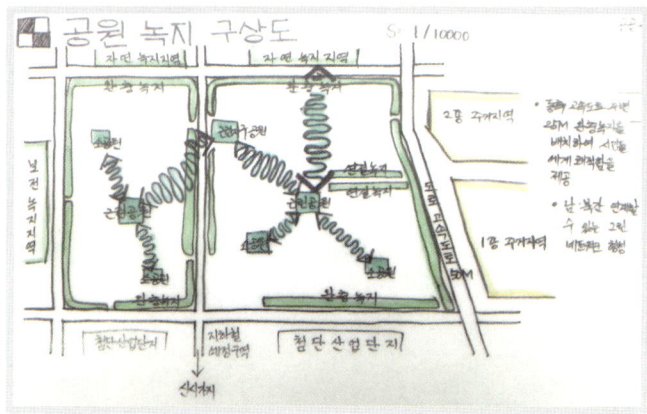
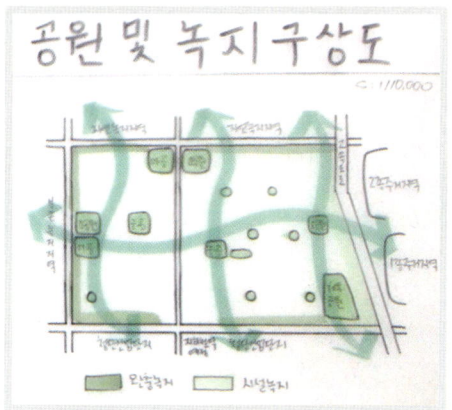

6. 도면 작도 방법

■ 1단계

■ 2단계

■ 3단계

■ 4단계

II-2. 보전산지 단지계획

| 자격종목 | 도시계획기사 | 과제명 | 단지계획 |

※ 시험시간: [○ 표준시간:3시간 (연장시간 없음)]

1. 요구사항

※ 아래에서 제시하는 계획 조건을 바탕으로 단지를 계획하시오. 단, 마스터플랜의 축척[97]은 1:3,000이고, 토지이용, 가로망, 공원 및 녹지, 시설물 배치 구상도를 작성하시오.

[계획조건]

1. 계획 대상지의 면적 산출 과정을 제시하고, 아래와 같이 주거별 인구밀도 구성을 하여야 한다. 단, 주거형태별 인구 구성은 산출 과정을 포함하여 계획 내용에서 제시하여야 한다.
   1) 단독주택과 공동주택의 비율은 1:9, 공동주택은 저층(5층), 고층(10층)으로 계획한다.
   2) 총 인구 밀도는 150인/ha이고, 1세대 당 가구원수는 3인을 기준으로 한다.
2. 상업업무지역의 면적은 전체 면적의 4% 내외, 공업지역은 5% 내외로 한다.
3. 계획 대상지의 지형 조건 및 특징은 다음과 같다.
   1) 북서 측에는 공장이 위치하고 있으며, 남측에는 취락지가 분포하고 있다.
   2) 북서 측의 산림은 양호한 수림대를 형성하고 있으나, 중앙부 북측 수림은 불량하여 보전할 필요가 없다.
4. 친환경적이면서 대상지 주변지역과 연계한 계획안을 제시해야 한다.
5. 하수처리장은 인접한 타 지역에서 처리한다.
6. 남서 측 20미터 도로에서 동측 20미터 도로까지는 통과 교통량의 발생이 빈번할 것으로 예상한다.
7. 3미터 하천의 수량이 풍부하여 개발 시 재해(홍수) 발생이 예상된다.
8. 공동주택의 배치는 반드시 해야 한다.
9. 주어진 세대수를 미달 또는 초과하거나, 세대수 및 개요를 쓰지 않을 경우 채점 대상에서 제외한다.
10. 계획 인구 규모에 필요한 시설(학교, 공원, 공공시설 등)을 배치하고, 시설 설치 면적과 수요(개소)를 언급하여야 한다. 기타 단지 내 시설에 관한 내용은 관련 법령을 준용한다.

---

[97] 최근 문제에서는 마스터플랜의 축척을 1:5,000 내외로 제시하고 있다.

| 자격종목 | 도시계획기사 | 과제명 | 단지계획 |

2. 현황도 (N.S)

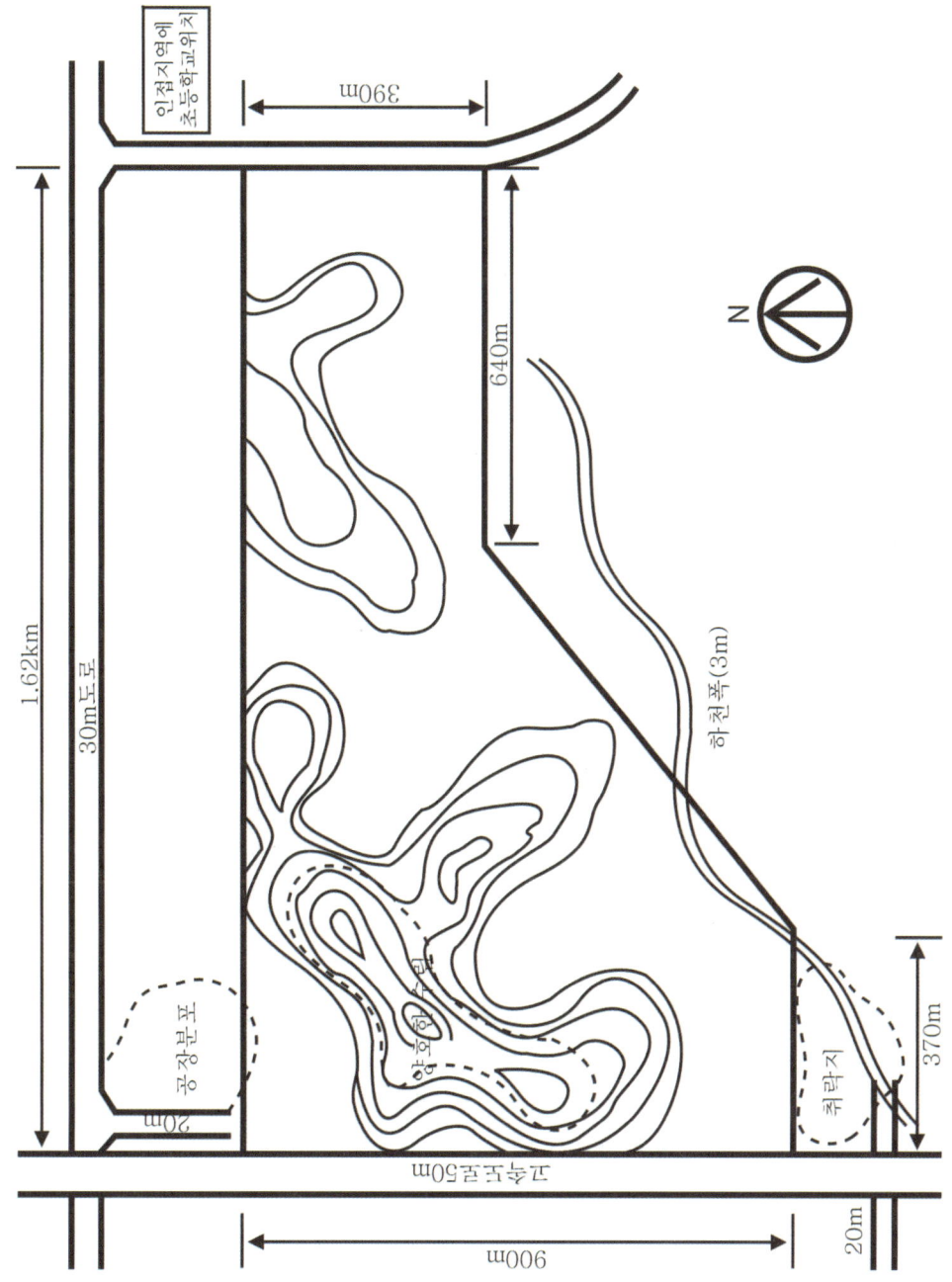

3. 문제 요구 사항 분석
1) 문제 풀이

1. 1) 단독과 공동의 비율은 1:9, 공동은 저층(5층), 고층(10층)으로 계획한다.
   2) 총 인구 밀도는 150인/ha이고, 1세대 당 가구원수는 3인을 기준으로 한다.
   ▶ 대상지 면적: 976,050㎡=**97.6ha**

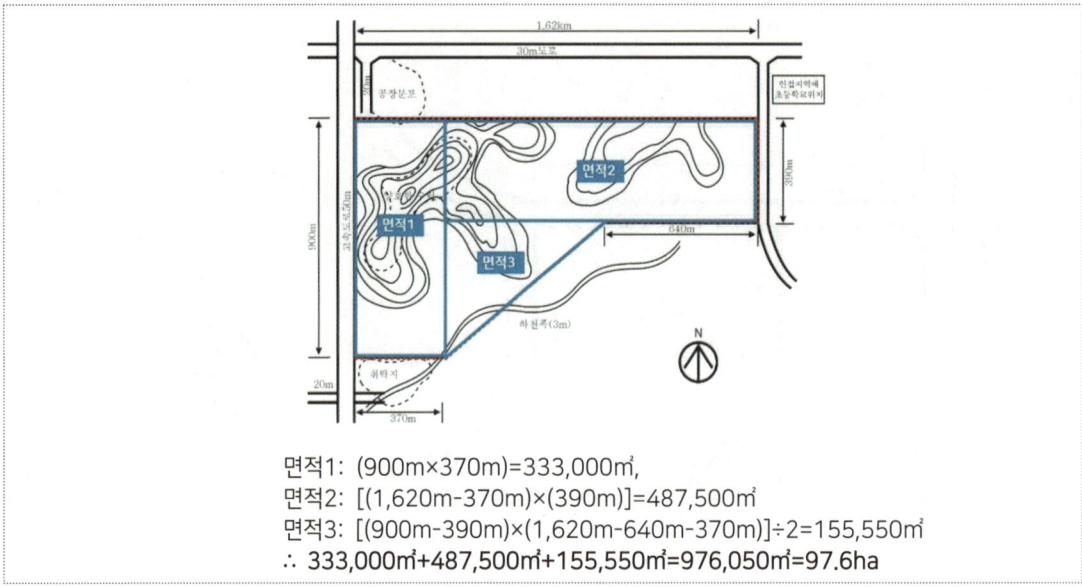

면적1: (900m×370m)=333,000㎡,
면적2: [(1,620m-370m)×(390m)]=487,500㎡
면적3: [(900m-390m)×(1,620m-640m-370m)]÷2=155,550㎡
∴ 333,000㎡+487,500㎡+155,550㎡=976,050㎡=97.6ha

- 대상지 인구: 97.6ha×150인/ha=**14,640인**
- 대상지 세대수: 14,640인÷3인=**4,880세대**
▶ 단독:공동=1:9 (단, 10층:5층의 비율은 6:4로 가정한다 ◀ 본인이 임의로 가정)
  ① 아파트 [10층] 4,880세대×0.9×0.6÷10층÷8호=32.94동
    ∴ 10층×8호×34동=2,720세대
  ② 아파트 [5층] 4,880세대×0.9×0.4÷5층÷8호=43.92동
    ∴ 5층×8호×42동=1,680세대
  ③ 단독 [1층] 4,880세대(전체 세대수)-2,720세대(10층)-1,680세대(5층)=480세대

■ **신유형 대비** ■
- 총인구밀도 120인/ha, 1세대당 가구원수 2.5인 기준
  - 대상지 인구: 97.6ha×120인/ha=**11,712인**
  - 대상지 세대수: 11,712인÷2.5인=4684.8세대 ▶ **4,685세대**
- 단독:공동=1:9
  ① 아파트 [10층] 4,685세대×0.9×0.6÷10층÷8호=31.62동
    ∴ 10층×8호×32동=2,560세대
  ② 아파트 [5층] 4,685세대×0.9×0.4÷5층÷8호=42.165동
    ∴ 5층×8호×42동=1,680세대
  ③ 단독 [1층] 4,685세대(전체 세대수)-2,560세대(10층)-1,680세대(5층)=**445세대**

2. 상업업무지역의 면적은 전체 면적의 4% 내외, 공업지역은 5% 내외로 한다.
3. 북서 측에는 공장이 위치하고 있으며, 남측에는 취락지가 분포하고 있다.
   ▶ 상업업무지역 면적은 약 4ha 내외, 공업지역 면적은 약 5ha 내외 계획
     공업지역은 북서측 기존 공장 주변에 배치. 남측 취락지 주변에는 단독을 계획
4. 친환경적이면서 대상지 주변지역과 연계한 계획안을 제시해야 한다.

5. 하수처리장은 인접한 타 지역에서 처리한다. ▶ 인접 지역에서 처리하므로 하수처리장 배치 생략

6. 남서 측 20미터 도로에서 동측 20미터 도로까지는 통과 교통량의 발생이 빈번할 것으로
   예상한다. ▶ 주변 통행량을 고려하여 대상지 하단에 "간선도로(20~25미터)" 계획

7. 3미터 하천의 수량이 풍부하여 개발 시 재해(홍수) 발생이 예상된다.
   ▶ 재해 발생이 예상될 대상지의 특성에 따라 유수지 등을 적절하게 계획 또는 활용하여
     치수 효과를 높임과 동시에 친수공간으로 활용될 수 있도록 조성한다.

유수지 98)

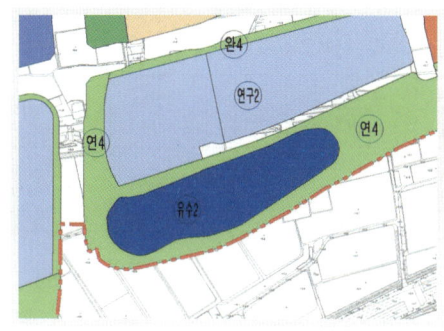
유수지 도면 이미지 99)

■ 유수지 [retarding basin, 遊水池] 100)
1. 유수시설 : 집중강우로 인하여 급증하는 제내지 및 저지대의 배수량을 조절하고
   이를 하천에 방류하기 위하여 일시적으로 저장하는 시설
2. 저류시설 : 빗물을 일시적으로 모아 두었다가 바깥수위가 낮아진 후에 방류하기 위한 시설
   1) 「유수시설」의 결정기준 및 구조·설치기준
      1. 집중강우로 인하여 급증하는 제내지 및 저지대의 물을 하천으로 내보내기 쉬운 하천변이나
         주거환경을 저해 하지 아니하는 저지대에 설치할 것
      2. 유수시설은 원칙적으로 복개하지 아니할 것. (다만, 요건 충족 시 유수시설을 복개할 수 있다.)
         ▶ 요건 충족 후 복개된 유수시설은 도로·광장·주차장·체육시설·자동차운전연습장 및 녹지,
           배수펌프장, 국가 또는 지방자치단체가 설치하는 공공청사, 대학생용 공공기숙사, 문화시설,
           사회복지시설, 체육시설, 평생학습관 또는 임대를 목적으로 하는 공공주택의 용도로 사용 가능
   2) 「저류시설」의 결정기준 및 구조·설치기준
      1. 비가 올 때에 빗물의 이동을 최소화하여 빗물을 모아 둘 수 있는 공공시설·공동주택단지 등의
         장소에 설치할 것
      2. 집수 및 배수가 원활하게 이루어지도록 하고, 방류지점이 되는 하천·하수도·수로 등과의 연결이
         원활하도록 할 것
      3. 공원·체육시설 등 본래의 이용목적이 있는 토지에 저류시설을 설치하는 경우에는 본래의 토지이용목적이
         훼손되지 아니하도록 배수가 신속하게 이루어지게 하고, 그 사용횟수가 과다하지 아니하도록 할 것
      4. 저류시설 본래의 기능이 손상되지 않고, 빗물을 안전하게 모아 둘 수 있는 구조로 할 것

---

98) 지속가능한 신도시 계획기준, 2010, 국토교통부
99) 부산진해경제자유구역 홈페이지, 명지지구, https://www.bjfez.go.kr
100) 도시·군계획시설의 결정·구조 및 설치기준에 관한 규칙, 제2절 유수지

[참고]
1. 도시·군계획시설의 중복결정 & 입체적 결정의 정의 [101]
 1) 도시·군계획시설의 중복결정

> - 토지를 합리적으로 이용하기 위하여 필요한 경우에는 둘 이상의 도시·군계획시설을 같은 토지에 함께 결정할 수 있다. 이 경우 각 도시·군계획시설의 이용에 지장이 없어야 하고, 장래의 확장가능성을 고려
> - 둘 이상의 도시·군계획시설을 같은 토지에 함께 결정할 필요가 있는지를 우선적으로 검토하여야 하고, 공공청사, 문화시설, 체육시설, 사회복지시설 및 청소년수련시설 등 공공·문화체육시설을 결정하는 경우에는 시설의 목적, 이용자의 편의성 및 도심활성화 등을 고려하여 둘 이상의 도시·군계획시설을 같은 토지에 함께 설치할 것인지 여부를 반드시 검토하여야 한다.

 2) 입체적 도시·군계획시설결정

> - 도시·군계획시설이 위치하는 지역의 적정하고 합리적인 토지이용을 촉진하기 위하여 필요한 경우에는 도시·군계획시설이 위치하는 공간의 일부만을 구획하여 도시·군계획시설결정을 할 수 있다.
> 이 경우 당해 도시·군계획시설의 보전, 장래의 확장가능성, 주변의 도시·군계획시설 등을 고려하여 필요한 공간이 충분히 확보되도록 하여야 한다. (이하 생략)

2. 도시계획시설(유수지) 결정 조서 (참고 작성 방법: 예시)

구분	도면표시번호	시설명	시설의 세분	위치	면적(㎡)			최초결정일	비고
					기정	변경	변경후		
신설	2	수영우수 저류시설	유수지	부산시 수영구 4321번지 일원	-	증)5,847	5,847	-	중복결정 (완충녹지)

구분	도면표시번호	시설명	시설의세분	위치	면적(㎡)			최초결정일	비고
변경	1	체육시설	스포츠타운 (축구장 등)	서초구 방배동 345일원	123,555	-	123,555	2021.7.12	-
	1-1	유수지	저류시설	서초구 방배동 345일원	4,835	증)225	5,060	-	지하 (중복결정)

2) 설계 개요

- 전체 대상지 면적: 97.6ha
- 총인구: 11,712명
- 세대당 인구: 2.5인
- 총세대수: 4,685세대 (단독:공동=1:9)
  아파트(10층): 2,560세대, 아파트(5층): 1,680세대, 단독:445세대
- 인구밀도: 120인/ha
- 단독주택 획지 면적: 200㎡
- 공동주택 1호당 면적: 100㎡

---

[101] 도시·군계획시설의 결정·구조 및 설치기준에 관한 규칙 제3조(도시·군계획시설의 중복결정), 제4조(입체적 도시·군계획시설결정)

> ○ 설계개요
> - 전체면적: 97.6ha
> - 전체인구: 14,640인
> - 인구밀도: 150인/ha
> - 가구당 인구: 3인/가구
> - 세대수: 4,880세대
>   단독주택: 488세대
>   공동주택: 4,392세대 ┌ 10F×8호×32동 = 2,560세대
>   ├ (10F×7호+9F×1호)×8동 = 632세대
>   └ 5F×8호×30동 = 1,200세대

(작도: 전주희)

3) 기본 구상

- 대상지 중심에 상업, 업무, 공공청사를 배치하여 공공시설 접근성 향상
- 공장이 밀집해있는 북측에는 공업 지역을 배치하고, 취락지가 있는 남측에는 저층 주거지역을 인접하여 배치
- 보조간선도로 및 집산도로는 배치간격 및 생활권의 규모에 따라 배치하고, 특히 집산도로의 경우 통과교통을 최소화하는 방향으로 설계
- 대상지 남측 20미터 도로와 동측의 20미터 도로는 통과 교통의 발생이 빈번함으로 20~25미터 간선도로를 계획하여 통행에 불편함이 없도록 설계
- 보전녹지(양호한 수림)와 하천을 품고 있는 공동 및 단독 주거 생활권은 대상 지 내 상업 및 업무 등 일자리 특화지구와 보행자 동선 및 녹지축을 통해 자연스럽게 연결
- 주거형 보행자 전용 도로는 각 단지에서 보전산지(도시지역권 근린공원)으로 연결시켜 친환경적 보행 공간 제시
- 하천의 범람 예방을 위해 유수지 및 수변 공원 계획 (or 체육시설과 중복결정 실시)
- 친환경적인 단지, 경관이 양호한 단지 구현을 위해 녹지 및 오픈 스페이스를 계획

4) 토지이용계획표

구분	용도	면적(ha)	구성비(%)	비고
	총계	97.6	100	
	소계	30.3	31.0	
주택용지	단독주택	8.5	8.7	
	공동주택(5F)	13.2	13.5	
	공동주택(10F)	8.6	8.8	
상업용지	상업시설	2.5	2.6	
공업용지	공업시설	3.4	3.5	
	소계	35.7	36.6	
	학교	5.0	5.1	최소2리
공공시설용지	공공청사	1.6	1.7	
	커뮤니티시설	5.6	5.7	
	유보지	1.5	1.5	
	유수지	0.8	0.8	
	도시지원시설	1.7	1.8	
	도로	19.5	20.0	
	소계	25.7	26.3	
공원 및 녹지	근린공원	10.8	11.1	중개소
	수변공원	1.9	1.9	
	체육공원	1.3	1.3	
	완충녹지	3.2	3.3	
	기타녹지	8.5	8.7	

(작도 임은주)

4. 도면 작품

■ 전체 도면 (작도: 이주헌)

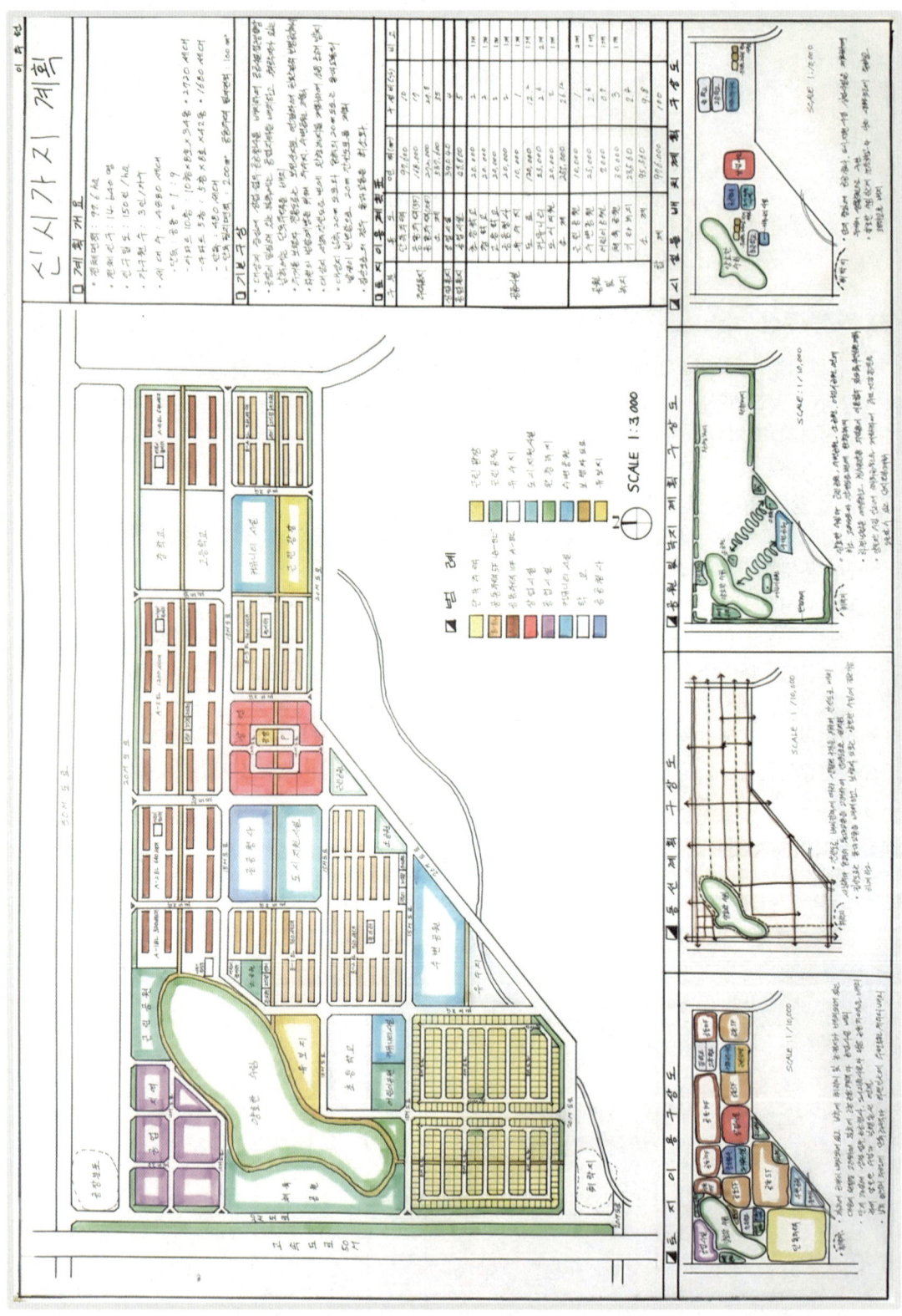

CHAPTER 4. 작업형 도면 기출 문제 & 출제 대비 문제

■ Master Plan (작도: 임은주)

■ Master Plan (작도: 유완선)

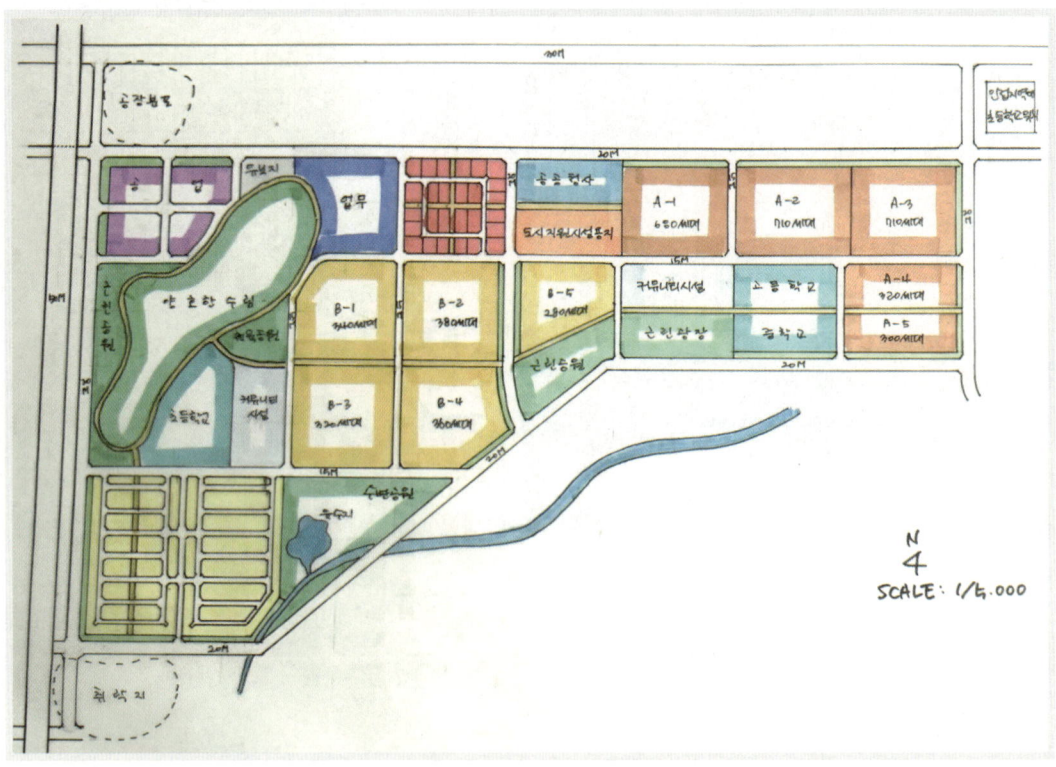

■ Master Plan (작도: 전주희)

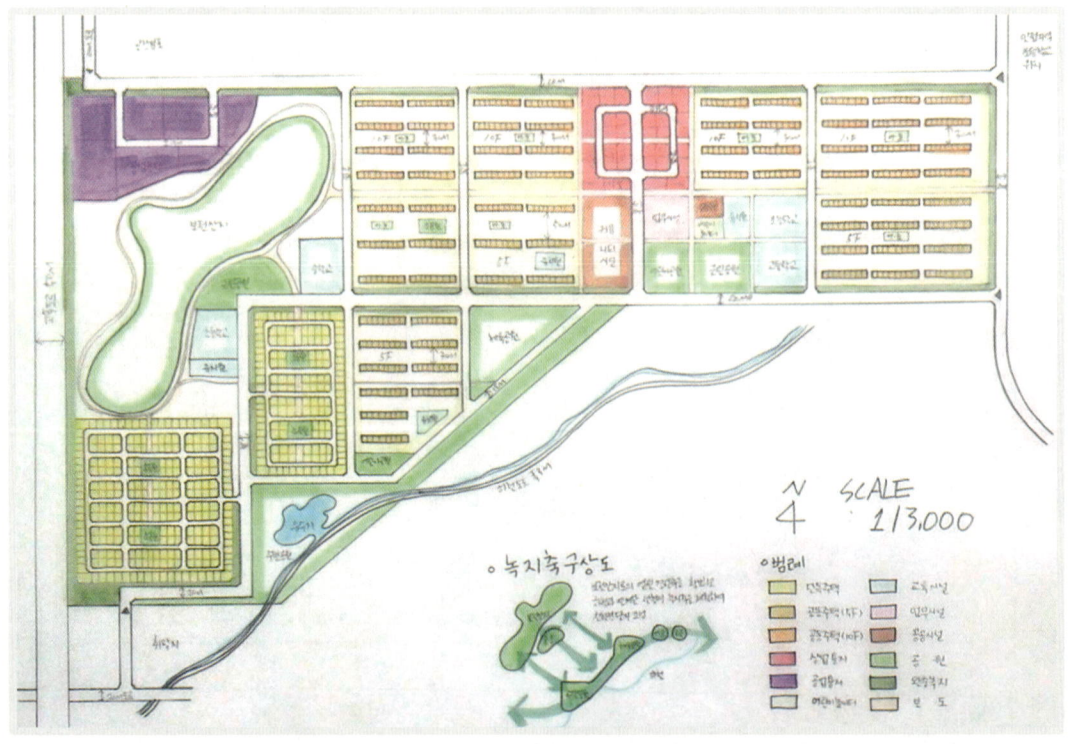

CHAPTER 4. 작업형 도면 기출 문제 & 출제 대비 문제   231

■ Master Plan (작도: 이승용)

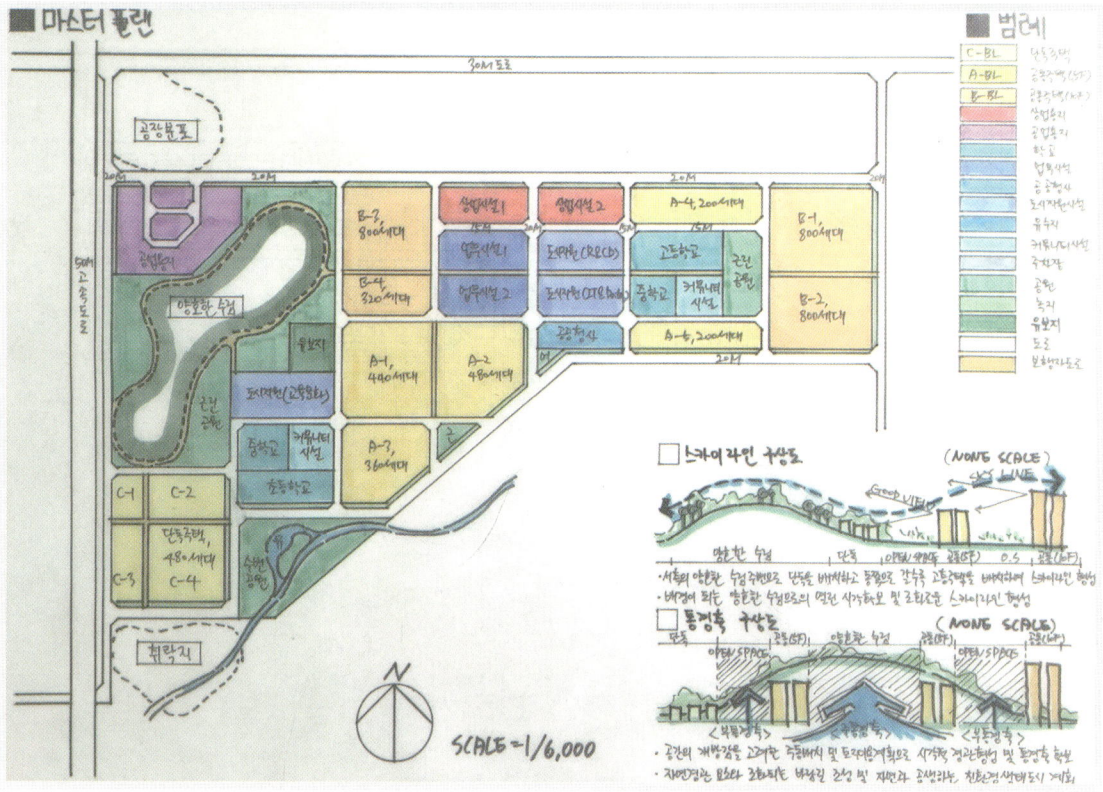

■ Master Plan (작도: 박인섭)

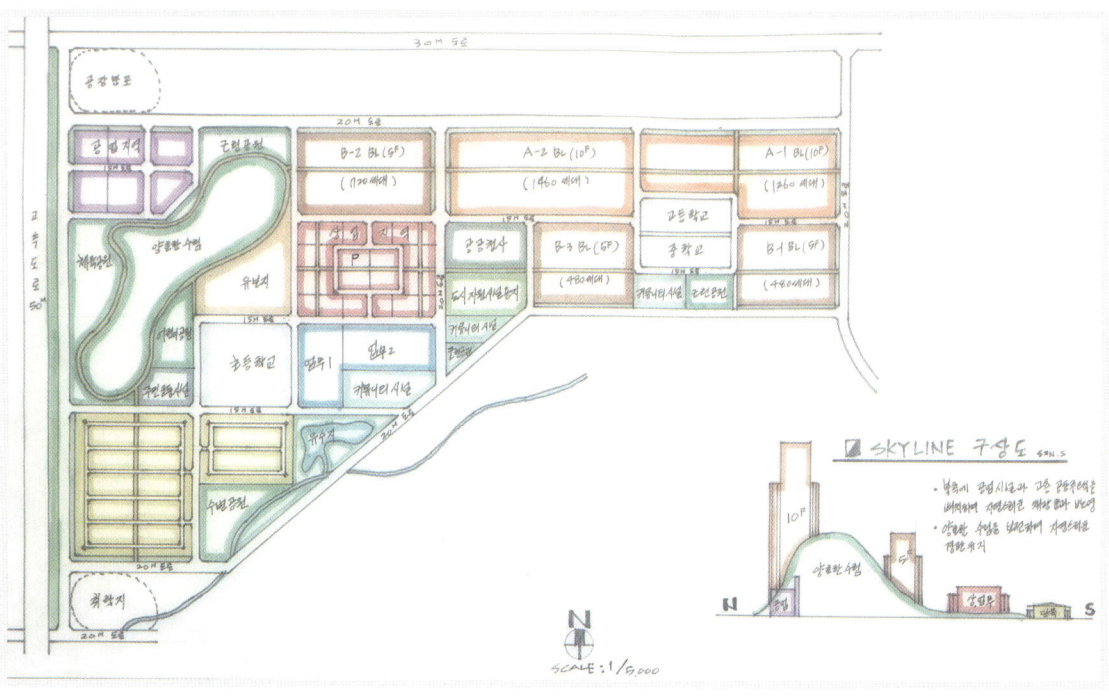

■ Master Plan (작도: 성민경)

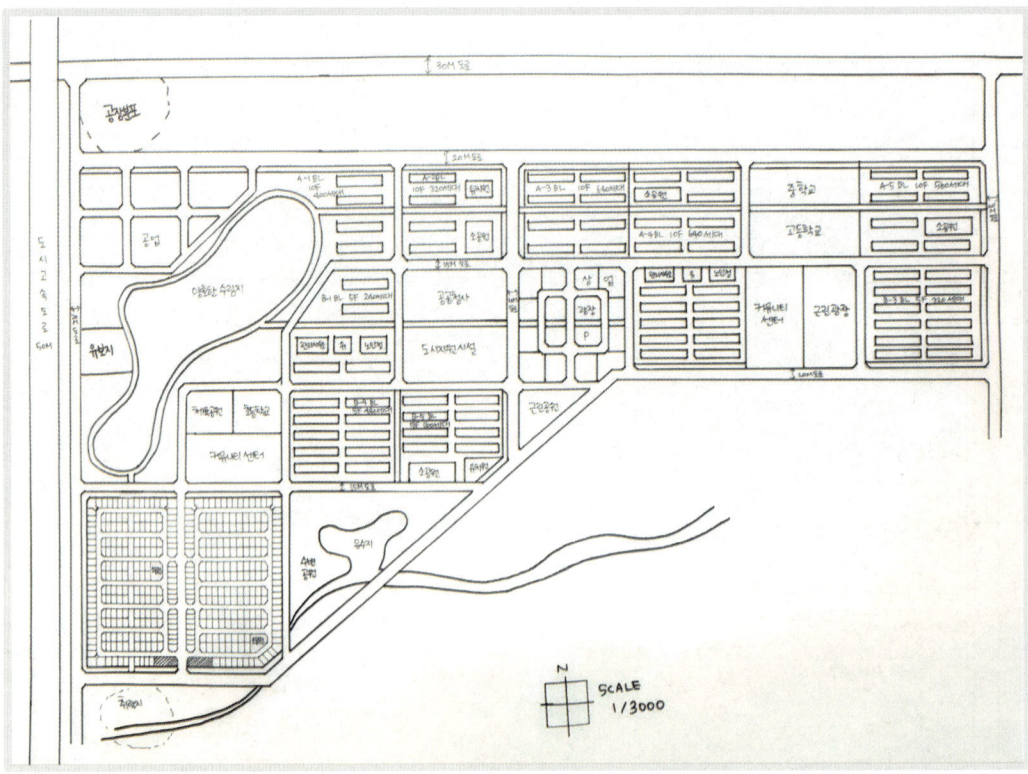

■ Master Plan (작도: 고우리)

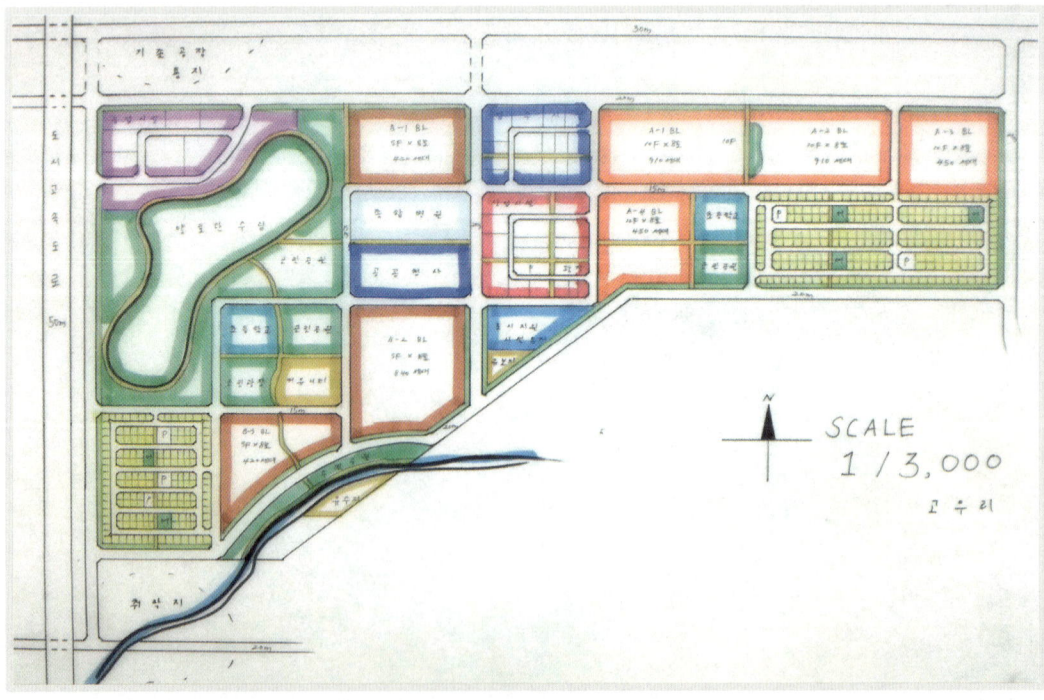

5. 구상도 표현 기법 (작도: 박인섭, 강병준)

■ 토지이용 구상도

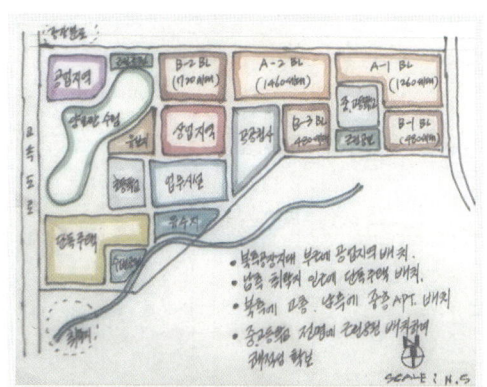
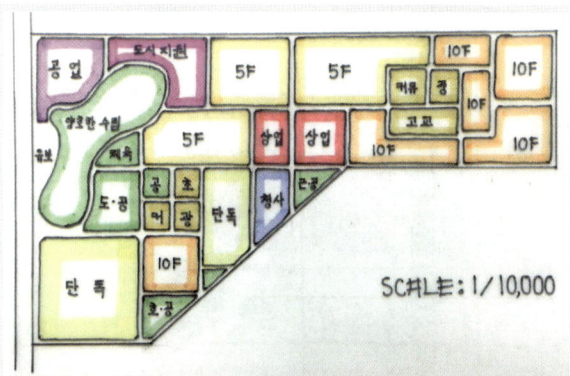

■ 가로망(동선) 구상도

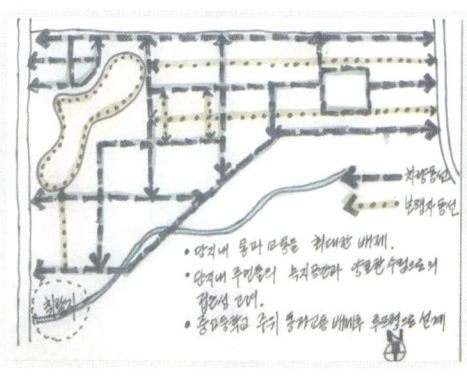
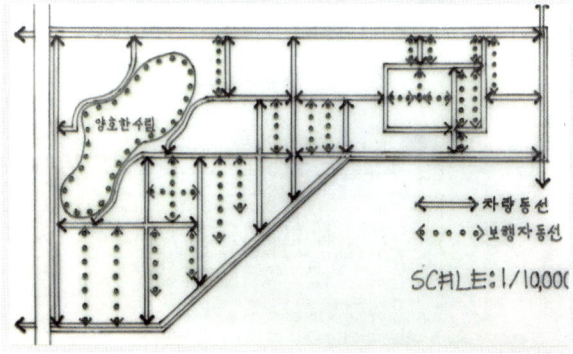

■ 공원&녹지 구상도

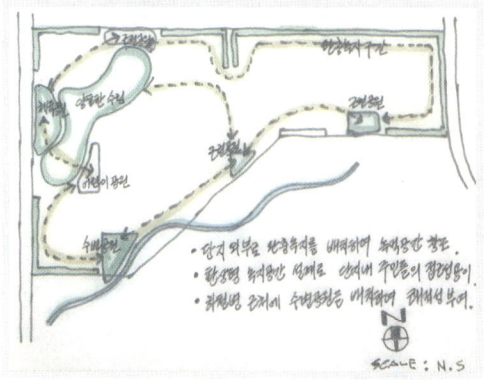
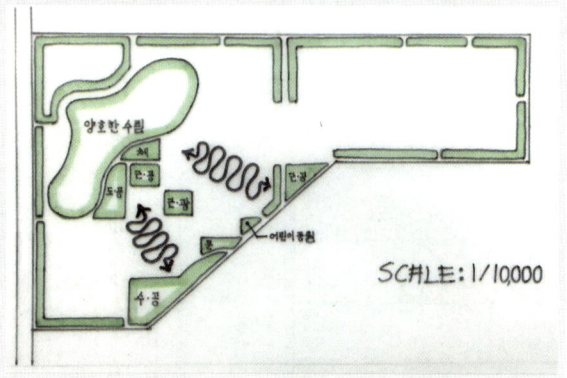

6. 주요 point 상세도면

① 상세도면 (작도: 박새롬, 임혜리)

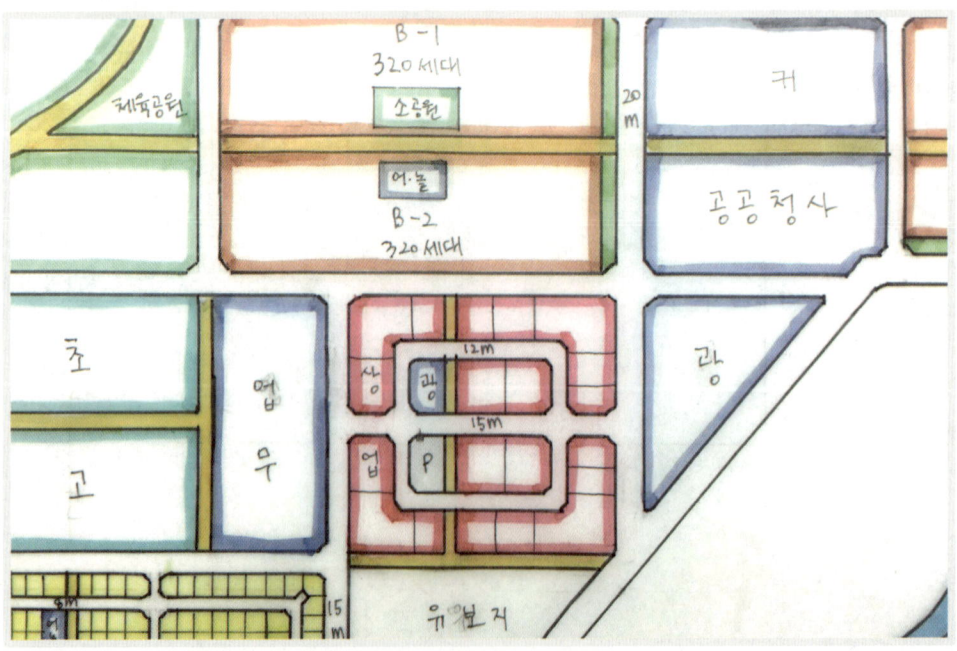

② 각종 구상도 (작도: 전주희, 박인섭, 이승용)

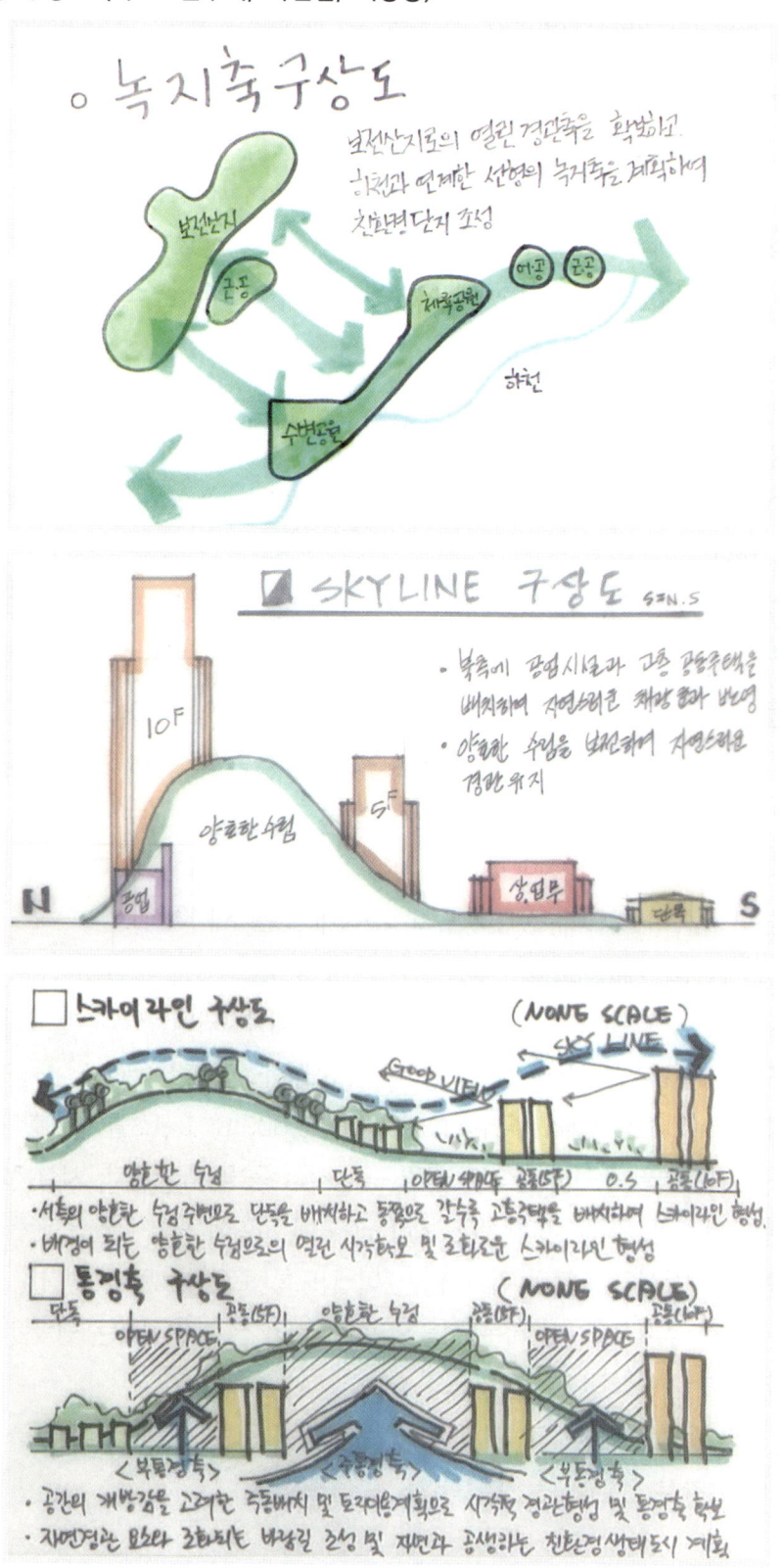

II-3. 3자 등고선 단지계획

| 자격종목 | 도시계획기사 | 과제명 | 단지계획 |

※ 시험시간: [○ 표준시간:3시간 (연장시간 없음)]

1. 요구사항
※ 아래에서 제시하는 계획 조건을 바탕으로 단지를 계획하시오. 단, 마스터플랜 축척은 1:5,000으로 구상도(토지이용, 가로망, 공원&녹지)는 1:25,000의 축척으로 제시하시오.

[계획조건]
1. 현황도에 주어진 계획 대상지 면적 산출 과정을 제시하고, 아래와 같이 주거별 인구밀도 구성을 하여야 한다. 단, 주거형태별 인구 구성은 산출 과정을 포함하여 계획 내용에서 제시하여야 한다.
    1) 총 인구 밀도는 180인/ha이고, 1세대 당 가구원수는 3인을 기준으로 한다.
    2) 단독 및 공동주택의 비율은 1:9, 공동주택 중 저층아파트(5층)와 고층아파트(10층)의 비율은 5:5가 되도록 계획한다. (단독 주택은 1세대 당 150~200㎡의 획지 면적)
2. 상업지역은 전체 면적의 4% 내외, 공업지역은 3%로 하여 공업용도(아파트형 공장)를 계획한다.
3. 계획 대상지의 지형 조건 및 지역적 특색은 다음과 같다.
    1) 북측은 아름다운 경관을 형성하고 있어 시야의 확보가 반드시 필요하다.
    2) 동측이 높고 서쪽이 낮으며, 중앙이 높고 남·북이 낮은 지역이다.
    3) 친환경적인 단지로 계획하고자 한다.
    4) 서측은 기존 취락이 밀집해 있고 상업지역이 없어 대상지와의 연계가 필요하다.
4. 계획대상지의 시설계획은 아래 사항을 반영하여 제시하여야 한다.
    1) 하수처리장(10,000㎡) 1개소, 유수지(1개소 당 10,000㎡) 2개소를 배치한다.
    2) 계획 인구 규모에 필요한 시설(학교, 공원, 공공시설 등)을 배치하고, 시설 설치 면적과 수요(개소)를 언급하여야 한다. 기타 단지 내 시설에 관한 내용은 관련 법령을 준용.
5. 도로의 폭원을 기재하여 도로의 위계가 구분이 되도록 도로망 계획을 한다.
6. 주차시설은 지하 주차장을 이용하는 것을 전제로 하고, 본 도면에서는 생략한다.
7. 공동주택의 배치는 생략한다.
8. 구상도의 계획 개념을 서술하고, 계획 개념에는 토지이용계획표를 작성하도록 한다.
9. 공동주택 단지 차량 진출입구는 ↑ (화살표)로 표현한다.

자격종목	도시계획기사	과제명	단지계획

2. 현황도 (N.S)

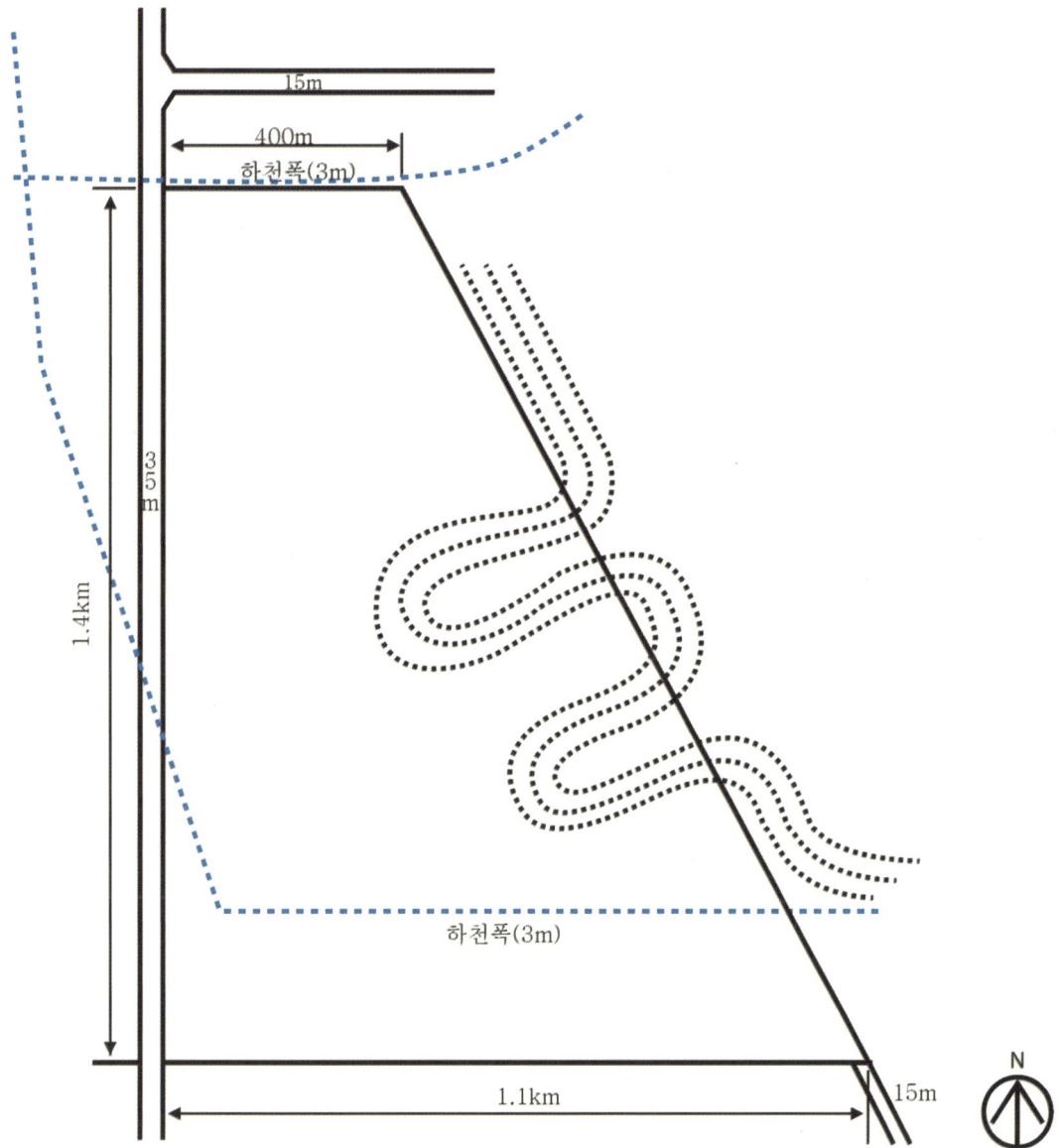

3. 문제 요구 사항 분석
1) 문제 풀이

1. 1) 총 인구 밀도는 180인/ha이고, 1세대 당 가구원수는 3인을 기준으로 한다.
   2) 단독 및 공동주택의 비율은 1:9
      공동주택 중 저층아파트(5층)와 고층아파트(10층)의 비율은 5:5가 되도록 계획한다.
      단독 주택은 1세대 당 150~200㎡의 면적이 되도록 계획한다.

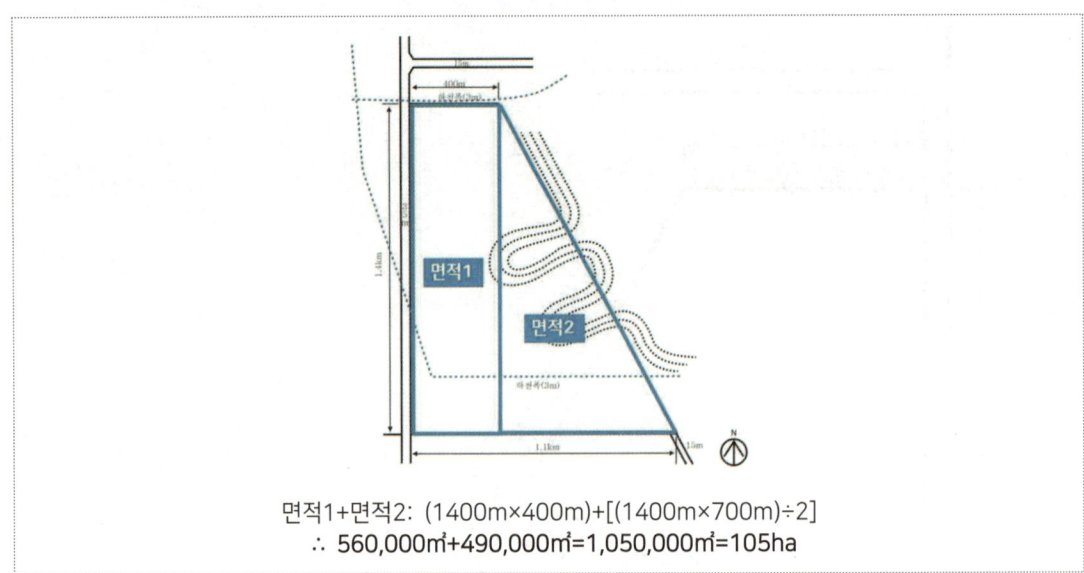

면적1+면적2: (1400m×400m)+[(1400m×700m)÷2]
∴ 560,000㎡+490,000㎡=1,050,000㎡=105ha

- 대상지 면적: 105ha
- 대상지 인구: 105ha×180인/ha=18,900명
- 대상지 세대수: 18,900명÷3인=6,300세대
- 단독:공동=1:9   • 저층아파트(5층):고층아파트(10층)=5:5

① 아파트 [10층] 6,300세대×0.9×0.5÷10층÷8호=35.43동
  ∴ 10층×8호×36동=2,880세대
② 아파트 [5층] 6,300세대×0.9×0.5÷5층÷8호=70.87동
  ∴ 5층×8호×72동=2,880세대
③ 단독 [1층] 6,300세대(전체)-2,880세대(10층)-2,880세대(5층)=540세대
   ▶ 단독 주택 총주택지 면적 산출
   540세대×200㎡=108,000㎡=10.8ha ∴ 총주택지 면적: 10.8ha÷(1-0.3)=15.4ha

---

■ 신유형 대비 ■

■ 총인구밀도 180인/ha, 1세대당 가구원수 2.5인 기준
  • 대상지 인구: 105ha×180인/ha=18,900인
  • 대상지 세대수: 18,900인÷2.5인=7,560세대
■ 단독:공동=1:9 ▶ 단독: 756세대, 공동: 6,804세대
  • 중형(7): 110㎡, 소형(3): 60㎡
■ 단독주택 필지 면적: 250㎡ 이하, 공동주택 용적률: 200% 이하

■ 신유형 대비 조건 문제 풀이 ■ [102]
- 단독: 756세대, 공동: 6,804세대
- 중형(7): 110㎡, 소형(3): 60㎡
- 중형 세대수=6,804세대×70%=4,762.8세대≒4,763세대
  중형 세대 면적 산정=(4,763세대×110㎡)÷용적률200%(가정)=261,965㎡≒26.2ha
- 소형 세대수=6,804세대-4,763세대=2,041세대
  소형 세대 면적 산정=(2,041세대×60㎡)÷용적률150%(가정)=81,640㎡≒8.16ha
- 단독주택 면적 산정
  756세대×필지면적200㎡(가정)=151,200㎡≒15.12ha
  ▶ 전제 주거지역 면적 = 26.2ha(중형)+8.16ha(소형)+15.12ha(단독)=49.48ha

2. 상업지역은 전체 면적의 4% 내외, 공업지역은 3%로 하여 공업용도(아파트형 공장)를 계획한다
   ▶ 상업지역 면적은 약 4~5ha 내외, 공업지역 면적은 약 3~4ha 내외 면적을 적용한다.

3. 계획 대상지의 지형 조건 및 지역적 특색은 다음과 같다.
   1) 북측은 아름다운 경관을 형성하고 있어 시야의 확보가 반드시 필요하다.
      ▶ 경관이 양호한 지역에 고층 아파트 대신 저층 주거(단독 주택)를 배치한다.
   2) 동측이 높고 서쪽이 낮으며, 중앙이 높고 남·북이 낮은 지역이다.
      ▶ 지형이 낮고 평탄한 지역에 고층 주거지역, 상업, 공업 지역을 배치한다.
   3) 친환경적인 단지로 계획하고자 한다.
   4) 서측지역은 기존 취락이 밀집해 있고 상업지역이 없어 계획 대상지와의 연계가 필요하다.
      ▶ 서측에 상업지역이 부족함에 따라, 단지 내 상업 지역을 서측 간선도로변에 배치한다.

■ 지식산업센터(아파트형 공장) [103]
동일 건축물에 제조업, 지식산업 및 정보통신산업을 영위하는 자와 지원시설이 복합적으로 입주할 수 있는 다층형(3층 이상) 집합건축물로서 6개 이상의 공장이 입주할 수 있는 건축물을 말한다. 지식산업센터는 아파트형공장에 정보통신산업 등 첨단산업의 입주가 증가하는 현실을 반영하여 기존 아파트형공장을 지식산업센터로 명칭을 변경하고 제조업 외에 지식산업 및 정보통신산업 등을 영위하는 자와 기업지원시설이 복합적으로 입주하는 건축물로 재 정의된 것이다.

[지식산업센터 입주 가능 사업]
① 제조업, 지식기반산업, 정보통신산업, 그 밖에 특정 산업의 집단화와 지역경제의 발전을 위하여 산업단지관리기관 또는 시장·군수·구청장이 인정하는 사업을 운영하기 위한 시설
② 벤처기업을 운영하기 위한 시설
③ 그 밖에 입주업체의 생산 활동을 지원하기 위한 시설로서 금융·보험업 시설, 기숙사, 근린생활시설 등의 시설

4. 계획대상지의 시설계획은 아래 사항을 반영하여 제시해야 한다.
   1) 하수처리장(10,000㎡) 1개소, 유수지(1개소 당 10,000㎡) 2개소를 배치한다.
      ▶ 대상지 내 2개의 하천변에 유수지 및 하수처리장을 계획한다.
         시설 배치 후 완충녹지(10미터 이상)를 계획하여 주거지역과 단절 시킨다.
      ▶ 수량이 풍부하여 재해 발생이 예상될 대상지의 특성에 따라 유수지 등을 적절하게 계획 또는 활용하여 치수 효과를 높임과 동시에 친수공간으로 활용될 수 있도록 조성한다.

---

[102] "연면적÷용적률=대지면적"의 공식을 사용하여 면적을 계산한다. 이렇게 구한 면적으로 토이계 및 현황도 작성한다.
[103] 토지이용 용어사전, 2011.1, 국토교통부

2) 계획 개요 (작도: 전주희)

- 전체 대상지 면적: 105ha
- 총인구: 18,900명
- 세대당 인구: 2.5인
- 총세대수: 7,560세대
  단독(1): 756세대,
  공동(9): 6,804세대 [중형(7): 4,763세대, 소형(3): 2,041세대]
- 인구밀도: 180인/ha
- 단독주택 필지 면적: 250㎡ 이하, 공동주택 용적률: 200% 이하
- 공동주택 1호당 면적: 중형: 110㎡, 소형: 60㎡
- 단독주택: 1개 획지당 3개 가구 거주

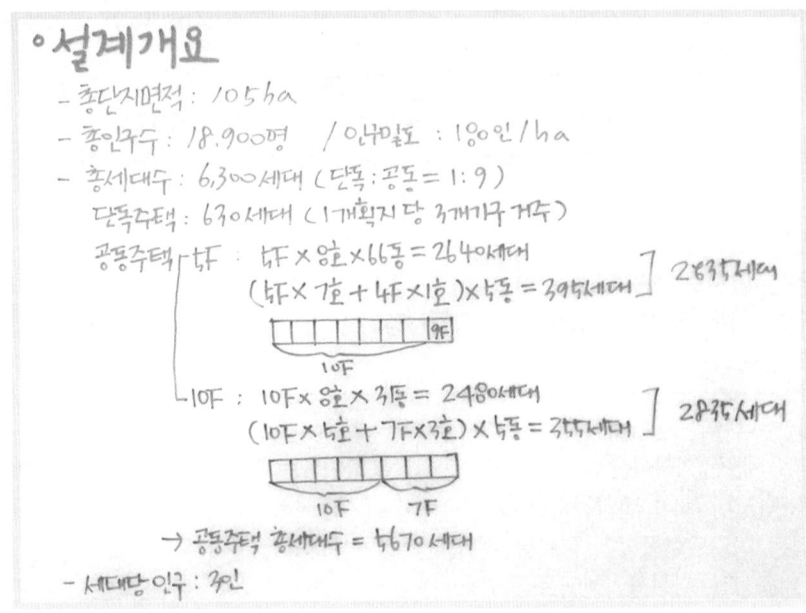

3) 기본 구상

- 북측의 아름다운 경관을 보호하기 위해 저층(단독주택, 저층 아파트) 주거지 배치
- 유수지 및 하수처리장은 대상지 경사도를 고려하여 서측에 계획하고 시설 주변에 녹지를 계획하여 주거지역과 최대한 이격 시킬 것
- 중앙이 높고 남측이 낮은 지역이므로 남측에 상업지역 및 고층 아파트 배치
- 대상지 서측에 상업 시설이 부족함에 따라 이와 연계한 상업 지역 계획
- 주민들의 여가 및 휴식을 위해 동측의 보존된 양호한 수림과 연결된 보행자 전용도로 개설
- 하천 주변에 녹지, 친수공간, 생태학습장 등을 계획하여 친환경적 단지 조성
- 지식산업센터(아파트형 공장)의 주요 입주 사업은 벤처, IT, 연구시설 등으로 업무용지와 연계하여 배치
- 각 주구 마다 초등학교 및 중, 고등학교를 배치하여 학생들의 안전하고 편리한 통학 환경 조성
- 단지 내 주요 시설은 "도시·군 계획 시설의 결정 구조 및 설치 기준에 관한 규칙"을 준용하여 계획

4) 토지이용계획표 (작도: 임은주)

구 분	용 도		면적(ha)	구성비(%)	비 고
	총 계		105	100	
주택용지	소 계		37.9	36.1	
	단독주택		5.7	5.5	
	공동주택	중형(110㎡)	22.5	21.4	
		소형(60㎡)	9.7	9.2	
상업용지	상업시설		3.6	3.4	
공업용지	지식산업센터		3.3	3.1	
공공시설용지	소 계		29.7	28.3	
	학 교		5.6	5.4	초2,중1,고1
	공공청사		1.7	1.7	
	업무시설		1.6	1.5	
	커뮤니티시설		1.8	1.7	
	도시지원시설		1.9	1.8	
	유수지		2.0	1.9	
	하수처리장		1.0	1.0	
	도 로		14	13.3	
공원및녹지	소 계		30.5	29.1	
	근린공원		21.8	20.8	2개소
	수변공원		1.6	1.5	
	체육공원		2.8	2.7	
	완충녹지		3.5	3.3	
	근린광장		0.8	0.8	

5) 경관 및 스카이라인 구상도 (작도: 이승용, 전주희)

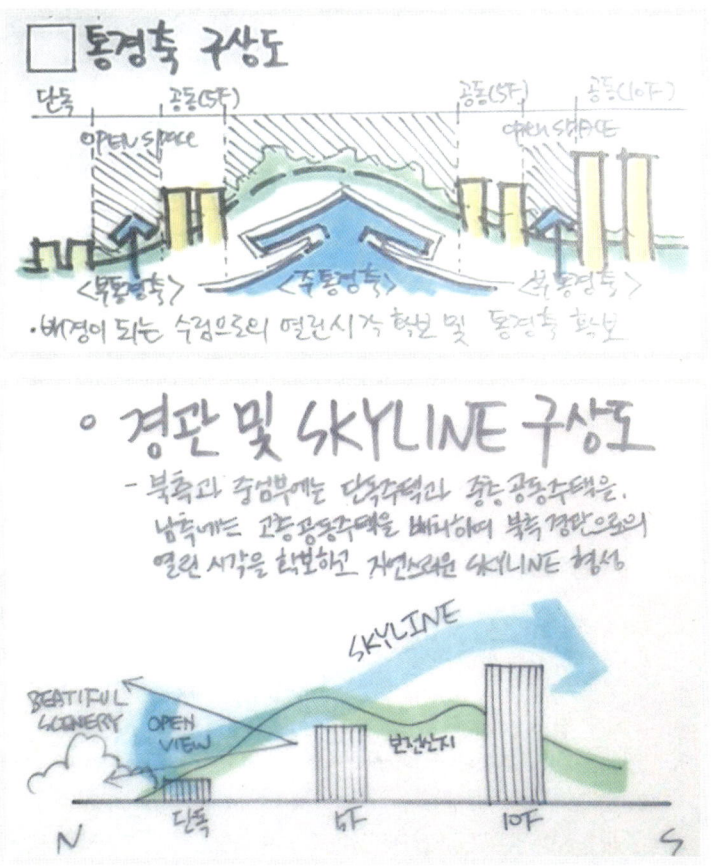

4. 도면 작품

■ 전체 도면 (작도: 임은주)

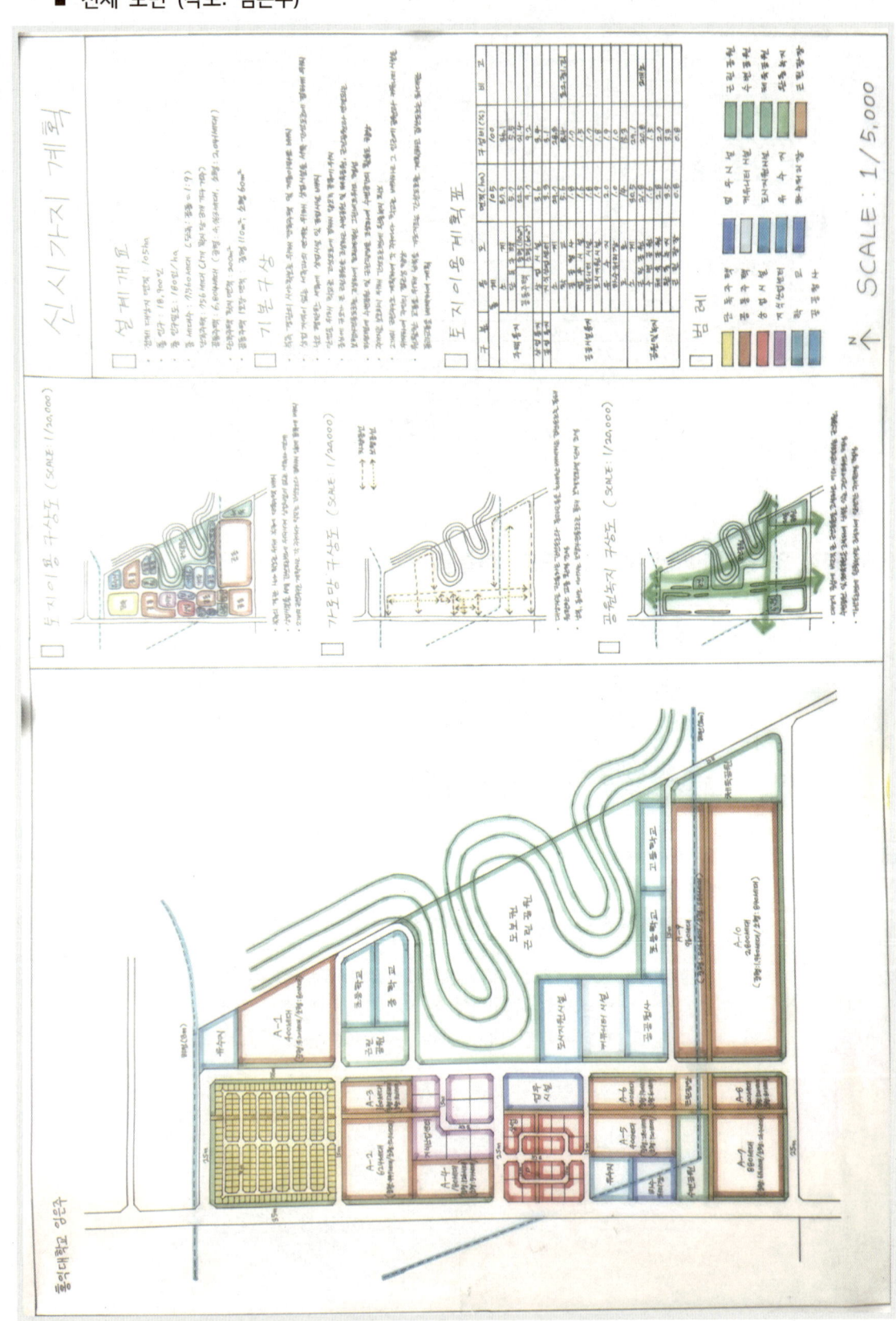

CHAPTER 4. 작업형 도면 기출 문제 & 출제 대비 문제

■ 전체 도면 (작도: 이일)

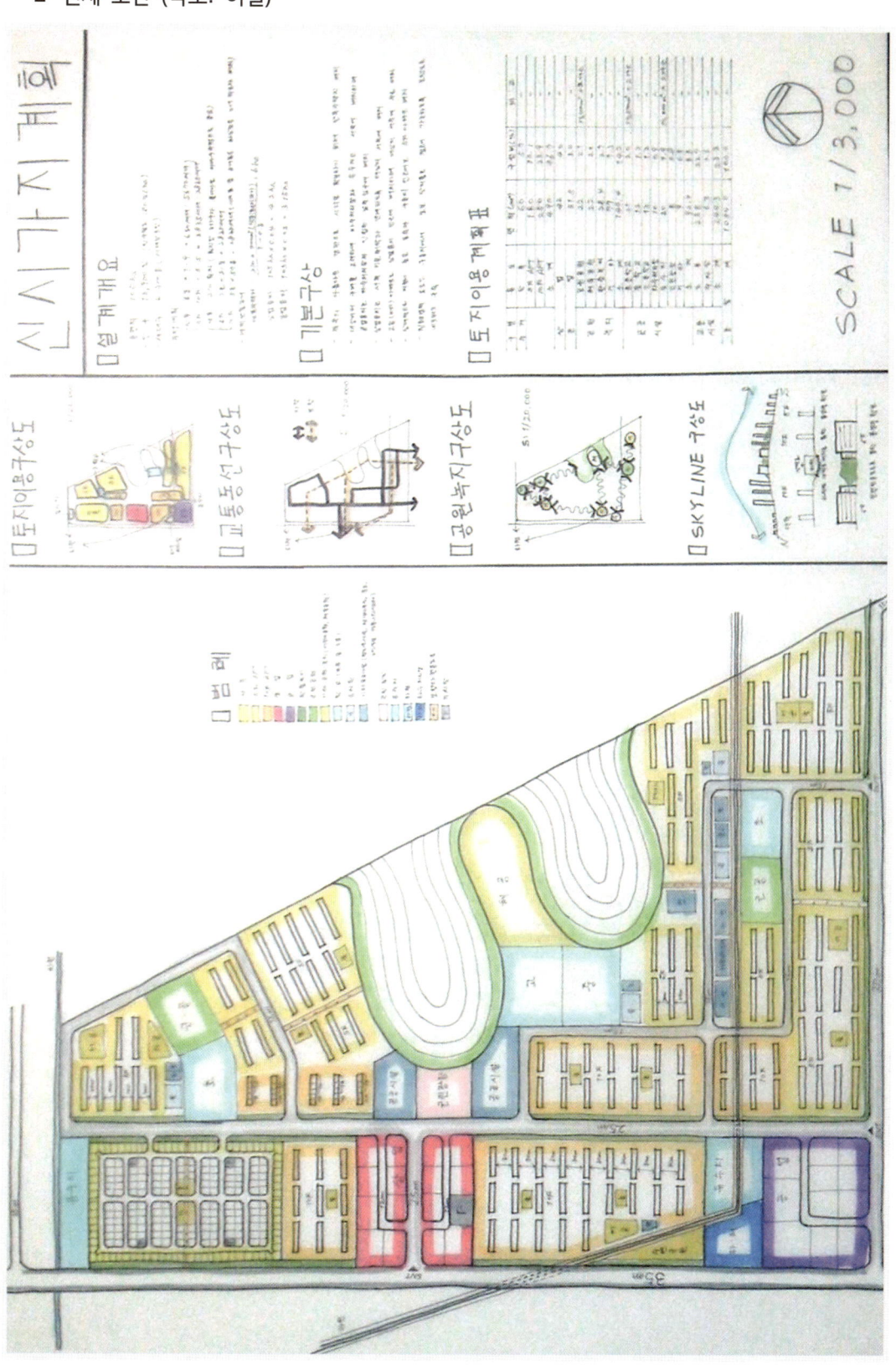

■ Master Plan (작도: 고우리)

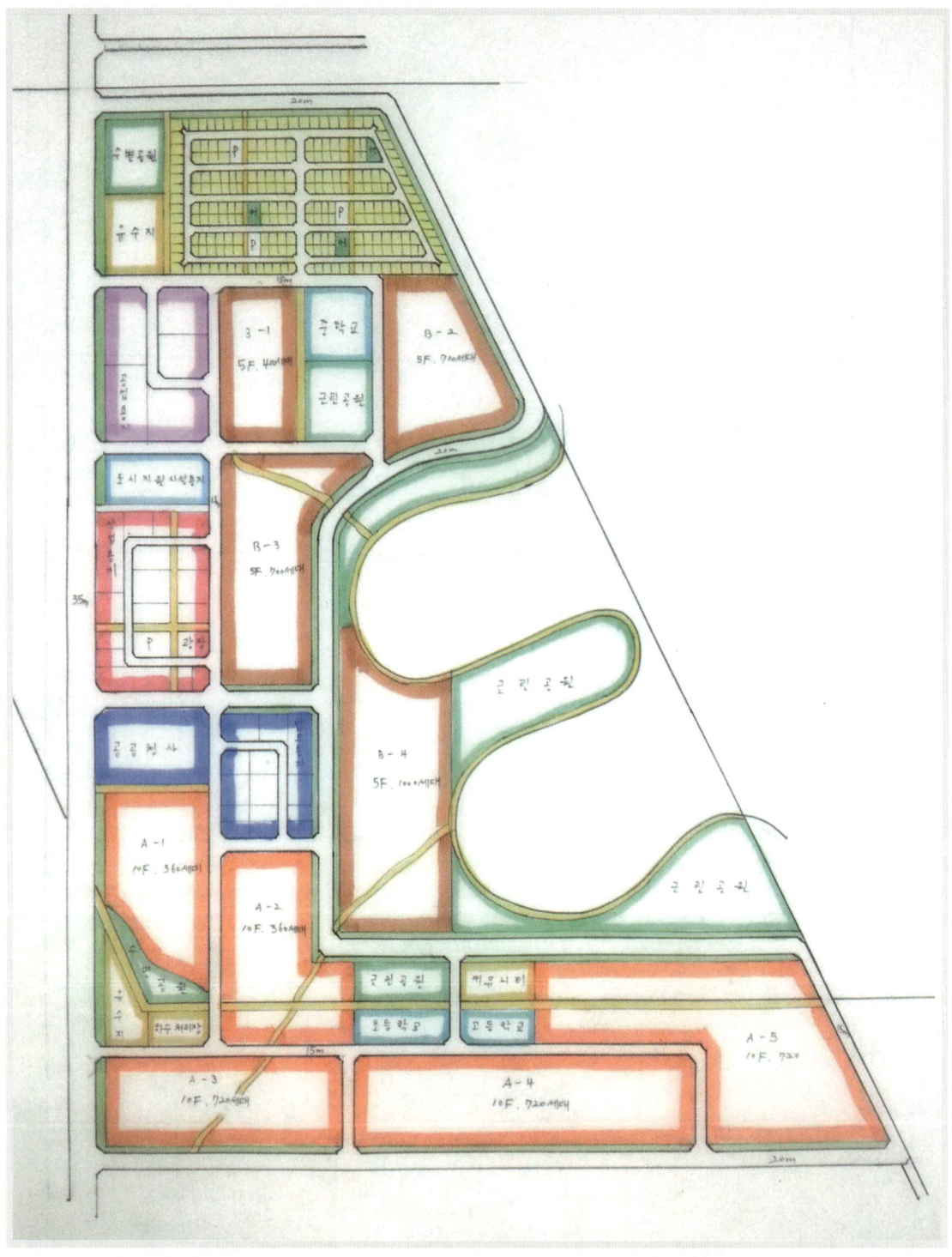

CHAPTER 4. 작업형 도면 기출 문제 & 출제 대비 문제

■ Master Plan (작도: 한승찬)

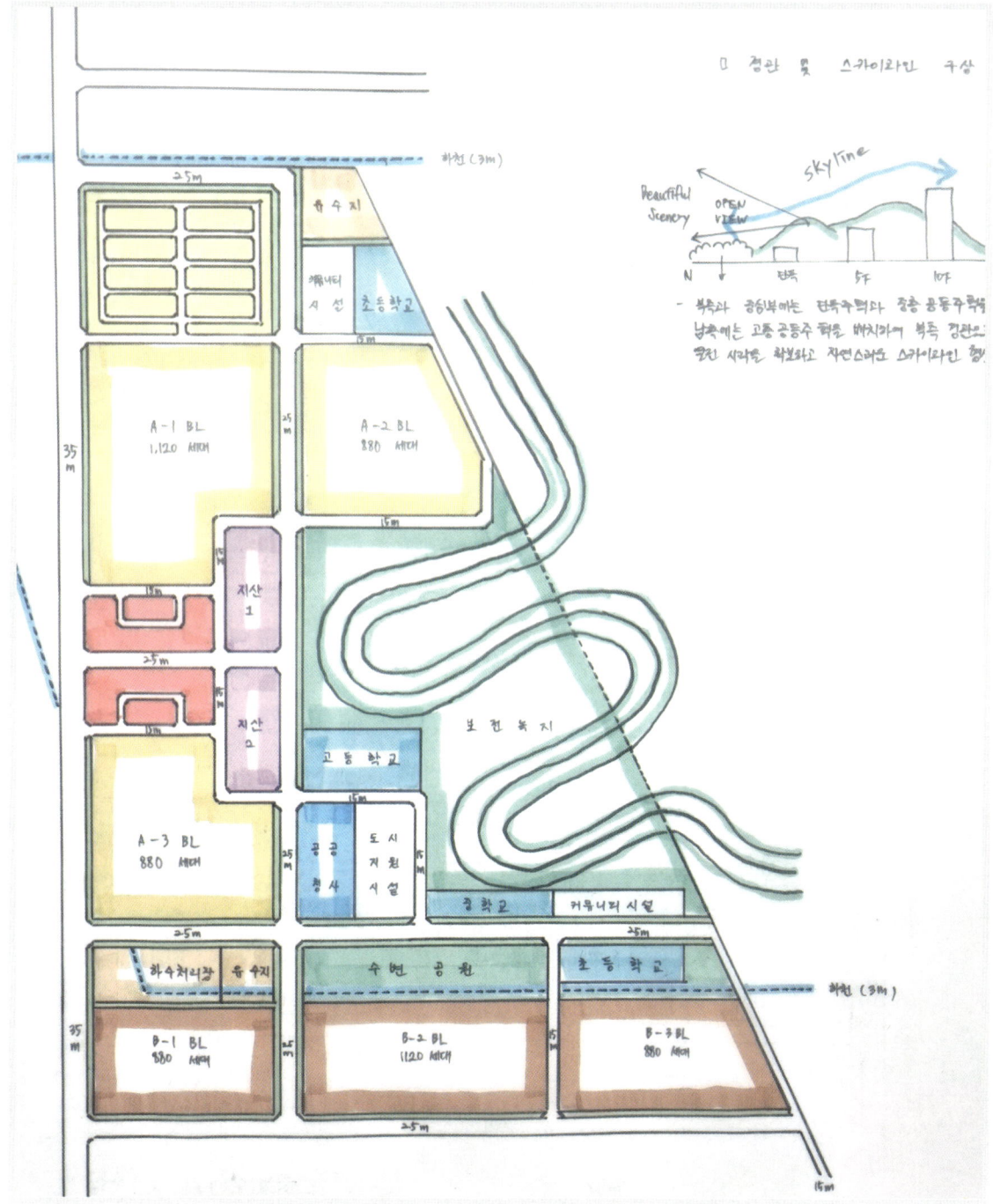

■ Master Plan (작도: 조수림)

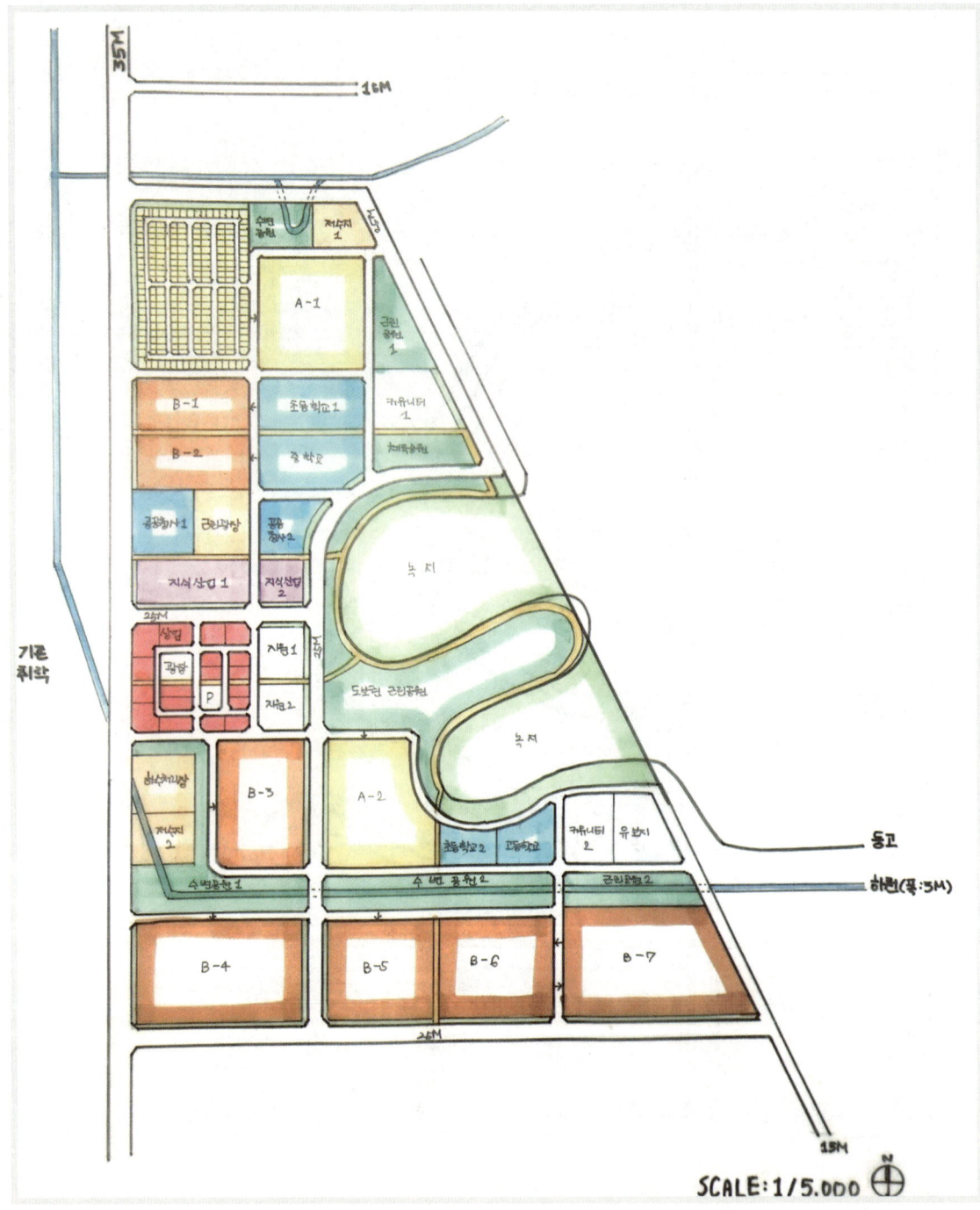

5. 구상도 표현 기법 (작도: 이승용, 한승찬, 박인섭)

■ 토지이용 구상도

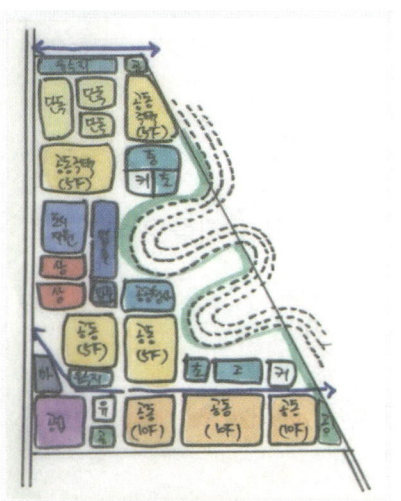
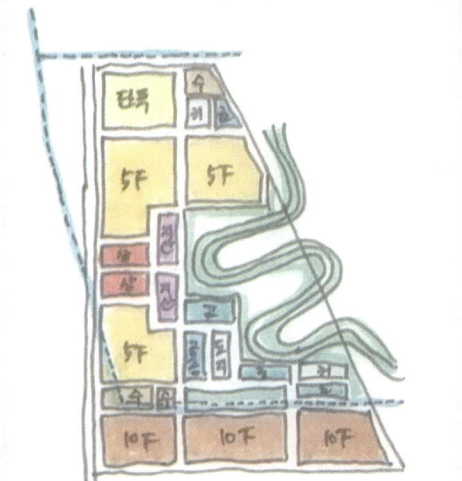

■ 동선(가로망) 구상도

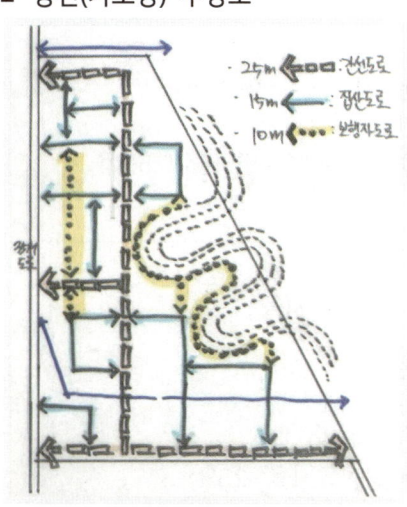
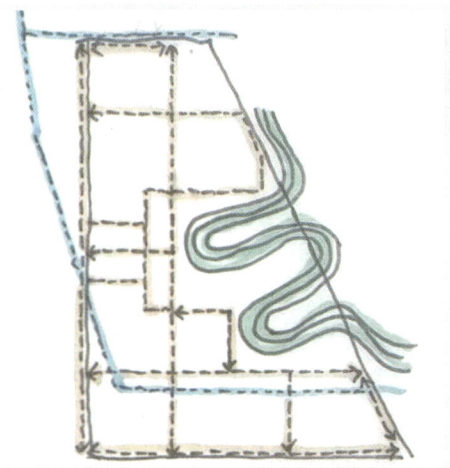

■ 공원&녹지 구상도

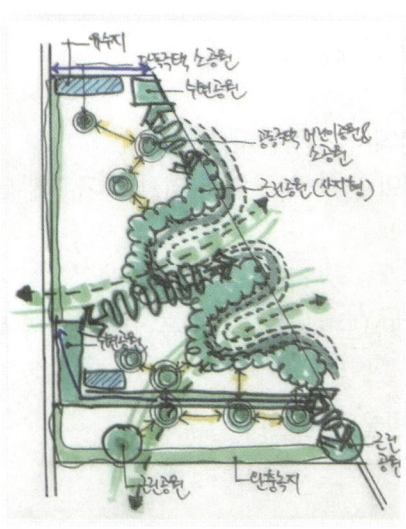
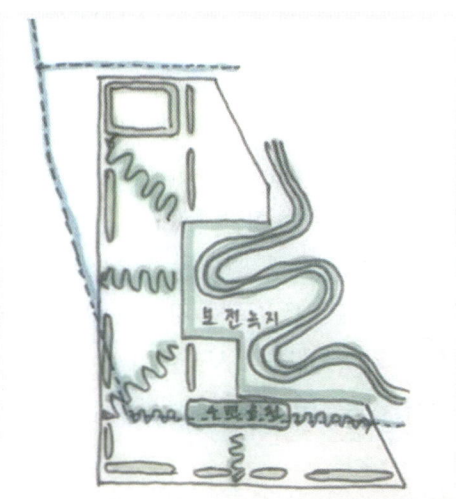

II-4. 저수지 단지계획

| 자격종목 | 도시계획기사 | 과제명 | 기성시가지 역세권 단지계획 |

※ 시험시간: [○ 표준시간:3시간 (연장시간 없음)]

1. 요구사항
아래 현황도와 제시하는 계획 조건을 바탕으로 역세권 주거 단지를 계획하시오.
단, 마스터플랜의 축척은 1:5,000으로 작성한다.

[계획조건]
1. 다음의 조건을 이용하여 각 용도지역의 수요(면적)를 구하시오.
   (단, 면적 산출(계산) 과정은 반드시 기재한다.)

용도지역	조건
주거지역 (단독 및 공동)	• 계획 대상지 인구 8,500명, 1가구당 가족원수는 2.5인 • 고밀 공동주택 : 중저밀 공동주택 : 단독주택 = 3 : 5 : 2 • 고밀 공동주택: 용적률 150%, 주택1호당 면적: 85㎡. • 중저밀 공동주택: 용적률 100%, 주택1호당 면적: 85㎡ • 단독주택 필지면적: 200㎡, 공공용지율은 20%
상업지역	• 이용인구: 15,000명 • 용적률: 250% • 1인당 연상면적: 15㎡ • 공공용지율: 25%
업무지역	• 3차 산업종사자수: 15,000명 • 1인당 사무실 면적(전용면적): 10㎡ • 공급면적 대비 전용면적 비율: 50% • 용적률: 400% • 공공용지율: 25%

2. 설계 개요에는 설계 컨셉(Concept) 및 주요 계획 이슈를 포함하여 서술한다.
3. 초등학교 1개, 중학교 1개, 커뮤니티 시설 1개를 계획한다.
4. 저수지 주변에 수변공원을 계획한다.
5. 주거지역의 주택 및 기반시설 배치는 본 도면에서 생략한다.
    단, 필지 경계선을 표현하여야 하며, 단독주택지의 경우 최소 2개 이상의 가구에 대해 필지 경계선을 예시로 표현한다.
6. 지하철역을 중심으로 역세권 계획을 수립한다.
7. 토지이용구상도, 차량동선 구상도, 보행동선 구상도, 녹지 및 오픈스페이스 구상도를 작성하고 계획 개념을 서술한다.
8. 제시되지 않은 기타 사항은 관계 법령 및 규정을 준용한다.

| 자격종목 | 도시계획기사 | 과제명 | 기성시가지 역세권 단지계획 |

2. 현황도 (N.S) (전체 대상지 면적 122ha)

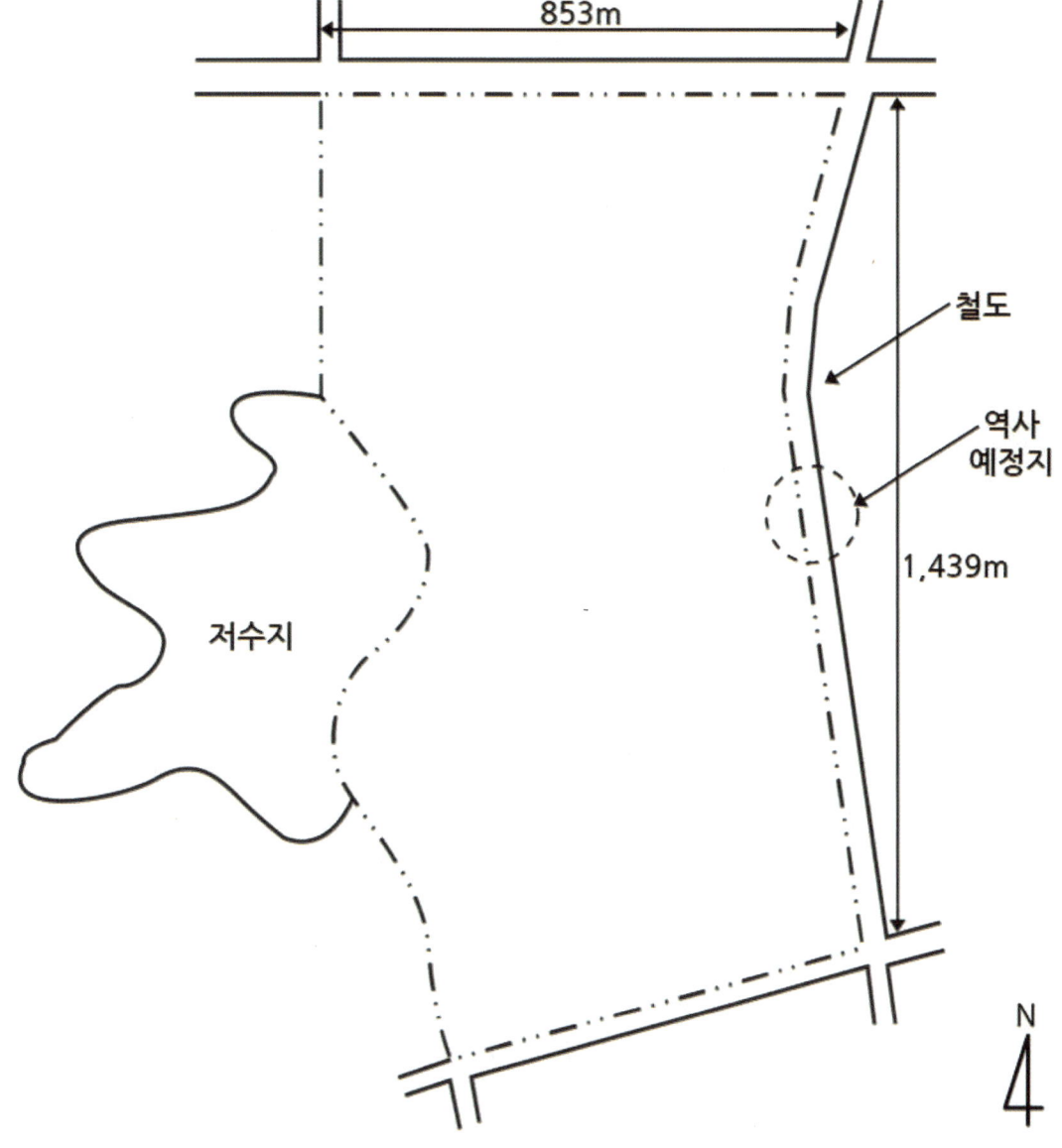

3. 문제 요구 사항 분석

1) 문제 풀이

1. 다음의 조건을 이용하여 각 용도지역의 수요(면적)를 구하시오.
   (단, 면적 산출(계산) 과정은 반드시 기재한다.)

용도지역	조건

주거지역	• 계획 대상지 인구 8,500명, 1가구당 가족원수는 2.5인
	  ▶ 8,500명÷2.5인= **3,400세대**
	• 고밀 공동주택 : 중저밀 공동주택 : 단독주택 = 3 : 5 : 2 (세대수 비율로 가정)
	  ▶ 고밀(1,020세대) : 중저밀(1,700세대) : 단독(680세대)
	• 고밀 공동주택: 용적률 150%, 주택1호당 면적: 85㎡
	  ▶ 공동주택 조건대로 대지면적을 구한다. ▶ (공식) 연면적÷용적률=대지면적
	  (1,020세대×85㎡)÷1.5(용적률)=57,800㎡ ∴ **5.78ha**
	• 중저밀 공동주택: 용적률 100%, 주택1호당 면적: 85㎡
	  ▶ (1,700세대×85㎡)÷1.0(용적률)=144,500㎡ ∴ **14.45ha**
	• 단독주택 필지면적: 200㎡, 공공용지율은 20%
	  ▶ 단독주택의 총면적을 구한다. (공식) 순주택지면적÷(1-공공용지율)=총주택지 면적
	  (680세대×200㎡)÷(1-0.2)=170,000㎡ ∴ **17ha**

상업지역	• 이용인구: 15,000명 • 용적률: 250% • 1인당 연상면적: 15㎡ • 공공용지율: 25% ▶ 상업지역 면적 공식에 대입하여 면적을 구한다. 【중요】상업지역 소요면적 산정 공식 $$= \frac{\text{상업지역 이용 인구}(3차 산업 종사 인구) \times 1인당 평균 상면적}{\text{평균층수} \times \text{건폐율} \times (1-\text{공공용지율})}$$ ▶ $\dfrac{15,000명 \times 15㎡}{2.5(용적률) \times (1-0.25(공공용지율))} = 12ha$

업무지역	• 3차 산업종사자수: 15,000명 • 1인당 사무실 면적(전용면적): 10㎡
	• 공급면적 대비 전용면적 비율: 50% • 용적률: 400% • 공공용지율: 25%
	  ▶ 상업지역 소요면적 산정 공식과 같이 면적을 구한다.
	  공급면적 대비 전용면적 비율은 '전용률'을 의미한다.
	  ▶ $\dfrac{15,000명 \times 10㎡}{4(용적률) \times (1-0.25(공공용지율)) \times 0.5(전용률)} = 10ha$

총면적	① 주거지역: 5.78ha + 14.45ha + 17ha = **37.23ha** ② 상업지역: **12ha** ③ 업무지역: **10ha** ▶ **주거+상업+업무지역 총면적=59.23ha** (전체 대상지 면적: 122ha) 문제 현황도에 대상지 면적이 제시가 되어 있다. 문제 조건으로 계산한 주거+상업+업무지역의 면적이 전체 면적의 약 50% 내외가 된다.

2. 설계 개요에는 설계 컨셉(Concept) 및 주요 계획 이슈를 포함하여 서술한다.
   ▶ 문제 조건에서 요구하는 대로 다양한 컨셉안을 제시한다.
   • 저수지 부근에 수변공원을 계획하여 지역 내 대표 Water-front 공간 구상
   • 철도 주변에는 공공시설 및 녹지 등을 계획하여 주거지역으로의 소음 및 공해 방지
   • 인구밀도가 높은 대상지 중심에 상업 및 업무 용지, 고밀 공동주택을 배치하고, 상대적으로 밀도가 낮은 대상지 외곽에는 저밀 공동주택, 단독주택을 계획
   • 도시지원시설용지에 벤처, AI 연구시설 등을 유치하여 첨단생태도시 구현
   • 업무 용지 및 공공청사 주변에 공원 및 광장을 배치하여 이용자 편의 증대
   • 대상지 내부에 +자 형태의 간선도로를 배치하여 주변지역과의 연계성을 높이고, 내부 집산도로는 통과교통을 방지하여 안전하고 원활한 교통 동선 체계 구상

3. 초등학교 1개, 중학교 1개, 커뮤니티 시설 1개를 계획한다.
   • 초등학교 및 중학교의 면적은 10,000~15,000㎡ 내외의 규모로 계획하고, 커뮤니티 시설의 경우 10,000~20,000㎡ 정도의 크기로 설계한다.
   • 학교의 경우 통학권의 범위, 주변 환경 상태 등을 종합적으로 검토하여 배치한다.
   • 가능하면 교육 활동에 방해가 되는 고속국도·철도 등에 인접한 지역에는 설치하지 않는다.
   • 학교는 보행자전용도로·자전거전용도로·공원 및 녹지축과 연계하여 설치한다.

4. 저수지 주변에 수변공원을 계획한다.
   ▶ 수변공원 및 친수공간을 계획하여 주민의 접근성을 향상시키고, 보행자도로 및 녹지축으로 주변지역과 연계하여 Green-network, Blue-network 구상안을 실현한다.
   수변공원의 면적은 제한이 없다. 저수지 인근에 최대한 많은 공원이 면하게 배치한다.

5. 주거지역의 주택 및 기반시설 배치는 본 도면에서 생략한다.
   단, 필지 경계선을 표현하여야 하며, 단독주택지의 경우 최소 2개 이상의 가구에 대해 필지 경계선을 예시로 표현한다.
   ▶ 주거지역 내부에 공원, 녹지 등 각종 공공시설 배치를 생략한다.
   단독주택의 경우 전체 단지에 필지를 구분할 필요 없이 본인이 희망하는 대표 2개 가구에 필지 경계선을 표현하여 제출한다.

6. 지하철역을 중심으로 역세권 계획을 수립한다.
   ▶ 대상지 중심 동측에 지하철역이 계획되어 있다. 지하철역 주변에 상업지역을 배치하고 그 주변에 업무용지, 고층 아파트 등을 계획하여 토지이용의 효율을 최대한 높인다.
   지하철역을 통해 광역대중교통과 지구 내 대중교통, 자전거/PM, 보행동선 연계한다.

7. 토지이용구상도, 차량동선 구상도, 보행동선 구상도, 녹지 및 오픈스페이스 구상도를 작성하고 계획 개념을 서술한다.
   ▶ 구상도의 스케일이 제시가 되어 있지 않다. 마스터플랜을 계획하고 남는 공간을 적절히 구분하여 남는 공간에 본인이 희망하는 크기의 스케일을 설정하여 구상도를 배치한다.

2) 수강생 작업 사례 (작도: 임채희)

☑ **설계개요**
- 총 단지면적 : 122ha
- 총 인구수 : 8,500명
- 총 세대수 : 3,400세대

1. 주거지역
   - 고밀공동주택 : 1,020세대 (용적률 150%)
   - 중저밀공동주택 : 1,700세대 (용적률 100%)
   - 단독주택 : 680세대 (공공용지율 20%)
   - 공동주택 가구면적 : 85㎡
   - 단독주택 필지면적 : 200㎡
   - 주거지역 총 면적 = 고밀 + 중저밀 + 단독
     - 고밀 공동주택지 면적 = (1,020세대 × 85㎡) ÷ 1.5 = 57,800㎡
     - 중저밀 공동주택지 면적 = (1,700세대 × 85㎡) ÷ 1.0 = 144,500㎡
     - 단독 주택지 면적 = (200㎡ × 680세대) ÷ (1-0.2) = 170,000㎡
   - ∴ 총 주거지역 면적 = 372,300㎡ = 37.23ha

2. 상업지역
   15,000명 × 15㎡ / 2.5 × (1-0.25) = 120,000㎡ = 12ha

3. 업무지역
   15,000명 × 10㎡ / 4 × (1-0.25) × 0.5 = 100,000㎡ = 10ha

3) 토지이용계획표 예시

구분		면적(㎡)	비율(%)
총계		1,220,000	100
주택용지	소계	338,300	27.71
	단독주택	136,000	11.14
	고밀공동주택	57,800	4.73
	중저밀공동주택	144,500	11.84
상업용지		90,000	7.37
업무용지		75,000	6.14
공공시설용지	소계	716,700	58.74
	교육시설	27,060	2.22
	커뮤니티시설	14,640	1.20
	도로	260,010	21.31
	주차장	7,320	0.06
	기타공공시설	135,360	11.09
	공원	105,000	8.61
	녹지	167,310	13.71

4. 도면 작품
■ 전체 도면 (작도: 조수림)

■ 전체 도면 (작도: 임혜리)

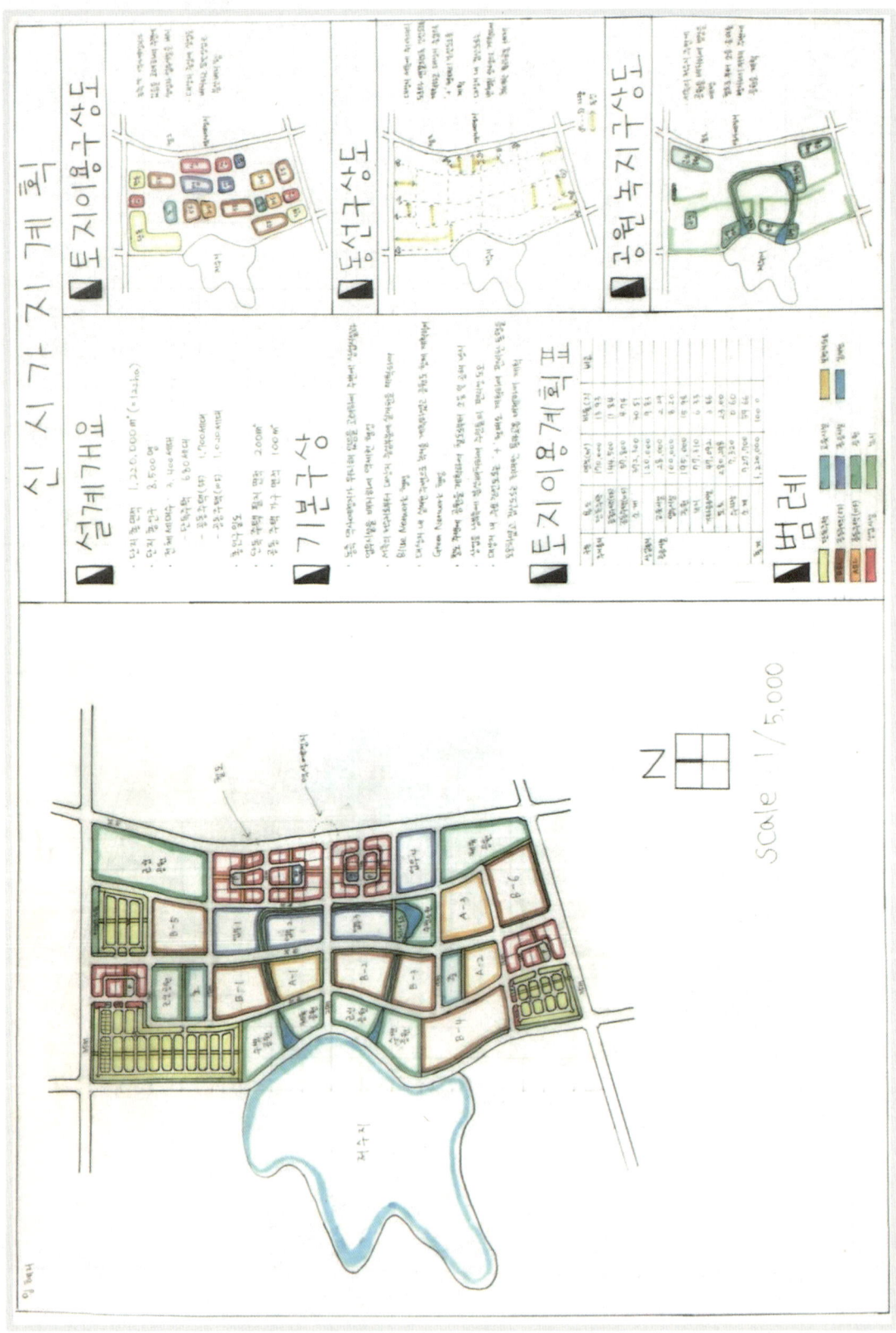

■ 전체 도면 (작도: 배재섭)

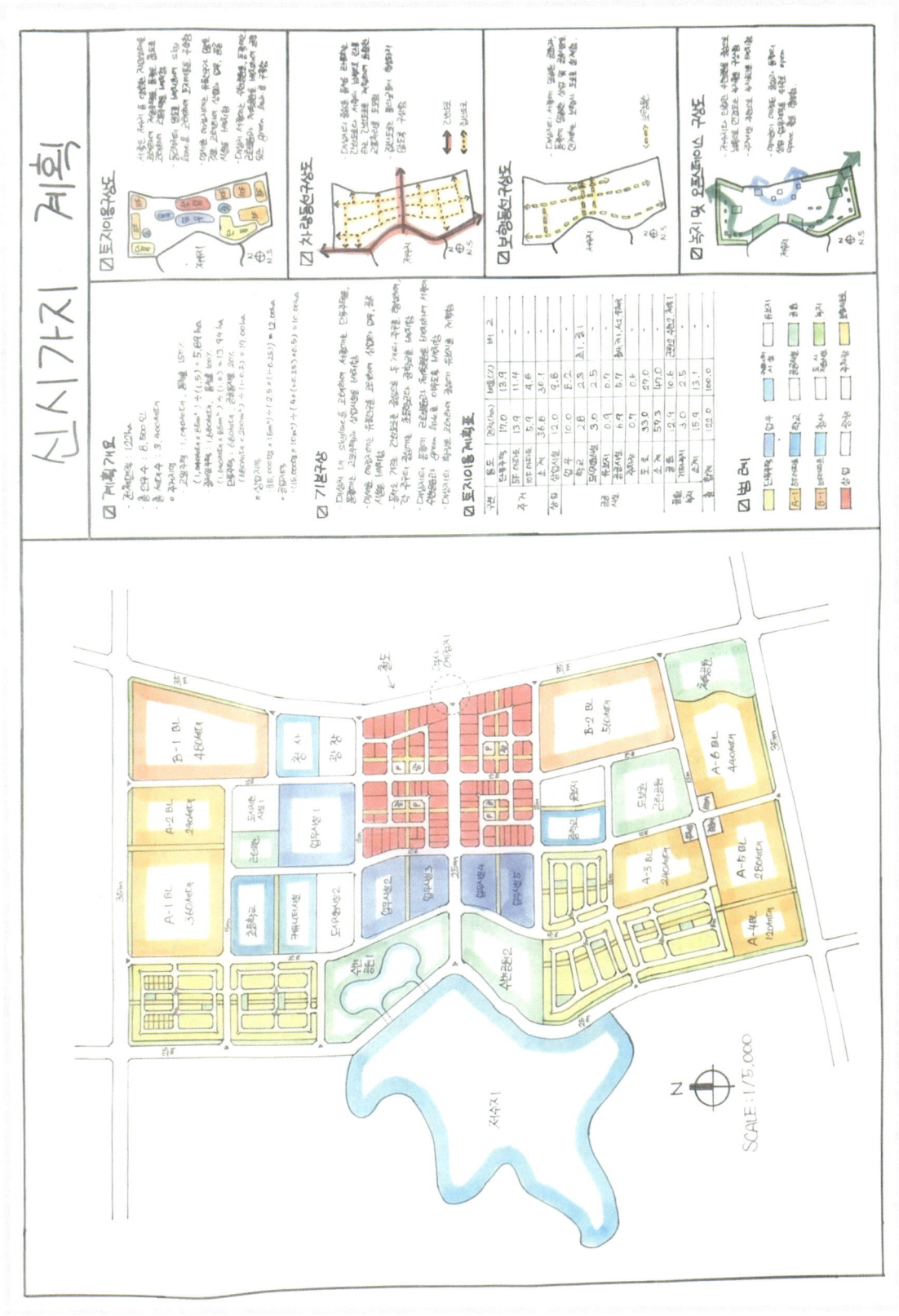

■ 전체 도면 (작도: 김나연)

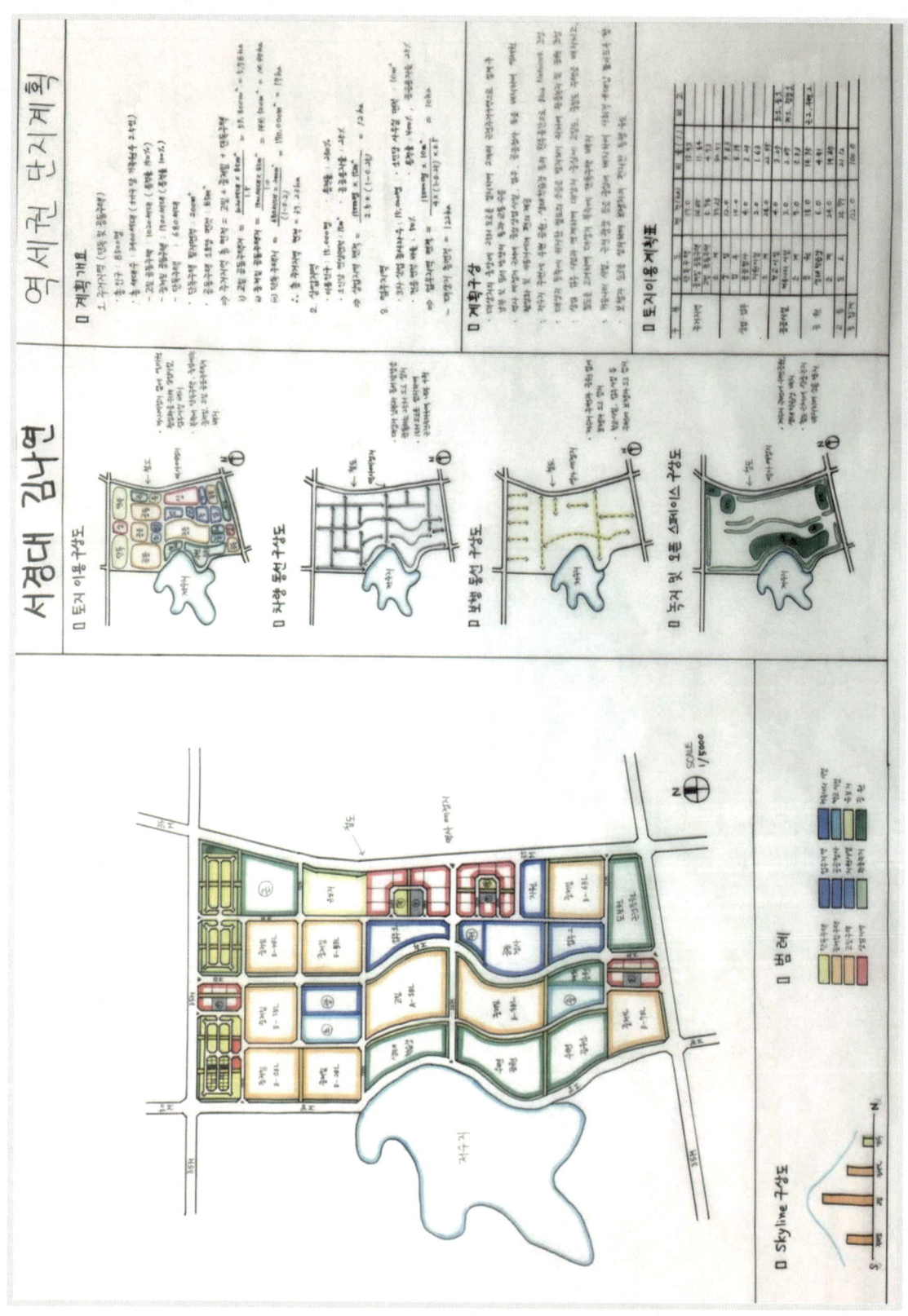

■ 전체 도면 (작도: 임채희)

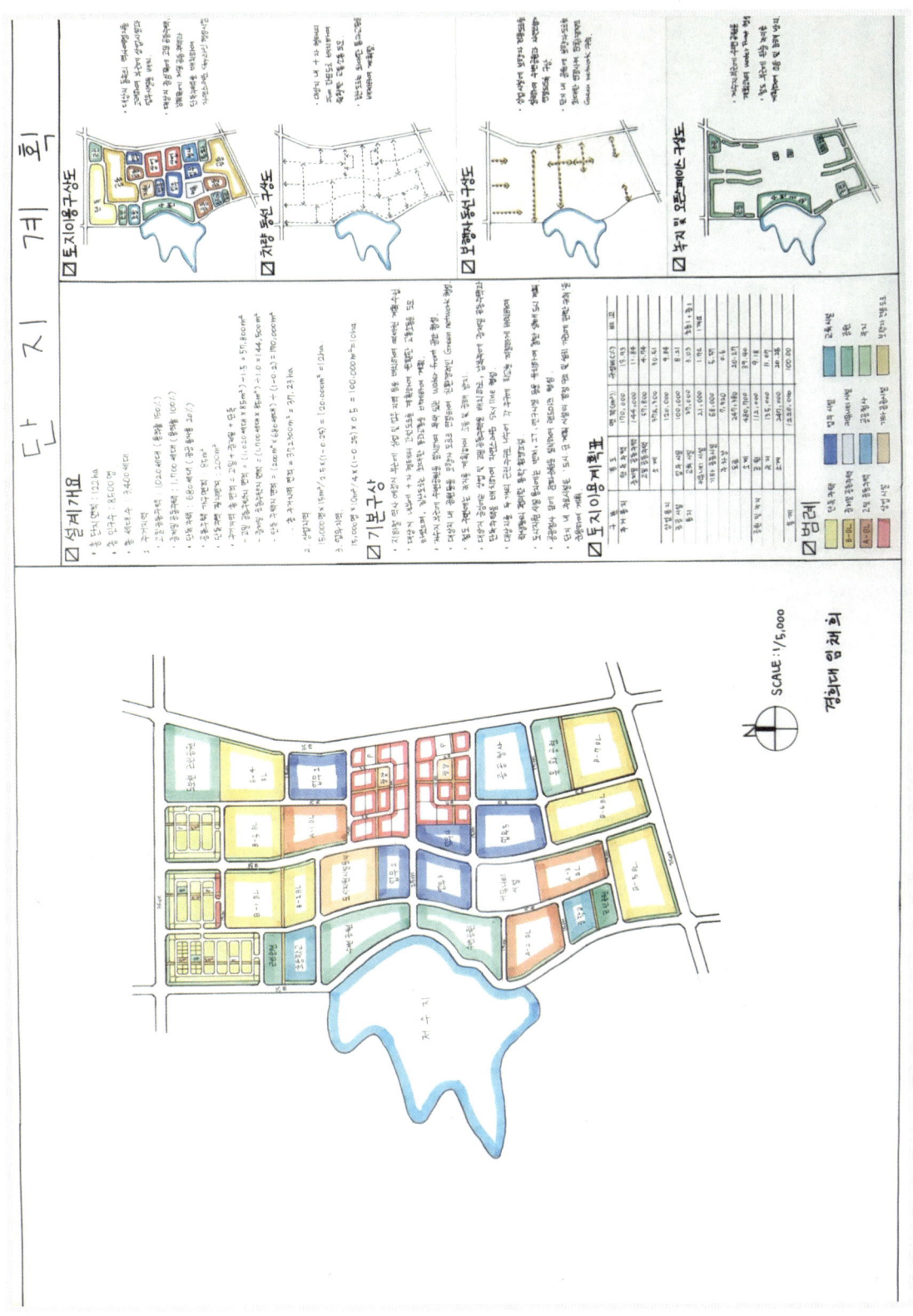

■ Master Plan (작도: 임은주)

■ Master Plan (작도: 박찬식)

■ Master Plan (작도: 이지안)

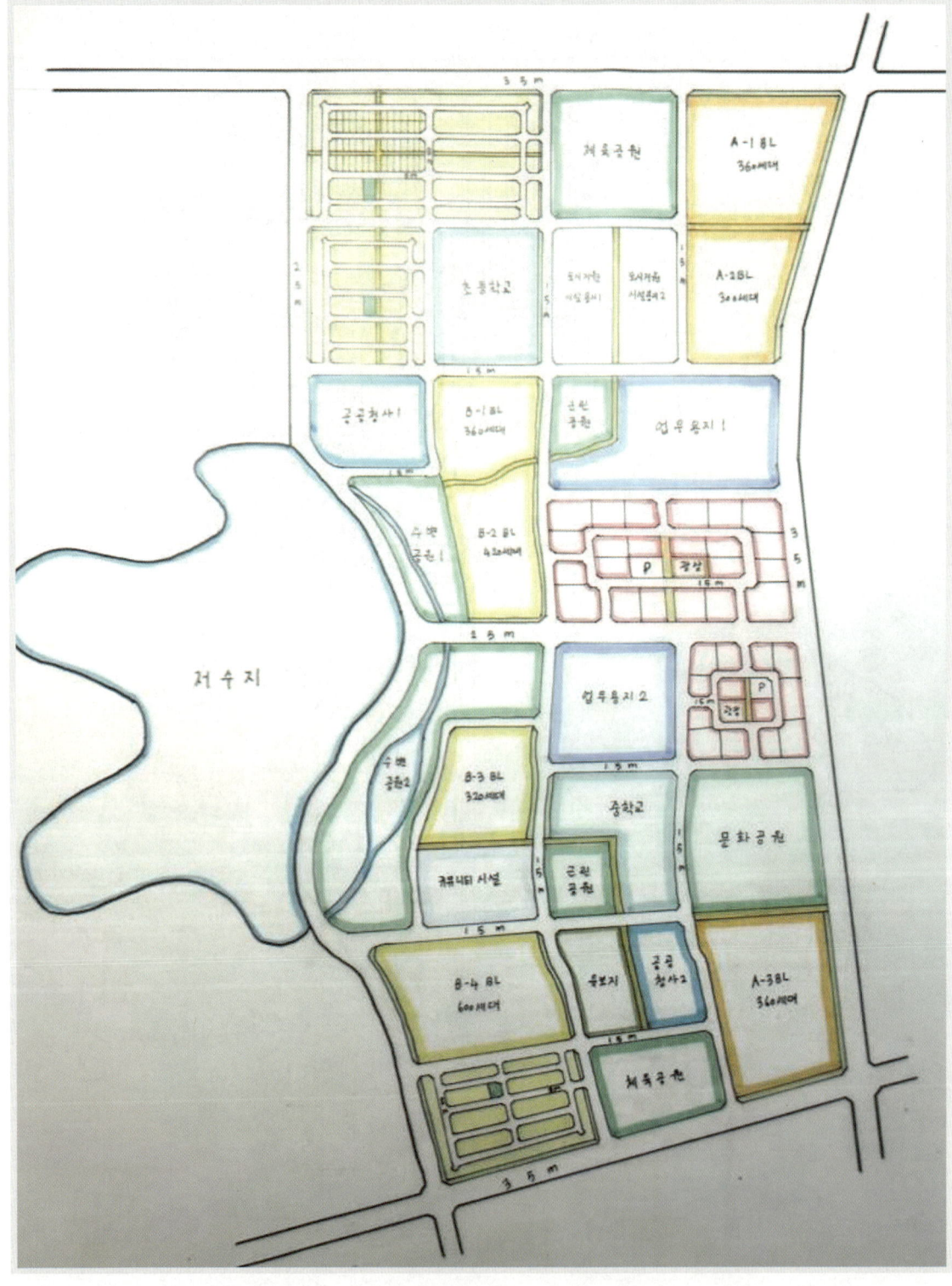

CHAPTER 4. 작업형 도면 기출 문제 & 출제 대비 문제

■ Master Plan (작도: 김희주)

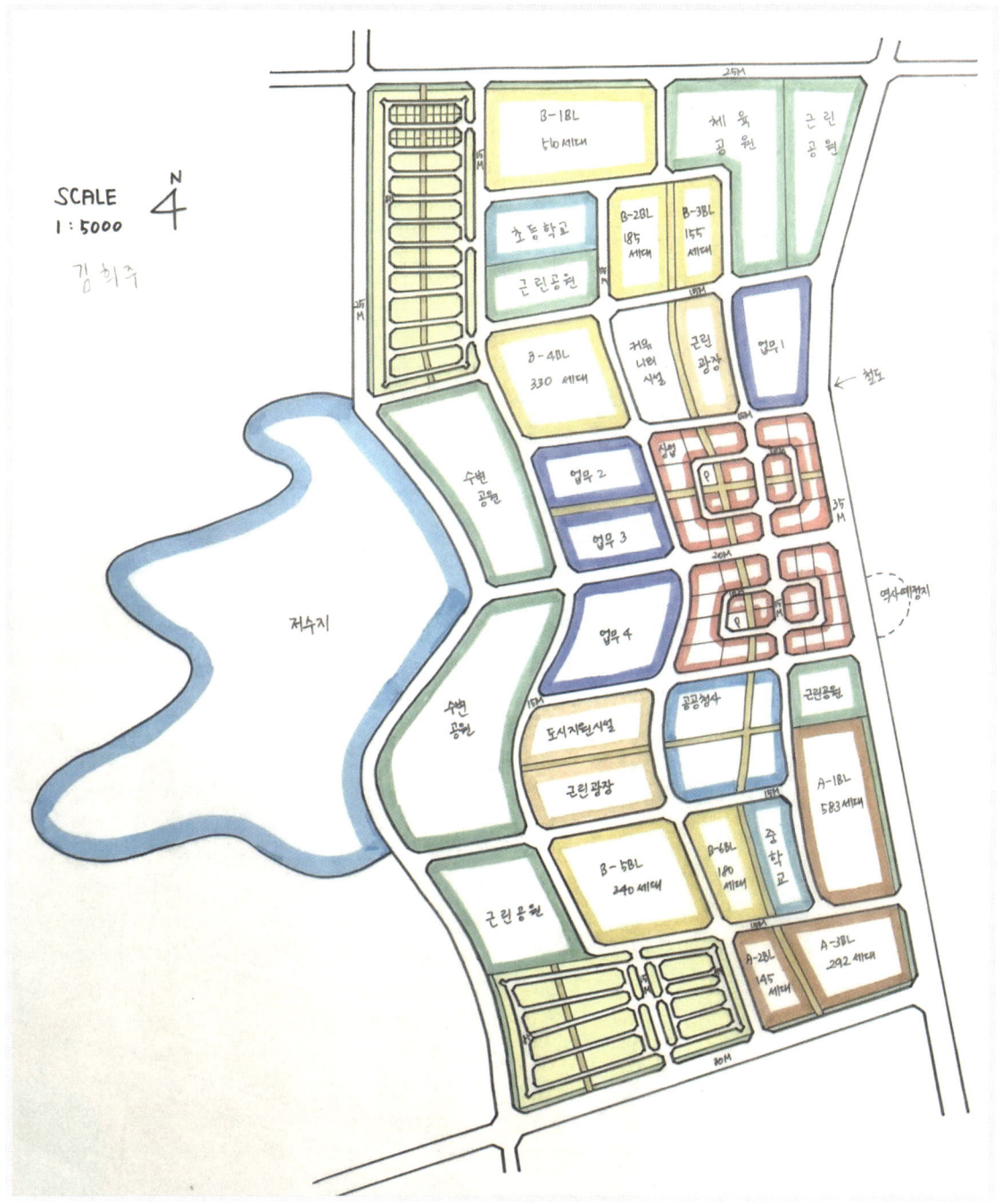

■ Master Plan (작도: 박재용)

■ Master Plan (작도: 신희웅)

■ Master Plan (작도: 길준호)

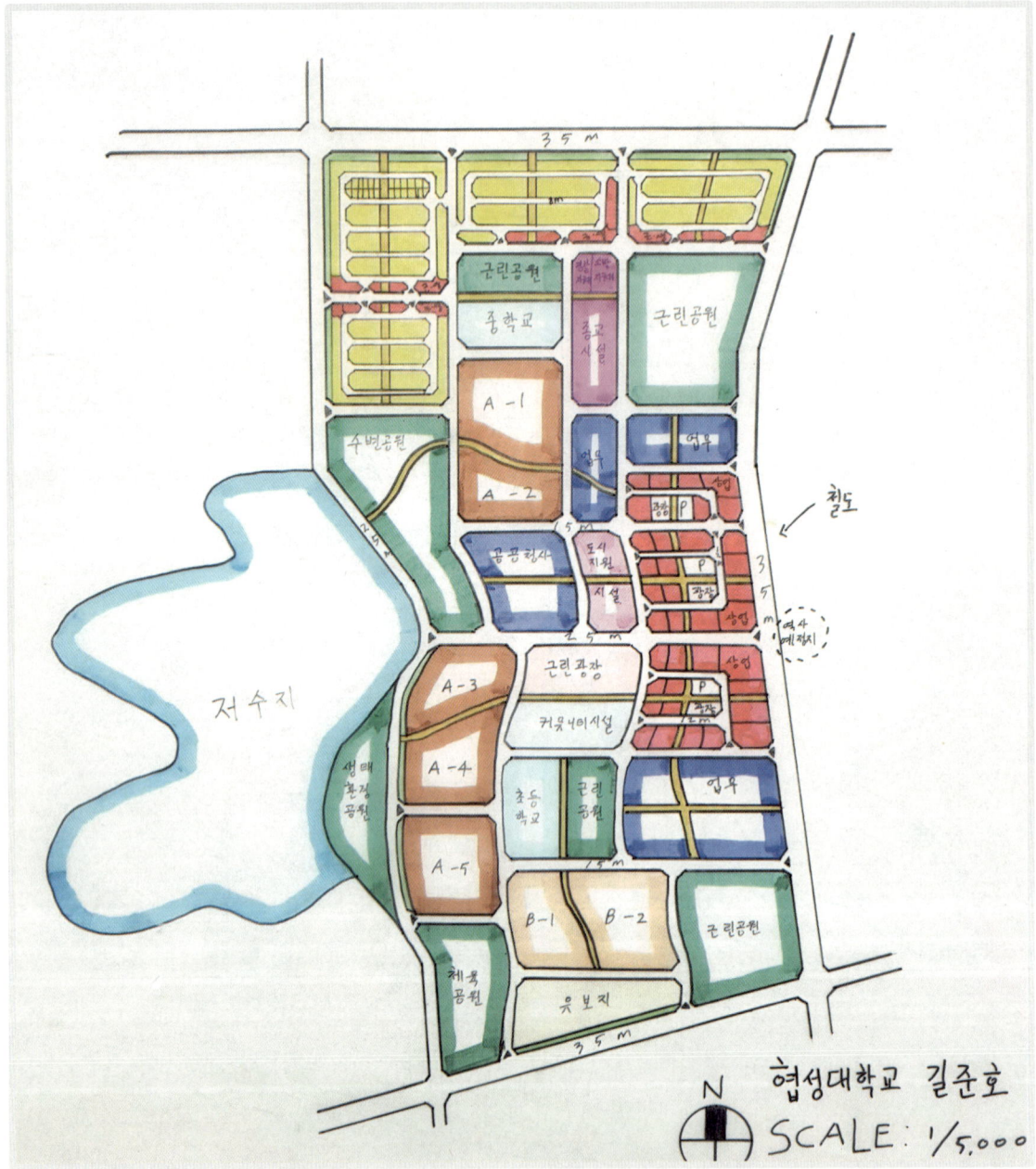

■ Master Plan 잉킹 작업 (작도: 강병준)

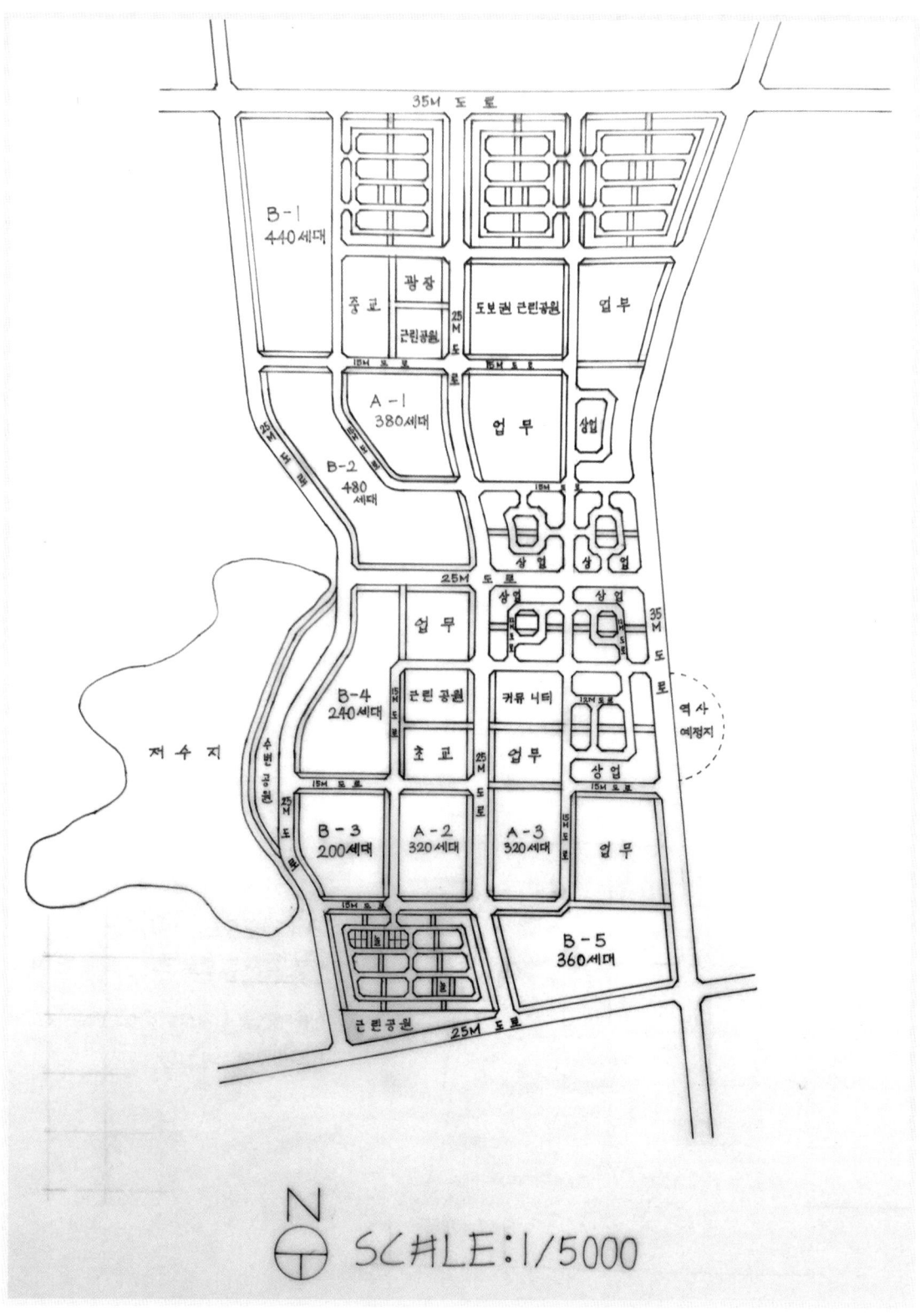

5. 구상도 표현 기법 (작도: 임채희)

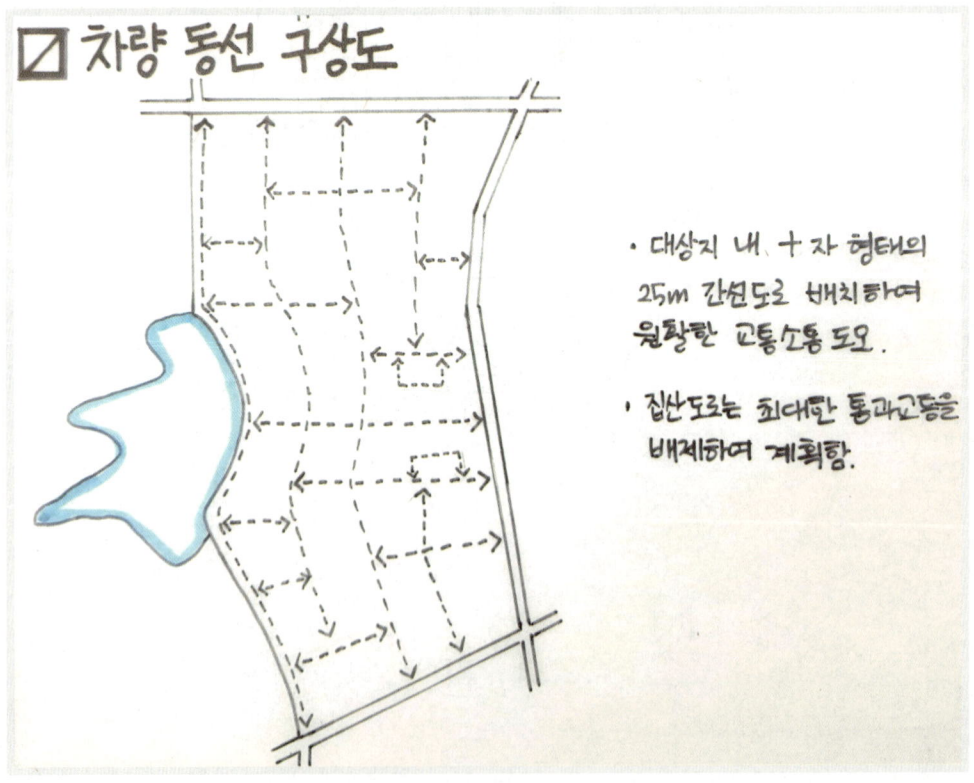

☑ 보행자 동선 구상도

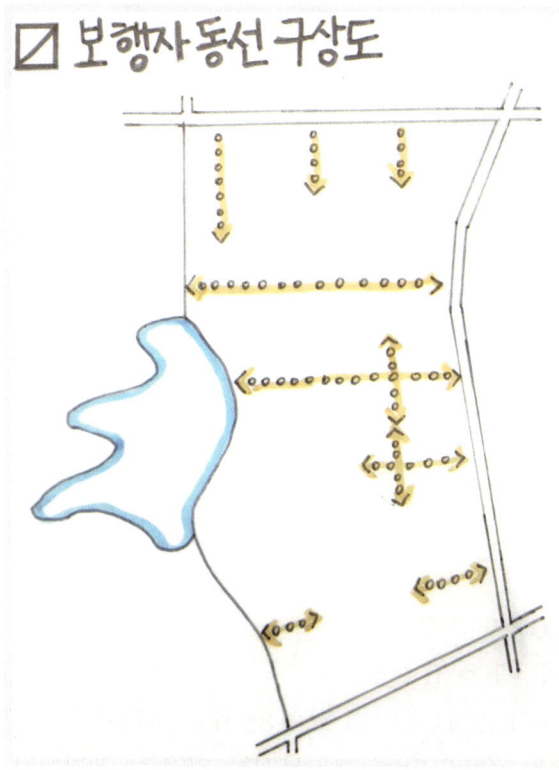

- 상업시설에 보행자 전용도로를 설치하여 수변공원과 자연스럽게 연결되도록 구상.
- 단지 내 공원에 보행자도로를 최대한 연결시켜 친환경적인 Green network 구축.

☑ 녹지 및 오픈스페이스 구상도

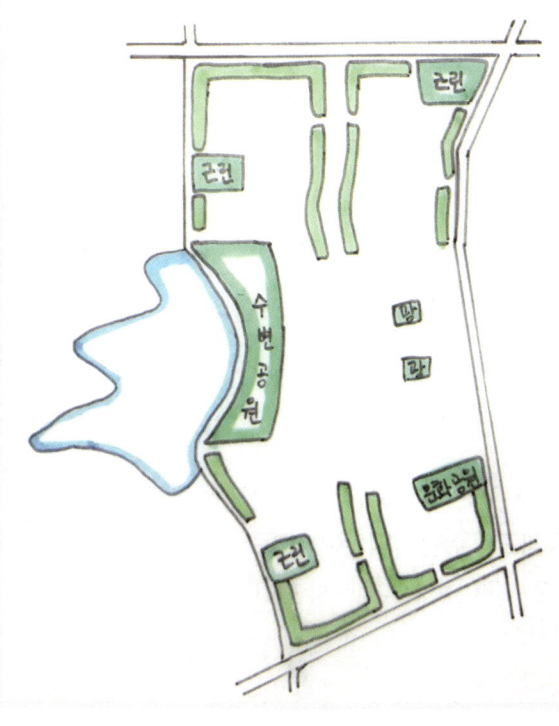

- 저수지 부근에 수변공원을 계획하여 water front 형성.
- 철도 부근에 완충 녹지를 계획하여 소음 및 공해 방지.

II-5. 고구마 단지계획

자격종목	도시계획기사	과제명	기성시가지 이전 계획

※ 시험시간: [○ 표준시간:3시간 (연장시간 없음)]

1. 요구사항
아래 현황도와 제시하는 계획 조건을 바탕으로 대상지를 계획하시오.
단, 마스터플랜의 축척은 1:5,000으로 작성한다.

[계획조건]
1. 아래의 조건으로 각 용도지역의 수요(면적)를 구하시오.
   (단, 용도지역별 면적 산출(계산)과정을 반드시 기재하도록 한다.)

용도지역	조건
주거지역	• 인구규모: 6,000명 (1가구당 가족원수 2.5인) • 공동주택 : 단독주택 = 6 : 4 • 공동주택 용적률 120%, 주택 1호당 85㎡로 계획한다. • 단독주택은 한 필지당 200㎡, 공공용지율 25%로 계획한다.
상업지역	• 이용인구: 14,000명 • 용적률: 250% • 1인당 연상면적: 15㎡ • 공공용지율: 40%
업무지역	• 3차산업 종사자수: 15,000명 • 1인당 사무실 면적(전용면적): 10㎡ • 용적률: 400% • 공급면적 대비 전용면적 비율: 50% • 공공용지율: 40%

2. 설계개요에는 설계 컨셉(Concept) 및 주요 계획 이슈를 포함하여 서술한다.
3. 토지이용구상도, 차량 동선 구상도, 보행 동선 구상도, 녹지 및 오픈스페이스 구상도, 시설배치 구상도를 작성하고 계획 개념을 서술한다.
4. 주거지역의 주택 및 기반시설 배치는 본 도면에서 생략한다.
   단, 단독주택지의 경우 1개 이상의 가구에 대해서만 필지경계선을 예시로 표현한다.
5. 대상지 남서측에 하수처리장을 설치하고, 수변지역 주변으로 레저시설을 계획한다.
6. 대상지 내에는 초등학교 1개, 중학교 1개, 커뮤니티 시설 1개를 계획한다.
7. 채색 후 축척, 방위표, 범례를 작성한다.
8. 토지이용계획표를 반드시 작성한다.
9. 제시되지 않은 기타 사항은 관계 법령 및 규정을 준용한다.

| 자격종목 | 도시계획기사 | 과제명 | 기성시가지 이전 계획 |

2. 현황도 (N.S)

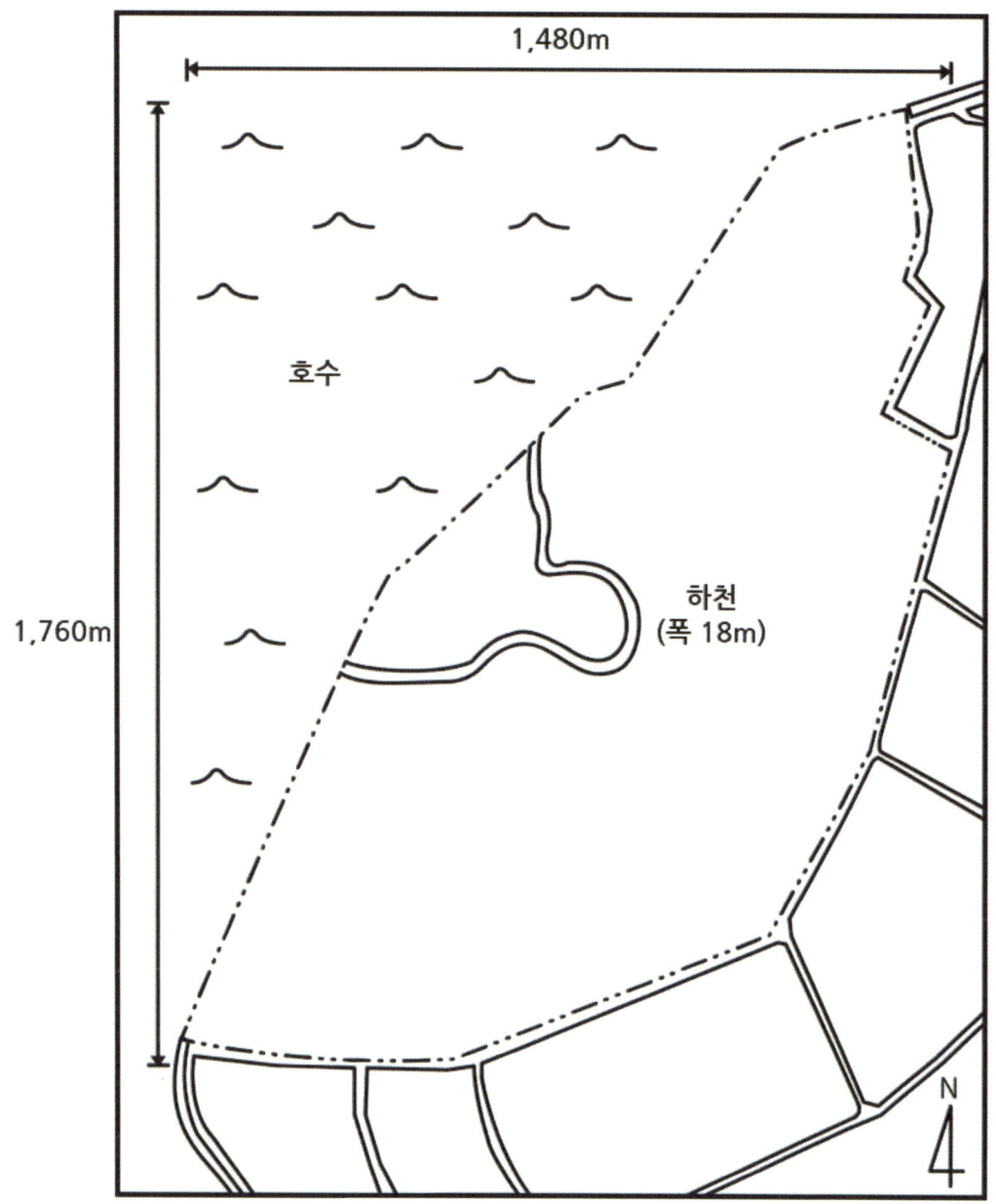

3. 문제 요구 사항 분석
1) 문제 풀이

1. 아래의 조건으로 각 용도지역의 수요(면적)를 구하시오.
   (단, 용도지역별 면적 산출(계산)과정을 반드시 기재하도록 한다.)

용도지역	조건
주거지역	• 인구규모: 6,000명 (1가구당 가족원수 2.5인) ▶ 2,400세대 • 공동주택 : 단독주택 = 6 : 4 (세대수의 비율로 가정하고 계산) 　▶ 공동주택: 1,440세대, 단독주택: 960세대 • 공동주택 용적률 120%, 주택 1호당 85㎡로 계획한다. 　▶ (공식) 연면적÷용적률=대지면적 　　(1,440세대×85㎡)÷1.2(용적률)= 102,000㎡　∴ 10.2ha • 단독주택은 한 필지당 200㎡, 공공용지율 25%로 계획한다. 　▶ (공식) 순주택지면적÷(1-공공용지율)=총주택지 면적 　　(960세대×200㎡)÷(1-0.25)=256,000㎡　∴ 25.6ha
상업지역	• 이용인구: 14,000명　　• 용적률: 250% • 1인당 연상면적: 15㎡　• 공공용지율: 40% 【중요】 상업지역 소요면적 산정 공식 $$= \frac{\text{상업지역 이용인구 (3차산업 종사인구)} \times \text{1인당 평균 상면적}}{\text{평균층수} \times \text{건폐율} \times (1-\text{공공용지율})}$$ ▶ $\dfrac{14{,}000\text{명} \times 15㎡}{2.5(\text{용적률}) \times (1-0.4(\text{공공용지율}))} = 14ha$
업무지역	• 3차산업 종사자수: 15,000명　• 공공용지율: 40%　• 용적률: 400% • 1인당 사무실 면적(전용면적): 10㎡ • 공급면적 대비 전용면적 비율: 50% ▶ $\dfrac{15{,}000\text{명} \times 10㎡}{4(\text{용적률}) \times (1-0.4(\text{공공용지율})) \times 0.5(\text{전용률})} = 12.5ha$
총면적	① 주거지역: 10.2ha + 25.6ha = 35.8ha ② 상업지역: 14ha ③ 업무지역: 12.5ha ▶ 주거+상업+업무지역 총면적= 62.3ha 　대상지 전체 면적이 제시가 되어 있지 않다. 대상지 면적이 제시가 되어 있지 않을 경우 면적이 정확할 필요는 없다. 이 문제에서는 대략 140ha 정도로 가정하고 작도한다.

2. 설계개요에는 설계 컨셉(Concept) 및 주요 계획 이슈를 포함하여 서술한다.
   - 호수 및 수변공원 주변의 수변공간을 테마로 특화된 레저시설 등 다양한 녹지계획 제시 (지역 예술인 테마 공간, 수변문화거리 등)
   - 주거, 업무, 여가(수변레저)의 다양한 용도를 복합화하고 대상지 내부 용지와 도시 공간 구조 연계성 강화한다.
   - 상업용지는 이용인구 및 유동인구가 많은 레져시설 인근에 계획한다.
   - 인구밀도가 높은 상업지역 주변에 업무 용지 및 공동주택을 배치하고, 호수 방향으로의 경관 및 조망을 확보한다. 대상지 외곽에는 저밀주택(단독주택)을 계획하여 양호한 주거환경을 제공한다.

3. 토지이용구상도, 차량 동선 구상도, 보행 동선 구상도, 녹지 및 오픈스페이스 구상도, 시설배치 구상도를 작성하고 계획 개념을 서술한다.
   - ▶ 최근 기출문제들은 구상도의 스케일을 제시하지 않는 것이 일반적이다.
     레이아웃을 작성하고 남는 공간에 응시자가 원하는 스케일의 구상도를 작성하여 제출한다.

4. 주거지역의 주택 및 기반시설 배치는 본 도면에서 생략한다.
   필지경계선은 반드시 표현하여 계획한다. (단독주택지 포함 할 것)
   - ▶ 주거지역 내 공동주택 및 단독주택 등의 건축물을 표현하지 않는다. 각종 시설들도 표현을 생략한다. 다만, 필지경계선을 표현하여 용지간 구분을 할 수 있게 계획한다.
     단독의 경우 가구 내부에 모든 필지 경계선을 구분하여 제출한다.

5. 대상지 남서측에 하수처리장을 설치하고, 수변지역 주변으로 레저시설을 계획한다.
   - ▶ 하수처리장은 하천 또는 호수 주변에 배치를 하고 주택용지와 최대한 이격하여 계획한다.
     호수 등 수공간에 레저시설 용지를 계획하고 주변지역과 동선 및 녹지 체계를 연계하여 Green-network 계획안을 제시한다.

6. 대상지 내에는 초등학교 1개, 중학교 1개, 커뮤니티 시설 1개를 계획한다.
   - 「저수지 단지계획」(기성시가지 역세권 단지계획) 기출문제와 동일한 조건으로 계획한다. (학교 면적: 10,000~15,000㎡ 내외, 커뮤니티: 10,000~20,000㎡ 내외)
     추가적인 교육시설 계획 희망 시 유치원 1~2개소 배치가 가능하다.
   - 커뮤니티시설은 시민센터 또는 주민자치센터 등의 규모로 계획할 수 있다.
     시설 활성화를 위해 공공문화, 교육, 돌봄 등 다양한 프로그램으로 구성한다.
   - 학교는 주거지역 중심에 배치하여 보다 안전하고 편리하게 통학할 수 있도록 하고 주변 지역과의 이용 관계를 반드시 고려하여야 하여 계획한다.
   - 학교는 쾌적한 교육 환경 제공을 위해 일조·통풍 및 배수가 잘 되는 지역에 설치한다.

2) 설계 개요 & 기본 구상 (작도: 최은지)

□ 설계 개요
- 대상지 총면적 : 140 ha
- 총 인구 수 : 6,000명
- 총 세대 수 : 2,400 세대 (1가구당 2.5인)
  - 단독주택(4) : 960 세대
  - 공동주택(6) : 1,440 세대
- 단독주택 필지면적 : 200㎡
- 공동주택 1호당 면적 : 85㎡

□ 기본 구상
- 대상지 중심에 상업시설, 업무시설, 도시지원시설, 공공청사와 같은 시설을 배치하여 대상지 중심가를 형성하고 중심성 강조
- 호수와 하천변으로 수변공원을 조성하고 내부에 레저시설을 배치하여 주민들의 휴식과 여가 공간 확보
- 하천의 범람을 대비하기위해 유수지 계획
- 공동주택은 상업시설 인근에 배치하여 고밀주거지역으로 형성하고 단독주택은 남서측 북동측호수변으로 배치하여 조망권을 확보하고 대상지 내 자연스러운 스카이라인을 형성한다.
- 교육시설은 간선도로와 만나지 않는 주거지역 인근에 배치하여 접근성과 안전성을 확보하고 근린공원과 커뮤니티시설을 주변에 배치하여 주민 교류 활성화
- 보행자도로는 수변공원으로 향하게 하여 주민이 걷기 좋은 도시, 친수 도시 계획
- 도로는 위계에 맞도록 계획하고, 집산도로는 최대한 통과교통 배제

3) 토지이용계획표 샘플

구분		면적(㎡)	비율(%)	비고
총계		1,400,000	100	-
주택용지	소계	294,000	21	-
	단독주택	192,000	13.7	-
	공동주택	102,000	7.28	-
상업용지		84,000	6	
업무용지		75,000	5.35	-
공공시설용지	소계	947,000	67.64	
	교육시설	47,000	3.35	초1, 중1
	커뮤니티시설	42,000	3	-
	공공청사	38,000	2.7	-
	도시지원시설	43,000	3.07	벤처, IT
	광장	15,000	1.07	역전, 근린 등
	레저시설	39,000	2.78	-
	공원	241,000	17.2	근린, 수변, 체육 등
	녹지	96,000	6.85	-
	하수처리장	15,000	1.07	-
	유수지	18,000	1.28	
	도로	240,000	17.14	보행자도로 포함
	기타 공공시설	113,000	8.13	-

4. 도면 작품

■ 전체 도면 (작도: 임은주)

■ 전체 도면 (작도: 최은지)

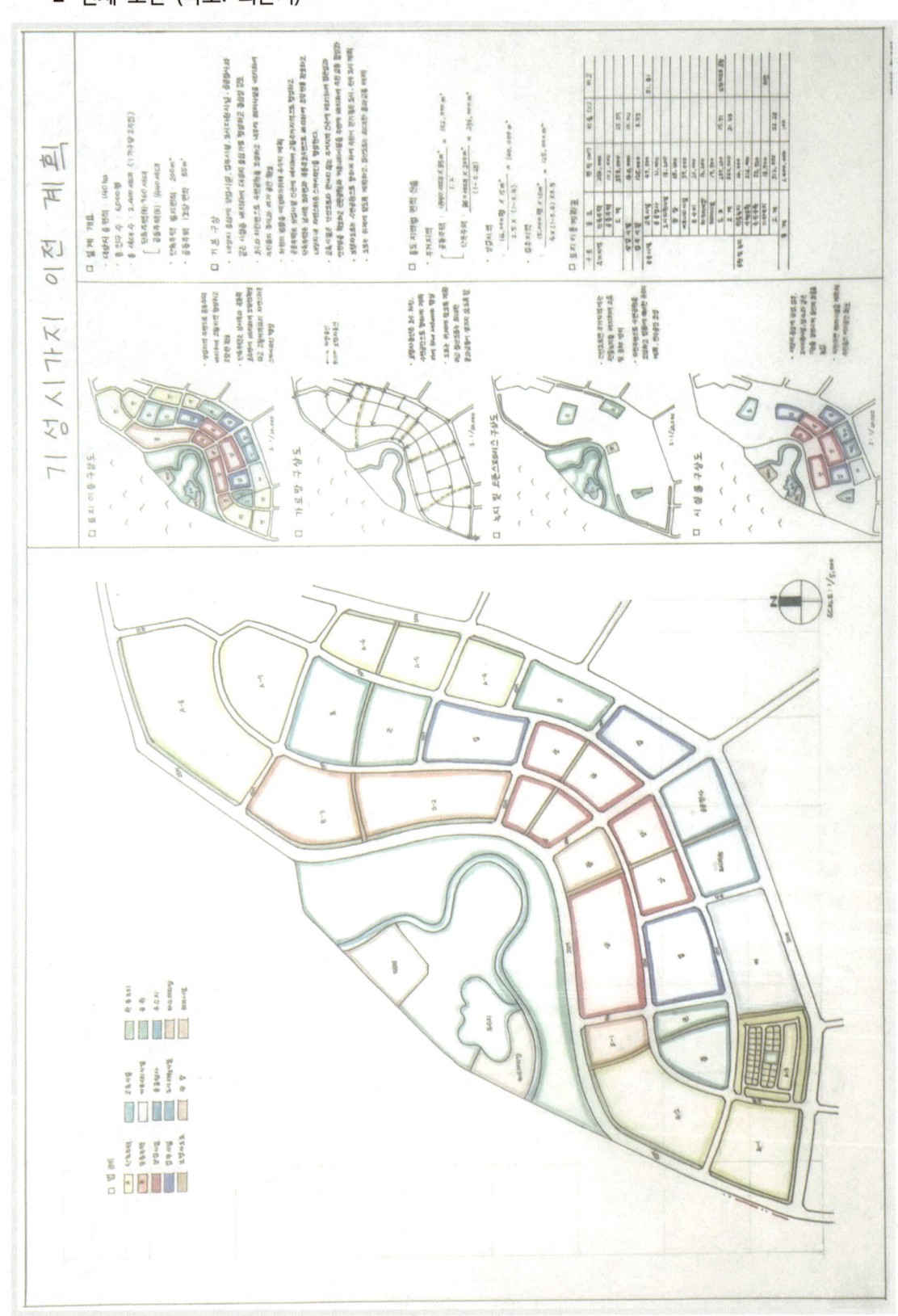

전체 도면 (작도: 홍유정)

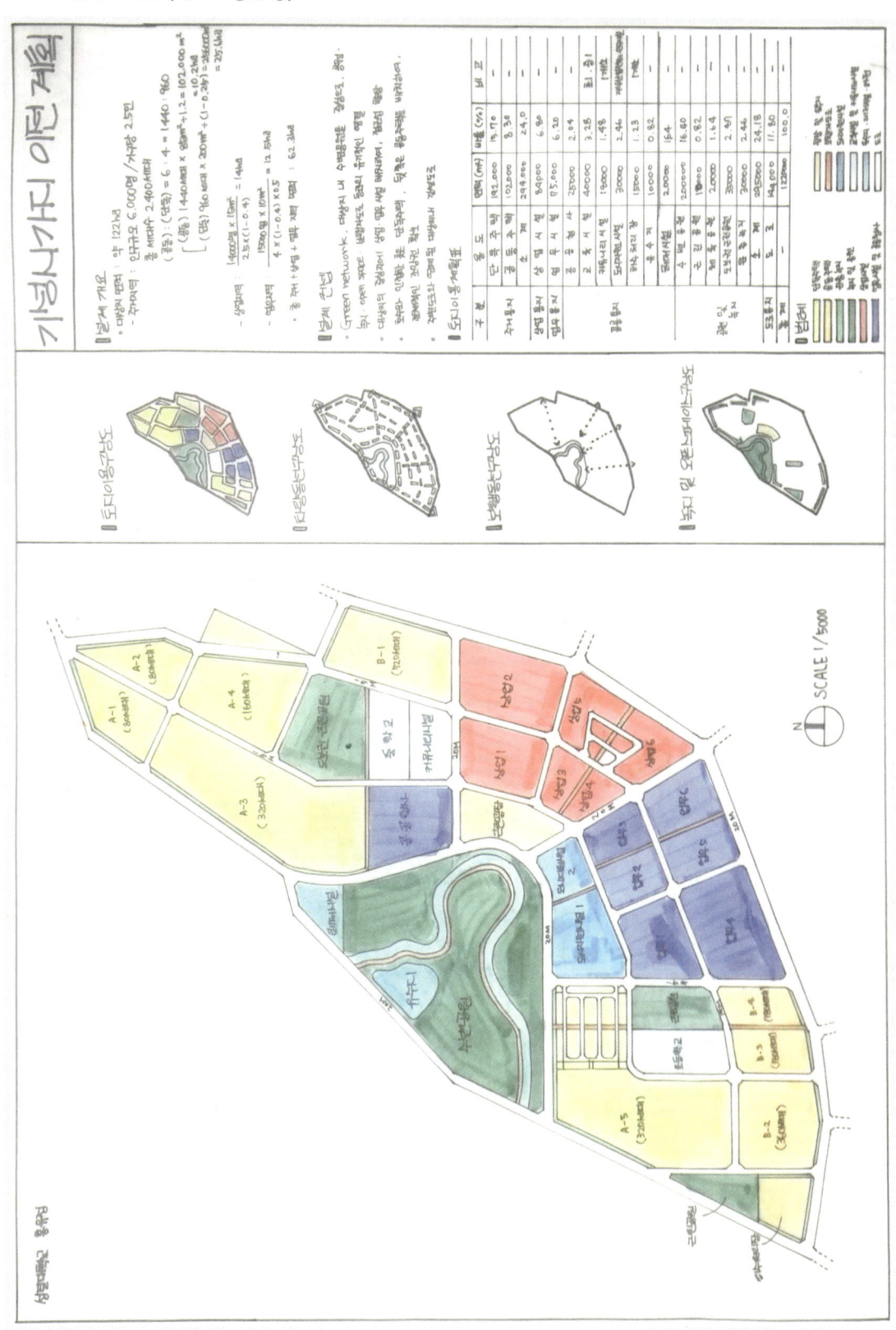

■ 전체 도면 (작도: 이한별)

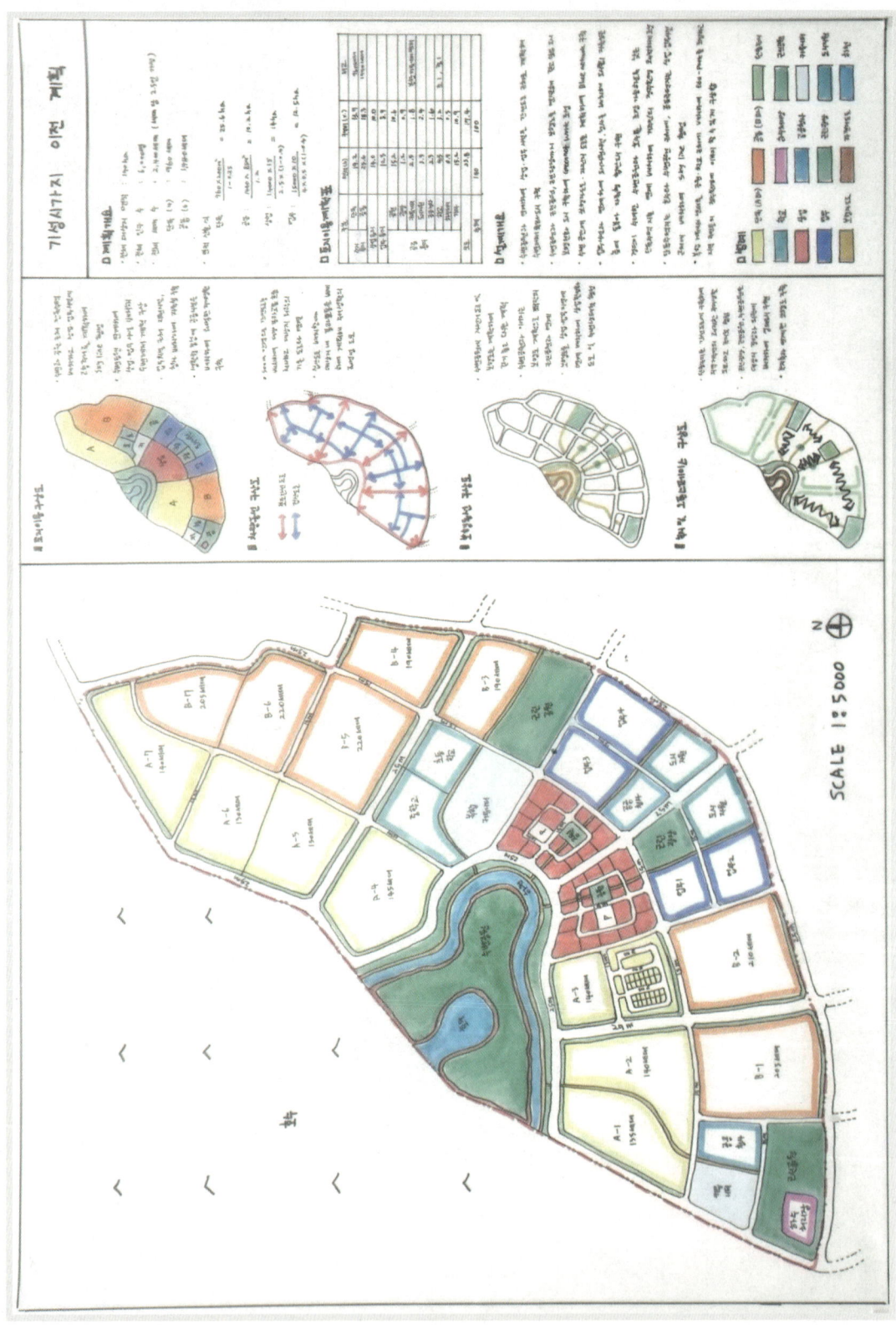

CHAPTER 4. 작업형 도면 기출 문제 & 출제 대비 문제

■ 전체 도면 (작도: 이채승)

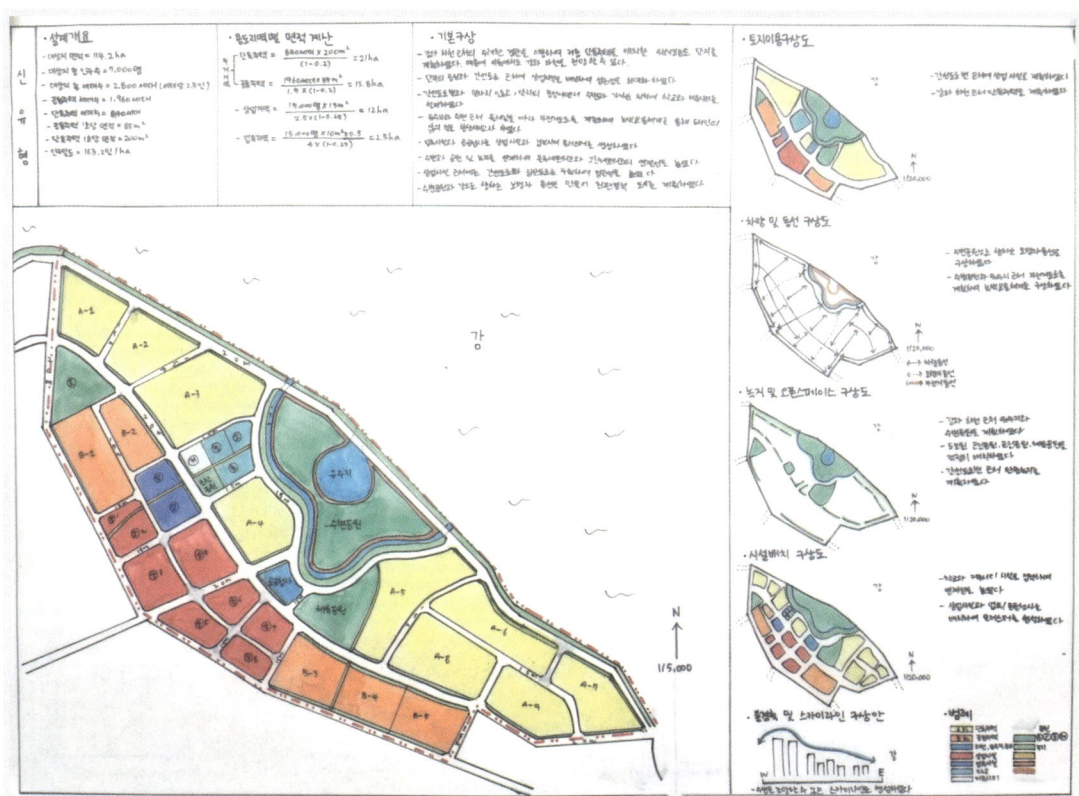

■ 전체 도면 (작도: 이채륜)

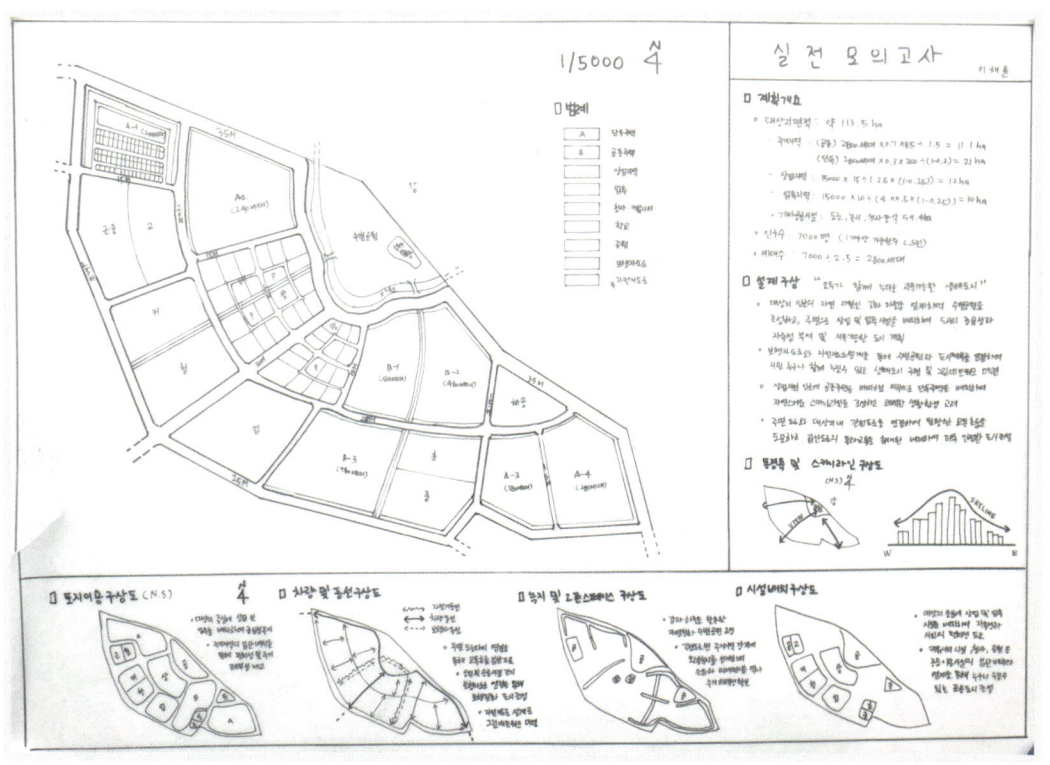

■ Master Plan (작도: 임은주)

■ Master Plan (작도: 김영채)

5. 구상도 표현 기법 (작도: 임은주, 최은지)

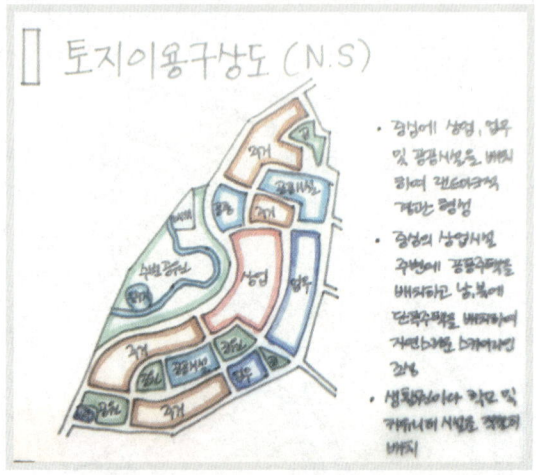

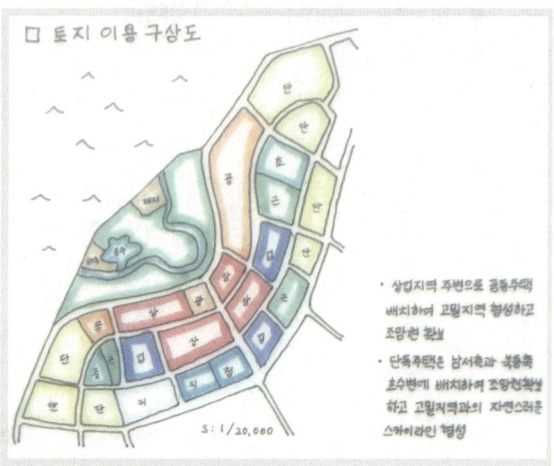

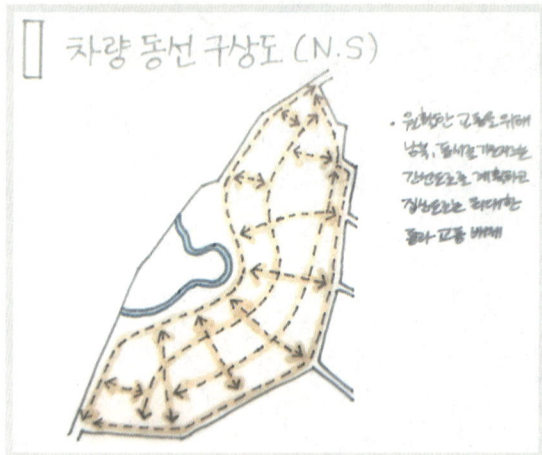

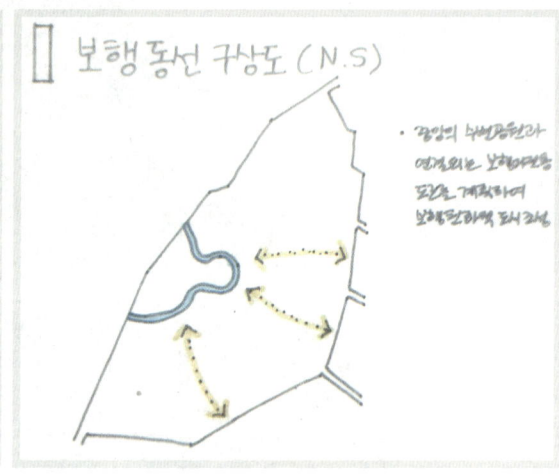

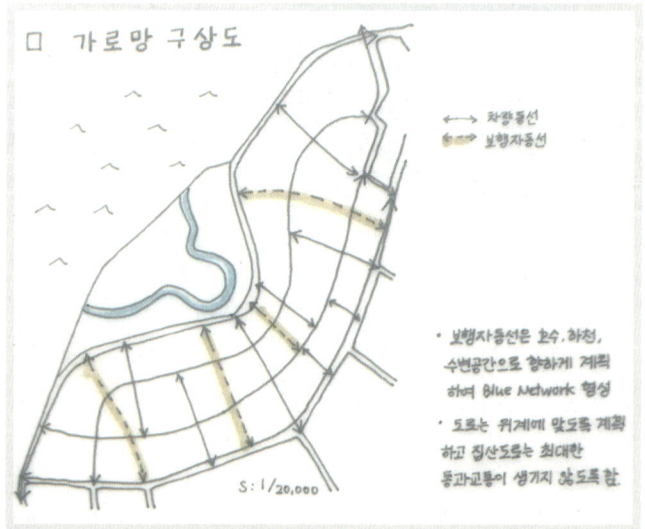

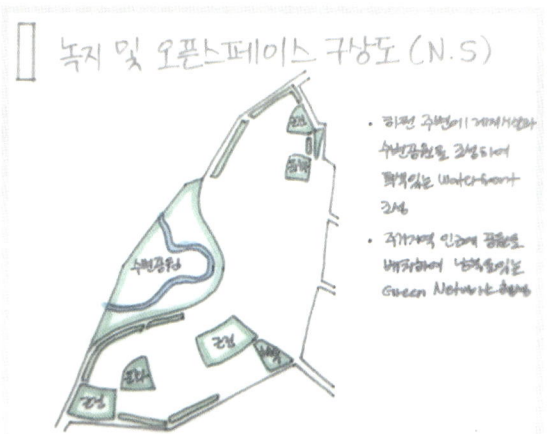 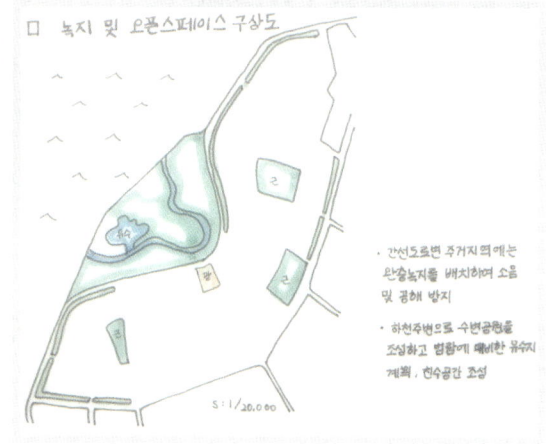

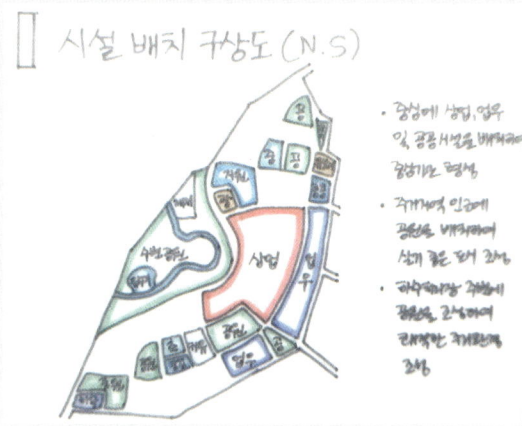 

6. 주요 point 상세 도면 (작도: 이한별, 임은주)

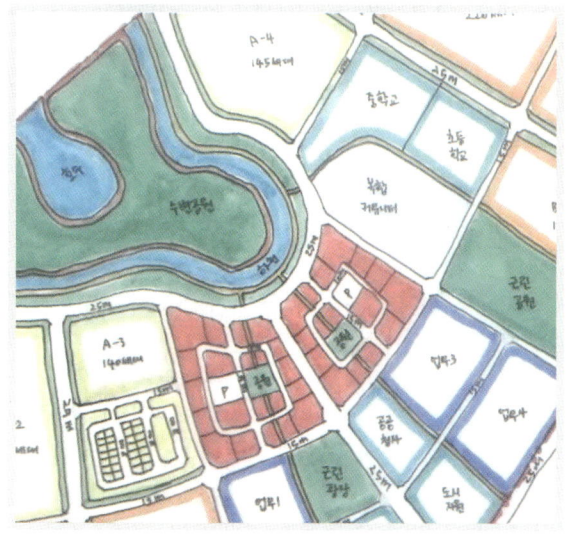 

II-6. 중앙하천 단지계획

| 자격종목 | 도시계획기사 | 과제명 | 단지계획 |

※ 시험시간: [○ 표준시간:3시간 (연장시간 없음)]

1. 요구사항
※ 아래에서 제시하는 계획 조건을 바탕으로 단지를 계획하시오.
　단, 마스터플랜의 축척은 1:3,000이다.

[계획조건]
1. 계획 대상지의 면적은 120ha이며, 수용 인구는 3만 명이다.
2. 계획 대상지의 주변 현황 및 특색은 다음과 같다.
 1) 단지의 위치는 대도시의 중심에서 10킬로미터 떨어진 외곽 주거지이다.
 2) 대상지 3면(북, 남, 서)이 도시 공원으로 둘러싸여 있고, 동측만이 기성시가지(아파트 단지)로 개발되어 있다.
3. 계획 대상지의 도로 및 시설 계획은 아래 사항을 반영하여야 한다.
 1) 동측의 40미터 도로는 보조간선도로이다.
 2) 단지 내에 제시 된 기존 도로계획은 변경하지 말 것 (단, 추가 신설은 가능하다.)
 3) 주택의 유형은 다양하게 제시하고, 단지 내에 필요한 시설은 가능한 모두 수용한다.
 4) 계획 인구 규모에 필요한 시설(학교, 공원, 공공시설 등)을 배치하고, 시설 설치 면적과 수요(개소)를 언급하여야 한다. 기타 단지 내 시설에 관한 내용은 관련 법령을 준용한다.
 5) 주차시설은 지하 주차장을 이용하는 것을 전제로 하고, 본 도면에서는 생략한다.
4. 공동주택의 배치는 반드시 제시해야 한다.

| 자격종목 | 도시계획기사 | 과제명 | 단지계획 |

2. 현황도 (N.S)

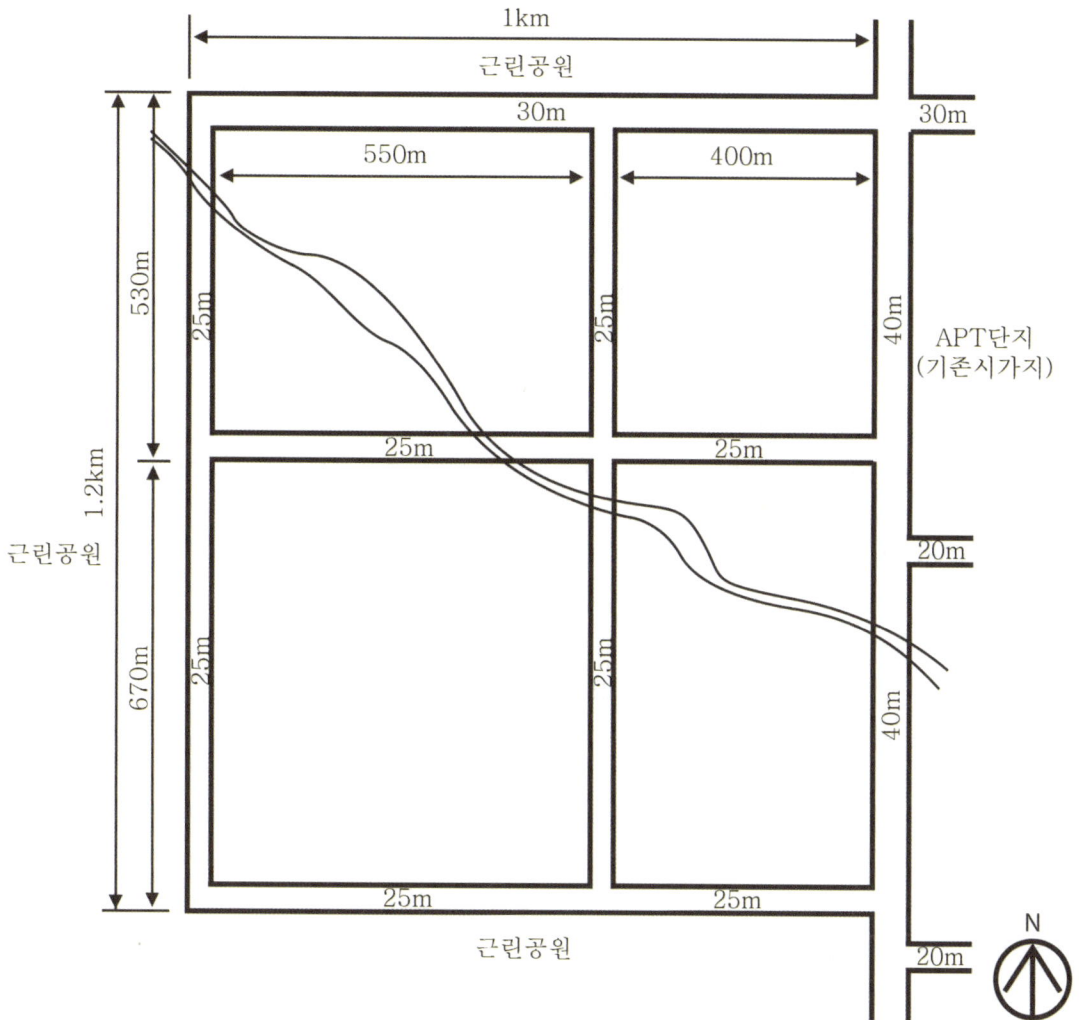

3. 문제 요구 사항 분석
1) 문제 풀이

1. 계획 대상지의 면적은 120ha이며, 수용 인구는 3만 명이다.
   - ▶ • 대상지 면적: 120ha   • 대상지 인구: 30,000명
     - 대상지 세대수
       - ① [세대 당 3인 가정 시] 30,000명÷3인=10,000세대
       - ② [세대 당 2.5인 가정 시] 30,000명÷2.5인=12,000세대
   - ▶ [세대수의 비율] 단독:공동=0.5:9.5
     고층(15층):중층(10층):저층(5층)=6:3:1 가정 시
     - ① 아파트 [15층] 10,000세대×0.95×0.6÷15층÷8호=47.5동
       ∴ 15층×8호×48동=5,760세대
     - ② 아파트 [10층] 10,000세대×0.95×0.3÷10층÷8호=35.6동
       ∴ 10층×8호×36동=2,880세대
     - ③ 아파트 [5층] 10,000세대×0.95×0.1÷5층÷8호=23.75동
       ∴ 5층×8호×24동=960세대
     - ④ 단독 [1층]
       10,000세대-5,760세대(15층)-2,880세대(10층)-960세대(5층)=400세대

2. 계획 대상지의 주변 현황 및 특색은 다음과 같다.
   1) 단지의 위치는 대도시의 중심에서 10킬로미터 떨어진 외곽 주거지이다.
      - ▶ 대상지 내 학교, 공원 등의 기반시설을 가능한 많이 계획한다.
   2) 대상지 3면(북, 남, 서)이 도시 공원으로 둘러싸여 있고, 동측만이 기성시가지
      (아파트 단지)로 개발되어 있다.
      - ▶ 도시 공원으로 둘러싸인 지역 주변은 가능한 단독 및 저층 아파트를 배치하며,
        동측 기성 시가지 일대는 고층 아파트 및 상업, 업무 용지를 계획한다.

3. 계획 대상지의 도로 및 시설 계획은 아래 사항을 반영하여야 한다.
   1) 동측의 40미터 도로는 보조간선도로 이다.
      - ▶ 보조간선도로의 배치 간격을 고려하여 단지 내 보조간선 및 집산도로 계획
   2) 단지 내에 제시된 기존 도로계획은 변경하지 말 것. (단, 추가 신설은 가능하다.)
      - ▶ 단지 중심에 +자 형태로 제시된 25미터 도로 및 주변 도로 (30미터, 25미터)는
        변경할 수 없다.
   3) 주택의 유형은 다양하게 제시하고, 단지 내에 필요한 시설은 가능한 모두 수용한다.
      - ▶ 고층 아파트 위주의 단조로운 유형이 아닌, 단독, 연립, 공동 등의 다양한
        주거 형태를 제안할 수 있어야 한다. 또한 공동주택의 층수도 획일적인
        높이가 되지 않게 15층, 10층, 5층 등의 층수로 계획한다.

4. 공동주택의 배치는 반드시 제시해야 한다.

2) 계획 개요 (작도: 윤석영, 김성재)

◎ 계획개요
- 용도지역 : 주거지역
- 대상지 면적 : 120ha
- 전체 인구 : 30,000명
- 세대당 인구 : 3명/세대
- 전체 세대수 : 10,000세대
  - 단독주택 : 500 세대
  - 공동주택 : 9,500 세대
    - 20층 아파트 : 3600 세대 / 4호 / 45동
    - 15층 아파트 : 2700 세대 / 4호 / 45동
    - 10층 아파트 : 1800 세대 / 8호, 4호 / 23동
    - 5층 아파트 : 900 세대 / 8호, 4호 / 23동
- 단독주택 필지면적 : 300 m²
- 공동주택 호당 면적 : 100 m²

▣ 계획개요
- 용도지역 : 주거지역
- 전체면적 : 1,200,000 m² (120ha)
- 전체인구 : 30,000 명
- 세대당 인구수 : 3인/세대
- 전체세대 : 10,000세대
  - 단독주택 : 250세대
  - 공동주택 : 9,750세대
    - 5F : 1350세대
    - 10F : 3000세대
    - 15F : 5400세대
- 인구밀도 : 250명/ha

3) 기본 구상 (작도: 한마음)

○ 기본구상
- 주택유형의 다양화를 위하여 20층, 15층, 10층, 5층, 단독주택으로 주거지역 구성
- 단지 동측 기성시가지가 위치하고 있으므로 상업시설은 단지 동측 40m 도로와 만나는 곳에 배치하여 기성시가지와의 연계
- 기존 폭원 25m 도로에 이어지는 폭원 15m의 집산도로를 Ring형으로 구성하여 통과교통을 배제하였음.
- 대도시의 중심에서 10km 떨어진 외곽주거지이므로 자족성이 떨어질 가능성을 대비하여 단지 내 도시지원시설을 배치함.
- 「도시·군 계획시설의 결정·구조 및 설치기준에 관한 규칙」(개정 2012.10.31)을 준용하여 초등학교는 2개의 근린주거구역에 1개, 중학교 및 고등학교는 3개 근린주거구역에 1개 비율로 설치하여 단지 내에는 초등학교 2개소, 중학교 1개소, 고등학교 1개소를 배치함.
- Skyline을 고려하여 동측에 고층 아파트, 중심에 중저층 아파트, 서측에 단독주택을 배치
- 폭원 25m로 나누어진 4개의 구역 중심에 각각 학교와 근린공원 배치
- 하천 연계는 폭원 10m의 단독녹지를 두어 하천범람 등의 자연재해를 방지할 수 있도록 함.
- 하천폭원이 가장 넓은 곳에 워터프론트를 배치하여 도시민의 정서함양 및 쾌적한 주거환경을 도모
- 보행자도로는 폭원 10m로 배치하여 편리한 보행환경 조성

4) 토지이용계획표 (작도: 이현성, 한마음)

○ 토지이용계획표

구 분	종 류	면적(㎡)	구성비(%)	비 고
주거용지	단독주택	118,000	9.83	
	5F APT	159,500	13.29	
	10F APT	200,000	16.67	
	15F APT	12,000	1.00	
	20F APT	150,000	12.50	
	소 계	639,500	53.29	
상업용지		28,800	2.40	
	주차장	7,200	0.60	
	소 계	36,000	3.00	
공공시설용지	공공청사	24,000	2.00	
	학 교	36,000	3.00	
	근린지구공원	36,000	3.00	
	근린공원	20,000	1.67	
	근린광장	9,000	0.75	
	체육공원	9,000	0.75	
	완충녹지	72,000	6.00	
	소 계	170,000	17.17	
도시지원시설		16,000	1.33	
도 로		314,000	26.17	
기 타	업무용지	9,000	0.75	
	종합병원	15,500	1.29	
	소 계	24,500	2.04	
총 합 계		1,200,000	100.00	

○ 토지이용계획표

구 분	시설물종류	면적(㎡)	구성비(%)	비 고
주거용지	단독주택	100,000	8.33	
	공동주택	560,000	46.67	
	소 계	660,000	55.00	
상업용지	상업시설	36,000	3.00	
공공시설용지	학 교	47,000	3.92	초2,중1,고1
	공공청사	10,000	0.83	
	소방서	3,000	0.25	
	경찰서	3,000	0.25	
	도서관	3,000	0.25	
	종합의료시설	18,000	1.50	
	업무시설	20,000	1.67	
	커뮤니티시설	20,000	1.67	2개소
	소 계	127,000	10.58	
도시지원시설용지	도시지원시설	24,000	2.00	
공원 및 녹지	어린이놀이터	10,000	0.83	
	공 원	43,000	3.58	근린공원 4개소 어린이공원 6개소
	완충녹지	78,000	6.50	
	소 계	131,000	10.91	
기타	도 로	214,800	17.90	
	주차장	7,200	0.60	
	소 계	222,000	18.50	
총 계		1,200,000	100.00	

4. 도면 작품

■ 전체 도면 (작도: 이현성)

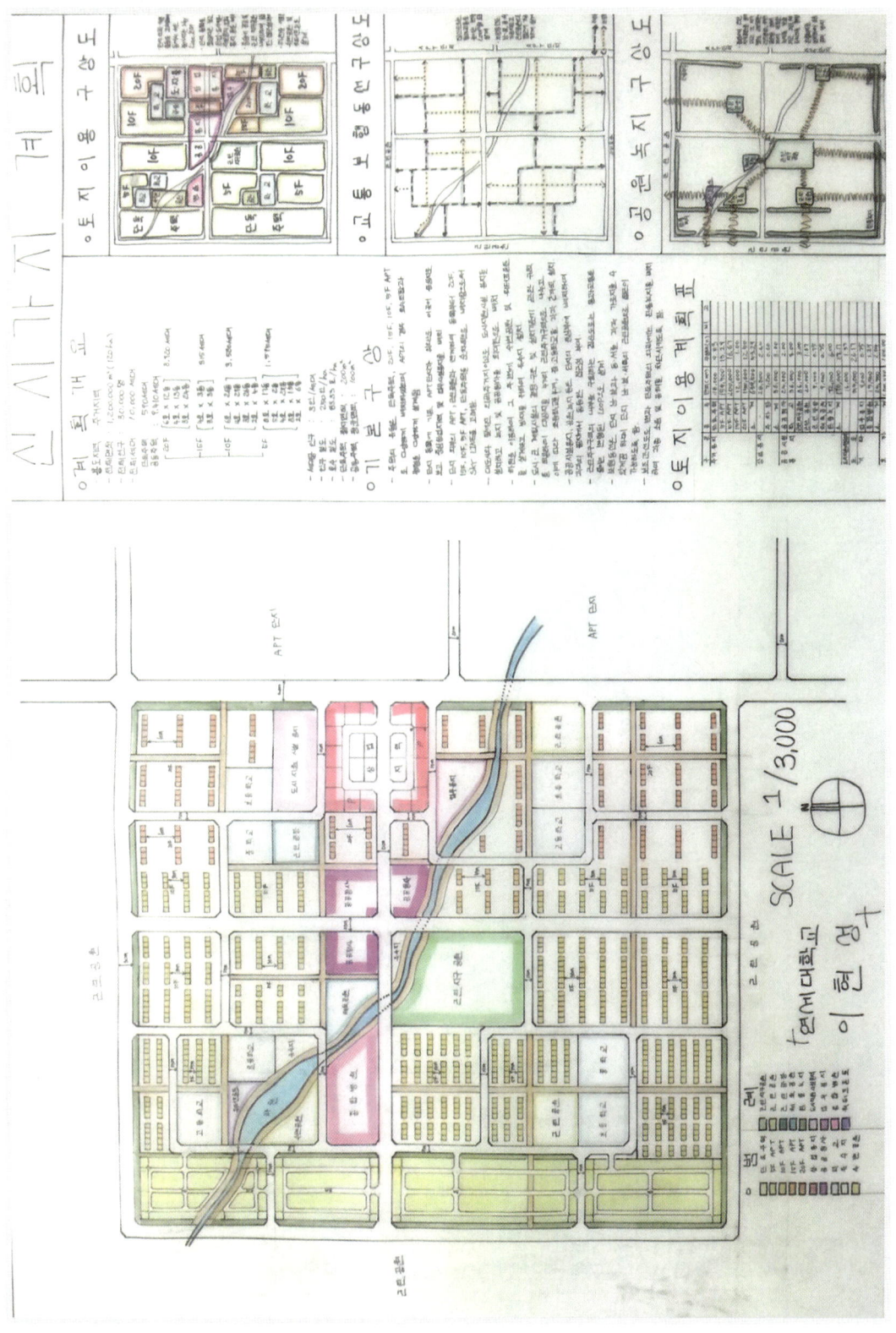

■ 전체 도면 (작도: 박새롬)

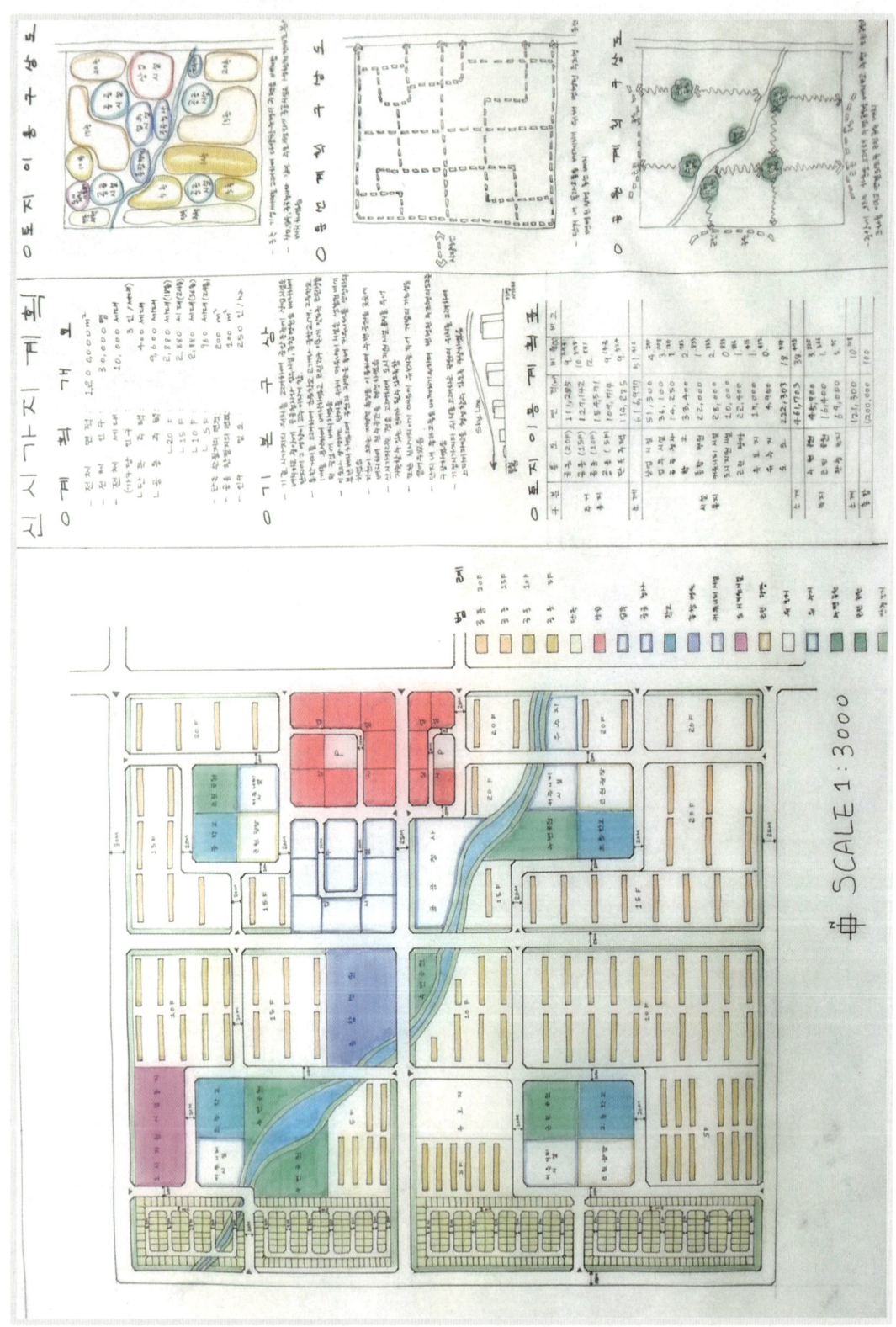

CHAPTER 4. 작업형 도면 기출 문제 & 출제 대비 문제

■ Master Plan (작도: 윤석영)

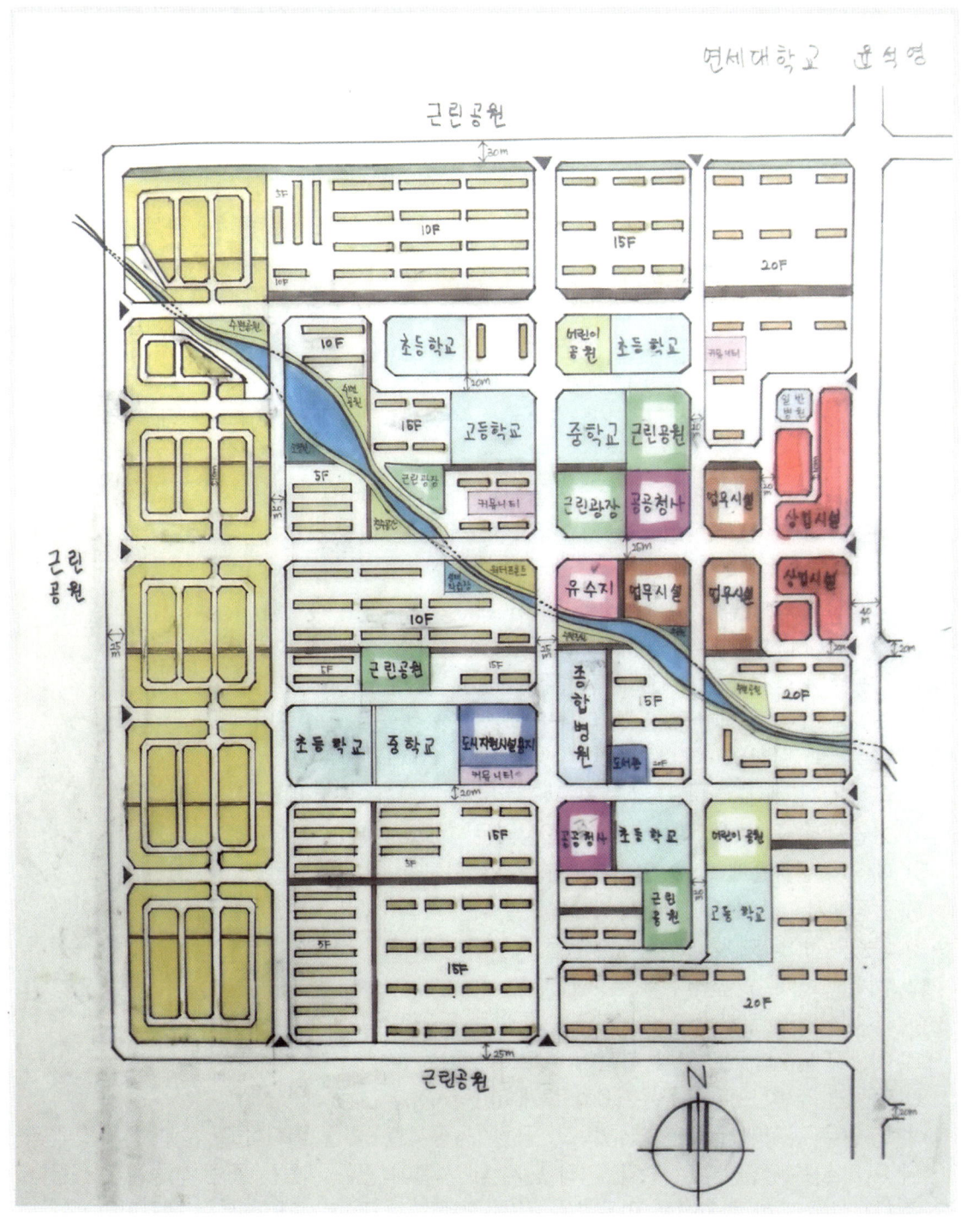

II-7. 양쪽하천 단지계획

| 자격종목 | 도시계획기사 | 과제명 | 신도시계획(택지개발계획) |

※ 시험시간: [○ 표준시간:3시간 (연장시간 없음)]

1. 요구사항
※ 아래에서 제시하는 계획 조건을 바탕으로 단지를 계획하시오.
단, 마스터플랜의 축척은 1:5,000으로 하며, 부문별 계획도(토지이용, 가로망 체계, 공원 및 녹지, 시설배치)를 작성하고 계획 개념을 서술하시오.

[계획조건]
1. 다음의 설계 컨셉을 적용하여 대상지를 계획한다.
   1) 첨단 생태 도시로 녹색교통체계, Green network, Blue network의 생태 환경 단지를 계획한다.
   2) 역사, 문화 도시로 예술공간, 역사공원, 랜드마크 요소를 구성한다.
   3) 이웃과 더불어 사는 상생도시로 사회적 공간을 조성한다.

2. 다음의 조건을 이용하여 대상지를 계획한다.
   1) 총 12,000세대 중 공동주택 및 복합(주상복합)의 비율은 8:2이다.
   2) 공동주택 용적률은 200%, 복합(주상복합) 용적률은 500%이다.
      단, 복합(주상복합) 중 주거:비주거=8:2 면적 비율로 작성한다.
   3) 단독주택 면적은 전체 면적의 10%가 넘지 않게 계획한다.
      (단, 전체 세대수에 단독주택의 세대수는 포함되지 않는다.)
   4) 상업지역 중 일반상업은 5%, 근린상업은 1%로 계획한다.
   5) 대상지 남동쪽에 R&D 연구시설과 종합대학교가 위치하고 있다.
   6) 공공청사, 119센터, 우체국 등을 포괄하는 복합 커뮤니티 센터를 3개소 배치한다.
   7) 공원/녹지 및 초, 중, 고, 유치원 등을 적절하게 배치하고 몇 개소 배치하였는지 계획 구상 및 계획 도면에 언급한다.
3. 계획 대상지의 지형 조건 및 지역적 특색은 다음과 같다.
   1) 대상지 남, 북으로 각각 하천이 흐르고 있다.
   2) 대상지 주변 도로 폭원은 30m로 계획한다.
4. 계획 인구 규모에 필요한 시설(학교, 공원, 공공시설 등)을 배치하고, 시설 설치 면적과 수요(개소)를 언급하여야 한다. 기타 단지 내 시설에 관한 내용은 관련 법령을 준용한다.
5. 주차시설은 지하 주차장을 이용하는 것을 전제로 하고, 본 도면에서는 생략한다.
6. 본 도면과 부문별 계획도가 일치하지 않을 경우 채점 대상에서 제외한다.
7. 공동주택의 배치는 생략한다.
8. 토지이용계획표는 작성한다.

| 자격종목 | 도시계획기사 | 과제명 | 신도시계획(택지개발계획) |

2. 현황도 (N.S) (계획 대상지의 최대 규모는 가로 1km, 세로 1.2km 이다.)

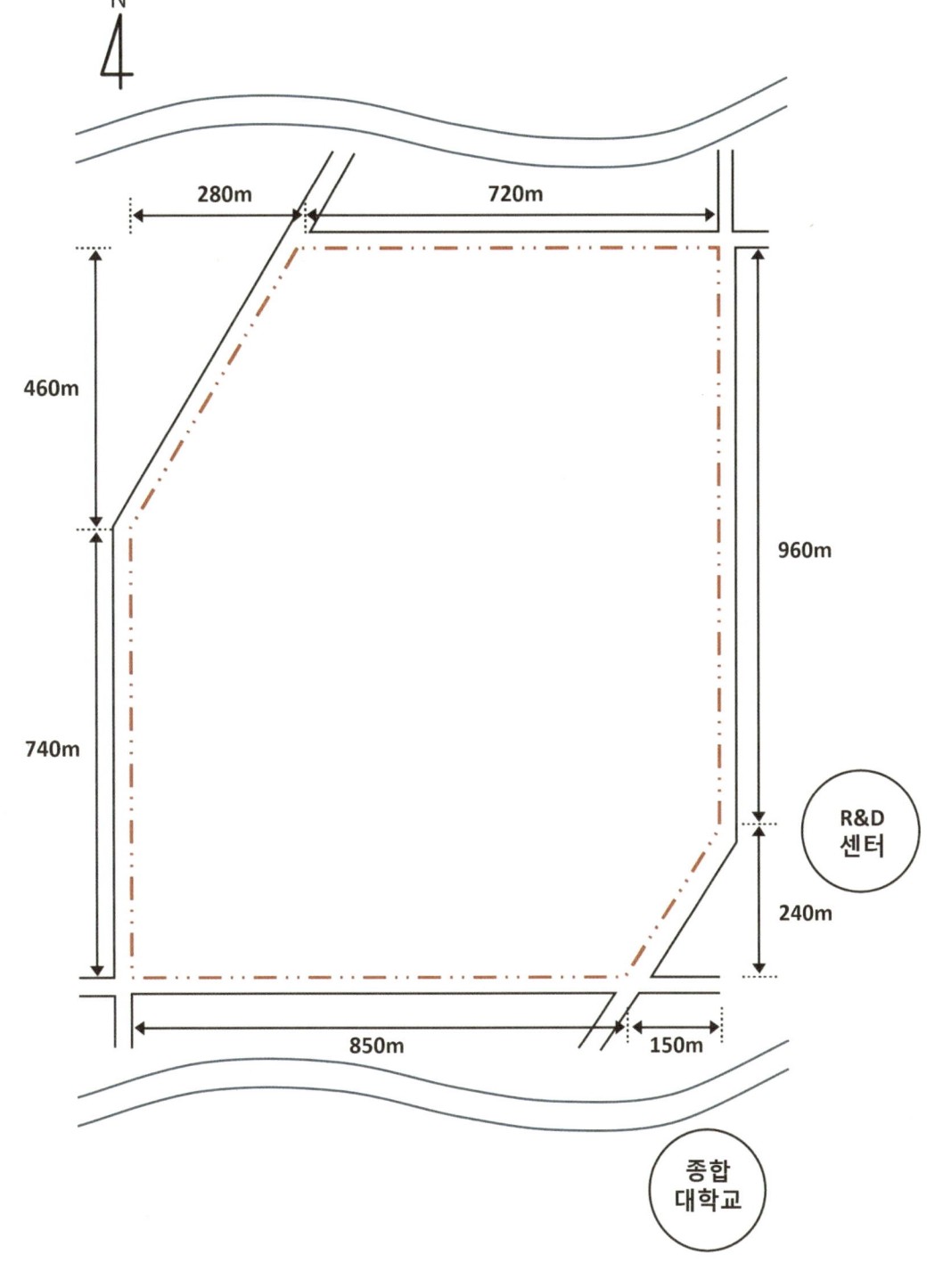

3. 문제 요구 사항 분석
1) 문제 풀이

1. 다음의 설계 컨셉을 적용하여 대상지를 계획한다.
   1) 첨단 생태 도시로 녹색교통체계, Green network, Blue network의 생태 환경 단지 계획한다.
   ▶ [첨단 생태 도시]
   - 친환경 녹색생태 도시 조성 : 미세먼지 저감 및 열섬현상 완화를 위한 도시바람길숲 조성, 탄소저감형 에너지, LID 등 도입, 수변생태도시 구현(생태습지공원 계획 등)
   - 자족성 향상 및 첨단 도시 구현을 위한 첨단 산업용지 계획
       : AI 미래융합혁신특구, 연구개발 R&D 특구 등 도입, 글로벌 비즈니스 환경 조성
       : 유치 시설: 벤처집적시설(도심형 공장), AI 데이터센터, 연구시설, 멀티미디어 기업 등 계획
   ▶ [녹색 교통 체계]
   - 보행자 전용 도로+자전거 전용 도로 계획 및 이용의 활성화
   - 상업, 업무, 공공청사, 교육시설, 공원 및 녹지축, 공공문화 체육시설과 연계하여 설치
   ▶ [Green network]
   - 하천을 중심으로 하는 Green network 구성
   - 다양한 테마가 있는 숲속길, 수변공원 조성
   - 대상지 내 중앙공원을 중심으로 기존 녹지공간을 최대한 보전
   - Openspace, 공원, 녹지, 보행자전용도로 등과의 유기적 연결 제안
   - 자연생태공원 조성, 주변 공원 및 녹지와 연계한 녹지체계 형성
   ▶ [Blue network]
   - 상업, 업무 용지에 생태수로를 계획하여 친수공간 구성
   - 하천과 연계된 수변공원, 수변카페 등 문화레저공간 계획
   - 하천 주변 대상지 내 수변공원 등의 Water Front 계획 구상
   - 생물 서식 공간형 친수공간 조성하여 쾌적한 환경 유도
   - 기존 하천과 인공호수, 실개천을 만나게 하여 친수공간 조성
   2) 역사 문화 도시로 예술 공간, 역사공원, 랜드 마크[104] 요소를 구성한다.
   - 지역특성을 반영한 근대역사문화 테마 공간 조성, 역사/문화 공원, 미술관, 박물관, 전시(홍보)관 계획 (문화재, 유물, 어메니티자원[105] 등의 자료 전시)
   - 다양한 문화 자원, 자연생태 자원을 중심으로 생동감 있는 문화 보행로 조성
   [랜드 마크 요소]
   - 상업, 업무 시설, 도시지원시설용지, 공공청사, 고층 아파트 등을 대상지 중심지역에 배치하여 지역 내 랜드마크적 경관 형성
   - 상징 가로 경관 계획안 제시: 랜드마크적 경관을 형성하는 가로 계획
       예) 남북 방향의 하천을 연결하는 남북 상징 가로 제안 (랜드마크적 경관을 형성하는 가로)

---

104) 도시의 이미지를 대표하는 특이성(特異性) 있는 시설이나 건물을 말하며, 물리적·가시적 특징의 시설물뿐만 아니라 개념적이고 역사적인 의미를 갖는 추상적인 공간 등도 포함한다. 사람은 도시의 각 부분을 상호 관련시키면서 각자의 정신적인 이미지를 환경으로부터 만들어낸다. 즉, 도시의 물리적인 현실로부터 사람이 추출해 낸 그림이 바로 도시의 이미지인 것이다. 서울의 랜드마크는 서울타워(남산타워) 등이 될 수 있다. (토지이용 용어사전, 2011.1, 국토교통부)
105) "어메니티(amenity)자원"이라 함은 신도시개발 이전의 자연적, 역사적, 공동체적 흔적을 간직하여 신도시 이용자에게 환경적 연속성의 체험거리를 제공하는 유무형의 자원 일체를 말하는 것으로서 사업지구에 존재하던 생태자원, 문화자원, 생활양식자원, 농업자원, 사회활동자원 등이 해당된다. (지속가능한 신도시 계획기준, 2010, 국토교통부)

3) 이웃과 더불어 사는 상생도시로 사회적 공간을 조성한다.
▶ 커뮤니티 시설106) 계획
지역의 위계에 따라서 도시차원의 시민센터, 지역차원의 구민센터, 동차원의 주민자치센터와 같은 커뮤니티센터를 다음과 같이 적정 규모로 계획하되, 커뮤니티 활성화를 극대화하기 위하여 교육, 공공, 문화, 사회복지시설 등은 복합커뮤니티 시설로 설치할 수 있으며, 구체적 설치방법 및 면적 등에 대해서는 해당 지방자치단체와 협의하여 정한다.
- 최근 문제에서는 복합 커뮤니티 센터를 계획하는 조건이 추가되었으므로 상기 기능을 복합 커뮤니티에 포함하여 계획한다.

구 분	설치 기준	부지 규모
시민센터	시 행정단위	15,000 - 20,000㎡ (시청사 부지와 연계 가능)
구민센터	구 행정단위	5,000㎡ 이상 (구청사 부지와 연계 가능)
주민자치센터	동 행정단위	800㎡ 이상 (문화, 복지, 체육시설 통합)

2. 다음의 조건을 이용하여 대상지를 계획한다.
   1) 총 12,000세대 중 공동주택 및 복합(주상복합)의 비율은 8:2이다.
      ▶ 공동: 9,600세대, 복합(주상복합): 2,400세대로 계획
   2) 공동주택 용적률은 200%, 복합(주상복합) 용적률은 500%이다.
      단, 복합(주상복합) 중 주거:비주거=8:2 면적 비율로 작성한다.
      ▶ 공동주택 면적: (9,600세대×100㎡)÷(용적률200%)=480,000㎡=48ha
      주상복합 면적: (2,400세대×100㎡)÷(용적률400%)=60,000㎡=6ha
      (주상복합 용적률 500%중, 80%가 주거면적 비율)

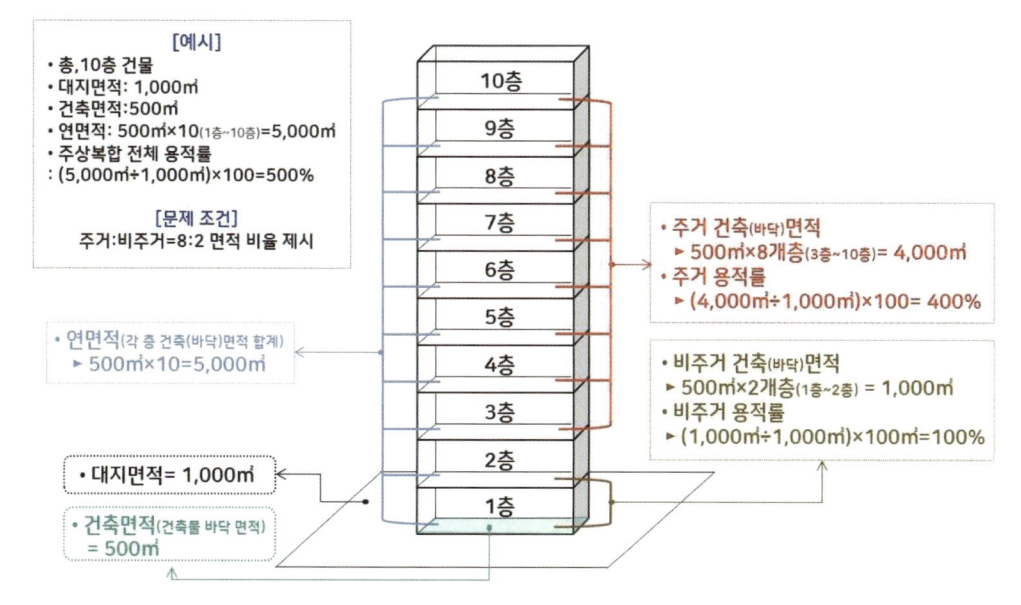

---
106) 지속가능한 신도시 계획기준, 2010, 국토교통부

3) 단독주택 면적은 전체 면적의 10%가 넘지 않게 계획한다.
   (단, 전체 세대수에 단독주택의 세대수는 포함되지 않는다.)
   ▶ 전체 12,000세대 중 단독주택의 세대수가 포함되어 있지 않기 때문에
     설계 개요 등에 세대수 작성을 생략한다. 대략 5% 내외로 단독 면적을 도면에 배치한다.
4) 상업지역 중 일반상업은 5%, 근린상업은 1%로 계획한다.
   ▶ 일반상업: (111.76ha×5%)=5.5ha내외, 근린상업: (111.76ha×1%)=1.1ha내외
5) 대상지 남동쪽에 R&D 연구시설과 종합대학교가 위치하고 있다.
   ▶ 첨단도시 구현을 위해 대상지 주변 연구시설 및 종합대학교와 연계한 디지털화, 산•학협력
     토지이용 구상안을 제시한다. (예: 대상지 남동쪽에 'AI 첨단산업 용지' 등 배치)
6) 공공청사, 119센터, 우체국 등을 포괄하는 복합 커뮤니티 센터를 3개소 배치한다.
   ▶ 복합 커뮤니티 센터 내에 상생도시 구현을 위한 지역(시민)센터 기능을 포함하고,
     각종 공공청사 기능을 부여한 센터 3개소를 대상지 내 분산 배치한다.
7) 공원/녹지 및 초, 중, 고, 유치원 등을 적절하게 배치하고 몇 개소 배치하였는지 계획 구상 및
   계획 도면에 언급한다.
   ▶ 관련 법에 준용하여, (유치원 3~4개소), 초등학교 2~3개소, 중학교 및 고등학교 각 1~2개소
     내외로 교육시설을 배치할 수 있다.

3. 계획 대상지의 지형 조건 및 지역적 특색은 다음과 같다.
   1) 대상지 남, 북으로 각각 하천이 흐르고 있다.
      ▶ 문제 현황에 제시된 하천을 고려하여 Blue network 구상안을 제시한다.
        대상지 내부에 인공 수로 및 실개천 계획도 가능하며, 수변 공원 등 친수 공간을 조성한다.
   2) 대상지 주변 도로 폭원은 30m로 계획한다.
      ▶ 최초 문제 분석 시 대상지 경계를 명확히 파악할 필요가 있다.
        2점 쇄선 밖에 있는 대상지 주변 30m 도로는 간선도로로 구상한다.

[부록] 기존 문제 조건 (신유형 출제 이전 문제 조건)

■ 현황도에 주어진 계획 대상지의 면적 산출과정을 제시하고, 아래와 같이 총주거면적 및 대표블록
  1개의 아래와 같은 '공동 주택 공급표'를 작성한다.

구분	세대수	1호당면적	용적률	건폐율	건축면적	대지면적	연면적	층수
총주거면적	12,000	100㎡	170~230%					
대표블록								

1) 1세대당 가구원수는 2.5인을 기준으로 한다.
2) 용적률은 170~230% 범위 내에서 작성 하며, 1호당 면적은 100㎡로 각 층의
   1호 면적은 동일하다.

■ 공동주택공급표 작성 (예시)

구분	세대수	1호당 면적	용적률	건폐율	건축면적	대지면적	연면적	층수
총주거면적	12,000	100㎡	170~230%	10%	60,000㎡	600,000㎡	1,200,000㎡	20층
대표블록 (A-1 BL)	800	100㎡	200%	10%	4,000㎡	40,000㎡	80,000㎡	20층

2) 계획 개요

- 면적: 1,117,600㎡ = 111.76ha
- 전체 인구: 30,000명
- 세대당 인구: 2.5명
- 총 세대수: 12,000세대
  - 공동: 9,600세대 • 복합(주상복합): 2,400세대
- 공동 주택 1호당 면적: 100㎡
- 인구밀도: 268인/ha
- 단독주택 면적: 전체 면적의 10% 이내 계획

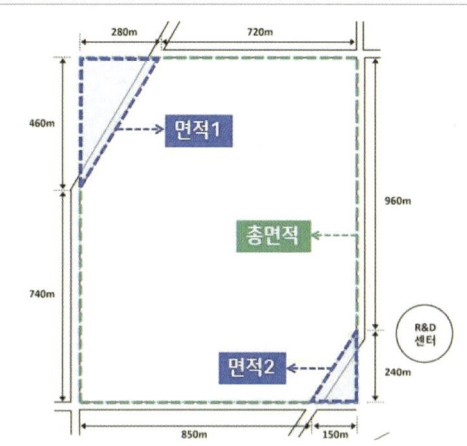

■ 면적 구하기 ■ (참고)

총면적: (1,000m×1,200m)=1,200,000㎡=120ha

면적1: (280m×460m)÷2=64,400㎡=6.44ha

면적2: (150m×240m)÷2=18,000㎡=1.8ha

▶ 총면적-면적1-면적2

=120ha-6.44ha-1.8ha=111.76ha

* 주의: 총면적(2점 쇄선) 밖에 있는 30미터 도로는 대상지 면적에 포함시키지 않고 계산한다.

3) 토지이용계획표 (참고 예시)

구분	용도	면적(ha)	비율(%)	비고
	총계	111.76	100	-
주택건설용지	소계	50.57	45.2	-
	공동주택	48	42.9	-
	단독주택	2.57	2.3	-
공공시설용지	소계	49.43	49.8	-
	일반상업	5.59	5	-
	근린상업	1.1	1	-
	주상복합	6	5.36	-
	업무용지	2.68	2.4	-
	교육시설	4.69	4.2	유치원2,초등학교2, 중학교2,고등학교1
	도시지원시설	2.57	2.3	첨단벤처단지 등
	첨단산업	2.34	2.1	AI연구단지, 데이터센터 등
	공공청사	2.68	2.4	주민센터, 경찰지구대 등
	공원	16.54	14.8	어린이공원 4개소, 근린공원 6개소
	녹지	1.34	1.2	하천 포함
	기타 공공용지	1.45	1.3	-
	도로	14.23	12.74	보행자도로 포함

4) 수강생 작업 사례 (작도: 김효정, 김효현, 정병건)

◤ 기본구상

- 신도시 내 주요시설과 수변공원 접근성이 용이한 형태의 자연친화적 신도시 계획
- 공동주택 중심의 근린주구 3개와 상업, 테마, 주상복합 위주의 근린주구 1개가 어우러지게 하여 근린주구간 교류가 활발히 이루어지도록 계획
- 양쪽 하천을 연결하고 호수를 계획하여 Blue Network 형성
- 연결수로와 호수를 중심으로 한 Green Network 형성
- 횡축 간선도로를 중심으로 주요시설을 배치하여 보행동선을 단순화하고 주요시설간 이동거리를 단축하여 Compact City 형성
- 대상지 중심 상업시설과 R&D센터, 대학 근처 남측 상업시설간 공원, 주요 문화시설 등을 배치하여 걷고 싶은 도시 형태의 시설 배치 구상
- R&D 센터 및 대학가 수요를 고려한 단독주택 배치 및 근린상업 조성
- 소방 119센터, 파출소, 우체국을 포함하는 복합 커뮤니티시설 배치
- 복합커뮤니티시설 근처 학교와 공원을 배치하여 아이와 더불어 사는 도시 도모
- 통학 거리를 고려하여 초등학교 2, 중학교 2개, 고등학교는 상업과 맞닿지게 배치

☑ 기본 구상

- 단지 중심에 상업시설, 공공청사, 업무시설 등을 배치하여 보행자도로로 연계, 녹색교통체계를 구축하며 지역 내 랜드마크 조성
- 이웃과 더불어 사는 상생도시를 만들기 위하여 각 생활권의 중심에 커뮤니티 시설을 계획하여 사회적 공간을 조성
- 첨단 도시 구현을 위해 벤처집적시설, 연구시설, 멀티미디어기업 등이 유치될 수 있는 도시지원용지를 계획
- 간선도로 주변에 완충녹지를 두어 주거지역에서의 소음 및 공해 방지
- 남북을 가로지르는 생태수로를 계획하여 남북의 하천을 이어주는 Blue Network 형성
- 단지 중심의 도보권 근린 공원과 단지 곳곳의 공원들이 보행자도로, 완충녹지와 연계되어 Green Network 형성
- 문화공원, 역사공원, 공연장 등을 설치하여 역사문화도시의 상징성 부여
- 단지 내 30M의 간선도로를 두어 교통 소통이 원활하도록 하며 근린주구 내의 15M의 집산도로는 통과 교통을 배제하도록 계획

▢ 기본 구상

- 보행자 전용도로를 통해 상업시설, 공원, 공공청사, 학교, 커뮤니티시설, 종합 의료시설을 연계하고 보행자의 안전을 확보
- 대상지 중심에 상업시설, 업무시설, 도보권 근린공원을 배치하고 4개의 근린주구 중심에는 학교, 근린광장, 커뮤니티시설, 공공청사를 배치하여 주민이용의 접근성을 용이하게 함
- 대상지의 모서리쪽에 근린공원, 수변공원을 조성하여 중심부의 도보권 근린공원과 연계되는 엑스자(X)형태의 그린네트워크를 형성
- 하천 주변에 유수지와 하수처리장을 계획하여 하천의 범람을 예방
- 북쪽과 남쪽의 하천과 도보권 근린 공원의 인공호수를 연결하여 블루네트워크를 형성하고 하천 주변에 수변공간을 계획하여 친수공간을 조성
- 대상지의 간선도로 주변에 완충녹지를 조성하여 소음 및 공해를 차단하고 쾌적한 주거환경을 조성
- 지속가능한 단지로 거듭나기 위해 유보지, 도시지원시설을 설치
- 대상지 중심부에 인공호수가 있는 도보권 근린공원을 계획하여 지역 내 랜드마크 조성
- 각 생활권 중심에 근린광장, 커뮤니티시설을 계획하여 사회적 공간 조성
- 단지 내 4개의 근린주구로 나누는 25m 도로를 설계하고 근린주구 내에 15m의 집산도로로 통과교통을 배제하고 격자형도로망을 계획해서 교통소통이 원활하게 함

4. 도면 작품

■ 전체 도면 (작도: 조수림)

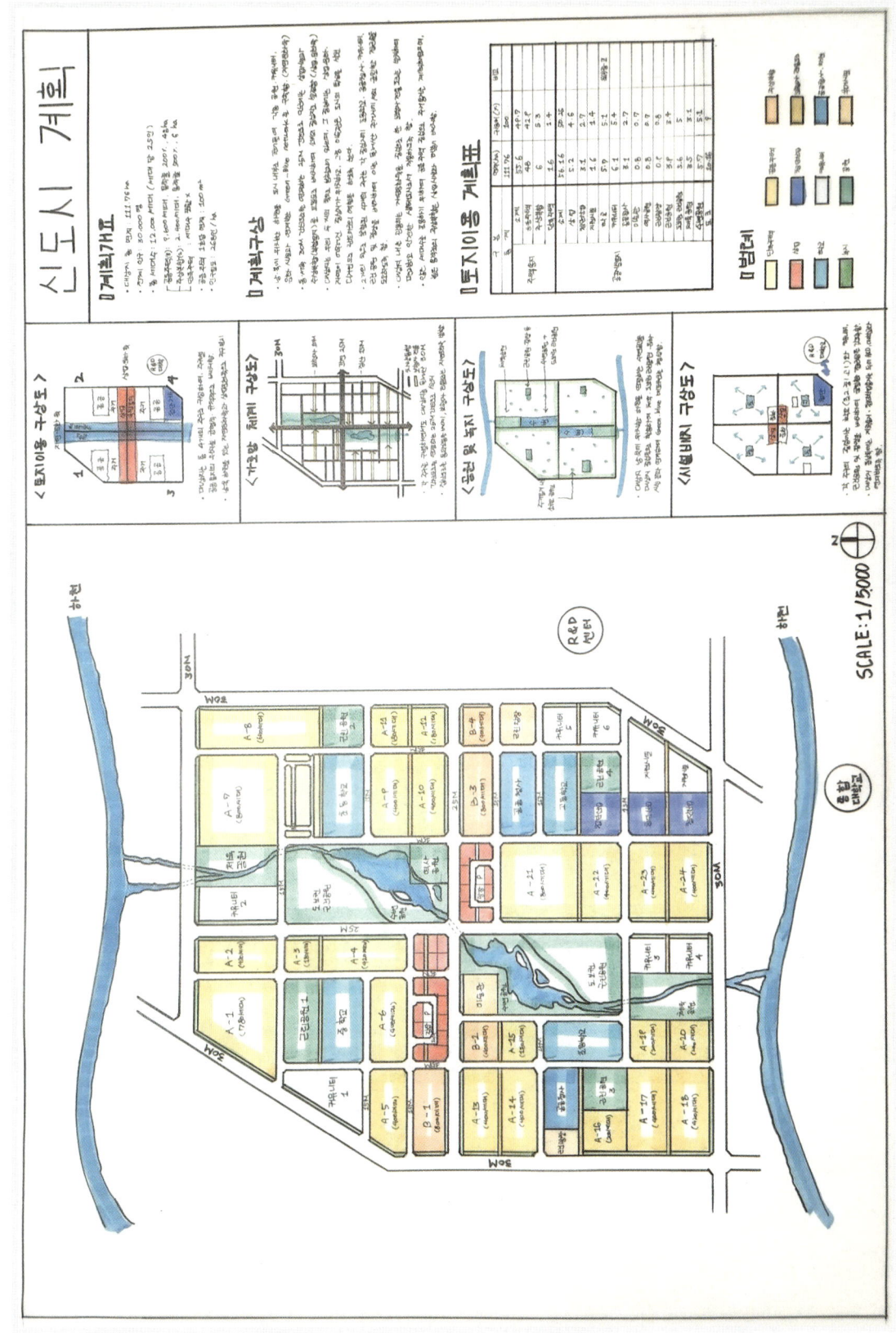

■ 전체 도면 (작도: 한승찬)

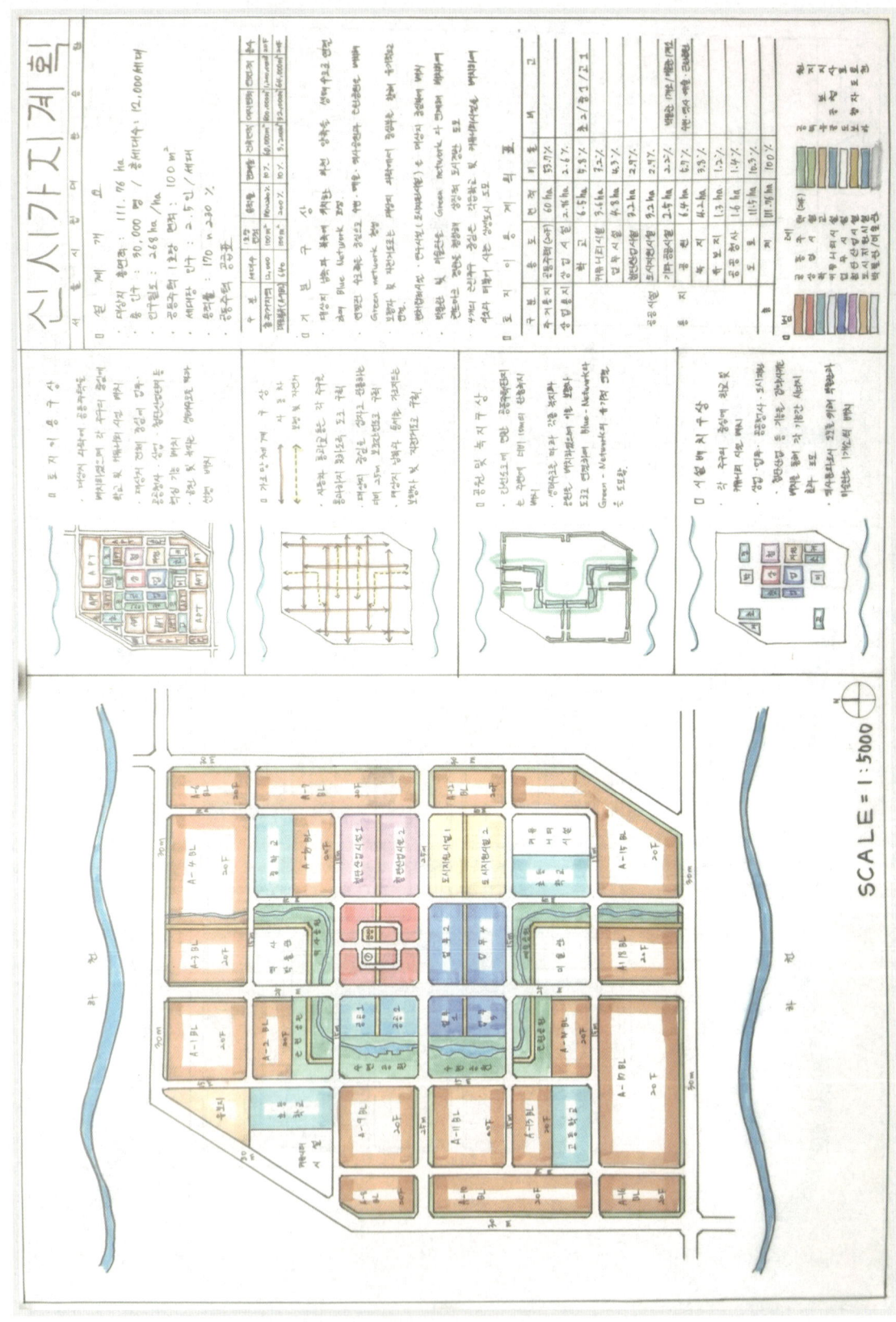

CHAPTER 4. 작업형 도면 기출 문제 & 출제 대비 문제   299

■ Master Plan (작도: 박채연)

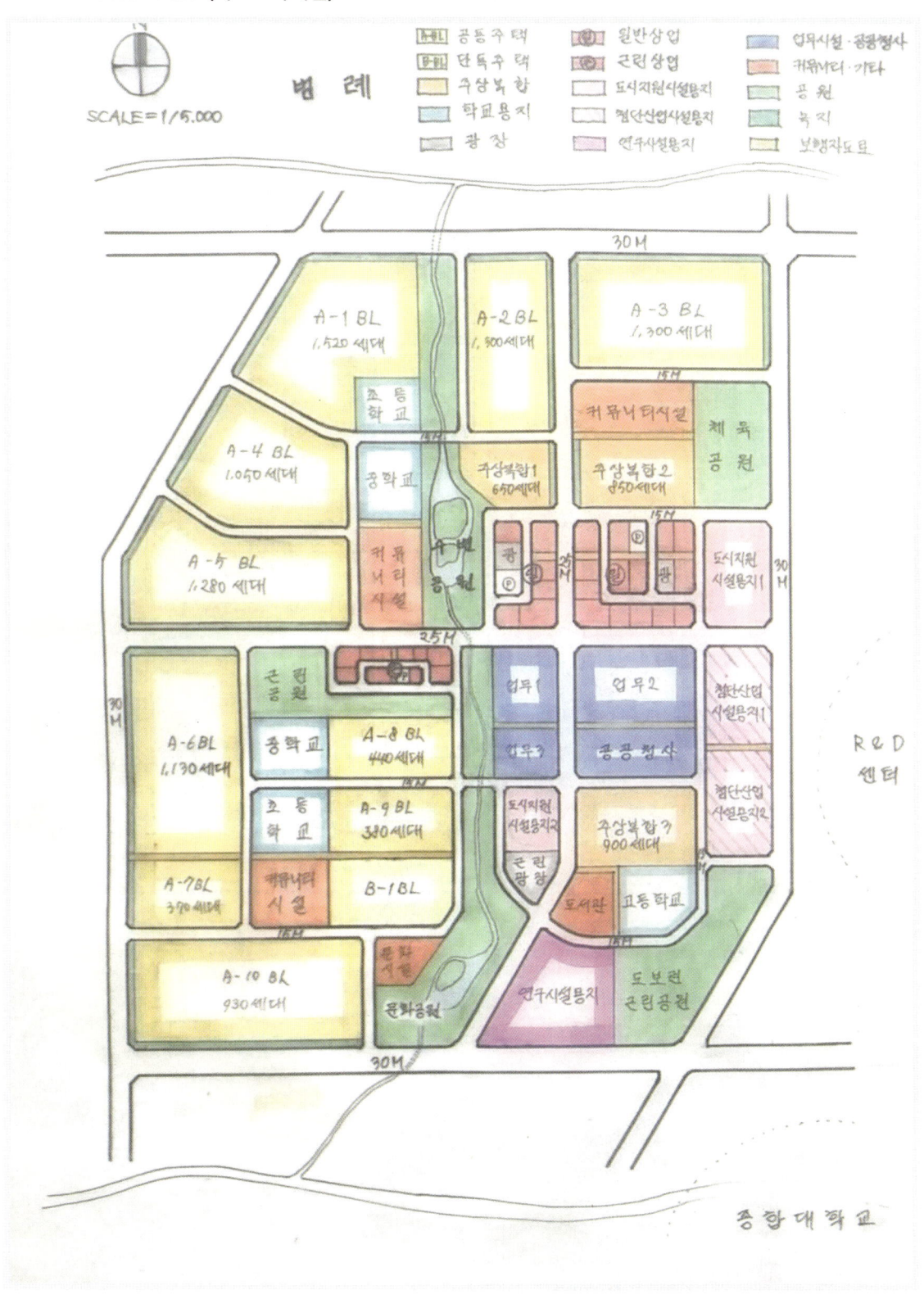

■ Master Plan (작도: 정병건)

CHAPTER 4. 작업형 도면 기출 문제 & 출제 대비 문제

■ Master Plan (작도: 이연지)

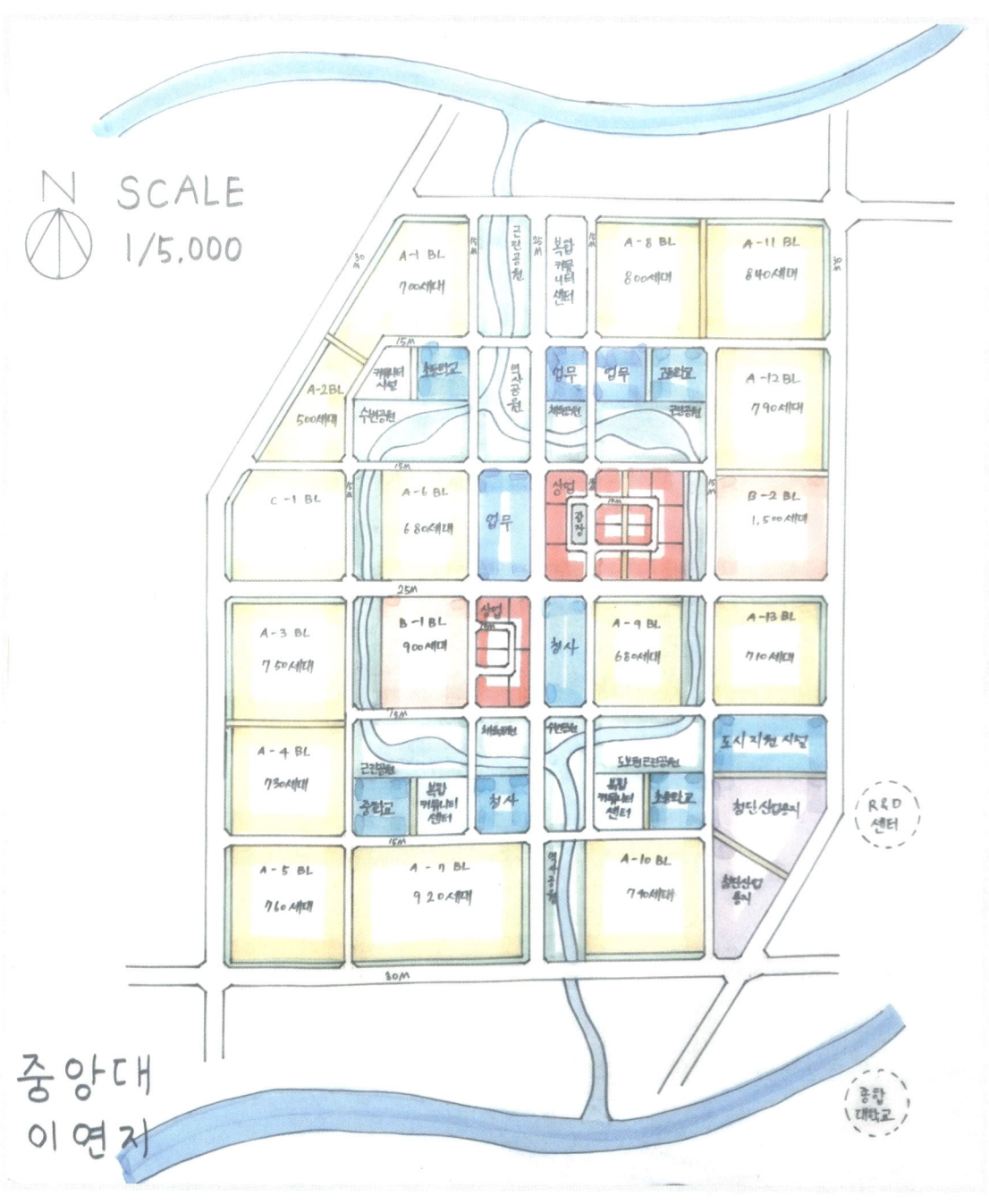

■ Master Plan (작도: 현재혁)

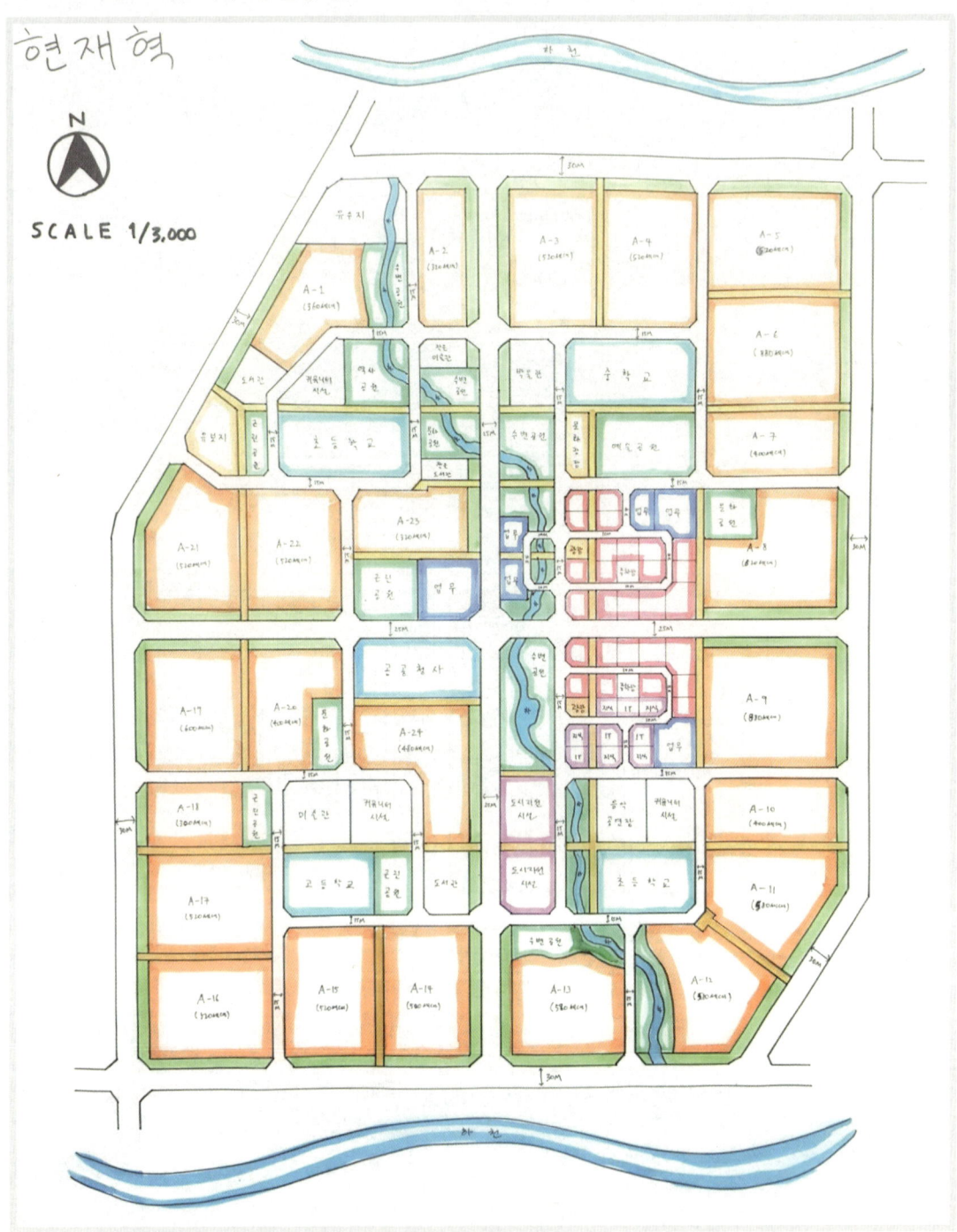

■ Master Plan (작도: 민경민)

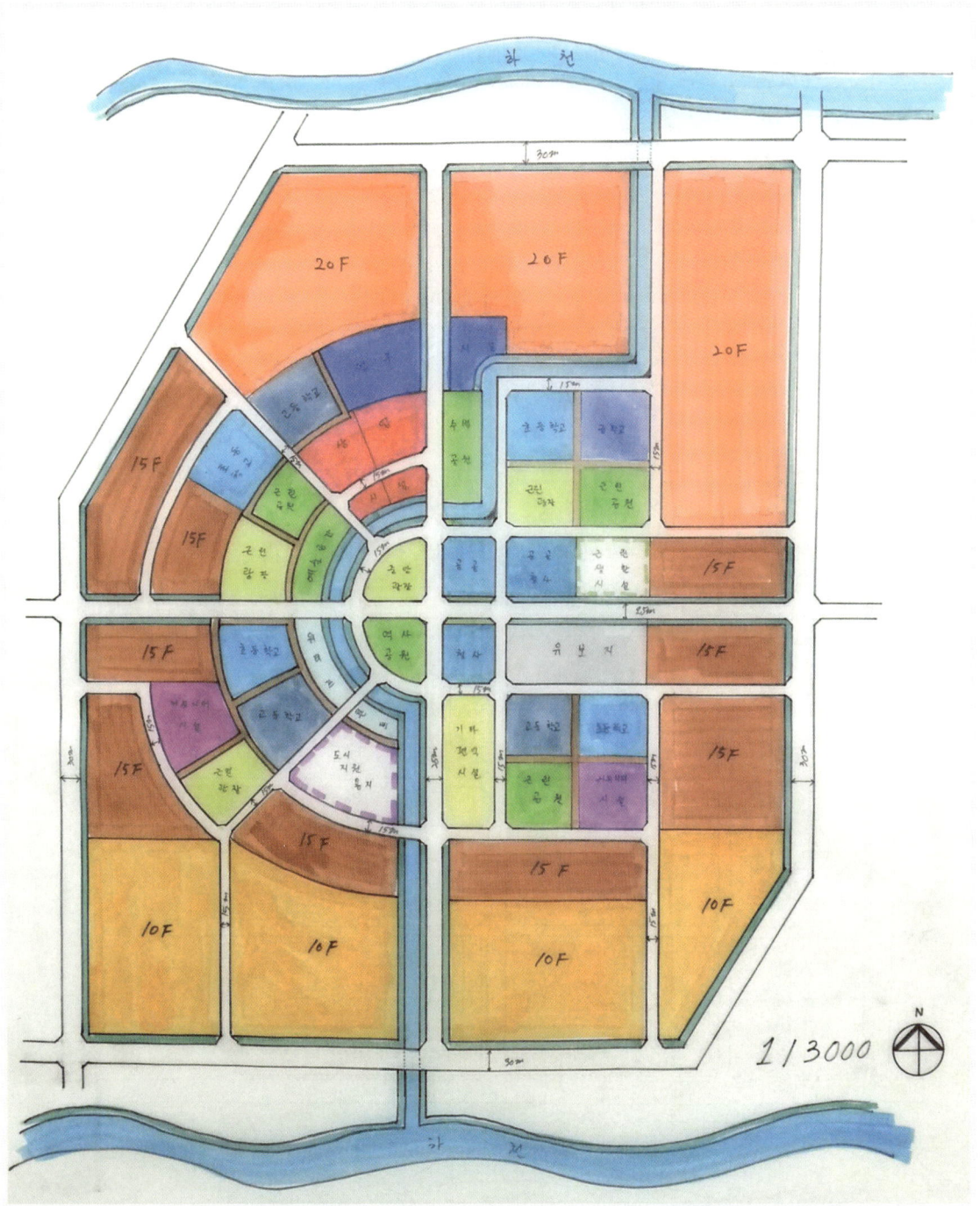

■ Master Plan (작도: 민대희)

CHAPTER 4. 작업형 도면 기출 문제 & 출제 대비 문제   305

■ Master Plan (작도: 김단비)

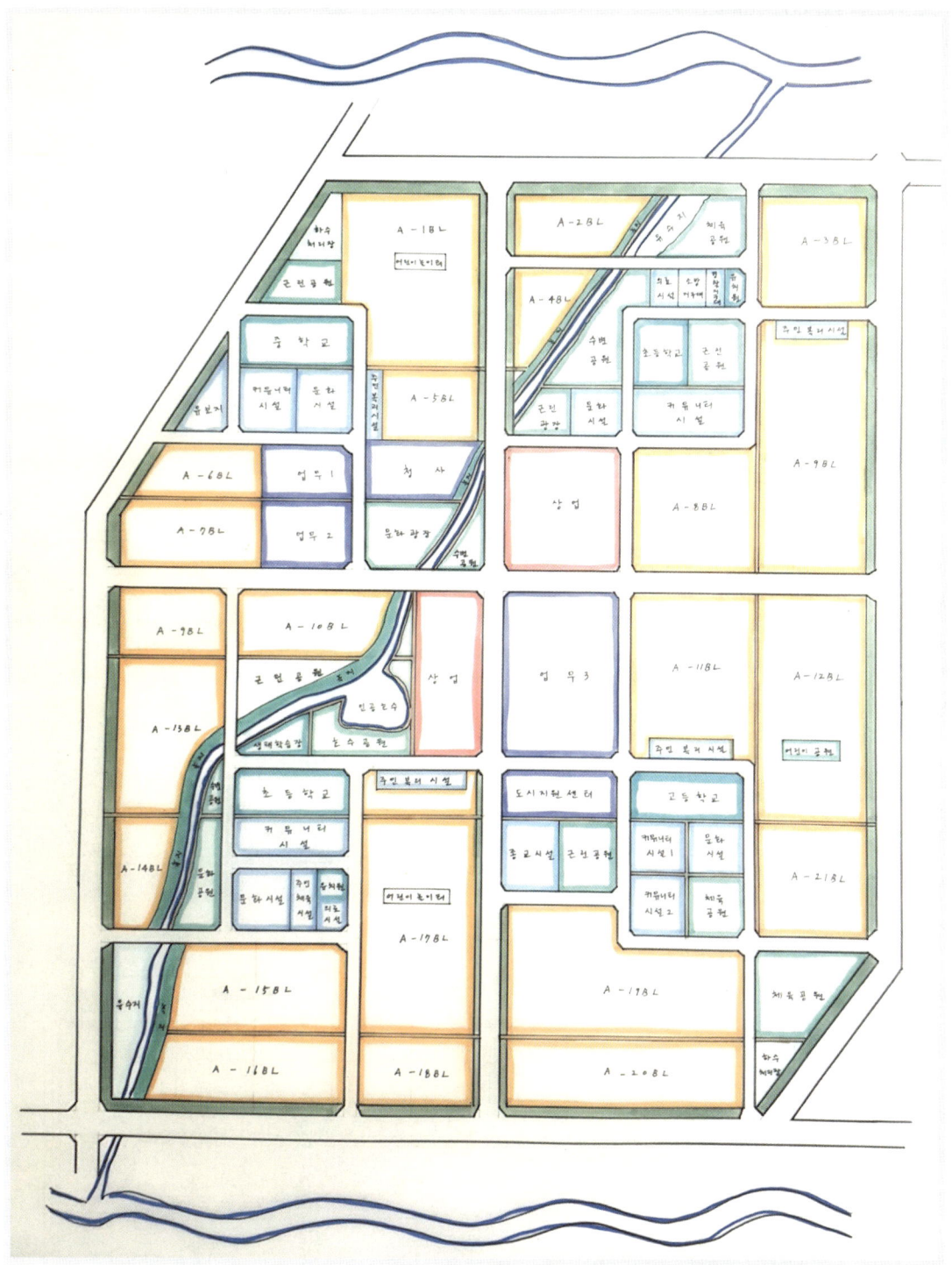

5. 구상도 표현 기법 (작도: 박채연, 이정은)

■ 토지이용 구상도

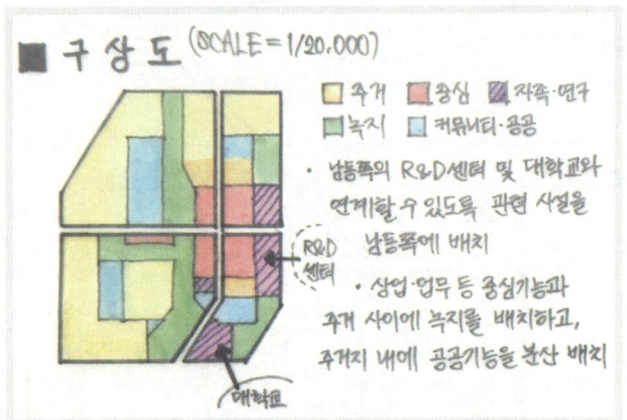

■ 가로망(동선) 구상도

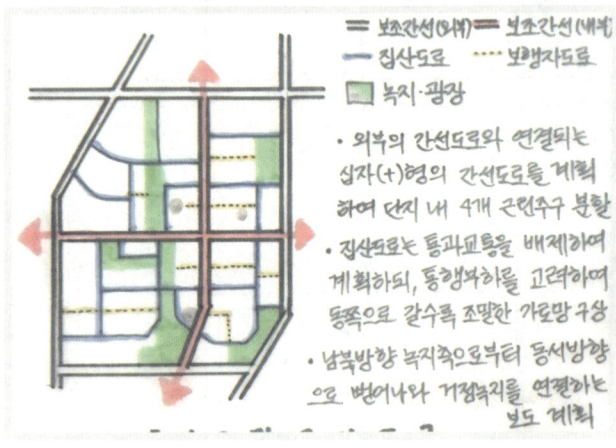
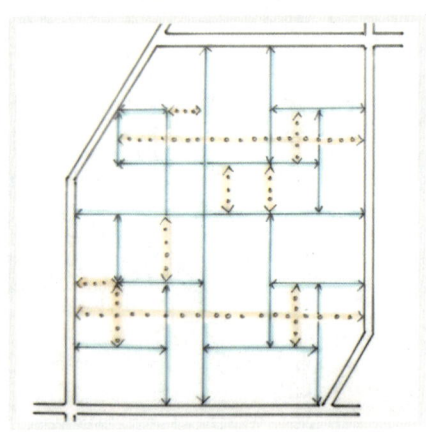

■ 공원&녹지 구상도

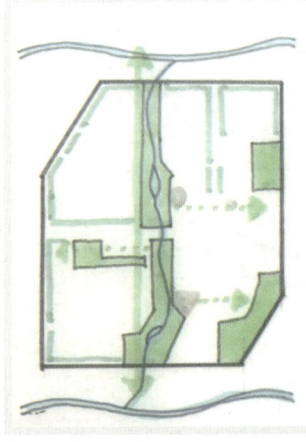
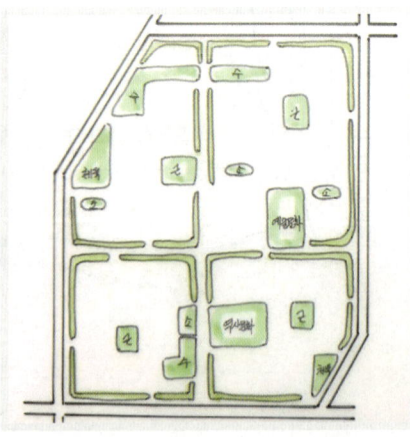

■ 구상도(추가) & 범례 (이정은, 박채연, 정병건)

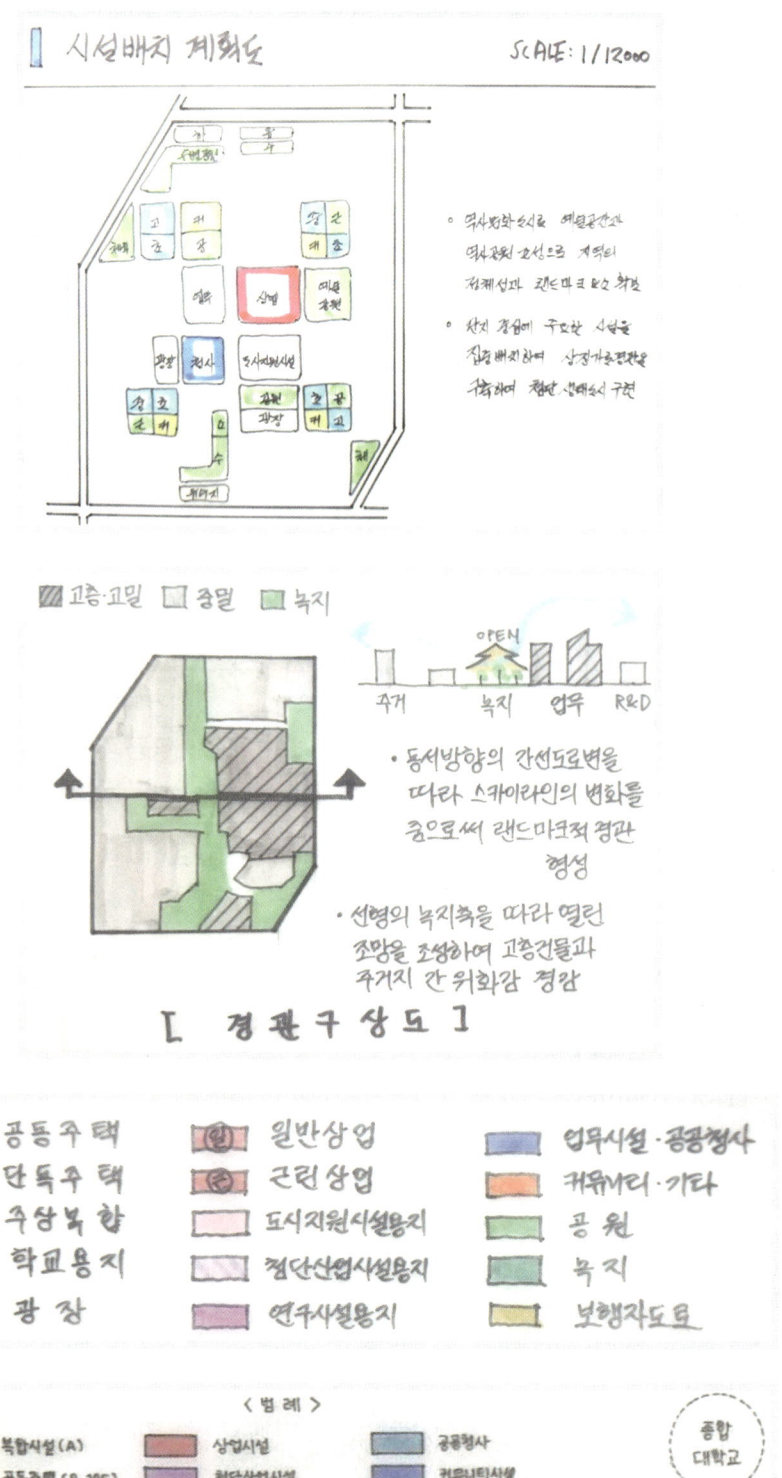

III-1. 중앙호수 신도시계획

자격종목	도시계획기사	과제명	신도시계획

※ 시험시간: [○ 표준시간:3시간 (연장시간 없음)]

1. 요구사항

※ 아래에 제시하는 현황도와 계획 조건을 바탕으로 신도시를 계획하시오.
단, 마스터플랜의 축척은 1/10,000으로 작성한다.

[계획조건]

1. 아래에 제시하는 조건으로 각 용도지역의 면적을 구하고 용도지역별 면적 계산(산출) 과정은 반드시 기재하도록 한다. (단, 도로, 녹지 등의 기반시설에 소요되는 면적은 각 용도지역별 면적에 포함된다.)

용도지역	조건
주거지역	• 계획 대상지 인구 규모 40,000명 • 주거지역 인구밀도는 200인/ha
상업지역	• 이용 인구: 20,000명　• 건폐율: 70% • 1인당 연상면적: 15㎡　• 공공용지율: 40% • 평균 층수: 2층
공업지역	• 2차 산업 종사자수: 25,000명 • 1인당 평균 부지 면적: 10㎡

2. 계획 대상지의 현황 및 지형 특징은 다음과 같다.
    1) 대상지 남측의 산지는 녹지자연도 8등급지이다.
    2) 주풍향은 북서풍이다.
    3) 북고남저의 지형이다.
3. 다음의 조건을 반영하여 주택용지를 계획하라.
    1) 단독주택과 공동주택의 비율은 3:7로 계획한다.
    2) 단독 필지당 면적은 250㎡, 공동주택 1호당 면적 110㎡으로 계획한다.
    3) 공동주택 용적률은 200%이다.
4. 토지이용구상도, 동선 구상도, 녹지 및 오픈스페이스 구상도를 작성하고 각각의 계획 개념을 서술한다.
5. 주거지역에서의 주택 및 기반 시설 배치는 도면에서 생략한다.
    단, 대상지 경계선은 2점 쇄선으로 표현해야 한다.
6. 채색 후 범례를 작성하고 축척, 범례, 방위표, 스케일을 포함한다.
7. 문제에 제시되지 않은 기타 사항은 관계 법령 및 규정을 준용한다.
8. 토지이용계획표는 반드시 작성한다.

자격종목	도시계획기사	과제명	신도시계획

2. 현황도 (N.S)

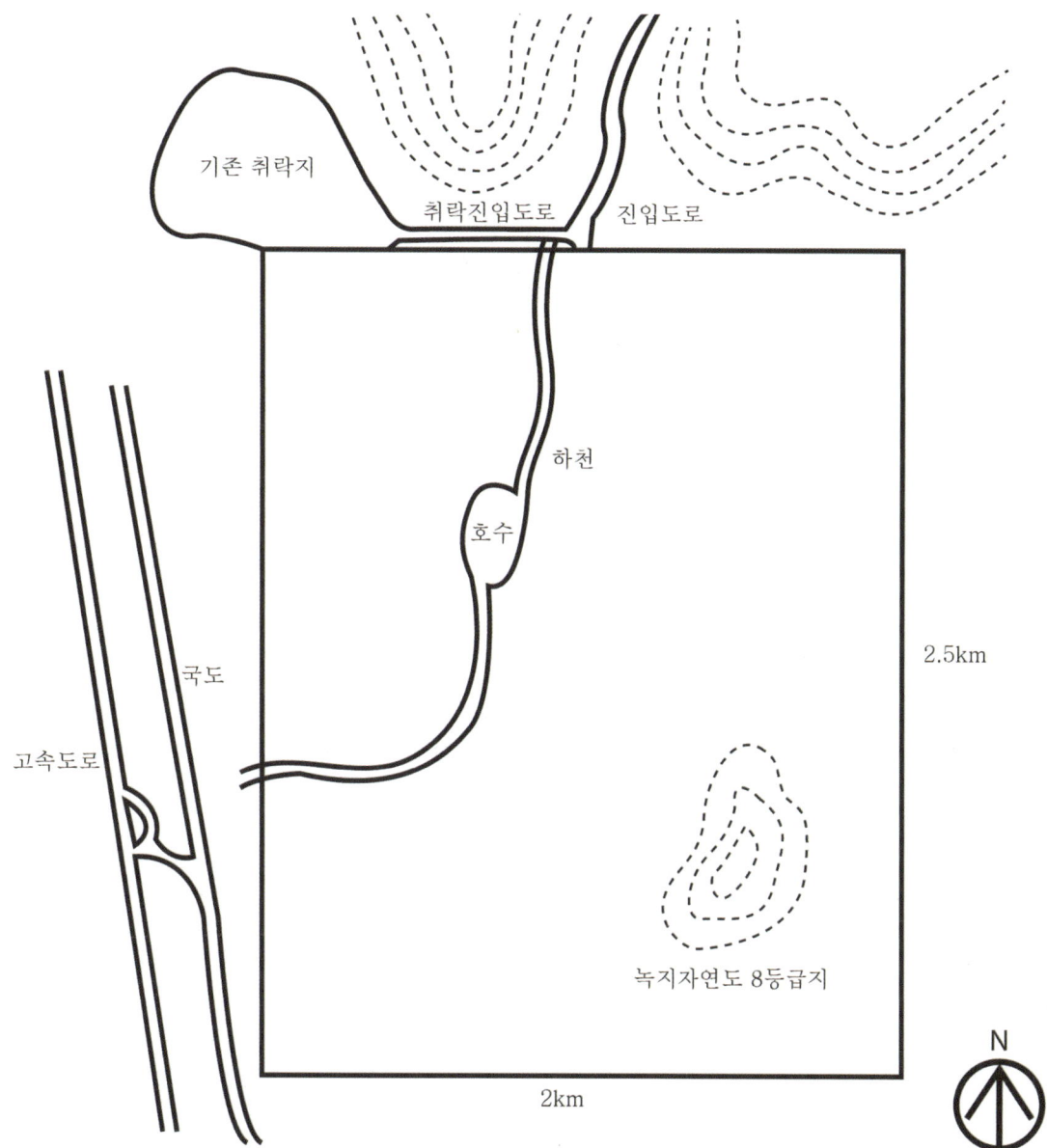

3. 문제 요구 사항 분석
1) 문제 풀이

1. 용도지역의 면적을 구하고 용도지역별 면적 계산(산출) 과정은 반드시 기재하도록 한다.
   (단, 도로, 녹지 등의 기반시설에 소요되는 면적은 각 용도지역별 면적에 포함된다.)

용도지역	조건
주거지역	• 계획 대상지 인구 규모 40,000명 • 주거지역 인구밀도는 200인/ha ▶ 40,000명÷200(인/ha)=200ha
상업지역	• 이용 인구: 20,000명 • 건폐율: 70% • 1인당 연상면적: 15㎡ • 공공용지율: 40% • 평균 층수: 2층 • 상업지역 소요면적 산정 공식 $= \dfrac{\text{상업지역 이용인구(3차 산업 종사 인구)} \times \text{1인당 평균 상면적}}{\text{평균층수} \times \text{건폐율} \times (1-\text{공공용지율})}$ ▶ $\dfrac{20,000명 \times 15㎡}{(2층 \times 0.7)(1-0.4)} = 357,142㎡ ≒ 35.7ha$
공업지역	• 2차 산업 종사자수: 25,000명 • 1인당 평균 부지 면적: 10㎡ • 공업 지역 소요면적 산정 공식 $= \dfrac{\text{2차 산업 종사 인구} \times \text{1인당 평균 부지 면적} \times \text{공업용지율}}{1-\text{공공용지율}}$ ▶ ① 25,000명×10㎡=250,000㎡=25ha ② $\dfrac{25,000명 \times 10㎡}{(1-0.3)} = 357,142.8571㎡ ≒ 35.7ha$ • 문제조건에서 공공용지율이 제시가 안될 경우 가정해서 계산할 수 있다. 풀이②의 경우 공공용지율을 30%로 가정하고 계산한 방식이다.

주거+상업+공업지역 총면적: 200ha+35.7ha+25ha(또는 35.7ha)=260.7ha (또는 271.4ha)

2. 계획 대상지의 현황 및 지형 특징
   1) 대상지 남측의 산지는 녹지자연도 8등급지이다.
      ■ 녹지자연도 [107]
      토지의 자연성을 나타내는 하나의 지표이며, 인간에 의한 인위적 개변상황을 파악하기 위하여 식물군락의 종조성을 기반으로 녹지성과 자연성을 고려하여, 육지지역을 10개 등급으로 나누어서 표시하는 지표를 말한다. 녹지자연도는 토지이용 및 개발계획의 수립이나 시행에 활용되며, 녹지자연도 사정 기준은 육지권역 1~3 등급을 개발지역(개발대상지), 4~7 등급을 완충지역(개발과 보전이 조화를 이뤄야 하는 지역), 8~10 등급을 보전지역(녹지보전지역으로 개발 제한)으로 나눈다.
   2) 주풍향은 북서풍이다.   3) 북고남저의 지형이다.
      ▶ 풍향 및 지형 조건을 고려하여 공업지역의 위치를 선정한다.
      북서측에서 바람이 불고 있으므로, 대상지 북측에 공업지역을 배치할 경우 오염된 공기 및 매연 등이 대상지 내부로 유입될 수 있다. 따라서 최대한 남동측에 공업지역을 배치한다. 또한 남측이 낮고 평탄한 지형이므로 공업지역이 배치되어도 지형상 문제가 없다.

---
[107] 토지이용 용어사전, 2011.1, 국토교통부

▶ 북측 지형이 높은 곳에 저층 주거지(단독) 위주로 배치하며, 남측은 평탄한 지역이므로 고층 아파트(건물) 위주로 배치가 가능하다.
또한 주거지역 토지이용구상 시 전체적인 스카이라인(sky line)을 고려한다.

3. 다음의 조건을 반영하여 주택용지를 계획하라.
   1) 단독주택과 공동주택의 비율은 3:7로 계획한다.
   2) 단독 필지당 면적은 250㎡, 공동주택 1호당 면적 110㎡으로 계획한다.
   3) 공동주택 용적률은 200%이다.
   ▶ 전체 세대수: 40,000인(전체 계획 인구)÷2.5인(가구당 2.5인 가정 시)=16,000세대
   [단독주택]
      1) 단독주택 세대수: 16,000세대×30%=4,800세대
      2) 단독주택 면적 계산: 4,800세대×250㎡=1,200,000㎡=120ha
         (단, 필지당 3세대 계획 시 120ha÷3=40ha)
   [공동주택]
      1) 공동주택 세대수: 16,000세대×70%=11,200세대
      2) 공동주택 면적 계산: (11,200세대×110㎡)÷용적률200%=61.6ha

4. 토지이용구상도, 동선 구상도, 녹지 및 오픈스페이스 구상도를 작성하고 각각의 계획 개념을 서술한다.
   ▶ 구상도의 스케일이 제시되어 있지 않으므로 레이아웃 작성 후 적절한 크기로 구상도 작성한다.

5. 주거지역에서의 주택 및 기반 시설 배치는 도면에서 생략한다.
   단, 대상지 경계선은 2점 쇄선으로 표현해야 한다.
   ▶ 주택 및 기반시설의 배치를 생략하라고 제시하였으므로, 단독주택 및 공동주택의 주거동 배치를 하지 않는다. 주거지역 내 각종 기반시설(공원, 녹지, 주차장 등) 작성도 생략한다.

2) 기본 구상

- 첨단 생태도시 구현을 위해 융복합적인 토지이용구상안을 제시하고 각 주거지역 및 공공시설과 연계한 공간 구상안 제시
- 교육, 돌봄, 복지 및 커뮤니티 시설을 통해 신혼부부, 고령자, 육아 등의 친화 도시 구현
- 주어진 지형 조건 및 현황을 고려하여 주거 환경이 양호한「북측 취락지, 중앙 호수, 녹지 자연도 8등급」주변 지역에 단독주택(저밀 주거)을 배치하고 그 외 지역에 공동주택을 배치하여 자연스러운 주거밀도 및 스카이라인 계획안 제시
- 녹지자연도 8등급지와 호수 및 하천 주변의 공동 및 단독 주거 생활권은 대상 지 내 상업 및 업무 등 일자리 특화지구와 보행자동선 및 친환경 녹지축을 통해 자연스럽게 연결
- 신도시의 중심에 중심상업지역을 배치하고 일반상업 및 근린상업지역을 분산 배치
- 주거 및 자족이 복합되고 대상지에 제시된 중앙호수 및 하천 주변의 수변공간을 테마로 특화된 수변 공간 구상 및 다양한 녹지계획 제시
- 북서풍을 고려하여 주거지역의 환경오염 피해를 최소화하기 위해 공업지역을 남동측에 배치
- 주간선도로, 보조간선도로, 집산도로의 폭원을 단계별로 설정하여 도로의 위계를 구분
- 공동 및 단독 주택 단지내부에 다양한 규모의 블록 계획 수립하고 지역 거주민 중심의 생활을 지원하는 공간 구상안 제시

3) 계획 개요

예시 1	예시 2
• 전체 대상지 면적: 5,000,000㎡=500ha • 계획 대상지 면적: 271.4ha • 계획 대상지 인구: 40,000명 • 전체 세대수: 16,000세대 (세대 당 2.5인 가정) 　① 단독주택(3): 4,800세대 　② 공동주택(7): 11,200세대 　　15층: 6,720세대 　　10층: 3,360세대 　　5층: 1,120세대 • 총인구 밀도: 147인/ha • 호수 밀도: 59호/ha • 단독주택 필지 면적: 250㎡ • 공동 주택1호당 면적: 110㎡	• 대상지 면적: 5,000,000㎡=500ha • 대상지 인구: 40,000명 • 전체 세대수: 16,000세대 (세대 당 2.5인 가정) 　① 단독주택(3): 4,800세대 　② 공동주택(7): 11,200세대 　　15층: 6,720세대 　　10층: 3,360세대 　　5층: 1,120세대 • 총인구 밀도: 80인/ha • 호수 밀도: 32호/ha • 단독주택 필지 면적: 250㎡ • 공동 주택1호당 면적: 110㎡

예시 3	예시 4
• 대상지 면적: 5,000,000㎡=500ha • 대상지 인구: 40,000명 • 전체 세대수: 16,000세대 (세대 당 2.5인 가정) 　① 단독주택: 1,680세대 ② 공동주택: 14,320세대 • 총인구 밀도: 80인/ha • 호수 밀도: 32호/ha • 단독주택 필지 면적: 200㎡ • 공동 주택1호당 면적: 100㎡	• 전체 대상지 면적: 5,000,000㎡=500ha • 계획 대상지 면적: 248.8ha • 계획 대상지 인구: 40,000명 • 전체 세대수: 16,000세대 (세대 당 2.5인 가정) 　① 단독주택: 1,800세대 ② 공동주택: 14,200세대 • 총인구 밀도: 160인/ha • 호수 밀도: 64호/ha • 단독주택 필지 면적: 200㎡ • 공동 주택1호당 면적: 100㎡

4) 면적 계산식

[예시1]

주거지역	40,000명÷200(인/ha)=200ha
상업지역	$\dfrac{20,000명 \times 15㎡}{(2층 \times 0.7)(1-0.4)} = 357,142㎡ ≒ 35.7ha$
공업지역	$\dfrac{25,000명 \times 10㎡}{(1-0.3)} = 357,142㎡ ≒ 35.7ha$ (공공용지율 30% 가정 시)
총면적	200ha+35.7ha+35.7ha=271.4ha

[예시2]

주거지역	40,000명÷200(인/ha)=200ha
상업지역	$\dfrac{20,000명 \times 15㎡}{(2층 \times 0.7)(1-0.4)} = 357,142㎡ ≒ 35.7ha$
공업지역	$\dfrac{25,000명 \times 10㎡}{(1-0.3)} = 357,142㎡ ≒ 35.7ha$ (공공용지율 30% 가정 시)
녹지지역	228.6ha (단, 녹지지역 추가로 가정)
총면적	200ha+35.7ha+35.7ha+228.6ha=500ha

5) 토지이용계획표

[예시1]

구분		면적(ha)	구성비(%)	비고
총계		271.4	100	-
주택 용지	소계	101.6	37.42	-
	단독주택	40	14.73	-
	공동주택	61.6	22.69	-
상업용지		21.4	7.8	중심, 일반
공업용지		25	9.2	일반
공공 시설 용지	소계	123.4	45.58	-
	도시지원시설용지	6.2	2.3	벤처, IT
	학교	8.3	3.08	초3,중2,고2
	공공청사	5.9	2.2	경찰서, 주민센터 등
	유보지	2.7	1	-
	기타 공공시설	4.3	1.6	-
	공원 및 녹지	63.5	23.4	근린, 체육, 수변 공원 등 완충, 경관, 연결 녹지 등
	도로	32.5	12	보행자 도로 포함

[예시2]

구분		면적(ha)	구성비(%)	비고
총계		500	100	-
주택 용지	소계	101.6	20.32	-
	단독주택	40	8	-
	공동주택	61.6	12.32	-
상업용지		21.4	4.28	중심, 일반
공업용지		25	5	일반
공공 시설 용지	소계	352	70.4	-
	도시지원시설용지	14	2.8	벤처, IT
	학교	11	2.2	초6,중3,고3
	공공청사	11.5	2.3	경찰서, 주민센터 등
	유보지	5	1	-
	기타 공공시설	18.5	3.7	-
	공원 및 녹지	232	46.4	근린, 체육, 수변 공원 등 완충, 경관, 연결 녹지 등 호수 및 하천 포함
	도로	60	12	보행자 도로 포함

4. 도면 작품

■ 전체 도면 (작도: 한승찬)

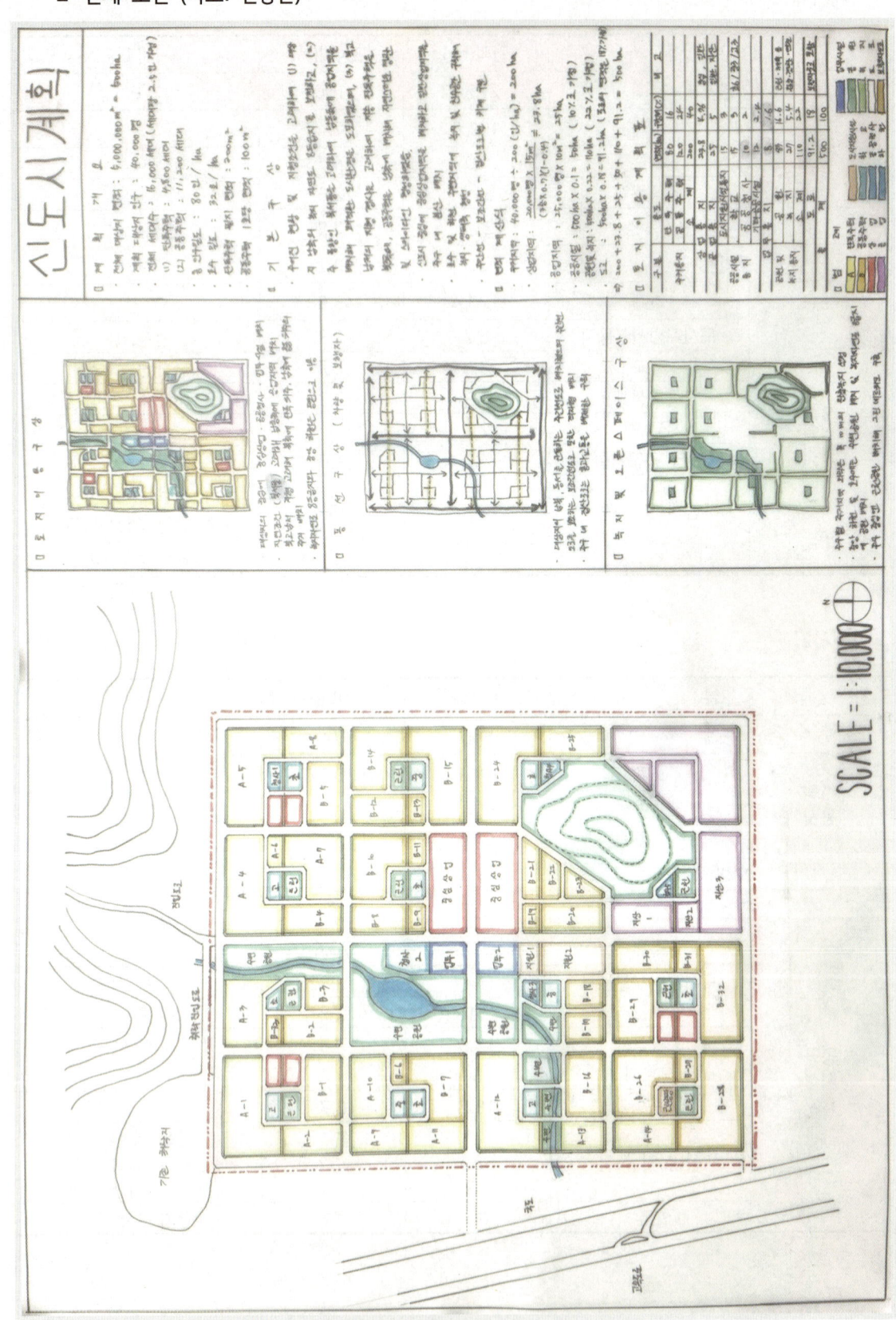

■ 전체 도면 (작도: 최은지)

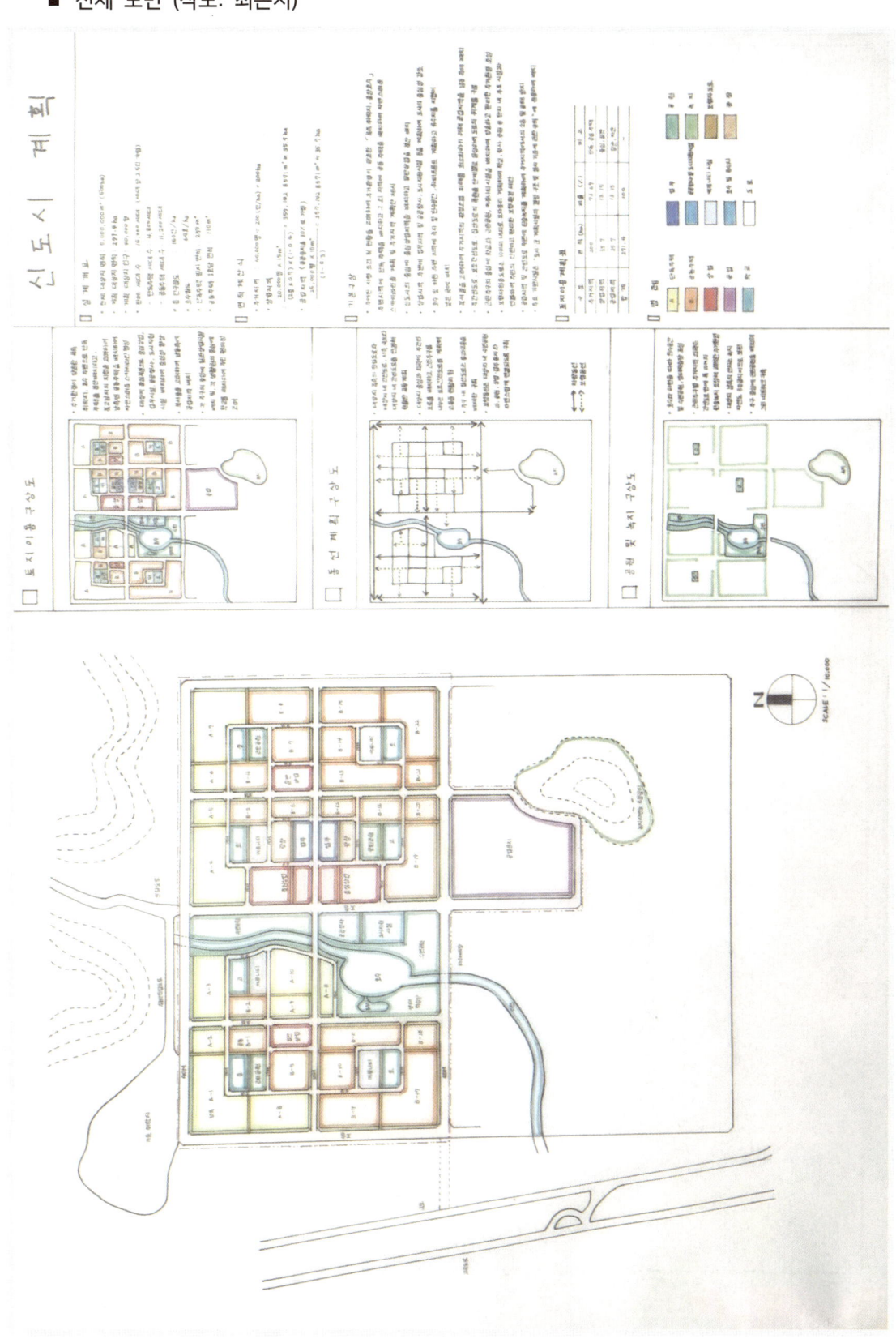

■ 전체 도면 (작도: 배재섭)

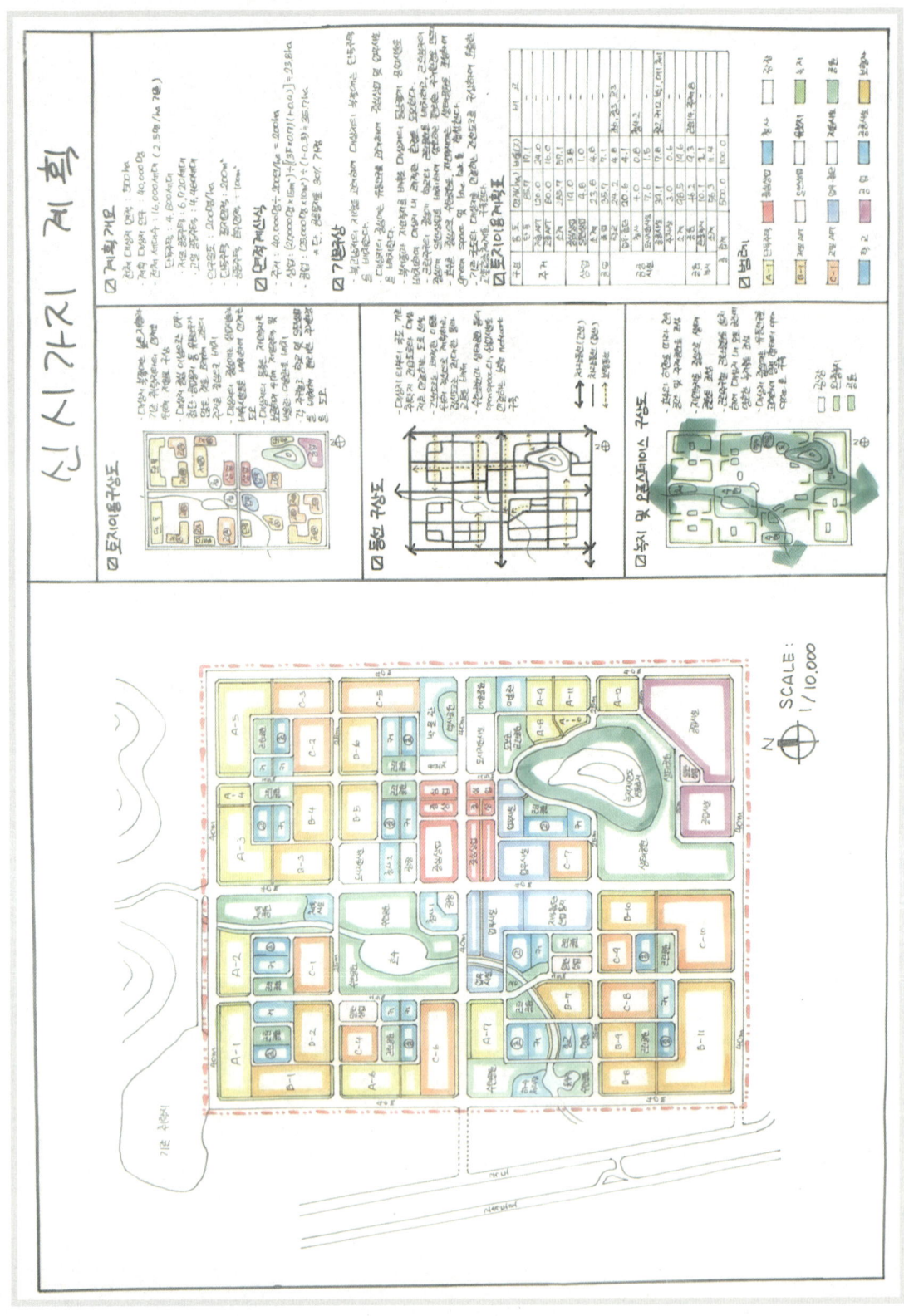

■ 전체 도면 (작도: 김정우)

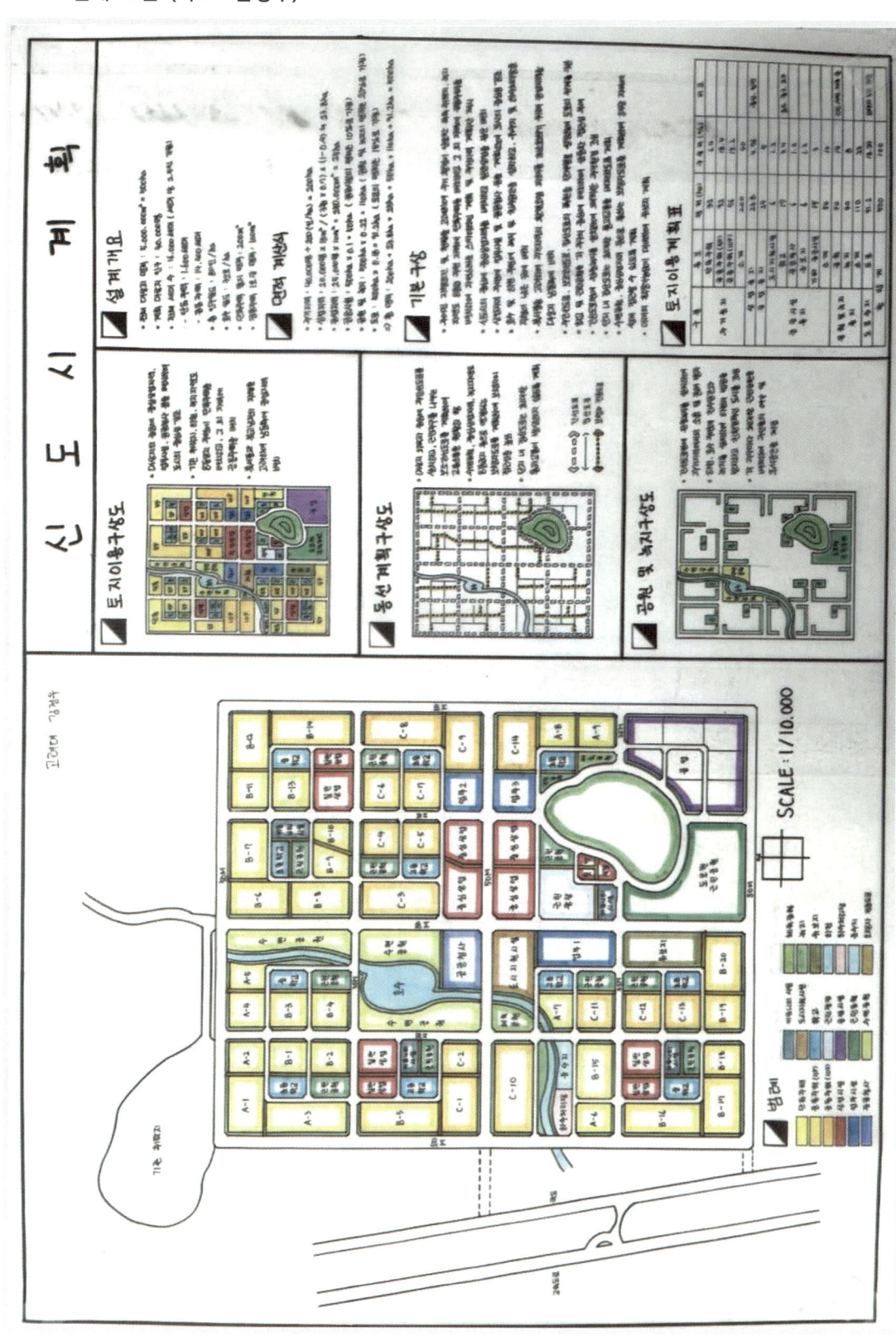

■ Master Plan (작도: 조수림)

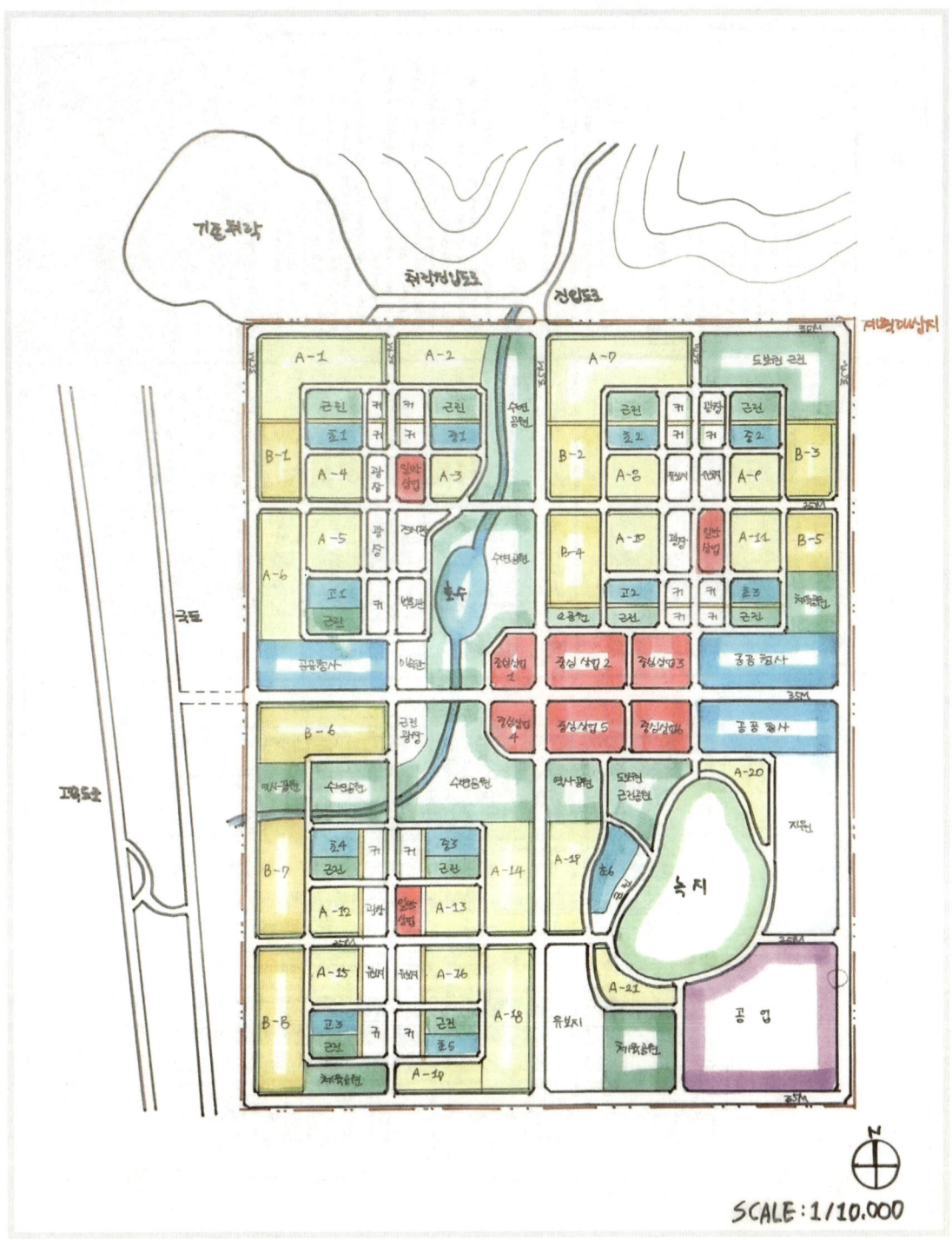

■ Master Plan (작도: 최은비)

■ Master Plan (작도: 김지원)

CHAPTER 4. 작업형 도면 기출 문제 & 출제 대비 문제

■ Master Plan (작도: 이조은)

■ Master Plan (작도: 박재용)

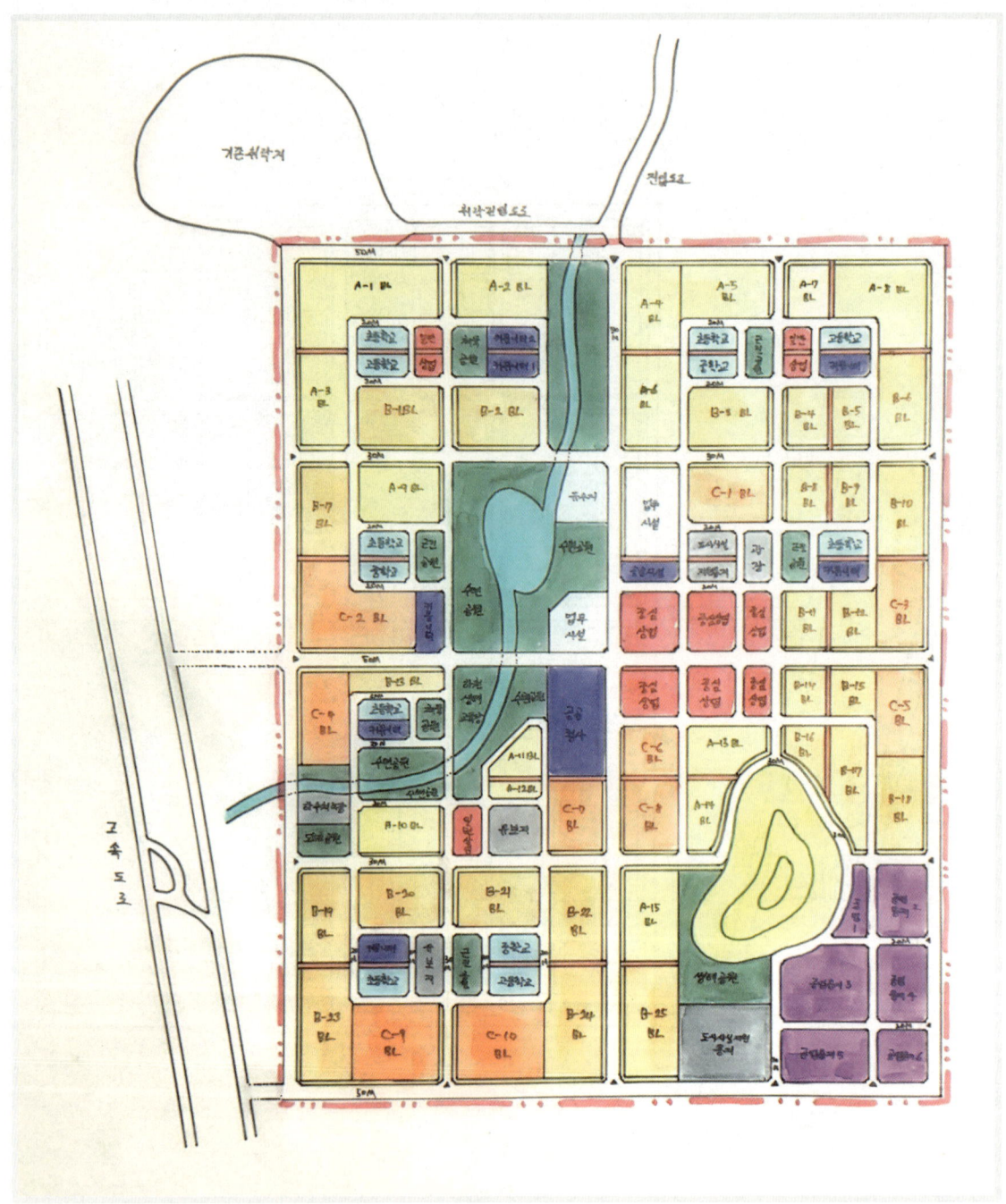

5. 구상도 표현 기법 (작도: 임은주, 배재섭)

- ■ 토지이용 구상도

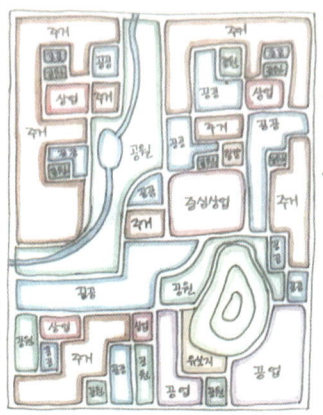

- ■ 가로망(동선) 구상도

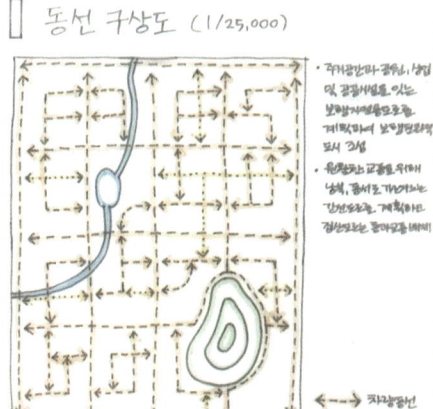
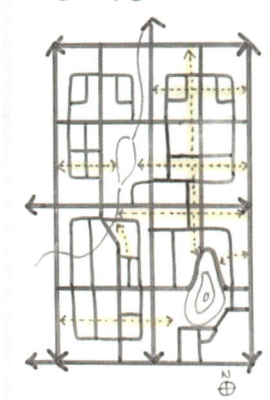

- ■ 공원&녹지 구상도

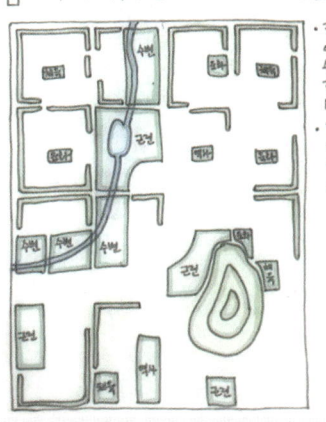
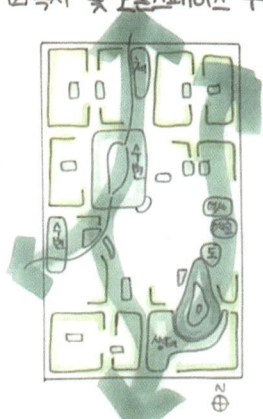

6. 신도시계획 실제 사례

■ 화성 동탄 신도시

CHAPTER 4. 작업형 도면 기출 문제 & 출제 대비 문제   325

■ 파주 운정 신도시

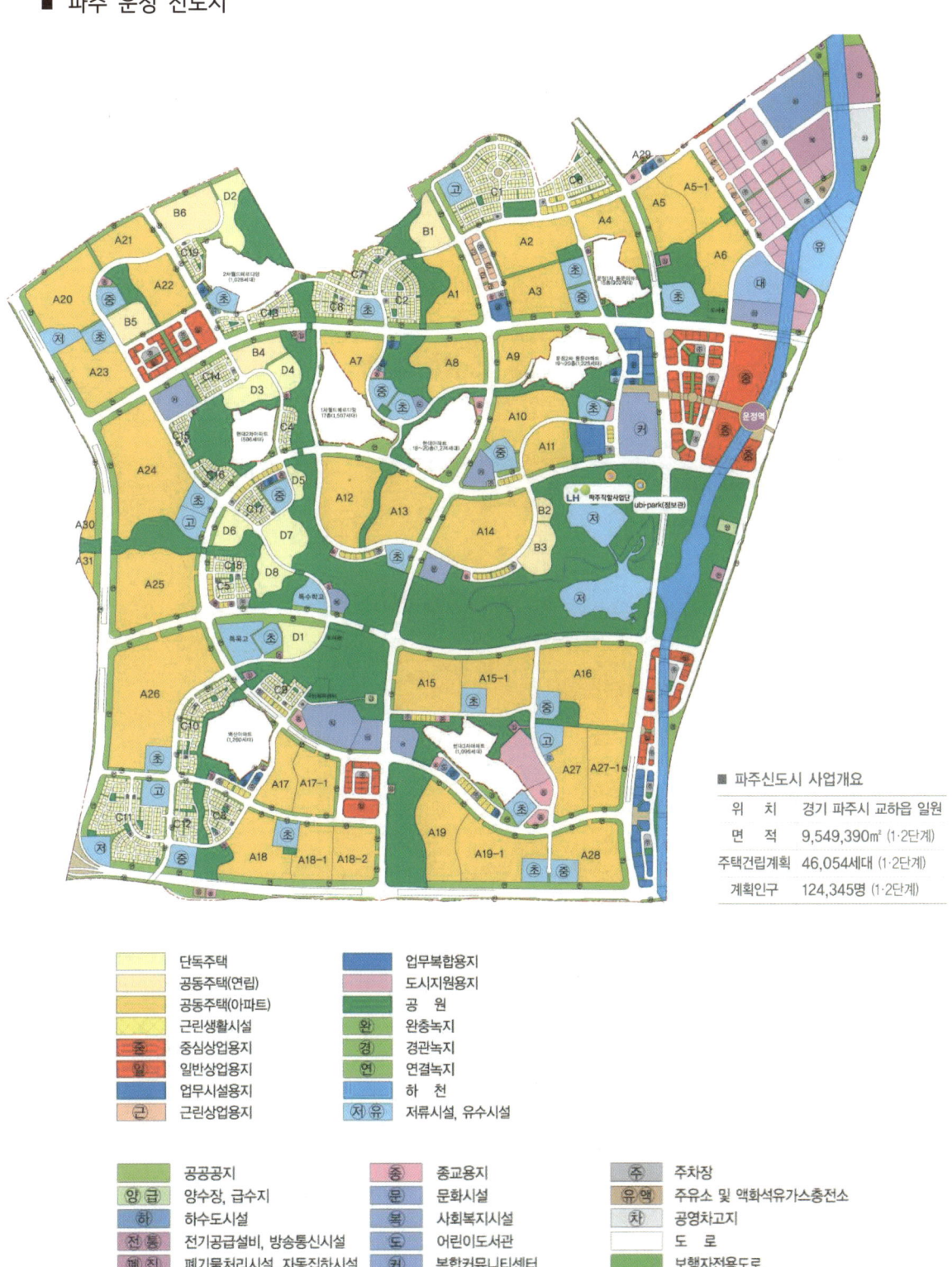

파주 운정 신도시 중심상업지역 상세도

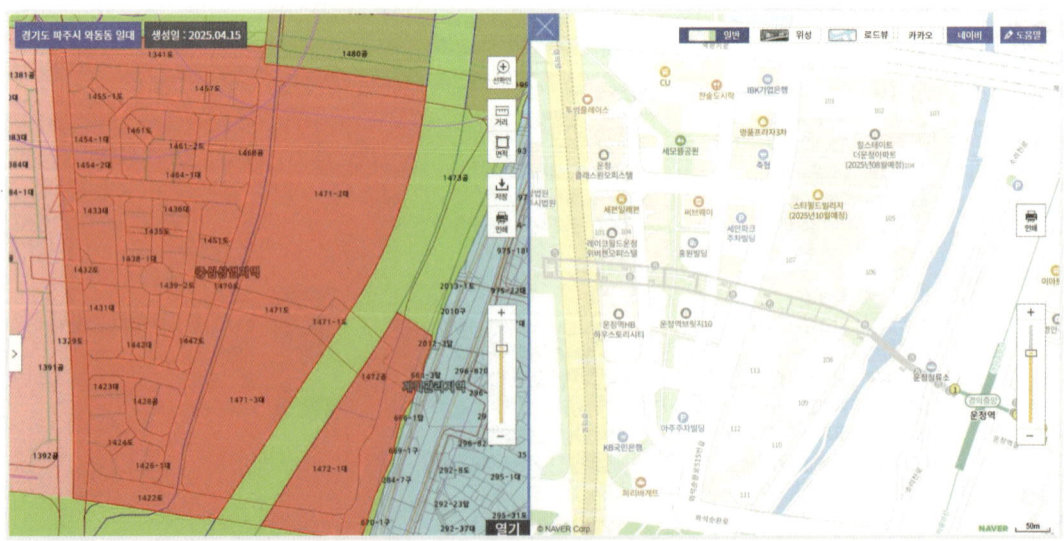

중심 및 일반 상업지역 + 자연녹지지역 (경기도 파주시 운정역 일대)

(출처: 토지이음, 토지이음 ㈜ 네이버 지도 이미지)

CHAPTER 4. 작업형 도면 기출 문제 & 출제 대비 문제   327

파주 운정 신도시 일반상업지역 상세도

일반상업지역 +3종일반주거지역 (경기도 파주시 목동동 일대)   (출처: 토지이음, 토지이음 內 네이버 지도 이미지)

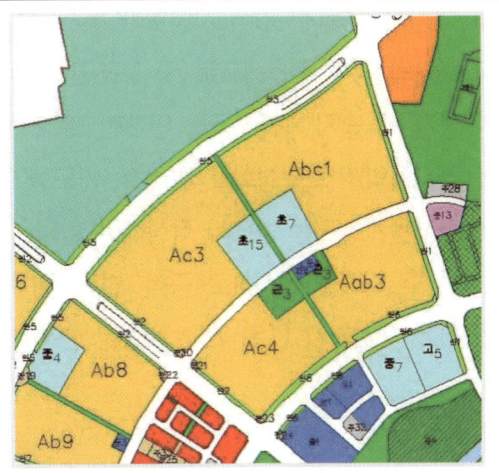

화성 동탄 신도시 주거(공동주택)지역 상세도

III-2. 등고선 신도시계획

| 자격종목 | 도시계획기사 | 과제명 | 신도시계획 |

※ 시험시간: [○ 표준시간:3시간 (연장시간 없음)]

1. 요구사항
※ 제시하는 계획 조건을 바탕으로 신도시를 계획하시오. 단, 마스터플랜의 축척은 1:10,000, 토지이용 구상도, 동선 구상도, 녹지 및 오픈스페이스 구상도, 시설배치 구상도를 작성한다.

[계획조건]
1. 다음에 제시하는 조건으로 각 용도지역의 면적을 구하고 용도지역별 면적 계산(산출) 과정은 반드시 기재하도록 한다.

   ※ 대상지 계획 인구는 52,000명이다.

용도지역	상주인구(인)	인구밀도	비고
주거지역	44,200	250인/ha	-
상업지역	5,200	120인/ha	-
공업지역	2,600	50인/ha	-
녹지지역	-	-	녹지지역 면적 50ha

2. 계획 대상지의 현황 및 지형 특징은 다음과 같다.
   1) 전체 대상지 크기는 3km(동서)×2.3km(남북)이다. (단, 계획 대상지 면적은 지정되지 않음)
   2) 주 풍향은 북서풍이다.
   3) 대상지 내 등고선 간격은 10m이다.
   4) 대상지 남측에 30m 지방도가 동서 방향으로 계획되어 있다.
3. 가로망의 경우 주간선도로 및 보조간선도로로 표현하고 집산도로 이하 생략한다.
4. 대상지 내 습지, 하천 등을 연계한 Blue-network 계획안을 제시하라.
5. 상업지역의 가로활성화를 위해서 '연도형'으로 계획하라.
6. 토지이용계획표는 반드시 작성해야 한다.
7. 채색 후 범례를 작성하고 축척, 범례, 방위표, 스케일을 포함한다.
8. 문제에 제시되지 않은 기타 사항은 관계 법령 및 규정을 준용한다.

자격종목	도시계획기사	과제명	신도시계획

2. 현황도 (N.S)

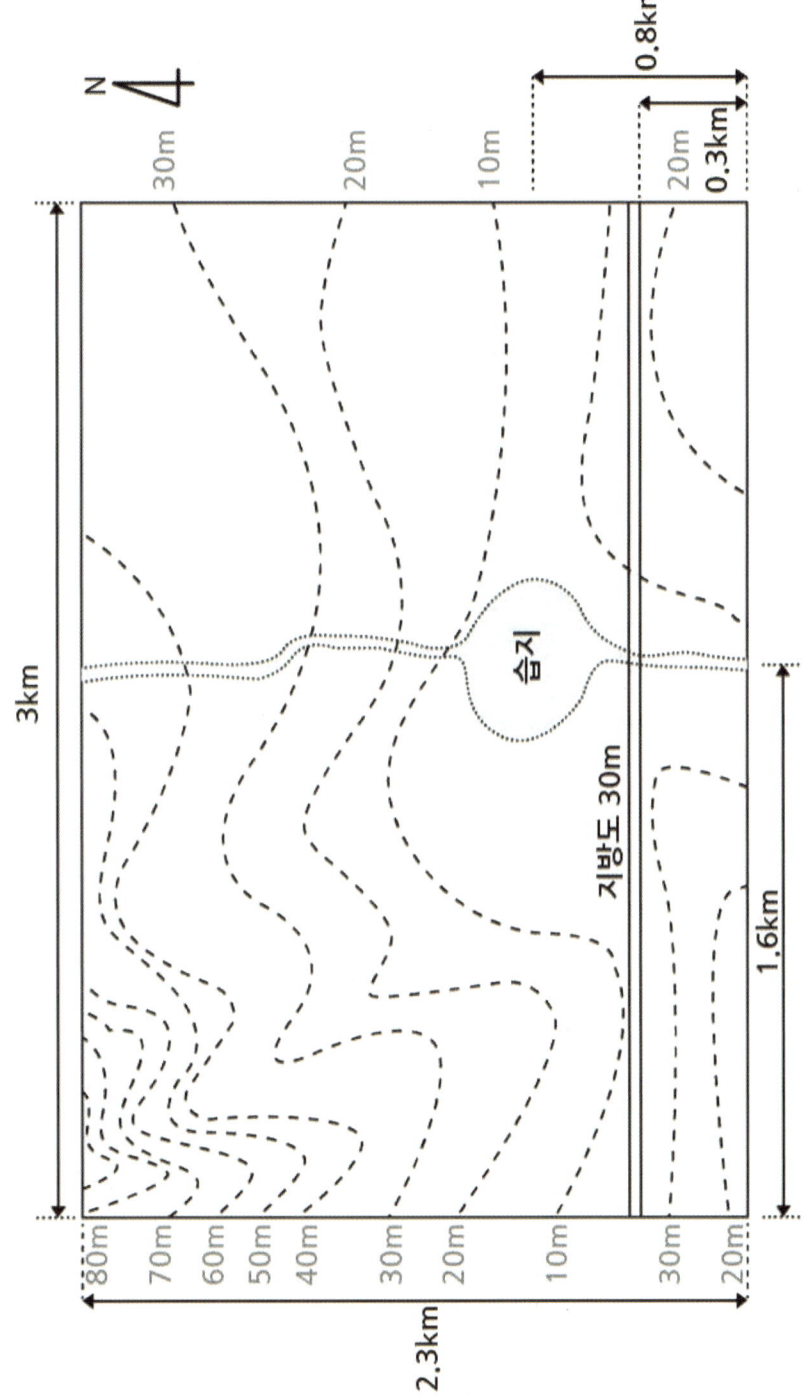

3. 문제 요구 사항 분석
1) 문제 풀이

1. 다음에 제시하는 조건으로 각 용도지역의 면적을 구하고 용도지역별 면적 계산(산출) 과정은 반드시 기재하도록 한다. ■ 대상지 계획 인구는 52,000명

용도지역	조건
주거지역	• 상주인구 44,200명 • 주거지역 인구밀도 250인/ha ▶ 44,200명÷250(인/ha)=176.8ha
상업지역	• 상주인구 5,200명 • 상업지역 인구밀도 120인/ha ▶ 5,200명÷120(인/ha)=43.3ha
공업지역	• 상주인구 2,600명 • 공업지역 인구밀도 50인/ha ▶ 2,600명÷50(인/ha)=52ha
녹지지역	• 녹지지역 면적 50ha

∴ 주거+상업+공업+녹지지역 총면적은 176.8ha+43.4ha+52ha+50ha=322.1ha

■ 신유형 대비 ■

구분		인구	인구밀도	비고
주거지역	저밀주거	5,000인	100인/ha	-
	고밀주거	34,500인	300인/ha	-
상업지역	-	1,800인	120인/ha	-
공업지역	-	1,500인	50인/ha	-
녹지지역	-	-	-	도시지역 면적의 30%

■ 전체 인구: 42,800인, 세대수: 17,120세대 (가구당 2.5인 가정시)

▶ 면적 계산 풀이

구분		인구	인구밀도		계산식 풀이
주거지역	저밀주거	5,000인	100인/ha		5,000인÷100(인/ha)=50ha
	고밀주거	34,500인	300인/ha		34,500인÷300(인/ha)=115ha
상업지역	-	1,800인	120인/ha	▶	1,800인÷120(인/ha)=15ha
공업지역	-	1,500인	50인/ha		1,500인÷50(인/ha)=30ha
녹지지역	-	-	-		210ha:X = 7:3 ▶ X=90ha 도시지역 면적이 전체 대상지 면적임. 녹지지역은 도시지역(전체) 면적의 30%

▶ 세대수 계산 풀이

구분		인구		세대수 풀이
주거지역	저밀주거	5,000인	▶	5,000인÷2.5인=2,000세대
	고밀주거	34,500인		34,500인÷2.5인=13,800세대

2. 계획 대상지의 현황 및 지형 특징은 다음과 같다.
   1) 전체 대상지 크기는 3km(동서)×2.3km(남북)이다. (단, 계획 대상지 면적은 지정되지 않음)
      ▶ 용도지역별 면적을 산출하여 수험생 본인이 계획 대상지를 설정한다.(면적 계산 풀이 참고)
   2) 주 풍향은 북서풍이다.
      ▶ 풍향을 고려하여 공업지역을 북서측이 아닌 최대한 남동측에 배치한다.
   3) 대상지 내 등고선 간격은 10m이다.
      ▶ 제시된 등고선을 따라서 도로망(경사도 고려)을 계획한다.
      남북측 방향 간선도로 개설 시 종단구배가 4%를 넘지 않도록 계획하며,
      등고선 30m 이상 지역을 개발 계획 대상지에서 제외한다.
   4) 대상지 남측에 30m 지방도가 동서 방향으로 계획되어 있다.
      ▶ 지방도로에서 계획 대상지 내로 진입 할 수 있는 간선도로를 계획하여야 한다.
      간선도로 30~25미터, 집산도로 20~15미터, 국지도로 10~8미터 정도로 계획한다.

3. 가로망의 경우 주간선도로 및 보조간선도로 표현하고 집산도로 이하 생략한다.
   ▶ 도면상 도로폭원 확장은 간선도로까지만 한다. 집산도로, 국지도로, 이면도로는 도로 폭원을 별도로 작성하지 않아 간단하게 표현한다.

4. 대상지 내 습지, 하천 등을 연계한 Blue-network 계획안을 제시하라.
   ▶ 기존 기출문제에서 대상지 중심에 있는 녹지가 최근 문제에서 습지로 변경되었으며, 습지 남북측으로 하천이 추가되어 출제되고 있다. 습지 및 하천과 연계된 수변공원, 문화 공간 조성, Water Front 설계 등 Blue-network 계획안을 제시한다.

5. 상업지역의 가로활성화를 위해서 '연도형'으로 계획하라.
   ▶ 연도형 상업지역은 도로(거리)를 따라 상업지역이 선형으로 길게 배치되는 방식을 말한다. 상업지역 내 Malling을 통해 체류시간을 늘려 지역을 활성화하고 지역 내 유동인구를 유입시키는 효과가 있다.

2) 계획 개요

- 전체 대상지 면적: 690ha
- 계획 대상지 면적: 300ha
- 계획 인구: 42,800인
- 전체 세대수: 17,120세대 (세대 당 2.5인 가정)
  ① 저밀주거: 2,000세대　② 고밀주거: 13,800세대
- 인구밀도: 142인/ha　　　　　　　　 ■ 호수밀도: 57호/ha
- 단독주택 필지 면적: 150~200㎡　　 ■ 공동주택 1호당 면적: 85~110㎡

3) 기본구상 (작도: 신재은)

- 북고남저형 지형을 고려하여 북측에 단독주택을, 남측으로 갈수록 층수를 높여 저층공동주택과 20F 공동주택을 배치하여 자연스러운 sky line을 형성.
- "자연과 더불어 살아숨쉬는 eco-city" 컨셉을 부각시키기 위해 대상지 중앙에 근린공원과 도시공원을 함께 배치하여 주민들에게 친환경적인 오픈스페이스를 제공하고 도시에 거주함에 생활을 즐길수 있도록 함.
- "주거와 문화가 어우러진 문화도시" 컨셉을 위해 RO 시설이 부족하고 있는 중앙에 복합커뮤니티 센터를 배치하여 교육, 운동, 문화등 다양한 프로그램과 주민들과 교류가 활발히 일어나도록 함.
- 대상지 내 녹지공간과 대상지 중심에 위치한 녹지공간이 연결되도록 보행자전용도로를 설치하고, 보행 친화적 환경을 조성함.
- 도시기반시설을 계획하여 대상지가 도시내 역할에 충실하도록 지원성을 높임.

4) 면적 계산식

주거지역	저밀주거	5,000인÷100(인/ha)=50ha
	고밀주거	34,500인÷300(인/ha)=115ha
상업지역		1,800인÷120(인/ha)=15ha
공업지역		1,500인÷50(인/ha)=30ha
녹지지역		210ha:X = 7:3 ▶ X=90ha
총면적		50ha+115ha+15ha+30ha+90ha=300ha

5) 토지이용계획표 (예시)

구분		면적(ha)	구성비(%)	비고
총계		300	100	-
주택용지	소계	115.5	38.5	-
	저밀주거(단독)	35	11.7	-
	고밀주거(공동)	80.5	26.8	-
상업용지		10.5	3.5	중심, 일반
공업용지		21	7	일반
공공시설용지	소계	153	51	-
	공공청사	2.4	0.8	소방서, 경찰서, 우체국, 주민센터 등
	학교	9.6	3.2	유치원, 초, 중, 고
	도시지원시설용지	6.9	2.3	첨단AI산업, 벤처, IT
	공원 및 녹지	75.6	25.2	하천 포함, 근린, 수변 공원 완충, 경관, 연결 녹지 등
	기타 공공시설	12.3	4.1	
	도로	46.2	15.4	보행자 도로 포함

4. 도면 작품
■ 전체 도면 (작도: 조수림)

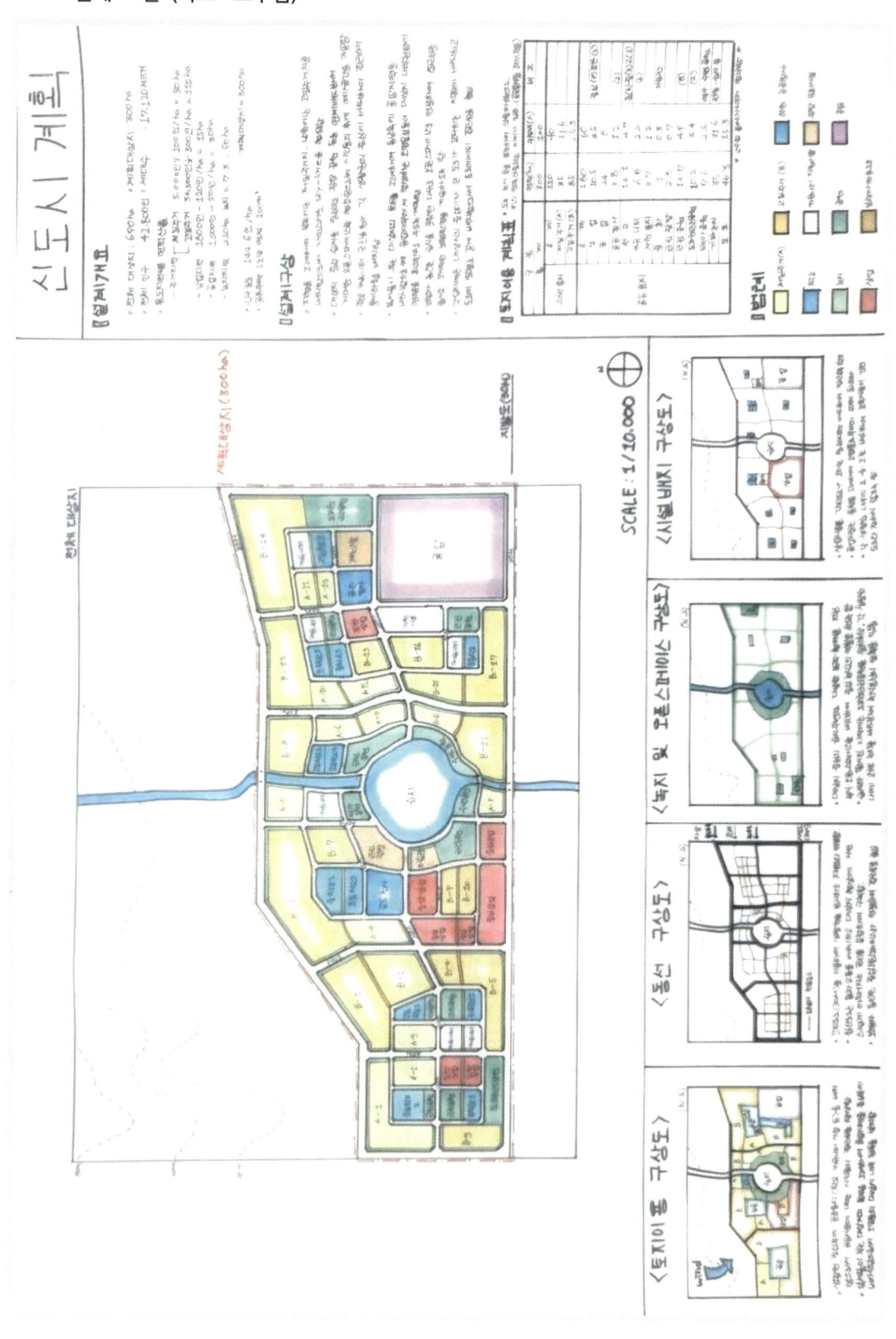

■ 전체 도면 (작도: 최은지)

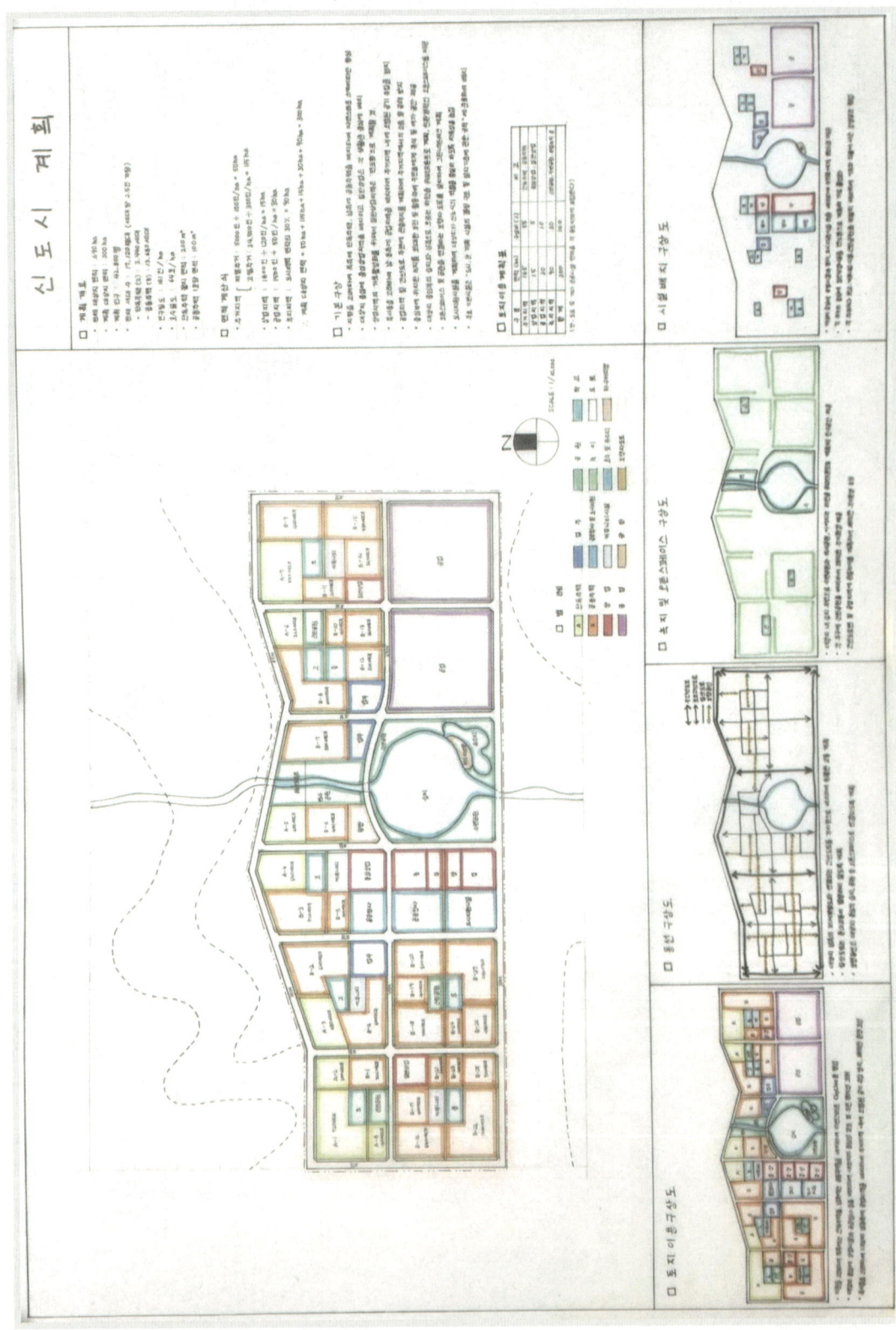

CHAPTER 4. 작업형 도면 기출 문제 & 출제 대비 문제

■ 전체 도면 (작도: 최은비)

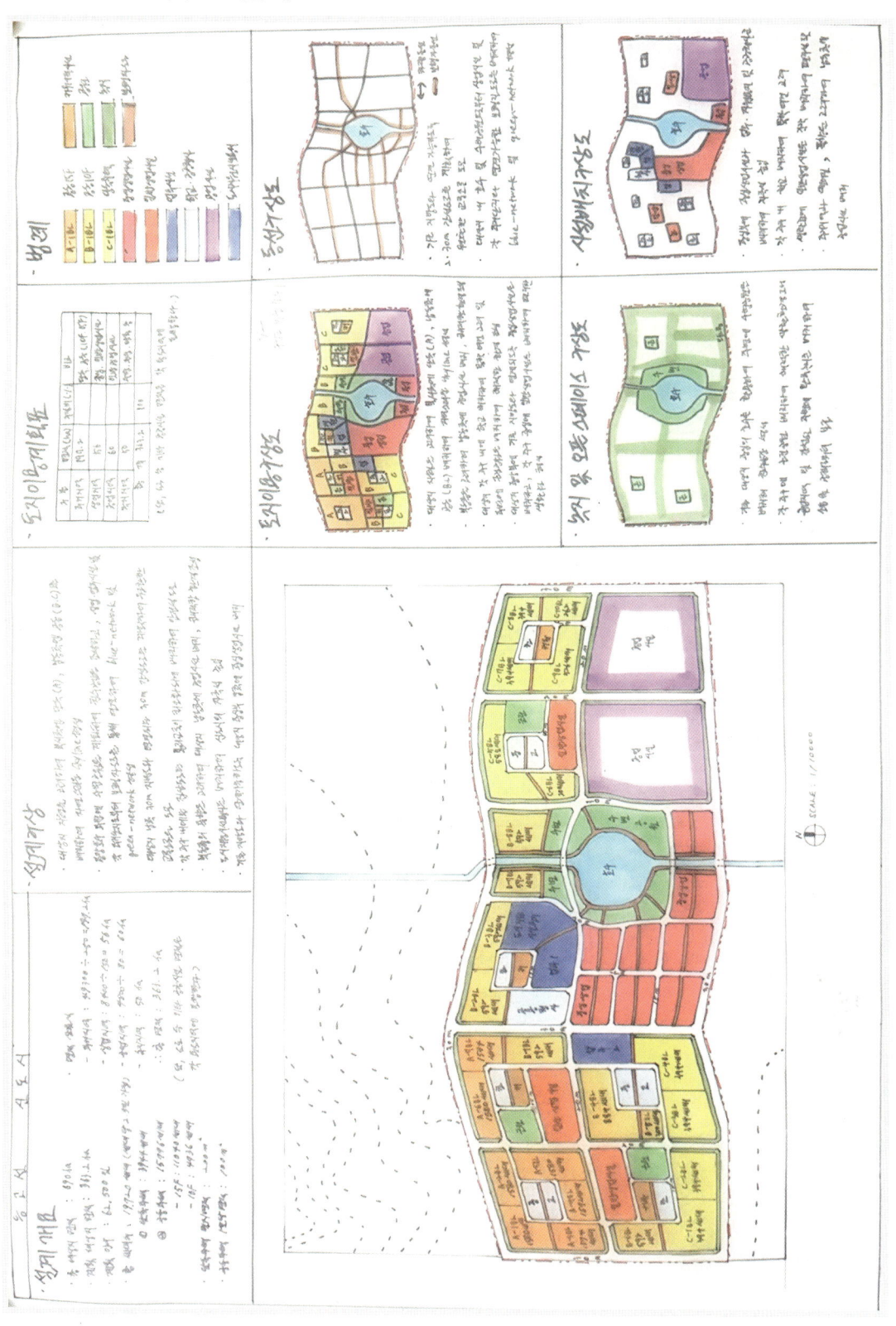

■ 전체 도면 (작도: 김현지)

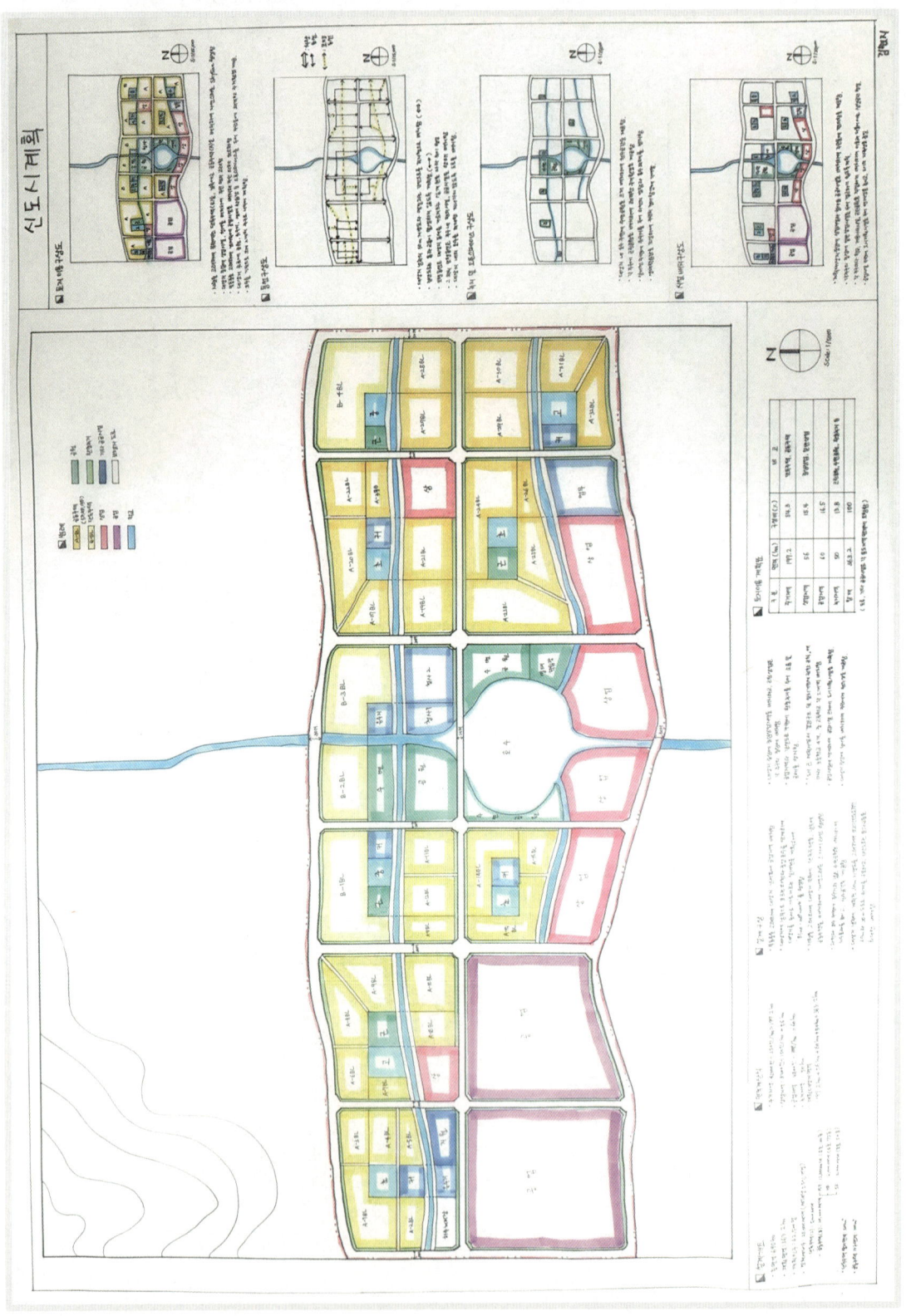

■ Master Plan (작도: 조수림)

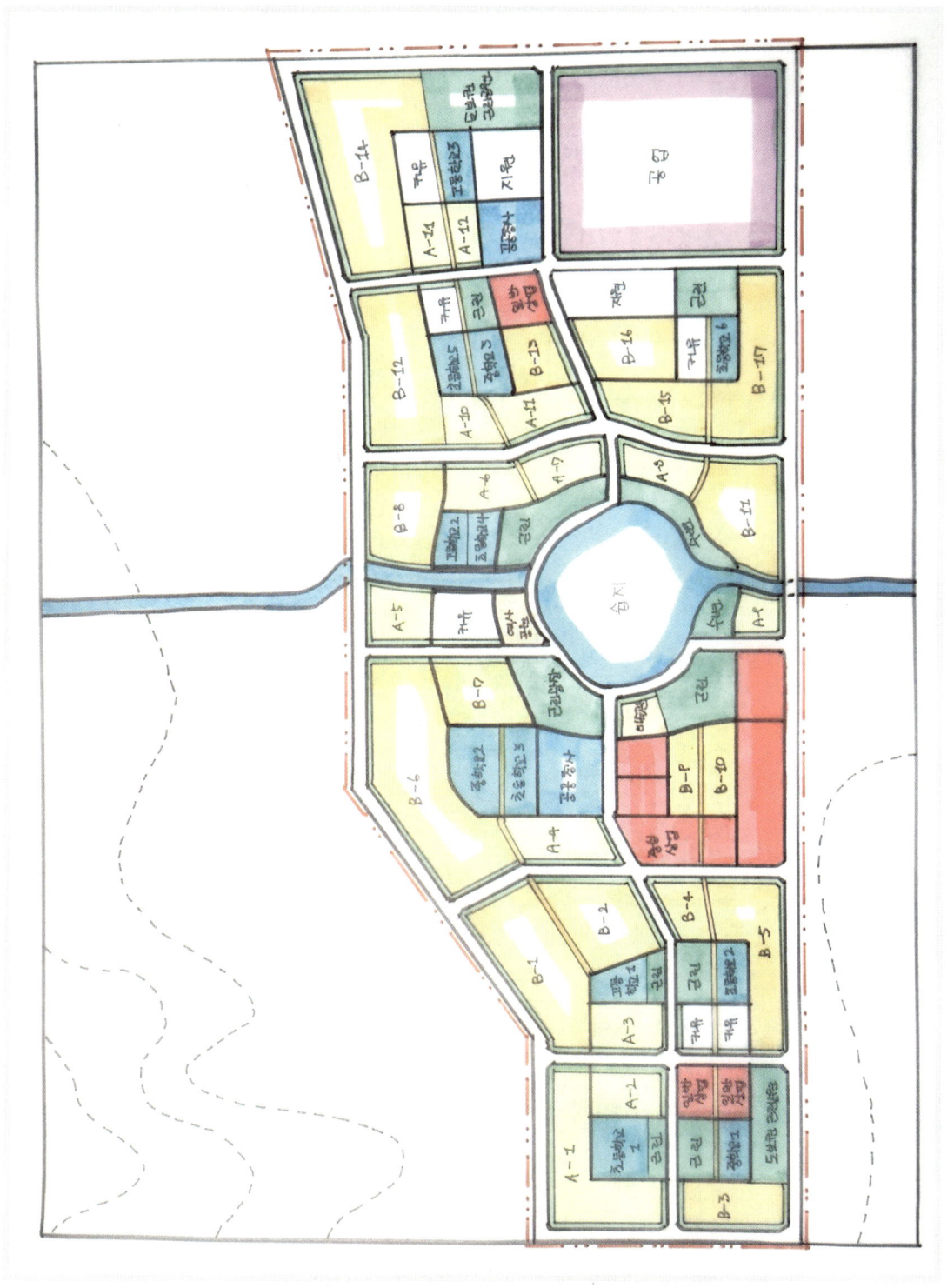

■ Master Plan (작도: 최은비)

■ Master Plan (작도: 김단비)

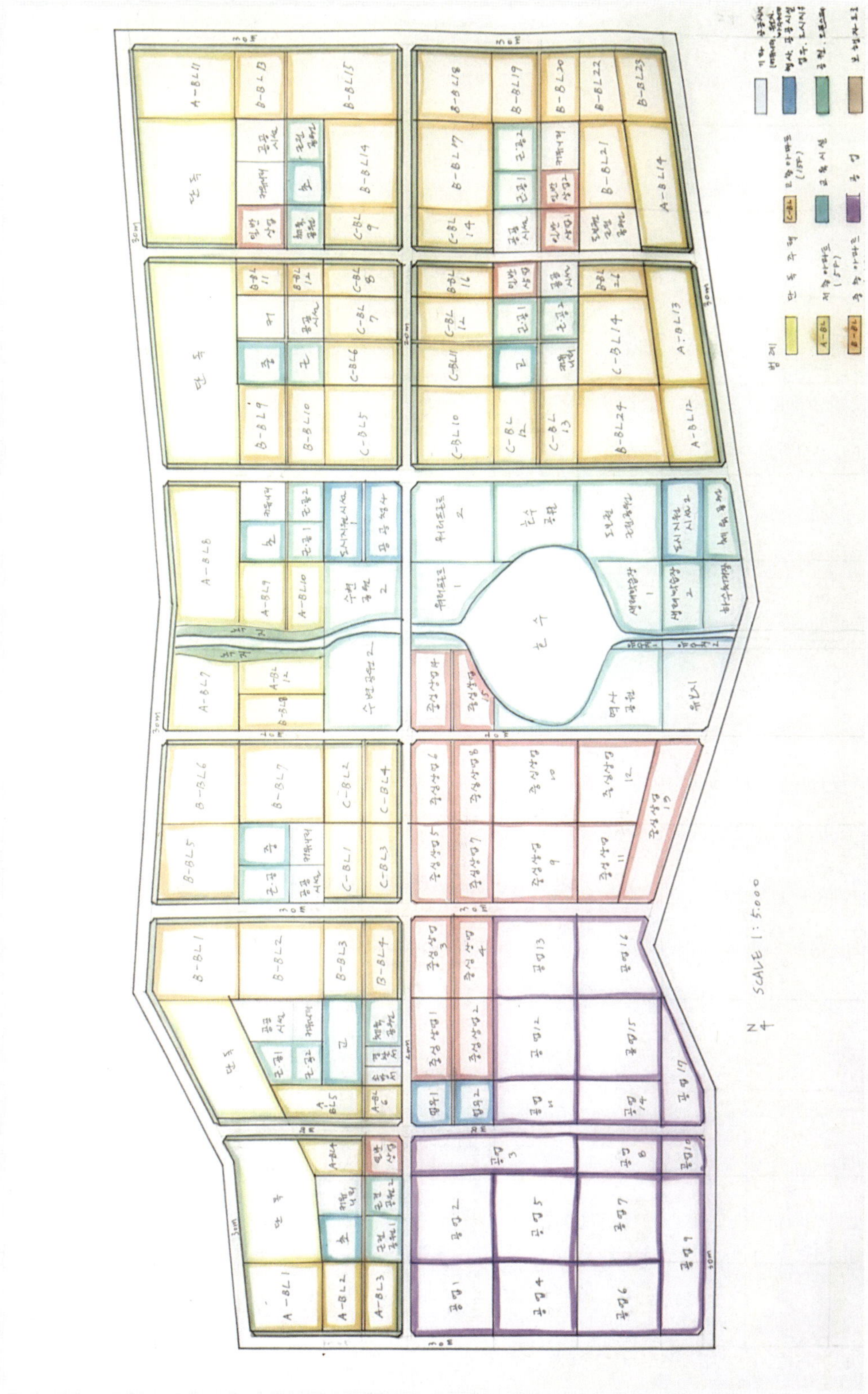

■ Master Plan (작도: 최은지)

■ Master Plan (작도: 김효정)

■ 전체 도면 (문제 조건 변경 전 작도) (작도: 김민수)

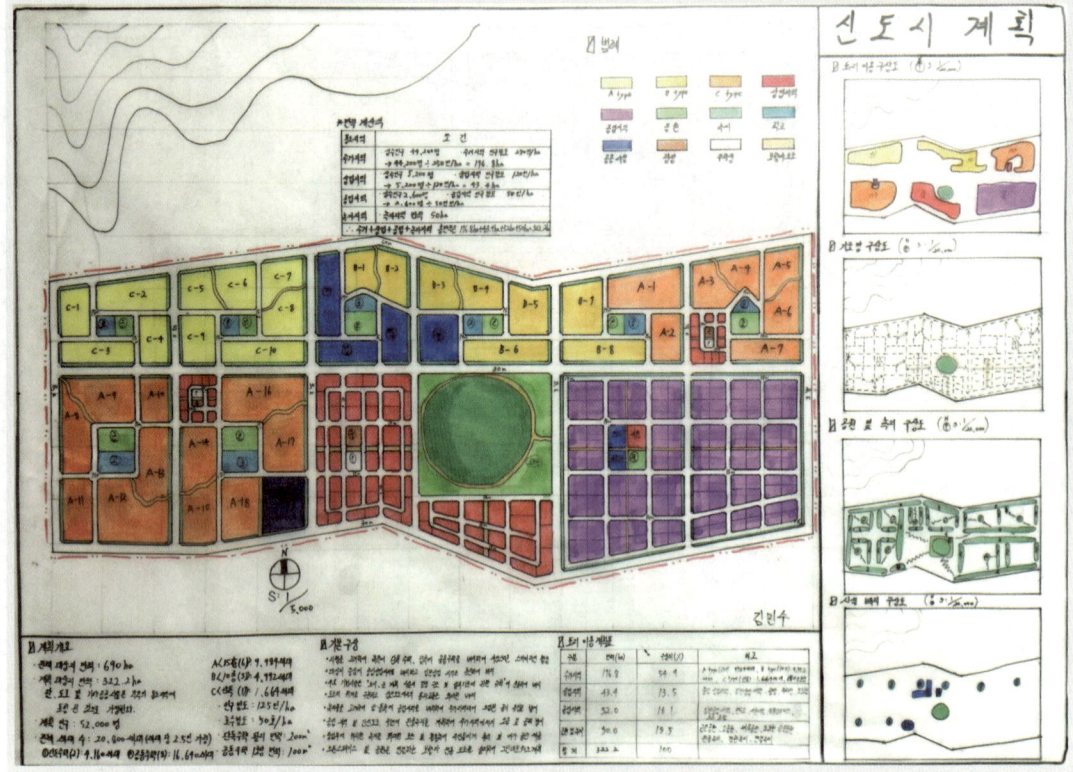

■ 전체 도면 (문제 조건 변경 전 작도) (작도: 송민기)

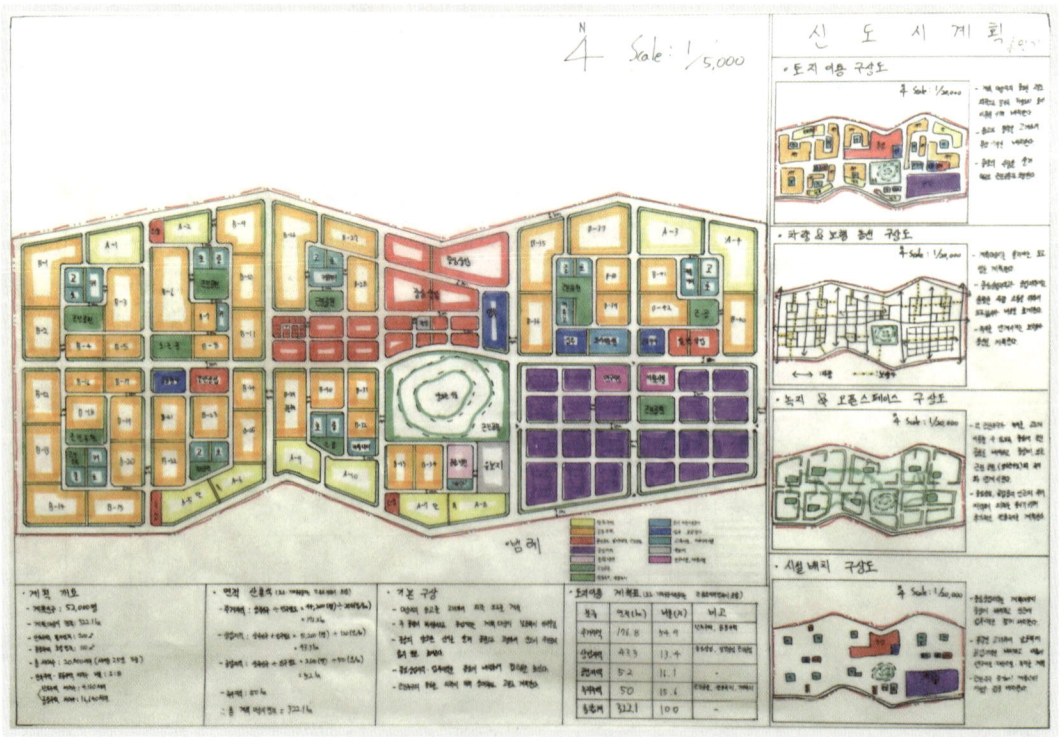

CHAPTER 4. 작업형 도면 기출 문제 & 출제 대비 문제   343

■ Master Plan (문제 조건 변경 전 작도) (작도: 양병현)

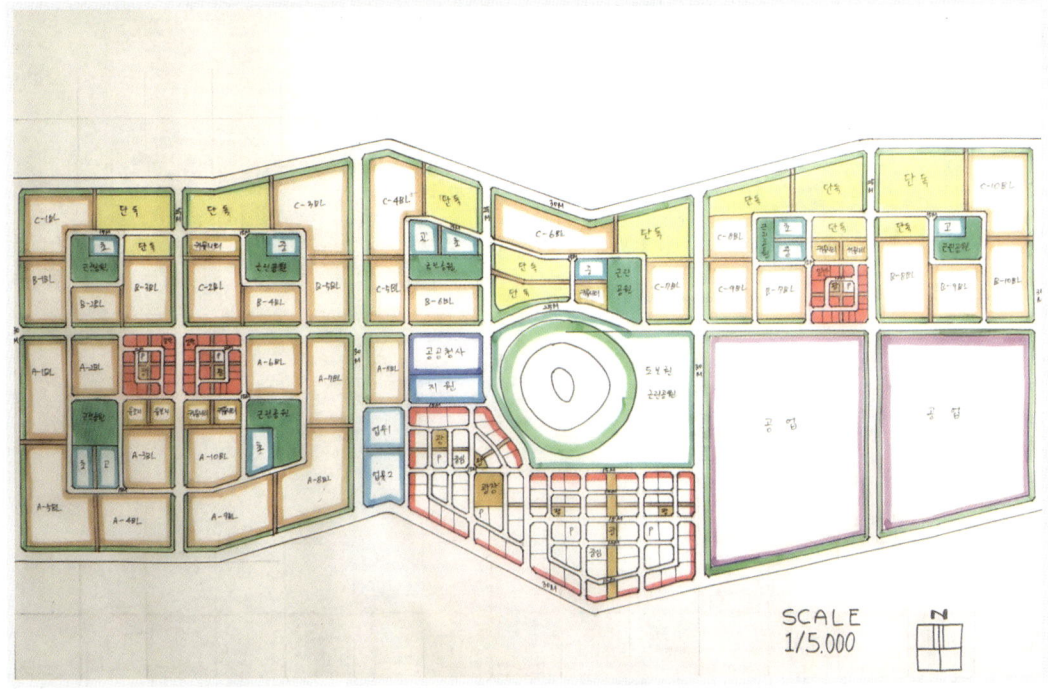

■ Master Plan (문제 조건 변경 전 작도) (작도: 한중섭)

5. 구상도 표현 기법 (작도: 조수림, 김현지, 최은비)

■ 토지이용 구상도

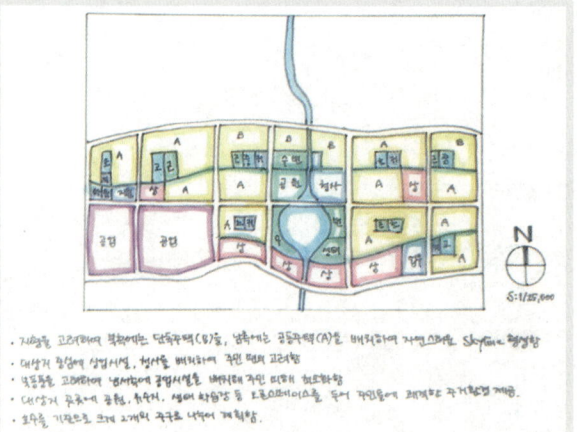

■ 동선 구상도

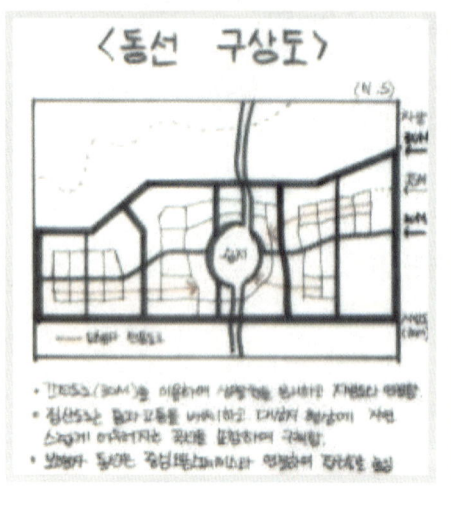
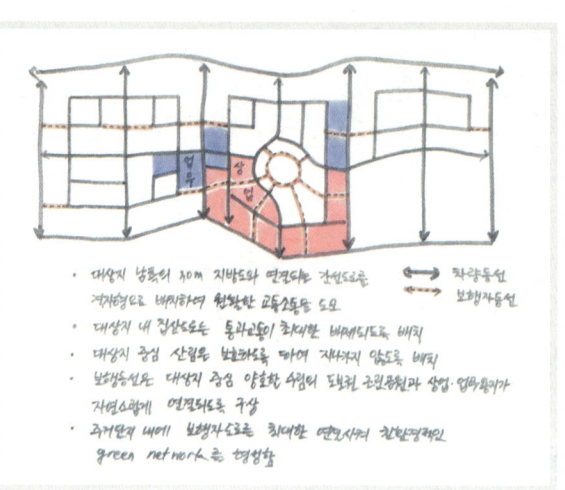

■ 녹지 및 오픈스페이스 구상도

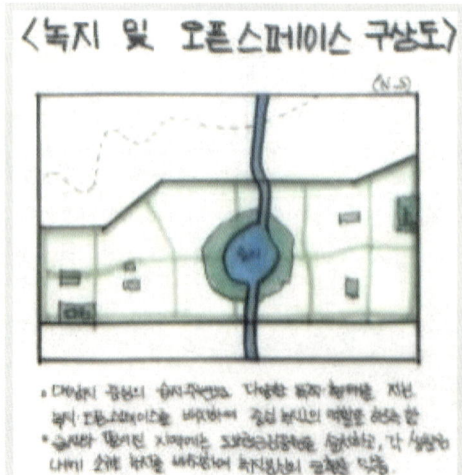
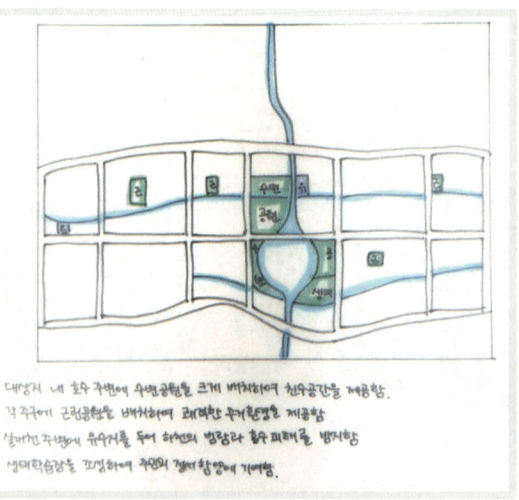

■ 시설배치 구상도

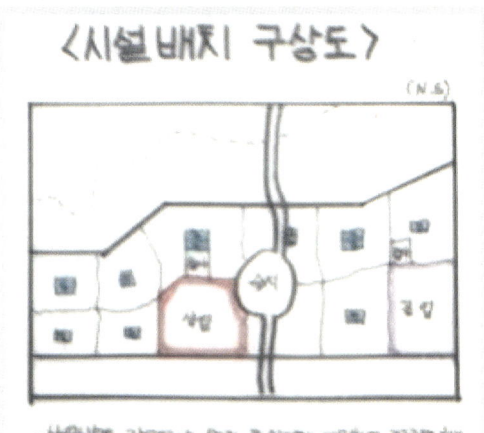
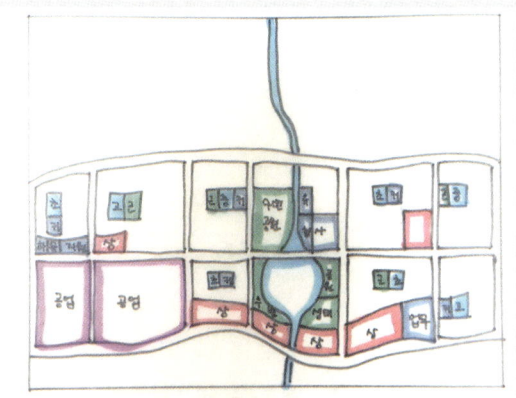

6. 주요 point 상세 도면

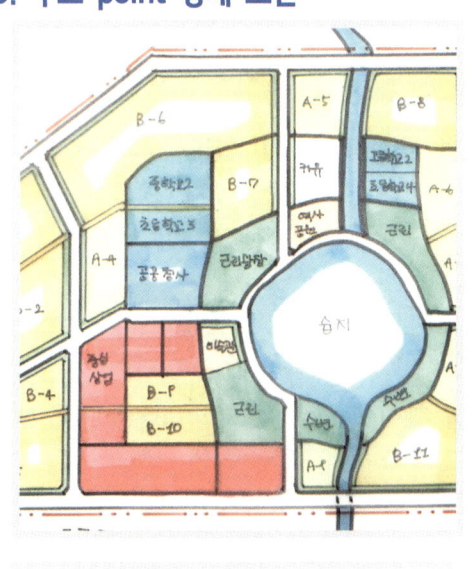
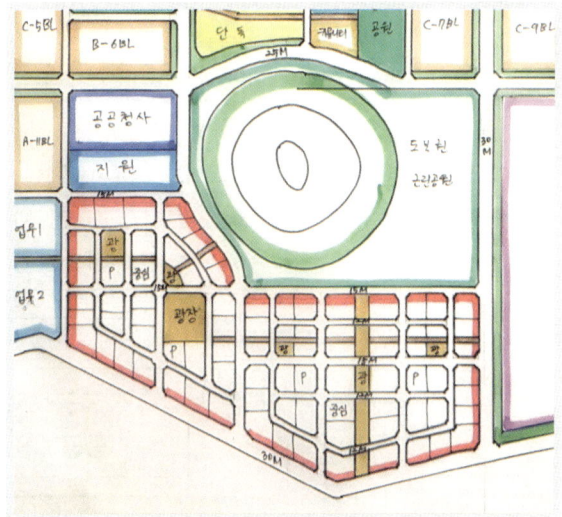
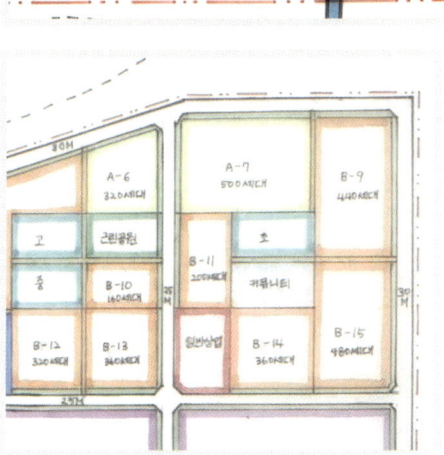
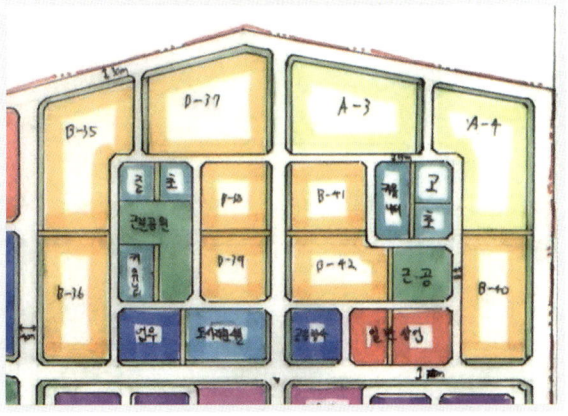

IV-1. 역세권 지구단위계획

| 자격종목 | 도시계획기사 | 과제명 | 역세권 지구단위계획 |

※ 시험시간: [○ 표준시간:3시간 (연장시간 없음)]

1. 요구사항
※ 아래에 제시하는 현황도와 계획 조건을 바탕으로 지구단위계획을 하시오.

[계획조건]
1. 대상지 건물 용도는 근린상업지역에 적합하도록 계획한다.
2. 아래에 제시하는 조건으로 건축물을 계획한다.
   1) 면적과 층수가 상이한 3개 타입을 9~10개동 배치한다.
   2) 각각의 건축면적은 최소 300㎡ 이상으로 한다.
   3) 건폐율은 50~60%, 용적률은 법규상 상한선 900%의 90% 이하로 한다.
   4) 건물 간 거리(인동간격)은 5미터 이상, 건축선은 외부 도로에서 5미터 이상 이격, 내부 도로에서 접한 부분은 3미터 이상 이격한다.
   5) 최소 층수는 5층 이상, 층고는 4미터로 계획한다.
   6) 모든 층의 면적은 건축 면적과 동일하다.
   7) 건물 인동간격, 대지경계선과의 거리, 동선 폭원, 건물 치수(층수 포함) 등을 간략히 기재한다.
3. 광장 1개 이상(단, 시설물의 크기는 300㎡ 이상) 배치한다.
4. 주차는 모두 지하로 한다. 차량출입허용구간을 아래와 같이 표현한다.

차량출입허용구간

5. 지하철과 근린공원을 연결하는 보행축을 공공보행통로로 계획하고 아래와 같이 표현한다.

공공보행통로

▨▨▨▨

6. 각 획지별로 건축물의 용적률·건폐율·높이(m) 계획을 아래와 같이 표현한다.

작성예시

획지명	
용적률	최고높이
건폐율	최저높이

▶

A-1	
700% 이하	55미터 이하
55% 이하	20미터 이상

7. 공개공지는 지하철역 인근 교차부에 입지하도록 계획한다.
8. 대상지 내부 도로는 최소 10미터의 도로 폭을 확보한다.
9. 문제 현황도에 제시된 지하철역 A 부분에서, 대상지 B 부분까지 단면 상세도를 작성하라.
10. 다음에 제시하는 표(건축물 현황도)를 작성한다.

| 자격종목 | 도시계획기사 | 과제명 | 역세권 지구단위계획 |

2. 건축물 현황도

건물명	층수	대지면적(㎡)	건축면적(㎡)	연면적(㎡)	건폐율(%)	용적률(%)	주용도	지하1층용도
합계								

3. 현황도 (N.S)

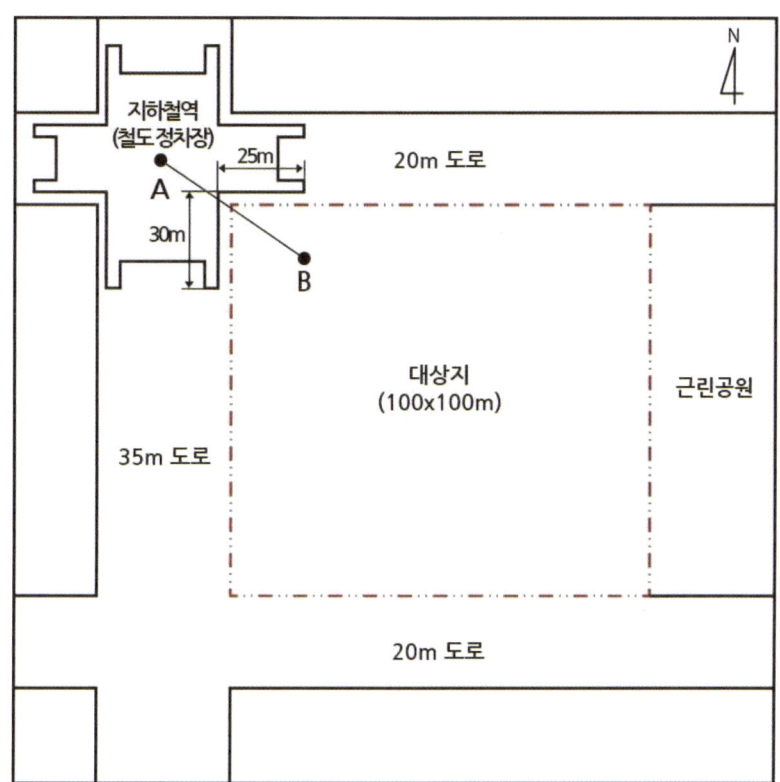

4. 문제 요구 사항 분석

1. 대상지 건물 용도는 근린상업지역에 적합하도록 계획한다.
   ▶ 근린상업지역(近隣商業地域) 108)
   ① 용도지역 중 상업지역(중심상업지역, 일반상업지역, 근린상업지역, 유통상업지역)의 하나
   ② 근린상업지역의 건폐율은 70%이하, 용적률은 200%이상, 900%이하
   ③ 건축 가능 용도는 다음과 같다.
     1) 공동주택과 주거용 외의 용도가 복합된 건축물
        (단, 공동주택 부분의 면적이 연면적 합계의 90% 미만인 것)
     2) 제1종 근린생활시설, 제2종 근린생활시설, 종교시설, 판매시설
        (단, 그 용도에 쓰이는 바닥 면적의 합계가 3,000㎡ 미만인 것)
     3) 교육시설, 노유자시설, 수련시설, 운동시설, 숙박시설 등

2. 아래에 제시하는 조건으로 건축물을 계획한다.
   1) 면적과 층수가 상이한 3개 타입을 9~10개동 배치한다.
     ▶ A타입 3동, B타입 2동, C타입 4동. 총 3개 타입(A,B,C), 9개동 배치를 계획한다.
   2) 각각의 건축면적은 최소 300㎡ 이상으로 한다.
     ▶ 건축물의 바닥 면적(건축면적)이 최소 300㎡ 이상이며 각 타입마다 상이하게 계획한다.

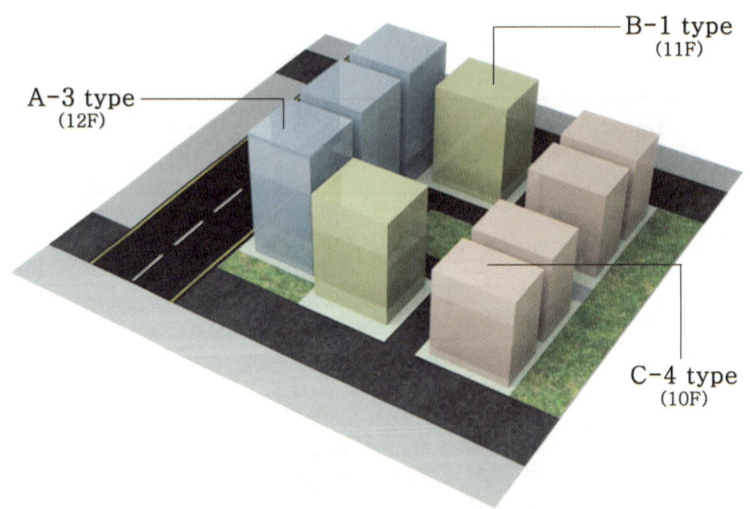

   3) 건폐율은 50~60%, 용적률은 법규상 상한선 900%의 90% 이하로 한다.
     ▶ 용적률은 900%의 90%인 810% 이하로 계획한다.
     ▶ 「용적률=건폐율×층수」을 활용하여 다양한 건축물 층수를 계획할 수 있다.
        예시Ⅰ) 건폐율(50%) ▶ 층수 (16.2층)= 용적률(810%)÷건폐율(50%)
        예시Ⅱ) 건폐율(60%) ▶ 층수 (13.5층)= 용적률(810%)÷건폐율(60%)
        예시Ⅲ) 건폐율(60%) ▶ 층수 (12.5층)= 용적률(750%)÷건폐율(60%)

---

108) 부동산용어사전, 2011.5.24, 부동산 전문출판 부연사, 일부 편집

4) 건물 간 거리(인동간격)은 5미터 이상, 건축선은 외부 도로에서 5미터 이상 이격,
   내부 도로에서 접한 부분은 3미터 이상 이격한다.
   ▶ 대상지 외부 도로(35m, 20m)에서 건축물 사이의 거리는 5미터 이상,
     대상지 내부 도로에서 건축물 간의 거리는 3미터 이상 이격 한다.
5) 최소 층수는 5층 이상, 층고는 4미터로 계획한다.
   ▶ 층수(F)×층고(4m)=건축물의 높이(H)
     ① 12층×4m=48m(H), ② 11층×4m=44m(H), ③ 10층×4m=40m(H)
   ▶ 최저 건축물의 높이: 5층×4m=20m
6) 모든 층의 면적은 건축 면적과 동일하다. ➡ 층수가 올라가면서 건축면적은 변하지 않는다.
7) 건물 인동간격, 대지경계선과의 거리, 동선 폭원, 건물 치수(층수 포함) 등을 간략히 기재한다.

3. 광장 1개 이상 (단, 시설물의 크기는 300㎡ 이상) 배치한다.
   ▶ 대상지 내 **최소 1개 이상의 광장을 표현**한다. 획지 구상 후 남는 자리에 추가적인
     오픈스페이스(광장, 공원 등) 계획이 가능하다.

4. 주차는 모두 지하로 한다. 차량출입허용구간을 아래와 같이 표현한다.
   ▶ 대상지 내 이면도로가 있을 경우 **간선도로에서의 차량 출입을 최대한 허용하지 않는다.**
     필요시, **차량출입불허구간**을 도면상에 아래와 같이 표현할 수 있다.

                    차량출입불허구간
                ┌──────────────────┐
                │ ├──────×──────┤ │
                └──────────────────┘

5. 지하철과 근린공원을 연결하는 보행축을 공공보행통로로 계획하고 아래와 같이 표현한다.

                    공공보행통로
                ┌──────────────────┐
                │   ▨▨▨▨   │
                └──────────────────┘

■ **공공보행통로**: 지구단위계획에서 대지의 규모가 커서 보행자가 우회하게 되는 불편이 없도록 적정
  대지규모로 계획하되, 불가피한 경우 대지안에 지정하는 통로
  ▶ 대지안에 공공보행통로를 계획하는 경우 보행통로 주변에 거주하는 주민들에게 소음,
    사생활 침해 등이 발생하지 않도록 지정위치를 검토하고, 공공보행통로 주변에 수목식재 등을
    검토하여야 한다.

6. 각 획지별로 건축물의 용적률·건폐율·높이(m) 계획을 아래와 같이 표현한다.

작성예시

- 문제에서 제시한 용적률 조건인 **810% 이하**가 되게 층수를 설정한다.
  층수는 임의로 정할 수 있지만 높은 층수로 계획했을 경우 용적률이
  810%를 넘어간다면 해당 층수는 불가하다. **(공식) 건폐율×층수=용적률**
  예1) 건폐율(55%)×층수(15층)=용적률(825%) ▶ 15층 불가
  예2) 건폐율(55%)×층수(14층)=용적률(770%) ▶ 14층 가능
- 문제 조건에서 최소 층수가 5층 이상으로 제시되므로
  최저 높이는 20미터 이상으로 모든 획지에 동일하게 적용된다.

7. 공개공지는 지하철역 인근 교차부에 입지하도록 계획한다.
   ▶ 공개공지: 대지면적에서 일반이 사용할 수 있도록 설치하는 공개공지 또는 공개공간을 말한다. 도시환경을 쾌적하게 조성하기 위하여 일정 용도와 규모의 건축물은 일반이 사용할 수 있도록 소규모 휴게시설 등의 공개공지 또는 공개공간을 설치하여야 한다. [109]

8. 대상지 내부 도로는 최소 10미터의 도로 폭을 확보한다.

9. 문제 현황도에 제시된 지하철역 A 부분에서, 대상지 B 부분까지 단면 상세도를 작성하라.
   ▶ 지하철역에서 대상지로 연결되는 A-B 구간의 단면을 스케치로 표현하여 제시한다.

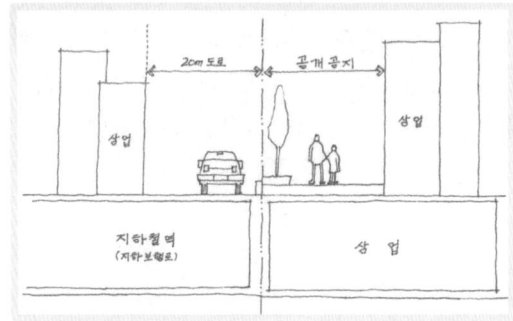

10. 다음에 제시하는 표(건축물 현황도)를 작성한다. ▶ 건축물 현황도 예시

건물명	층수	대지면적(㎡)	건축면적(㎡)	연면적(㎡)	건폐율(%)	용적률(%)	주용도	지하1층용도
A-1	12층	800㎡	475.2㎡	5,702.4㎡	59.4%	712.8%	병원	주차장
A-2	12층	800㎡	475.2㎡	5,702.4㎡	59.4%	712.8%	휴게음식점	노래연습장
A-3	12층	800㎡	475.2㎡	5,702.4㎡	59.4%	712.8%	금융업소	주차장
B-1	11층	900㎡	525㎡	5,775㎡	58.3%	641.3%	미용원	세탁소
B-2	11층	900㎡	525㎡	5,775㎡	58.3%	641.3%	교육시설	주차장
C-1	10층	675㎡	375㎡	3,750㎡	55.5%	555%	공동주택	주차장
C-2	10층	675㎡	375㎡	3,750㎡	55.5%	555%	공동주택	주차장
C-3	10층	675㎡	375㎡	3,750㎡	55.5%	555%	공동주택	주차장
C-4	10층	675㎡	375㎡	3,750㎡	55.5%	555%	공동주택	주차장
합계		6,900㎡	3,975.6㎡	43,657.2㎡	-	-	-	-

[참고] 기존 역세권 지구단위계획 기출문제 (문제 조건 변경 전)
1. 최고 층수는 15층, 층고는 3.5미터
2. 광장, 포켓파크(Pocket Park) 중 2개 이상 배치한다.
3. 사선제한은 도로에 의해서만 하고, 사선제한 계산과정 제시한다.
4. 마스터플랜의 축척은 1/500으로 작성 하며, 도면 좌측 하단에 작성한다.
5. 축구상도, 동선 구상도, 녹지 및 오픈스페이스 구상도를 1/1,200 축척으로 도면 우측상단에 작성한다.
6. 광장, 포켓파크, 보행자몰 중 한 개를 선택하여 평면 상세도를 1/200 축척으로 우측 하단에 작성한다.

---

[109] 출처: 토지이음

5. 계획 개요 예시

- 용도지역: 근린상업지역
- 전체 대상지 면적: 10,000㎡=1ha
- 건폐율: 50~60%
- 용적률: 법규상 상한선 900%의 90%이하
- 건축 층수: A type-12층, B type-11층, C type-10층
- 대지 면적: A type-800㎡, B type-900㎡, C type-675㎡
- 건축 면적: A type-475.2㎡, B type-525㎡, C type-375㎡
- 건축물 인동간격: 5m
- 층고: 4m

6. 근린상업지역안에서 건축할 수 없는 건축물 (편집 요약)

- 국계법 시행령 별표 내용을 기억하기 편하게 <u>임의로 편집한 내용</u>이니 <u>반드시 참고 자료로만 활용할 것</u>
- 구체적인 내용은 국토의 계획 및 이용에 관한 법률 시행령 [별표 10] 검색 후 확인
- 각 시설 기준은 "건축법 시행령 별표 1" 기준

1. 건축할 수 없는 건축물
   가. 의료시설 중 격리병원
   나. 숙박시설 중 일반숙박시설 및 생활숙박시설 (다만, 일부 일반숙박시설 또는 생활숙박시설은 제외)
   다. 위락시설 (단, 제외 요건 있음. 이하 생략)
   라. 공장
   마. 위험물 저장 및 처리 시설 중 시내버스차고지 외의 지역에 설치하는 액화석유가스 충전소 및 고압가스 충전소·저장소 (이하 생략)
   바. 자동차 관련 시설
   사. 동물과 관련된 규정 시설
   아. 자원순환 관련 시설
   자. 묘지 관련 시설

2. 지역 여건 등을 고려하여 도시·군계획조례로 정하는 바에 따라 건축할 수 없는 건축물
   가. 공동주택
      [공동주택과 주거용 외의 용도가 복합된 건축물(다수의 건축물이 일체적으로 연결된 하나의 건축물을 포함한다)로서 공동주택 부분의 면적이 연면적의 합계의 90퍼센트 미만인 것은 제외한다]
   나. 문화 및 집회시설 (공연장 및 전시장은 제외한다)
   다. 판매시설 (해당 용도에 쓰이는 바닥면적의 합계가 3천제곱미터 이상인 것)
   라. 운수시설 (해당 용도에 쓰이는 바닥면적의 합계가 3천제곱미터 이상인 것)
   마. 위락시설 (제1호 다목에 해당하는 것은 제외한다)
   바. 공장 (제1호 라목에 해당하는 것은 제외한다)
   사. 창고시설
   아. 위험물 저장 및 처리 시설 (제1호 마목에 해당하는 것은 제외한다)
   자. 자동차 관련 시설 중 같은 호 아목에 해당하는 것
   차. 동물 및 식물 관련 시설 (제1호 사목에 해당하는 것은 제외한다)
   카. 교정시설
   타. 국방·군사시설
   파. 발전시설
   하. 관광 휴게시설

(참고) 획지 및 건축물 등에 관한 지구단위계획 표시 기호

기호명	표시	기호명	표시
지구단위계획구역	— ‥ —	획지경계선 (지적경계선보다 약간 굵은실선)	———
대지분할가능선	……	건축지정선	⊔ ⊔ ⊔
건축한계선	———	벽면지정선	········
벽면한계선	· · · ·	공공보행통로	▨▨▨▨
건축물의 용도	허용용도 / 권장용도	건축물의 용적률, 건폐율, 높이	용적률 / 최고높이 / 건폐율 / 최저높이
합벽건축	○ → ← ○	공동개발	○ — — ○
차량출입허용구간	├———┤ ▲	차량출입불허구간	├———┤ ×
보행주출입구	△	공동주택단지의 분산상가	●
공동주택단지의 단지 내 도로	◀———▶	공동주택단지의 주택유형/평형	유형 / 평형
특별계획구역 (굵은 실선)		* 상기 범례외의 필요한 범례는 별도로 작성하여 사용할 수 있다.	

〔 도면 작성 연습 〕

■ 대지 면적 구하기

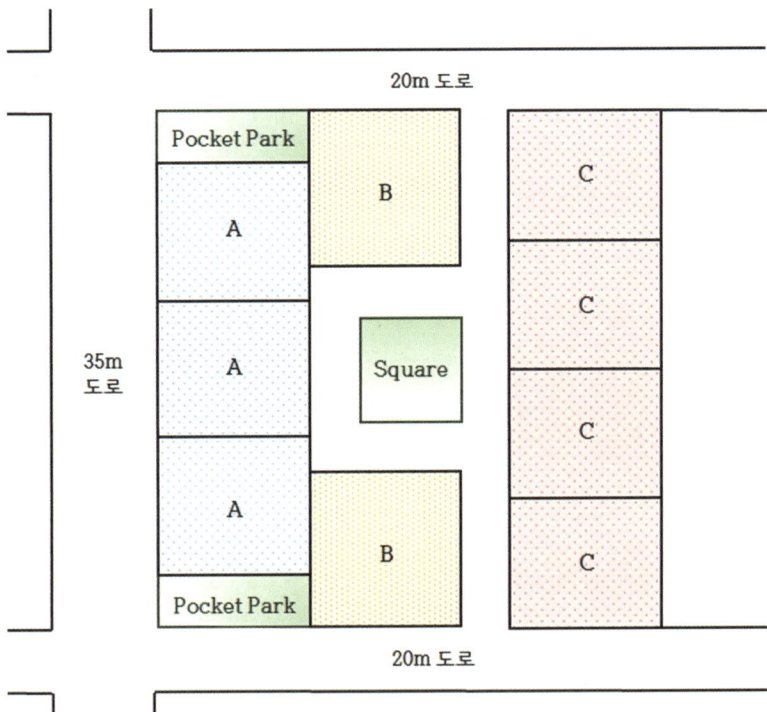

■ 건축 면적 구하기

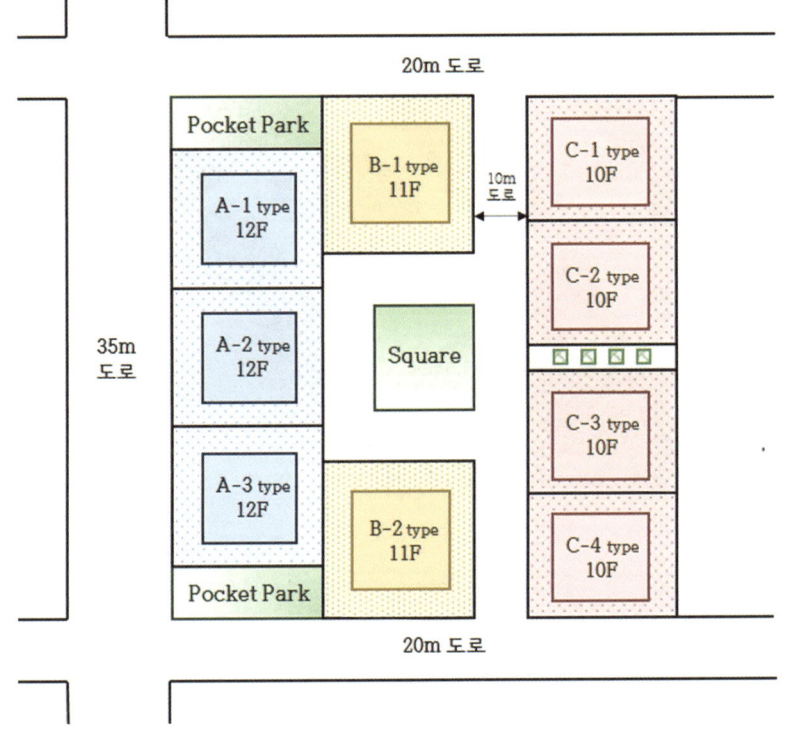

7. 실제 계획 사례

1) 용인서천지구 상업용지 지구단위계획 주요 내용

구분	계획 내용
용도지역	근린상업지역
건폐율	60% 이하
용적률	400% 이하
높이	8층 이하
지정용도	용인시 도시계획조례 별표 9에 해당하는 내용 중 제1,2종 근린생활시설, 문화 및 집회시설, 판매 및 영업시설, 의료시설(격리병원 제외), 교육연구 및 복지시설, 운동시설, 업무시설, 숙박시설(공원, 녹지 또는 지형지물에 의하여 주거지역과 차단되지 아니하는 일반 숙박시설의 경우는 주거지역으로부터 35미터 이상 떨어져 있는 대지에 건축하는 것에 한한다), 창고시설, 자동차 관련시설 중 주차장, 세차장, 공공용시설 중 방송국, 전신전화국, 촬영소 기타 이와 유사한 것, 통신용 시설
권장용도	제 1,2종 근린생활시설, 판매 및 영업시설(소매시장, 상점)
불허용도	• 안마시술소, 옥외설치 골프 연습장, 오피스텔, 주상복합건축물, 학교보건법에서 규정한 학교환경위생정화구역 내에서의 금지시설 • 지정용도 이외의 용도

☐ 지구단위계획도

용인 서천 지구 근린상업

2) 근린상업지역 계획 사례 110)

경기도 수원시 영통구 영통동 일대

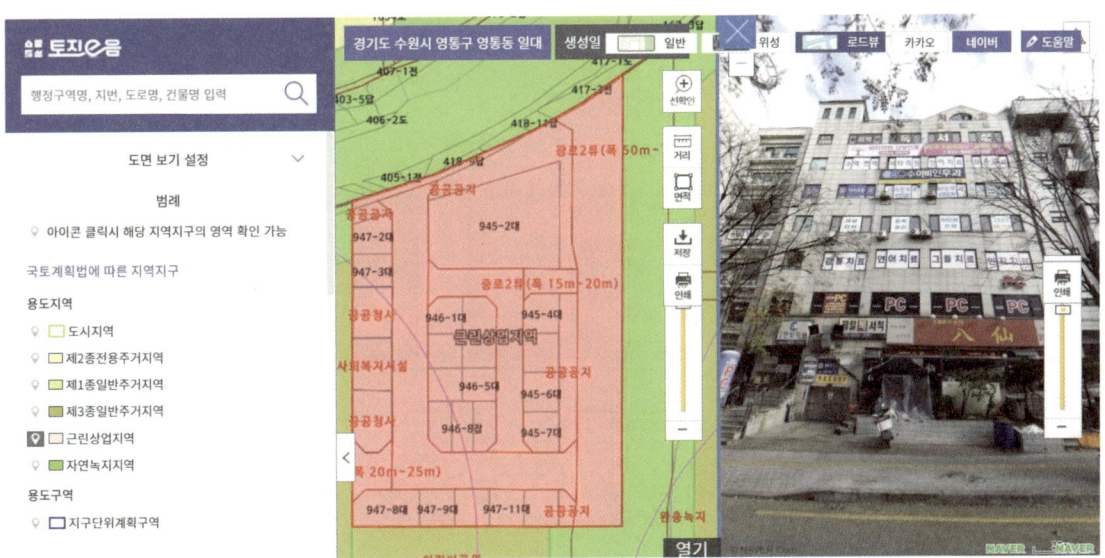

경기도 수원시 영통구 영통동 일대

---

110) 출처:토지이음, 토지이음 內 네이버 지도(로드뷰) 이미지

8. 도면 작품

■ 전체 도면 (작도: 임서연)

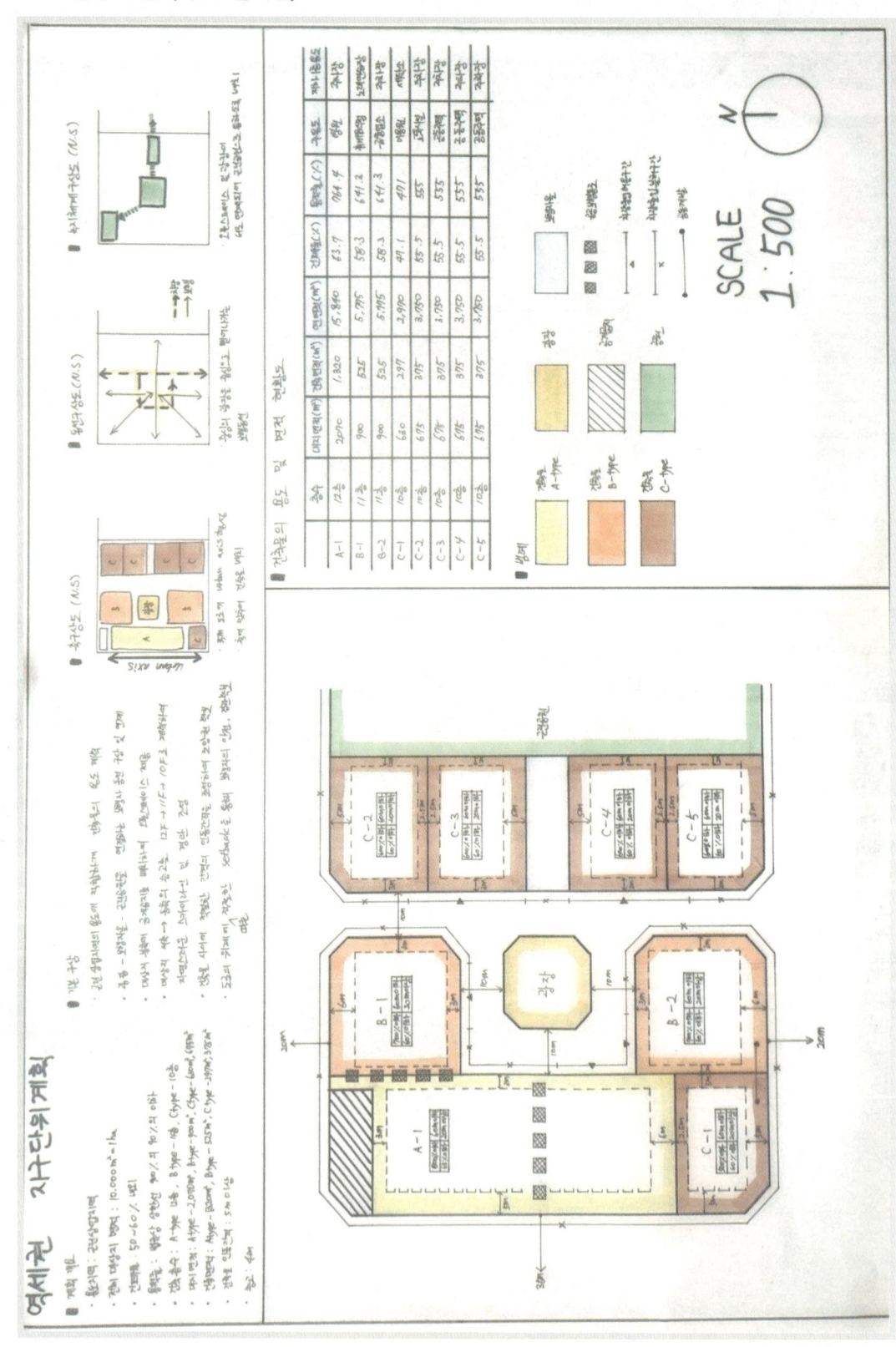

■ 전체 도면 (작도: 신재은)

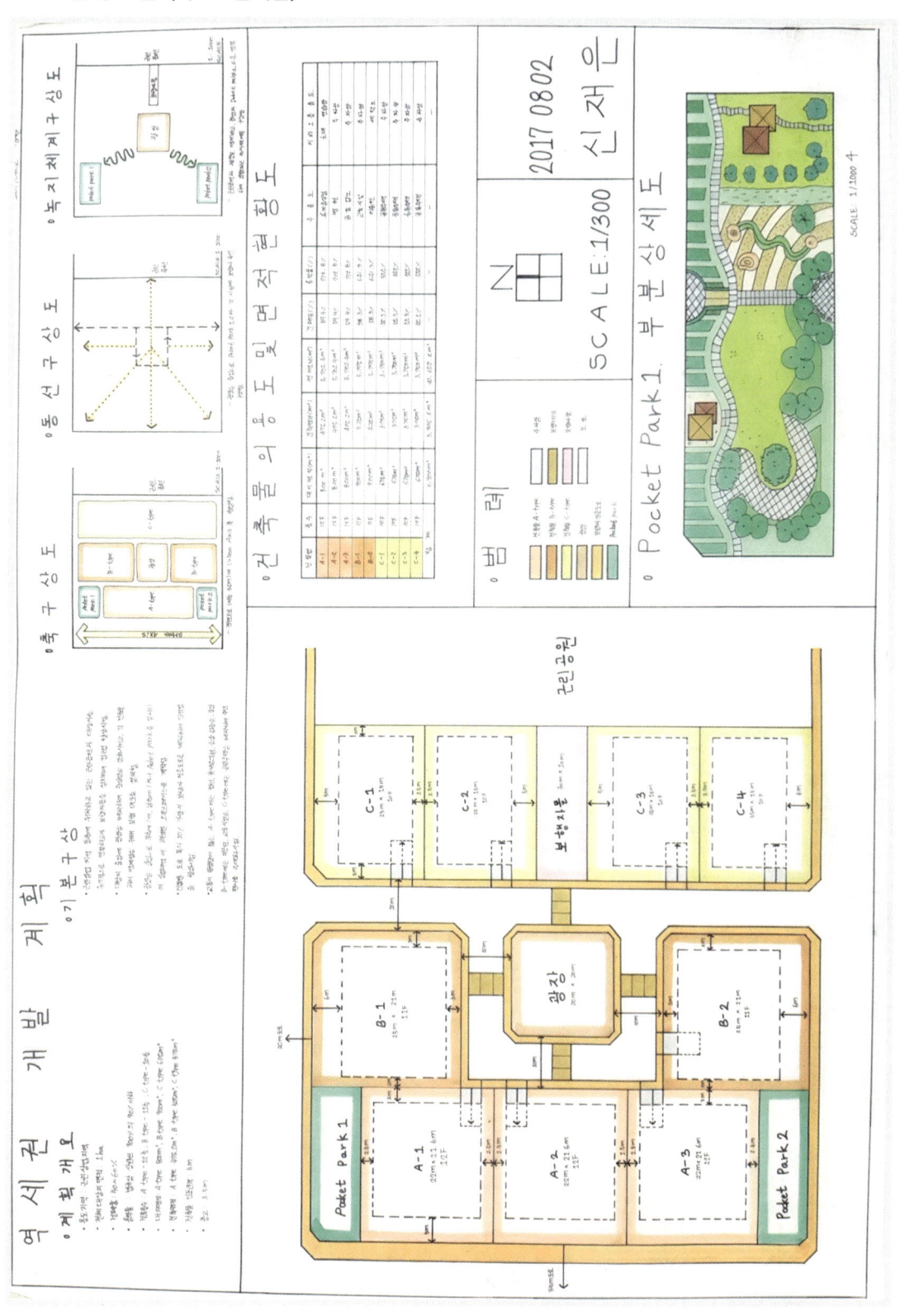

■ Master Plan (작도: 박채연)

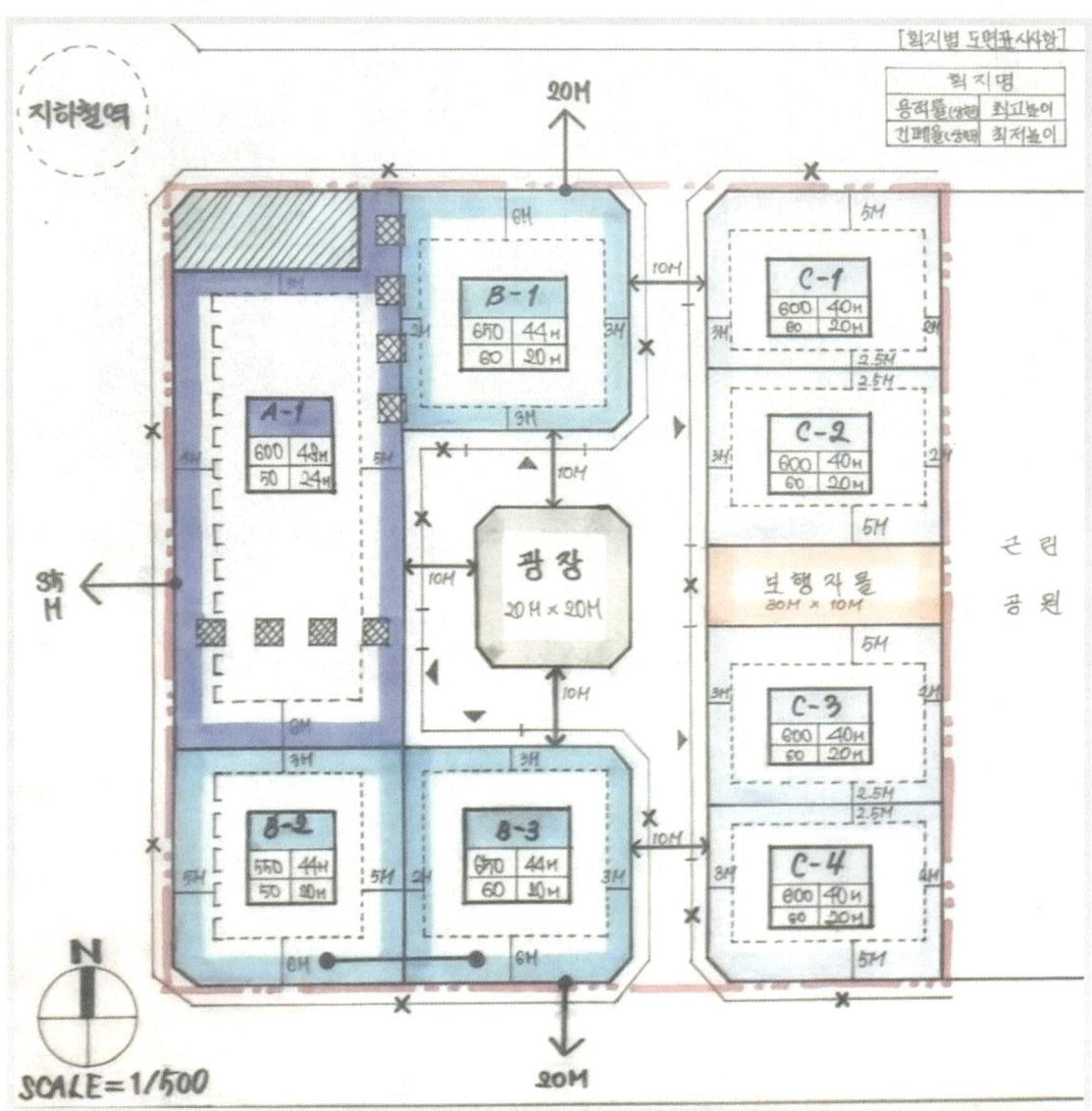

CHAPTER 4. 작업형 도면 기출 문제 & 출제 대비 문제

■ Master Plan (작도: 정병건)

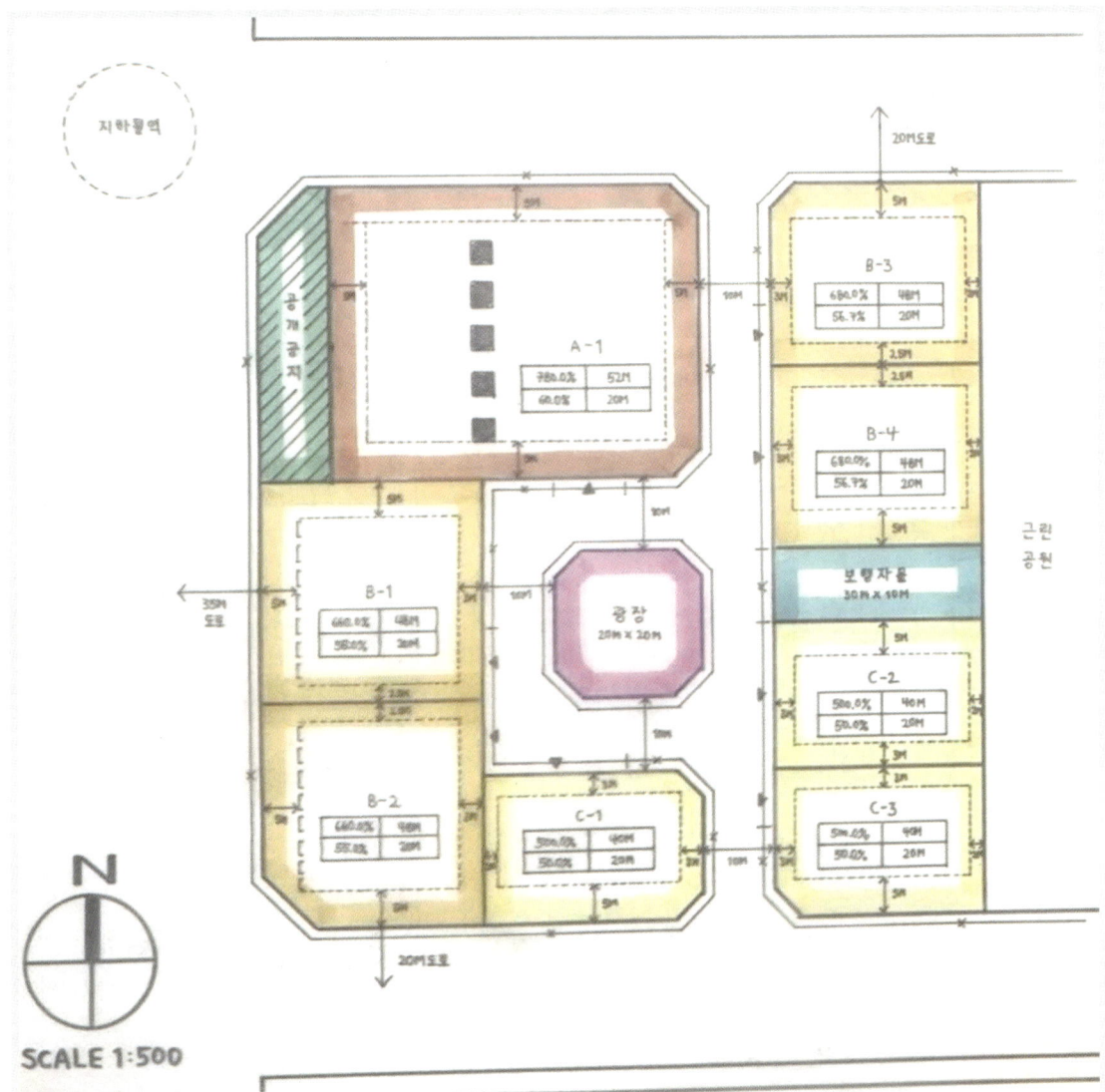

■ Master Plan (작도: 임서연)

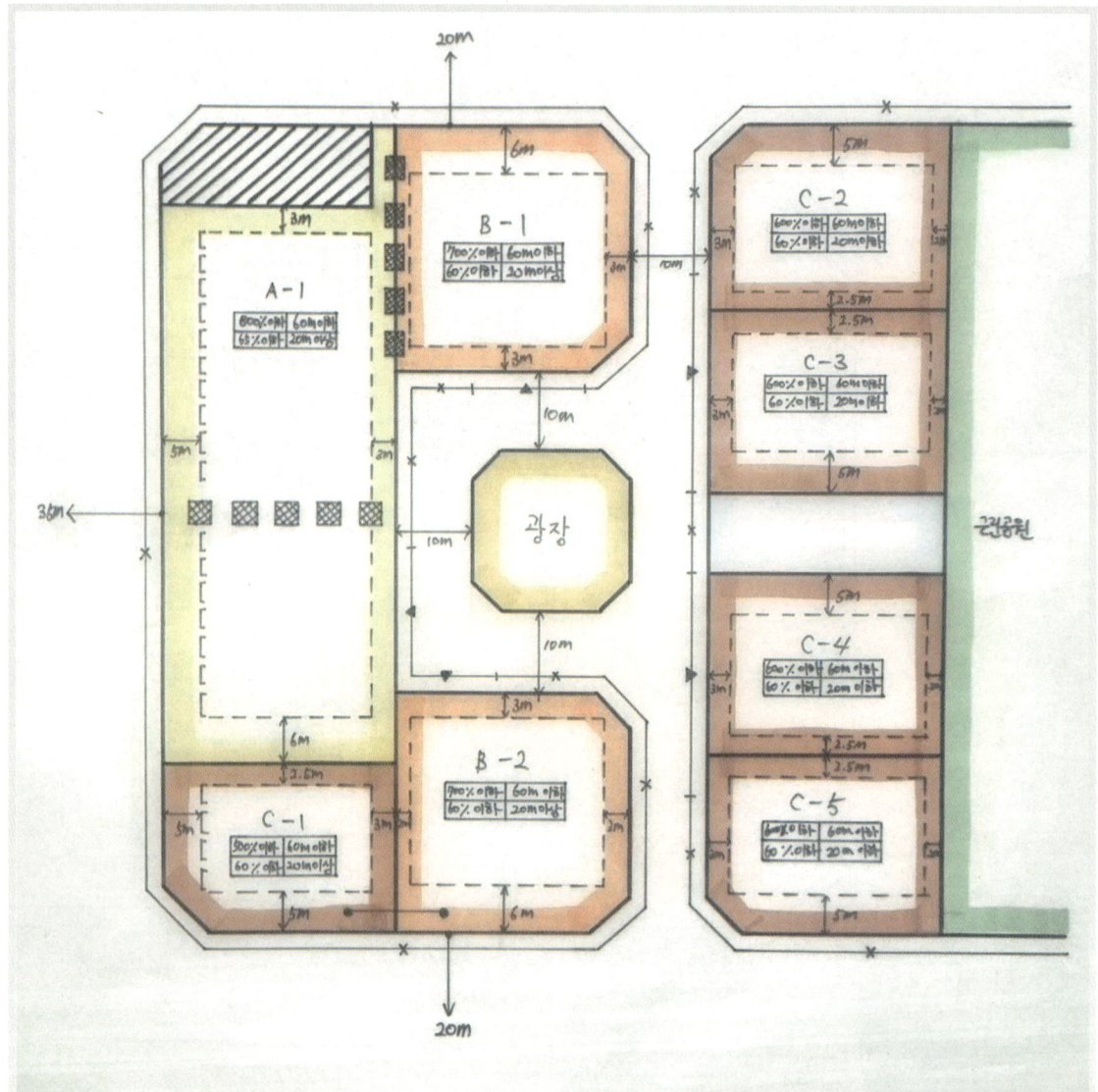

■ 건축물 현황도 (작도: 정병건, 임서연, 박채연)

건축물현황도

건물명	층수	대지면적(㎡)	건축면적(㎡)	연면적(㎡)	건폐율(%)	용적률(%)	주용도	지하1층용도
A-1	13F	2,000	1,200	15,600	60.0	780.0	도매업	문화시설
B-1	12F	900	495	5,940	55.0	660.0	금융기관	주차장
B-2	12F	900	495	5,940	55.0	660.0	병원	주차장
B-3	12F	750	425	5,100	56.7	680.0	개인교습시설	주차장
B-4	12F	750	425	5,100	56.7	680.0	휴게음식점	노래연습장
C-1	10F	600	300	3,000	50.0	500.0	공동주택	주차장
C-2	10F	600	300	3,000	50.0	500.0	공동주택	주차장
C-3	10F	600	300	3,000	50.0	500.0	공동주택	주차장
합계		7,100	3,940	46,680	55.5	657.5	—	—

건축물의 용도 및 면적 현황도

	층수	대지면적(㎡)	건축면적(㎡)	연면적(㎡)	건폐율(%)	용적률(%)	주용도	지하1층용도
A-1	12층	2,070	1,320	15,840	63.7	764.4	병원	주차장
B-1	11층	900	525	5,775	58.3	641.3	휴게음식점	노래연습장
B-2	11층	900	525	5,775	58.3	641.3	공중업소	주차장
C-1	10층	630	297	2,970	47.1	471	미용원	세탁소
C-2	10층	675	375	3,750	55.5	555	교육시설	주차장
C-3	10층	675	375	3,750	55.5	555	공동주택	주차장
C-4	10층	675	375	3,750	55.5	555	공동주택	주차장
C-5	10층	675	375	3,750	55.5	555	공동주택	주차장

건축물의 용도 및 면적 현황도

건물명	층수	대지면적(㎡)	건축면적(㎡)	연면적(㎡)	건폐율(%)	용적률(%)	주용도	B1F 용도
A-1	12층	2,100	969	11,628	46.1	553.2	사무실	주차장
B-1	11층	900	504	5,544	56.0	616.0	휴게음식점	세탁소
B-2	11층	900	399	4,389	44.3	487.3	문화시설	서점
B-3	11층	900	504	5,544	56.0	616.0	문화시설	주차장
C-1	10층	675	375	3,750	55.5	555.5	교육시설	주차장
C-2	10층	675	375	3,750	55.5	555.5	실내체육시설	주차장
C-3	10층	675	375	3,750	55.5	555.5	공동주택	주차장
C-4	10층	675	375	3,750	55.5	555.5	공동주택	주차장
합계		7,500	3,878	42,105	—	—	—	—

* A-1 획지는 공개공지 및 공공보행통로 조성에 따른 용적률 상승분을 조례에 따라 적용할 수 있음.
** B-2, B-3의 공동개발 시에는 관계법령에 따라 밀도 및 건축선 제한 등을 완화하여 개발할 수 있음.

■ 부분 상세도, 범례 (작도: 임선민, 박채연, 정병건)

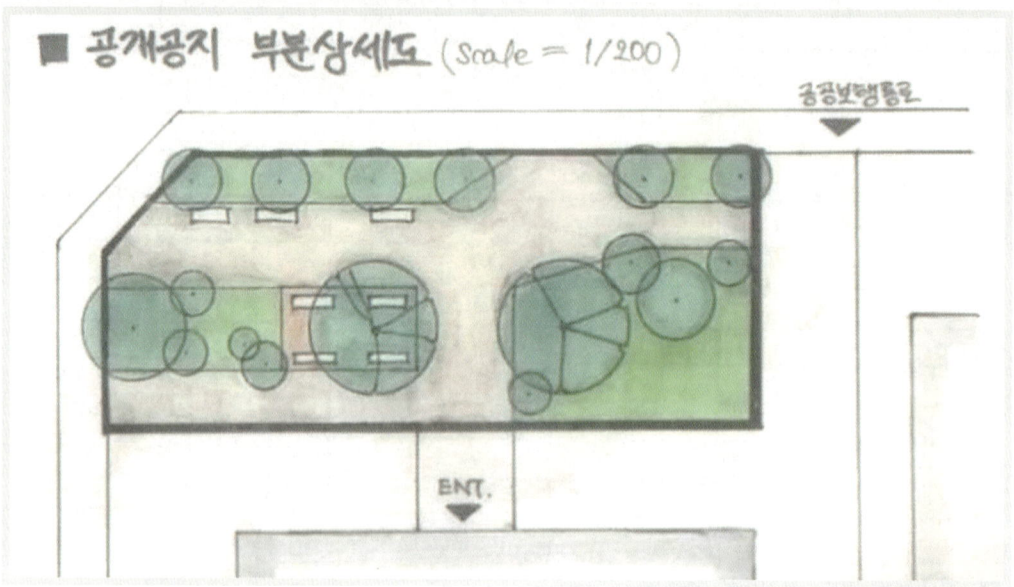

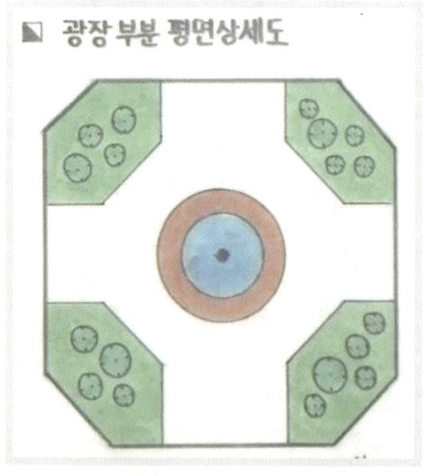

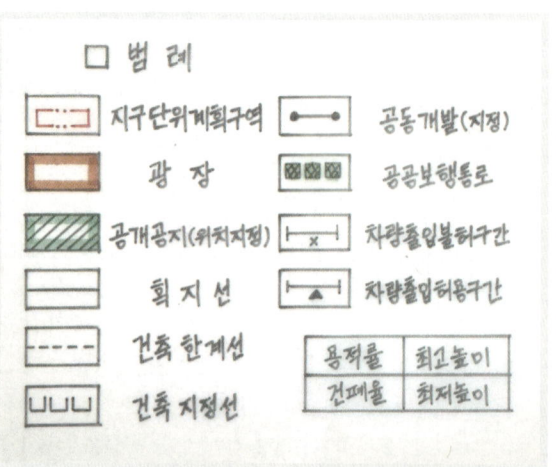

9. 구상도 표현 기법 (정병건, 임서연, 박채연)

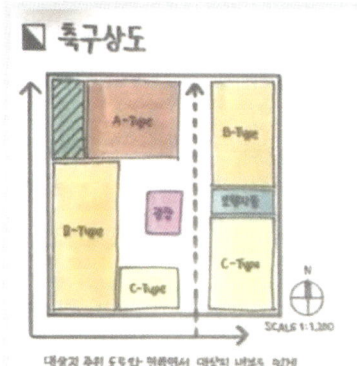
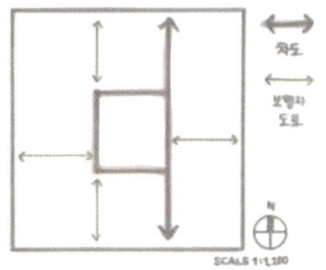
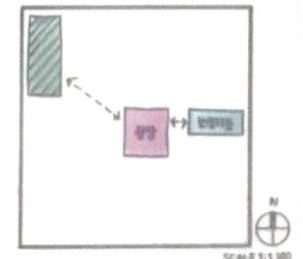

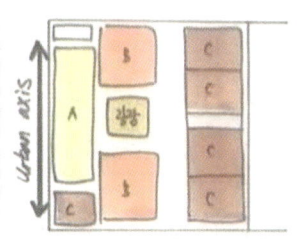
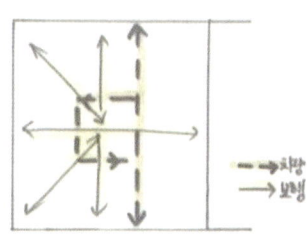
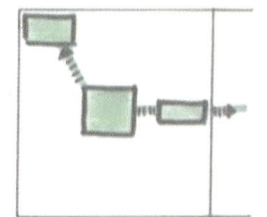

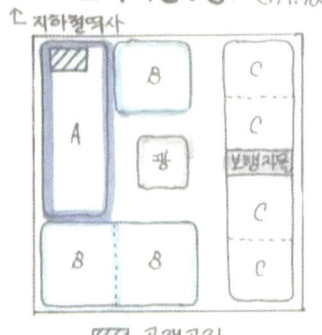
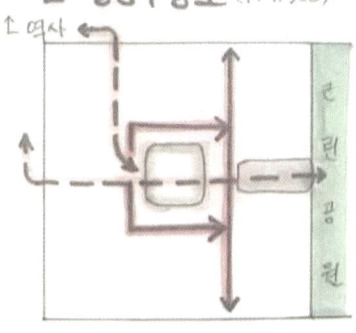
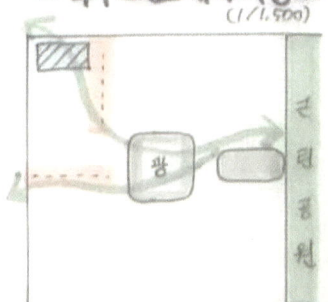

Ⅳ-2. 중심상업 지구단위계획

| 자격종목 | 도시계획기사 | 과제명 | 중심상업 지구단위계획 |

※ 시험시간: [○ 표준시간:3시간 (연장시간 없음)]

1. 요구사항
※ 제시하는 계획 조건을 바탕으로 지구단위계획을 수립하시오.
단, Master Plan의 축척은 1/500으로, 토지이용구상도, 동선 구상도, 공원 & 녹지구상도를 작성하시오.

[계획조건]
1. 대상지는 중심상업지역으로 계획하며 건축물의 용도 역시 이에 맞는 용도로 계획한다.
   (층고는 3.5m, 최저고도지구는 10층으로 지정되어 있다.)
2. 건축물의 주 용도는 최소 6가지 이상으로 서로 다른 용도를 표현하도록 한다.
3. 대상지 내 획지는 대규모 획지(1,000~2,000㎡) 4개소, 중규모 획지 (500~1,000㎡) 13개소, 소규모 획지 (150~300㎡) 4개소로 계획한다. (토지소유권 확보 권리자 총 21명)
4. 기반시설의 배치 및 규모에 관한 계획, 획지 및 가구의 규모와 조성에 관한 계획, 건축물에 관한 계획의 결정 조서를 기재한다.
   (단, 건축물의 경우 용도·건폐율·용적률·높이·건축선·공동개발 등의 대한 내용을 포함한다.)
5. 도로 결정 조서를 작성하며, 기종점부의 위치 표시를 위한 연결도로의 명칭은 임의로 표현한다.(단, 구역 외곽의 도로에 대한 결정 조서는 생략한다.)
6. 문제에서 제시된 사항 외 설계도면의 표현은 지구단위계획 수립지침을 따른다.
7. 문제에서 제시되지 않은 기타 사항은 관계 법령 및 규정을 준용한다.

| 자격종목 | 도시계획기사 | 과제명 | 중심상업 지구단위계획 |

2. 현황도 (N.S)

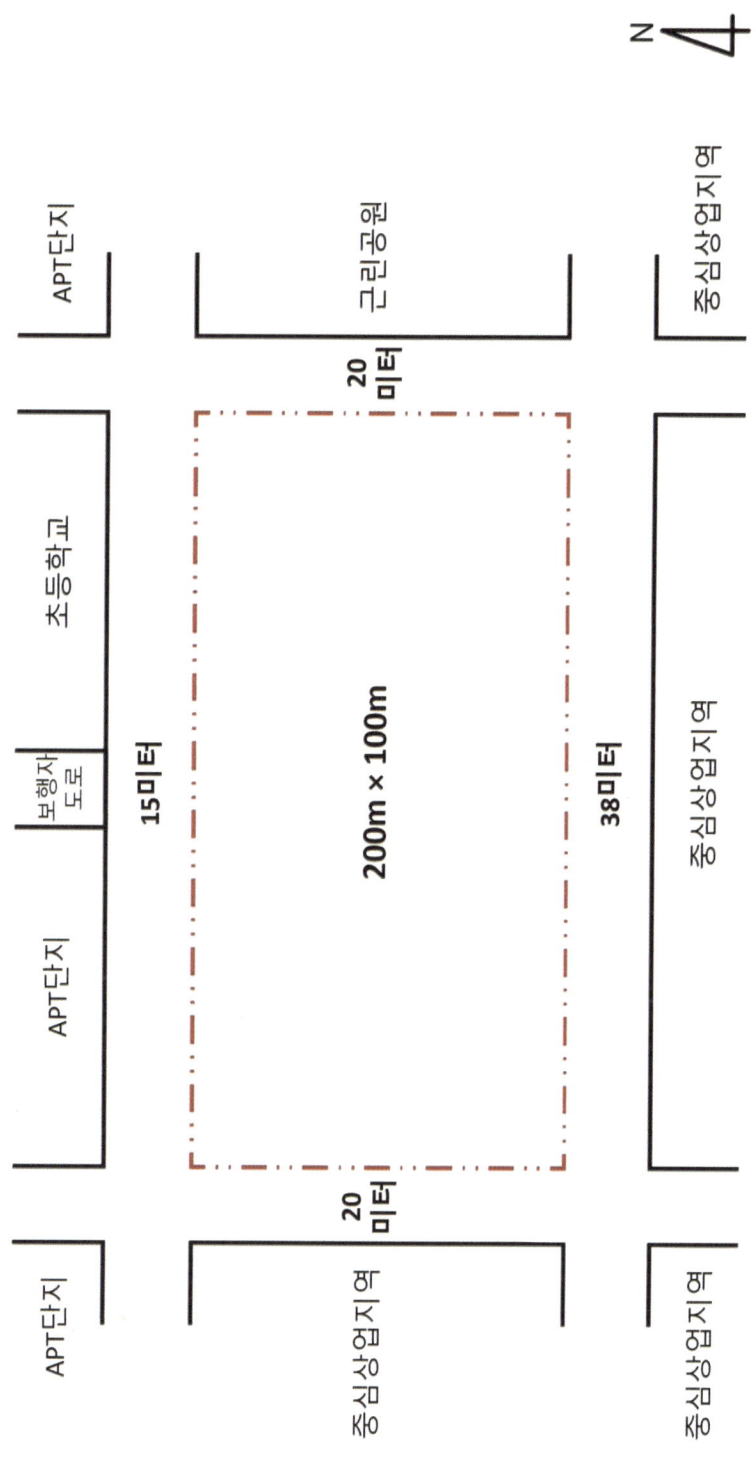

3. 문제 풀이

■ 도면 작성 기본 구상안

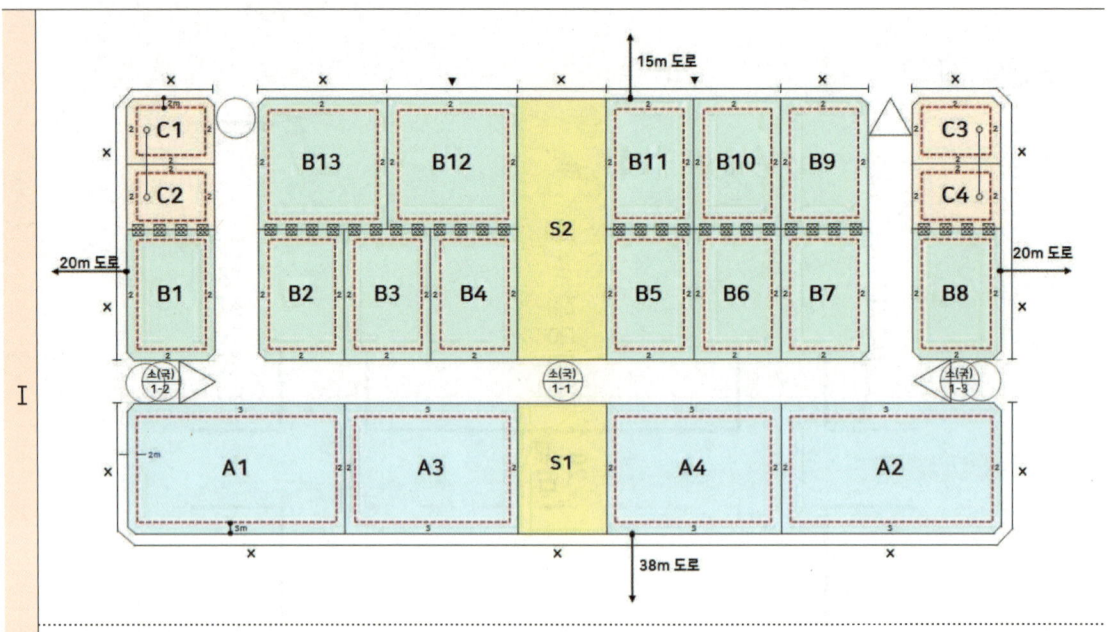

Ⅰ
- 대규모: A1~A2 1,500㎡(50m×30m) / A3~A4 1,200㎡(40m×30m)
- 중규모: B1~B11 600㎡(20m×30m) / B12~B13 900㎡(30m×30m)
- 소규모: C1~C4 300㎡(20m×15m)
- 광장(S)1: 600㎡(20m×30m) / 광장(S)2: 1,200㎡(20m×60m)

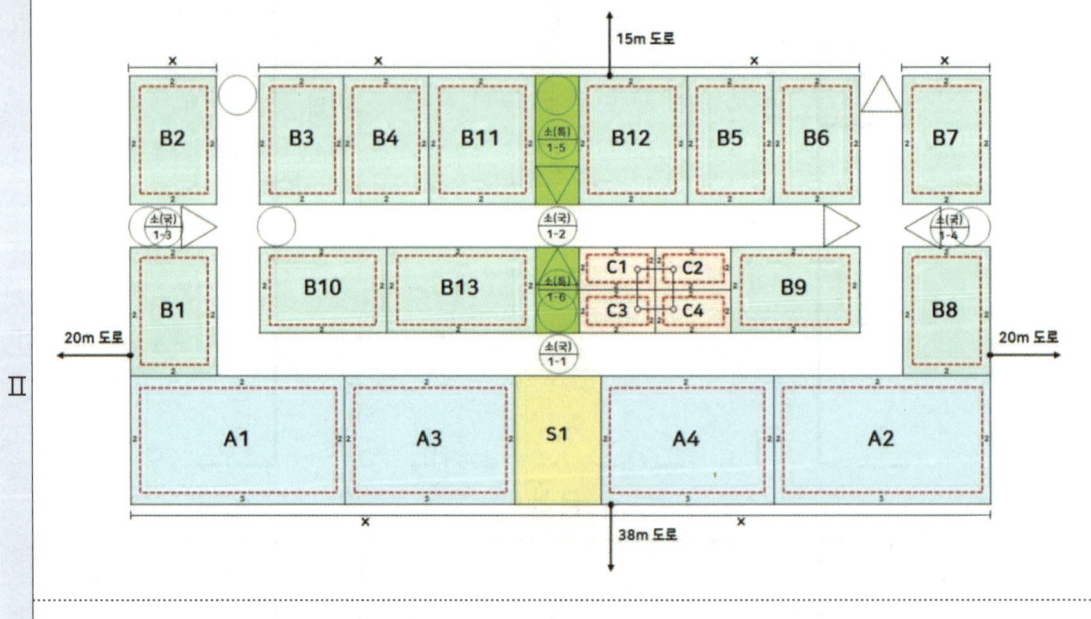

Ⅱ
- 대규모: A1~A2 1,500㎡(50m×30m) / A3~A4 1,200㎡(40m×30m)
- 중규모: B1~B10 600㎡(20m×30m) / B11~B12 750㎡(25m×30m) / B13 700㎡(35m×20m)
- 소규모: C1~C4 175㎡(17.5m×10m)
- 광장(S)1: 600㎡(20m×30m)

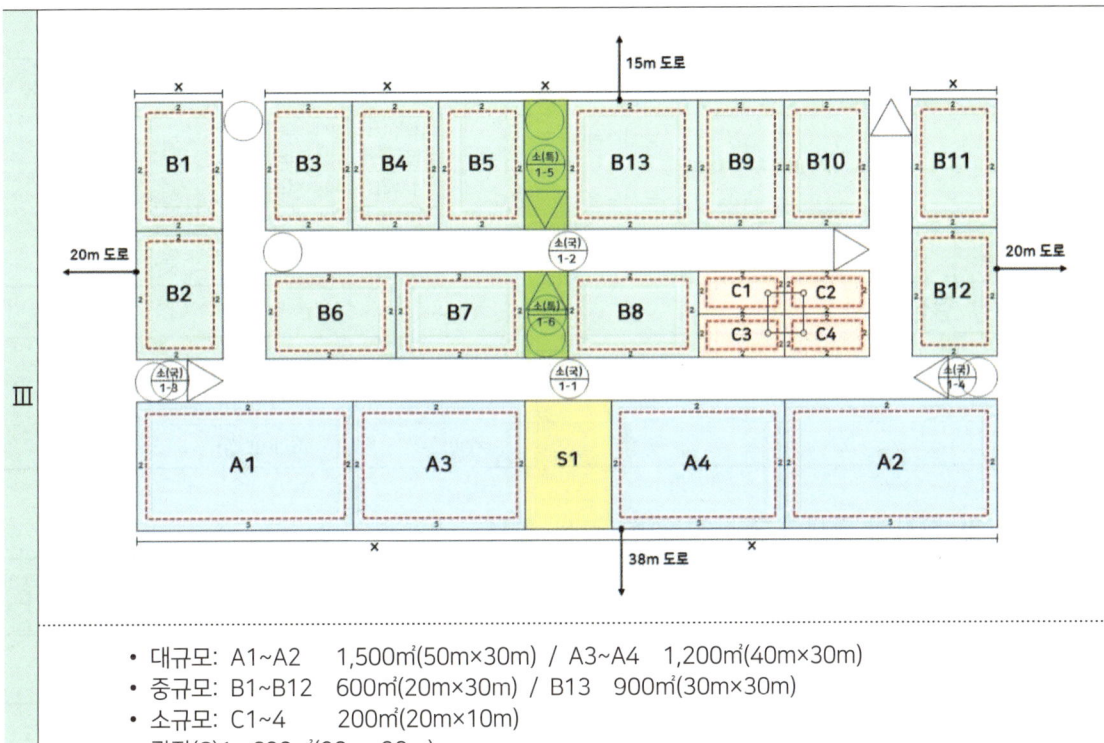

- 대규모: A1~A2   1,500㎡(50m×30m) / A3~A4   1,200㎡(40m×30m)
- 중규모: B1~B12   600㎡(20m×30m) / B13   900㎡(30m×30m)
- 소규모: C1~4   200㎡(20m×10m)
- 광장(S)1: 600㎡(20m×30m)

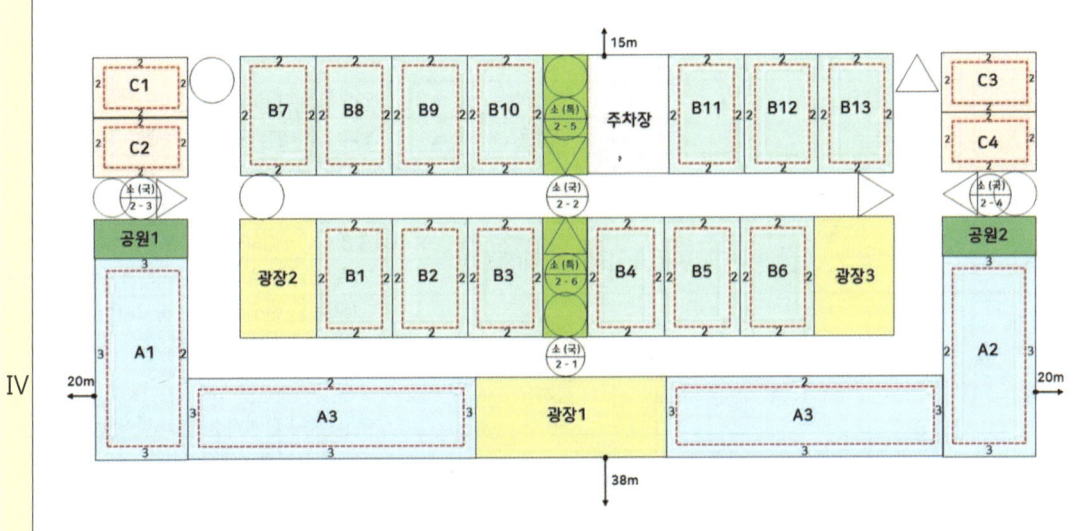

- 대규모: A1~A2   1,100㎡(20m×55m) / A3   1,200㎡(20m×60m)
- 중규모: B1~B13   544㎡(17m×32m)
- 소규모: C1~C4   300㎡(20m×15m)
- 광장1: 800㎡(40m×20m) / 광장2~3: 544㎡(17m×32m)
- 공원1~2: 200㎡(20m×10m)
- 주차장: 544㎡(17m×32m)

4. 지구단위계획 결정 조서 (기본 구상안 I 예시)

1. 기반시설의 배치와 규모에 관한 결정 조서
1) 도로 결정 조서

구분	규모				기능	연장(m)	기점	종점	사용형태	비고
	등급	류별	번호	폭원(m)						
신설	소로	1	1	10	국지도로	280	북측15 미터 도로	북측15 미터 도로	일반도로	-
신설	소로	1	2	10	국지도로	20	서측20 미터 도로	소로(국) 1-1	일반도로	-
신설	소로	1	3	10	국지도로	20	동측20 미터 도로	소로(국) 1-1	일반도로	-

2) 광장 결정 조서

구분	도면 표시 번호	시설명	시설의 세분	면적	비고
신설	S1	광장	일반광장	600㎡	-
신설	S2	광장	일반광장	1,200㎡	-

2. 가구 및 획지에 규모와 조성에 관한 결정 조서

도면번호	가구번호	획지	면적	비고
중상1	A	A1~A2	1,500㎡	-
중상1	A	A3~A4	1,200㎡	-
중상1	B	B1~B11	600㎡	-
중상1	B	B12~B13	900㎡	-
중상1	C	C1~C4	300㎡	-

3. 건축물의 용도 건폐율 용적률 높이 건축선 공동개발에 관한계획에 대한 조서

도면번호	가구번호	획지번호	구분		계획 내용
중상1	A	A1~A4	용도	지정용도	업무시설, 판매시설, 문화집회시설
중상1				권장용도	업무 및 대형판매시설 50% 이상
중상1			건축선		건축한계선 2m (간선도로 및 내부도로 3m)
중상1			공동개발		-
중상1		A1~A2	건폐율 / 용적률 / 높이(층수)		73.6% / 1,030% / 49미터(14층)
		A3~A4			72% / 1,008% / 49미터(14층)
중상1	B	B1~B13	용도	지정용도	1,2종 근린생활시설, 종교시설, 교육연구시설, 의료시설 중 병원 및 약국
중상1				불허용도	• 허용용도 외 용도 • 교육환경보호구역 내 금지시설 • 숙박, 주류판매소, 청소년유해업소
중상1			건축선		건축한계선 2m
중상1			공동개발		-
중상1		B1~B11	건폐율 / 용적률 / 높이(층수)		69.3% / 831.6% / 42미터(12층)
		B12~B13			75% / 900% / 42미터(12층)
중상1	C	C1~C4	용도	지정용도	1,2종 근린생활시설, 종교시설, 교육연구시설, 의료시설 중 병원 및 약국
중상1				불허용도	• 허용용도 외 용도 • 교육환경보호구역 내 금지시설 • 숙박, 주류판매소, 청소년유해업소
중상1			건폐율 / 용적률 / 높이(층수)		58.6% / 644.6% / 38.5미터(11층)
중상1			건축선		건축한계선 2m
중상1			공동개발		C1,C2 / C3,C4 공동개발 권장

CHAPTER 4. 작업형 도면 기출 문제 & 출제 대비 문제

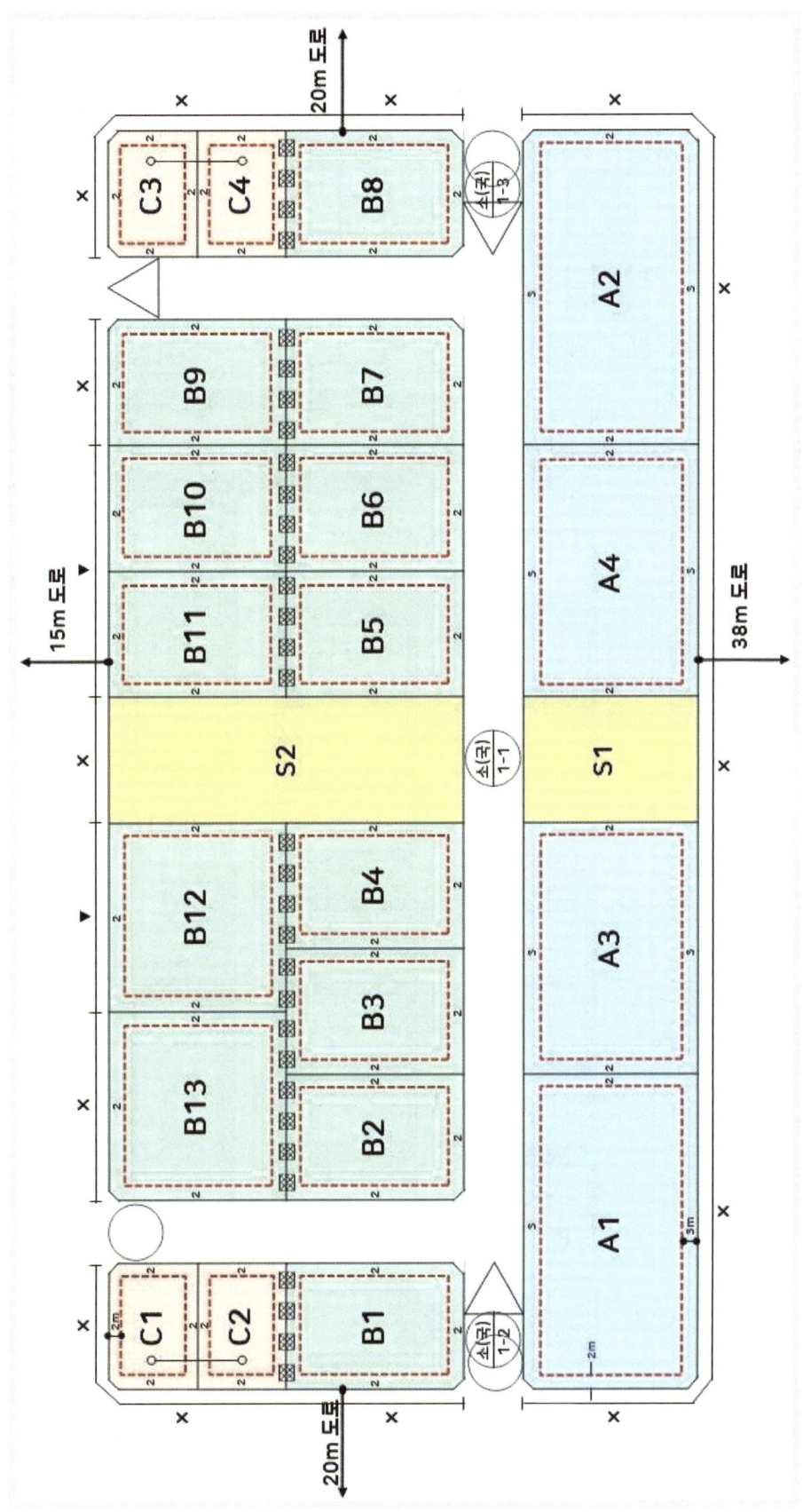

5. 도면 작품

■ 전체 도면 (작도: 최유림)

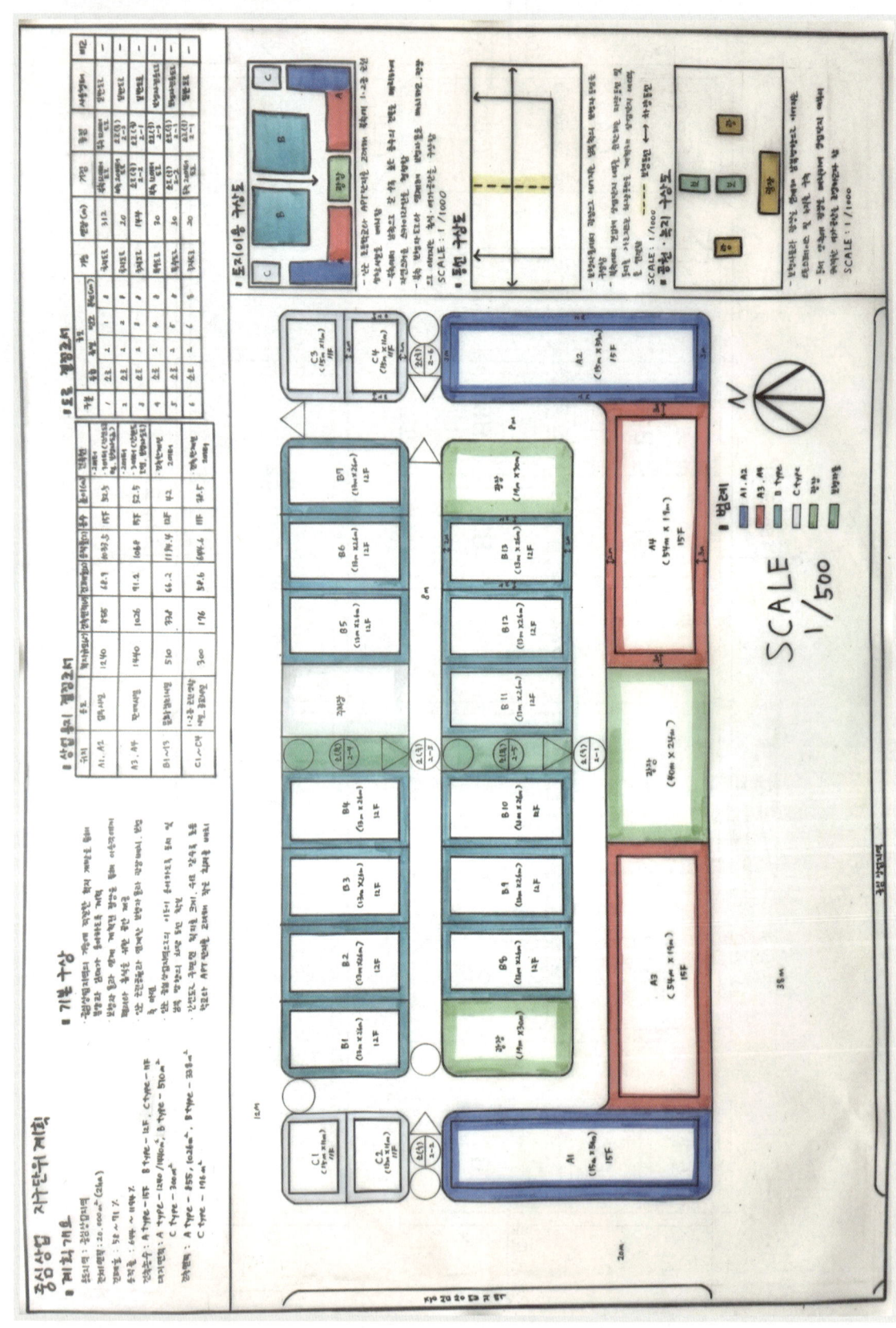

- Master Plan (정병건)

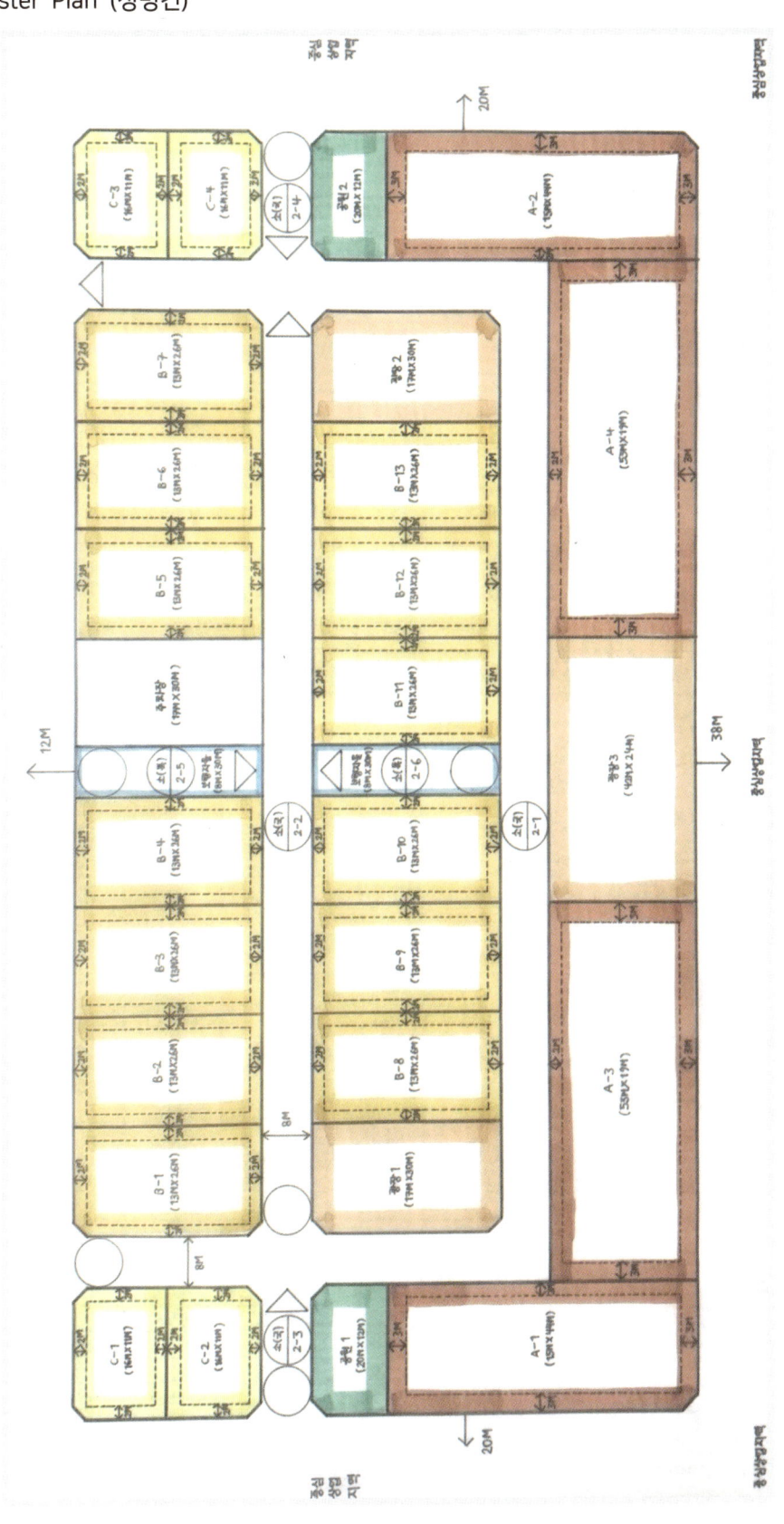

상업용지 결정조서

위치	용도	획지규모	건축면적	건폐율	용적률	층수	높이	건축선
A-1, A-2	업무시설	1,000㎡	660㎡	66.0%	990.0%	15F	52.5M	2M, 3M
A-3, A-4	판매시설	1,416㎡	1,007㎡	71.1%	1,066.7%	15F	52.5M	2M, 3M
B-1~B-13	업무시설, 문화집회시설	510㎡	338㎡	66.3%	759.6%	12F	42M	건축한계선 2M
C-1~C-4	제1·2종근린생활시설	300㎡	176㎡	58.7%	645.7%	11F	38.5M	건축한계선 2M

도로 결정조서

구분	규모				기능	연장(M)	기점	종점	사용형태
	등급	류별	번호	폭원					
1	소로	2	1	8M	국지도로	298	북측12M도로	북측12M도로	일반도로
2	소로	2	2	8M	국지도로	144	소로(국)2-1	소로(국)2-1	일반도로
3	소로	2	3	8M	국지도로	20	서측20M도로	소로(국)2-1	일반도로
4	소로	2	4	8M	국지도로	20	동측20M도로	소로(국)2-1	일반도로
5	소로	2	5	8M	특수도로	30	북측12M도로	소로(국)2-2	보행자전용도로
6	소로	2	6	8M	특수도로	30	소로(국)2-1	소로(국)2-2	보행자전용도로

건축물 면적 및 용도 현황도

건물명	층수	대지면적(㎡)	건축면적(㎡)	연면적(㎡)	건폐율(%)	용적률(%)	주용도
A-1	15F	1,000	660	9,900	66.0	990.0	업무
A-2	15F	1,000	660	9,900	66.0	990.0	업무
A-3	15F	1,416	1,007	15,105	71.1	1,066.7	상업
A-4	15F	1,416	1,007	15,105	71.1	1,066.7	상업
B-1	12F	510	338	4,056	66.3	759.6	은행
B-2	12F	510	338	4,056	66.3	759.6	업무
B-3	12F	510	338	4,056	66.3	759.6	업무
B-4	12F	510	338	4,056	66.3	759.6	업무
B-5	12F	510	338	4,056	66.3	759.6	업무
B-6	12F	510	338	4,056	66.3	759.6	업무
B-7	12F	510	338	4,056	66.3	759.6	영화관
B-8	12F	510	338	4,056	66.3	759.6	예식장
B-9	12F	510	338	4,056	66.3	759.6	병원
B-10	12F	510	338	4,056	66.3	759.6	상업
B-11	12F	510	338	4,056	66.3	759.6	마을관
B-12	12F	510	338	4,056	66.3	759.6	박물관
B-13	12F	510	338	4,056	66.3	759.6	공연장
C-1	11F	300	176	1,936	58.7	645.7	카페
C-2	11F	300	176	1,936	58.7	645.7	미용실
C-3	11F	300	176	1,936	58.7	645.7	식당
C-4	11F	300	176	1,936	58.7	645.7	카페

CHAPTER 4. 작업형 도면 기출 문제 & 출제 대비 문제

■ Master Plan (박채연)

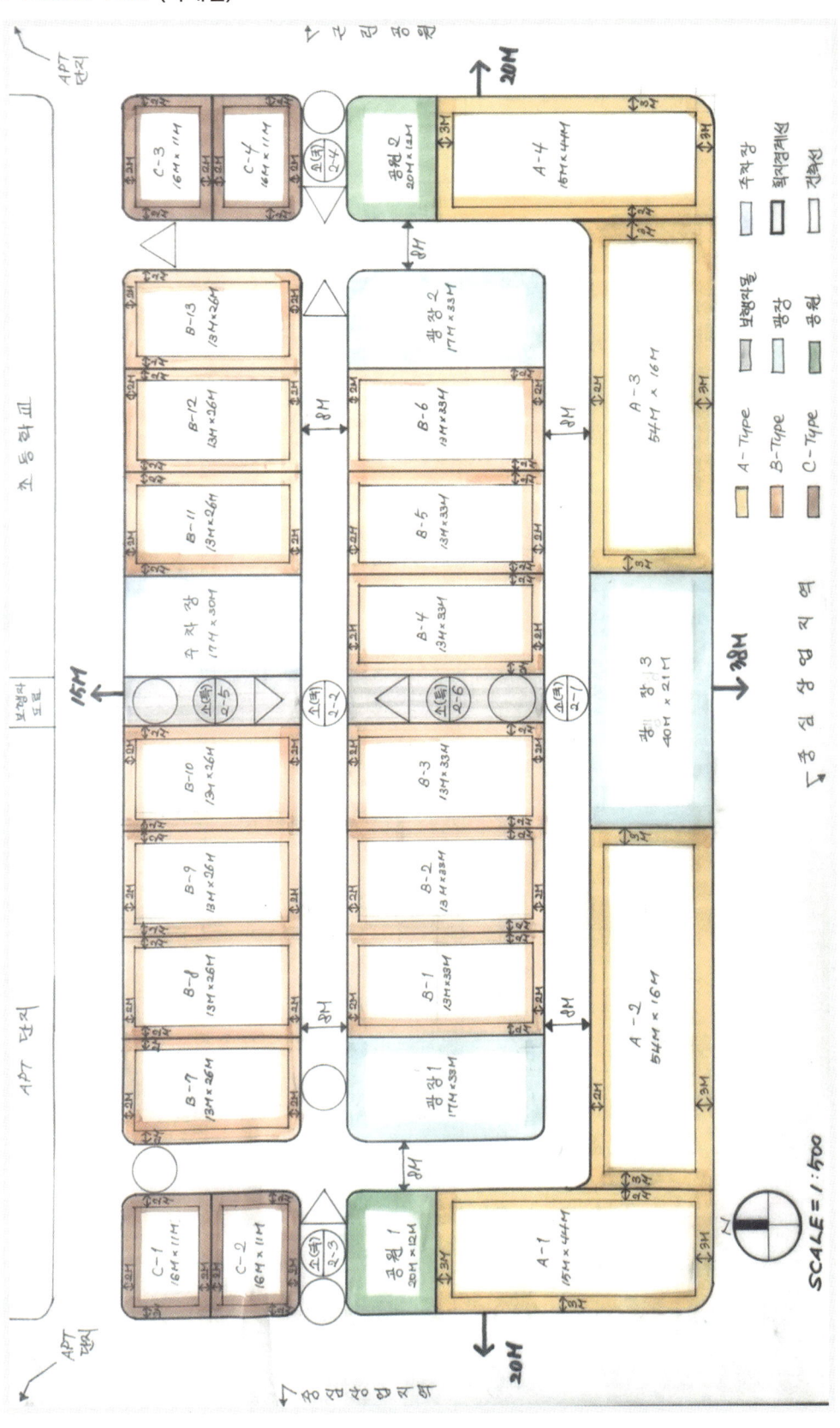

■ Master Plan (김종욱)

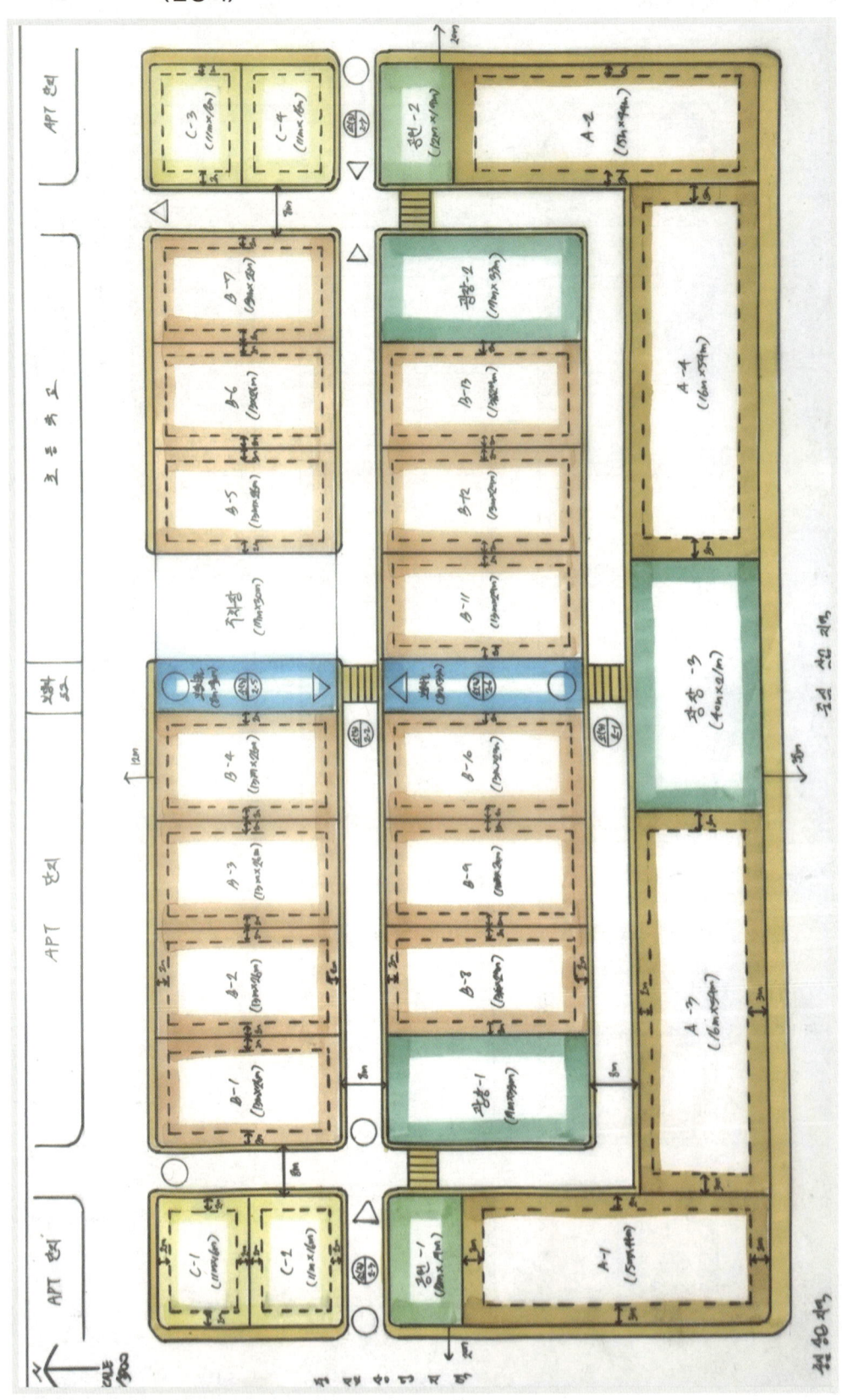

6. 구상도 표현 기법 (작도: 정병건, 박채연)

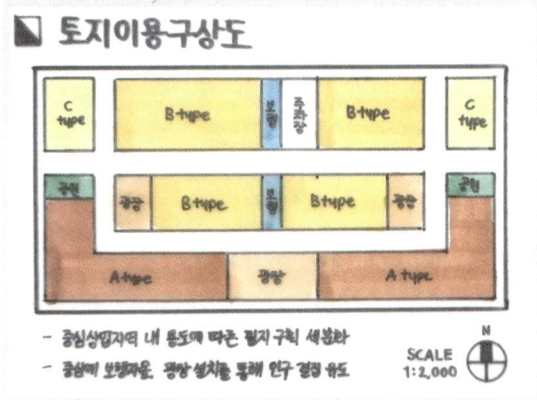

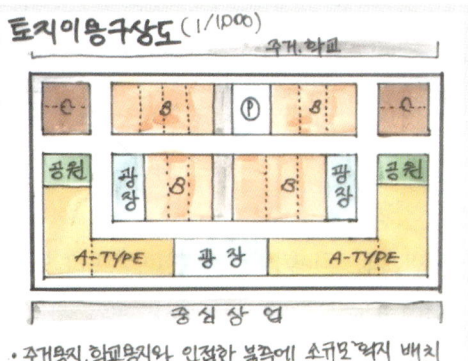

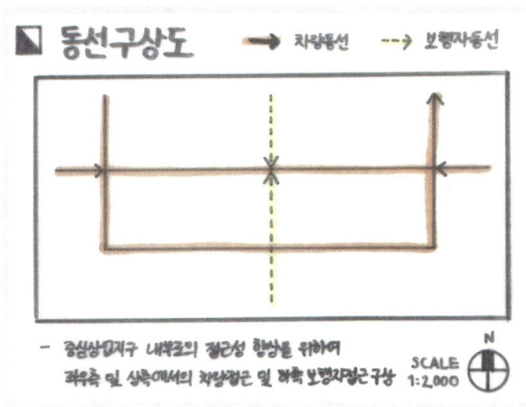

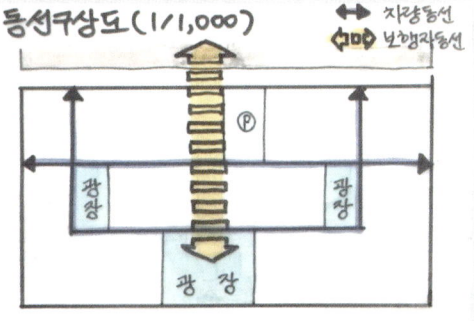

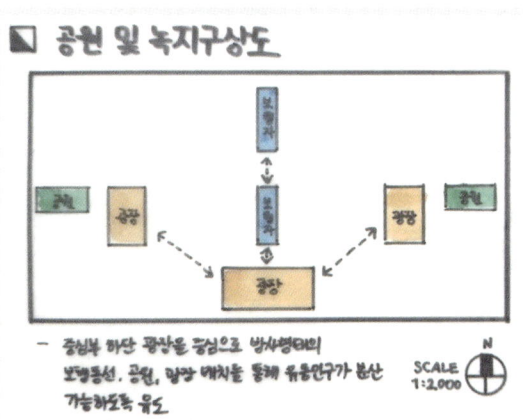

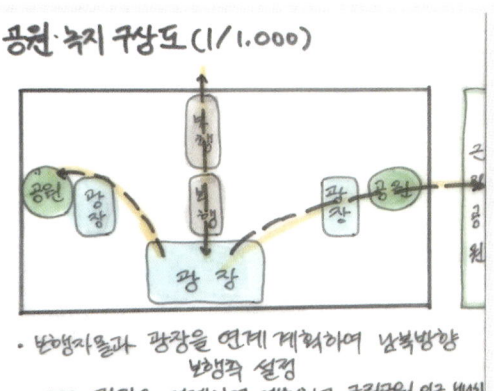

Ⅳ-3. APT 지구단위계획

| 자격종목 | 도시계획기사 | 과제명 | 지구단위계획 |

※ 시험시간: [○ 표준시간:3시간 (연장시간 없음)]

1. 요구사항

※ 다음에 제시된 현황도는 아파트 단지의 지구단위계획을 나타낸 것이다.
  지구단위계획 지침에 적합 하도록 구상도(토지이용, 가로망, 공원녹지)를 1:5,000으로 작성하고 1:1,500의 축척으로 마스터플랜을 작성하시오.

[계획조건]

1. 단지 수용 인구는 7,500인으로 한다.
2. 1세대 당 가구원수는 3인을 기준으로 한다.
3. 층수 배치: 단지 내 아파트 층수는 초고층 25층, 고층 15층, 저층 5층으로 배치한다.
4. 인동간격은 >1H 으로 계획한다.
5. 도로면적은 전체 대상지 면적의 15~20%로 계획한다.
6. 부대시설은 초등학교, 유치원, 놀이터, 공원, 관리사무소, 노인정, 구매시설을 배치한다.
7. 기타 조건은 관계 법령 및 규정을 따르도록 한다.

| 자격종목 | 도시계획기사 | 과제명 | 지구단위계획 |

2. 현황도

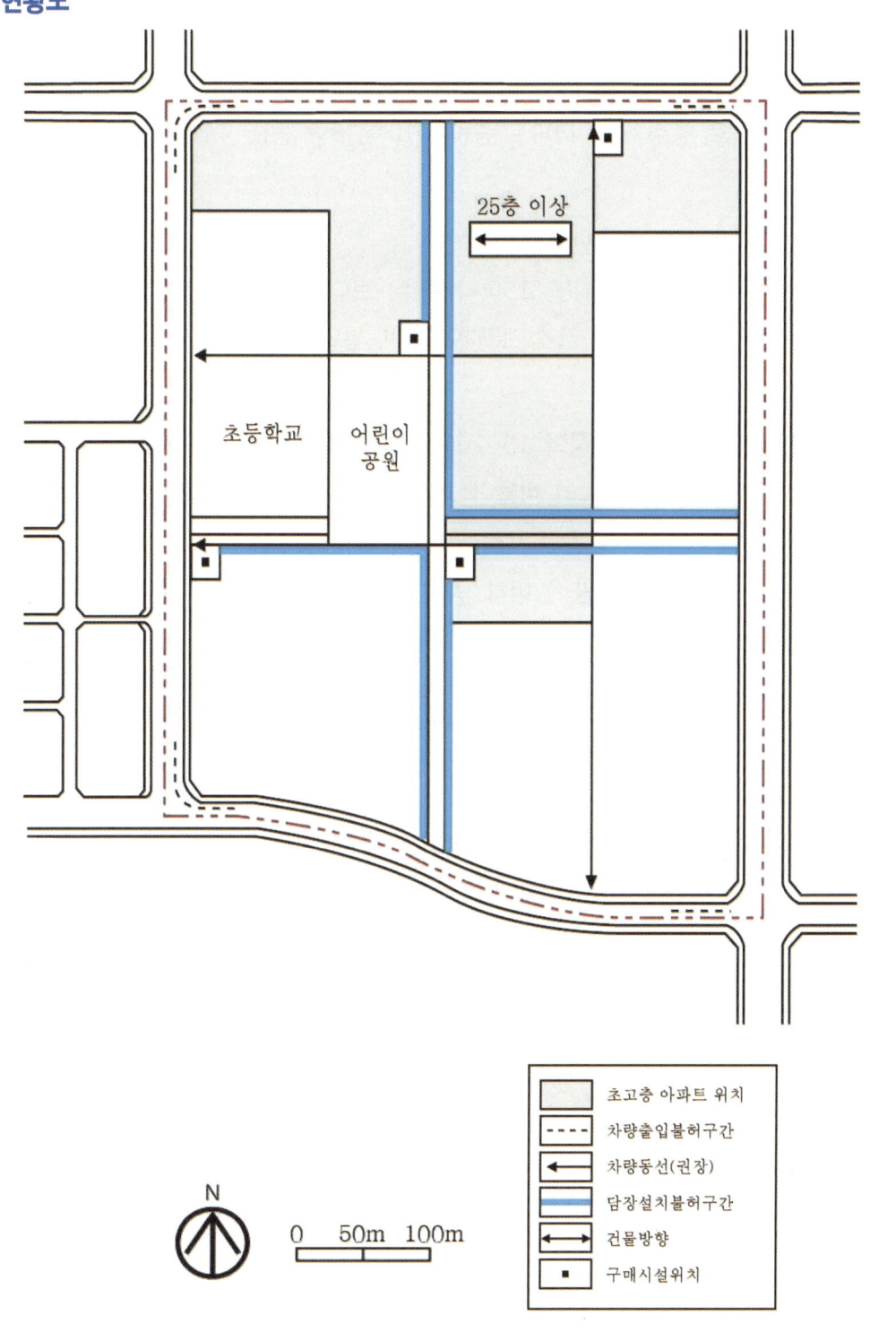

3. 문제 요구 사항 분석
1) 문제 풀이

1. 단지 수용 인구는 7,500인으로 한다.
2. 1세대 당 가구원수는 3인을 기준으로 한다. ▶ 7,500명÷3인=2,500세대

3. 층수 배치: 단지 내 아파트 층수는 초고층 25층, 고층 15층, 저층 5층으로 배치한다.
   ▶ 제시된 아파트 층수 외의 아파트 층(예: 10층, 8층 등)은 계획할 수 없다.

4. 인동간격은 >1H 으로 계획한다.
   ▶ 인동간격은 1(인동계수)×H(층고3미터×층수) 보다 크게 설정한다.
   15층일 경우 45미터 보다 크게 계획해야 하며, 필요시 층고의 높이를 조절할 수 있다.

5. 도로면적은 전체 대상지 면적의 15~20%로 계획한다.
   ▶ 토지이용계획표 내의 도로의 비율이 15~20%가 되도록 계획한다.

6. 부대시설은 초등학교, 유치원, 놀이터, 공원, 관리사무소, 노인정, 구매시설을 배치한다.
   ▶ 문제에 제시된 시설을 가능한 모두 도면상에 표현한다.
   도시·군계획시설의 결정·구조 및 설치기준에 관한 규칙을 준용하여 배치한다.

■ 도면 작성 순서 ■
1) 계획 대상지를 그린 후 경계선에 "○" 표시를 한다.
2) 대상지 바깥쪽으로 간선 도로 확장을 한다.
3) 대상지 내 완충 녹지를 개설하고 "×"표시를 한다.
4) 단지 내부에 제시되어 있는 "차량 동선" 및 "보행자 동선"을 먼저 개설하여 기준선을 구획한다.
5) 25층 아파트가 들어갈 수 있는 구역을 최종 구획한다.
6) 주요 시설을 배치한다. (초등학교, 근린공원, 어린이 공원, 구매시설 등)
7) 공동주택 배치한다. (초고층 25층, 고층 15층, 저층 5층)
8) 기타 공공시설 배치한다. (유치원, 놀이터, 공원, 관리사무소, 노인정 등)

2) 계획 개요

- 전체 인구: 7,500명
- 세대 당 인구: 3인/세대
- 전체 세대수: 2,500세대
- 인동간격 >1H
- 층고는 3미터로 가정
- 층별 세대수 구성
  - 25층 × 4호 × 15동 = 1,500세대
  - 15층 × 4호 × 14동 = 840세대
  - 5층 × 4호 × 8동 = 160세대
- 공동 주택1호당 면적: 100㎡

3) 기본 구상

- 대상지 북측 및 중앙에 25층, 동측 및 남측에 15층, 남측에 5층 아파트를 배치하여 자연스러운 스카이 라인 형성
- 대상지 내 보행자전용도로를 계획하여 단지 내, 외부 및 각 시설로의 안전하고 편리한 통행 유도
- 단지 주변에 완충녹지를 설치하여 소음 및 공해의 피해를 줄이고, 쾌적한 주거환경 조성
- 단지 내 근린공원, 어린이 공원, 소공원 등의 녹지를 계획하여 그린네트워크 형성
- 공동 주택 간 인동간격을 1H 보다 크게 하여 일조권 확보
- 유치원, 노인정, 관리 사무소를 주요 지점에 배치하여 주민들의 편리한 이용 도모

4) 토지이용계획표

구분	종류	면적(㎡)	구성비(%)	비고
총계		217,300	100	
주거용지	25층 아파트	48,000	22	-
	15층 아파트	21,000	10	-
	5층 아파트	25,000	11.5	-
상업용지		4,000	1.3	4개소
공공시설용지	교육시설	17,000	7.8	유1, 초1
	공원	26,000	11.9	근린1, 어린이1
	녹지	28,000	12.8	완충, 연결
	노인정	1,000	0.46	2개소
	관리사무소	5,00	0.2	1개소
	어린이놀이터	3,500	1.6	6개소
	기타 공공시설	6,359	3.69	-
	도로	36,941	17	-

4. 도면 작품

■ 전체 도면 (작도: 신재은)

■ 전체 도면 (작도: 백현아)

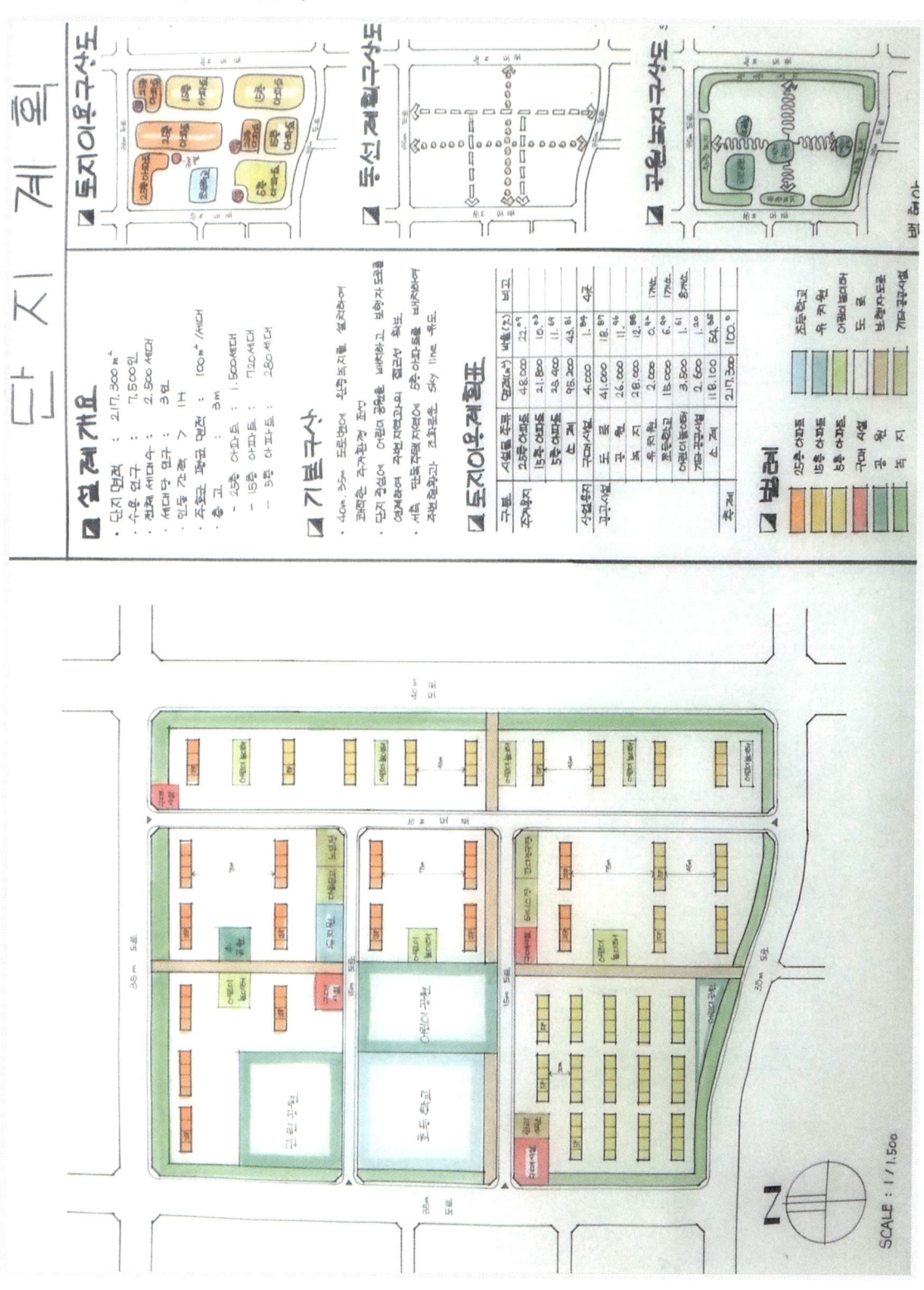

■ Master Plan (작도: 백현아)

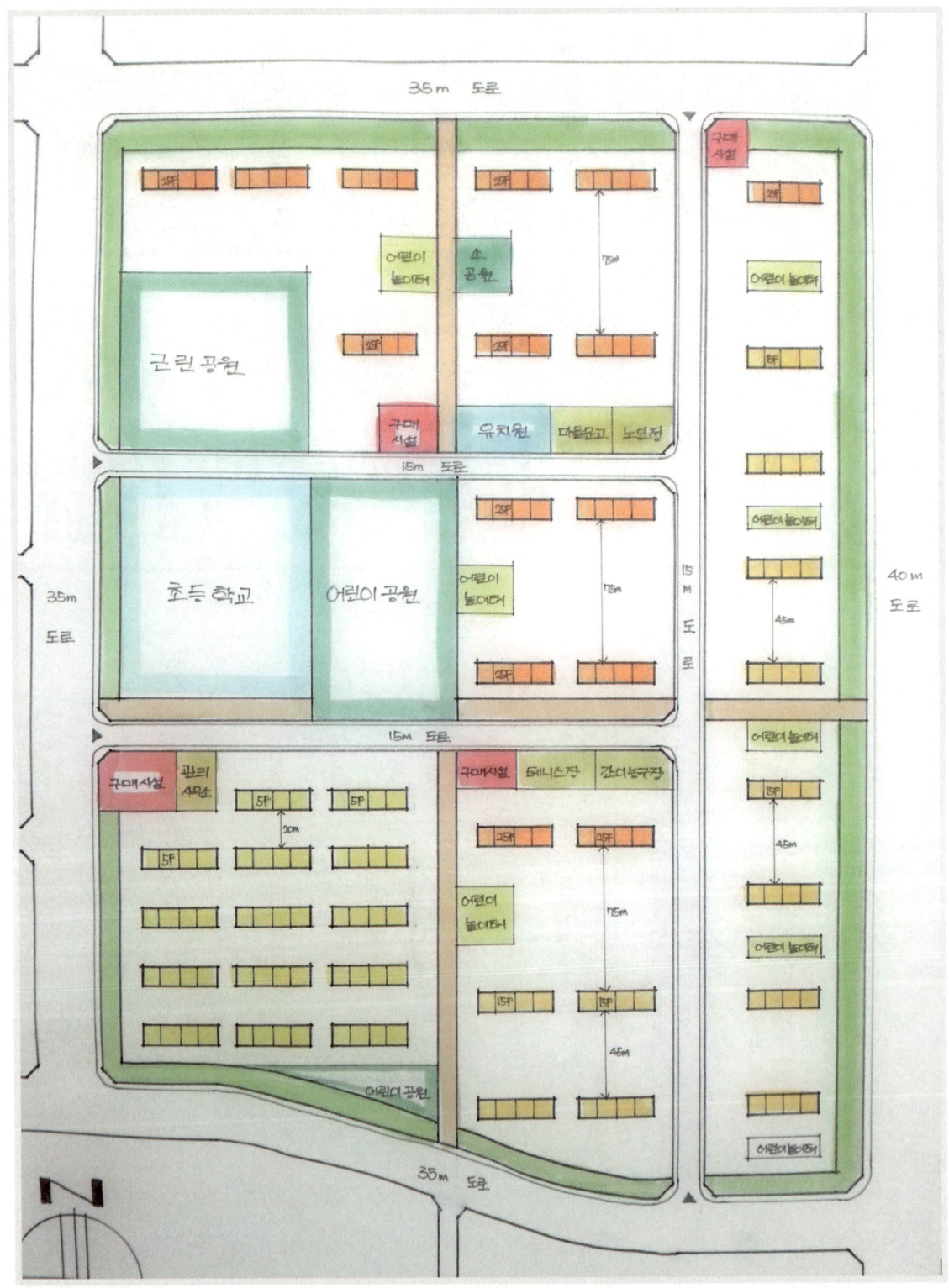

5. 구상도 표현 기법 (작도: 백현아, 한마음)

■ 토지이용 구상도

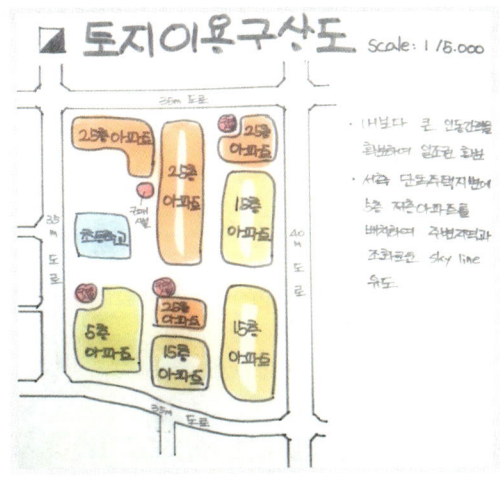
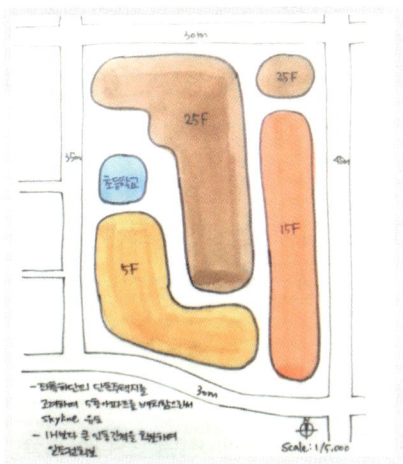

■ 동선 구상도

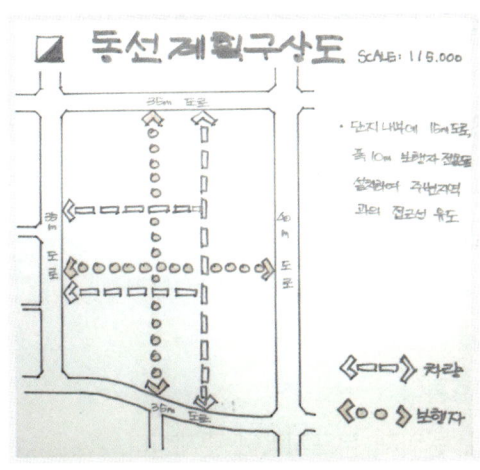
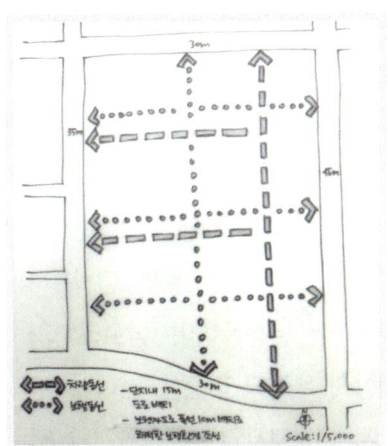

■ 녹지 및 오픈스페이스 구상도

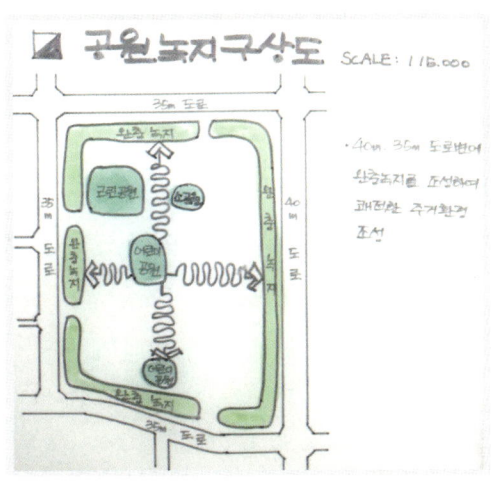

IV-4. 산업단지계획

| 자격종목 | 도시계획기사 | 과제명 | 산업단지계획 |

※ 시험시간: [○ 표준시간:3시간 (연장시간 없음)]

1. 요구사항
※ 아래에서 제시하는 계획 조건을 바탕으로 산업단지를 계획하시오.
단, 마스터플랜의 축척은 1:5,000이며, 토지이용, 가로망, 공원녹지 구상도를 작성하시오.

[계획조건]
1. 주어진 설계 조건에 따라 산업단지를 계획하고 대상지 경계를 2점 쇄선으로 표현하시오.
   1) 산업단지 종사자수는 24,000인이다.
   2) 원단위는 30㎡/인이다.
   3) 대상지 면적은 140ha로 계획한다. (단, 전체 면적 중 50%는 산업용지 입지)
2. 공업용지 획지 당 규모를 3,000㎡~20,000㎡로 구획한다.
3. 복합용도지역은 전체 면적의 5%, 지원시설용지는 3% 비율로 입지한다.
4. 단지 내부에 세대 당 면적이 240~300㎡인 단독주택 60세대를 계획한다.
5. 공동주택은 2,000세대를 계획한다.(단, 인구밀도 450인/ha, 세대당 2.5인)
6. 대상지 지형 특성 및 주변 현황은 다음과 같다.
   1) 주풍향은 남동풍이며, 남고북저의 지형이다.
   2) 대상지 우측의 하천은 남쪽에서 북쪽으로 흐른다.
   3) 산지는 녹지자연도 8등급지와 6등급지이며, 문화재 분포지역이 존재한다.
7. 하천으로부터 50m 녹지로 이격하여 계획한다.
8. 폐수종말처리장, 폐기물처리장, 유수지, 배수지를 배치한다.
   (단, 배수지는 계획 대상지 밖에 계획 가능하다.)
9. 각 구상안에 대한 계획 개념을 서술한다.
10. 도로의 위계가 구분되도록 가로망 계획을 한다.
11. 채색 후 도면의 축척, 범례, 방위표, 스케일을 표현한다.
12. 토지이용계획표를 작성한다. (단, 도로 및 녹지 등의 주요시설에 대한 내용은 반드시 포함한다.)

| 자격종목 | 도시계획기사 | 과제명 | 산업단지계획 |

2. 현황도 (N.S)

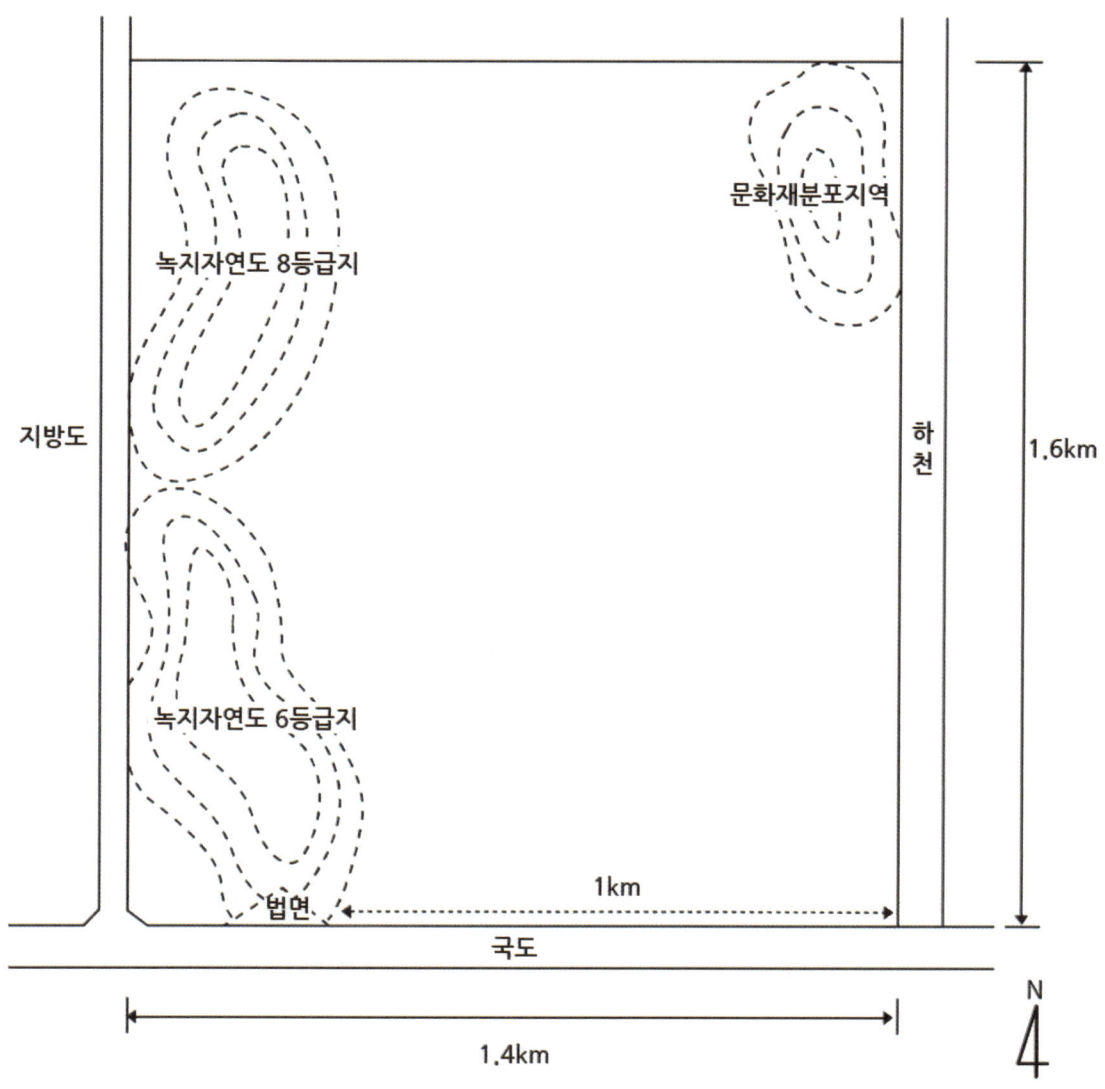

3. 문제 요구 사항 분석
1) 문제 풀이

---

1. 주어진 설계 조건에 따라 산업단지를 계획하고 대상지 경계를 2점 쇄선으로 표현하시오.
   1) 산업단지 종사자수는 24,000인이다.
   2) 원단위는 30㎡/인이다.
   3) 대상지 면적은 140ha로 계획한다. (단, 전체 면적 중 50%는 산업용지 입지)
   ▶ 대상지 면적이 140ha로 제시가 되어 출제된다. (별도로 계산할 필요가 없음)
   ▶ 만약, 면적을 산정할 수 있는 조건만 제시가 된다면 (종사자수 등) 다음과 같이 계산하여 대상지를 지정할 수 있다.
   • 참고예시: (24,000인×30㎡/인)÷(1-0.5)=144ha (단, 공공용지율 50% 가정 시)

---

2. 공업 용지 획지 당 규모를 3,000㎡~20,000㎡로 구획한다.
   ▶ 산업단지의 획지 크기는 일률적으로 정해지는 것은 아니며, 업종 등에 따라 다양한 차이를 보이고 있다. 「공업 단지 개발 편람」에서는 경공업의 경우 표준 획지의 크기를 80m×120m=9,600㎡, 표준 블록의 크기를 160m×240m=38,400㎡로 제안하고 있다.

---

3. 복합용도지역은 전체 면적의 5%, 지원시설용지는 3% 비율로 입지한다.
   ▶ 복합용도지역: 140ha×5%=7ha, 지원시설용지 면적: 140ha×3%=4.2ha
   ▶ [산업단지 복합용지]
   복합용지는 산업시설 및 주거·상업·업무 등 지원시설, 공공시설이 복합적으로 입지할 수 있는 용지를 뜻한다. 기존의 용지 구분(산업, 상업, 업무, 주거)에 다양한 기능이 혼재된 복합용지를 추가하여 계획한 용지이다. 개발 방식은 여러 가지가 있으나 각각 독립된 부지 내 건축물을 계획하여 배치하는 "평면적" 용도가 있으며, 각 층마다 서로 상이한 용도를 배치하여 계획하는 "입체적" 복합 용도 등이 있다.

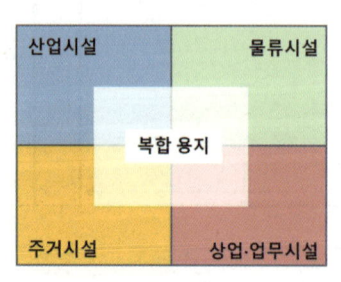
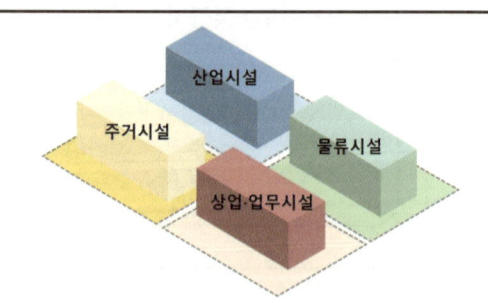

평면적 복합 용도

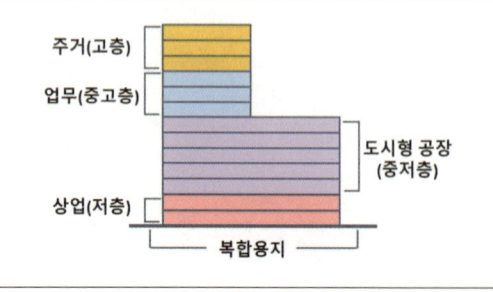
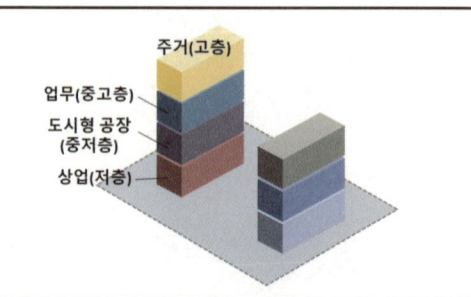

입체적 복합 용도

4. 단지 내부에 세대 당 면적이 240~300㎡인 단독주택 60세대를 계획한다.
   ▶ 단독 주택 면적 산정 방식

예시 I	예시 II
60세대×300㎡=1.8ha	(60세대×300㎡)÷(1-0.3)= 2.57ha (공공용지율 30% 가정 시)

5. 공동주택은 2,000세대를 계획한다.(단, 인구밀도 450인/ha, 세대당 2.5인)
   ▶ 인구: 2,000세대×2.5인=5,000인 ▶ 공동주택 면적 산정: 5,000인÷450인/ha=11.1ha

6. 대상지 지형 특성 및 주변 현황은 다음과 같다.
   1) 주풍향은 남동풍이며, 남고북저의 지형이다.
      ▶ 단독 및 공동 주택의 배치는 풍향을 고려하여 환경오염의 피해를 줄일 수 있는
        위치에 계획한다. 단순히 풍향만 고려한다면 대상지 남측에 배치가 가능하나,
        국도(간선도로) 주변 소음이나 공해를 생각한다면, 대상지 북측에 계획할 수도 있다.
   2) 대상지 우측의 하천은 남쪽에서 북쪽으로 흐른다.
      ▶ 남고북저의 지형으로 하천은 남→북 방향으로 흐르고 있으며, 지형이 낮은 곳에 유수지,
        폐수종말처리장 등을 계획한다.
   3) 산지는 녹지자연도 8등급지와 6등급지이며, 문화재 분포 지역이 존재한다.
      ▶ 녹지 자연도 8등급지와 문화재 분포 지역은 개발하지 않고 절대 보존 하고,
        6등급지는 상대 보전으로 개발이 가능하나 최대한 보전하는 것을 원칙으로 한다.

7. 하천으로부터 50m 녹지로 이격하여 계획한다.
   ▶ 대상지 동측에 위치한 하천 옆으로 폭 50미터 녹지를 계획한다.
     (남북 방향으로 길게 선형으로 녹지 설계)

8. 폐수종말처리장, 폐기물처리장, 유수지, 배수지를 배치한다.
   (단, 배수지는 계획 대상지 밖에 계획 가능하다.)
   ▶ 일반적으로 폐기물처리장 등은 혐오시설로 분류가 되므로, 산업단지 내 각종 처리 시설은
     최대한 단지 외곽에 배치하여 거주자 및 근로자에게 피해가 최소화될 수 있게 계획한다.
     배수지는 대상지 밖에 배치하여 대상지 면적에 포함시키지 않는다.

> ▌ 배수지 (配水池): 수돗물을 정수장에서 송수를 받아 배수구역의 요구 수요량에 따라 여러 지역에 공급하기
> 위하여 만든 저수지. 주로 높은 곳에 설치하며, 배수지 상류측에 비상 상황이 발생 하는 등 다양한 상황에도
> 일정한 수압 및 수량을 유지할 수 있는 조정, 관리 기능이 있어야 한다. 급수관 직경을 줄이고, 지역 내 균등한
> 수압으로 공급 하기 위해 특별한 경우를 제외하고는 급수 지역의 중앙 부분에 설치를 한다. 서울시의 경우 배수지
> 상부 공간에 문화 및 체육 시설을 조성하여 시민이 자유롭게 이용할 수 있는 배수지 공원화 사업을 추진하고 있다.

10. 도로의 위계가 구분되도록 가로망 계획을 한다.
    ▶ 진입도로, 주간선도로, 보조간선도로, 집분산도로, 구획도로 등으로 구분 가능하다.
    ▶ 집분산도로 폭은 15~20미터 이상이 될 수 있도록 계획한다.

2) 계획 개요

- 계획 대상지 면적: 140ha
- 산업단지 종사자수: 24,000명
- 산업단지 획지 규모: 3,000㎡~20,000㎡
- 단독주택 세대수: 60세대
- 공동주택 세대수: 2,000세대
- 단독주택 필지 면적: 240~300㎡
- 공동주택 1호당 면적: 85~110㎡(가정)

3) 기본 구상

- 산업단지 내 도로의 기능에 따라 진입도로, 주간선도로, 보조간선도로, 집분산도로, 구획도로 등으로 다양한 형태의 도로를 구분하여 계획
- 단독,공동 주택은 풍향을 고려하여 환경오염의 피해가 최소화될 수 있는 지역에 계획
- 지형이 낮은 하천 주변에 폐수종말처리장 및 유수지를 계획
- 녹지 자연도 8등급지와 문화재 분포 지역은 보존하는 것을 원칙으로 함
- 단지 내 복합용지 및 지원시설 등을 계획하여 근로자 및 공장 이용자에게 편의 제공
- 충분한 공원 및 녹지 공간을 설계하여 친환경적인 산업 단지로 계획
- 일정한 크기의 획지로 구분하여 공장 입지 계획 및 분양이 용이하도록 계획

4) 토지이용계획표 (샘플)

구분		면적(㎡)	구성비(%)
총계		1,400,000	100
산업시설용지	공장용지	772,800	55.2
주택용지	소계	128,000	9.05
	단독주택용지	18,000	1.2
	공동주택용지	110,000	7.85
복합용지		70,000	5
지원시설용지		42,000	3
공공시설용지	소계	247,520	17.68
	공원	67,200	4.8
	녹지	74,000	5.28
	연구시설	35,000	2.5
	에너지공급시설	11,200	0.8
	폐기물처리장	16,800	1.2
	폐수종말처리장	15,400	1.1
	유수지	11,200	0.8
	주유소 용지	8,000	0.5
	주차장	9,800	0.7
	도로	140,908	10.07

4. 도면 작품

■ 전체 도면 (작도: 김소윤)

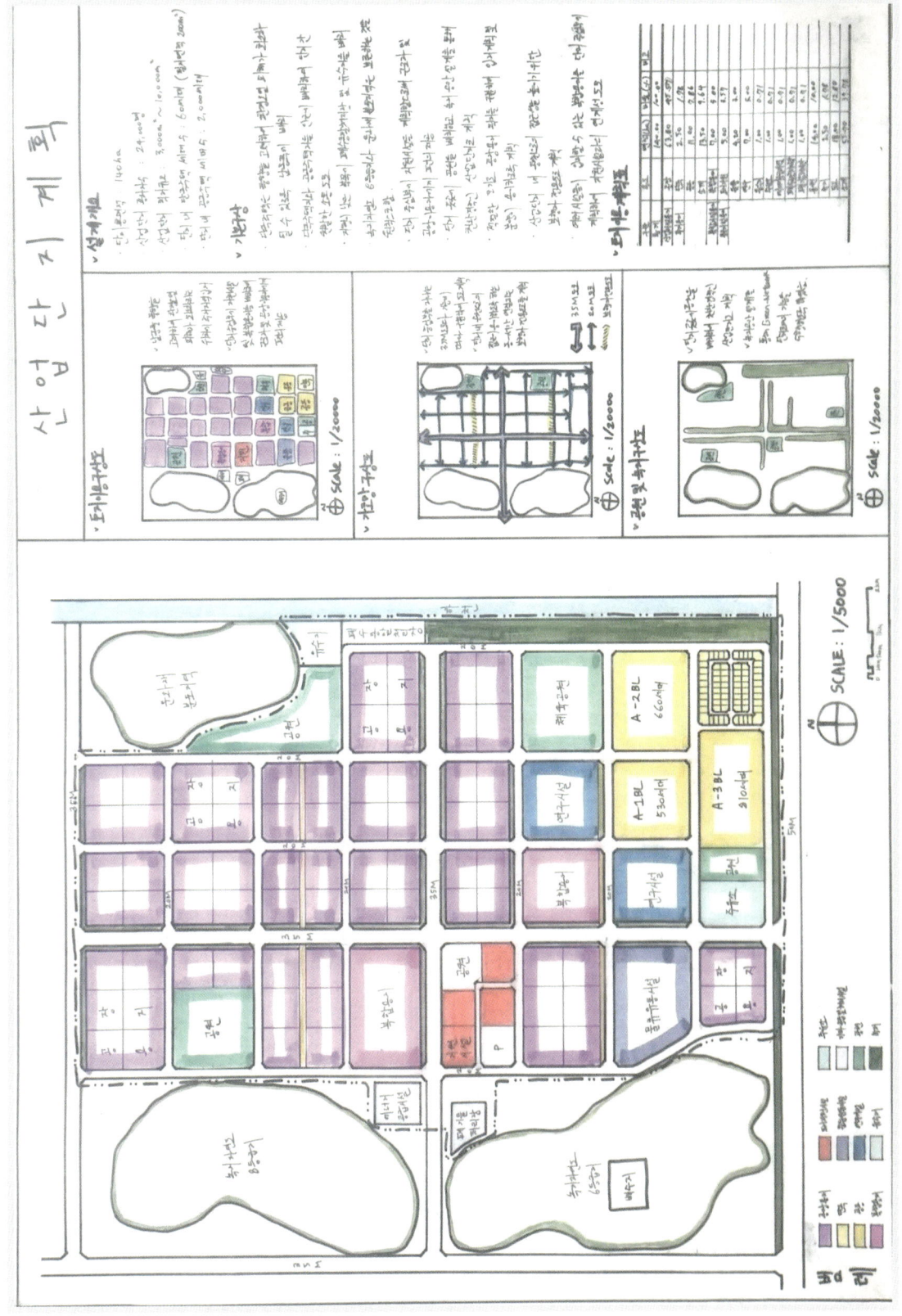

■ 전체 도면 (작도: 윤준희)

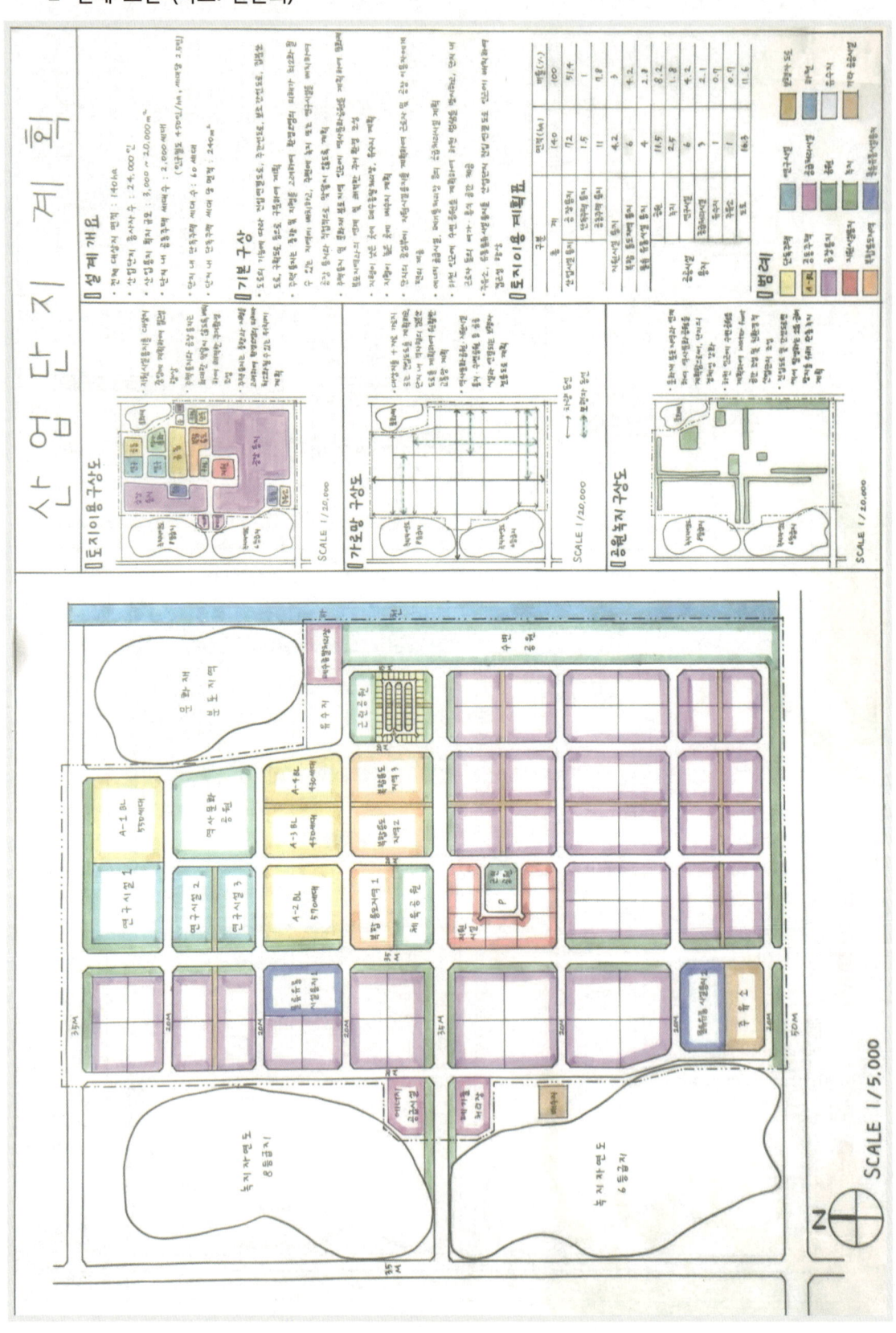

■ Master Plan (작도: 윤준희)

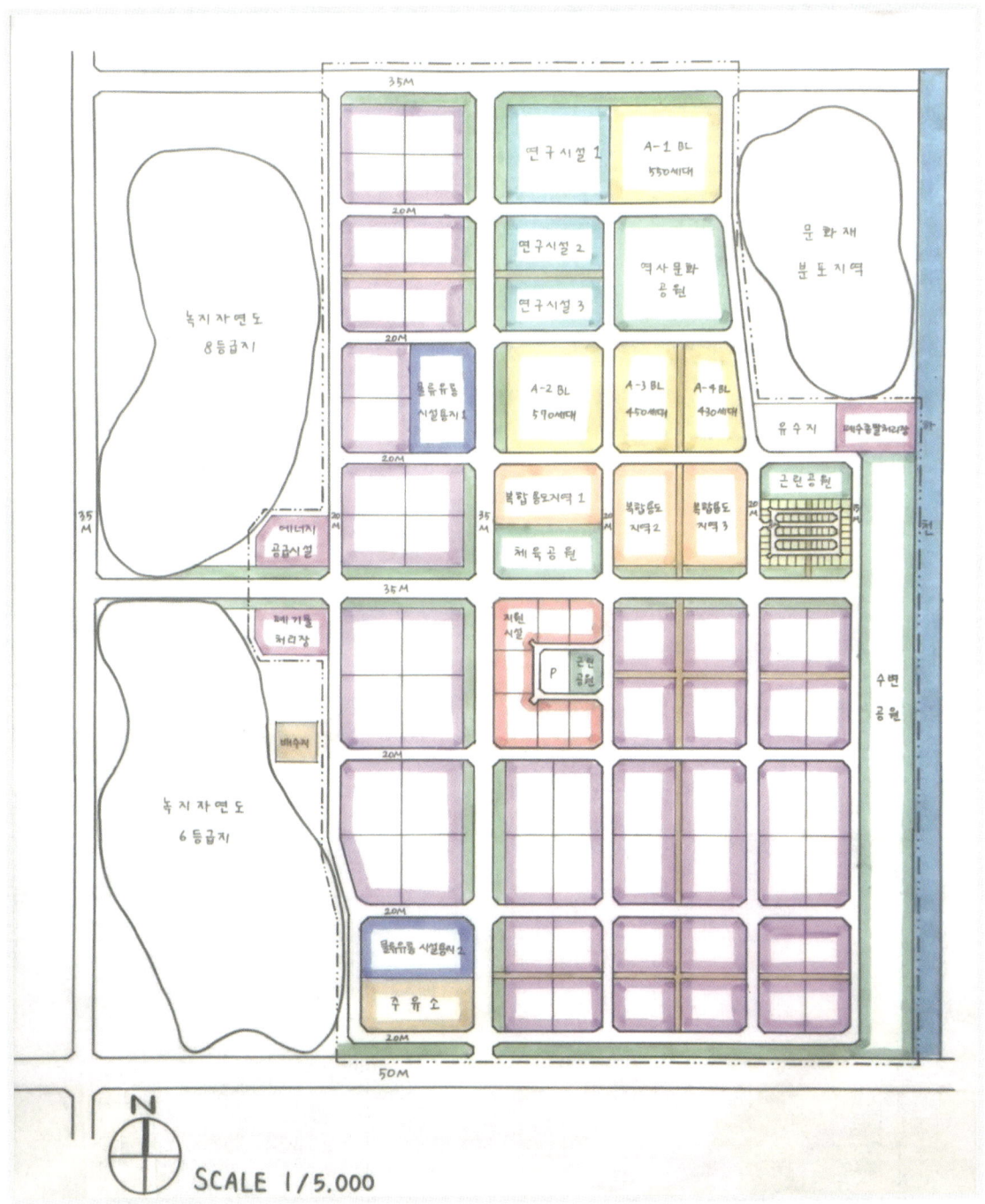

■ 전체 도면 (작도: 이지영)

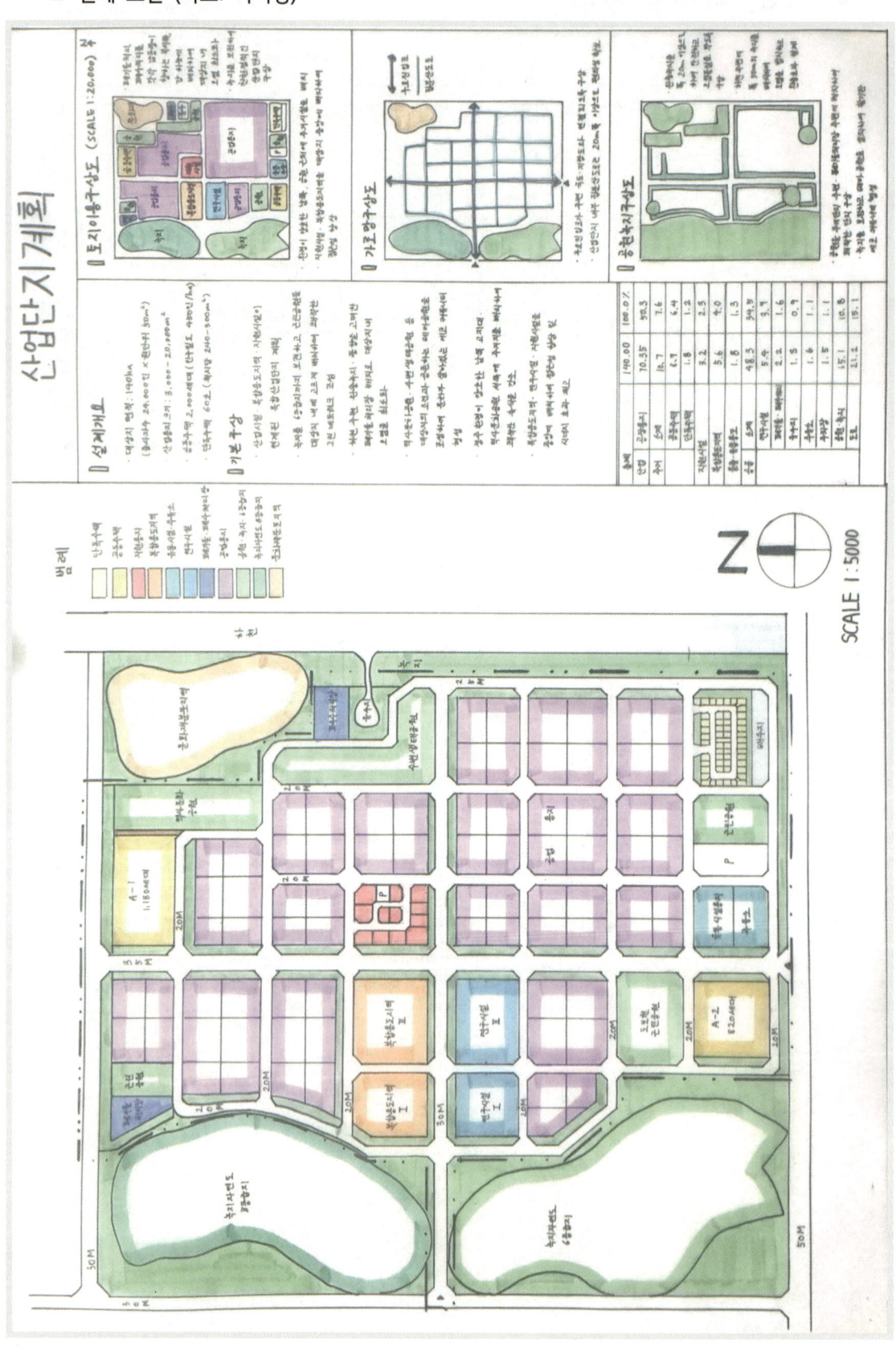

■ 전체 도면 (작도: 조수림)

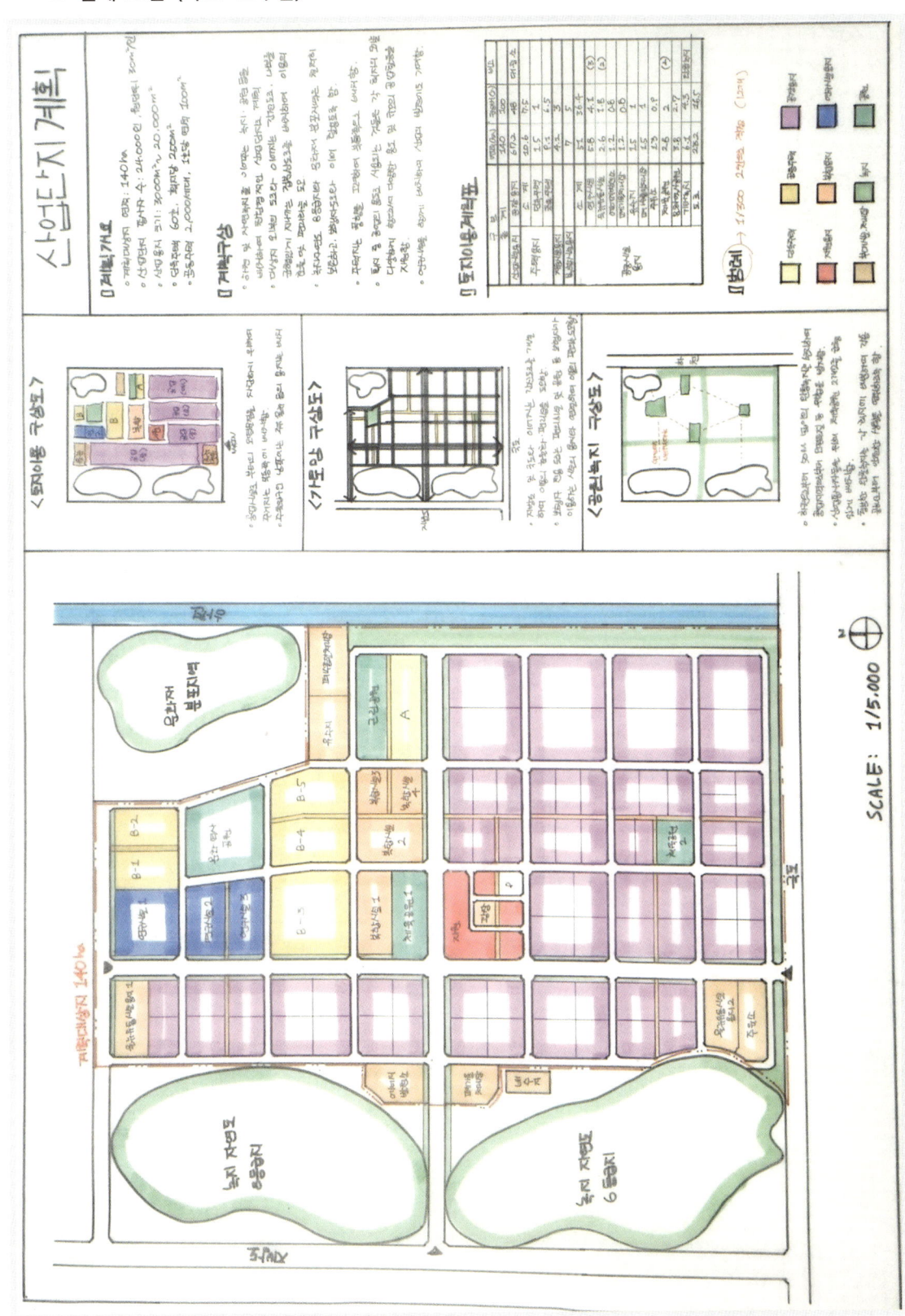

■ Master Plan (작도: 박채연)

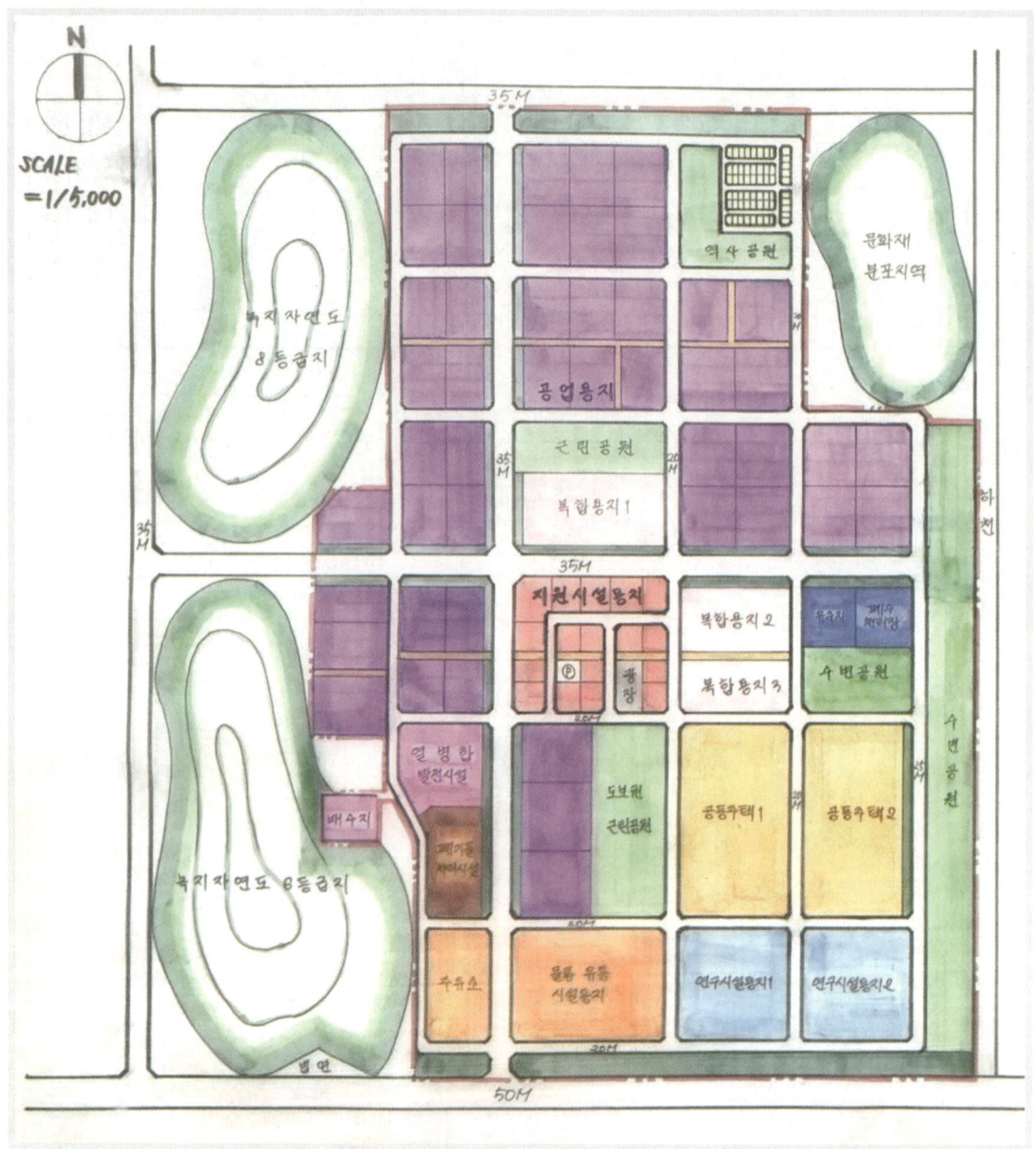

■ Master Plan (문제 조건 변경 전 작도) (작도: 김정란, 고우리)

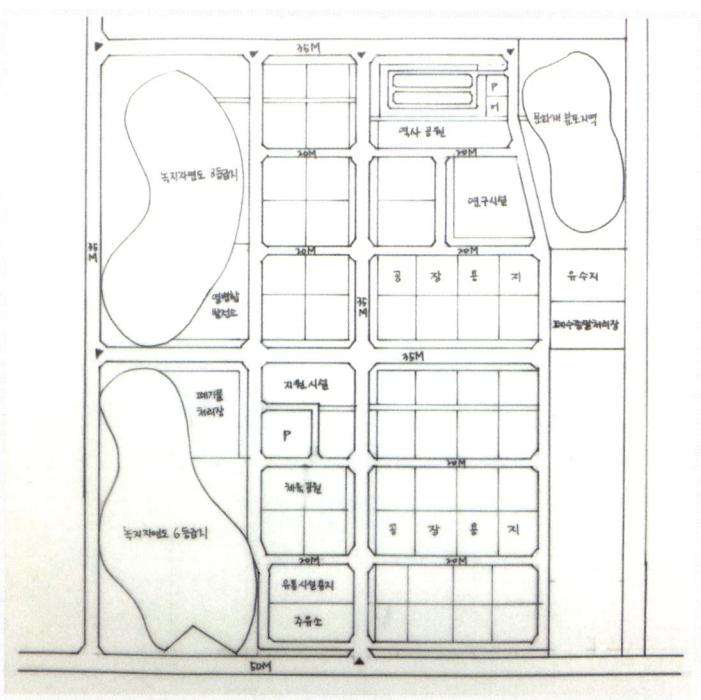

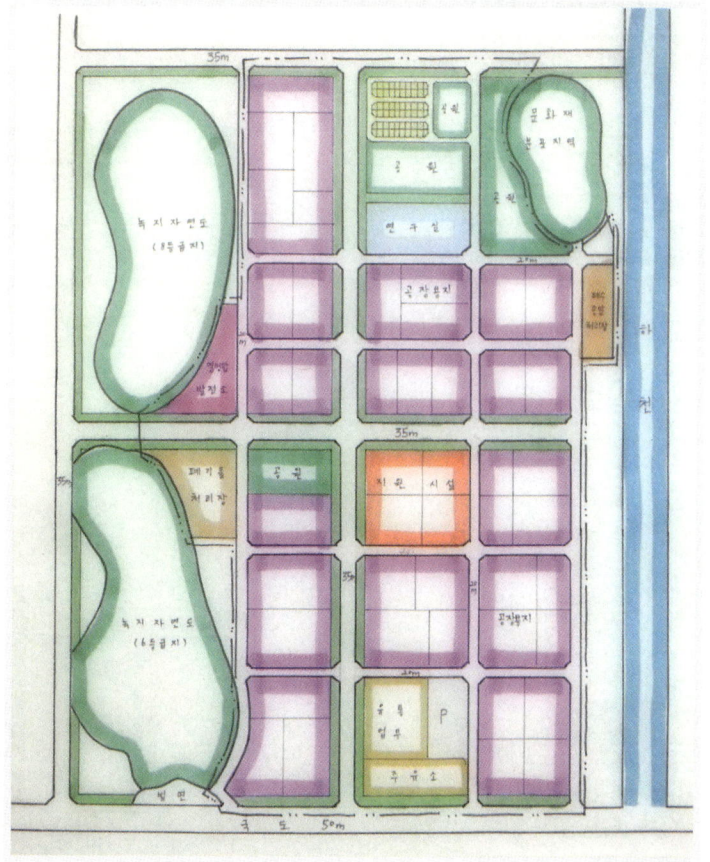

5. 구상도 표현 기법 (작도: 정병건, 윤준희)

■ 토지이용 구상도

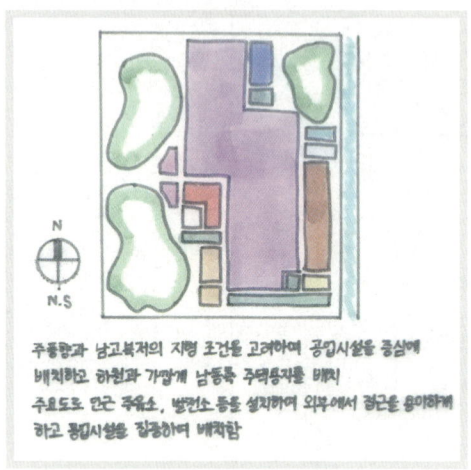
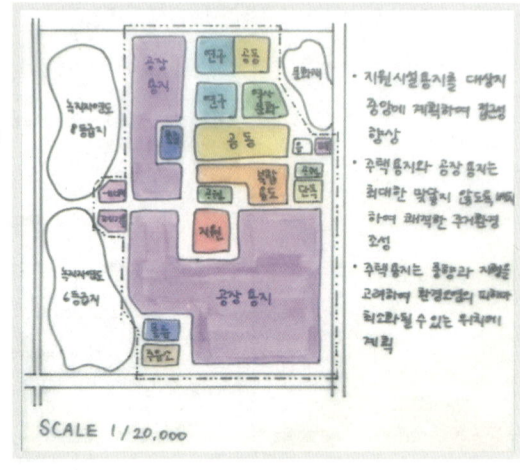

■ 가로망(동선) 구상도

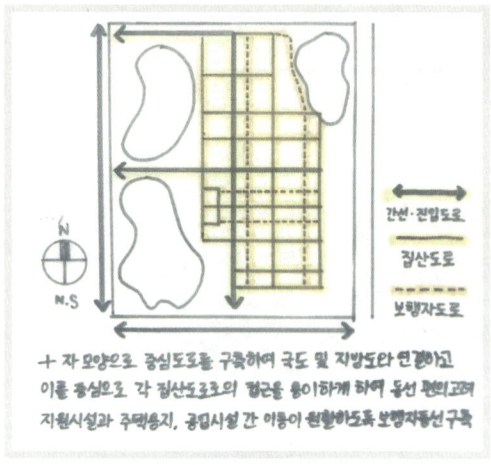
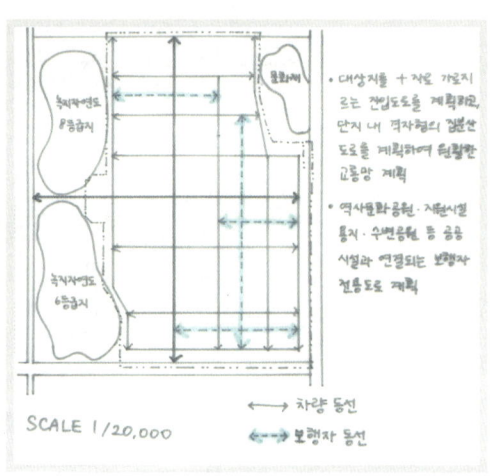

■ 공원&녹지 구상도

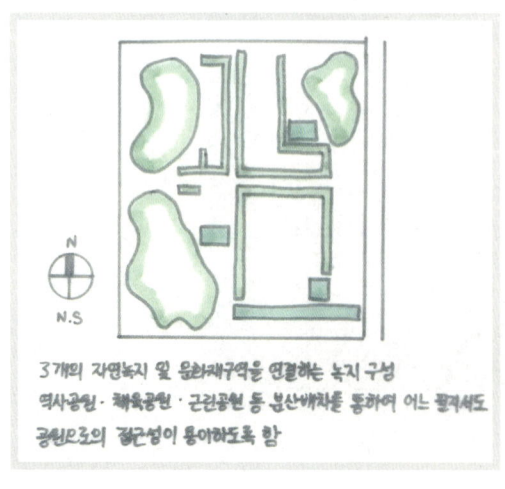
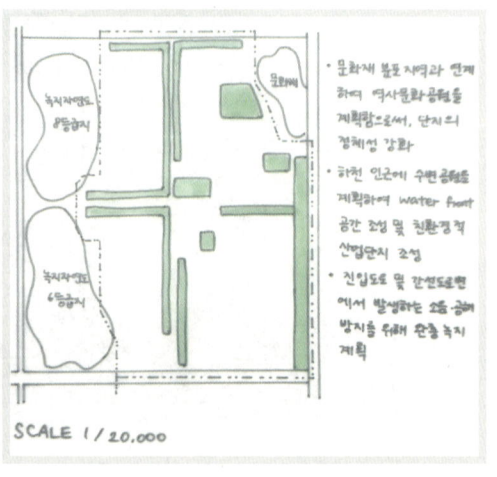

6. 실제 계획 사례 [111]

1) 사업명 : 화전지구 산업단지
2) 소개
   - 사업기간: 2003~2010(1-2단계)
   - 사업시행자: 부산도시공사
   - 사업비: 7,645억원 (조성비: 2,423, 보상비: 3,192, 기타: 2,030)
   - 규모: 2,448천㎡
   - 수용인구: 9,400명
3) 개발방향
   - 신호산업단지와 연계한 첨단생산 산업단지 조성
   - 단지 일부에 외국인투자 촉진을 위한 외국인전용단지 조성

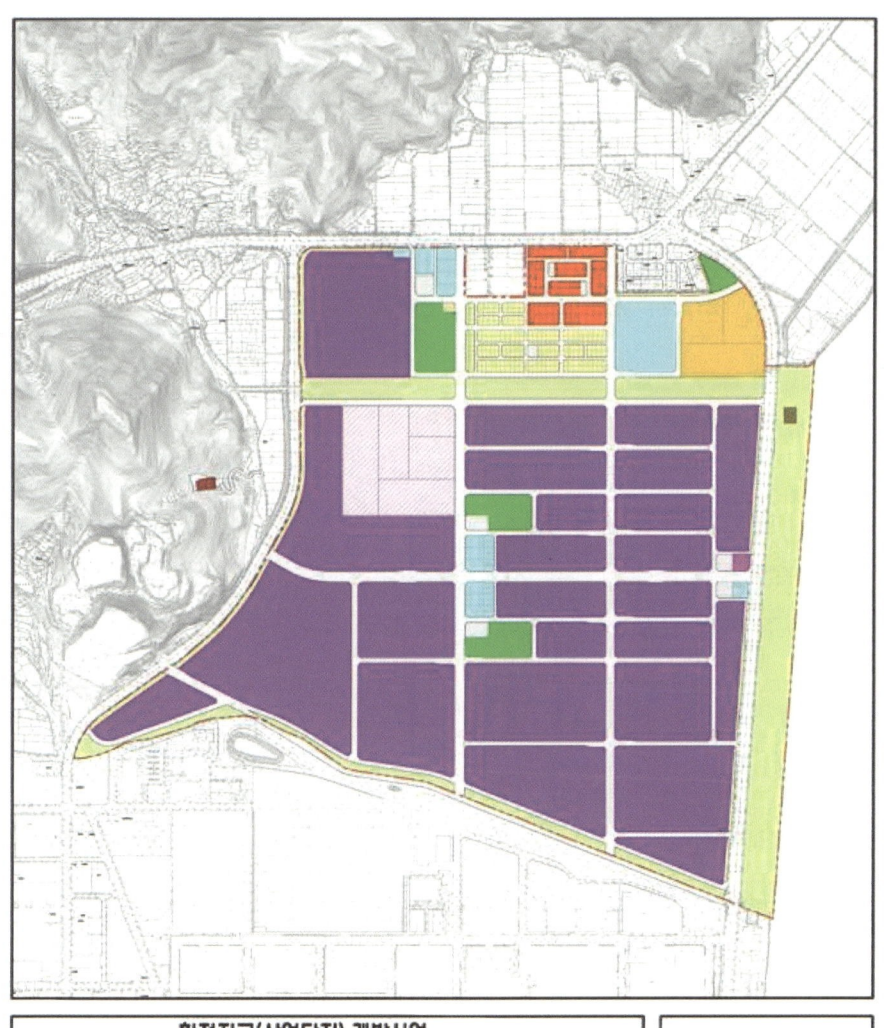

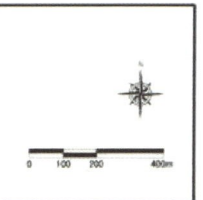

---
111) 부산진해경제자유구역 홈페이지, https://www.bjfez.go.kr

IV-5. 혼합주택 단지계획

| 자격종목 | 도시계획기사 | 과제명 | 단지계획 |

※ 시험시간: [○ 표준시간:3시간 (연장시간 없음)]

1. 요구사항
※ 아래에서 제시하는 계획 조건을 바탕으로 단지를 계획하시오.
   단, 마스터플랜의 축척은 1:1,000으로 한다.

[계획조건]
1. 아래에 주어진 설계 조건에 따라 단지(대상지) 면적을 계산하며, 계산식은 도면 우측에 기재한다. 단, 단지(대상지) 형태는 정사각형이다.
2. 면적 계산이 틀릴 경우 채점 대상에서 제외한다.
3. 문제에서 제시되지 않은 시설 및 조건이 있을 경우 계획 이유를 설계 구상에 표현해야 한다.
4. 대상지 주변 현황을 고려한 계획을 제시해야 한다.

[설계조건]
1. 단독 주택: 총 60호, 필지 면적 300㎡, 공공용지율 40%
2. 연립 주택: 총 108호, 공공용지율 25%, 건폐율 20%
   1) 2호 연립: 1호 면적 150㎡, 층수 3층, 동수 6동
   2) 4호 연립: 1호 면적 100㎡, 층수 3층, 동수 6동
3. 공공편익시설
   1) 상가: 500㎡
   2) 어린이놀이터: 500㎡
   3) 소공원: 1,500㎡
   4) 테니스장: 1,200㎡ (30m×40m)
   5) 농구장: 400㎡ (20m×20m)
   6) 마을회관: 연면적 400㎡, 용적률 100%, 건폐율 50%

| 자격종목 | 도시계획기사 | 과제명 | 단지계획 |

2. 현황도 (N.S)

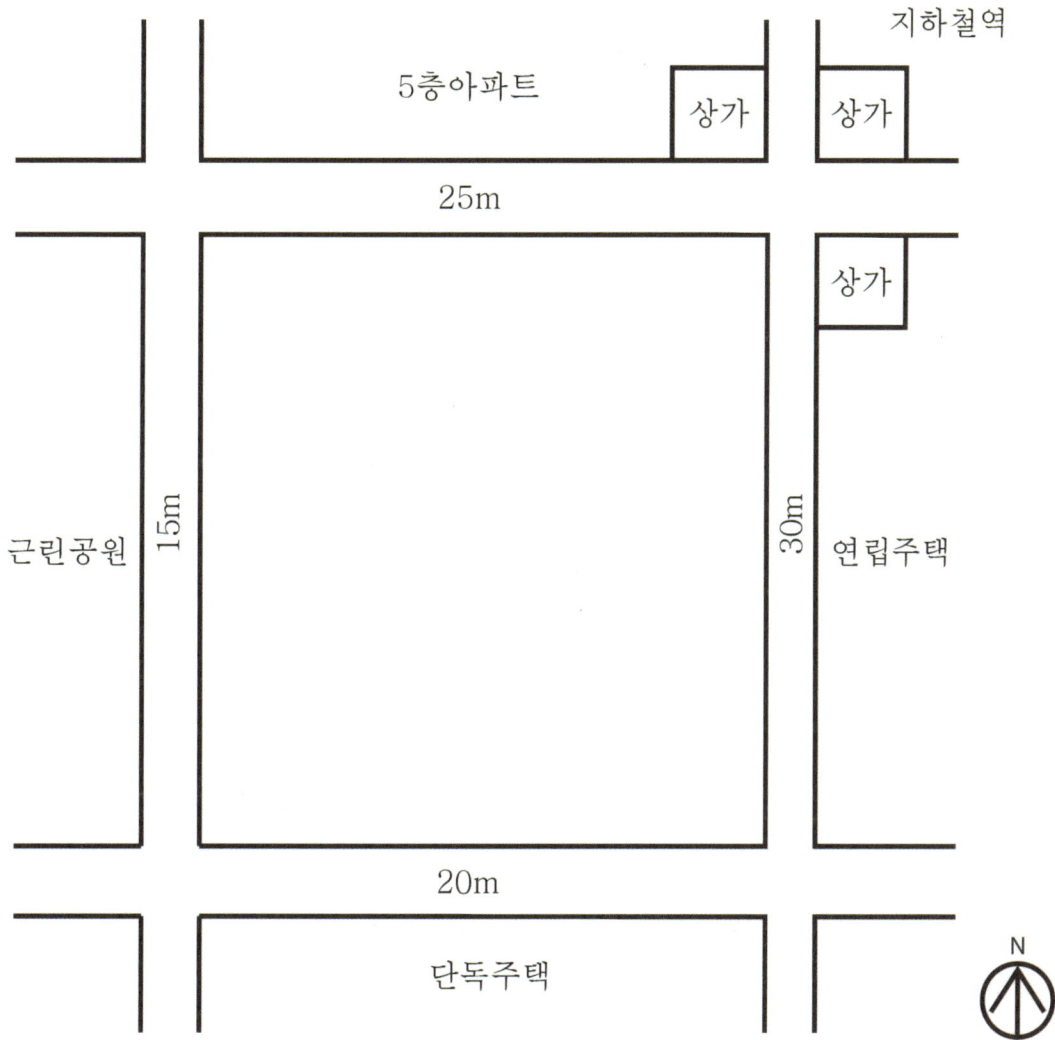

3. 문제 요구 사항 분석
1) 문제 풀이

1. 아래에 주어진 설계 조건에 따라 단지(대상지) 면적을 계산하며, 계산식은 도면 우측에 기재한다. 단, 단지(대상지) 형태는 정사각형이다.
2. 면적 계산이 틀릴 경우 채점 대상에서 제외한다.
   ■ 면적 계산식 ■
   (1) 단독 주택 면적
   - 순단독주택지 면적: 60호×300㎡=18,000㎡
   - 총단독주택지 면적:

   $$(공식)\ 총주택지면적 = \frac{순주택지면적}{1-공공용지율} \quad \therefore \frac{18,000㎡}{1-0.4} = 30,000㎡$$

   (2) 연립 주택 면적
   - 건축 면적: {(2호×150㎡)×6동} + {(4호×100㎡)×6동} =4,200㎡
   - 순연립주택지 면적: $\frac{4,200㎡}{0.2} = 21,000㎡$
   - 총연립주택지 면적: $\frac{21,000㎡}{1-0.25} = 28,000㎡$

   (3) 마을 회관 대지 면적
   [조건] 연면적 400㎡, 용적률 100%, 건폐율 50%
   [용적률=건폐율×층수] → 100%=50%×층수 ∴ 마을회관은 2층 건물
   마을회관 건축면적은 200㎡ → $대지면적 = \frac{건축면적}{건폐율} = \frac{200㎡}{0.5} = 400㎡$

   (4) 대상지 총면적
   ▶ 62,500㎡ → $\sqrt{62,500}\ m^2 = 250m \times 250m$

3. 문제에서 제시되지 않은 시설 및 조건이 있을 경우 계획 이유를 설계 구상에 표현해야 한다.
   ▶ 「쌈지공원」,「관리사무소」 등의 공공시설을 추가로 설계할 경우, 계획 이유를 반드시 설계 구상에서 제시해야 한다.

4. 대상지 주변 현황을 고려한 계획을 제시해야 한다.
   ▶ 현황도 주변에는 "상가, 연립주택, 단독주택, 근린공원, 지하철역"과 같은 다양한 현황이 제시되어 있다. 이 시설과 연계한 가로망구상 및 토지이용구상을 제안한다.

2) 계획 개요

- 단지 면적: 62,500㎡=6.25ha
- 총세대수: 168호
  단독주택: 60호
  연립주택: 2호 연립×6동×3층=36호 / 4호 연립×6동×3층=72호
- 단독주택 필지 면적: 300㎡
- 연립주택 1호 면적: 2호-150㎡, 4호-100㎡
- 호수밀도: 26.88호/ha

3) 기본 구상

- 간선도로(30m, 25m) 주변에 완충 녹지를 계획하여 소음 및 공해 차단
- 단지 중심에 어린이 놀이터 및 쌈지공원을 계획하여 주민들에게 여가 및 휴식 공간 제공
- 북측 지하철역 주변의 상가들과 연계를 위한(역세권 형성) 대상지 내 상가 배치 제안
- 대상지 주변 단독, 근린공원, 연립주택의 스카이라인을 고려한 토지이용구상안 제시
- 주민 생활 지원을 위한 관리사무소 및 휴게 공간 확보를 위한 쌈지공원 추가 배치
- 서측 근린공원과 대상지 내 쌈지공원, 어린이공원, 소공원 등을 연계하여 그린네트워크 형성
- 대상지 주요 지점을 연결할 수 있는 보행자전용도로 계획

4) 토지이용계획표

구분	종류	면적(㎡)	구성비(%)	비고
총계		62,500	100	-
주택용지	단독 주택	18,000	28.8	-
	연립 주택	21,000	33.6	2호, 4호
공공시설 용지	상가	500	0.8	-
	어린이놀이터	500	0.8	-
	소공원	1,500	2.4	-
	테니스장	1,200	1.92	-
	간이농구장	400	0.64	-
	마을회관	400	0.64	-
기타 공공 시설 용지	완충녹지	3,000	4.8	-
	쌈지공원	1,200	1.92	-
	도로	14,800	23.68	-

4. 도면 작품

■ 전체 도면 1 (작도: 백현아)

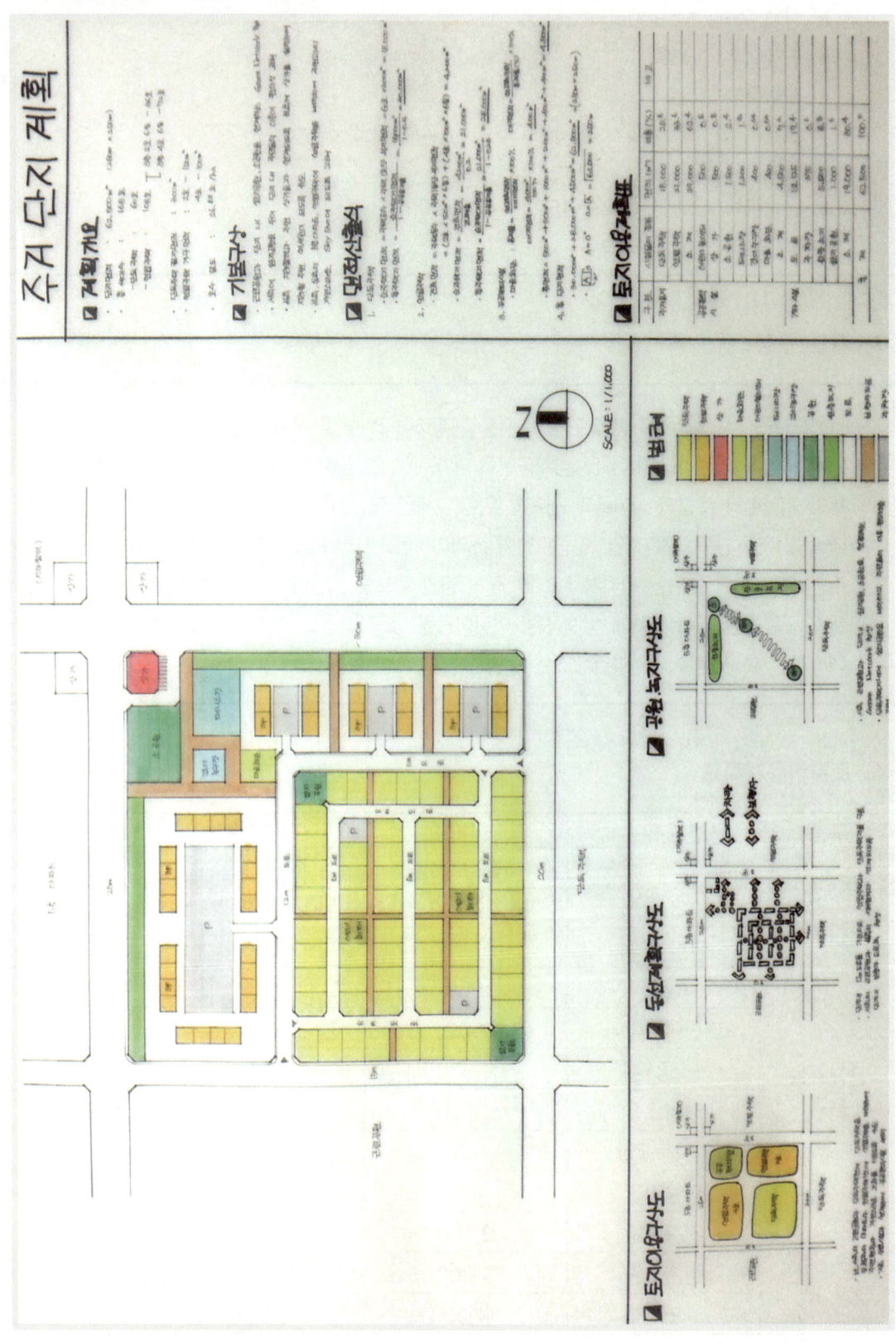

■ Master Plan 1 (작도: 백현아)

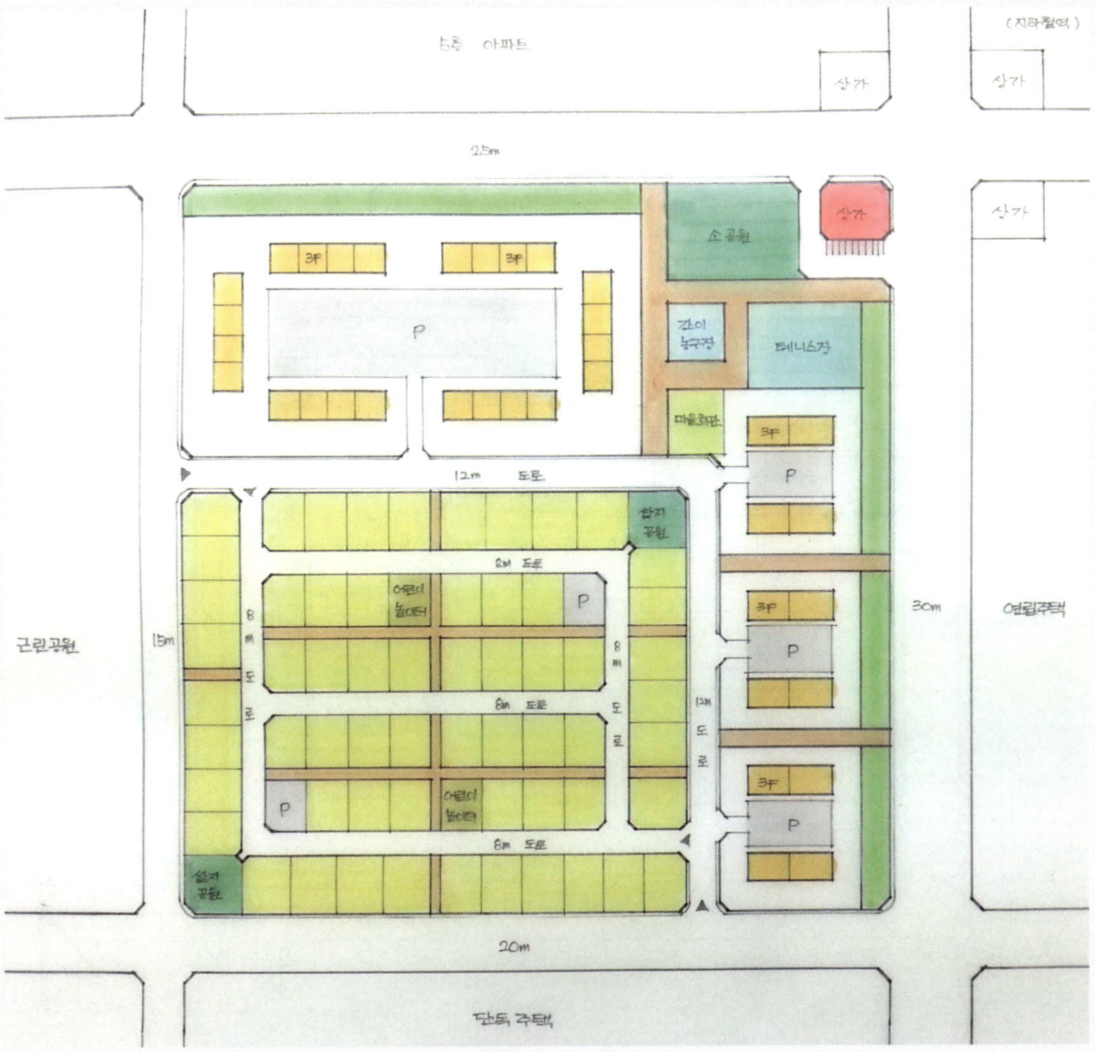

■ 상세도면

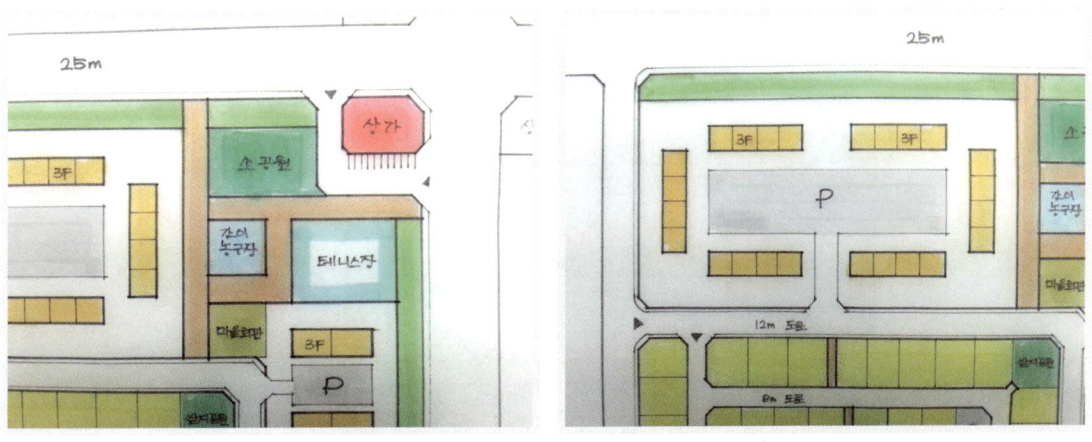

■ Master Plan 2 (작도: 김민숙)

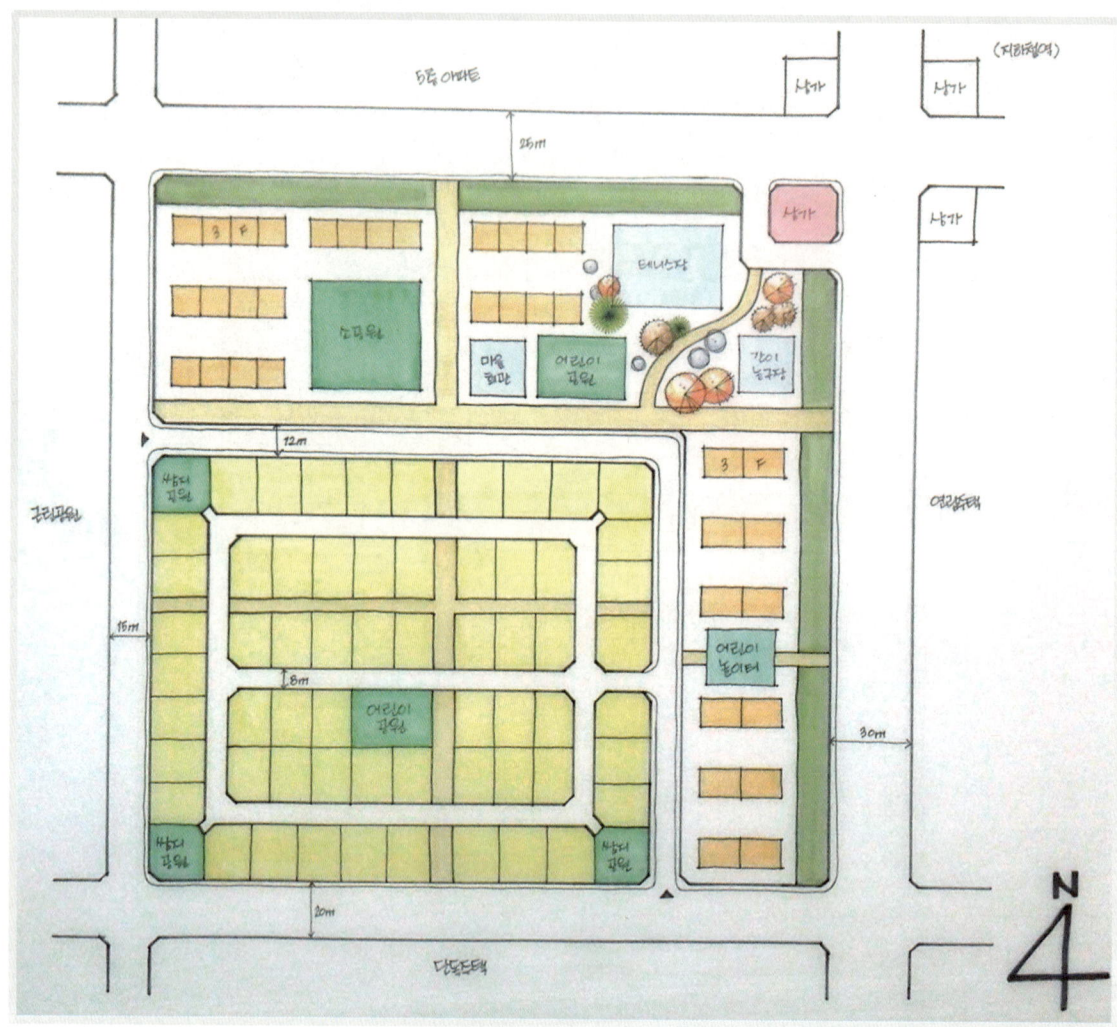

■ 상세도면

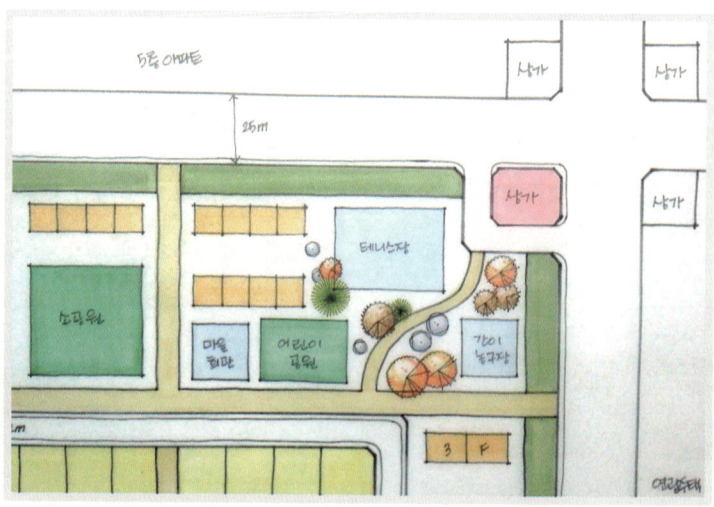

5. 구상도 표현 기법 (작도: 백현아, 김민숙)

■ 토지이용 구상도

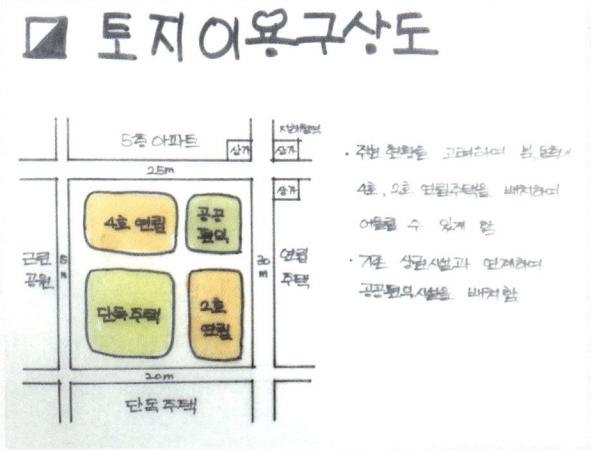 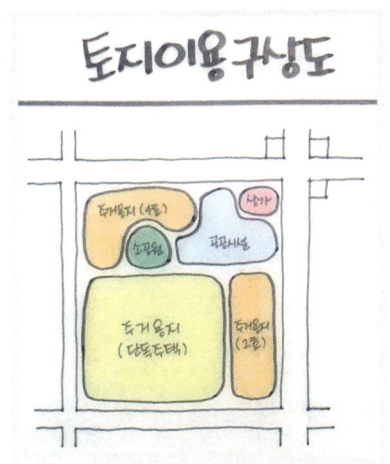

■ 동선 구상도

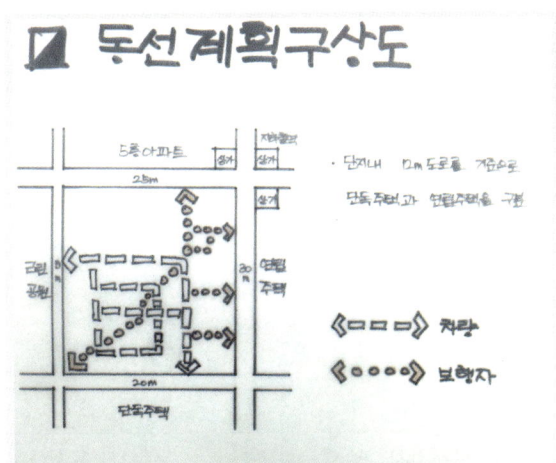 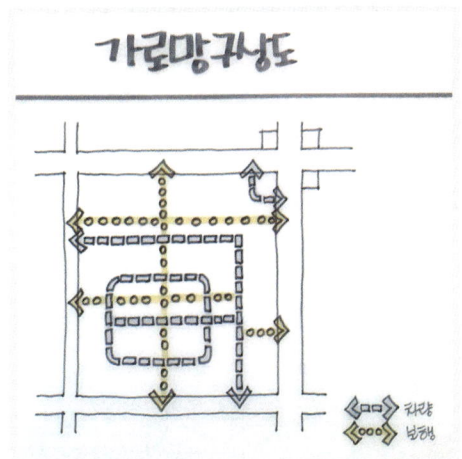

■ 녹지 및 오픈스페이스 구상도

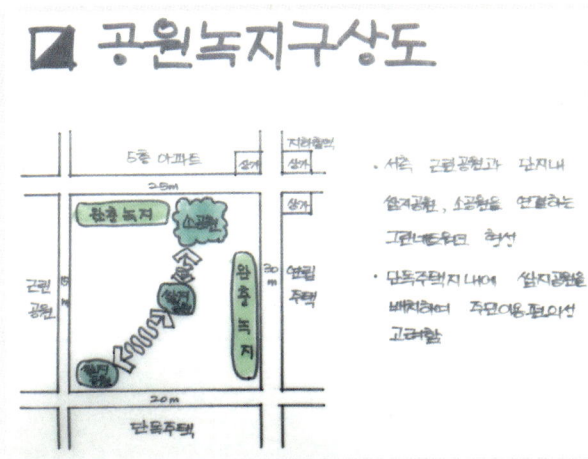 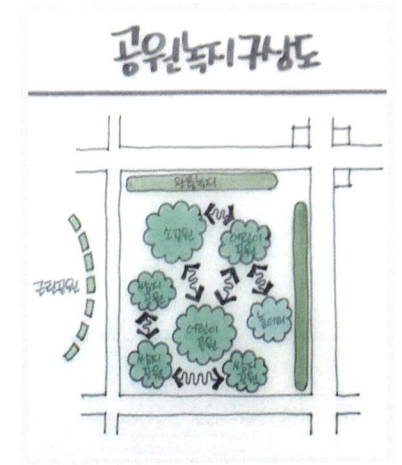

V-1. [출제 대비 문제] 물류단지계획 112)

1. 물류단지 정의
화물의 운송·집화·하역 등을 위한 물류단지시설과 이러한 시설을 지원하기 위한 지원 시설을 설치 육성하기 위해서 『물류시설의 개발 및 운영에 관한 법률』에 의해 지정·개발되는 일단의 토지를 말한다.

2. 물류단지 관계 법령의 변화
물류시설을 합리적으로 배치하고 물류시설 용지를 원활히 공급하기 위해 1995년 『유통 단지 개발촉진법』이 제정되었고 물류시설의 보다 효율적인 확충·운영을 위해 2007년 전면 개정이 이루어지면서 『화물유통촉진법』의 화물터미널 및 창고 관련규정도 이관시켜 포함하는 『물류시설의 개발 및 운영에 관한 법령』이 수립되었다.

3. 물류단지의 토지이용계획 용지분류

대분류	소분류
물류단지 시설용지	• 물류시설용지 · 물류터미널용지 · 컨테이너시설용지 · 창고시설용지 · 집배송시설 및 공동집배송센터 · 농수산물종합유통센터 등 • 상류시설용지 · 대규모점포 · 전문상가단지 · 농수산물도매시장 · 농수산물공판장 등 • 복합시설용지
지원시설 용지	· 가공·제조시설용지 · 정보처리시설용지 · 운동시설용지 · 폐기물처리시설용지 · 숙박시설용지 · 위락시설용지 등 · 문화 및 집회시설용지 · 복합시설용지 (지원시설>물류단지시설) · 금융·보험·의료·교육·연구시설용지 · 물류단지의 종사자 및 이용자의 생활과 편의를 위한 시설용지 · 주거시설용지 (단독주택 및 공동주택)
공공시설 용지	· 도로용지 · 공원용지 · 철도용지 · 주차장용지 (국가·지방자치단체가 설치한 것만 해당) · 녹지 · 구거 등

---

112) 토지이용 용어사전, 2011.1, 국토교통부
서울특별시 알기 쉬운 도시계획 용어, 2012.1, 서울특별시 도시계획국
물류단지개발지침, 국토교통부

3-1 물류시설

1) 물류시설의 정의
   (1) 화물의 운송·보관·하역을 위한 시설
   (2) 화물의 운송·보관·하역과 관련된 가공·조립·분류·수리·포장·상표부착·판매·정보 통신 등의 활동을 위한 시설
   (3) 물류의 공동화·자동화 및 정보화를 위한 시설
   (4) (1)번부터 (3)번까지의 시설이 모여 있는 물류터미널 및 물류단지

2) 물류시설의 분류
   (1) 물류터미널 및 창고
      - 물류터미널: 화물의 집화(集貨)·하역(荷役) 및 이와 관련된 분류·포장·보관·가공·조립 또는 통관 등에 필요한 기능을 갖춘 시설물을 말한다.
      - 창고: 물품의 훼손이나 멸실을 방지하기 위한 보관시설 또는 건조물을 말한다.
   (2) 집배송시설 및 공동 집배송센터
      - 집배송시설 : 상품의 주문처리, 재고관리, 수송, 보관, 하역, 포장, 가공 등 집하 및 배송에 관한 활동과 이를 유기적으로 지원하는 정보처리활동에 사용되는 기계 장치 등의 시설을 말한다.
   (3) 농수산물종합유통센터
   (4) 화물자동차운수사업에 이용되는 차고, 화물취급소 그 밖에 화물의 처리를 위한 시설
   (5) 그 밖에 화물의 운송·하역·분류·포장·보관 등을 위주로 하는 시설

3-2 상류시설

1) 상류시설의 분류
   (1) 대규모점포 및 전문상가단지
      - 대규모 점포: 하나 또는 둘 이상[113]의 연접되어 있는 건물 안에 하나 또는 여러 개로 나누어 설치되는 매장. 상시 운영되고 매장 면적의 합계가 3천㎡ 이상인 매장을 보유한 점포의 집단을 말한다.
      - 전문상가단지: 동일한 업종의 여러 도매업자 또는 소매업자가 일정 지역에 점포, 부대시설 등을 설치하여 만든 단지를 말한다.
   (2) 농수산물도매 시장 및 농수산물공판장
   (3) 그 밖에 판매 등을 위주로 하는 시설

---

[113] 둘 이상의 연접되어 있는 건물이란 건물간의 가장 가까운 거리가 50m 이내이고 소비자가 통행할 수 있는 지하도 또는 지상통로가 설치되어 있어 하나의 대규모점포로 기능할 수 있는 것을 말함.

3-3 복합시설

지원시설이 동일한 시설에 복합적으로 설치되는 시설을 말한다.

상류 시설 중 대규모 점포의 종류	
구분	내용
① 대형마트	용역의 제공 장소를 제외한 매장 면적의 합계가 3천㎡ 이상인 점포의 집단으로서 식품·가전 및 생활용품을 중심으로 점원의 도움 없이 소비자에게 소매하는 점포의 집단을 말한다.
② 전문점	용역의 제공 장소를 제외한 매장 면적의 합계가 3천㎡ 이상인 점포의 집단으로서 의류·가전 또는 가정용품 등 특정 품목에 특화한 점포의 집단을 말한다.
③ 백화점	용역의 제공 장소를 제외한 매장 면적의 합계가 3천㎡ 이상인 점포의 집단으로서 다양한 상품을 구매할 수 있도록 현대적 판매시설과 소비자 편익시설이 설치된 점포로서 직영의 비율이 30% 이상인 점포의 집단을 말한다.
④ 쇼핑센터	용역의 제공 장소를 제외한 매장 면적의 합계가 3천㎡ 이상인 점포의 집단으로서 다수의 대규모점포 또는 소매 점포와 각종 편의시설이 일체적으로 설치된 점포로서 직영 또는 임대의 형태로 운영되는 점포의 집단을 말한다.
⑤ 복합쇼핑몰	용역의 제공 장소를 제외한 매장 면적의 합계가 3천㎡ 이상인 점포의 집단으로서 쇼핑, 오락 및 업무기능 등이 한 곳에 집적되고, 문화·관광시설로서의 역할을 하며, 1개의 업체가 개발·관리 및 운영하는 점포의 집단을 말한다.
⑥ 그 밖의 대규모점포	대형마트, 전문점, 백화점, 쇼핑센터 및 복합쇼핑몰에 해당하지 아니하는 점포의 집단을 말한다.

3-4 지원시설

1) 지원시설의 정의

물류단지시설의 운영을 효율적으로 지원하기 위하여 물류단지 안에 설치되는 시설을 말한다.

2) 지원시설의 분류

(1) 대통령령으로 정하는 가공·제조 시설

(2) 정보처리시설

(3) 금융·보험·의료·교육·연구 시설

(4) 물류단지의 종사자 및 이용자의 생활과 편의를 위한 시설

(5) 그 밖에 물류단지의 기능 증진을 위한 시설로서 대통령령으로 정하는 시설

4. 물류단지 계획

4-1 토지이용계획

1) 물류단지시설용지(물류시설용지, 상류시설용지 및 복합시설용지로 구분), 지원시설용지, 공공시설용지로 구분하여 수립한다.
2) 물류단지에는 물류단지시설용지의 비율이 공공시설용지를 제외한 면적의 60% 이상으로, 그 물류단지시설용지에는 물류시설용지가 60% 이상으로 계획되어야 한다.
3) 화물자동차가 물류단지에 출입하거나 물류단지 안에서 통행 및 주·정차함에 있어 지장이 없도록 다음 각 호의 대책을 강구하여야 한다.
   (1) 화물자동차가 원활하게 출입할 수 있는 출입로를 확보한다.
   (2) 물류단지에 출입하는 화물자동차를 수용할 있는 적정한 수준의 화물자동차전용 주차장 또는 차고시설용지를 확보한다.
   (3) 물류단지에는 해당 단지에 출입하는 화물자동차 운전자의 편의를 위한 대기시설·휴식시설·숙박시설·자동차정비업소 등을 설치하여야 한다.
   (4) 공원 및 녹지 공간을 충분히 확보하여 이용자의 휴식 공간을 제공한다.
   (5) 지원시설은 물류시설과 상류시설간의 완충을 위한 공간에 배치하며, 단지 내 각 시설에 균등한 접근성 제공을 원칙으로 한다.

4-2 공공시설의 설치 (공공녹지, 도로 등)

1) 물류단지안의 공공녹지 확보 및 설치기준 ▶ 물류단지 규모별 공공녹지 비율

단지 규모	공공녹지 비율
100만 제곱미터 초과	물류단지 면적의 7.5% 이상 10% 미만
100만 제곱미터 이하	물류단지 면적의 5% 이상 7.5% 미만

2) 물류단지안의 도로확보기준 ▶ 단지규모별 적정 도로 면적비율

단지 규모	도로 면적 비율
100만 제곱미터 초과	물류단지 면적의 10% 이상
100만 제곱미터 이하	물류단지 면적의 8% 이상

3) 단지 내 간선도로의 폭은 원칙적으로 화물자동차의 통행에 불편이 없도록 15미터 이상 확보되어야 한다.
   (단, 3만 제곱미터 미만의 물류단지에 대하여는 그러하지 아니한다.)
4) 단지 내 도로형태는 최대한 격자형으로 한다.
5) 유출입이 빈번한 배송센터는 진입도로와 인접하여 배치하고, 창고 부지는 단지 내부(안쪽)에 배치하도록 계획한다.

5. 물류단지 실제 계획 사례

1) 부천 오정 물류단지 [114]

- 위치: 부천시 오정구 오정동, 삼정동 일원
- 면적: 460천㎡(46ha)
- 유치시설: 물류시설, 상류시설, 복합시설, 지원시설
- 입지여건: 수도권 서북부의 유일한 지역 물류거점으로 전국 유통망 구축 및 물류비용 절감 등에 유리함

물류단지 조감도

토지이용계획도

---

[114] 부천 오정 물류단지 물류시설용지 공급공고, 2013.12, 한국토지주택공사

2) 천안 물류단지

- 위치: 천안시 백석동, 성성동 일원
- 면적: 457천㎡(45.7ha)

토지이용계획도

구분			면적(㎡)	비율(%)
합계			456,998	100.0
물류단지 시설		계	223,250	46.7
	물류시설	소계	115,650	25.3
		화물터미널	32,443	7.1
		집배송단지	69,225	15.1
		창고시설	13,982	3.1
	상류시설	소계	97,600	21.4
		대규모점포	15,733	3.4
		전문상가	81,867	18.0
지원시설		계	71,027	15.6
	가공, 제조		14,116	3.1
	지원시설		37,131	8.1
	주거시설	소계	17,636	3.9
		공동주택	12,346	2.7
		단독주택	5,290	1.2
	주차장		2,144	0.5
공공시설		계	172,721	37.7
	도로		102,530	22.4
	공원		47,253	10.3
	녹지		22,938	5.0

토지이용계획표

V-2. [출제 대비 문제] 관광휴양단지계획 [115]

1. 관광휴양단지의 정의
1) 관광 사업 : 관광객을 위하여 운송·숙박·음식·운동·오락·휴양 또는 용역을 제공하거나 그 밖에 관광에 딸린 시설을 갖추어 이를 이용하게 하는 업(業)을 말한다.
2) 관광 단지 : 관광객의 다양한 관광 및 휴양을 위하여 각종 관광시설을 종합적으로 개발하는 관광 거점 지역으로서 관광 진흥법에 따라 지정된 곳을 말한다.

2. 관광휴양단지계획

2-1 토지이용계획
1) 구역 내 토지는 관광휴양시설용지, 공공시설용지, 녹지용지로 구획하되, 필요한 경우 용지구획을 추가할 수 있다.
2) 녹지용지는 원지형 보전면적과 용지사이에 설치하는 완충용 녹지, 기타 녹지로 계획하되, 원칙적으로 구역 면적의 30% 이상으로 한다.
3) 공공시설용지는 도로, 주차장, 환경오염방지시설 등을 위한 부지로 구획한다.

2-2 기반시설
■ 단지 내 도로
1) 구역의 경계에서 국도, 지방도, 시도, 군도 기타 12m 이상 도로에 연결되는 진입도로를 다음 각 항목에서 정한 기준에 따라 계획한다.
   ① 구역면적이 30만㎡ 미만인 경우에는 폭 8m이상
   ② 구역면적이 30만㎡ 이상 60만㎡ 미만인 경우에는 폭 10m이상
   ③ 구역면적이 60만㎡ 이상인 경우에는 폭 12m 이상
2) 구역 내 도로는 폭 6m 이상으로 하되, 보도를 설치하여야 한다.

2-3 건축계획
1) 산지에 건축물을 배치하는 경우에 건축물을 배치하고자 하는 부지는 경사도는 25도 이하이고 입안 지역 안에서 표고가 가장 낮은 지역인 산자락 하단으로부터 높이 250m 이하인 지역으로 한다.
2) 기존 지형을 고려하여 건축물을 배치하되 양호한 조망을 확보할 수 있도록 한다.
3) 건축물의 길이는 경사도가 15도 이상인 산지에서는 100m 이내로 하고, 그 밖의 지역에서는 150m 이내로 한다.
4) 경사도가 15도 이상인 산지에 2개 이상 건축물 등을 설치하는 경우에는 길이가 긴 건축물을 기준으로 그 건축물 길이의 1/5분 이상을 이격하도록 한다.

---
[115] 관광진흥법 제2조, 지구단위계획수립지침, 국토교통부

5) 원칙적으로 건축물의 높이는 10층 이하, 시설물의 높이는 40m 이하로 제한한다. 다만, 사전경관분석을 통해 랜드마크 등 관광휴양지에 필요한 경우로서 도시계획위원회가 인정하는 경우 층수 또는 높이를 완화할 수 있다.
6) 스카이라인(skyline) 형성을 위하여 고층 건물의 고지대 입지를 억제하고, 건축억제선을 설정하거나 표고에 따라 건축물의 높이를 규제한다.

2-4 환경

- 생태계의 보전
  1) 산자락 하단을 기준으로 최소한 8부 능선 이상의 지역은 원형대로 보전하여야 한다.
  2) 진입도로 및 사업부지 내 도로로 인하여 녹지축 또는 산림연결축이 단절 되지 않도록 한다.
- 녹지 및 공원 확보
  1) 구역 경계도로 주변은 폭 10m 이상의 완충녹지를 설치하되, 폭원의 1/3 높이로 마운딩을 설치하여 녹지의 기능과 효과를 제고한다.
  2) 계획상 도로나 보행도로로 인하여 오픈스페이스가 단절되는 것이 더 효과적인 경우에도 가급적 계획구역 전반에 걸쳐 오픈스페이스가 연계되도록 계획한다.
  3) 녹지용지에는 특별한 사유가 없는 한 시설물 또는 공작물 등을 설치할 수 없다.
- 문화재 보존
  구역 안에 보존할 가치가 있는 문화재가 있는 경우에는 원형 그대로 보전하는 것을 원칙으로 하고, 문화재 보호를 위하여 토지이용계획이나 건축물 설치 등 개발에 따른 영향이 최소화되도록 한다.

참고 문헌

한국 도시계획기사 실기 (2024-25년 대비 최신판), 김소영, 아모스, 2024
한국 도시계획기사 실기 (2023-24년 대비 최신판), 김소영, 아모스, 2023
단지계획, 한국토지주택공사, 2000
단지계획, 김철수, 기문당, 2011
도시개발계획과 설계, 안정근 외 3인, 보성각, 2001
도시계획론, 대한국토도시계획학회, 보성각, 2005
부동산용어사전, 방경식, 부연사, 2011
살고 싶은 도시건설을 위한 도시개발편람, 한국토지주택공사, 2007
시사경제용어사전, 대한민국정부, 2010
시험에 꼭 나오는 도시계획기사 실기, 김소영, 아모스, 2014
지속가능한 신도시 계획기준, 국토교통부, 2010
택지개발기준, 한국토지주택공사, 1995
토목용어사전, 도서출판 탐구원, 1997
생태환경도시개발편람, 한국토지주택공사, 2005
시사상식사전, 박문각
알기 쉬운 도시계획 용어, 서울특별시
토지이용 용어사전, 국토교통부
한경 경제용어사전, 한국경제신문(한경닷컴)
행정중심복합도시 단독주택용지, 한국토지주택공사
국토기본법 및 동 시행령, 시행규칙
국토의 계획 및 이용에 관한 법률 및 동 시행령, 시행규칙
도시 및 주거환경정비법 및 동 시행령, 시행규칙
도시·군 계획 시설의 결정·구조 및 설치기준에 관한 규칙
도시개발법 및 동 시행령, 시행규칙
도시공원 및 녹지 등에 관한 법률
수도권정비계획법
주택법 시행령
관광진흥법 지구단위계획수립지침, 국토교통부
물류단지개발지침, 국토교통부
택지개발업무처리지침, 국토교통부
부천 오정 물류단지 물류시설용지 공급공고
용인서천지구 토지이용계획도 및 지구단위계획 공고
국토교통부 보도자료.「도시계획 혁신 방안」발표
토지이음 홈페이지 (https://www.eum.go.kr/)
국토교통부 스마트도시 홈페이지(https://smartcity.go.kr)
부산진해경제자유구역 홈페이지, https://www.bjfez.go.kr
http://www.q-net.or.kr (한국산업인력공단 큐넷 홈페이지)
http://buy.lh.or.kr/main.jsp (한국토지주택공사 토지청약시스템)
http://gyeyang.centreville.co.kr (인천시 계양 센트레빌 홈페이지)
http://ggholic.tistory.com (달콤한 나의 도시: 경기도, 경기도 공식 블로그)
www.seoul.go.kr (서울시청 홈페이지)
http://www.gtx.go.kr (GTX 홈페이지)
maekyung.com (매일경제. 매경닷컴)
www.rda.go.kr (농촌진흥청 홈페이지)
http://www.spiritland.net
http://yochicago.com
http://www.stuff.co.nz
http://choosemonroe.com
http://www.hargreaves.com
http://seattletransitblog.com

본 서적은 **국내 최대 합격자를 배출**하는
「한국 도시계획기사 학원」의
오프라인 강의를 위한 목적으로 출간되었습니다.

독학을 위한 교재라고 홍보하진 않지만,
본원 수업을 안 듣는 분들도
중요한 자료를 접할 수 있게
불필요한 내용은 과감히 생략하고
**실제 학원 수업에서 진행하는 내용,
시험에 꼭 나오는 자료를 수록**하며
14년이 넘는 도시계획기사 강의 노하우를
담기 위해 최선을 다했습니다.

교재 오타 및 내용에 관한 사항은
카톡(아이디: koreaurban)으로 문의하시면
성심껏 답변해 드리도록 하겠습니다.

여러분의 합격을 기원드립니다.

한국 도시계획기사 실기
(2025-26년 대비 최신판)

2025년 5월 30일 초판 1쇄 발행

저 자	김소영
기획 & 편집	김소영
디 자 인	김영주
발 행 처	아모스 출판사

ISBN: 979-11-952853-8-9 (13530)
도시계획기사[都市計劃技士]

저작권자 및 출판사의 문서 승인 없이 본 교재의 일부 또는 전부를
무단 복사, 전재, 발췌 등의 행위를 일절 금합니다.

정 가 38,000원